솔리드웍스 사용자를 위한
전산응용기계제도
기계설계산업기사
2D & 3D 실기
퍼펙트 가이드북

조성일 · 이원모 · 노수황 공저

국가기술자격증
전산응용기계제도기능사
기계설계산업기사 | 일반기계기사
2D & 3D 작업형 실기 실무 활용서

SOLIDWORKS USER
COMPUTER AIDED DESIGN
INDUSTRIAL ENGINEER MACHINERY DESIGN
2D & 3D PRACTICAL PERFECT GUIDE BOOK

도서
출판 | 메카피아

솔리드웍스 사용자를 위한
전산응용기계제도/기계설계산업기사 2D & 3D 실기
퍼펙트 가이드 북

발행일 · 2014년 8월 20일 초판 인쇄
저 자 · 메카피아 조성일, 이원모, 노수황

발행인 · 노수황
발행처 · 도서출판 메카피아
주 소 · 서울특별시 금천구 가산디지털1로 145 에이스하이엔드타워3차 제20층 제 2004호
전 화 · 1544-1605(대)
팩 스 · 0303-0799-1010
이메일 · mechapia@mechapia.com

표지 및 편집 · 바라기
마케팅 · 정인수

ISBN · 979-11-85276-14-4 13550
정 가 · 30,000원

Copyright© 2014 MECHAPIA Co. All rights reserved.

· 이 책은 저작권법에 의해 보호를 받는 저작물로 무단 전재나 복제를 금지하며, 이 책 내용의 전부 또는 일부를 이용하려면 반드시 저작권자나 발행인의 서면동의를 받아야 합니다.

· 파본 및 낙장은 구입하신 서점에서 교환하여 드립니다.

· 이 책에 대한 의견이나 오탈자 및 잘못된 내용에 대한 수정 정보는 (주)메카피아의 홈페이지나 위의 이메일로 알려주십시오. 잘못된 책은 구입하신 서점에서 교환해 드립니다.
(주)메카피아 홈페이지 www.mechapia.com

국립중앙도서관 출판시도서목록(CIP)

이 도서의 국립중앙도서관 출판시도서목록(CIP)은 서지정보유통지원시스템 홈페이지(http://seoji.nl.go.kr)와 국가자료공동목록시스템(http://www.nl.go.kr/kolisnet)에서 이용하실 수 있습니다.
(CIP제어번호: CIP2014022518)

솔리드웍스 사용자를 위한

전산응용기계제도/기계설계산업기사
2D & 3D 실기

퍼펙트 가이드 북

지금 실행하지 않으면 할 수 있는 일은 아무 것도 없습니다.

책으로 펴내고 싶은 분은 원고나 아이디어를 (mechapia@mechapia.com)으로 보내주시기 바랍니다.
도서출판 메카피아는 여러분의 소중한 경험과 실무 지식을 가치있게 만들어 드리겠습니다.

Preface 머리말

3차원 CAD의 대명사인 SolidWorks는 국내 뿐만 아니라 전세계적으로도 널리 사용되고 있는 설계 솔루션 중의 하나입니다.

또한 SolidWorks 솔루션은 설계, 검증, 지속 가능한 디자인, 커뮤니케이션 및 데이터 관리 등, 제품 개발의 전 과정을 완전히 통합된 워크플로우로 처리할 수 있는 강력한 툴로서 일선 교육기관이나 다양한 산업 분야에서 사용되고 있습니다.

본서는 국가기술자격시험의 작업형 실기 중 2D와 3D를 요구하는 전산응용기계제도기능사, 기계설계산업기사, 일반기계기사 등의 실기 시험에 대비할 수 있도록 개발한 교재로 솔리드웍스 사용자를 위한 가이드북입니다.

솔리드웍스를 제대로 활용하기 위해서는 단순히 자격증 취득에만 국한할 것이 아니라 Basic 단계, Advance 단계, Simulation 단계까지 교육을 받고 학습하시길 권장합니다.

자격증 관련 도서의 특성상 최소한의 내용만을 수록할 수도 있었으나 가급적 3차원 CAD의 특성을 최대한 활용할 수 있는 방향으로 학습할 수 있도록 구성하였으며 솔리드웍스라는 프로그램으로 3D 모델링을 하여 2D 도면화하는 과정을 충실하게 기술하였습니다.

특히 실기 시험시 자주 사용하는 명령어들과 기능을 위주로 설명하고 직접 따라하기 방식을 통해 처음 접하는 독자들도 쉽게 따라하고 이해할 수 있도록 하였습니다.

본서로 학습을 하면서 기계설계산업기사나 전산응용기계제도 및 일반기계기사 등의 실기 시험을 합격함과 동시에 이 책에서 공부한 지식을 바탕으로 취업하여 현장 실무 설계를 수행함에 있어서 조금이나마 도움이 될 수 있기를 바라는 바입니다.

● 이 책의 주요 구성

Part 1 솔리드웍스 입문하기
솔리드웍스를 처음 접하시는 사용자를 위해 솔리드웍스란 어떤 소프트웨어이며 어떤 방식으로 설계에 접근해야 하는지를 기술해 놓았습니다.

Part 2 2D 스케치

모델링을 하기 위한 밑바탕이 되는 스케치는 정말 중요한 요소입니다. 흔히 3D 모델링이라는 개념 때문에 그 기초가 되는 2D 스케치를 대수롭지 않게 넘어가는 경향이 많이 있습니다. 하지만 그 밑바탕이 되는 스케치와 그 요소간의 구속조건이라는 개념을 확실히 이해해야 다음 단계로 넘어갈 수 있습니다. 따라서 이 단원에서는 기본적인 스케치 작성에서 부터 구속조건에 대한 설명을 자세하게 수록해 놓았습니다.

Part 3 피처 명령어

모델링 실습에 들어가기 전에 어떠한 명령어들이 있고, 또 어떤 방식으로 다루어야 하는지를 다양한 옵션과 함께 자세하게 기술해 놓았습니다.

Part 4 파트 모델링

기계설계산업기사나 일반기계기사 실기시험에 자주 출제되는 다양한 예제들을 수록하여 실전에 대비한 충실한 실습을 할 수 있도록 하였으며, 같은 타입의 부품이라고 하더라도 여러 갈래로 세분화하여 모델링하는 방법을 기술해 놓았습니다.

Part 5 도면 작성하기

솔리드웍스를 이용해 다양한 예제의 도면 뷰를 작성하는 방법에 대해 기술해 놓았습니다. 또한 상세한 설명을 통해 솔리드웍스의 도면 기능을 최대한 활용할 수 있는 내용을 수록해 놓았습니다.

이 책은 단순히 국가기술자격증만을 취득하는데 국한되지는 않을 것입니다. 여러분들이 이 책에서 배운 지식이 곧 미래에 취업하게 될 기업이나 실무에서 바로 활용하는 소중한 지식이 될 것입니다.

앞으로도 더욱 더 좋은 도서로 찾아뵙기를 약속드리며, 독자 여러분께서 이책을 통해 솔리드웍스에 대해 좀 더 많은 이해와 더불어 실무에서 활용을 하고 나아가서는 개인의 기술력 향상에도 도움이 되기를 기원합니다.

2014년 8월 저자 일동

◎대표전화 : 1544-1605
◎이메일 : mechapia@mechapia.com
◎웹사이트 : www.mechapia.com / www.3dmecha.co.kr / www.3dhub.co.kr

Contents | 목차

Part 1 솔리드웍스 입문하기 … 16

Section 1 솔리드웍스 시작하기 … 18

- Lesson 1 솔리드웍스 실행하기 … 18
- Lesson 2 인터페이스 소개 … 18
- Lesson 3 솔리드웍스의 작업 환경과 작업 순서 … 19
- Lesson 4 템플릿 작성하기 … 20
- Lesson 5 환경 설정하기 … 23

Section 2 화면 제어하기 … 26

- Lesson 1 마우스와 키보드를 이용한 빠른 화면 제어 … 26
- Lesson 2 표준 도구 막대 사용하기 … 27
- Lesson 3 마우스 제스처 사용하기 … 27
- Lesson 4 뷰 방향 보기 … 28
- Lesson 5 바로가기 바 사용하기 … 29

Part 2 2D 스케치 … 30

Section 1 스케치 생성하기 32

- Lesson 1 스케치 생성하기 32
- Lesson 2 스케치를 생성하는 세 가지 방법 33
- Lesson 3 스케치의 스냅 34
- Lesson 4 스케치의 구속조건 추정/지속성 35
- Lesson 5 스케치 종료하기 35

Section 2 그리기 도구 36

- Lesson 1 선 36
- Lesson 2 원 40
- Lesson 3 호 41
- Lesson 4 직사각형 43
- Lesson 5 홈 46
- Lesson 6 자유곡선 48
- Lesson 7 타원 50
- Lesson 8 다각형 53
- Lesson 9 스케치 필렛 54
- Lesson 10 스케치 모따기 55
- Lesson 11 문자 57
- Lesson 12 점 59

Section 3 구속조건 도구 60

- Lesson 1 구속조건 추가/삭제하기 60
- Lesson 2 기본적인 치수 기입법 63

Lesson 3	여러가지 타입의 치수 기입하기	64
Lesson 4	일치 구속조건	70
Lesson 5	동일선상 구속조건	72
Lesson 6	동심 구속조건	72
Lesson 7	고정 구속조건	72
Lesson 8	평행 구속조건	73
Lesson 9	직각 구속조건	73
Lesson 10	수평 구속조건	74
Lesson 11	수직 구속조건	74
Lesson 12	접선 구속조건	75
Lesson 13	동일원 구속조건	76
Lesson 14	대칭 구속조건	76
Lesson 15	동등 구속조건	77

Section 4 패턴 도구　　　　78

Lesson 1	선형 스케치 패턴	78
Lesson 2	원형 스케치 패턴	79
Lesson 3	요소 대칭 복사	81

Section 5 편집 도구　　　　82

Lesson 1	요소 이동	82
Lesson 2	요소 복사	83
Lesson 3	요소 회전	84
Lesson 4	크기조절	85
Lesson 5	늘이기	86

Lesson 6	요소 잘라내기	87
Lesson 7	요소 늘리기	90
Lesson 8	요소 변환	90
Lesson 9	요소 오프셋	91

Section 6 스케치의 상태 — 94

Lesson 1	스케치의 상태	94
Lesson 2	스케치 요소의 상태	94
Lesson 3	스케치 편집	95
Lesson 4	스케치 평면 편집	96

Section 7 스케치 연습예제 — 98

Lesson 1	베이스 스케치 연습예제	98
Lesson 2	서브 스케치 연습예제	118
Lesson 3	구멍 스케치 연습예제	145

Part 3 피처 명령어 — 160

Section 1 작성 명령 — 162

Lesson 1	피처 기본 옵션	162
Lesson 2	돌출 보스/베이스, 돌출 컷	166
Lesson 3	회전 보스/베이스, 회전 컷	174
Lesson 4	로프트 보스/베이스, 로프트 컷	178

| Lesson 5 | 스윕, 스윕 컷 | 181 |
| Lesson 6 | 보강대 | 183 |

Section 2 편집 명령 — 186

Lesson 1	구멍 가공 마법사	186
Lesson 2	필렛	191
Lesson 3	모따기	195
Lesson 4	쉘	198
Lesson 5	구배주기	200
Lesson 6	나사산 표시	201
Lesson 7	곡면 포장	203

Section 3 참조 형상 — 206

Lesson 1	기준면	206
Lesson 2	기준축	216
Lesson 3	점	219

Section 4 패턴 명령 — 224

Lesson 1	선형 패턴	224
Lesson 2	원형 패턴	227
Lesson 3	대칭 복사	230
Lesson 4	스케치 이용 패턴	233
Lesson 5	사용자 재질 작성하기	235

Part 4 파트 모델링　　238

Section 1 블럭 타입의 부품 그리기　　240

- Lesson 1 필로우 캡　　240
- Lesson 2 핑거　　243
- Lesson 3 이동 클램프　　248
- Lesson 4 고정 클램프　　252
- Lesson 5 커버　　256
- Lesson 6 연습 예제도면　　261

Section 2 핀, 볼트 타입의 부품 그리기　　270

- Lesson 1 힌지 핀　　270
- Lesson 2 필로우 캡　　272
- Lesson 3 지지볼트　　275
- Lesson 4 클램프 볼트　　278
- Lesson 5 피스톤 로드　　282
- Lesson 6 연습 예제도면　　286

Section 3 축 타입의 부품 그리기　　296

- Lesson 1 축　　296
- Lesson 2 편심축　　301
- Lesson 3 보스　　307
- Lesson 4 실링 커버　　311
- Lesson 5 기준 패드　　319

Lesson 6 연습 예제도면 ... 324

Section 4 동력전달용 부품 그리기 ... 334

Lesson 1 V-벨트 풀리 ... 334
Lesson 2 평벨트 풀리 ... 340
Lesson 3 스퍼 기어 ... 344
Lesson 4 래크 기어 ... 351
Lesson 5 헬리컬 기어 ... 354
Lesson 6 체인 스프로킷 ... 359
Lesson 7 베벨 기어 ... 366
Lesson 8 웜 휠 ... 372
Lesson 9 웜 샤프트 ... 377

Section 5 본체 타입의 부품 그리기 ... 382

Lesson 1 축 지지대 ... 382
Lesson 2 바디 ... 388
Lesson 3 본체 하우징 ... 395
Lesson 4 본체 ... 402
Lesson 5 연습 예제도면 ... 413

Section 6 기타 부품 그리기 ... 418

Lesson 1 노브 ... 418
Lesson 2 손잡이 ... 422
Lesson 3 핸들 ... 428
Lesson 4 스프링 ... 432

Part 5 도면 작성하기 434

Section 1 도면 환경 알아보기 436

- Lesson 1 도면 시작하기 — 436
- Lesson 2 시트의 성격에 대해서 — 438
- Lesson 3 시트 트리에 대한 소개 — 439
- Lesson 4 도면 환경의 명령어 소개 — 439

Section 2 뷰 명령 알아보기 442

- Lesson 1 모델 뷰 — 442
- Lesson 2 투상도 — 448
- Lesson 3 보조 투상도 — 449
- Lesson 4 단면도 — 450
- Lesson 5 상세도 — 454
- Lesson 6 부분 단면도 — 456
- Lesson 7 수직 파단 — 457
- Lesson 8 부분도 — 458
- Lesson 9 뷰의 정렬/끊기 — 459
- Lesson 10 3D 도면뷰 — 459

Section 3 시험용 템플릿 작성하기 462

- Lesson 1 도면 옵션 설정하기 — 462
- Lesson 2 도면 틀 작성하기 — 464

Section 4 제출용 도면 작성하기　　　468

- Lesson 1　등각투상도 작성하기　　　468
- Lesson 2　블럭 타입의 부품도 작성하기　　　478
- Lesson 3　축 타입의 부품도 작성하기　　　480
- Lesson 4　동력전달용 부품도 작성하기　　　486
- Lesson 5　본체 타입의 부품도 작성하기　　　490
- Lesson 6　DWG로 내보내기　　　499
- Lesson 7　AutoCad 세팅하기　　　501

Part 6　실기시험 출제기준/과제도면 및 답안제출 예시　　　514

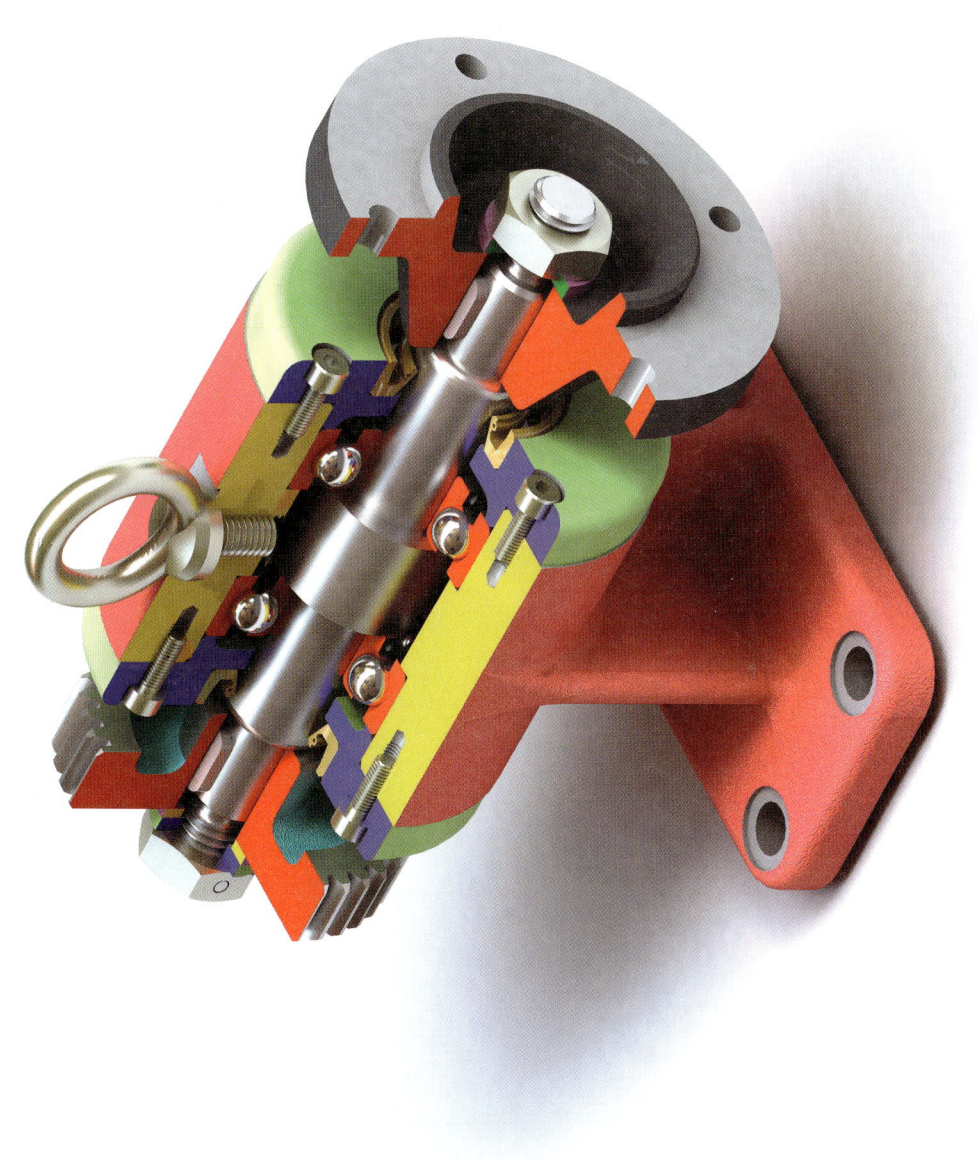

PART 01

솔리드웍스 입문하기

DWORKS 2014

| Section 1 | 솔리드웍스 시작하기 | 18p |
| Section 2 | 화면 제어하기 | 26p |

Section 1
솔리드웍스 시작하기

전산응용기계제도/기계설계산업기사를 위한 솔리드웍스

Lesson 1 ｜ 솔리드웍스 실행하기

솔리드웍스를 설치한 후 바탕화면의 아이콘을 더블클릭해서 실행한다.

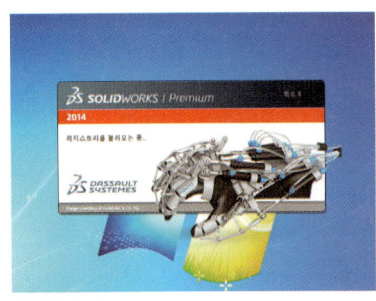

SolidWorks 2014
솔리드웍스 프로그램 실행 아이콘이다.

SolidWorks eDrawings 2014
솔리드웍스의 자체 뷰어를 내장한 eDrawings 아이콘이다.

SolidWorks Explorer 2014
SolidWorks 문서의 이름 바꾸기 및 대체, 복사 및 검색을 수행하는 검색기이다.

Lesson 2 ｜ 인터페이스 소개

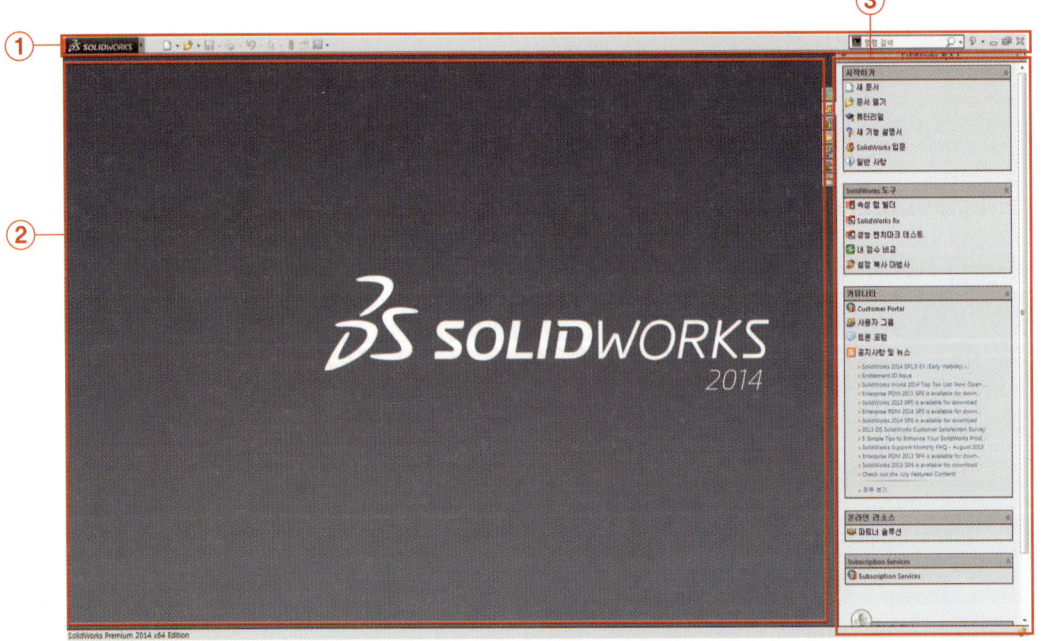

시작화면은 다음과 같다.

❶ 풀다운 메뉴 : 솔리드웍스의 모든 명령어가 모여있는 항목이다.

❷ 작업 영역 : 실제 작업을 하는 창이다.

❸ 작업창 : Solidworks 리소스, 설계 라이브러리, 파일 탐색기 등 여러가지 작업에 필요한 명령어 창이다.

Lesson 3 | 솔리드웍스의 작업 환경과 작업 순서

01 솔리드웍스의 작업 환경

새 파일 명령을 클릭하면 기본 템플릿이 열린다.

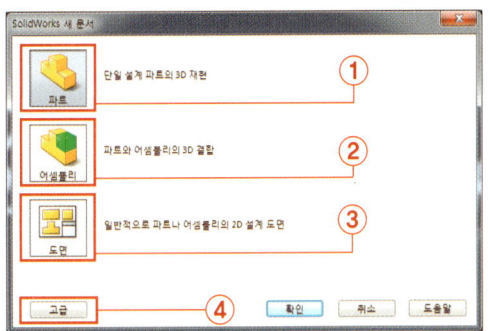

❶ 파트 : 일반적인 모델링 환경이다.

❷ 어셈블리 : 조립품 환경이다.

❸ 도면 : 파트와 어셈블리를 도면으로 작성하는 환경이다.

❹ 고급 : 클릭하면 사용자가 만들어 놓은 템플릿을 등록하여 사용할 수 있다.

02 솔리드웍스의 작업 순서

솔리드웍스는 주로 다음과 같은 작업 순서를 가진다.

■**파트작업** :평면 → 스케치 → 구속조건 → 피처

■**어셈블리 작업** :파트작업 → 어셈블리

■**도면 작업** :파트작업 → 도면작업

　　　　　　　파트작업 → 어셈블리 → 도면작업

Part 01 솔리드웍스 입문하기

Lesson 4 | 템플릿 작성하기

사용자 설정의 템플릿을 작성하는 방법을 알아보자. 이 사용자 설정은 **파트-어셈블리-도면**이 연동이 되므로 반드시 필요한 과정이다.

일반 파트를 생성한다. 풀다운 메뉴-파일-속성을 클릭한다.

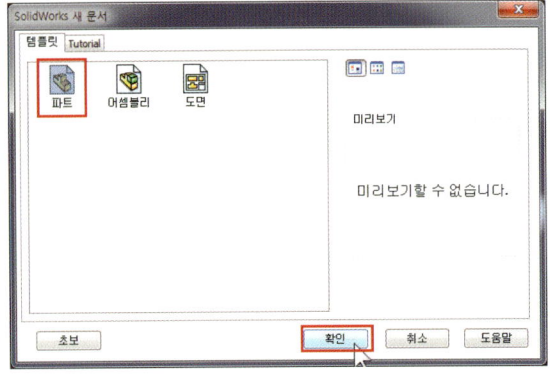
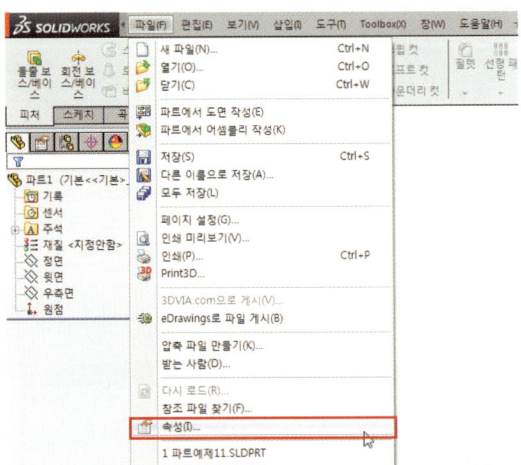

사용자 정의 탭을 선택해 속성을 입력한다. **속성 이름**을 정의하고, **유형**을 지정한 다음 **값/텍스트**를 작성한다.
- **속성이름** : 속성의 제목이다.
- **유형** : 값/텍스트의 결과값의 유형이다.
- **값/텍스트** : 속성의 결과값이다.

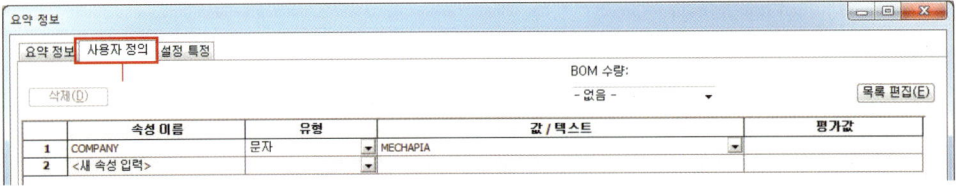

01 필드 입력

값/텍스트를 **사용자가 임의로 지정하는 값**을 의미한다. 아래 속성에서는 다음과 같은 값들이 필드 입력값이 된다.

COMPANY = MECHAPIA   CHECKED = 이원모
TITLE = SOLIDWORKS BASIC   DESIGNED = 조성일
DESIGNED = 노수황

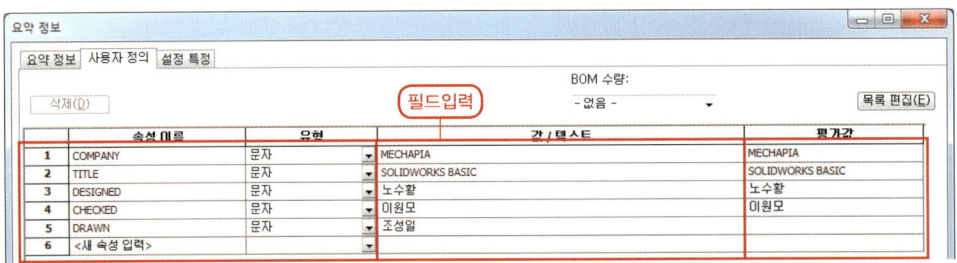

02 속성 필드 입력

값/텍스트를 **파일이 가지고 있는 설정값을 링크**시키는 것을 의미한다. 아래 속성에서는 다음과 같은 값들이 필드 입력값이 된다.

MATERIAL = 재질
WEIGHT = 질량

다음과 같이 설정값을 불러들이려면 입력 필드를 클릭해서 사용자가 원하는 현재 문서의 설정값을 선택한다.

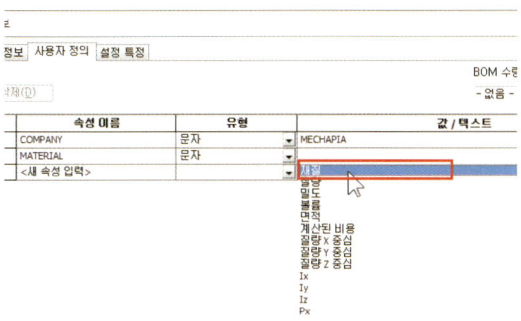

다음과 같이 원하는 항목을 입력해 사용자 정의를 완료 후 확인 버튼을 클릭한다.

03 템플릿 폴더 등록시키기

풀다운 메뉴의 옵션 명령을 클릭한다.

파일 위치 항목을 선택한 후 추가 버튼을 클릭한다.

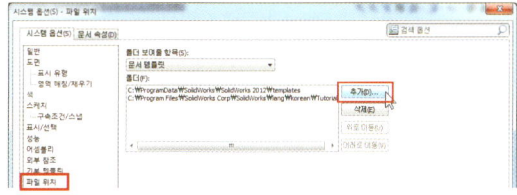

원하는 위치에 폴더를 만든 후 그 폴더를 선택한다.

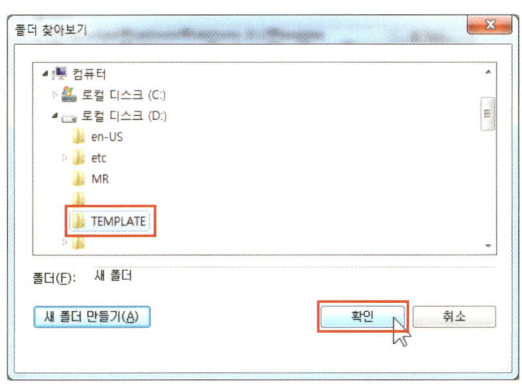

선택한 폴더가 추가된다.

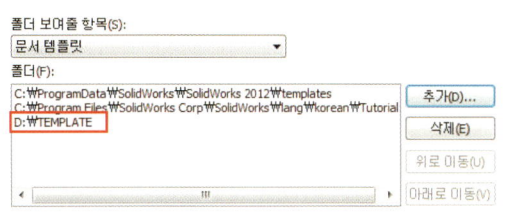

04 템플릿 파일 저장하기

솔리드웍스를 처음 접하는 사용자는 템플릿 파일을 저장할 때 다소 혼동을 느끼기 쉬우므로 반드시 다음과 같은 순서를 숙지해서 순서대로 저장해야 한다.

확인 버튼을 클릭해 옵션창을 나온 후 풀다운 메뉴의 파일-**다른이름으로 저장**을 클릭한다.

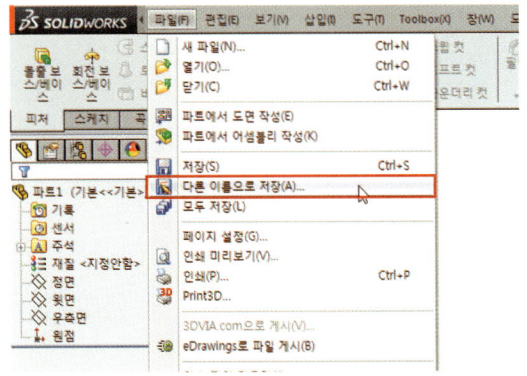

파일 형식을 변경한다.

파일 형식 : Part Templates(*.prtdot)

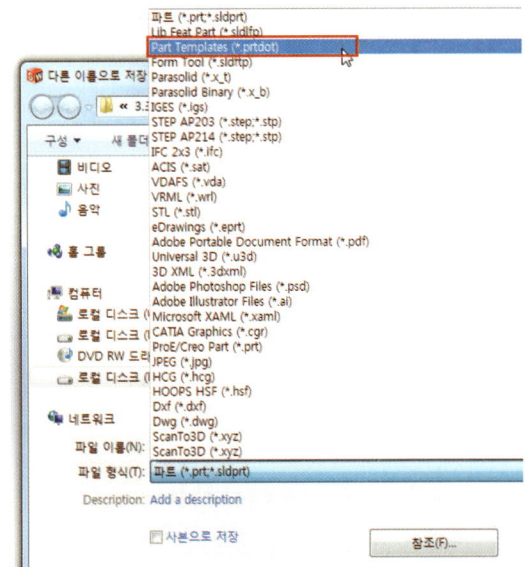

저장하는 위치를 지정한다.

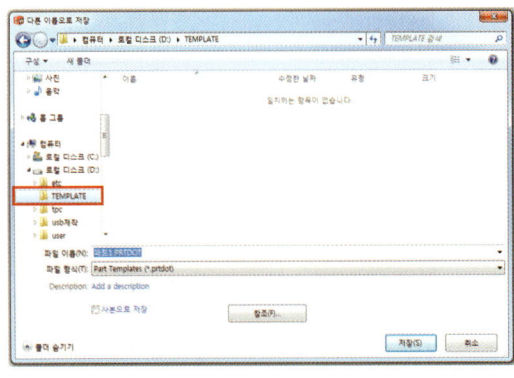

파일 이름을 지정해 저장한다.

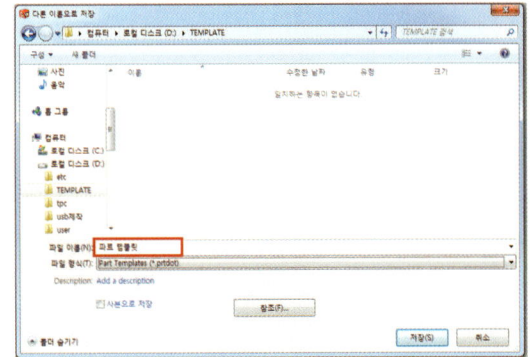

새 파일 버튼을 클릭해서 템플릿 창을 열어보면 다음과 같이 옵션에서 등록한 폴더가 템플릿 탭으로 추가되어 있고 저장한 파일은 템플릿 파일로 추가된 것을 알 수 있다.

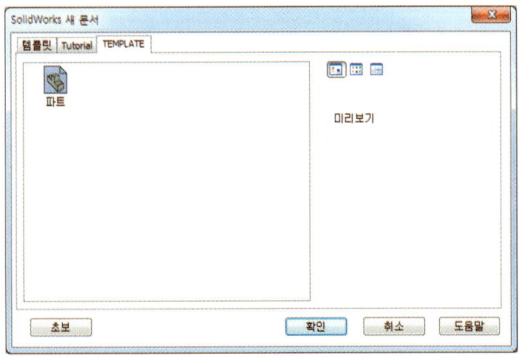

Lesson 5 | 환경 설정하기

01 템플릿 파일 저장하기

솔리드웍스를 좀더 편리하게 다루기 위해서 다음과 같이 옵션을 설정하도록 한다.

❶ 일반

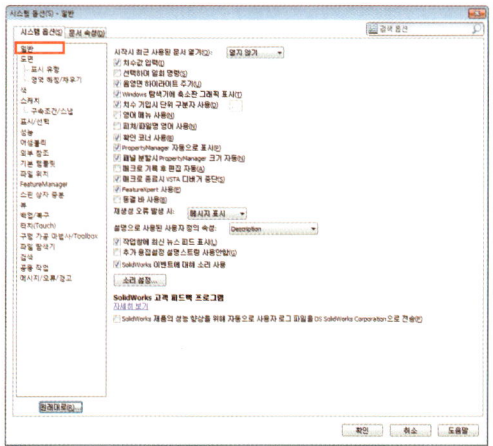

❷ 성능

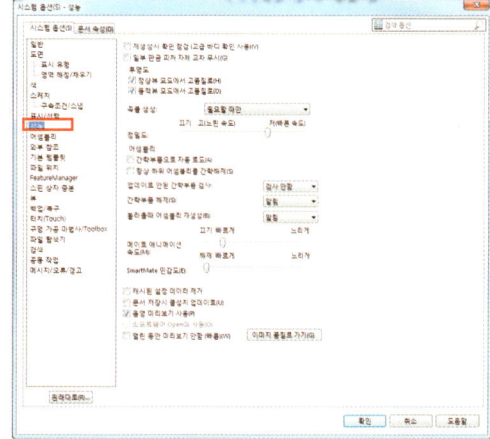

❸ 기본 템플릿

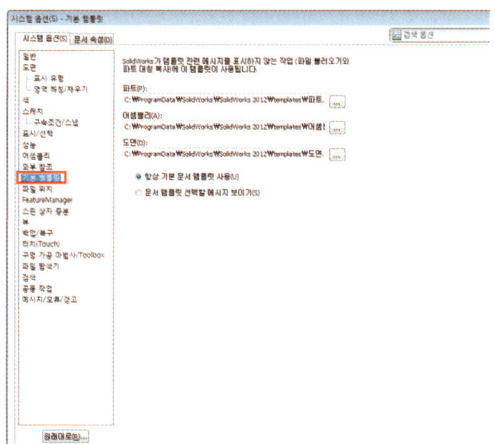

❹ 파일 위치

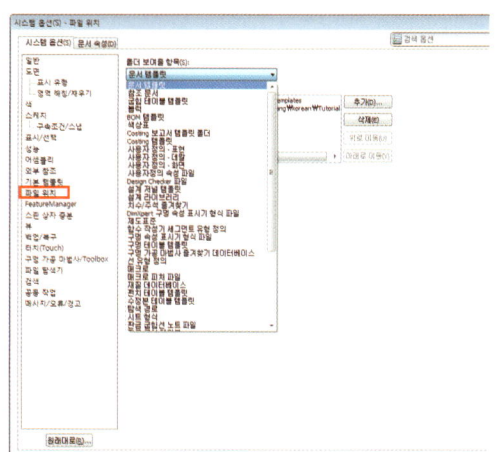

02 솔리드웍스 기본 단축키

❶ 윈도우 단축키

단축키	설명	단축키	설명
Ctrl+C	복사	Ctrl+S	저장하기
Ctrl+X	잘라내기	Ctrl+V	붙여넣기
Ctrl+O	문서열기	Ctrl+Z	명령취소
Ctrl+P	인쇄	Ctrl+Y	취소된 명령 복구

❷ 솔리드웍스 기본 단축키

단축키	설명	단축키	설명
Ctrl+B	재생성	A	명령 옵션 전환
Ctrl+F	찾기/바꾸기	C	트리 확장/축소
Ctrl+N	새파일	E	모서리선 필터
Ctrl+Q	Force Regen	F	전체 보기
Ctrl+R	다시 그리기	G	돋보기
Ctrl+W	닫기	L	선
Ctrl+다중 선택	여러 가지 요소를 한꺼번에 선택	N	다음 모서리선
Ctrl+1	정면 보기	R	최근 문서 찾아보기
Ctrl+2	후면 보기	S	셀렉션 매니저
Ctrl+3	좌측면 보기	V	꼭지점 필터
Ctrl+4	우측면 보기	X	면 필터
Ctrl+5	윗면 보기	Y	모서리선 선택
Ctrl+6	아랫면 보기	Z	화면 비율 축소
Ctrl+7	등각 보기	F3	빠른 스냅
Ctrl+8	선택한 면을 수직으로 마주보기	F5	선택 필터 도구모음 전환
Ctrl+F1	작업 창 ON/OFF	F6	선택 필터 변환
Shift+C	모든 항목 수축	F7	맞춤법 확인
Shift+Z	화면 비율 확대	F9	FeatureManager 디자인 트리 보기/숨기기
Ctrl+Shift+Z	이전 뷰	F10	도구 모음
		F11	전체 화면
		Enter	최근 명령 재실행
		Space Bar	뷰 방향설정

03 사용자 정의 단축키 설정방법

풀다운 메뉴에서 사용자 정의 버튼을 클릭한다.

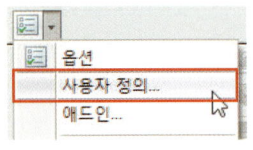

사용자 정의창이 나타나게 되면 키보드 탭을 클릭한다.

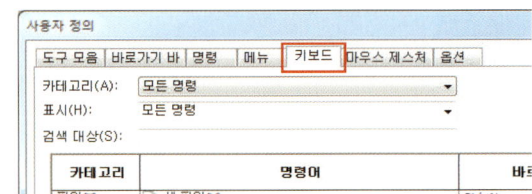

해당 명령어 항목을 선택해 바로가기 항목을 클릭한후 단축키를 입력한다. 알파벳 한글자 또는 Alt, Shift, Ctrl과 조합하여 사용할 수 있다.

카테고리	명령어	바로가기	바로가기 검색
파일(F)	새 파일(N)..	Ctrl+N	
파일(F)	열기(O)..	Ctrl+O	
파일(F)	닫기(C)..	Ctrl+W	
파일(F)	파트에서 도면 작성(E)..		
파일(F)	파트에서 어셈블리 작성(K)..		
파일(F)	저장(S)..	Ctrl+S	
파일(F)	다른 이름으로 저장(A)..		
파일(F)	모두 저장(L)..		
파일(F)	페이지 설정(G)..		
파일(F)	인쇄 미리보기(V)..		
파일(F)	인쇄(P)..	Ctrl+P	

04 SolidWorks Add-In 프로그램 사용법

솔리드웍스와 연동되는 기타 프로그램을 로딩하는 방법이다. 해당 작업과 버젼에 따라 연동시키는 프로그램의 종류가 다를 수도 있다.

풀다운 메뉴에서 애드인 버튼을 클릭한다.

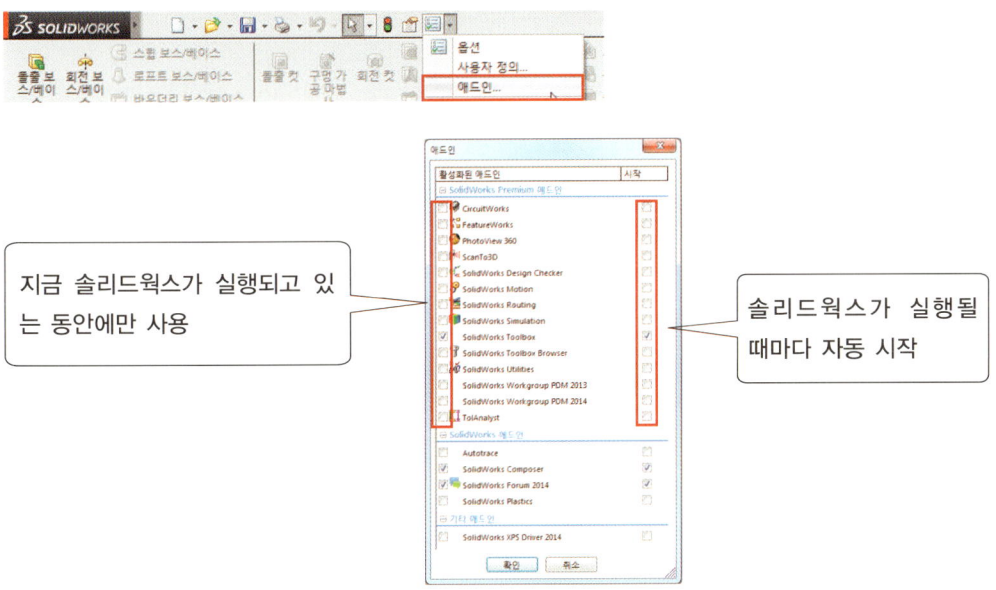

솔리드웍스의 애드인 프로그램에 대해서는 솔리드웍스 코리아 홈페이지에서 자세한 설명을 볼 수 있다.
http://www.solidworks.co.kr/

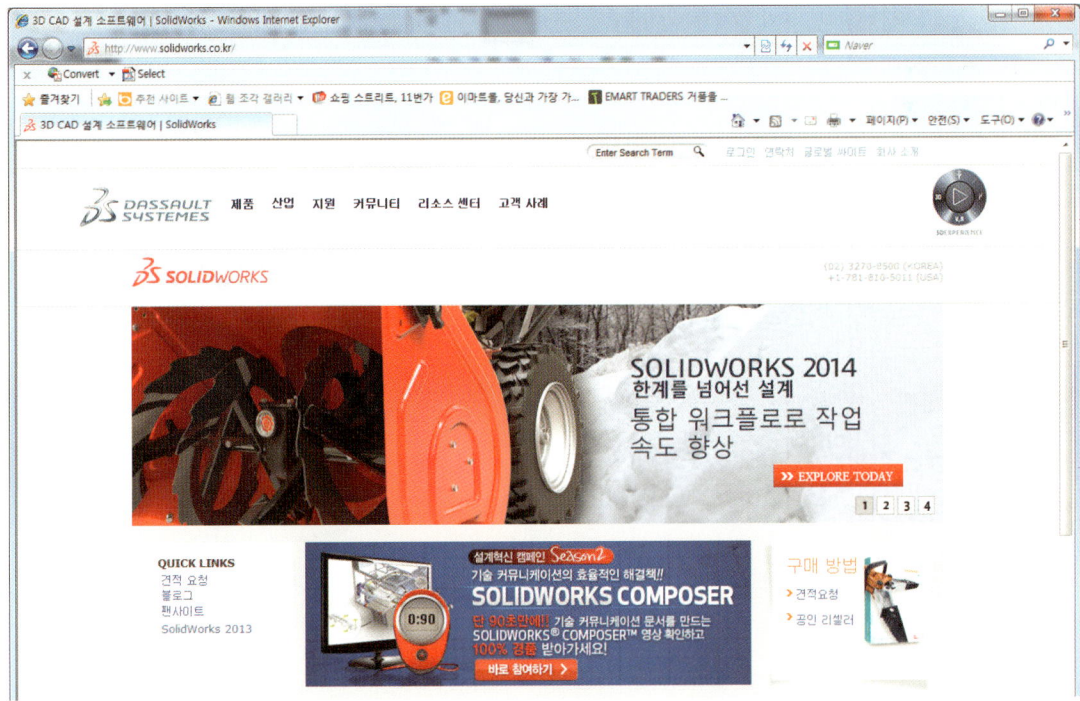

Section 2
화면 제어하기

전산응용기계제도/기계설계산업기사를 위한 솔리드웍스

Lesson 1 | 마우스와 키보드를 이용한 빠른 화면 제어

01 확대/축소

❶ **전체 확대 :** 휠 버튼을 빠르게 두 번 클릭한다 (단축키 F).

❷ **마우스 휠버튼 :** 위로 굴리면 화면이 축소, 아래로 굴리면 마우스 커서를 중심으로 화면이 확대된다.

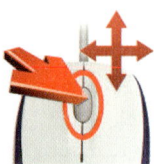

❸ **화면이 부드럽게 확대/축소 :** Shift 키(좌, 우측 모두 사용 가능)를 누른 채로 마우스 휠 버튼을 드래그한다.

02 시점 이동

좌측 Ctrl 키와 마우스 휠 버튼을 누르고 드래그하면 화면 시점이 이동한다.

 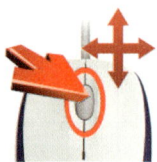

03 화면 회전

마우스 휠 버튼을 누르고 드래그하면 화면이 회전한다.

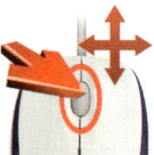

Lesson 2 | 표준 도구 막대 사용하기

작업화면 상단에 있는 표준 도구 막대를 이용해 화면 제어를 할 수 있다.

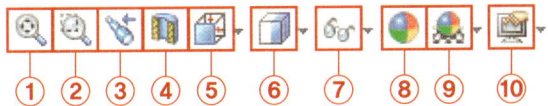

① **전체크기** : 모델을 창에 전체 크기로 표시한다.
② **영역확대** : 상자를 그려 부분을 선택하여 확대한다.
③ **이전 뷰** : 이전 뷰를 표시한다.
④ **단면 보기** : 파트나 어셈블리의 모델 절단도를 표시한다.
⑤ **뷰 방향** : 현재 뷰 방향 또는 시점 수를 변경한다.
⑥ **표시 유형** : 활성 뷰의 표시 유형을 변경한다.
⑦ **항목 숨기기/보이기** : 그래픽 영역 안의 항목 표시 여부를 변경한다.
⑧ **표현 편집** : 모델의 색상을 편집한다.
⑨ **화면 적용** : 사용자 모델에 특정 화면을 적용한다.
⑩ **뷰 설정** : RealView, 그림자, 원근과 같은 다양한 뷰 설정을 전환한다.

Lesson 3 | 마우스 제스처 사용하기

화면에서 마우스 오른쪽 버튼을 드래그하면 지정한 명령을 실행하는 기능이다.

일반 화면에서의 마우스 제스처 실행시 화면뷰 명령이 실행된다.

스케치 화면에서의 마우스 제스처 실행시 스케치 도구가 실행된다.

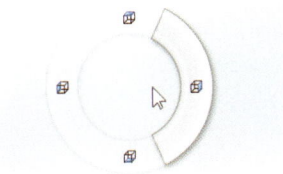
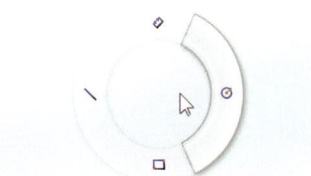

사용자 정의에서 마우스 제스처 탭을 클릭하면 마우스 제스처 명령의 숫자를 4개/8개 로 설정할 수 있다.

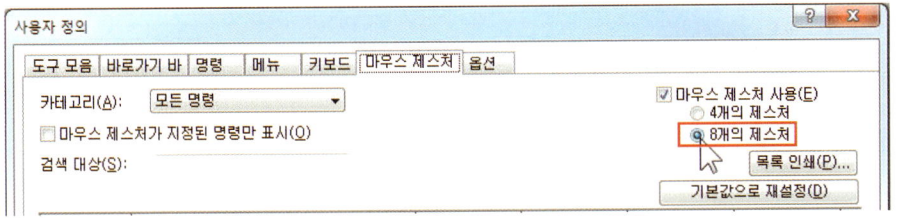

Lesson 4 | 뷰 방향 보기

표준 도구 막대의 뷰 방향을 클릭하면 다음과 같이 정면도 및 평면도를 나타나게 되는데, 여기서 단축키를 활용하면 더욱더 편리하게 표준 방향을 선택할 수 있다.

Ctrl + 1 : 정면

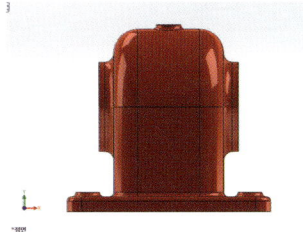

Ctrl + 2 : 후면

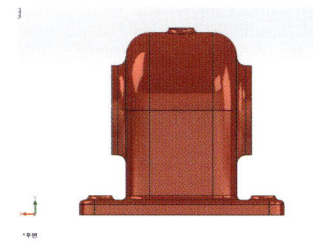

Ctrl + 3 : 좌측면

Ctrl + 4 : 우측면

Ctrl + 5 : 윗면

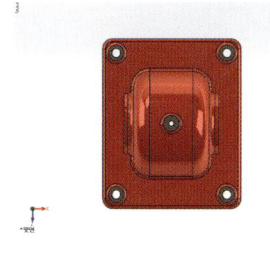

Ctrl + 6 : 아랫면

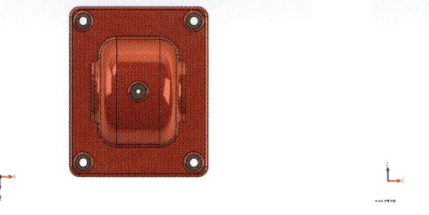

Ctrl + 7 : 등각 보기

Ctrl + 8 : 선택한 면 또는 작업 중인 스케치 평면 보기

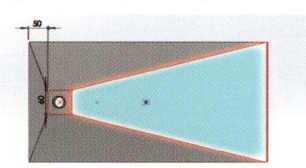

스페이스 바 버튼(Space Bar) : 뷰 선택기

모델링을 감싸는 큐브의 면, 모서리 혹은 꼭지점을 선택하면 해당 방향으로 뷰가 회전한다.

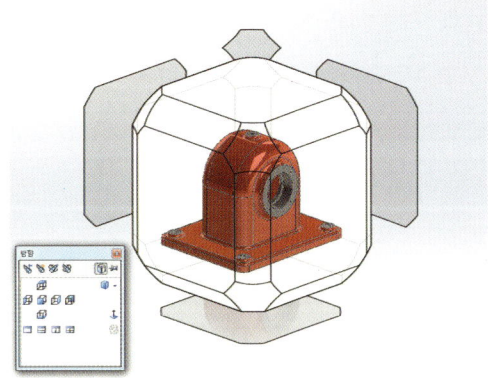

Lesson 5 | 바로가기 바 사용하기

솔리드웍스의 가장 빠른 메뉴를 사용하기 위한 도구로써 단축키 "S"를 클릭하면 상황에 맞는 퀵 메뉴가 뜨게 된다.

스케치 상태에서

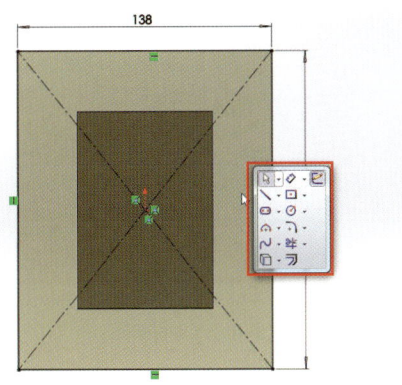

파트 상태에서

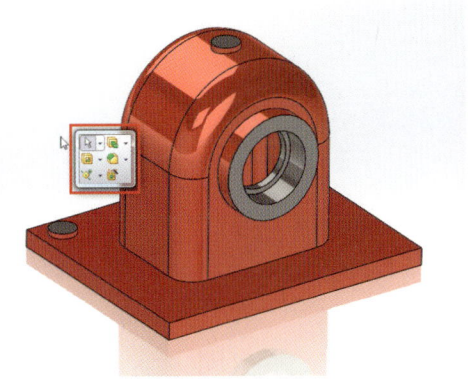

어셈블리 상태에서

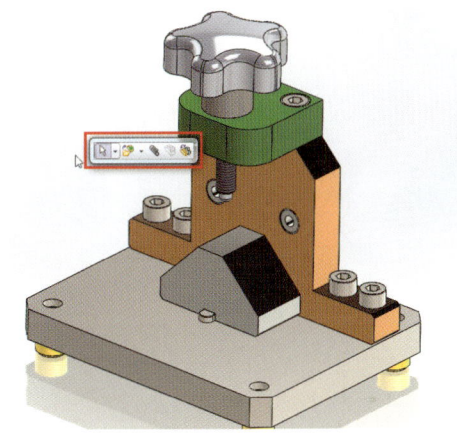

도면 상태에서

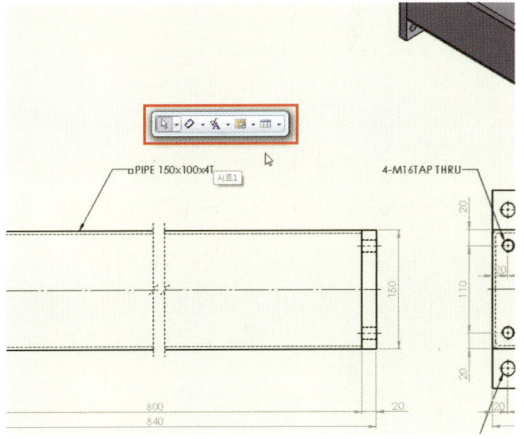

이 메뉴는 불필요한 마우스의 움직임을 줄여주어 상당히 빠른 속도로 작업을 가능하게 지원해 주는 기능이다.

사용자 메뉴의 바로가기 바에서 이 바로가기 바에 배치할 명령어 아이콘을 추가할 수 있다.

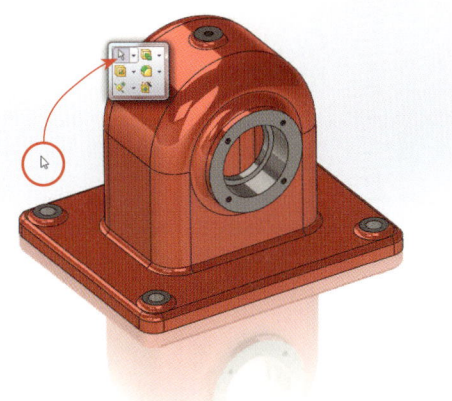

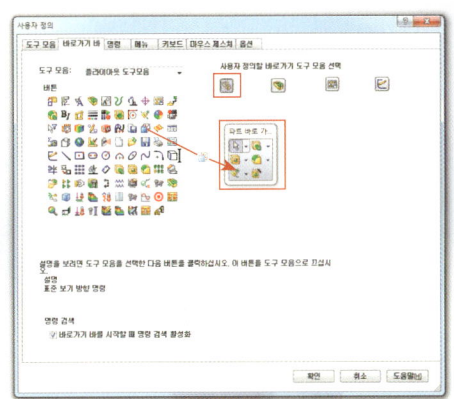

PART 02

2D 스케치

DWORKS 2014

Section 1	스케치 생성하기	32p
Section 2	그리기 도구	36p
Section 3	구속조건 도구	60p
Section 4	패턴 도구	78p
Section 5	편집 도구	82p
Section 6	스케치의 상태	94p
Section 7	스케치의 연습예제	98p

Section 1
스케치 생성하기

전산응용기계제도/기계설계산업기사를 위한 솔리드웍스

Lesson 1 | 스케치 생성하기

작게는 피처를 작성하기 위한 프로파일을 작성하는 2차원의 작업평면에서 작성하는 행위를 뜻한다. 또한 넓게는 전체 제품이나 전체 설비의 레이아웃을 작성하기 위한 설계정의의 가이드라인을 작성하는 행위를 뜻한다.

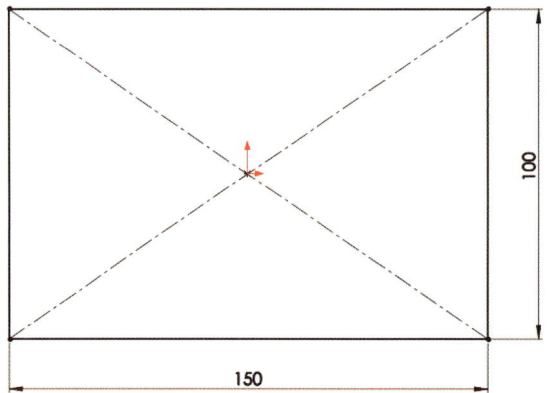

Lesson 2 | 스케치를 작성하는 세가지 방법

1-1 원점 평면에 작성하기

01 원하는 평면을 선택한다.

02 스케치 작성 마크가 나타난다.

03 스케치 작성 버튼을 클릭한다.

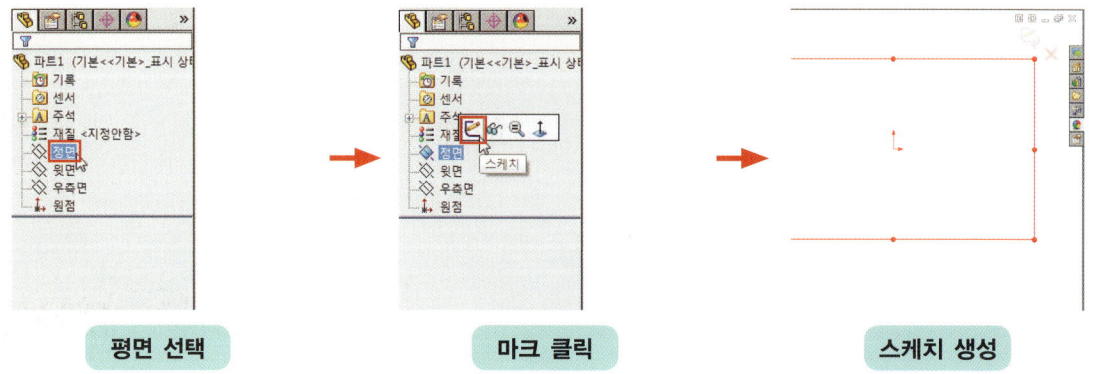

평면 선택 → 마크 클릭 → 스케치 생성

Section1 스케치 생성하기

1-2 2D 스케치 작성 아이콘을 클릭후 원점 평면 선택하기

01 스케치 명령을 클릭한다.

02 원점 자원들이 미리보기가 된다.

03 원하는 평면을 선택한다.

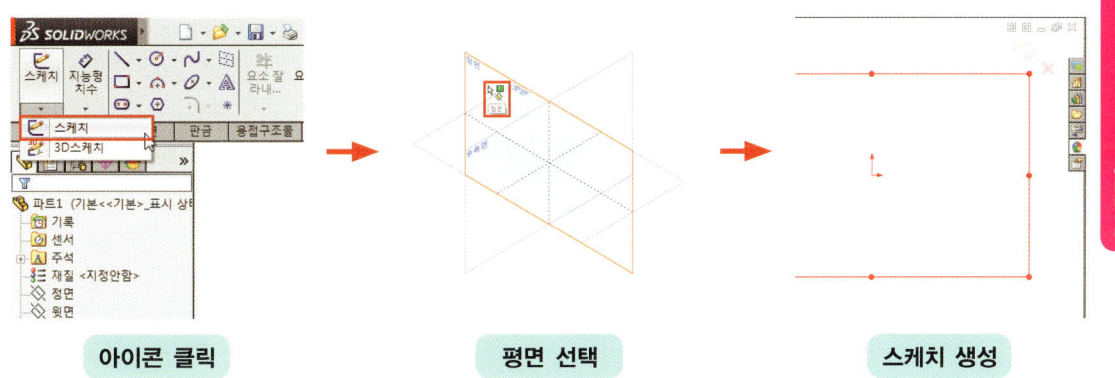

아이콘 클릭 → 평면 선택 → 스케치 생성

02 모델 면에 작성하기

이미 생성된 솔리드의 평면에 생성하는 방법으로 후속 피처를 작성할 때 주로 쓰인다.

01 작성할 모델면을 클릭한다.

02 스케치 작성 마크가 나타난다.

03 스케치 작성 마크를 클릭한다.

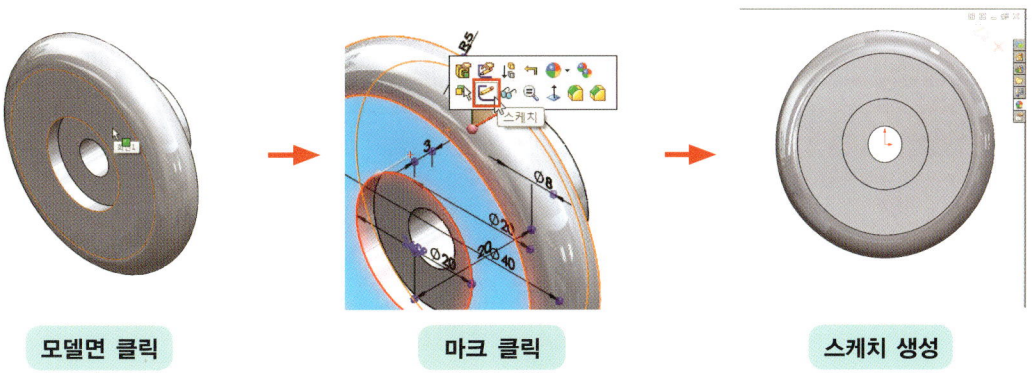

모델면 클릭 → 마크 클릭 → 스케치 생성

03 참조 평면에 생성하기

기준면 명령을 이용해 생성한 면에 작성하는 방법이다.

01 작성된 기준면을 선택한다.

02 스케치 작성 마크가 나타난다.

03 스케치 작성 마크를 클릭한다.

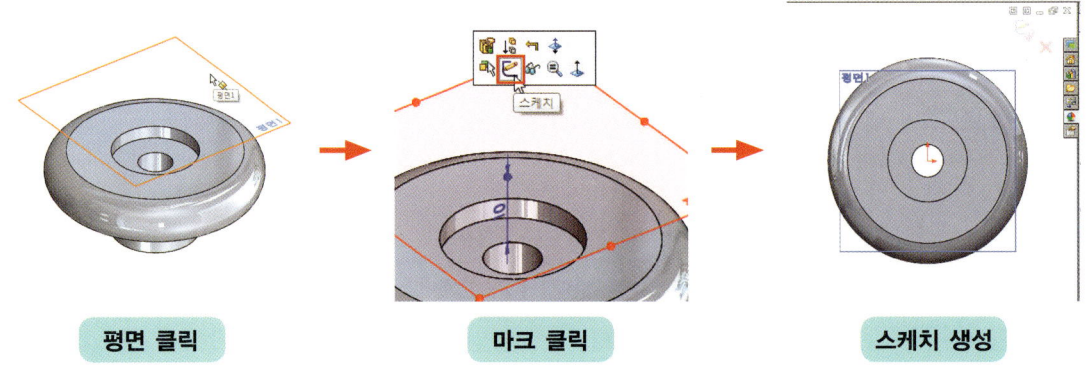

평면 클릭 → 마크 클릭 → 스케치 생성

Lesson 3 | 스케치의 스냅

솔리드웍스의 스케치는 오토캐드의 OSNAP(오스냅) 기능과 마찬가지로 끝점, 중간점, 교차점 등 객체 스냅을 하는 기능이 있다.

아래 마크들은 각각의 요소에 대한 스냅 마크이다.

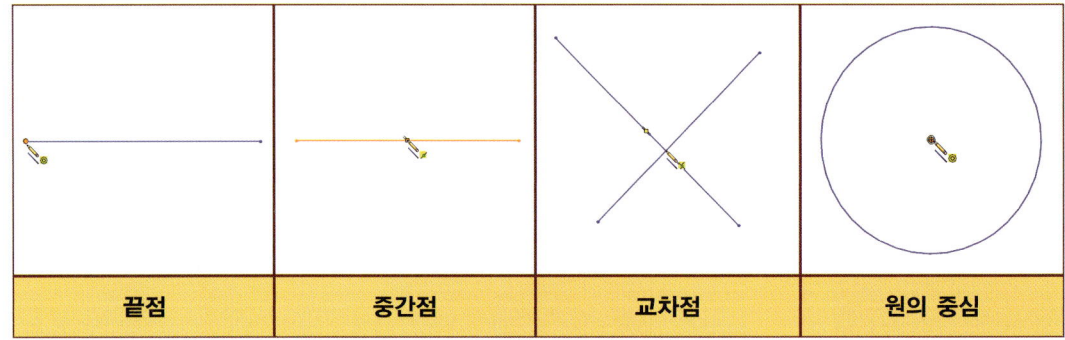

| 끝점 | 중간점 | 교차점 | 원의 중심 |

Lesson 4 | 스케치의 구속조건 추정/지속성

스케치의 구속조건 추정과 지속성이란 간단하게 수직선이나 수평선을 그릴 때에 자동으로 스케치 개체에 수직, 수평 구속조건이 작성되거나, 하나의 개체를 그릴 때, 다른 개체의 형상을 참고하여 직각, 또는 평행 구속조건 같은 것들이 자동으로 부여되는 기능을 뜻한다. 이것을 구속조건 추정이라 부르며, 자동으로 부여되는 구속조건이 그대로 남아있는 기능을 지속성이라고 한다.

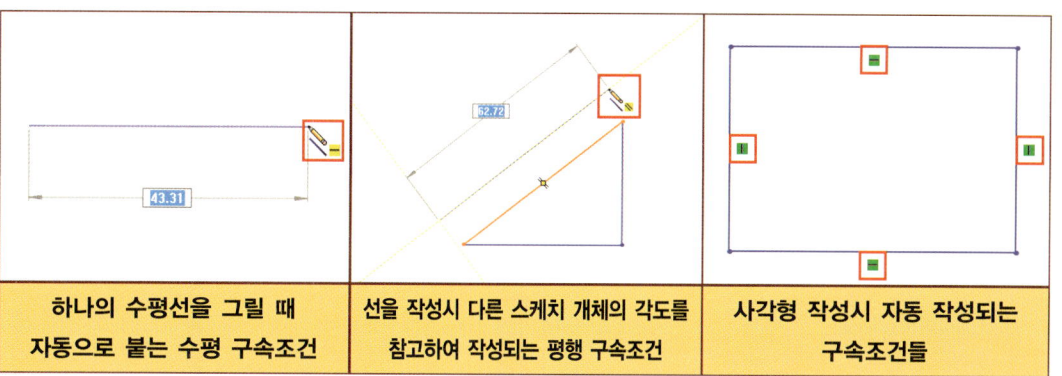

| 하나의 수평선을 그릴 때 자동으로 붙는 수평 구속조건 | 선을 작성시 다른 스케치 개체의 각도를 참고하여 작성되는 평행 구속조건 | 사각형 작성시 자동 작성되는 구속조건들 |

어드바이스 ▶ Ctrl키를 누른 채로 스케치 요소를 작성하는 구속조건 추정 기능이 일시적으로 해제된다.

Lesson 5 | 스케치 종료하기

스케치 종료는 다음 두 가지 방법 중 하나를 택하여 실행할 수 있다.

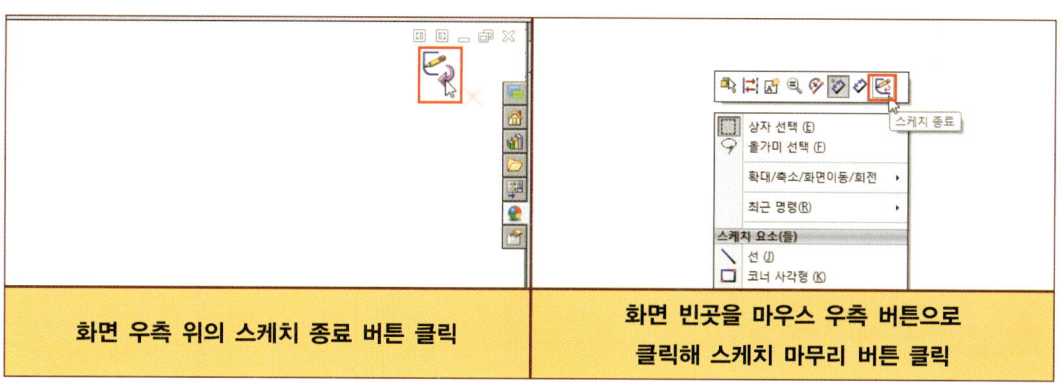

| 화면 우측 위의 스케치 종료 버튼 클릭 | 화면 빈곳을 마우스 우측 버튼으로 클릭해 스케치 마무리 버튼 클릭 |

어드바이스 ▶ 스케치 취소 버튼을 클릭하면 작성했던 사항이 취소되는 형태로 스케치가 종료된다.

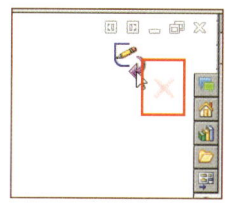

Section 2
그리기 도구

전산응용기계제도/기계설계산업기사를 위한 솔리드웍스

솔리드웍스의 스케치 명령탭에는 다음과 같은 명령어들이 있다.

Lesson 1 | 선

두 개의 점을 이어 직선을 작성하는 명령이다. 연속 클릭으로 다중선을 작성할 수 있으며 구속조건 추정 기호를 보고 수평선과 수직선을 그릴 수 있다.

01 수평선

01 선 아이콘을 클릭한다.

02 첫 번째 점을 클릭한다.

03 수평 구속조건이 추정되는 위치에 두 번째 점을 클릭한다.

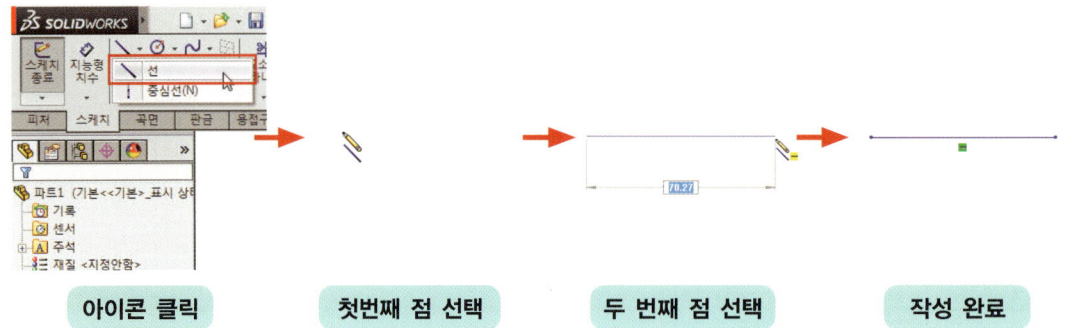

아이콘 클릭 → 첫번째 점 선택 → 두 번째 점 선택 → 작성 완료

02 수직선

01 선 아이콘을 클릭한다.

02 첫 번째 점을 클릭한다.

03 수직 구속조건이 추정되는 위치에 두 번째 점을 클릭한다.

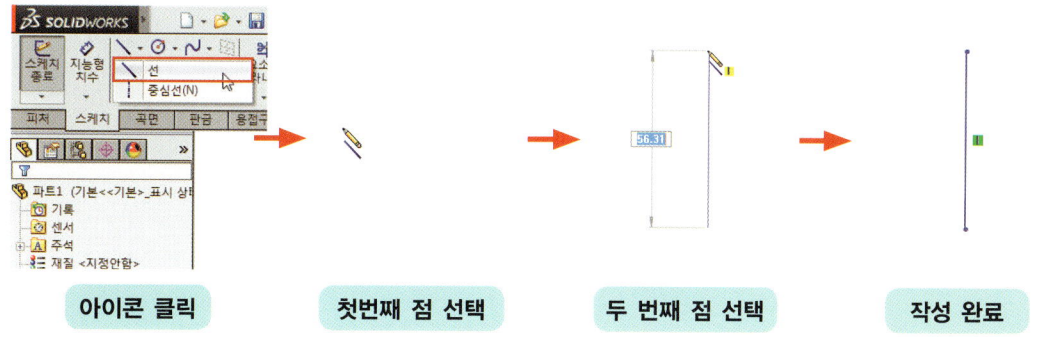

03 사선

01 선 아이콘을 클릭한다.

02 첫 번째 점을 클릭한다.

03 수평/수직 구속조건이 추정되지 않는 위치에 두 번째 점을 클릭한다.

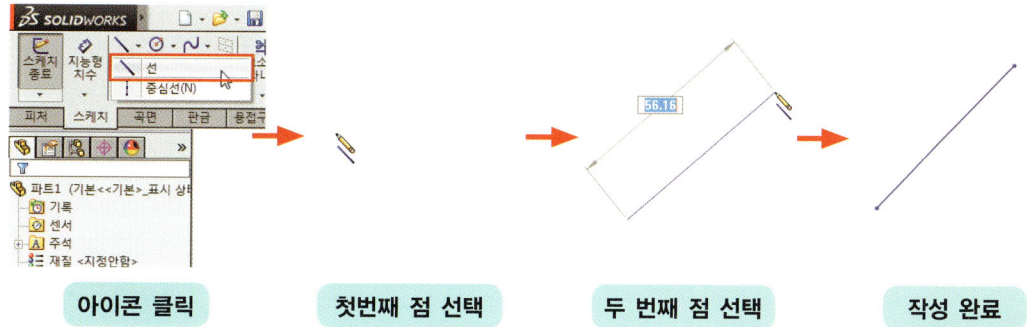

04 연속선

01 선 아이콘을 클릭한다.

02 첫 번째 점을 클릭한다.

03 두 번째 점을 클릭한다.

04 Esc버튼을 클릭하지 않고, 계속 세 번째 네 번째 점을 클릭한다.

05 Esc버튼을 클릭해 선 작성을 마친다.

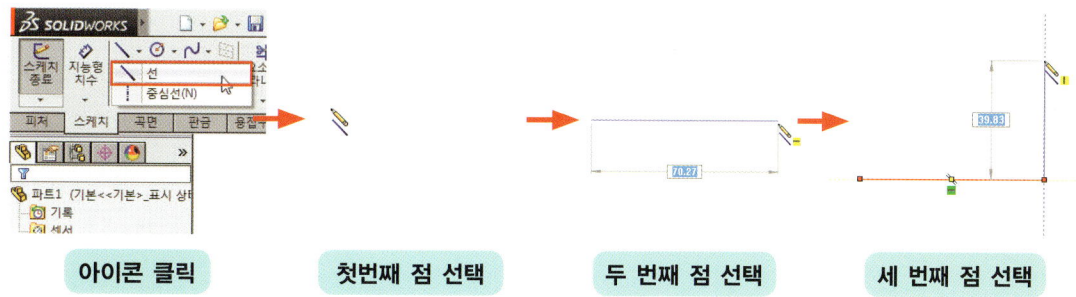

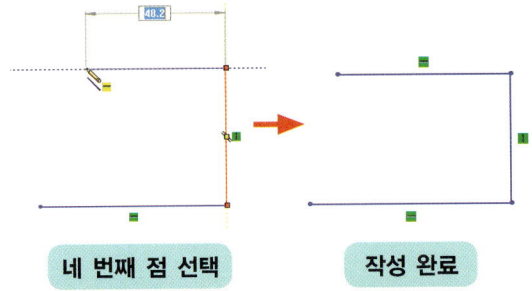

05 탄젠트 호

01 선 아이콘을 클릭한다.

02 첫 번째 점을 클릭한다.

03 두 번째 점을 클릭한다.

04 세 번째 점을 다시 두 번째 점을 클릭해서 드래그 한다.

05 원호가 나타나면 원호의 적당한 형상을 나타내는 위치에 네 번째 점을 클릭한다.

06 선을 이어나간다.

07 Esc버튼을 클릭해 선 작성 마침

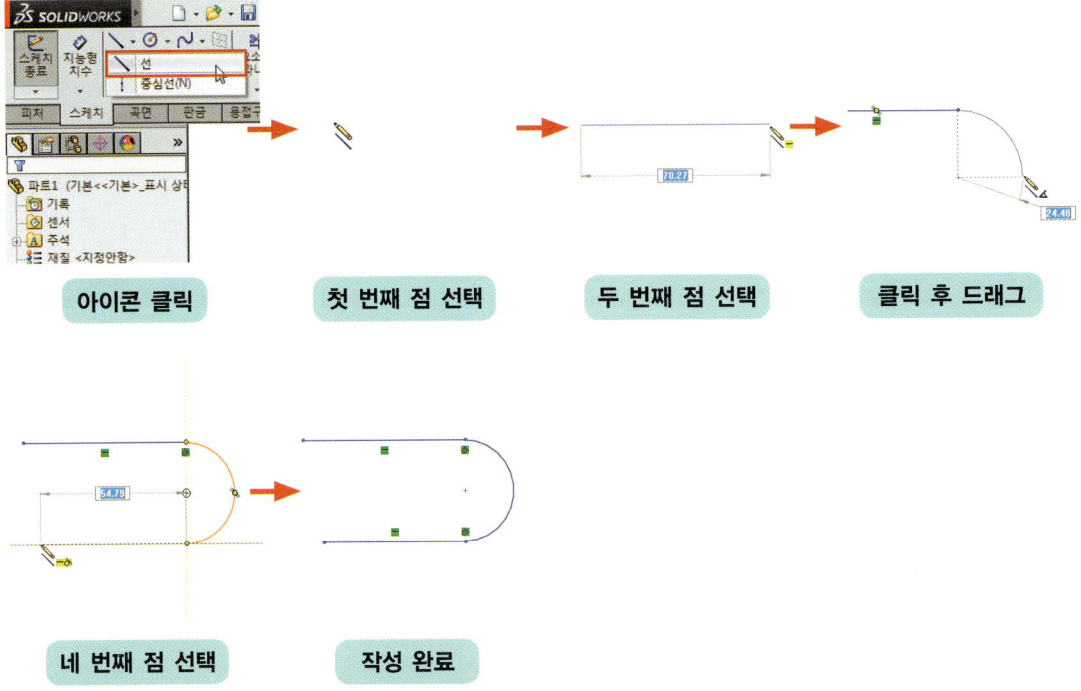

06 중심선 작성하기

01 중심선 아이콘을 클릭한다.

02 첫 번째 점을 클릭한다.

03 두 번째 점을 클릭한다.

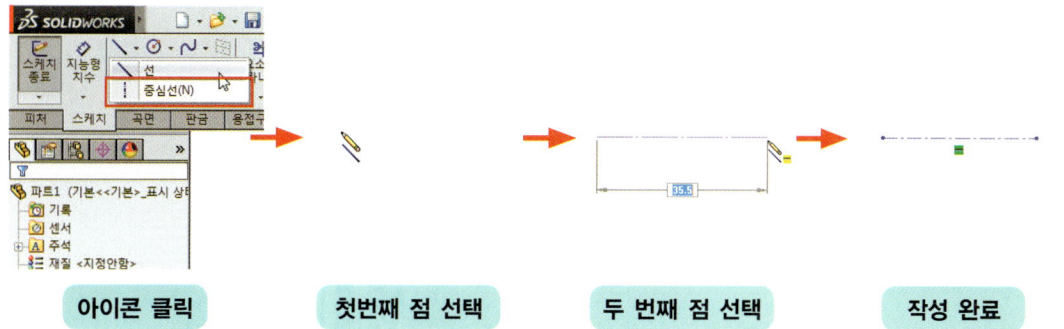

아이콘 클릭   첫번째 점 선택   두 번째 점 선택   작성 완료

07 일반 선을 중심선으로 변경하기-1

01 선을 작성한다.

02 작성된 선을 클릭한 후 보조선 명령을 클릭한다.

03 선이 중심선으로 변경된다.

선 작성   명령 클릭   중심선으로 변경

08 일반 선을 중심선으로 변경하기-2

01 선을 작성한다.

02 작성된 선을 클릭한 후 속성 창의 보조선을 체크한다.

03 선이 중심선으로 변경된다.

Part 02 2D 스케치

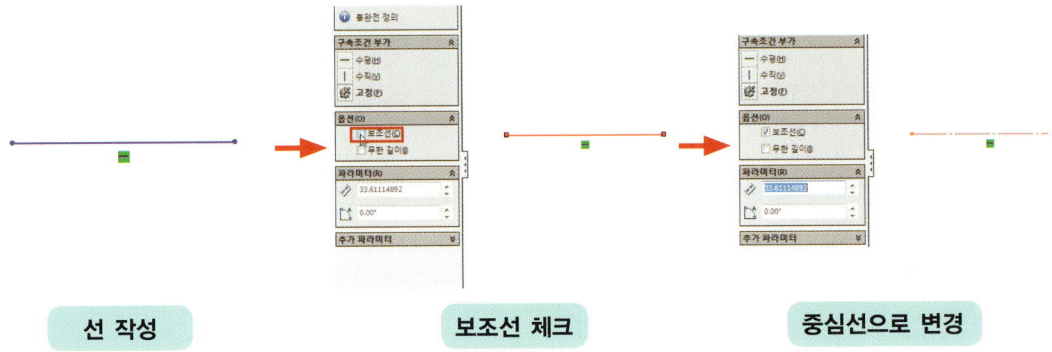

Lesson 2 | 원

원형 스케치 요소를 작성하는 명령이다.

01 원

01 원 아이콘을 클릭한다.

02 원의 중심이 되는 첫 번째 점을 클릭한다.

03 원호의 길이를 정해주는 두 번째 점을 클릭한다.

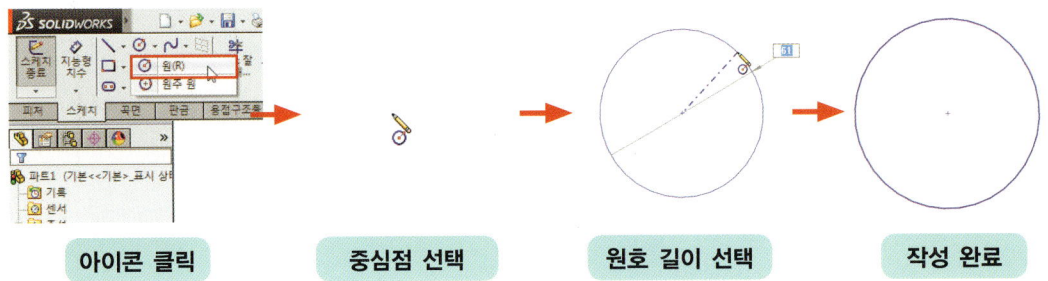

02 원주 원

01 원주 원 아이콘을 클릭한다.

02 원주의 첫 번째 점을 클릭한다.

03 원주의 두 번째 점을 클릭한다.

04 원주의 세 번째 점을 클릭한다.

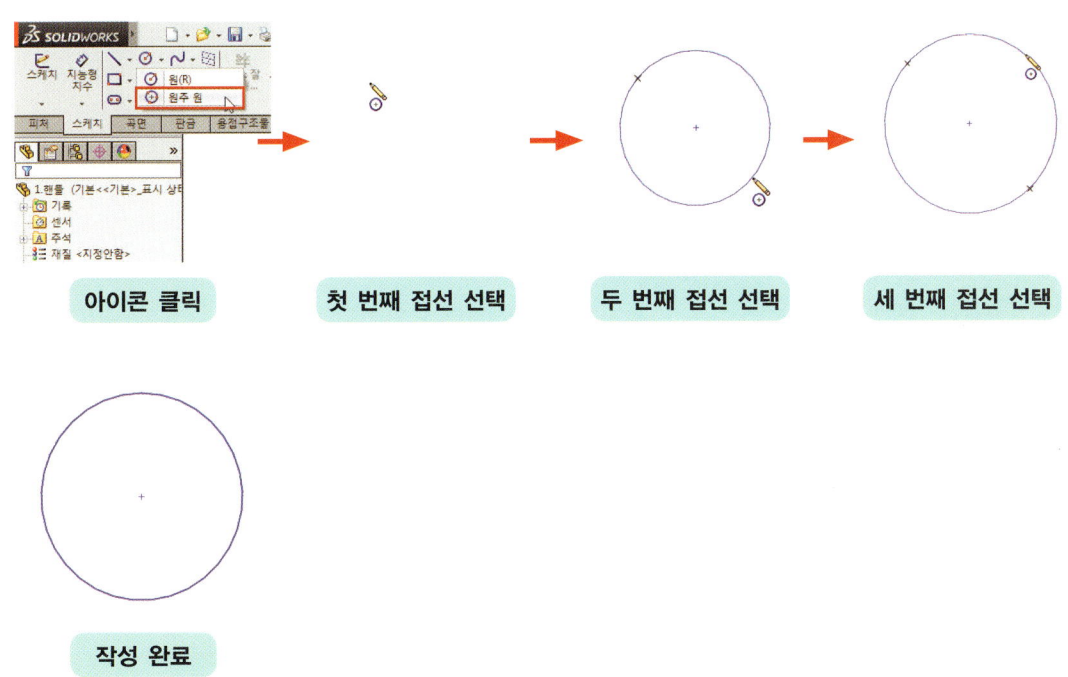

Lesson 3 | 호

원호 모양의 스케치 요소를 그리는 명령이다.

01 중심점 호

01 중심점 호 아이콘을 클릭한다.

02 호의 중심이 되는 첫 번째 점을 클릭한다.

03 호의 시작점을 클릭한다.

04 호의 끝점을 클릭한다.

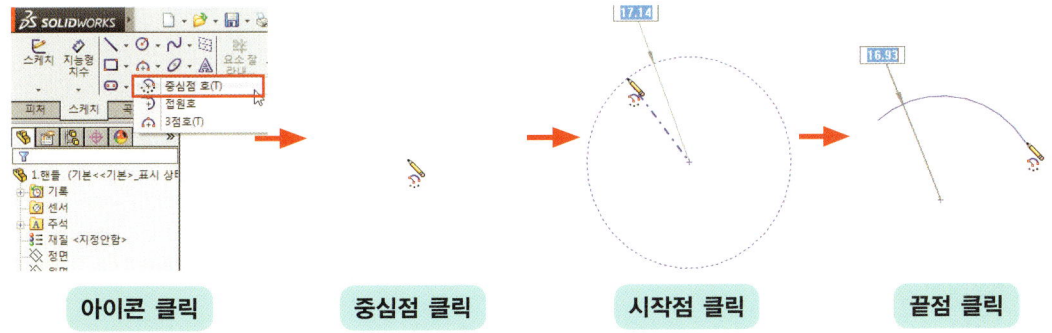

작성 완료

02 접원호

01 접원호 아이콘을 클릭한다.

02 이미 작성된 스케치 선의 끝점을 클릭한다.

03 선에 접하는 원호가 생성된다.

04 원호의 크기를 정하는 두 번째 점을 클릭한다.

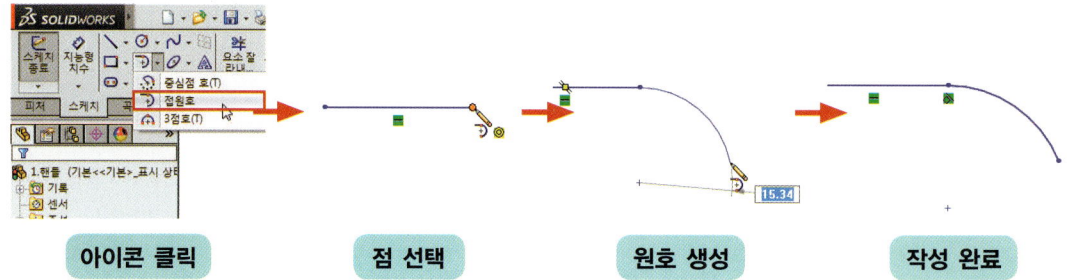

아이콘 클릭   점 선택   원호 생성   작성 완료

03 3점 호

01 3점 호 아이콘을 클릭한다.

02 원호의 시작점을 클릭한다.

03 원호의 끝점을 클릭한다.

04 원호의 반지름을 결정하는 점을 클릭한다.

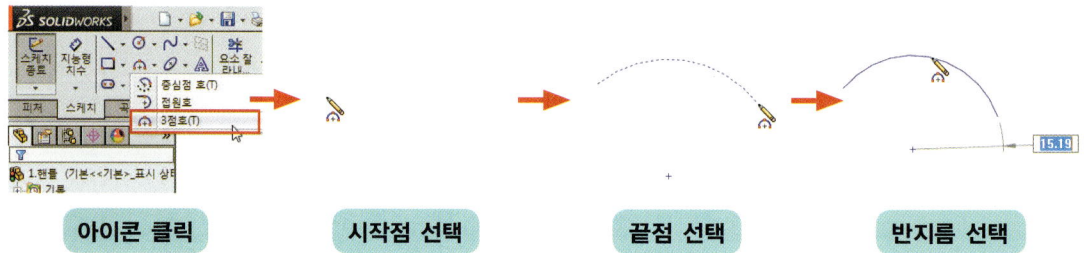

아이콘 클릭   시작점 선택   끝점 선택   반지름 선택

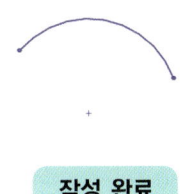

작성 완료

Lesson 4 | 직사각형

사각형 형상의 스케치 요소를 작성하는 명령이다.

01 코너 사각형

01 코너 사각형 아이콘을 클릭한다.

02 첫 번째 구석점을 클릭한다.

03 두 번째 구석점을 클릭한다.

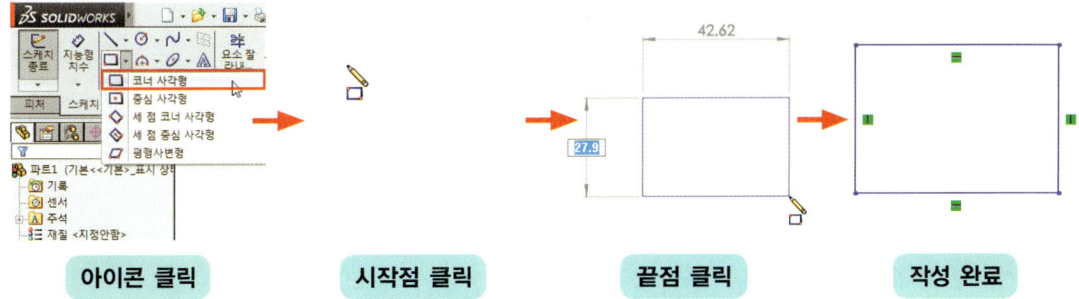

아이콘 클릭 → 시작점 클릭 → 끝점 클릭 → 작성 완료

02 중심 직사각형

01 중심 직사각형 아이콘을 클릭한다.

02 사각형의 중심점을 클릭한다.

03 구석점을 클릭한다.

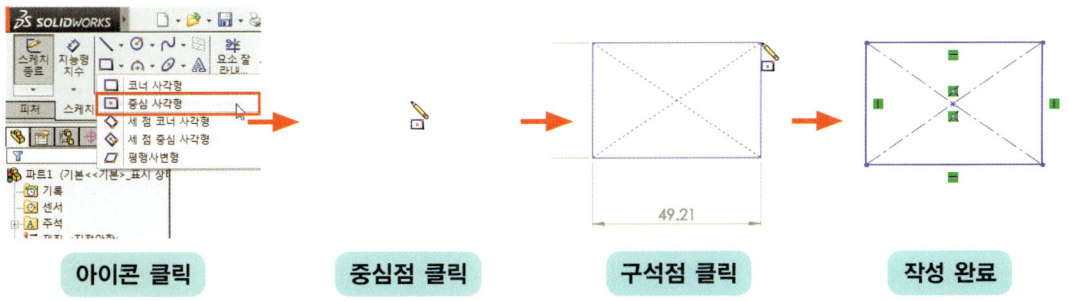

아이콘 클릭 → 중심점 클릭 → 구석점 클릭 → 작성 완료

03 세 점 코너 직사각형

01 세 점 코너 직사각형 아이콘을 클릭한다.

02 밑변의 첫 번째 꼭지점에 해당하는 위치를 클릭한다.

03 밑변의 두 번째 꼭지점에 해당하는 위치를 클릭한다.

04 마우스를 움직여 사각형의 높이를 정하는 위치에 클릭한다.

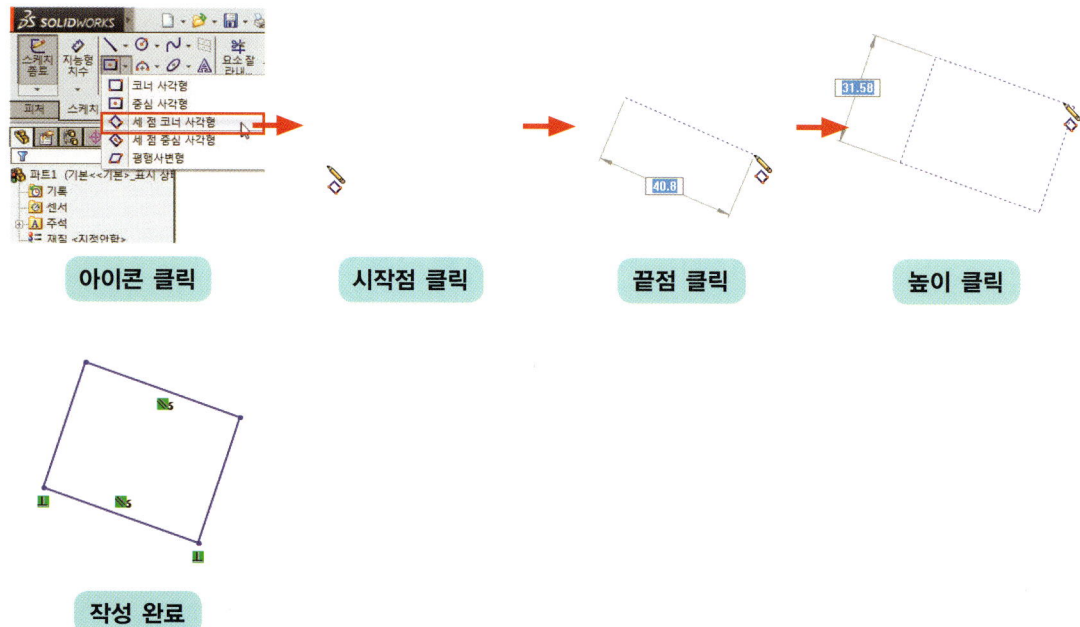

04 세 점 중심 사각형

01 세 점 중심 사각형 아이콘을 클릭한다.

02 사각형의 중심점을 클릭한다.

03 너비의 끝점을 클릭한다.

04 사각형의 높이에 해당하는 점을 클릭한다.

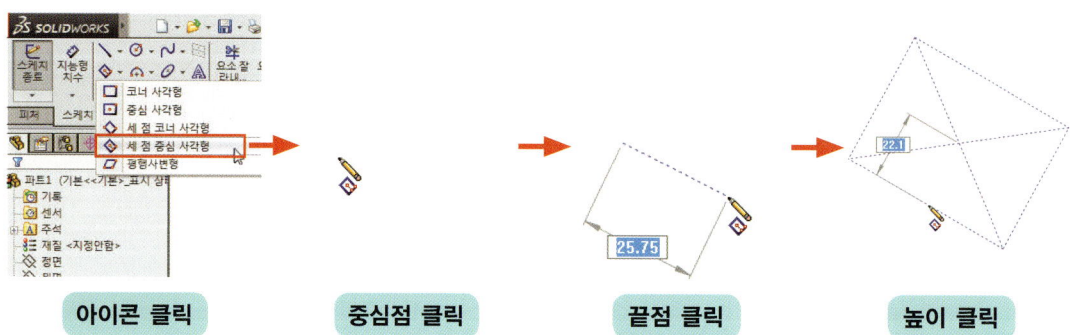

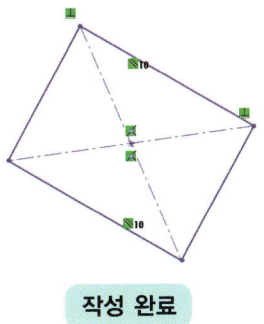

작성 완료

05 평행사변형

01 평행사변형 사각형 아이콘을 클릭한다.

02 밑변의 첫 번째 꼭지점에 해당하는 위치를 클릭한다.

03 밑변의 두 번째 꼭지점에 해당하는 위치를 클릭한다.

04 마우스를 움직여 사각형의 높이를 정하는 위치에 클릭한다.

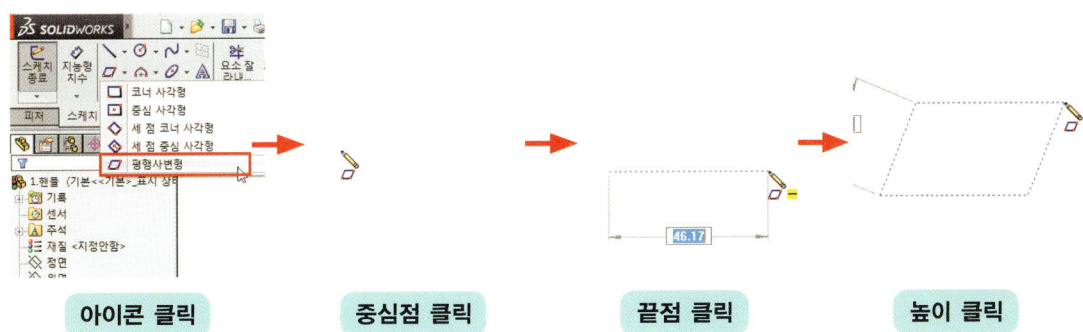

아이콘 클릭 → 중심점 클릭 → 끝점 클릭 → 높이 클릭

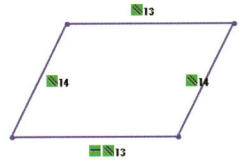

작성 완료

Lesson 5 | 홈

장공 모양의 스케치 요소를 그리는 명령이다.

01 직선 홈

01 직선 홈 아이콘을 클릭한다.

02 중심선의 첫 번째 점을 클릭한다.

03 중심선의 두 번째 점을 클릭한다.

04 원호의 반지름에 해당하는 세 번째 점을 클릭한다.

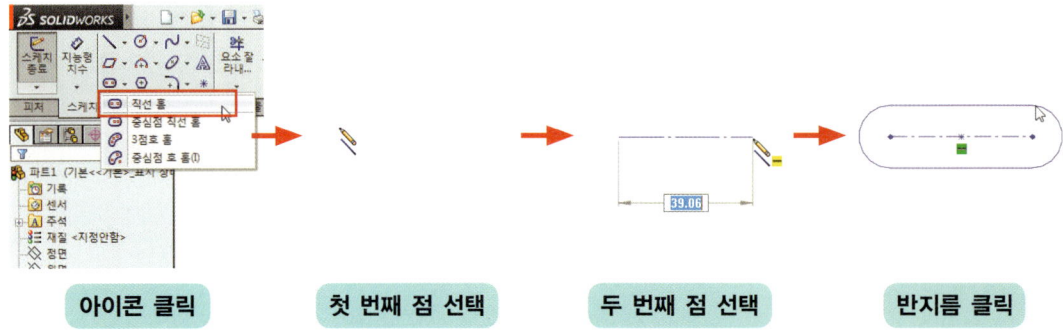

02 중심점 직선 홈

01 중심점 직선 홈 아이콘을 클릭한다.

02 중심선의 중간점을 클릭한다.

03 중심선의 끝점을 클릭한다.

04 원호의 반지름에 해당하는 세 번째 점을 클릭한다.

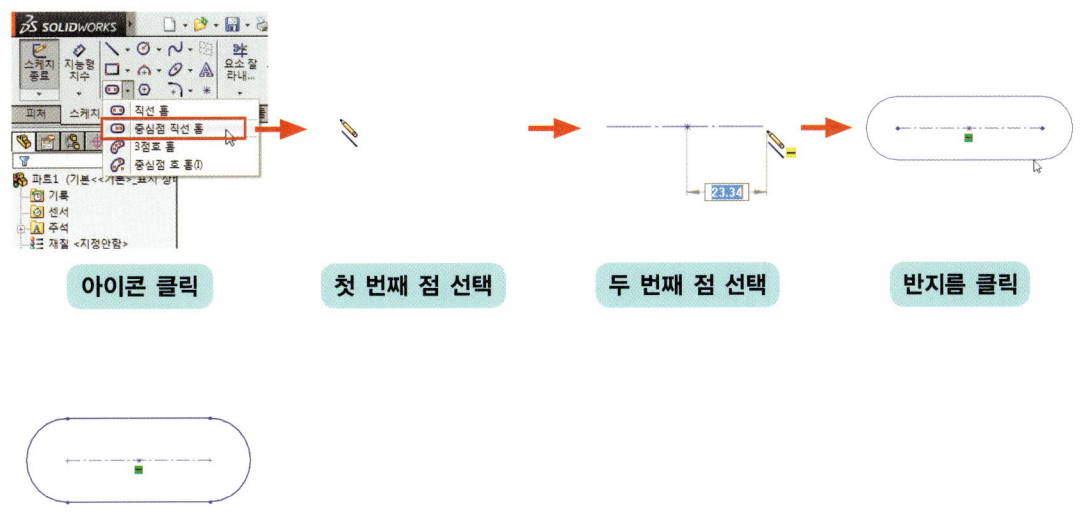

03 3점 호 슬롯

01 3점 호 슬롯 아이콘을 클릭한다.

02 중심호의 시작점을 클릭한다.

03 중심호의 끝점을 클릭한다.

04 중심호의 원호의 크기에 해당하는 점을 클릭한다.

05 원호의 반지름에 해당하는 세 번째 점을 클릭한다.

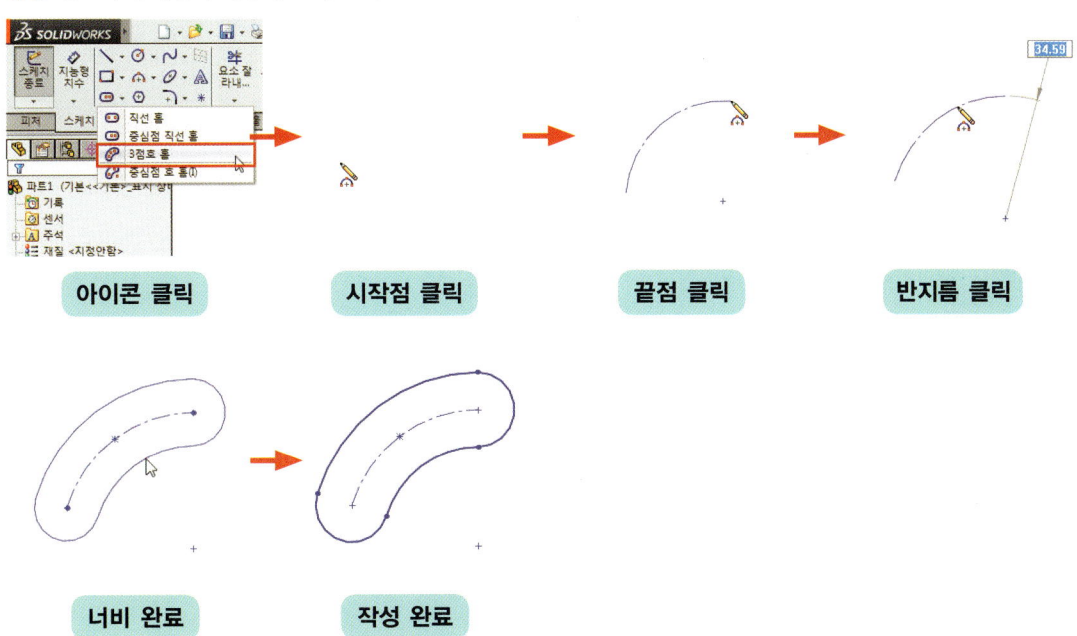

04 중심점 호 슬롯

01 중심점 호 슬롯 아이콘을 클릭한다.

02 중심호의 중심점을 클릭한다.

03 중심호의 시작점을 클릭한다.

04 중심호의 끝점을 클릭한다.

05 원호의 반지름에 해당하는 세 번째 점을 클릭한다.

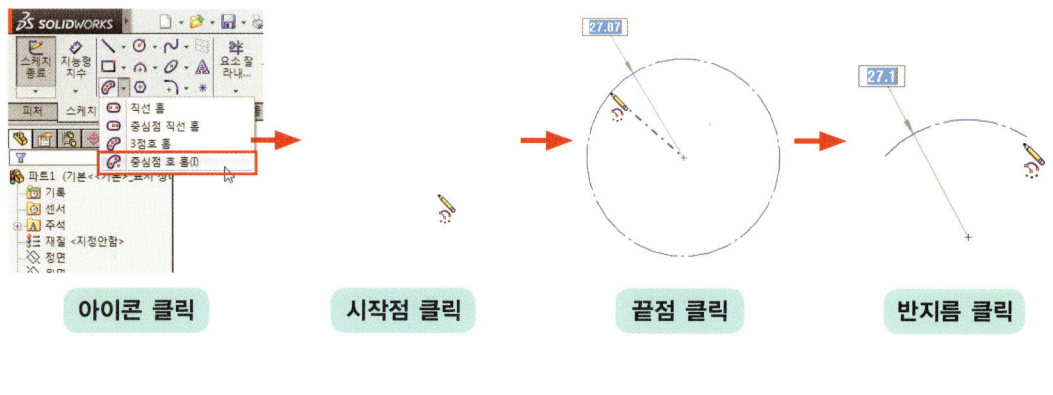

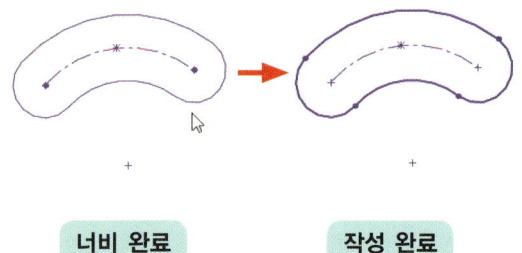

Lesson 6 | 자유곡선

곡선 형상의 스케치 요소를 그리는 명령이다.

01 자유곡선

01 자유곡선 아이콘을 클릭한다.

02 첫 번째 점을 클릭한다.

03 두 번째 점을 클릭한다.

04 세 번째, 네 번째, 다섯 번째 점을 클릭....

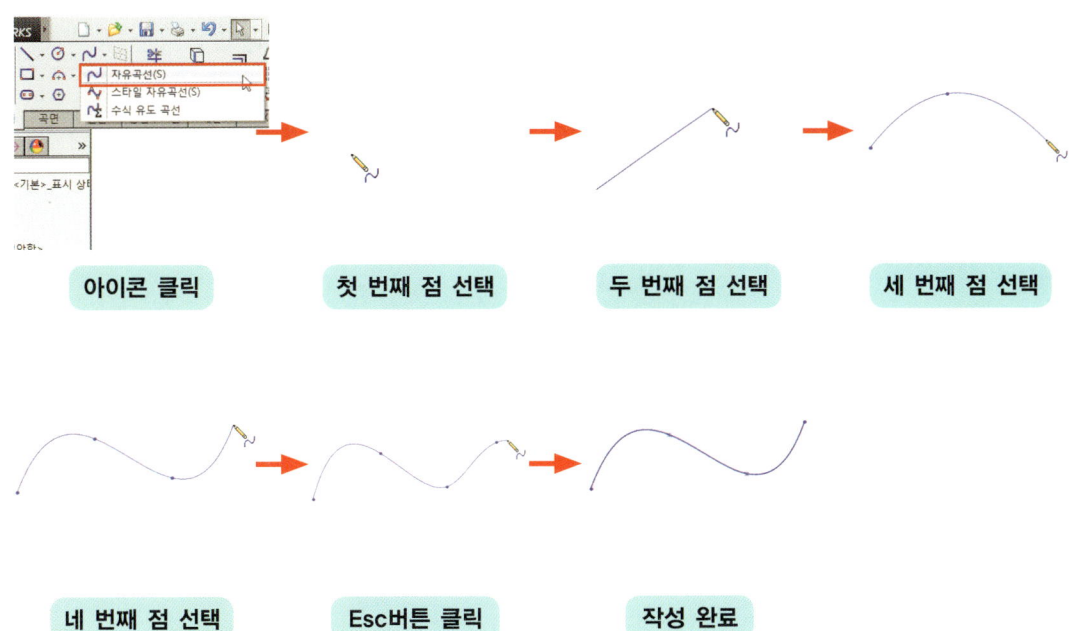

02 스타일 자유곡선

01 스타일 자유곡선 아이콘을 클릭한다.

02 첫 번째 점을 클릭한다.

03 두 번째 점을 클릭한다.

04 세 번째, 네 번째, 다섯 번째 점을 클릭....

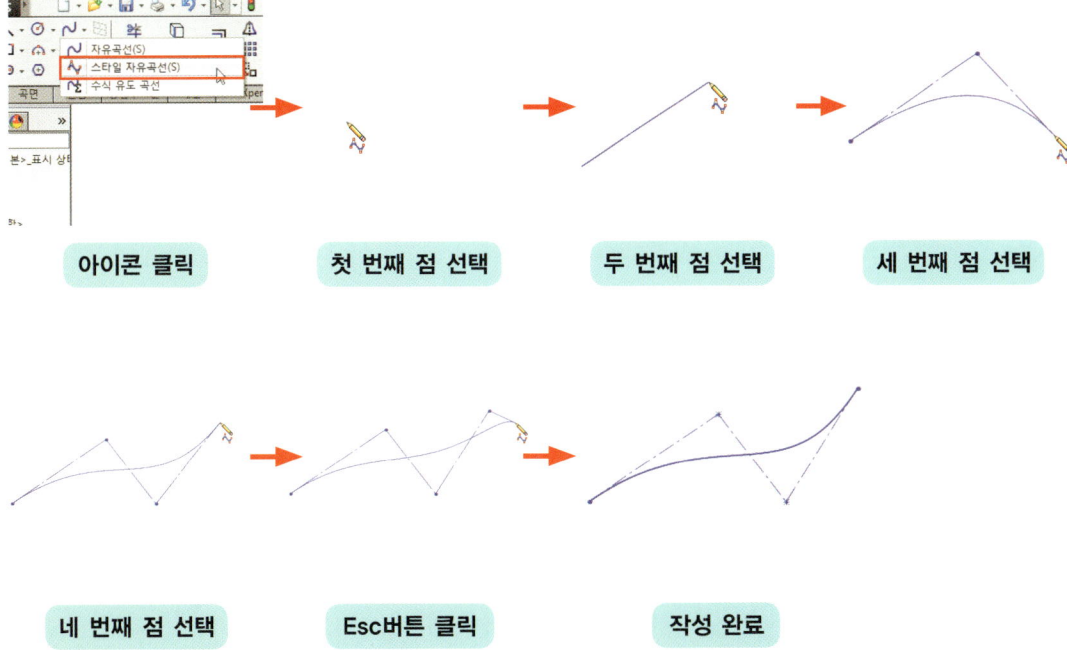

Lesson 7 | 타원

타원 형상의 스케치 요소를 작성한다.

01 타원

01 타원 아이콘을 클릭한다.

02 타원 중심을 선택한다.

03 첫 번째 축 점을 선택한다.

04 타원의 점을 선택한다.

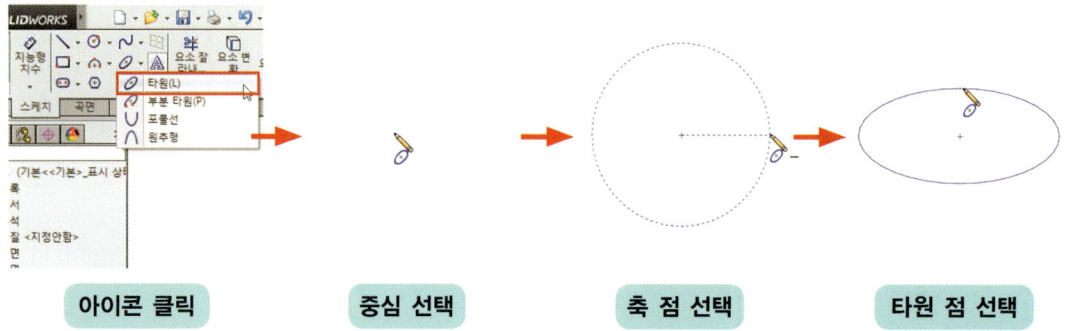

아이콘 클릭 → 중심 선택 → 축 점 선택 → 타원 점 선택

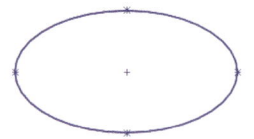

작성 완료

02 부분 타원

01 부분 타원 아이콘을 클릭한다.

02 타원 중심을 선택한다.

03 첫 번째 축 점을 선택한다.

04 타원의 점을 선택하면 부분 타원의 첫 번째 점으로 지정된다.

05 부분 타원의 두 번째 점을 선택한다.

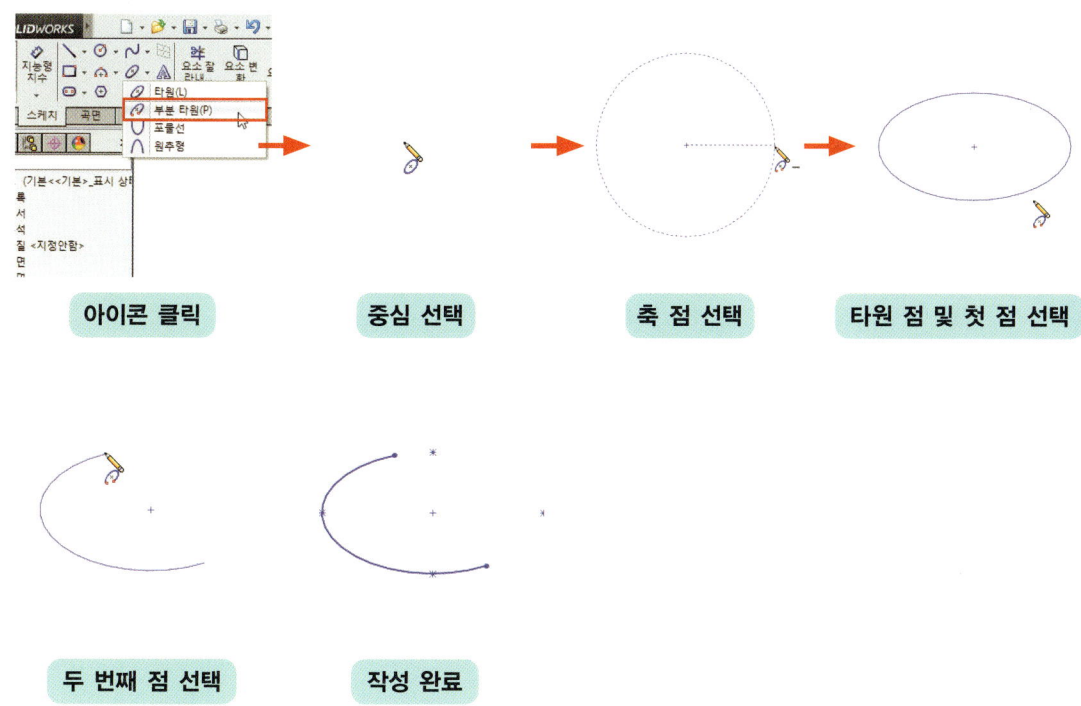

03 포물선

01 포물선 아이콘을 클릭한다.

02 포물선의 중심점을 선택한다.

03 포물선의 아랫변의 중간점을 선택한다.

04 포물선의 시작점을 선택한다.

05 포물선의 끝점을 선택한다.

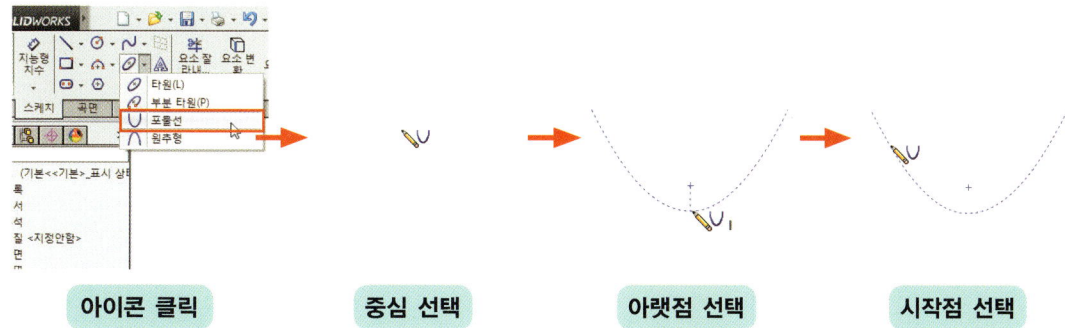

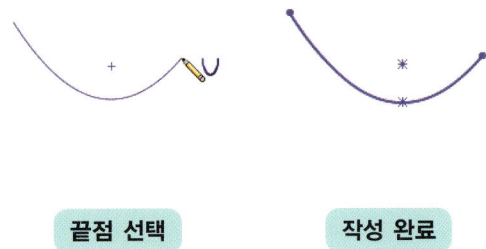

04 원추형

01 원추형 아이콘을 클릭한다.

02 원추형의 중심점을 선택한다.

03 원추형의 너비를 지정한다.

04 원추형의 원추 방향을 지정한다.

05 원추형의 라운드 참조점을 지정한다.

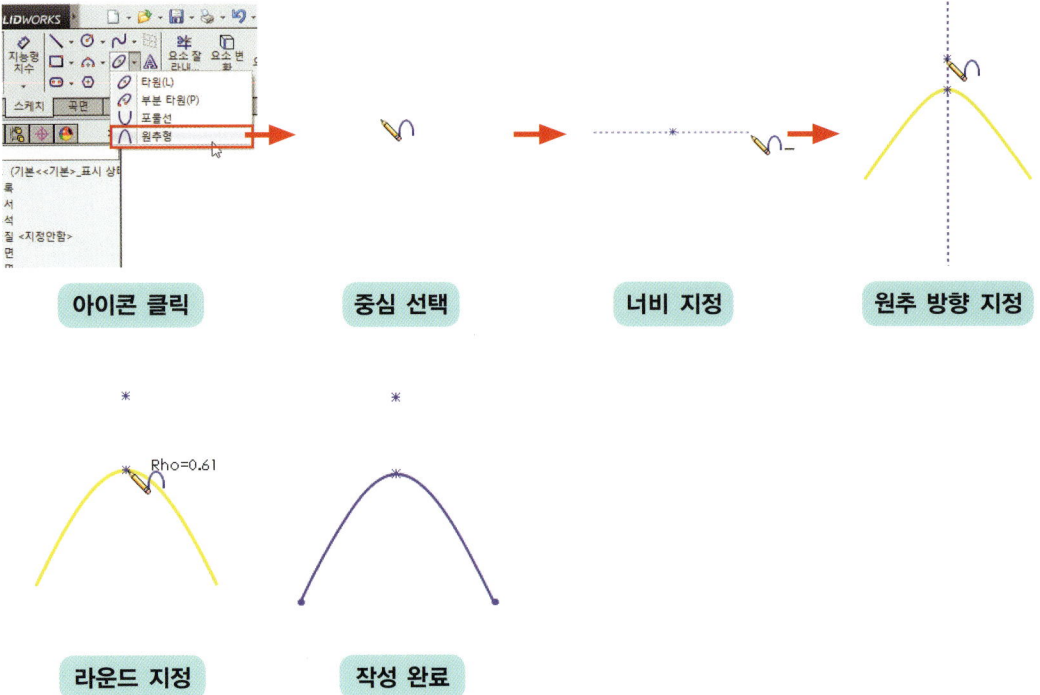

Lesson 8 다각형

각변이 같은 길이를 가지는 다양한 개수의 변으로 이루어진 다각형을 작성한다.

01 다각형 작성하기

01 다각형 아이콘을 클릭한다.

02 도형의 각의 개수와 내접/외접 타입을 설정한다.

03 다각형의 중심점을 클릭한다.

04 다각형의 크기를 나타내는 두 번째 점을 클릭한다.

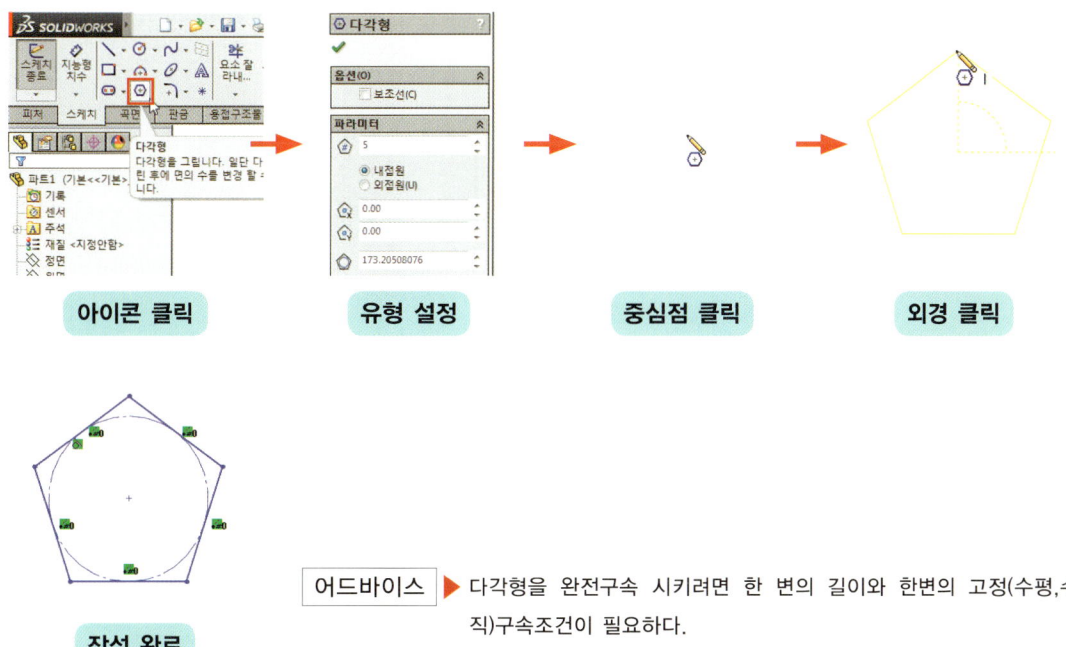

어드바이스 ▶ 다각형을 완전구속 시키려면 한 변의 길이와 한변의 고정(수평,수직)구속조건이 필요하다.

02 유형에 따른 다각형의 작성 방법

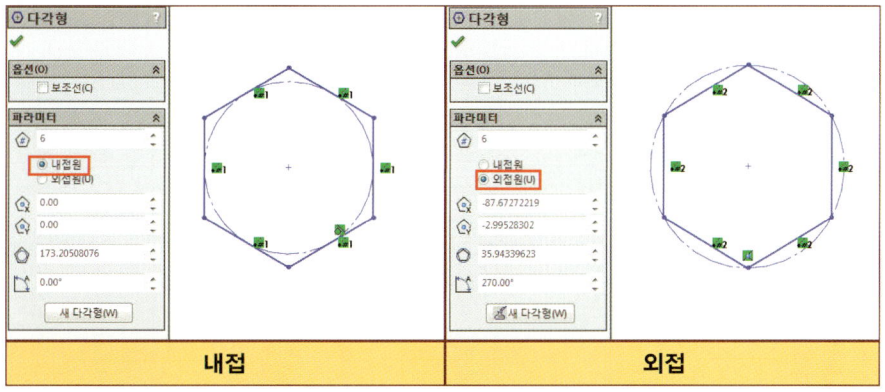

Lesson 9 | 스케치 필렛

스케치 요소의 구석에 라운드를 작성한다.

01 두 개의 선을 선택해서 스케치 필렛하기

01 스케치 필렛 아이콘을 클릭한다.

02 스케치 필렛 반지름을 입력한다.

03 첫 번째 선을 선택한다.

04 두 번째 선을 선택한다.

05 확인 버튼을 클릭한다.

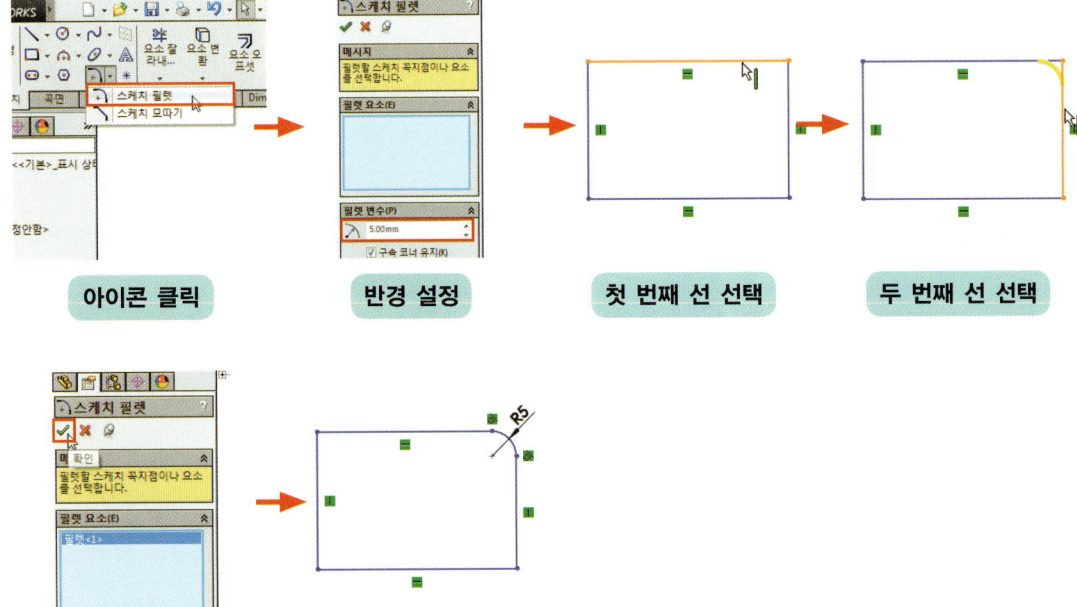

02 꼭지점을 선택해서 스케치 필렛하기

01 스케치 필렛 아이콘을 클릭한다.

02 스케치 필렛 반지름을 입력한다.

03 구석점을 선택한다.

04 확인 버튼을 클릭한다.

Section2 그리기 도구

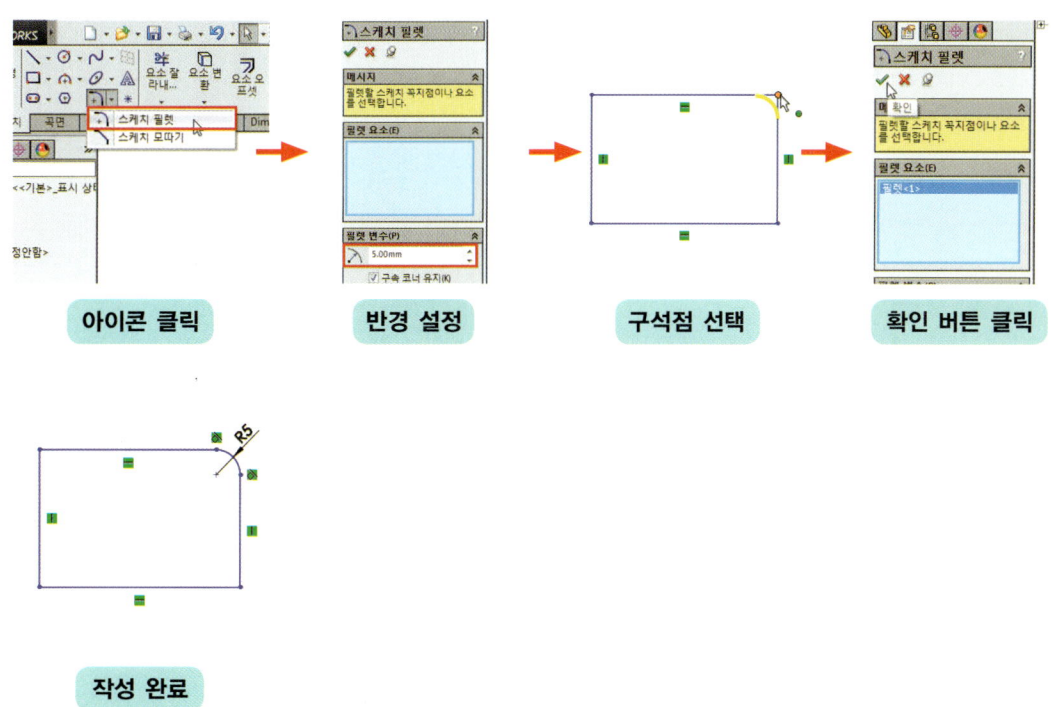

Lesson 10 | 스케치 모따기

스케치 요소의 구석에 모따기를 작성한다.

01 두 개의 선을 선택해서 스케치 모따기하기

01 스케치 모따기 아이콘을 클릭한다.

02 모따기의 유형과 거리를 선택한다.

03 첫 번째 선을 선택한다.

04 두 번째 선을 선택한다.

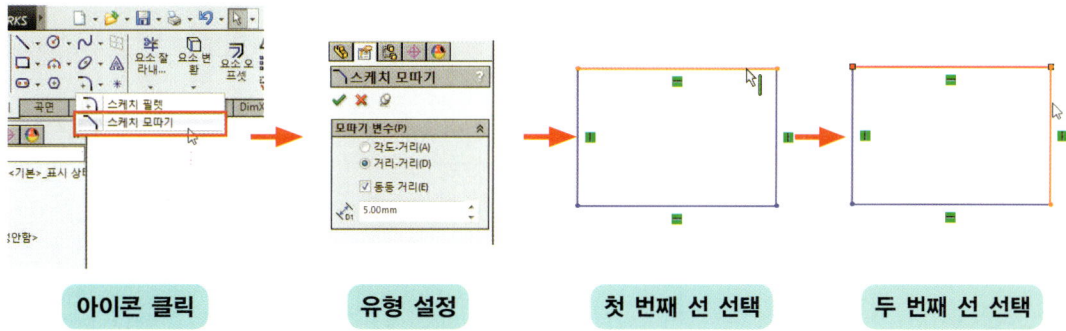

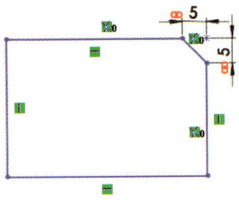

작성 완료

02 꼭지점을 선택해서 스케치 모따기하기

01 스케치 모따기 아이콘을 클릭한다.

02 모따기의 유형과 거리를 선택한다.

03 구석점을 선택한다.

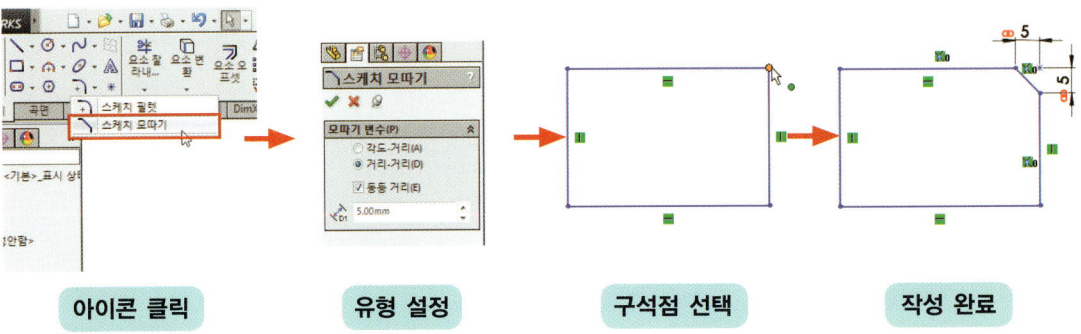

아이콘 클릭 / 유형 설정 / 구석점 선택 / 작성 완료

03 유형에 따른 모따기의 종류

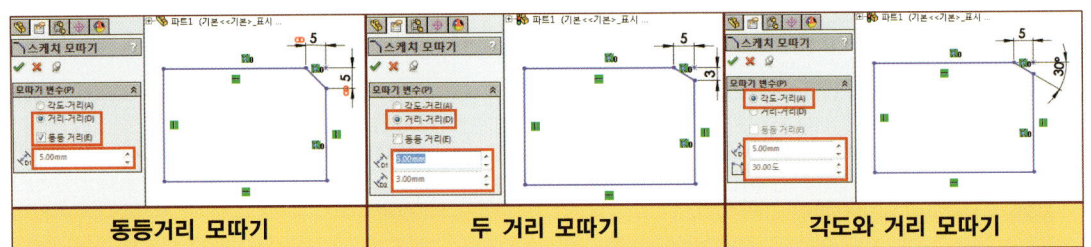

동등거리 모따기 / 두 거리 모따기 / 각도와 거리 모따기

Lesson 11 | 문자

일반 문자를 스케치에 배치한다.

01 일반 문자

01 문자 아이콘을 클릭한다.

02 문자를 작성한다.

03 확인 버튼을 클릭한다.

04 문자가 배치된다.

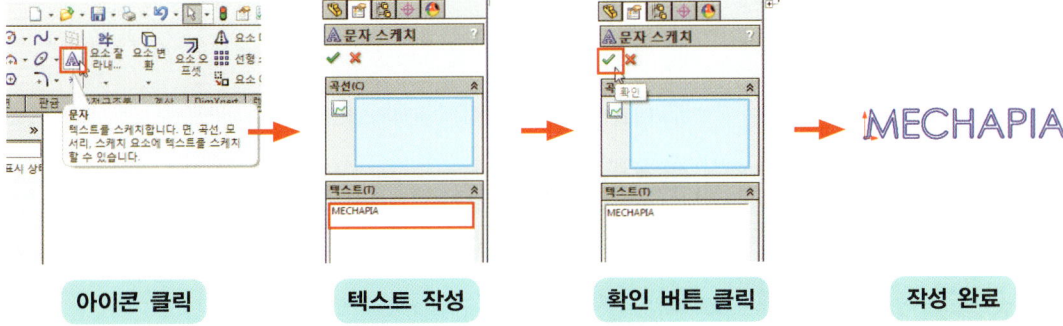

아이콘 클릭 → 텍스트 작성 → 확인 버튼 클릭 → 작성 완료

02 형상 문자

01 문자 아이콘을 클릭한다.

02 정렬하고자 하는 선/원호를 클릭한다.

03 문자를 작성한다.

04 확인 버튼을 클릭한다.

05 문자가 배치된다.

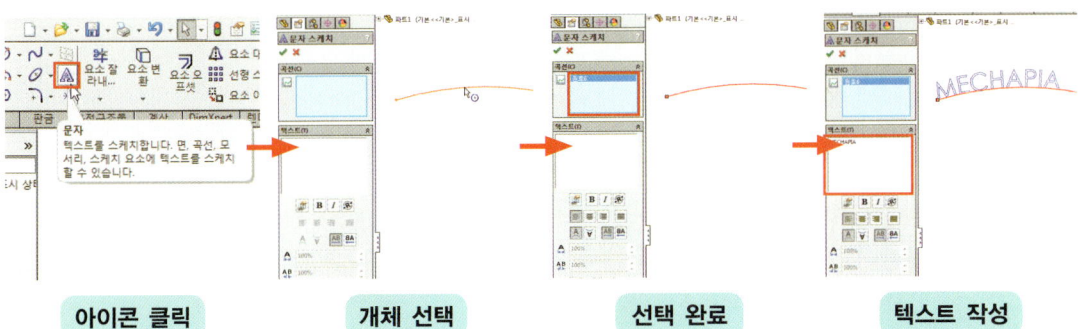

아이콘 클릭 → 개체 선택 → 선택 완료 → 텍스트 작성

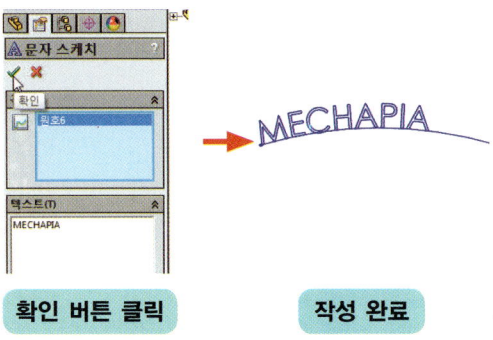

확인 버튼 클릭   작성 완료

03 문자 명령어 창 인터페이스

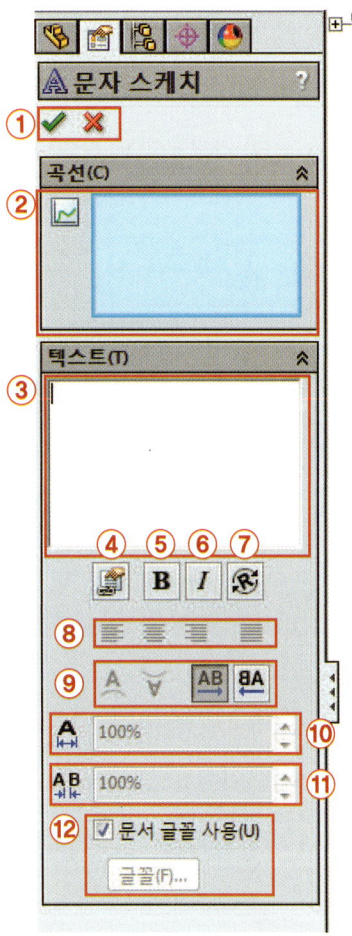

① **확인/취소** : 작성한 텍스트를 마무리하거나 취소한다.

② **곡선** : 텍스트가 정렬될 곡선 개체를 선택한다.

③ **텍스트 작성창** : 화면에 나타낼 텍스트를 작성한다.

④ **속성에 링크** : 솔리드웍스의 속성 문자를 링크한다.

⑤ **굵은 글꼴** : 텍스트를 굵게 표시한다.

⑥ **기울임꼴** : 텍스트를 기울여서 표시한다.

⑦ **회전** : 텍스트를 회전한다.

⑧ **줄 정렬** : 왼쪽 맞춤/가운데 맞춤/오른쪽 맞춤/양쪽 맞춤

⑨ **수직 뒤집기/수평 뒤집기** : 텍스트의 모양을 수직 뒤집기/글자의 방향을 수평 뒤집기 한다.

⑩ **너비** : 텍스트의 너비를 설정한다.

⑪ **간격** : 각 텍스트당 간격을 설정한다.

⑫ **글꼴 설정** : 작성할 텍스트의 글꼴을 설정한다.

Lesson 12 　점

스케치 점을 작성한다. 이 점은 구멍 가공 마법사 명령에서 구멍의 중심으로 인식된다. 또한 스케치 요소와의 스냅을 인식하여 다음과 같이 다양한 스냅 포인트에 배치할 수 있다.

01 점 아이콘을 클릭한다.

02 원하는 위치에 클릭해 점을 생성한다.

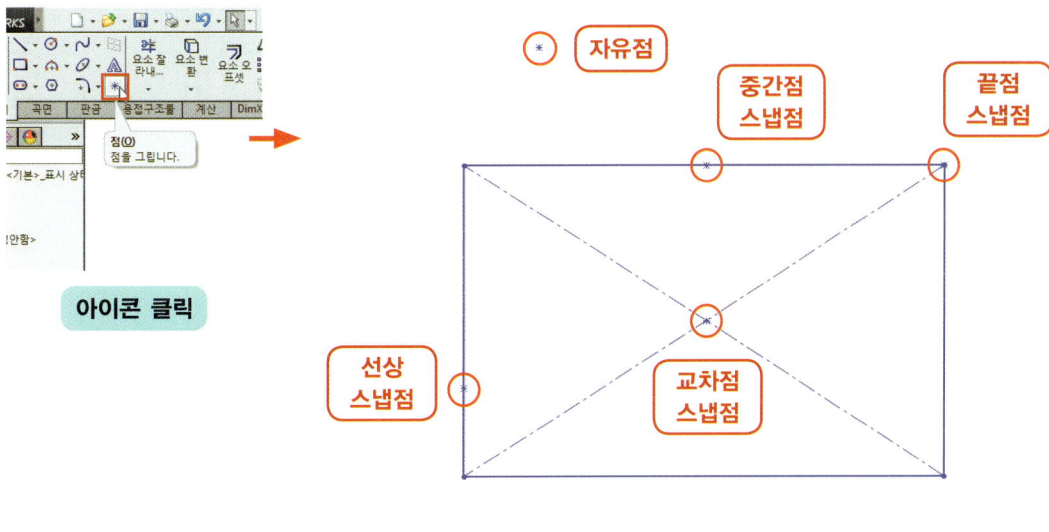

Part 02 2D 스케치

Section 3
구속조건 도구

전산응용기계제도/기계설계산업기사를 위한 솔리드웍스

스케치 요소간의 관계조건을 주기 위한 구속조건을 작성하는 방법에 대해 알아보도록 하자.

Lesson 1 | 구속조건 추가/삭제하기

01 구속조건을 추가하는 법(1)

01 개체를 선택한다.

02 속성 창에서 구속조건 버튼을 클릭한다.

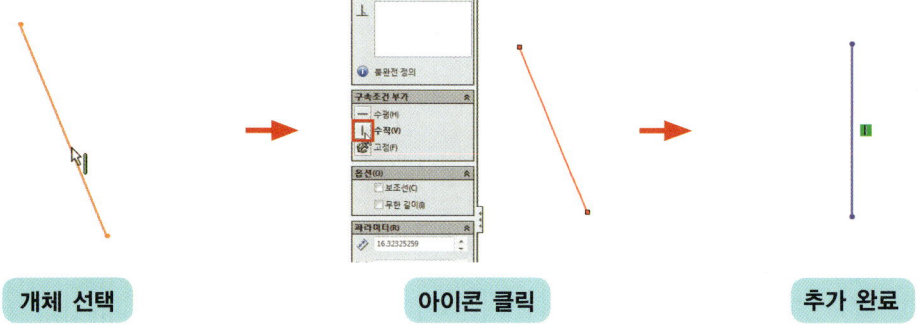

개체 선택 → 아이콘 클릭 → 추가 완료

02 구속조건을 추가하는 법(2)

01 개체를 선택한다.

02 퀵 메뉴의 구속조건 버튼을 클릭한다.

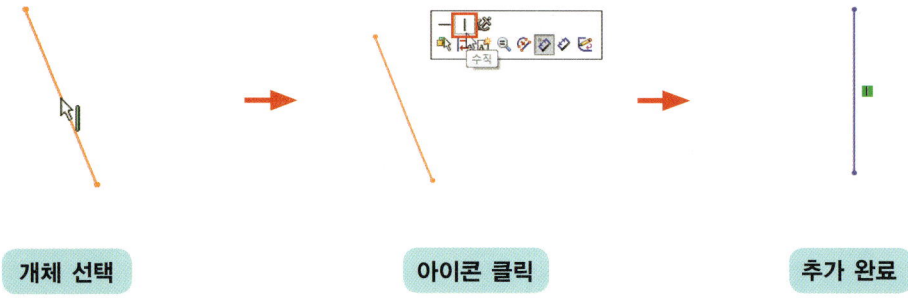

개체 선택 → 아이콘 클릭 → 추가 완료

03 구속조건 마크를 화면에 표시하기

01 표준 도구 막대의 항목 숨기기/보이기의 하위 메뉴에서 스케치 구속조건 보기를 누름 상태로 바꾼다.

02 구속조건 마크가 표시된다.

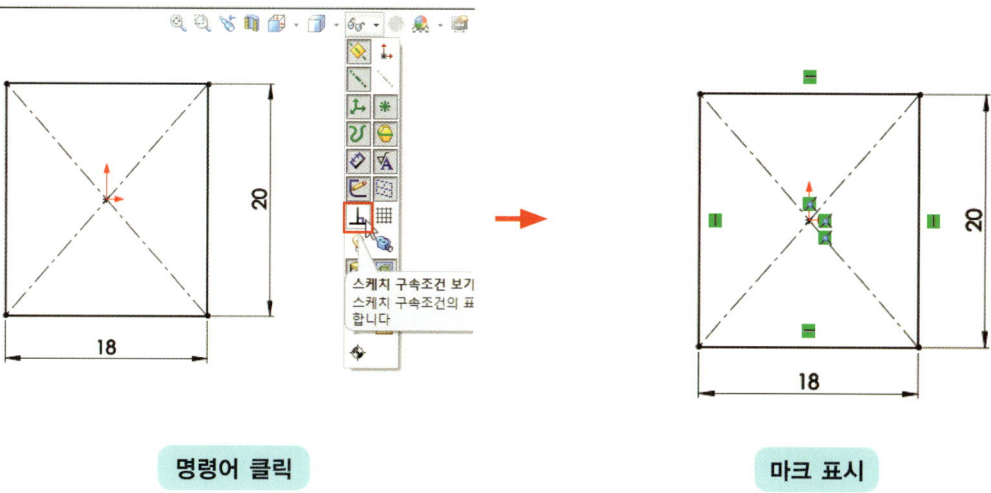

명령어 클릭　　　　　　마크 표시

04 화면에서 구속조건 마크 숨기기

01 표준 도구 막대의 항목 숨기기/보이기의 하위 메뉴에서 스케치 구속조건 보기를 누름 해제 상태로 바꾼다.

02 구속조건 마크가 숨김 상태가 된다.

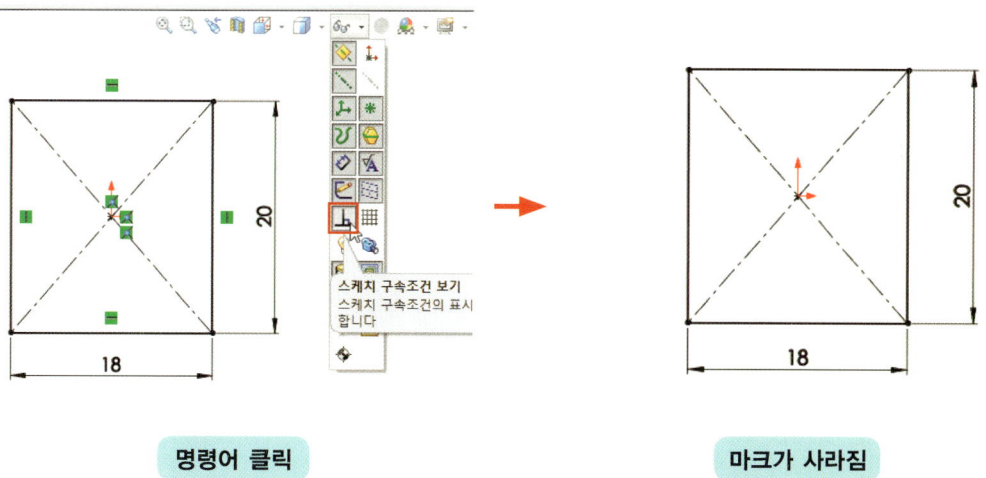

명령어 클릭　　　　　　마크가 사라짐

05 구속조건 삭제하기(1)

01 구속조건을 표시 상태로 변경한다.

02 구속조건 마크를 선택해 마우스 우측 버튼을 클릭한다.

03 삭제 명령을 클릭한다.

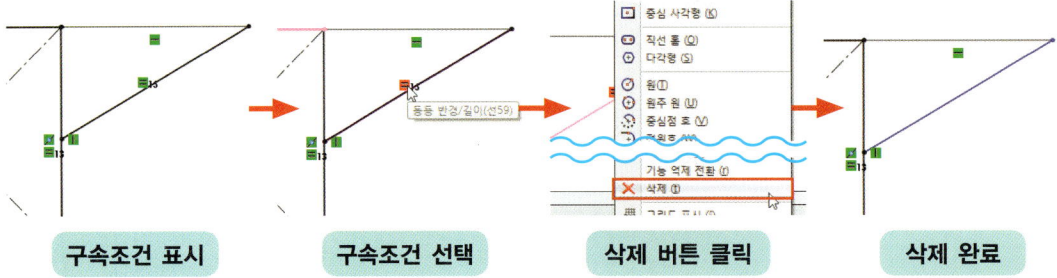

구속조건 표시 → 구속조건 선택 → 삭제 버튼 클릭 → 삭제 완료

06 구속조건 삭제하기(2)

01 스케치 개체를 선택한다.

02 속성 창에서 개체에 부여된 스케치 구속조건을 확인한다.

03 삭제할 구속조건을 선택해 마우스 우측 버튼을 클릭해 삭제를 클릭한다.

개체 선택 → 리스트 표시 → 삭제 버튼 클릭 → 삭제 완료

Section3 구속조건 도구

Lesson 2 | 기본적인 치수 기입법

스케치 개체간의 거리 구속조건을 주기 위한 치수를 작성하는 방법에 대해 알아보도록 하자.

01 개체 자체의 치수 작성하기

01 치수 명령을 클릭한다.

02 개체를 선택한다.

03 클릭해서 치수 문자가 나타나면 수치를 입력해서 작성을 마친다.

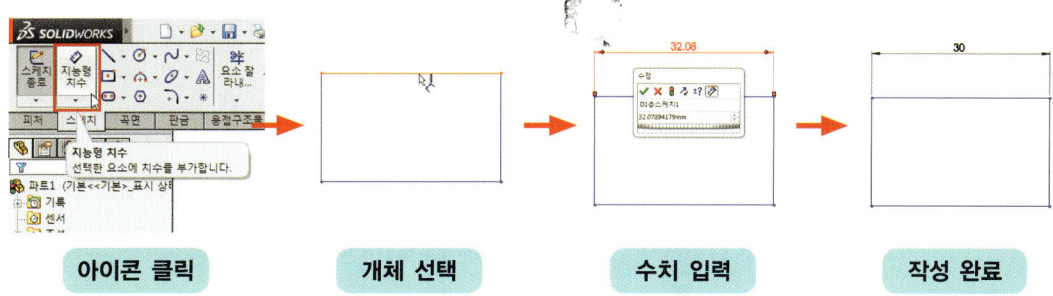

아이콘 클릭 → 개체 선택 → 수치 입력 → 작성 완료

02 두 개의 점을 선택해 치수 작성하기

01 치수 명령을 클릭한다.

02 첫 번째 점을 클릭한다.

03 두 번째 점을 클릭한다.

04 클릭해서 치수 문자가 나타나면 수치를 입력해서 작성을 마친다.

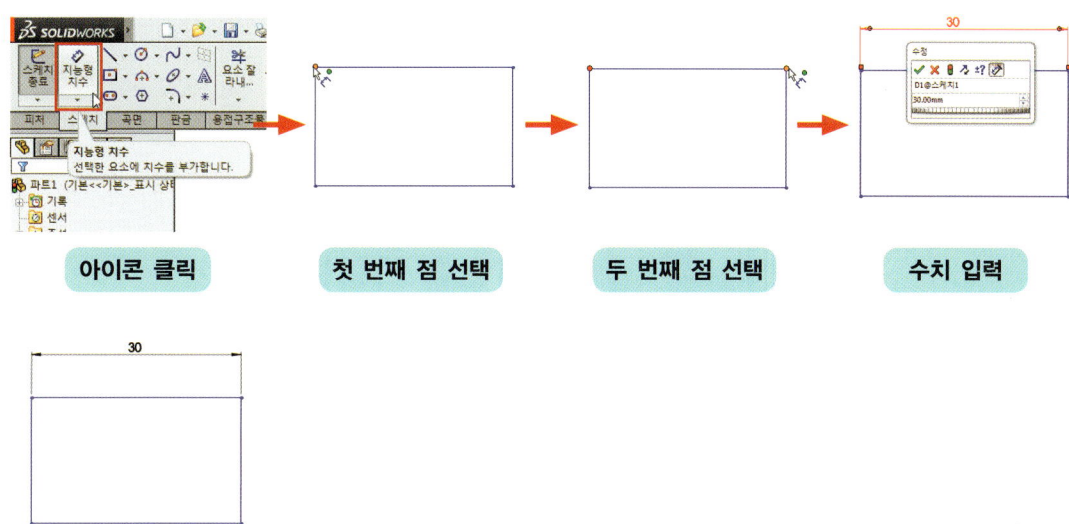

Part 02 2D 스케치

Lesson 3 | 여러가지 타입의 치수 기입하기

여러가지 타입의 치수를 기입하는 방법에 대해 알아보도록 하자.

01 수평 치수 작성하기

01 치수 명령을 클릭한다.

02 개체를 선택한다.

03 마우스를 수직 방향으로 움직인다.

04 클릭해서 치수 입력창이 나타나면 수치를 입력해서 작성을 마친다.

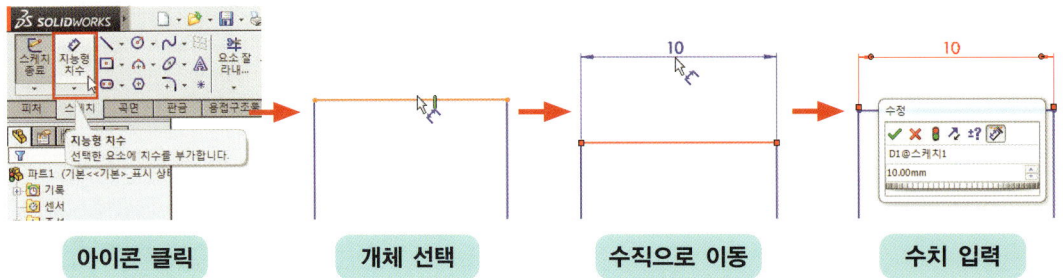

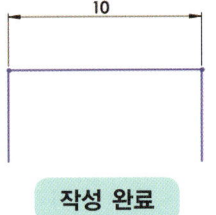

02 수직 치수 작성하기

01 치수 명령을 클릭한다.

02 개체를 선택한다.

03 마우스를 수평 방향으로 움직인다.

04 클릭해서 치수 입력창이 나타나면 수치를 입력해서 작성을 마친다.

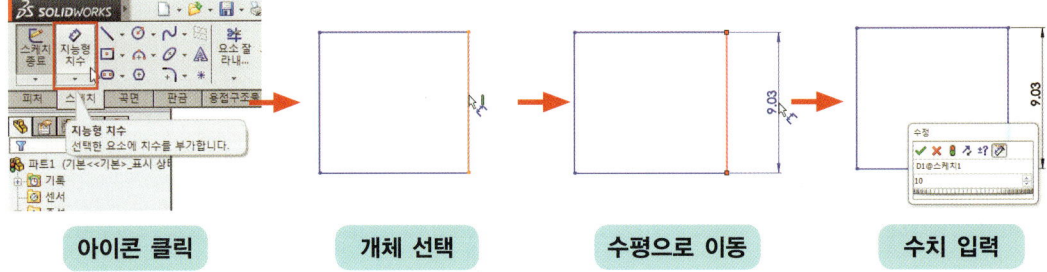

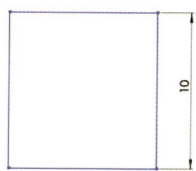

작성 완료

03 사선 치수 작성하기

01 치수 명령을 클릭한다.

02 개체를 선택한다.

03 마우스를 사선 방향으로 움직이면 사선 치수가 미리보기가 된다.

04 클릭해서 치수 입력창이 나타나면 수치를 입력해서 작성을 마친다.

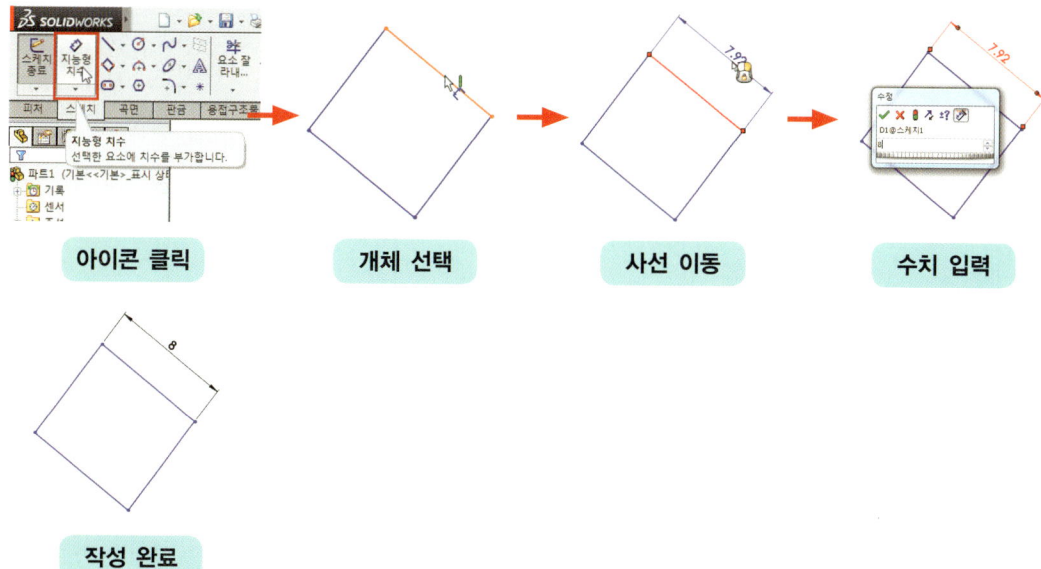

아이콘 클릭   개체 선택   사선 이동   수치 입력

작성 완료

04 일반 각도 치수 작성하기

01 치수 명령을 클릭한다.

02 첫 번째 선을 선택한다.

03 두 번째 선을 선택한다.

04 선의 중간 방향으로 마우스를 움직인다.

05 클릭해서 치수 입력창이 나타나면 수치를 입력해서 작성을 마친다.

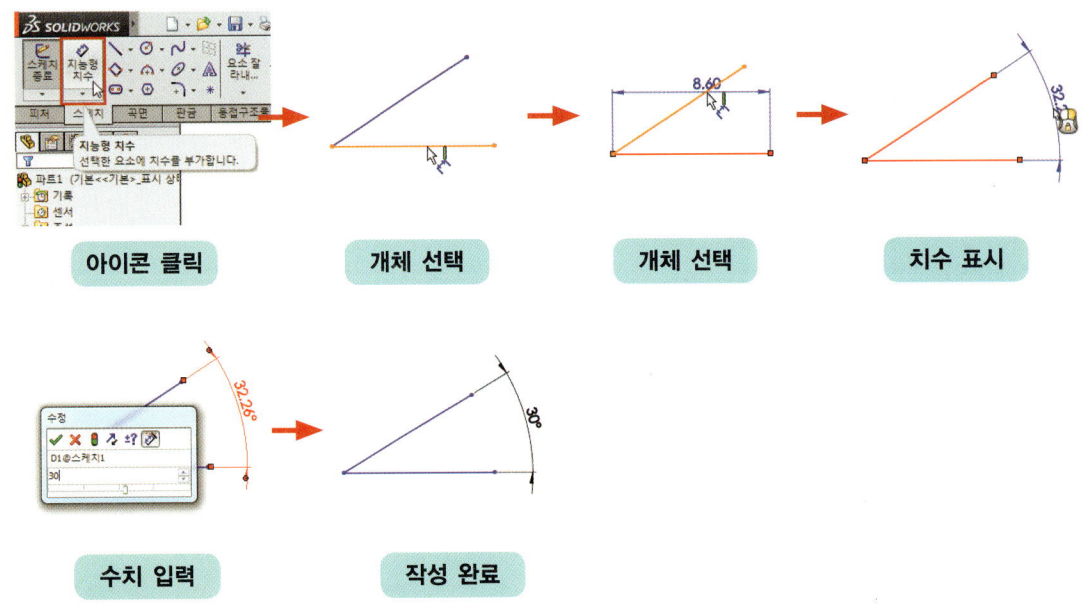

05 맞각 치수 작성하기

01 치수 명령을 클릭한다.

02 첫 번째 선을 선택한다.

03 두 번째 선을 선택한다.

04 선의 맞각 방향으로 마우스를 움직인다.

05 클릭해서 치수 입력창이 나타나면 수치를 입력해서 작성을 마친다.

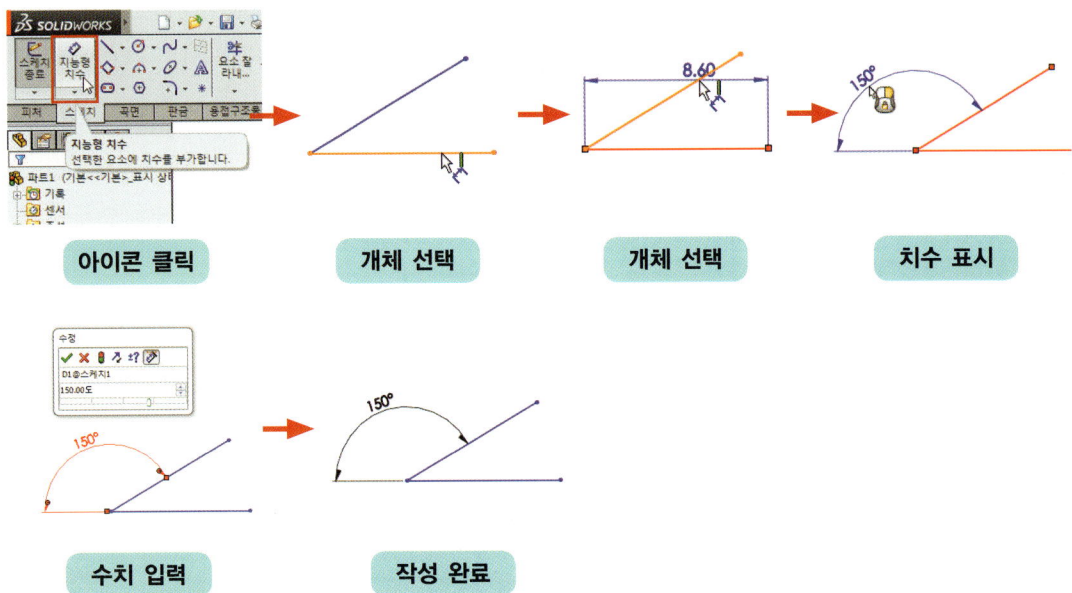

06 지름 치수 작성하기

01 치수 명령을 클릭한다.

02 원을 선택한다.

03 치수를 배치할 위치로 마우스 커서를 움직인다.

04 클릭해서 치수 입력창이 나타나면 수치를 입력해서 작성을 마친다.

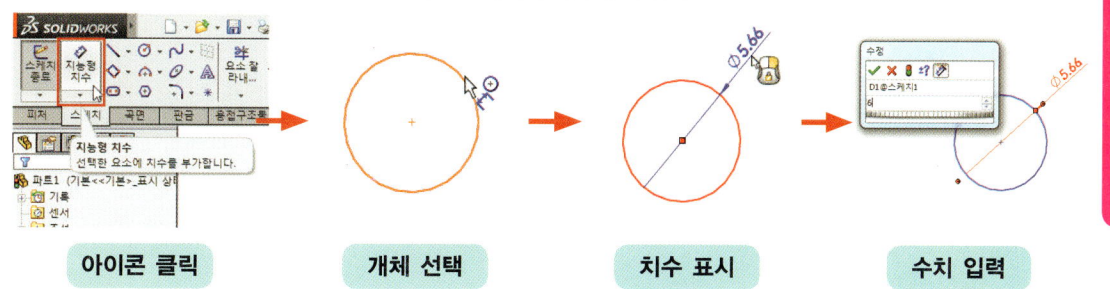

아이콘 클릭 → 개체 선택 → 치수 표시 → 수치 입력

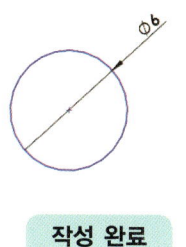

작성 완료

07 반지름 치수 작성하기

01 치수 명령을 클릭한다.

02 원을 선택한다.

03 치수를 배치할 위치로 마우스 커서를 움직인다.

04 클릭해서 치수 입력창이 나타나면 수치를 입력해서 작성을 마친다.

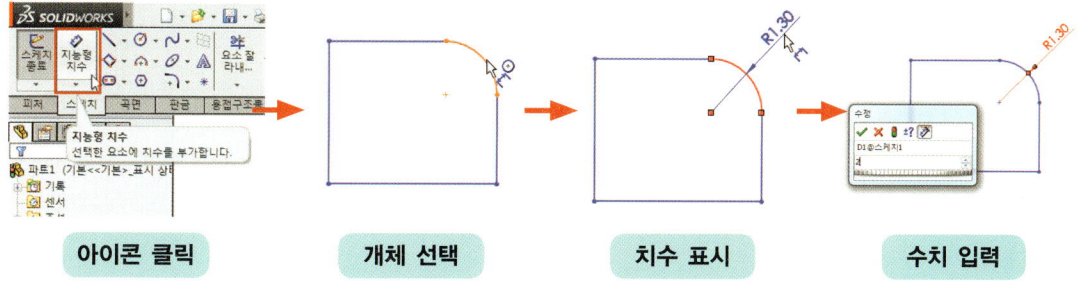

아이콘 클릭 → 개체 선택 → 치수 표시 → 수치 입력

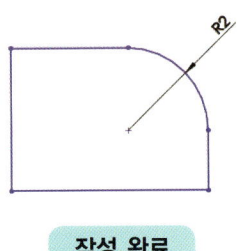

작성 완료

08 원호 길이 치수 작성하기

01 치수 명령을 클릭한다.

02 원호의 한쪽 끝점을 선택한다.

03 원호의 반대쪽 끝점을 선택한다.

04 원호를 선택한다.

05 마우스를 움직이면 치수가 미리보기가 된다.

06 클릭하면 치수 입력창이 표시된다. 수치를 입력해서 작성을 마친다.

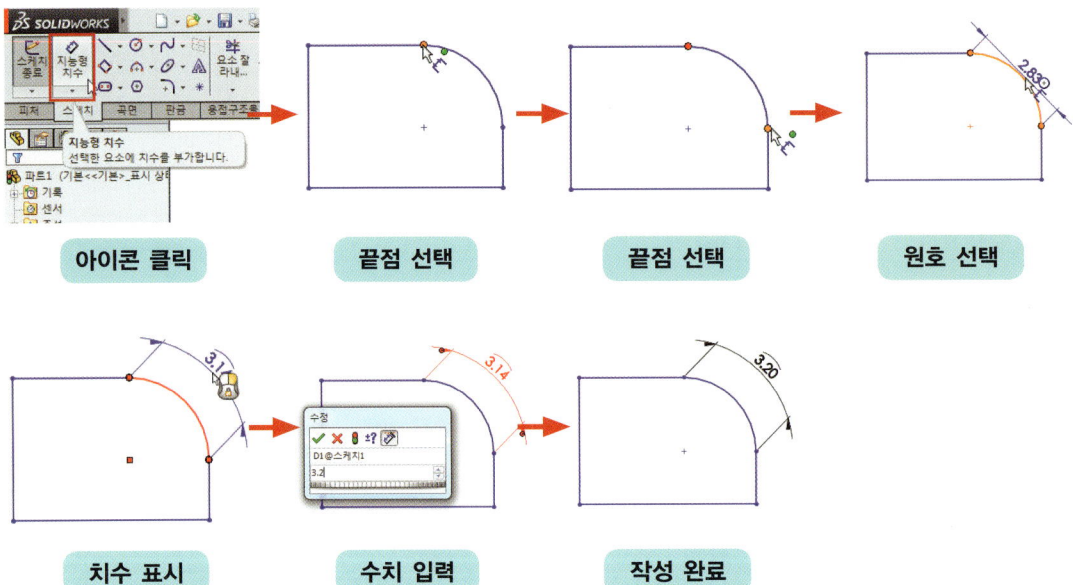

Section3 구속조건 도구

09 간격 치수 작성하기

01 치수 명령을 클릭한다.

02 서로 평행한 첫 번째 선을 선택한다.

03 서로 평행한 두 번째 선을 선택한다.

04 치수를 배치할 위치로 마우스 커서를 움직인다.

05 클릭해서 치수 입력창이 나타나면 수치를 입력해서 작성을 마친다.

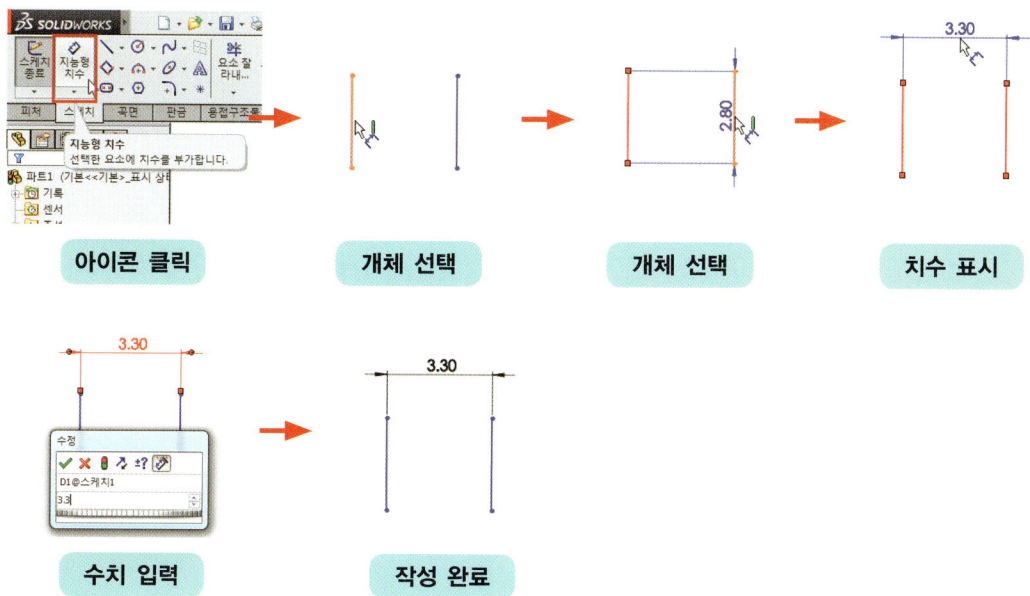

10 원호간의 치수 작성하기

01 치수 명령을 클릭한다.

02 첫 번째 원호의 사분점을 클릭한다.

03 Shift 키를 누른 채로 두 번째 원호의 사분점을 클릭한다.

04 치수를 배치할 위치로 마우스 커서를 움직인다.

05 클릭해서 치수 입력창이 나타나면 수치를 입력해서 작성을 마친다.

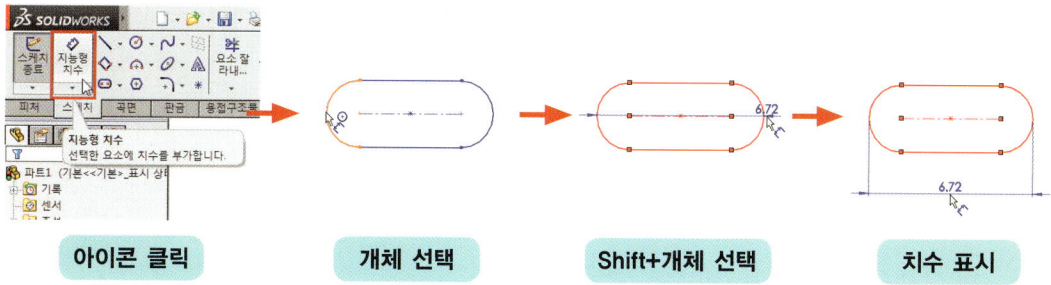

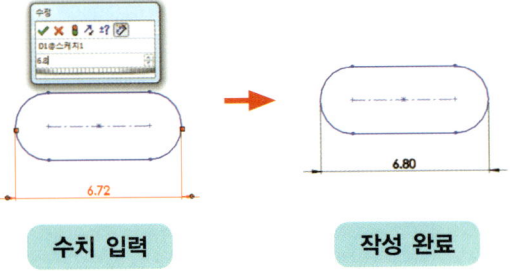

Lesson 4 | 일치 구속조건

01 점과 선을 일치시킨다.

01 점을 선택한다.

02 선을 선택한다.

03 일치 구속조건 아이콘을 클릭한다.

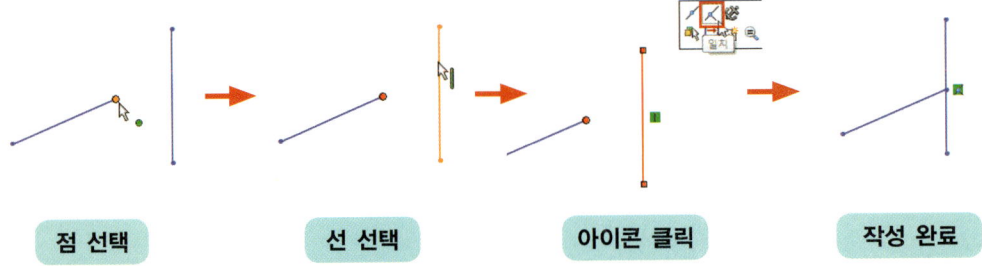

02 점과 점을 일치시킨다.

01 점을 선택한다.

02 점을 선택한다.

03 점 병합 구속조건 아이콘을 클릭한다.

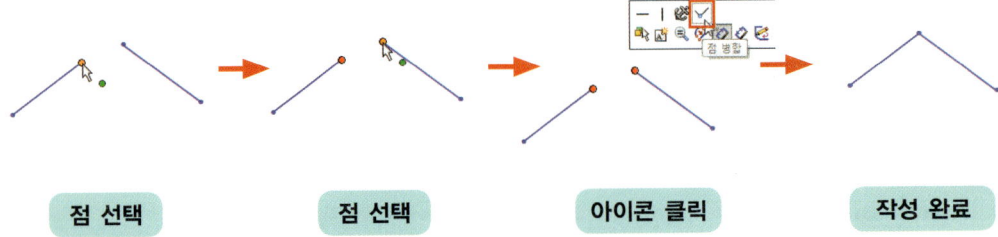

03 점과 선의 중간점을 일치시킨다.

01 점을 선택한다.

02 선을 선택한다.

03 중간점 구속조건 아이콘을 클릭한다.

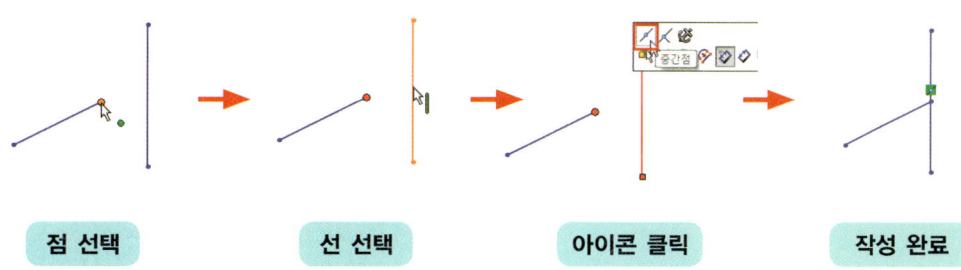

04 선의 중간점과 선의 중간점을 일치시킨다.

01 첫 번째 선을 선택한다.

02 마우스 우측 버튼을 클릭해 중간점 선택을 클릭한다.

03 두 번째 선을 선택한다.

04 중간점 아이콘을 클릭한다.

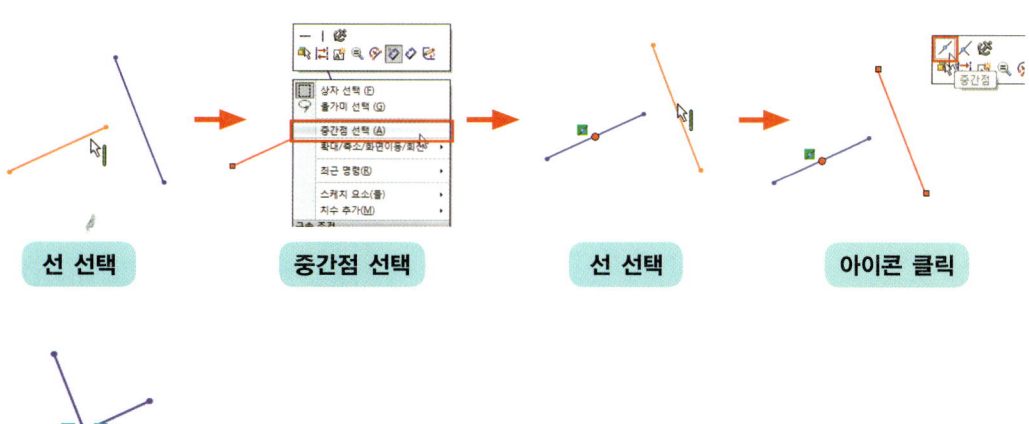

Lesson 5 | 동일선상 구속조건

두 개의 선을 서로 동일선상에 있게 한다.

01 첫 번째 선을 선택한다.

02 두 번째 선을 선택한다.

03 동일선상 구속조건 아이콘을 클릭한다.

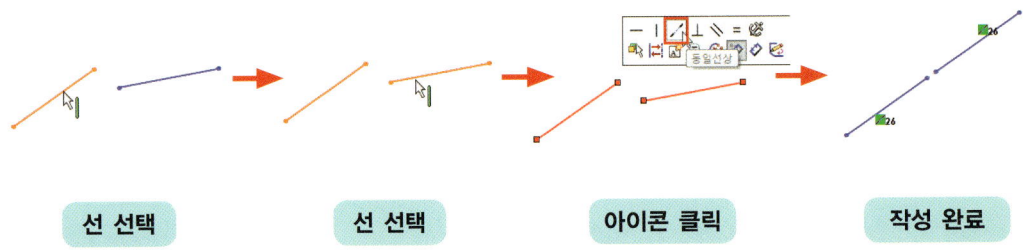

선 선택 → 선 선택 → 아이콘 클릭 → 작성 완료

Lesson 6 | 동심 구속조건

두 개의 원의 중심을 서로 일치시킨다.

01 첫 번째 원을 선택한다.

02 두 번째 원을 선택한다.

03 동심 구속조건 아이콘을 클릭한다.

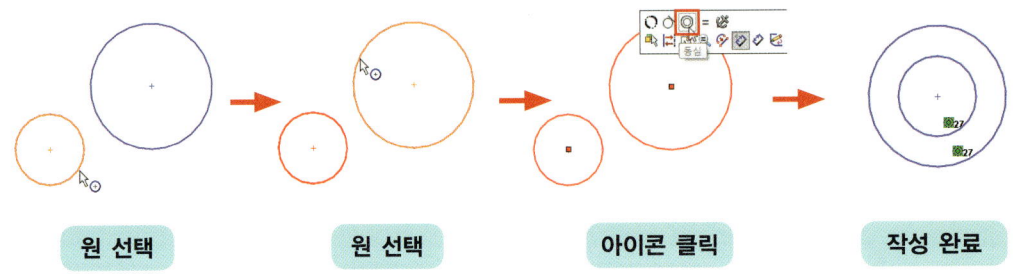

원 선택 → 원 선택 → 아이콘 클릭 → 작성 완료

Lesson 7 | 고정 구속조건

선택 요소를 현재 자리에 고정시킨다.

01 스케치 개체를 선택한다.

02 고정 구속조건 아이콘을 클릭한다.

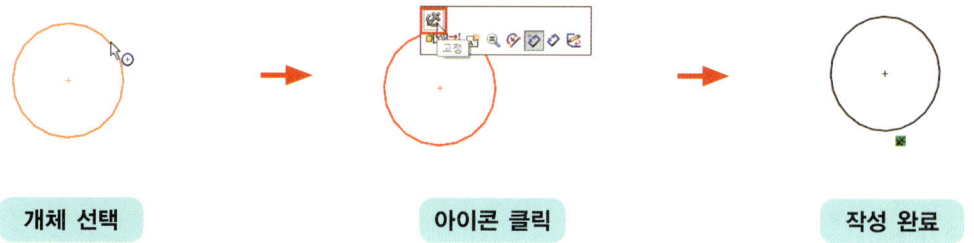

Lesson 8 | 평행 구속조건

두 개의 선을 서로 평행하게 만든다.

01 첫 번째 선을 선택한다.

02 두 번째 선을 선택한다.

03 평행 구속조건 아이콘을 클릭한다.

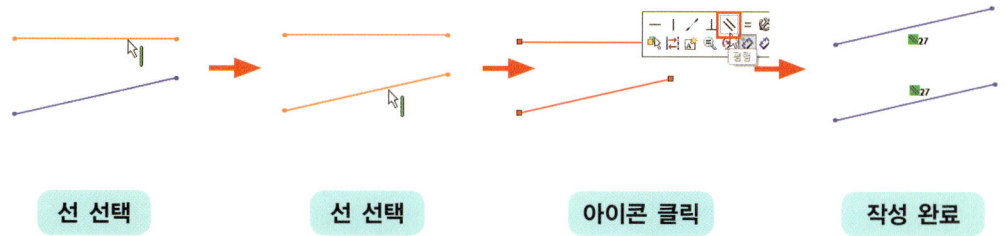

Lesson 9 | 직각 구속조건

두 개의 선을 서로 직각으로 만든다.

01 첫 번째 선을 선택한다.

02 두 번째 선을 선택한다.

03 직각 구속조건 아이콘을 클릭한다.

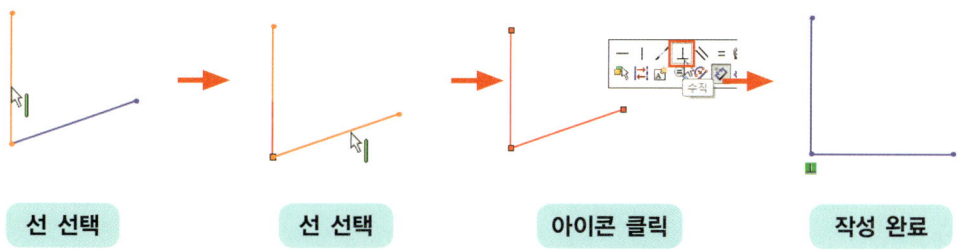

Lesson 10 | 수평 구속조건

01 수평선이 아닌 선을 수평하게 만든다.

01 수평선이 아닌 선을 클릭한다.

02 수평 구속조건 아이콘을 클릭한다.

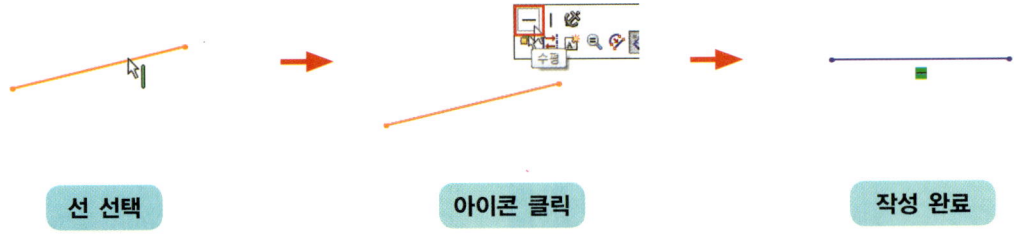

선 선택 → 아이콘 클릭 → 작성 완료

02 두 개의 점을 서로 수평선상에 위치시킨다.

01 첫 번째 점을 선택한다.

02 두 번째 점을 선택한다.

03 수평 구속조건 아이콘을 클릭한다.

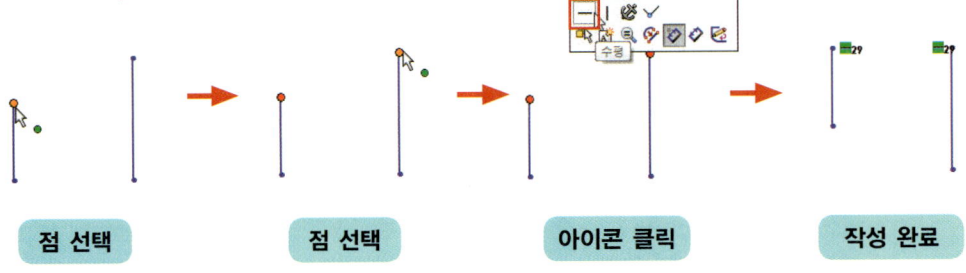

점 선택 → 점 선택 → 아이콘 클릭 → 작성 완료

Lesson 11 | 수직 구속조건

01 수직선이 아닌 선을 수직하게 만든다.

01 수직선이 아닌 선을 클릭한다.

02 수직 구속조건 아이콘을 클릭한다.

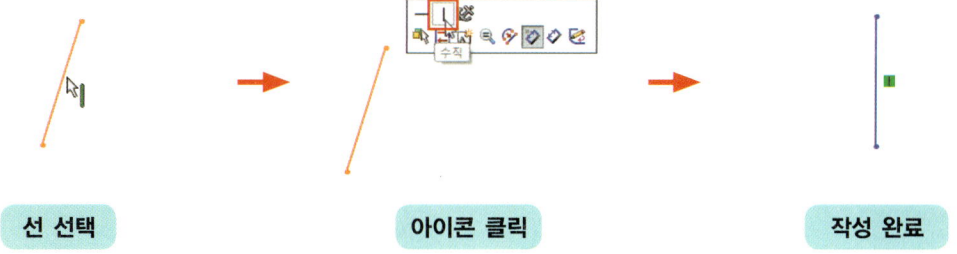

02 두 개의 점을 서로 수직선상에 위치시킨다.

01 첫 번째 점을 선택한다.

02 두 번째 점을 선택한다.

03 수직 구속조건 아이콘을 클릭한다.

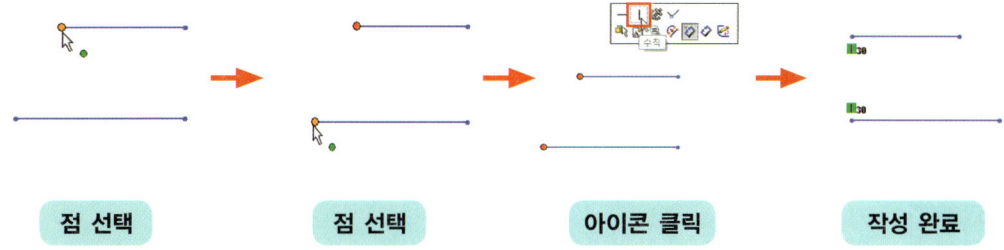

Lesson 12 | 접선 구속조건

원호와 선, 혹은 원호와 원호를 서로 접하게 만든다.

01 첫 번째 개체를 선택한다.

02 두 번째 개체를 선택한다.

03 접선 구속조건을 클릭한다.

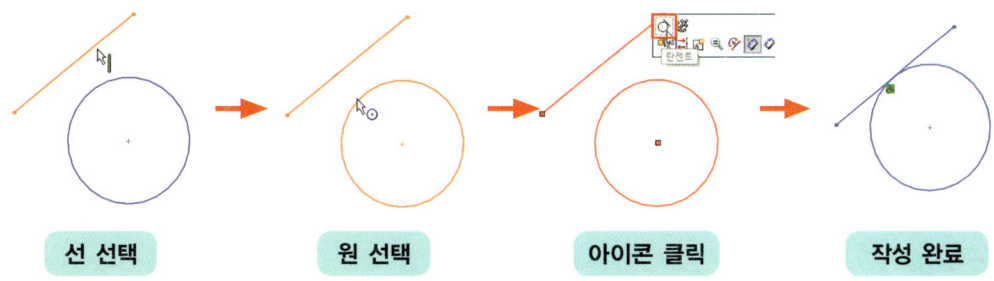

Lesson 13 | 동일원 구속조건

두 개 이상의 원의 중심점과 지름을 같게 만든다.

01 첫 번째 원 개체를 선택한다.

02 두 번째 원 개체를 선택한다.

03 동일원 구속조건 아이콘을 클릭한다.

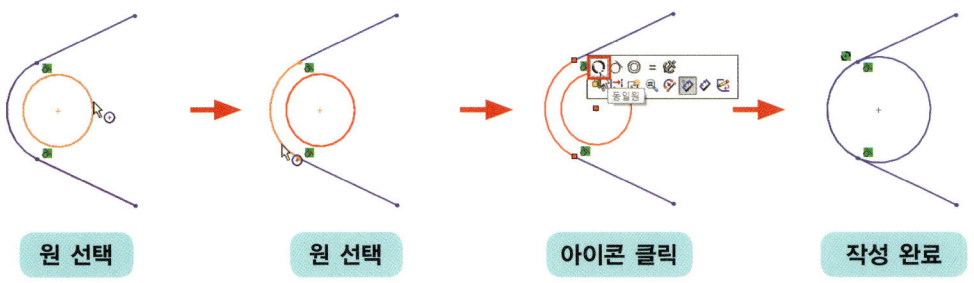

Lesson 14 | 대칭 구속조건

선택한 선 또는 곡선이 선택한 선을 기준으로 대칭되도록 구속한다.

01 첫 번째 개체를 선택한다.

02 두 번째 개체를 선택한다.

03 대칭 선을 선택한다.

04 대칭 구속조건을 클릭한다.

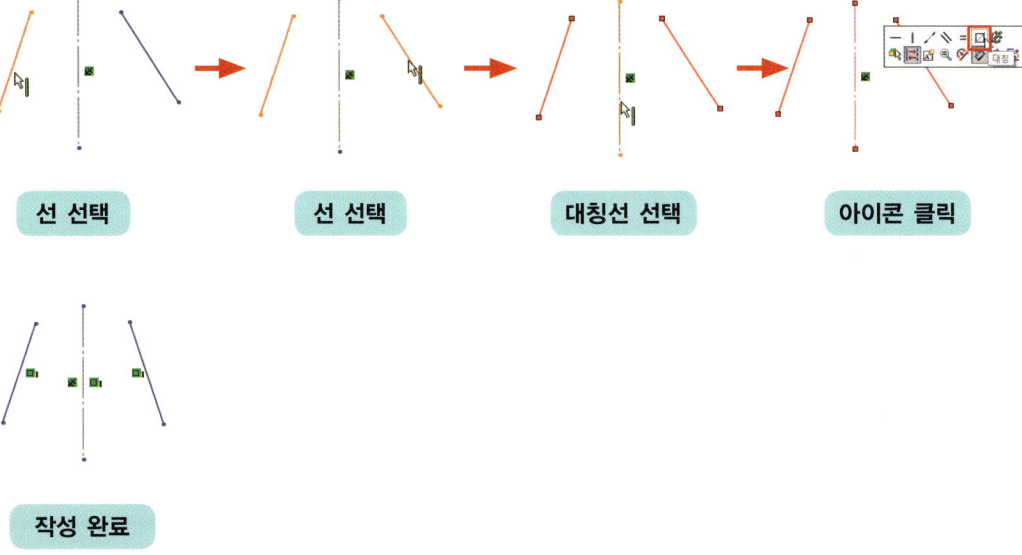

Lesson 15 | 동등 구속조건

01 두 개 이상의 선의 길이를 서로 같게 만든다.

01 첫 번째 선을 선택한다.

02 두 번째 선을 선택한다.

03 동등 구속조건을 클릭한다.

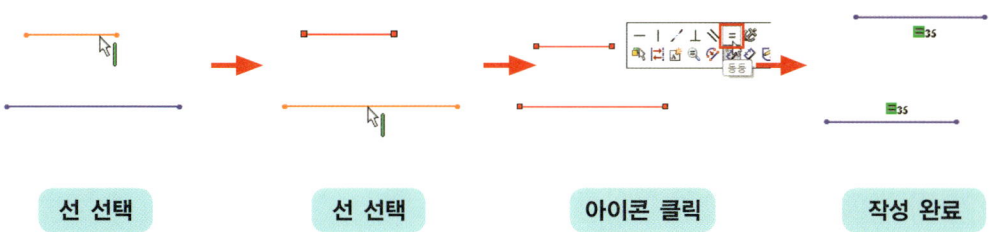

02 두 개 이상의 원 또는 호의 반경을 서로 같게 만든다.

01 첫 번째 원 또는 호를 선택한다.

02 두 번째 원 또는 호를 선택한다.

03 동등 구속조건을 클릭한다.

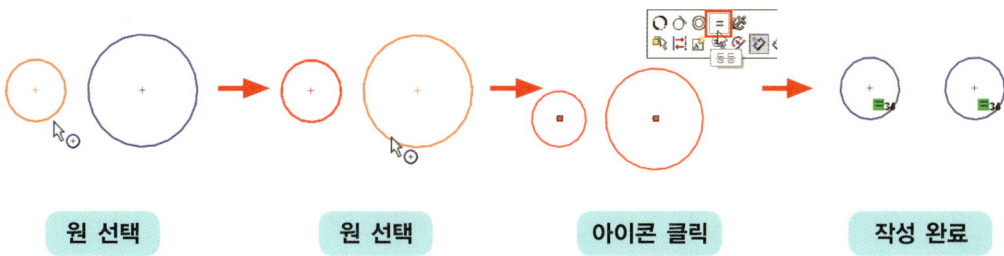

Section 4
패턴 도구

전산응용기계제도/기계설계산업기사를 위한 솔리드웍스

스케치 요소의 패턴 도구에 대해서 알아보도록 하자.

Lesson 1 │ 선형 스케치 패턴

선택한 스케치 형상을 복제해서 행과 열로 배열한다.

01 개체를 선택한다.

02 선형 스케치 패턴 명령을 클릭한다.

03 방향1 항목에서 방향과 거리, 개수를 설정한다.

04 방향2 항목에서 방향과 거리, 개수를 설정한다.

05 확인 버튼을 클릭한다.

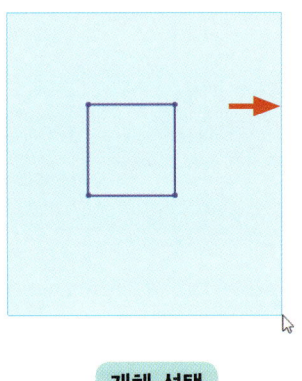

개체 선택

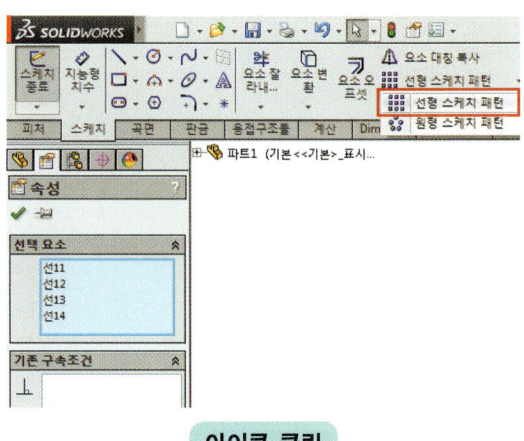

아이콘 클릭

Section4 패턴 도구

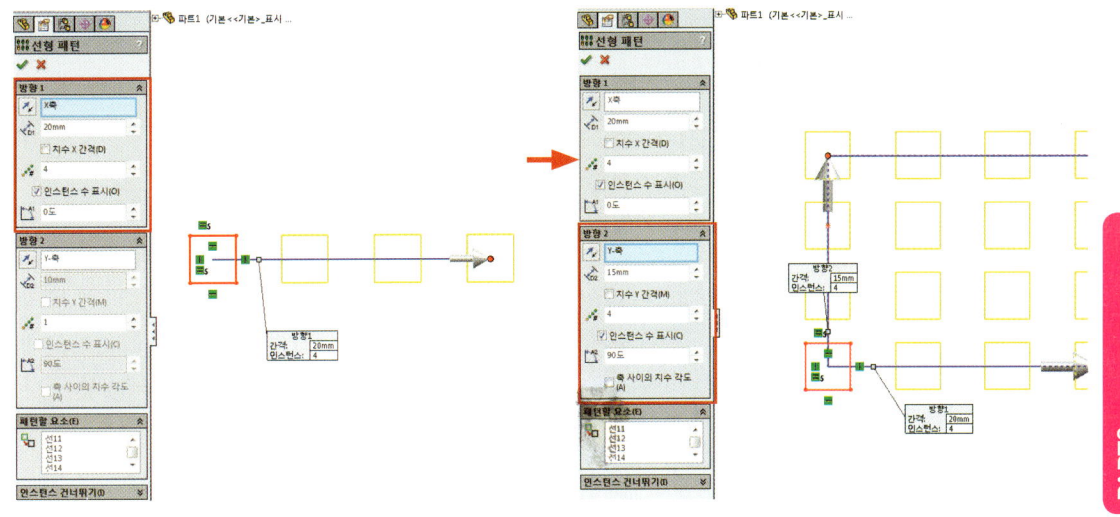

방향1 선택 및 거리와 개수 설정   방향2 선택 및 거리와 개수 설정

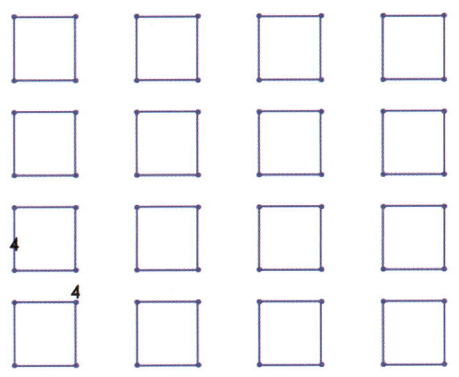

작성 완료

Lesson 2   원형 스케치 패턴

선택한 스케치 형상을 복제하고 호 또는 원 패턴으로 배열한다.

01 개체를 선택한다.

02 원형 스케치 패턴 명령을 클릭한다.

03 패턴할 중심점이 따로 있다면 파라미터에서 중심점을 선택해 삭제한다.

04 올바른 중심점을 지정한다.

05 원형 패턴이 미리보기된다.

06 패턴할 범위각도와 개수를 설정한다.

07 확인 버튼을 클릭한다.

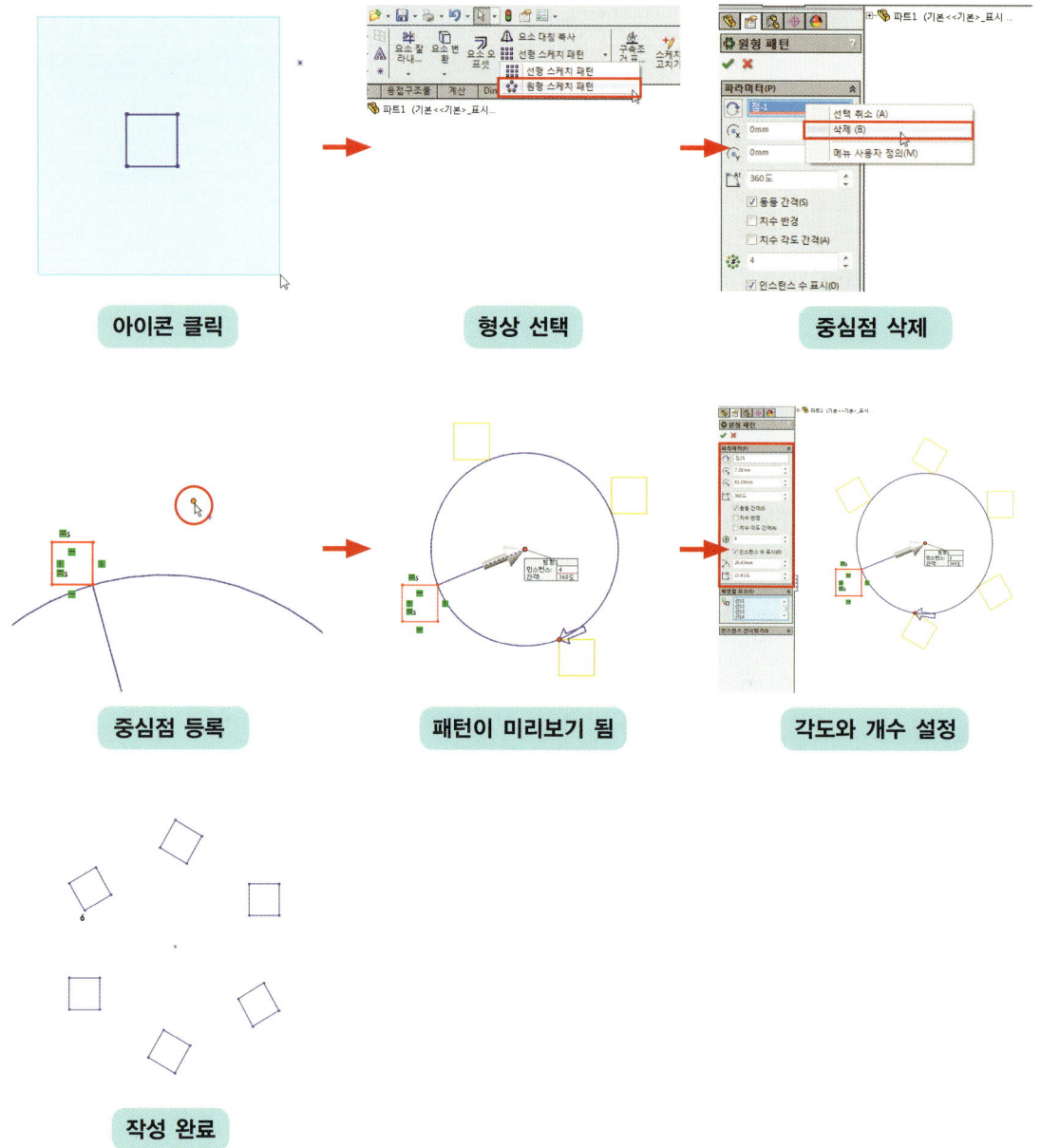

Lesson 3 | 요소 대칭 복사

축에 대해 대칭된 스케치의 사본을 작성한다.

01 요소 대칭 복사 명령을 클릭한다.

02 개체를 선택한다.

03 대칭 축을 선택한다.

04 대칭복사가 미리보기가 된다.

05 확인 버튼을 클릭한다.

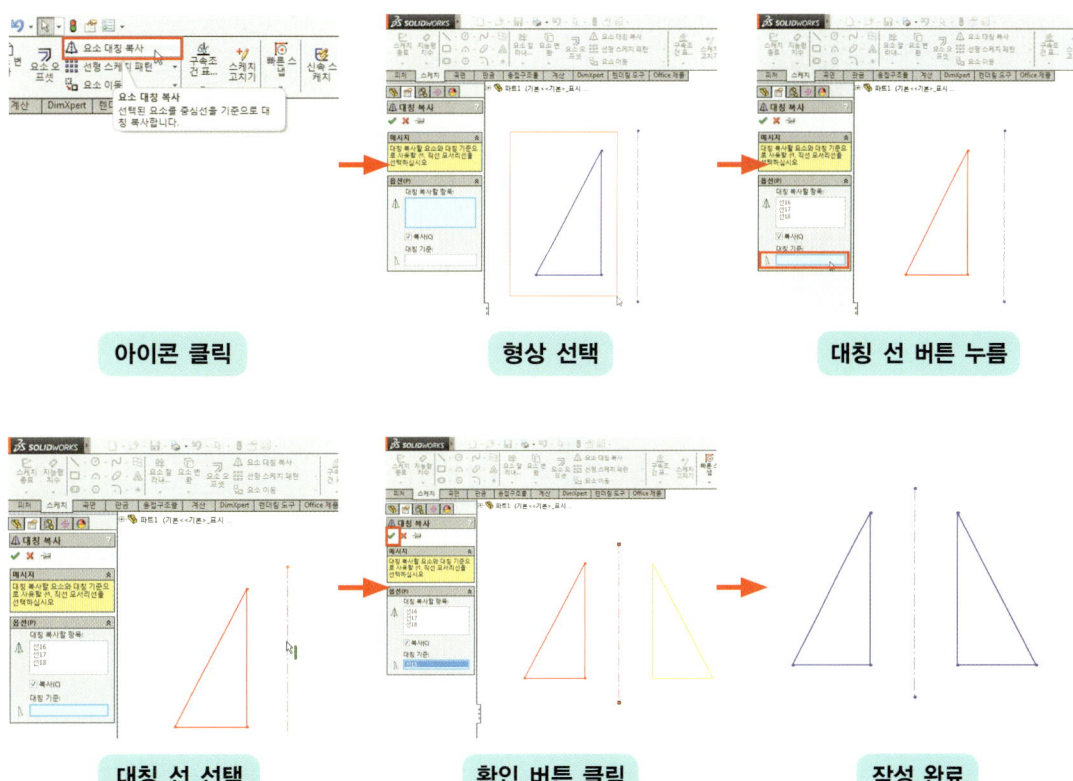

Section 5
편집 도구

전산응용기계제도/기계설계산업기사를 위한 솔리드웍스

스케치 요소의 수정 도구에 대해서 알아보도록 하자.

Lesson 1 │ 요소 이동

한 점에서 다른 점으로 선택한 스케치 형상을 옮긴다.

01 요소 이동 아이콘을 클릭한다.
02 이동할 개체를 선택한다.
03 기준점 영역을 클릭한다.
04 기준점으로 지정할 점 개체를 선택한다.
05 마우스 커서를 이동할 방향으로 움직인다.
06 위치를 정해 클릭한다.
07 확인 버튼을 클릭한다.

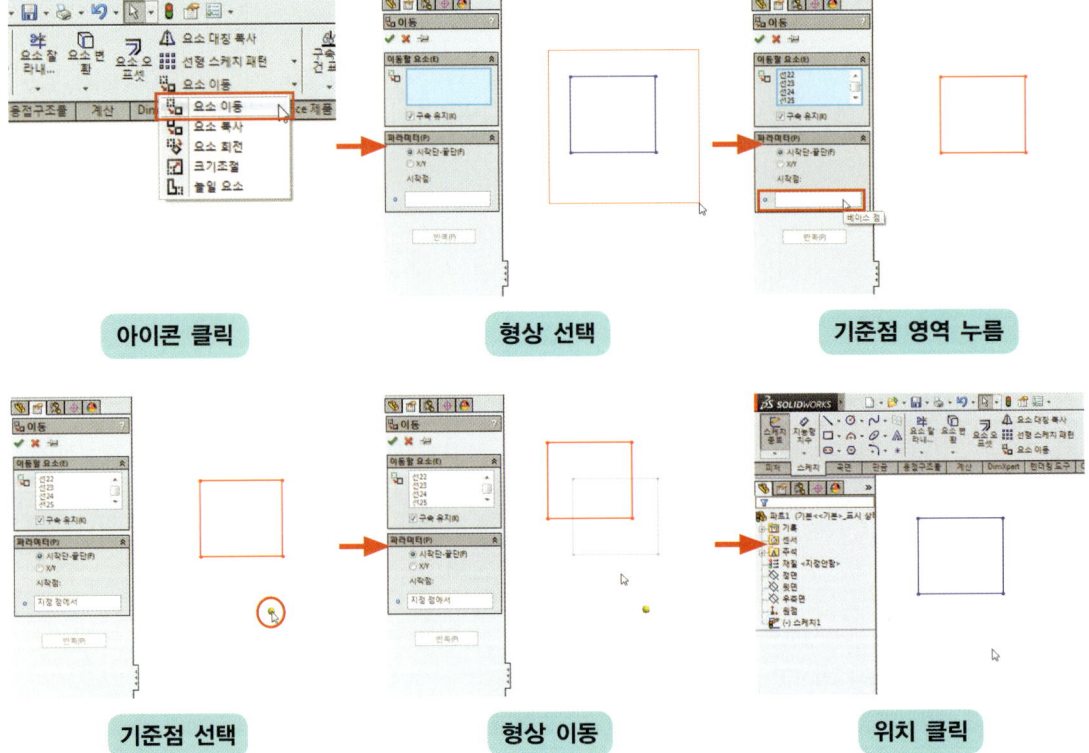

아이콘 클릭 | 형상 선택 | 기준점 영역 누름
기준점 선택 | 형상 이동 | 위치 클릭

Lesson 2 요소 복사

선택한 스케치 형상을 복사하고 스케치에 하나 이상의 복제를 배치한다.

01 요소 복사 아이콘을 클릭한다.

02 이동할 개체를 선택한다.

03 기준점 영역을 클릭한다.

04 기준점으로 지정할 점 개체를 선택한다.

05 마우스 커서를 복사할 방향으로 움직인다.

06 위치를 정해 클릭한다.

07 확인 버튼을 클릭한다.

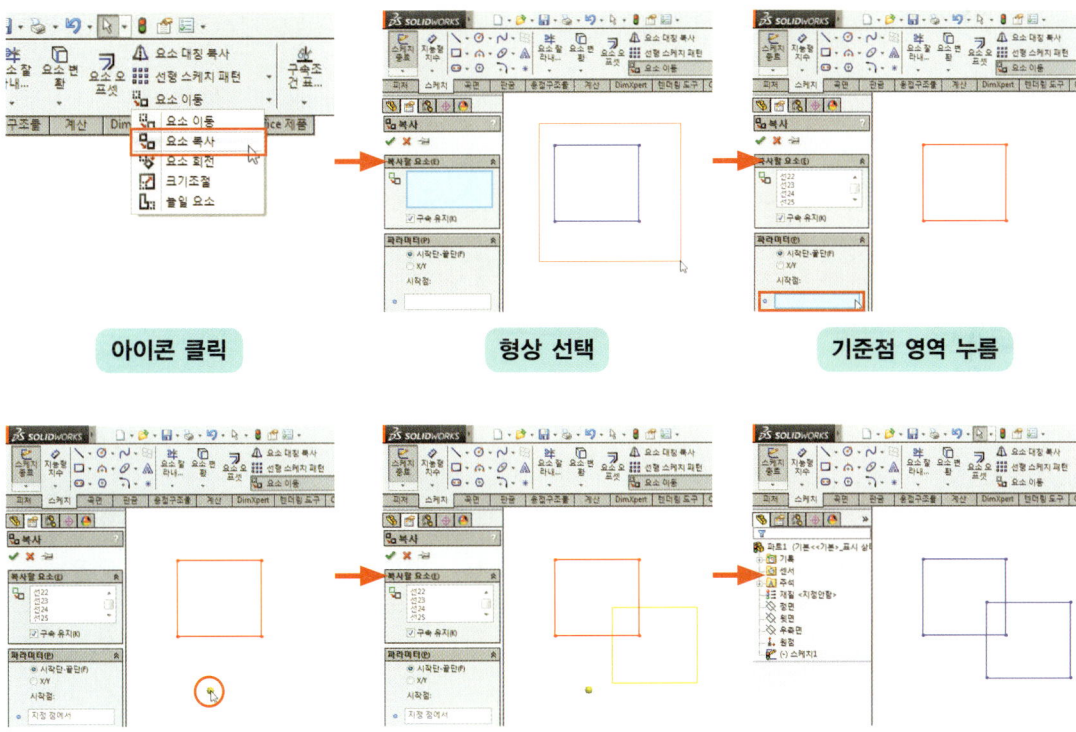

Part 02 2D 스케치

Lesson 3 ｜ 요소 회전

선택한 스케치 형상 또는 해당 형상의 사본을 지정한 중심점을 기준으로 회전시킨다.

01 요소 회전 아이콘을 클릭한다.

02 회전할 개체를 선택한다.

03 기준점 영역을 클릭한다.

04 기준점을 선택한다.

05 각도를 입력한다.

06 확인 버튼을 클릭한다.

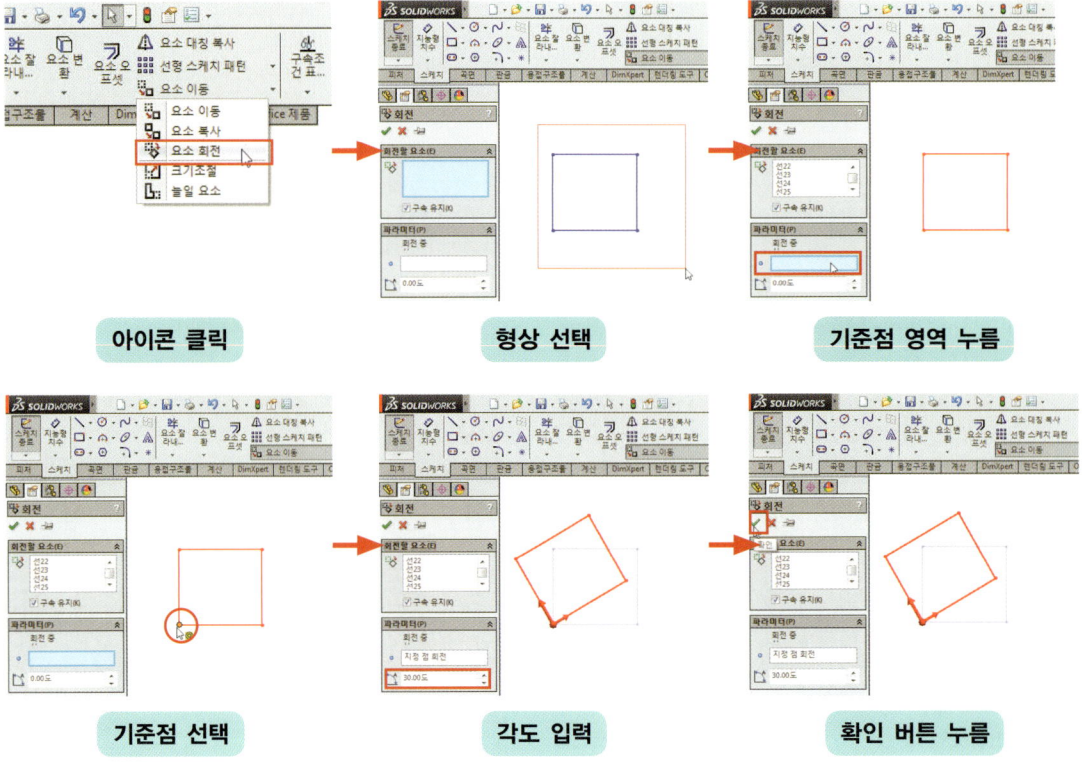

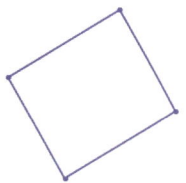

회전 완료

Lesson 4 　크기조절

선택한 스케치 형상의 크기를 비례하여 늘이거나 줄인다.

01 크기조절 아이콘을 클릭한다.
02 크기조절할 객체를 선택한다.
03 기준점 영역을 클릭한다.
04 기준점을 선택한다.
05 축척계수를 입력한다.
06 확인 버튼을 클릭한다.

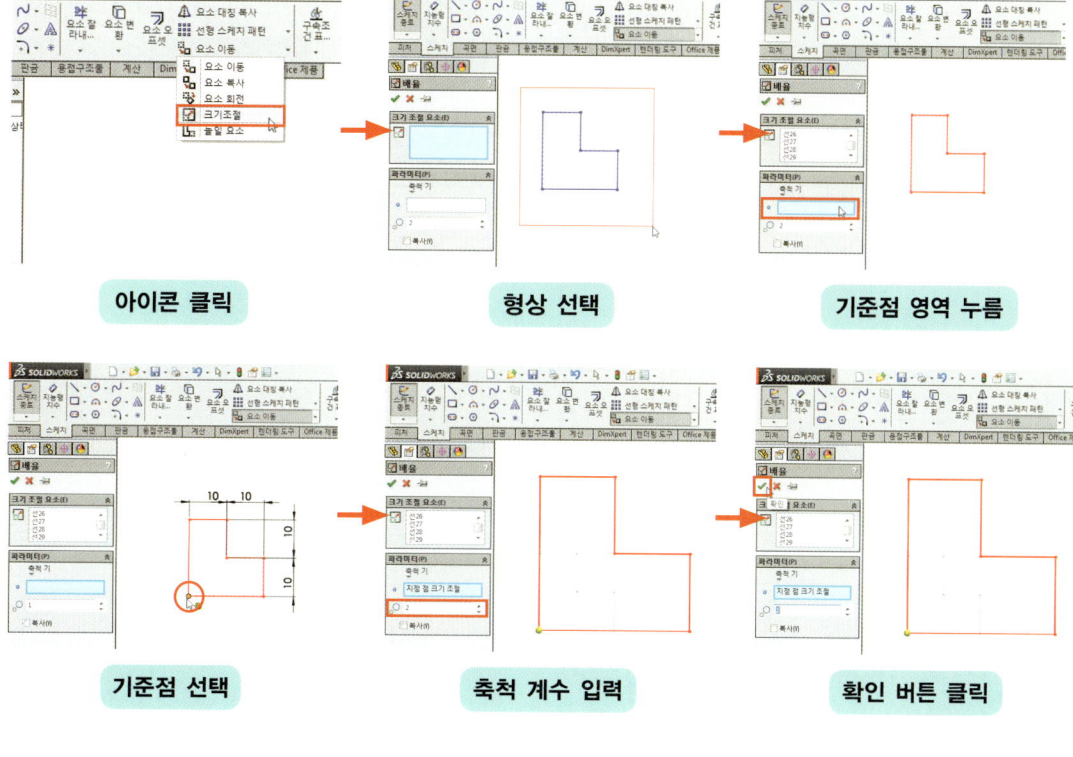

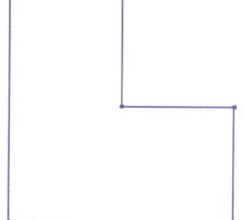

작성 완료

Lesson 5 | 늘이기

지점된 점을 사용하여 선택한 형상을 늘인다.

01 늘이기 아이콘을 클릭한다.

02 선택 버튼이 눌린 상태에서 늘이기할 객체를 드래그로 선택한다.

03 기준점 화살표를 클릭해 누름 상태로 한다.

04 기준점으로 쓸 점 객체를 선택한다.

05 마우스 커서를 움직여 늘이기 할 위치로 개체를 움직인다.

06 적당한 위치에 클릭한다.

07 종료 버튼을 클릭한다.

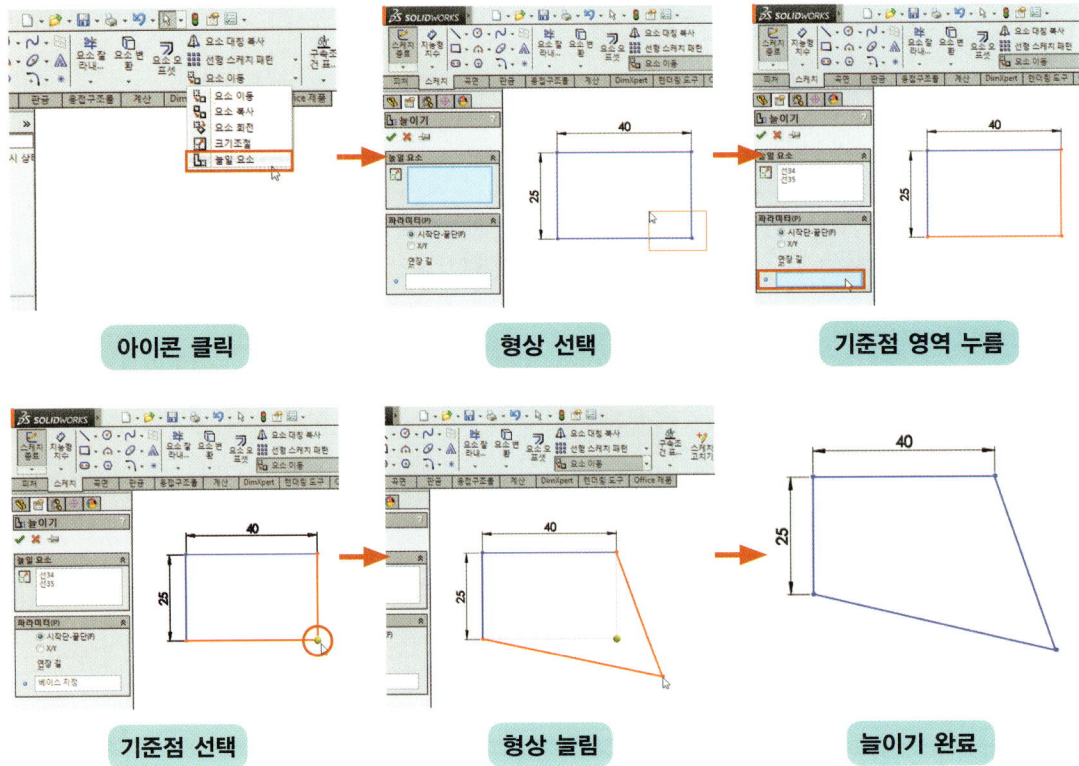

Lesson 6 | 요소 잘라내기

가장 가까운 교차 곡선 또는 선택한 경계 형상까지 곡선을 자른다.

01 지능형

01 요소 잘라내기 아이콘을 클릭한다.

02 옵션을 지능형으로 선택한다.

03 마우스를 드래그해서 교차된 요소를 잘라낸다.

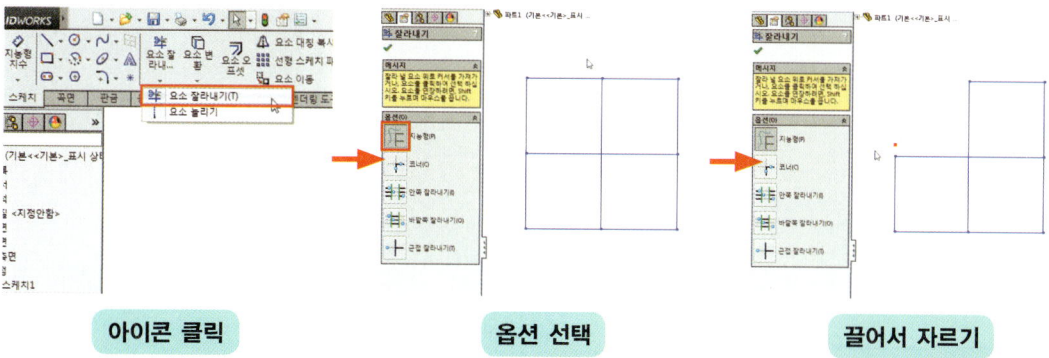

02 코너

01 요소 잘라내기 아이콘을 클릭한다.

02 옵션을 코너로 선택한다.

03 코너 옵션으로 자를 두 개의 선을 선택한다.

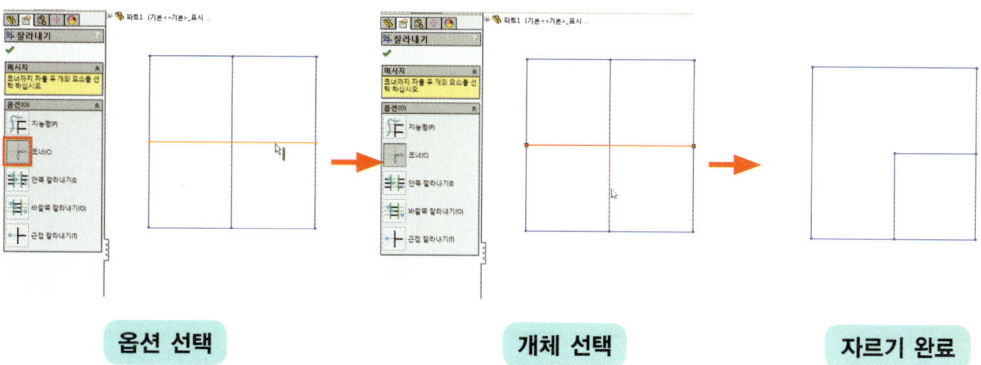

03 안쪽 잘라내기

01 요소 잘라내기 아이콘을 클릭한다.

02 옵션을 안쪽 잘라내기로 선택한다.

03 잘라내기의 기준이 되는 개체를 선택한다.

04 선택한 개체 안을 드래그해서 선택한다.

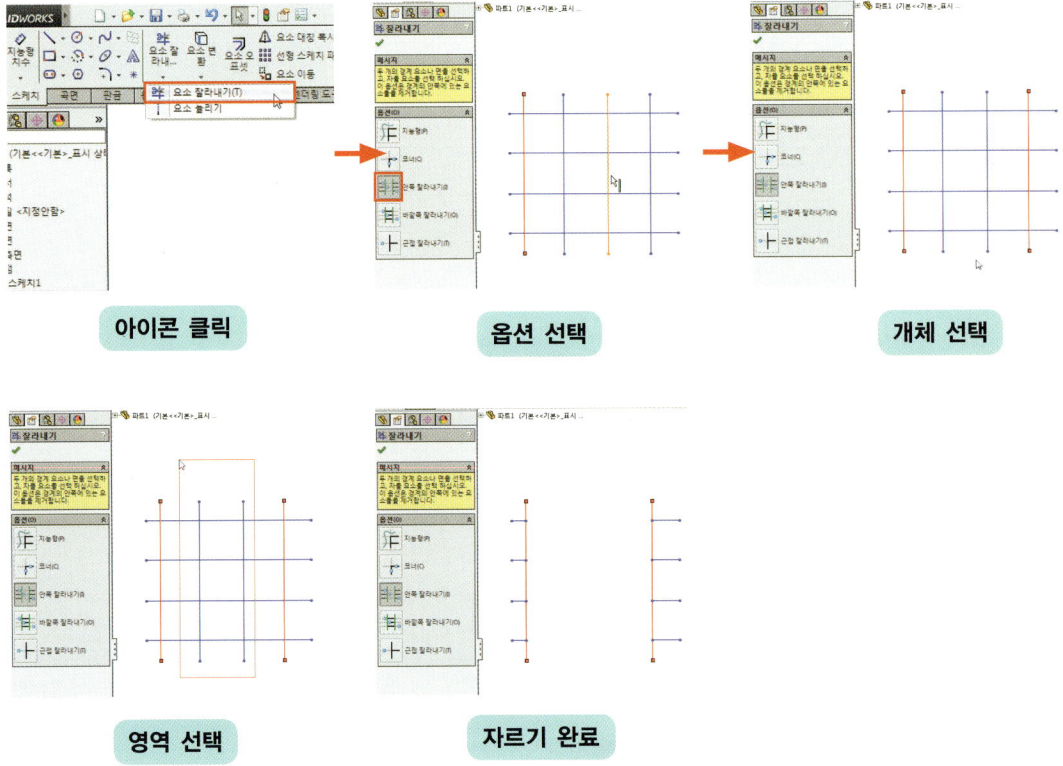

04 바깥쪽 잘라내기

01 요소 잘라내기 아이콘을 클릭한다.

02 옵션을 바깥쪽 잘라내기로 선택한다.

03 잘라내기의 기준이 되는 개체를 선택한다.

04 선택한 개체 밖을 드래그해서 선택한다.

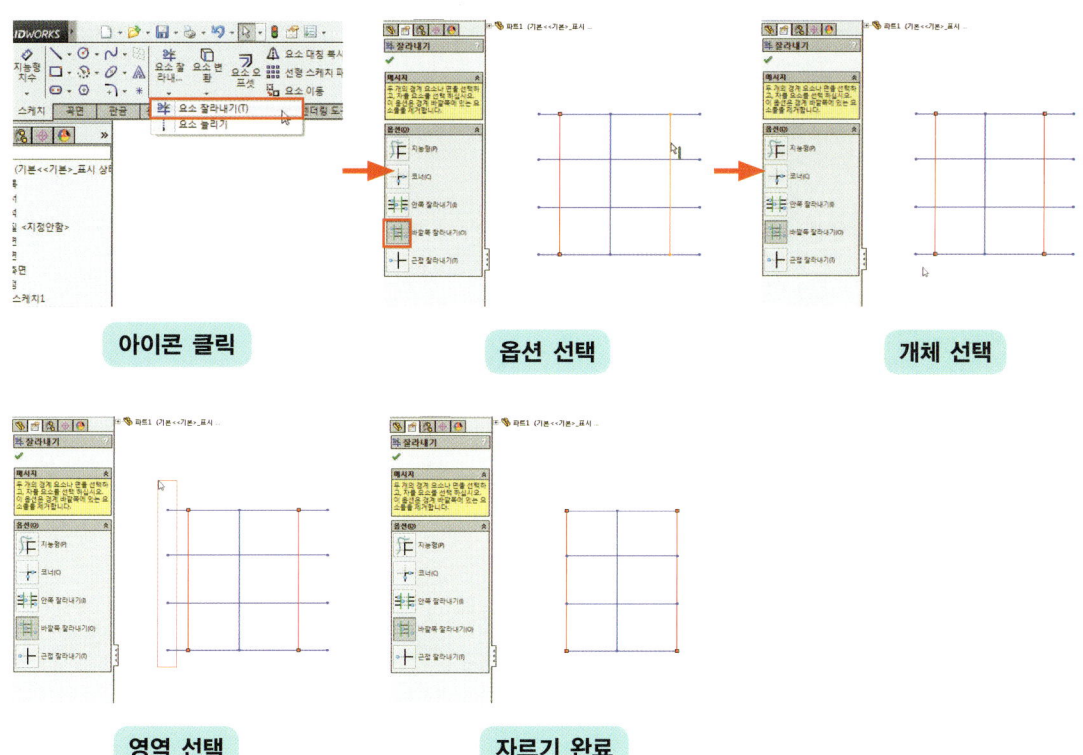

05 근접 잘라내기

01 요소 잘라내기 아이콘을 클릭한다.

02 옵션을 근접 잘라내기로 선택한다.

03 잘라내기할 개체를 선택한다.

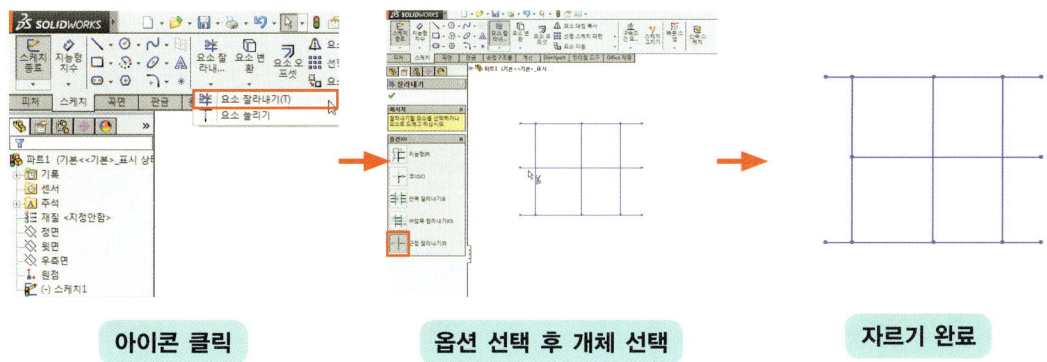

Lesson 7 | 요소 늘리기

가장 가까운 교차 곡선 또는 선택한 경계 형상까지 곡선을 연장한다.

01 요소 늘리기 아이콘을 클릭한다.

02 연장할 요소에 커서를 갖다댄다.

03 미리보기가 표시되면 클릭한다.

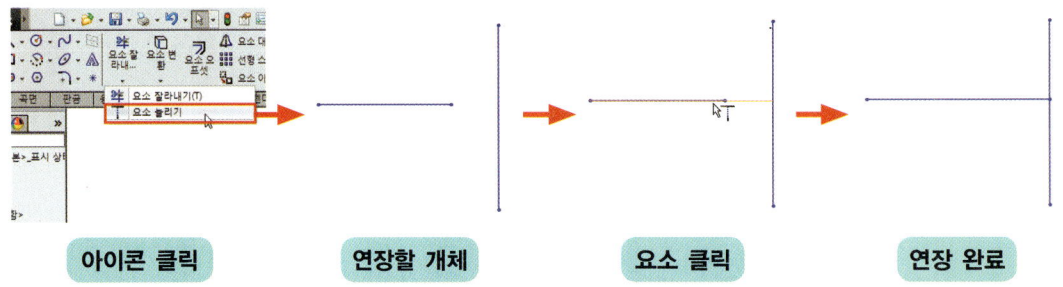

Lesson 8 | 요소 변환

모델의 모서리 혹은 다른 스케치의 스케치 요소를 현재 스케치 요소로 변환시킨다.

01 요소 변환 아이콘을 클릭한다.

02 요소로 변환할 개체를 선택한다.

03 확인 버튼을 클릭한다.

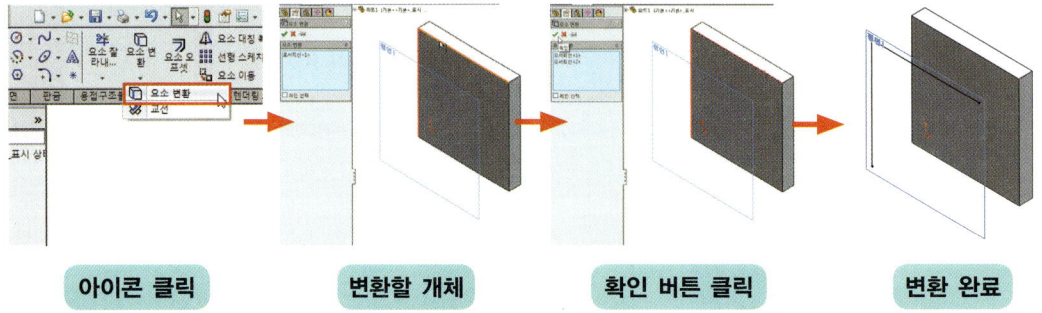

Lesson 9 | 요소 오프셋

선택한 스케치 형상을 복제하고 동적으로 원점에서부터 요소를 간격띄우기한다.

01 요소 오프셋 아이콘을 클릭한다.

02 간격띄우기 할 객체를 선택한다.

03 간격띄우기할 거리와 추가 옵션을 설정한다.

04 확인 버튼을 클릭한다.

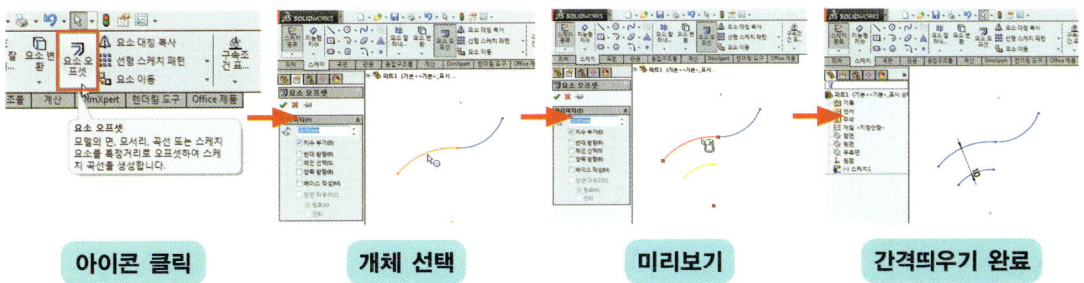

아이콘 클릭   개체 선택   미리보기   간격띄우기 완료

01 체인 선택 체크시

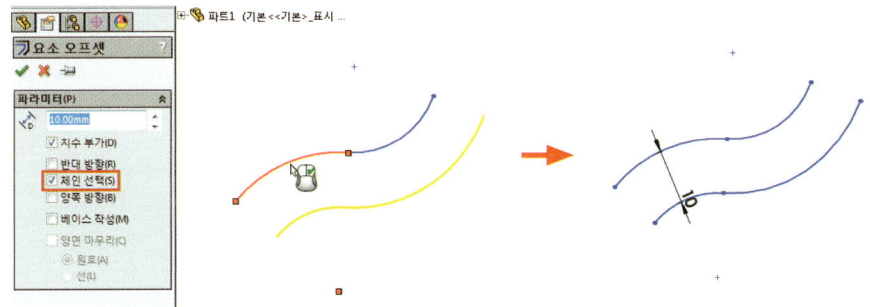

02 반대 방향 체크시

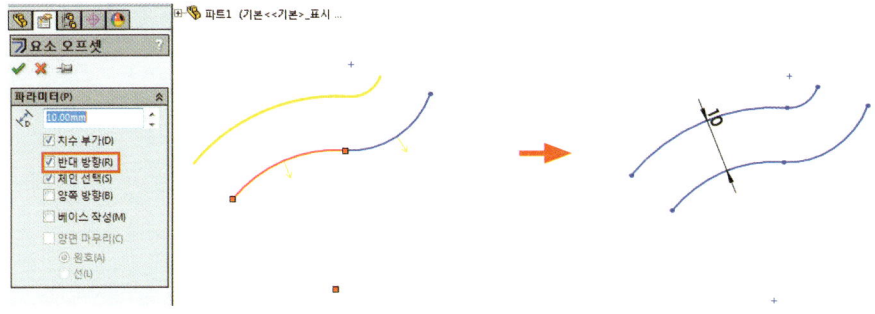

03 양쪽 방향 체크시

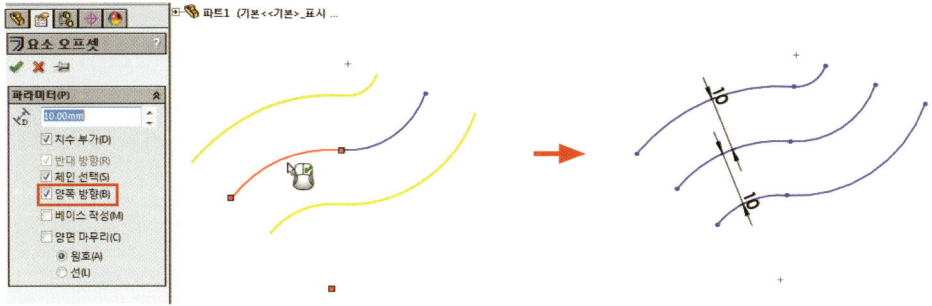

04 양면 마무리 체크시(원호)

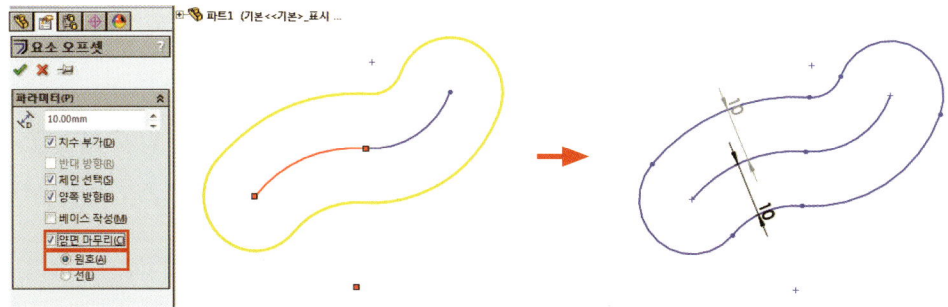

05 양면 마무리 체크시(선)

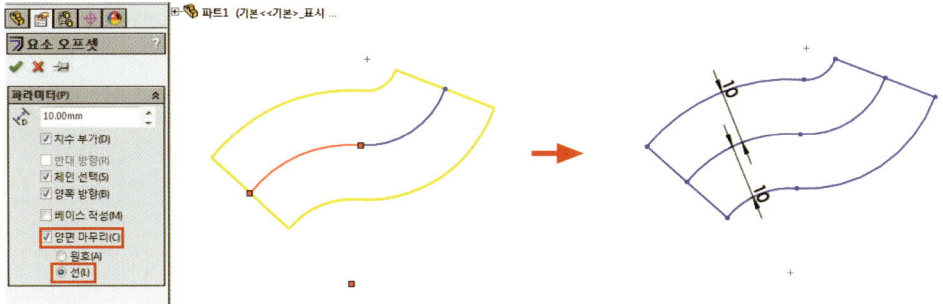

Special | 스케치 명령어의 구조

스케치의 명령어는 풀다운 메뉴를 확인하면 더욱 많은 명령어를 확인할 수 있다.

01 스케치 요소 메뉴

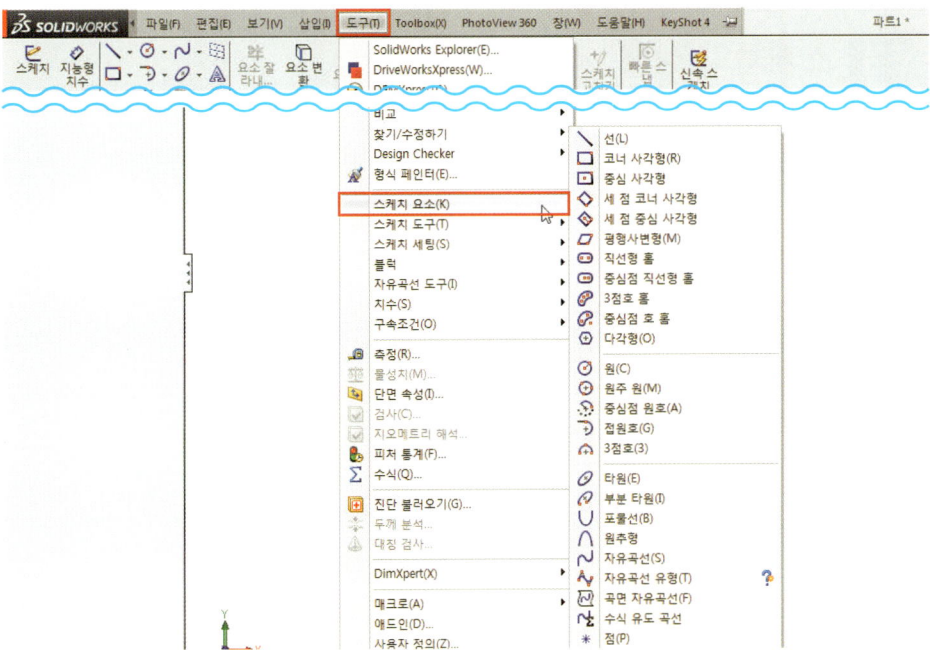

02 스케치 도구 메뉴

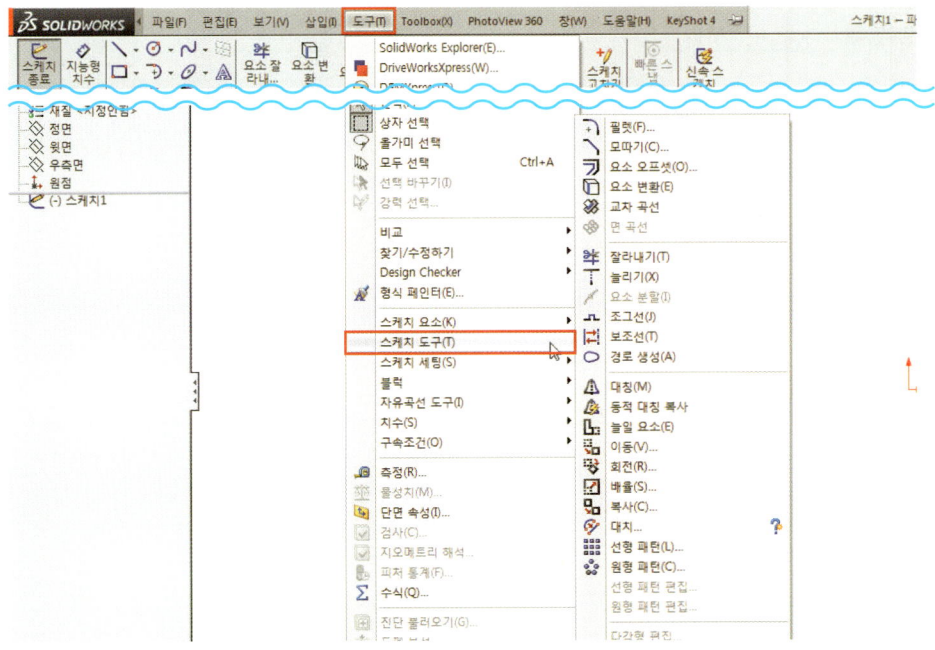

Section 6
스케치의 상태

전산응용기계제도/기계설계산업기사를 위한 솔리드웍스

Lesson 1 | 스케치의 상태

01 완전 정의

가장 바람직한 상태로 스케치 내의 모든 요소가 치수와 구속조건으로 인해 완전 고정된 상태를 의미한다.

완전정의된 상태

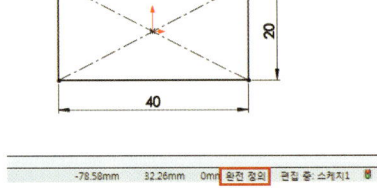

02 불완전 정의

스케치가 완전 구속되어 있지 않은 상태를 의미한다. 작업창 우측 아래를 보면 불완전 정의란 메시지가 뜬다.

불완전 정의된 상태

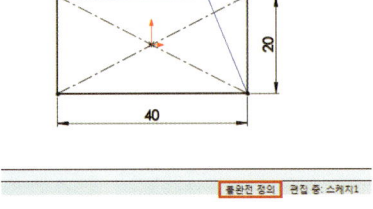

03 초과 정의

치수 내에 충돌되거나 초과된 상태의 치수나 구속조건이 있을 때 이러한 메시지가 표시된다.

Lesson 2 | 스케치 요소의 상태

01 완전 정의(검은색) : 요소가 치수나 구속조건으로 완전 구속된 상태

02 불완전 정의(파란색) : 요소에 치수나 구속조건이 아직 부여되지 않은 상태이거나 완전히 부여되지 않은 상태이다.

03 초과 정의된 상태(빨간색) : 스케치 요소가 치수 또는 구속조건이 중복되거나 충돌되었을 때의 상태이다.

04 선택 대기중인 상태(오렌지색) : 선택 직전에 스케치 요소에 마우스 커서를 갖다 댔을때의 상태이다.

05 선택된 상태(빨간색) : 스케치 요소가 선택된 상태이다.

Lesson 3 | 스케치 편집

다음의 세 가지 방법으로 편집할 수 있다.

01 검색기 막대에서 원하는 스케치를 선택해 스케치 편집 명령 클릭

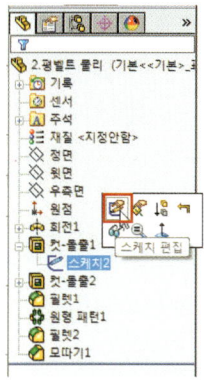

02 해당 피처를 클릭해 스케치 편집 명령 클릭

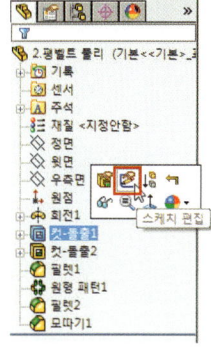

03 솔리드 면을 선택해 해당 솔리드면을 작성한 피처의 프로파일인 스케치 편집

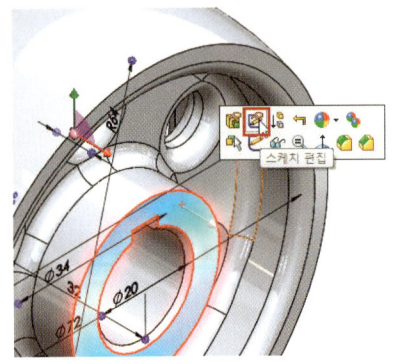

Lesson 4 | 스케치 평면 편집

스케치가 원하지 않는 평면에 작성되었을 때 스케치의 작성 평면을 변경하는 방법이다.

01 기본 평면이 잘못되었을 때

예를 들어 우측면에 작성되어야 할 스케치가 정면에 작성되었을 때, 다시 우측면으로 옮기려면,

01 피처 트리창에서 해당 스케치를 클릭해 스케치 평면 편집 명령을 클릭한다.

02 스케치 평면 편집 명령을 클릭한다.

03 재정의 할 대상 평면을 클릭한다.

04 확인 버튼을 클릭한다.

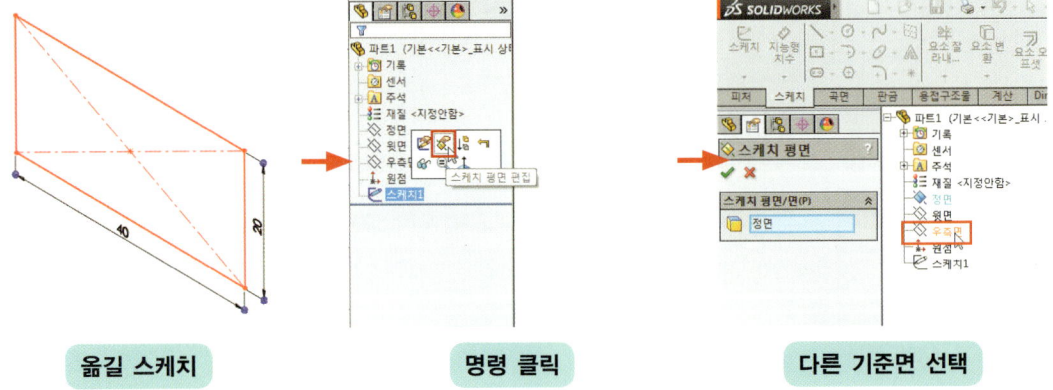

옮길 스케치   명령 클릭   다른 기준면 선택

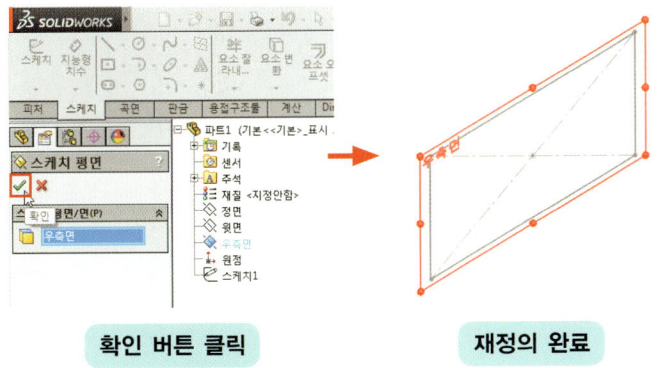

| 확인 버튼 클릭 | 재정의 완료 |

02 참조 평면으로 옮겨야 할 때

다음과 같이 피처의 평면에 그려진 스케치를 다른 작업 평면으로 옮겨야 할 때

01 피처 트리창에서 해당 스케치를 클릭해 스케치 평면 편집 명령을 클릭한다.

02 스케치 평면 편집 명령을 클릭한다.

03 원하는 면을 클릭한다.

04 확인 버튼을 클릭한다.

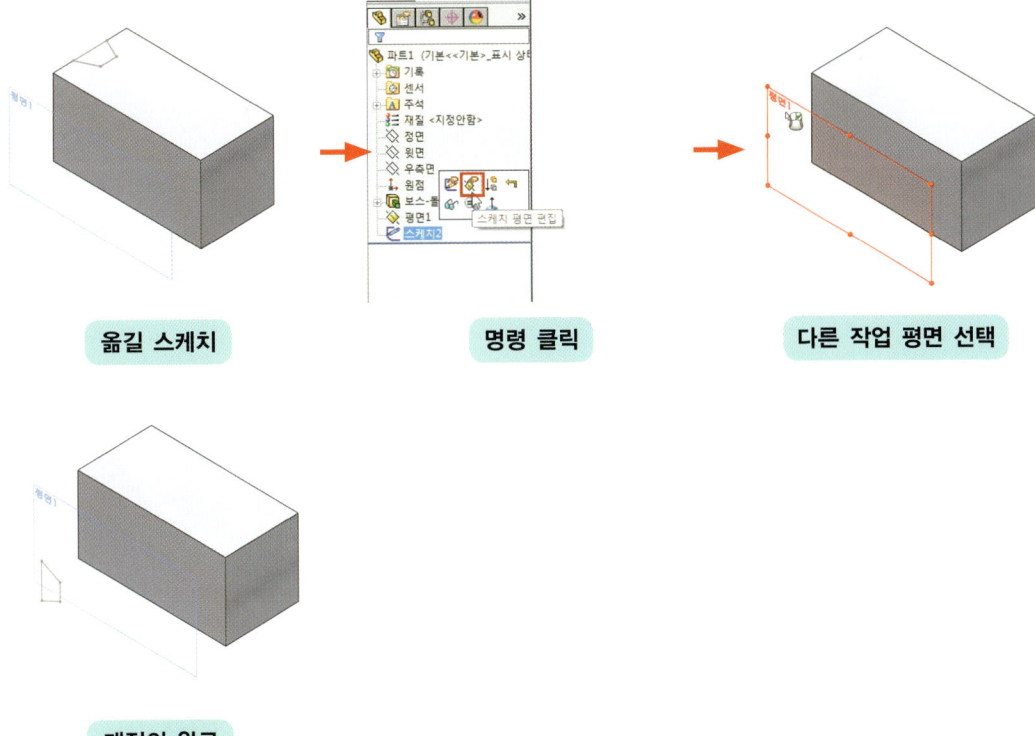

| 옮길 스케치 | 명령 클릭 | 다른 작업 평면 선택 |

재정의 완료

Section 7
스케치 연습예제

전산응용기계제도/기계설계산업기사를 위한 솔리드웍스

피처를 작성하기 위한 프로파일인 스케치를 작성하는 방법에 대해 알아보도록 하자.

Lesson 1 | 베이스 스케치 연습예제

가장 첫 번째 피처가 되는 베이스 피처를 작성하기 위한 프로파일 스케치를 작성해 보도록 하자.

01 정사각형 타입의 프로파일

다음과 같은 정사각형 타입의 프로파일을 작성해 보도록 하자.

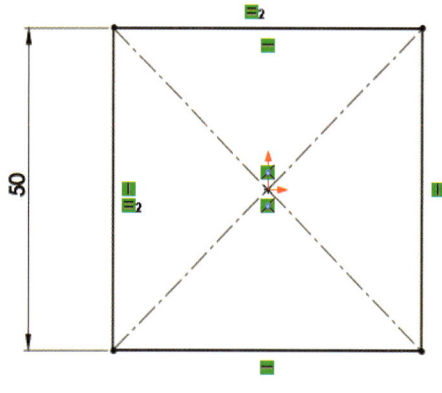

● 이 프로파일의 특징은 다음과 같다.
 - 원점이 사각형의 중심에 있다.
 - 사각형의 가로와 세로의 길이가 같다.

01 중심 사각형 명령을 클릭한다.

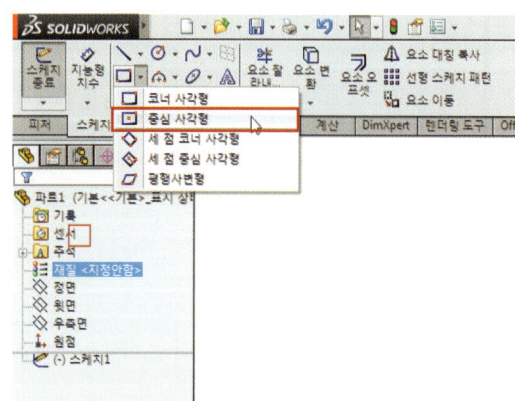

02 원점에 사각형의 중심점을 클릭한다.

03 마우스를 움직여 사각형을 생성한다.

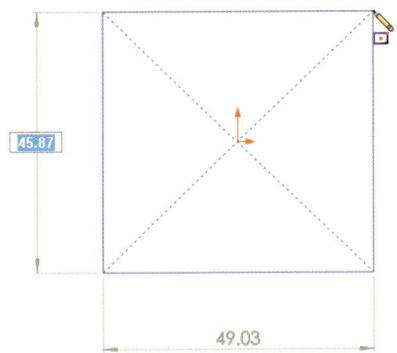

04 가로 치수와 세로 치수를 타이핑한다.

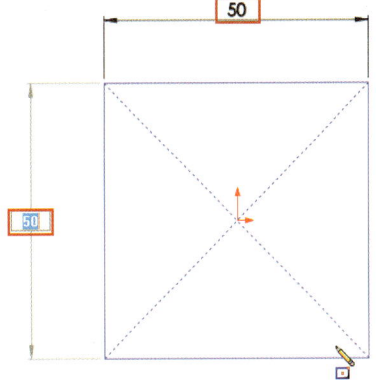

| 어드바이스 | ▶ 가로와 세로에 같은 치수를 기입하면 자동으로 동일 구속조건이 부여된다. |

05 정사각형 프로파일이 완성된다.

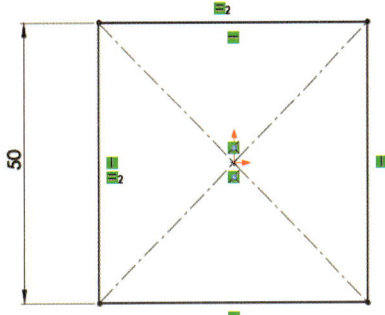

02 직사각형 타입의 프로파일

다음과 같은 직사각형 타입의 프로파일을 작성해 보도록 하자.

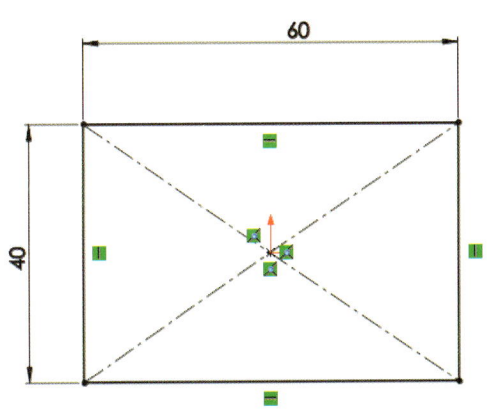

● 이 프로파일의 특징은 다음과 같다.

-원점이 사각형의 중심에 있다.

99

01 중심 사각형 명령을 클릭한다.

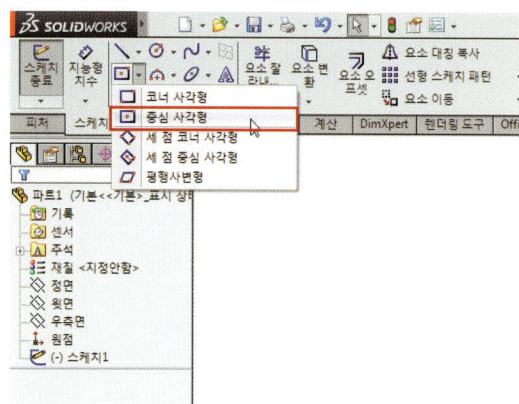

02 원점에 사각형의 중심점을 클릭한다.

03 마우스를 움직여 사각형을 생성한다.

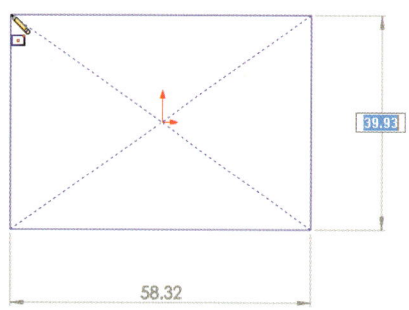

04 가로 치수와 세로 치수를 타이핑한다.

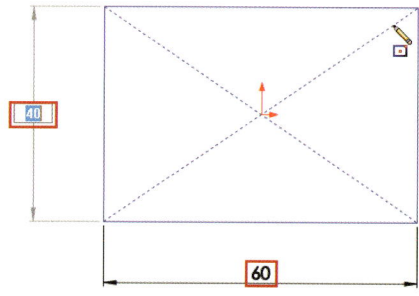

05 직사각형 프로파일이 완성된다.

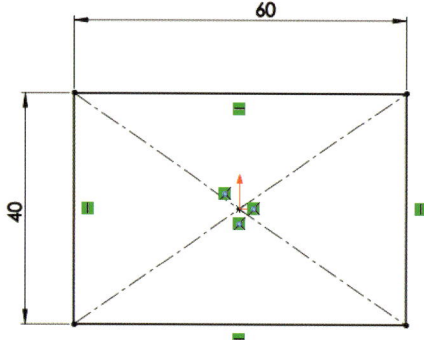

03 비대칭형 타입의 프로파일

다음과 같은 비대칭형 타입의 프로파일을 작성해 보도록 하자.

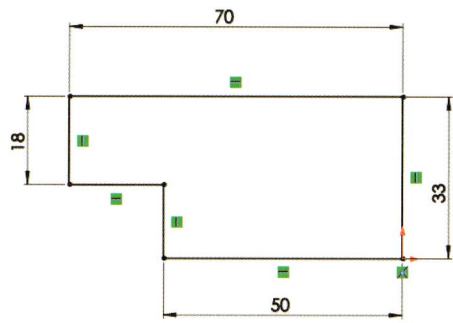

● 이 프로파일의 특징은 다음과 같다.
  - 비대칭형이므로 원점이 중심에 있을 필요가 없다.
  - 컨셉에 맞추어 큰 치수가 중심이 되어 작도된다.

01 선 명령을 클릭한다.

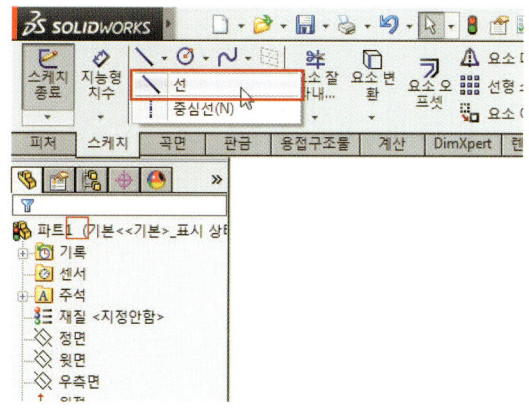

02 원점에 첫 점을 클릭한다.

03 마우스를 위로 움직여 수직선을 생성한다.

04 다음 방향으로 연속선을 작도한다.

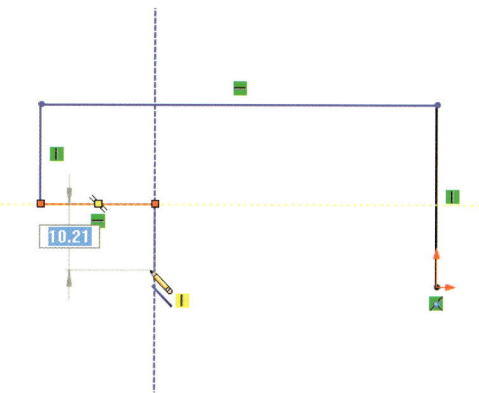

05 끝점을 이어 선 작성을 마무리한다.

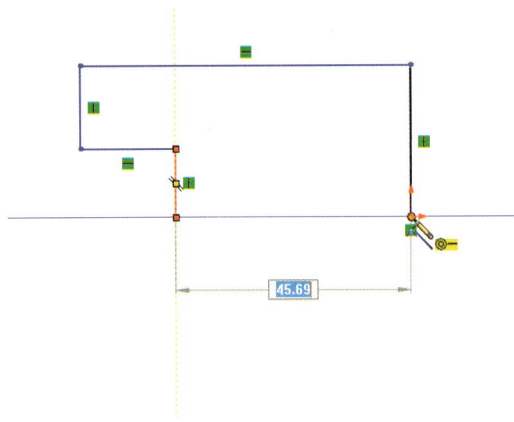

06 지능형 치수 명령을 클릭한다.

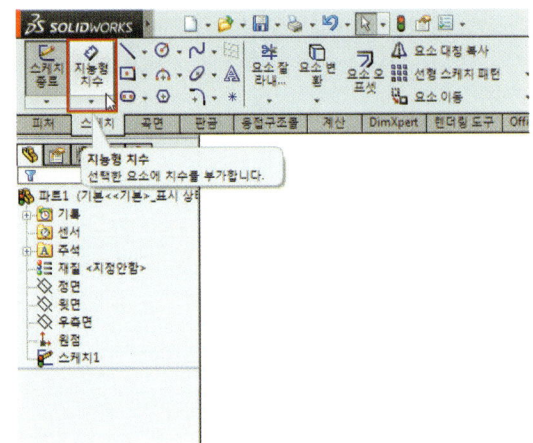

07 위의 수평선을 선택한다.

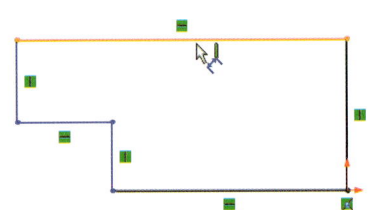

08 마우스를 위로 움직이면 치수가 미리보기가 된다.

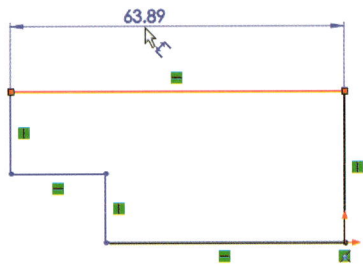

09 마우스를 클릭해 치수를 기입한다.

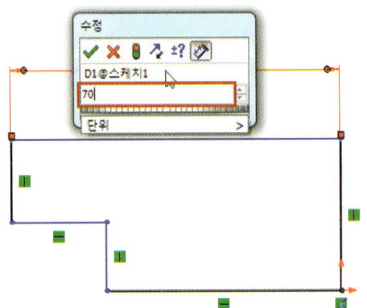

10 가로 치수 기입이 완료된다.

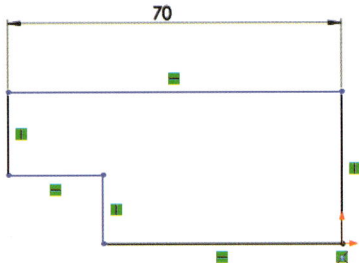

11 우측의 수직선을 선택한다.

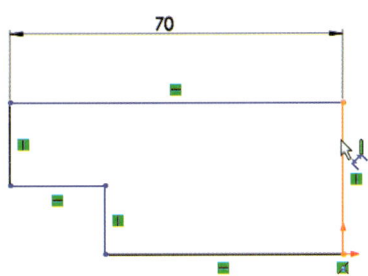

12 마우스를 오른쪽으로 움직이면 치수가 미리보기 된다.

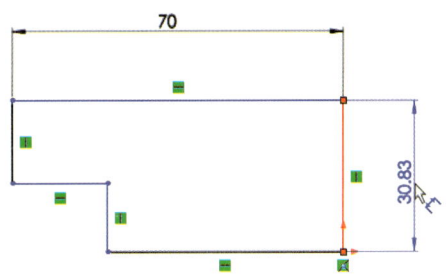

13 마우스를 클릭해 치수를 기입한다.

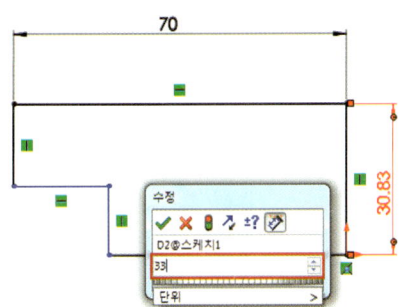

14 폭 치수를 작성하기 위해 위의 선을 선택한다.

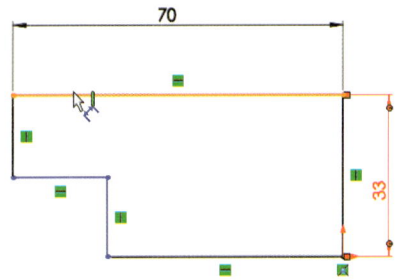

15 아래 선을 선택한다.

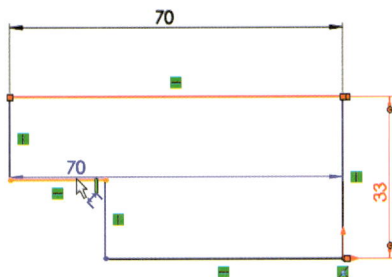

16 마우스를 왼쪽으로 움직이면 치수가 미리보기 된다.

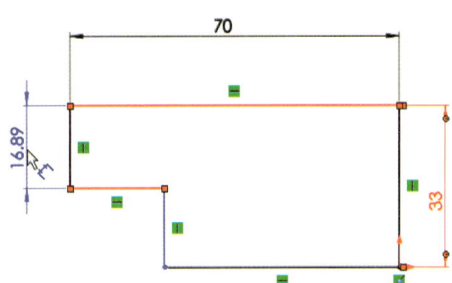

103

17 마우스를 클릭해 치수를 기입한다.

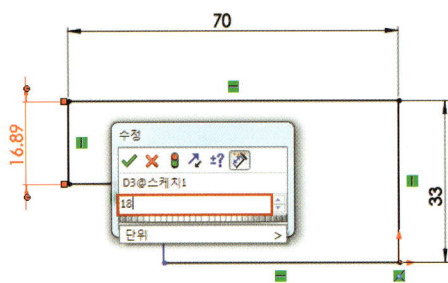

18 폭 치수를 작성하기 위해 좌측 선을 선택한다.

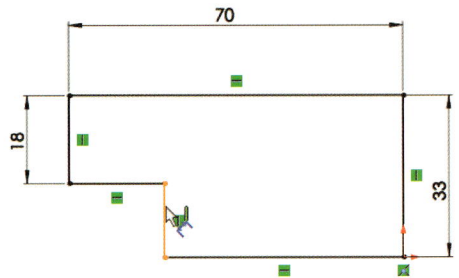

19 우측 선을 선택한다.

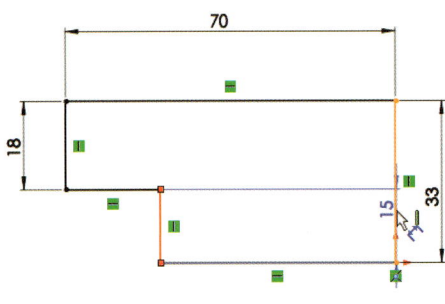

20 마우스를 아래로 움직이면 치수가 미리보기 된다.

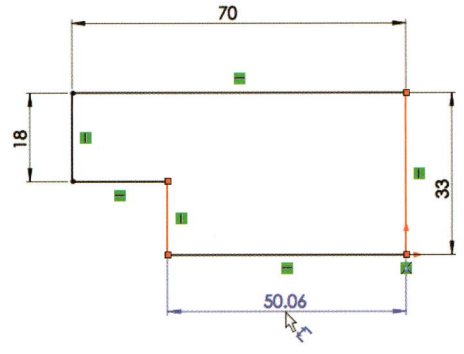

21 마우스를 클릭해 치수를 기입한다.

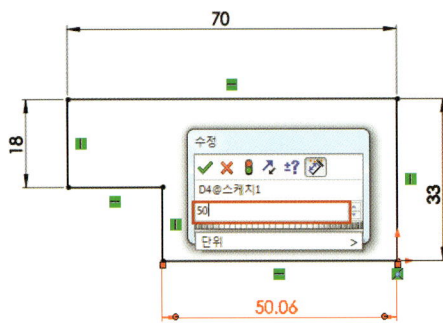

22 스케치 프로파일 작성이 완료되었다.

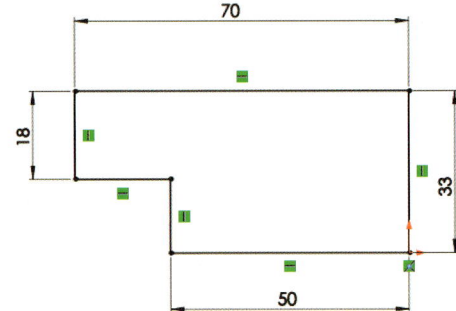

Section7 스케치 연습예제

04 회전 축 타입의 프로파일

다음과 같은 회전 축 타입의 프로파일을 작성해 보도록 하자.

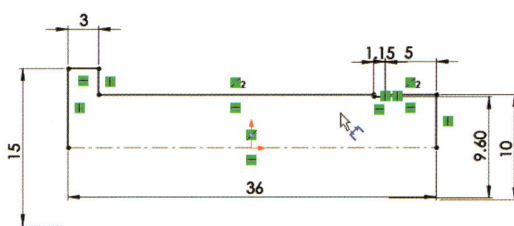

● 이 프로파일의 특징은 다음과 같다.
  – 중심선을 기준으로 지름 치수가 생성된다.
  – 형상의 절반만 작도한다.

01 중심선 명령을 클릭한다.

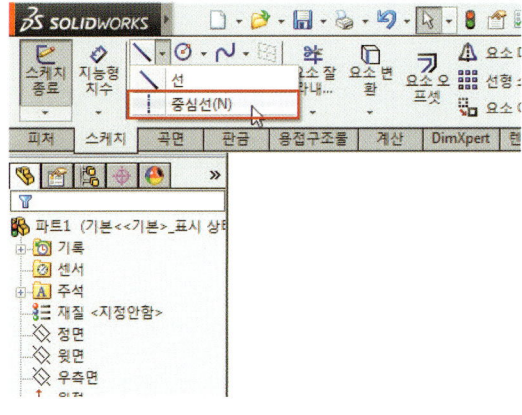

02 중심선의 첫 번째 점을 클릭한다.

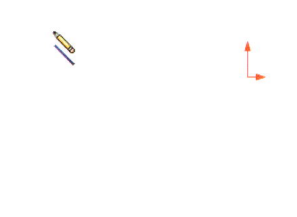

03 마우스를 우측으로 움직여 수평선을 생성한다.

04 전체 길이에 해당하는 치수를 입력한다.

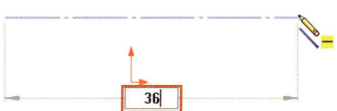

105

05 작성된 중심선을 선택한다.

06 컨트롤 키를 누른채로 중심점을 선택해 중간점 구속조건을 부여한다.

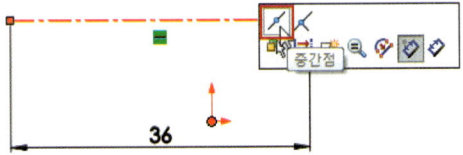

07 선 명령을 클릭한다.

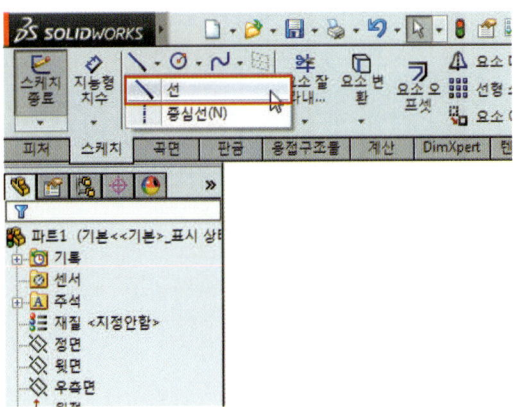

08 중심선의 좌측 끝점을 클릭한다.

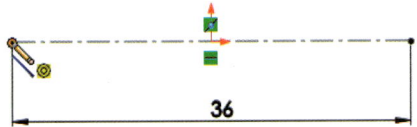

09 마우스를 위로 움직여 수직선을 생성한다.

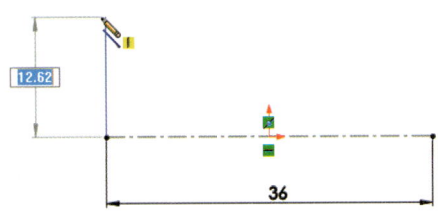

10 다음 방향으로 연속선을 작도한다.

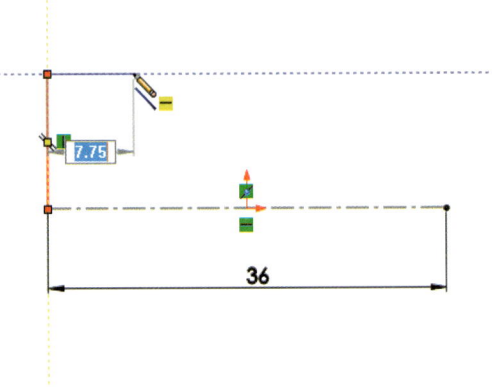

11 끝점을 이어 선 작성을 마무리한다.

12 다음과 같이 선 작성이 완료되었다.

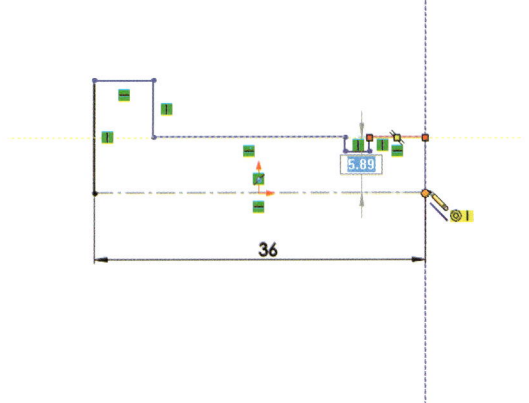
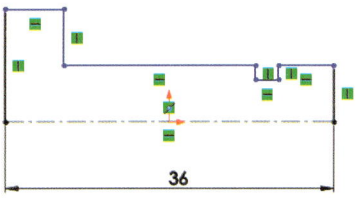

13 수평선을 클릭한다.

14 컨트롤 키를 누른채로 우측의 수평선을 선택해 동일선상 구속조건을 부여한다.

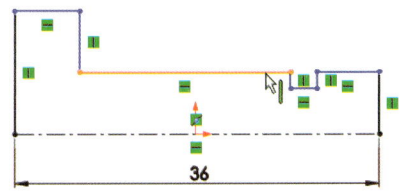
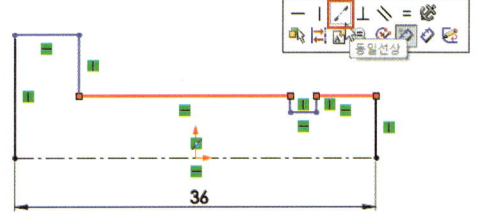

15 지능형 치수 명령을 클릭한다.

16 수평선을 클릭한다.

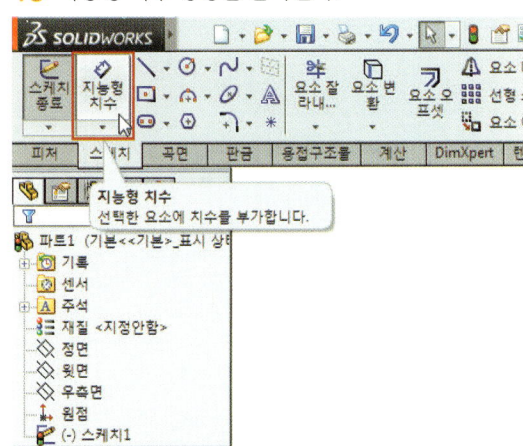
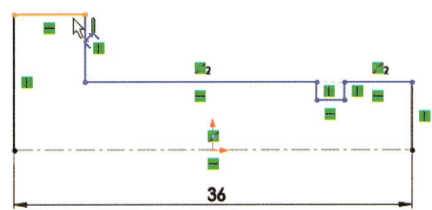

107

17 중심선을 클릭한다.

18 마우스를 좌측으로 움직이면 지름 치수가 미리보기 된다.

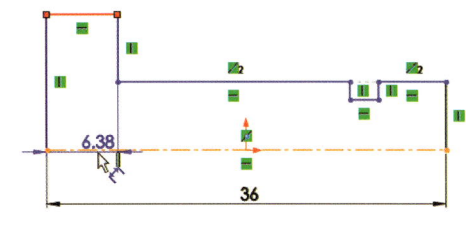
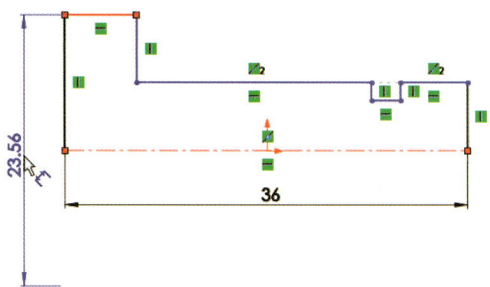

19 마우스를 클릭해 치수를 기입한다.

20 다음 수평선을 클릭한다.

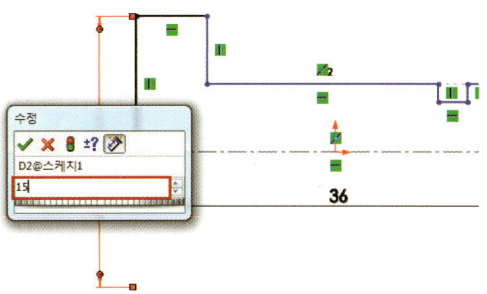
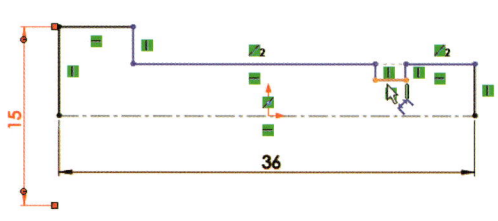

21 중심선을 클릭해 마우스를 우측으로 움직인다.

22 마우스를 클릭해 지름 치수를 입력한다.

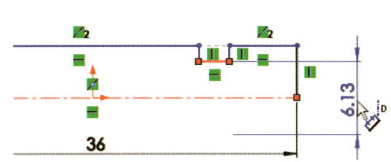
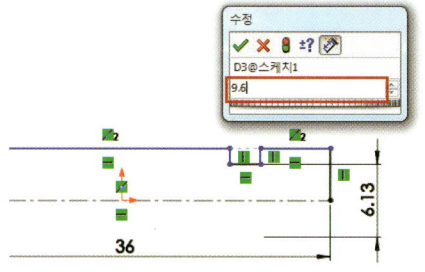

23 위의 수평선을 선택한다.

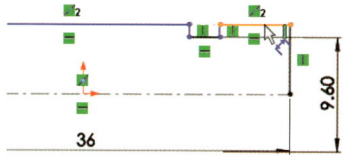

24 중심선을 클릭해 마우스를 우측으로 움직인다.

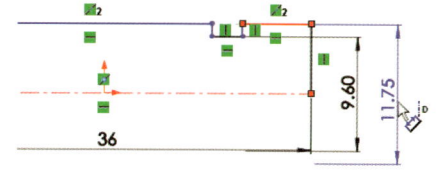

25 마우스를 클릭해 치수를 기입한다.

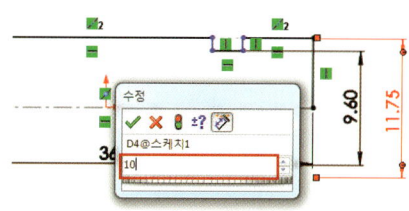

26 지름 치수 기입이 완료되었다.

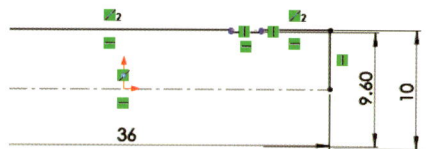

27 다음 수평선을 선택한다.

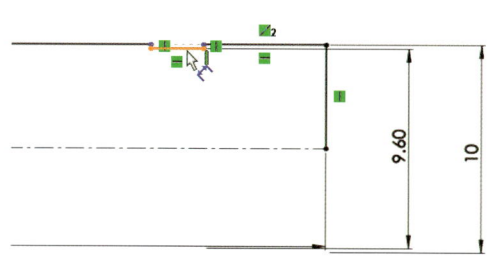

28 마우스를 위로 움직이면 치수가 미리보기가 된다.

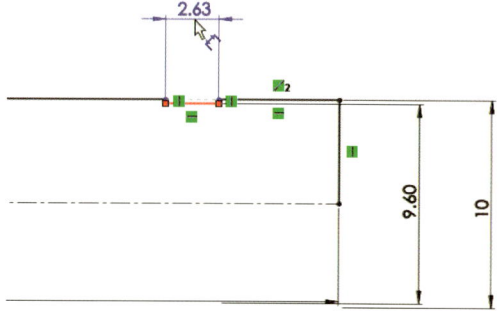

29 마우스를 클릭해 치수를 기입한다.

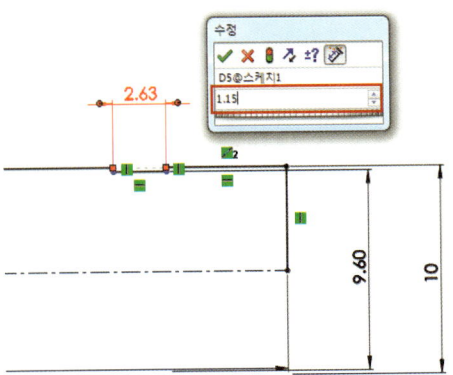

30 다음 수평선을 선택한다.

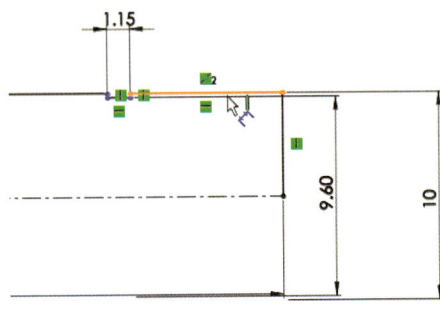

31 마우스를 위로 움직이면 치수가 미리보기가 된다.

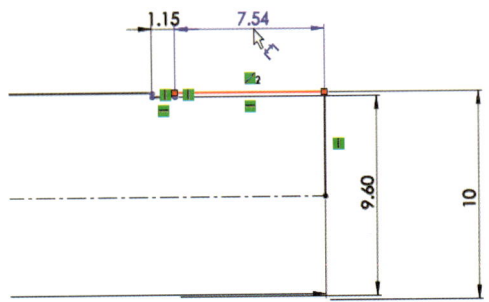

32 마우스를 클릭해 치수를 기입한다.

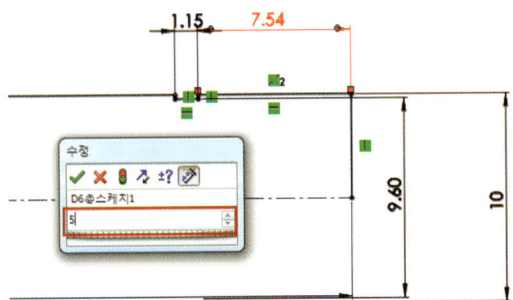

33 다음과 같이 우측 요소의 치수 작성이 완료된다.

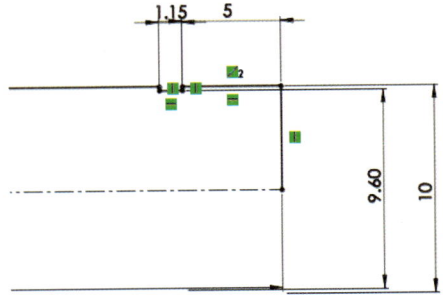

34 다음 수평선을 선택한다.

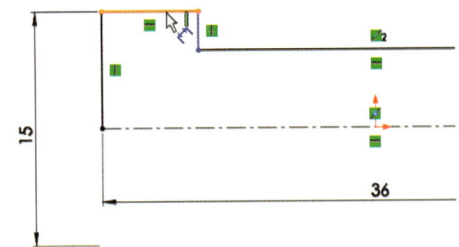

35 마우스를 위로 움직이면 치수가 미리보기가 된다.

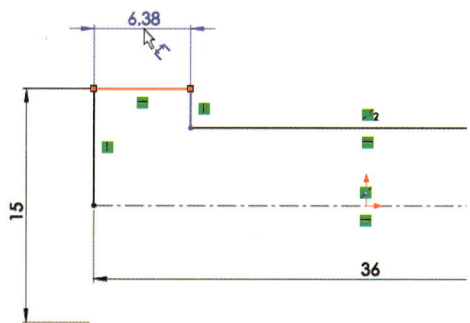

36 마우스를 클릭해 치수를 기입한다.

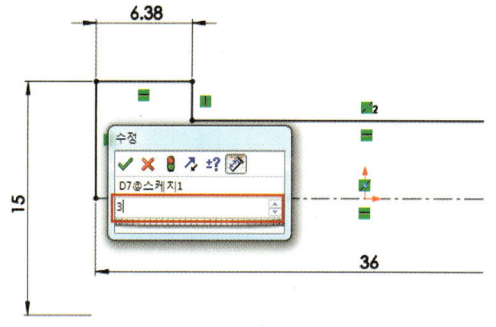

37 스케치 작성이 완료되었다.

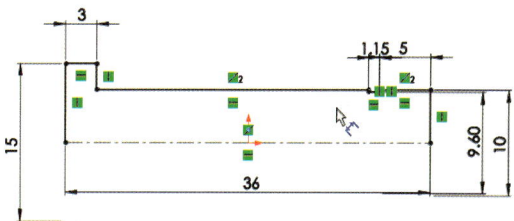

05 중공 축 타입의 프로파일

다음과 같은 중공 축 타입의 프로파일을 작성해 보도록 하자.

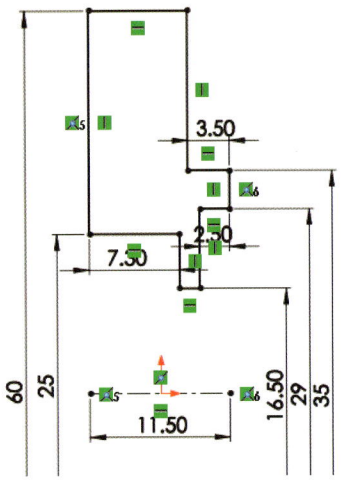

● 이 프로파일의 특징은 다음과 같다.
 -중심선을 기준으로 지름 치수가 생성된다.
 -형상의 절반만 작도한다.
 -프로파일의 전체 형상의 너비가 중심선의 길이에 구속된다.

01 중심선 명령을 클릭한다.

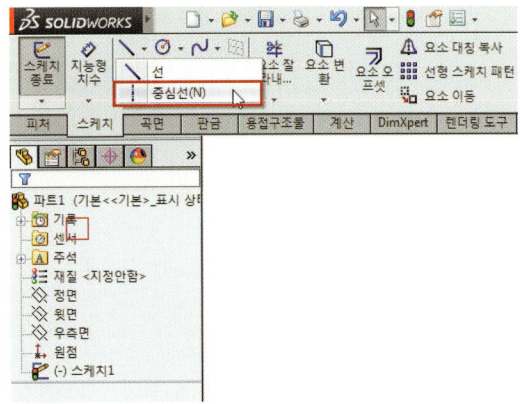

02 중심선의 첫 번째 점을 클릭한다.

03 마우스를 우측으로 움직여 수평선을 생성한다.

04 전체 길이에 해당하는 치수를 입력한다.

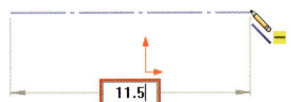

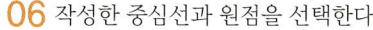

05 중심선 작성이 완료된다.

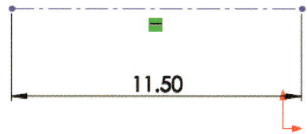

06 작성한 중심선과 원점을 선택한다.

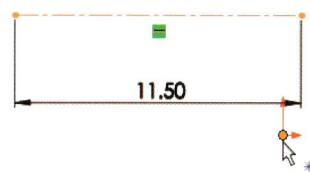

07 중간점 구속조건을 부여한다.

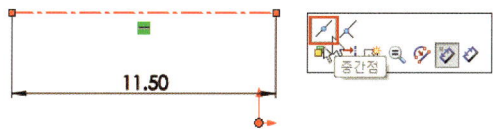

08 중심선의 중간점이 원점에 구속된다.

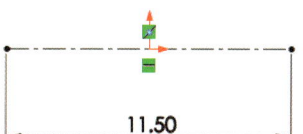

09 선 명령을 클릭한다.

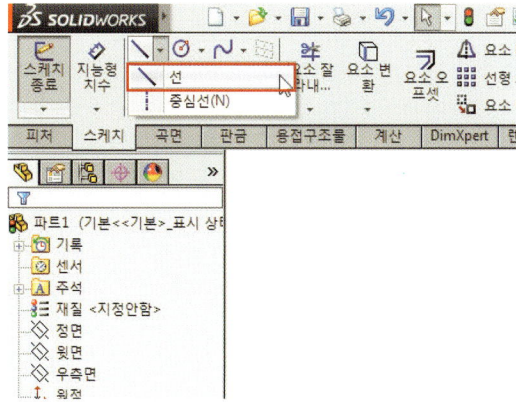

10 중심선의 위쪽에 선을 작성한다.

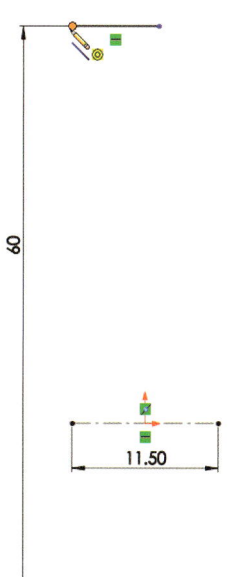

11 마우스를 아래로 수직선을 생성한다.

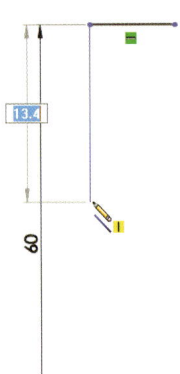

12 연속선으로 다음과 같은 프로파일을 작성한다.

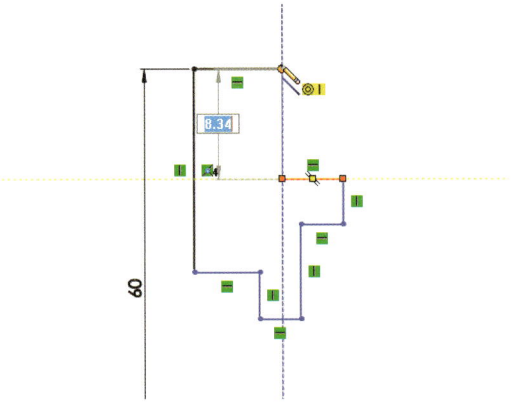

13 다음과 같이 프로파일 형상이 작성되었다.

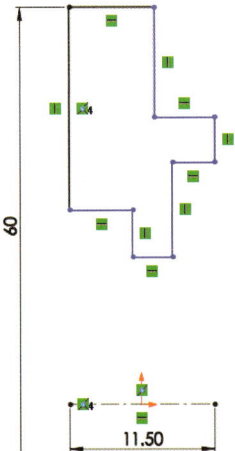

14 컨트롤 키를 누른채로 다음 수직선과 중심선의 끝점을 선택한다.

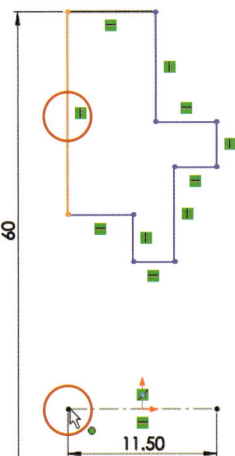

15 일치 구속조건을 클릭한다.

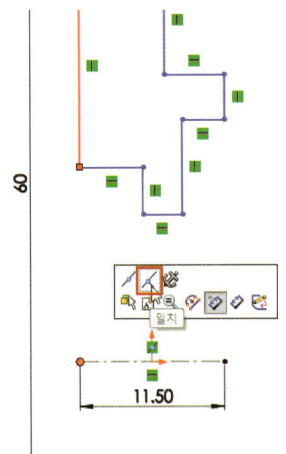

16 컨트롤 키를 누른채로 다음 수직선과 중심선의 끝점을 선택한다.

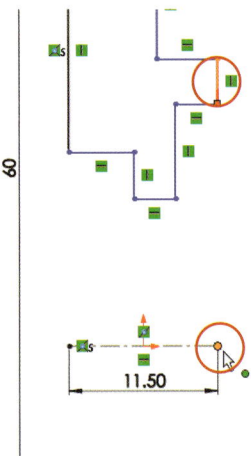

Section7 스케치 연습예제

17 일치 구속조건을 클릭한다.

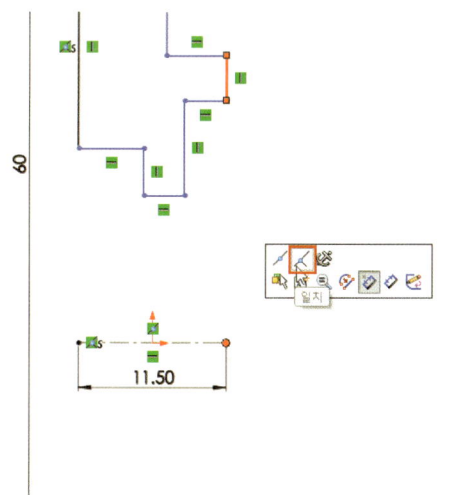

18 다음과 같이 프로파일 형상의 폭이 중심선의 치수에 구속된다.

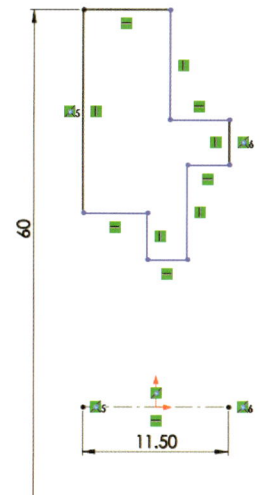

19 치수 명령을 클릭한다.

20 다음 선을 선택한다.

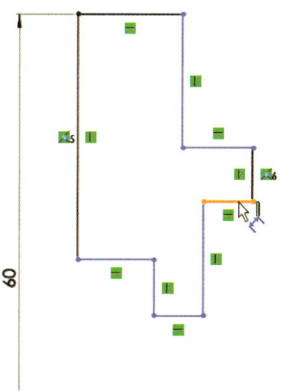

21 마우스를 아래로 움직이면 치수가 미리보기 된다.

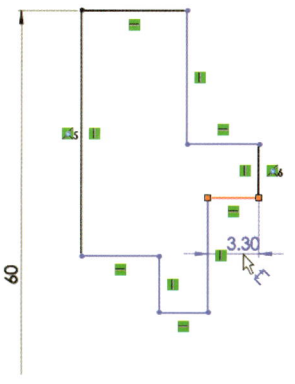

22 마우스를 클릭해 치수를 입력한다.

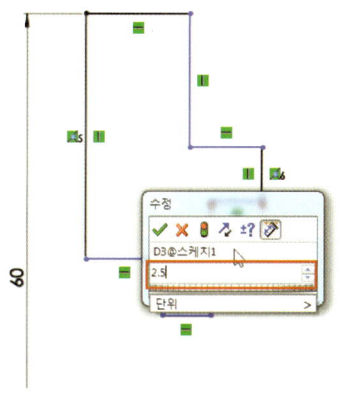

115

23 다음과 같이 치수가 작성되었다.

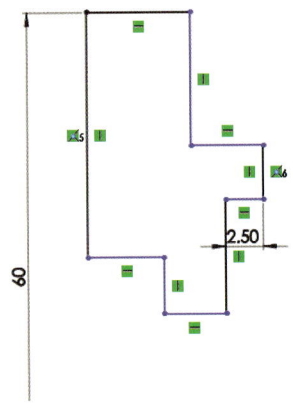

24 마찬가지로 다른 요소의 치수를 작성한다.

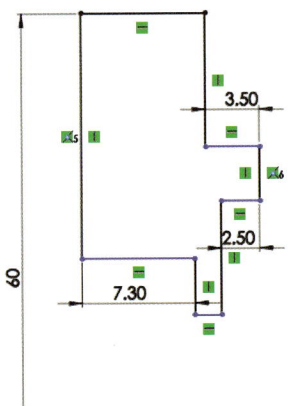

25 치수 명령으로 다음 선을 선택한다.

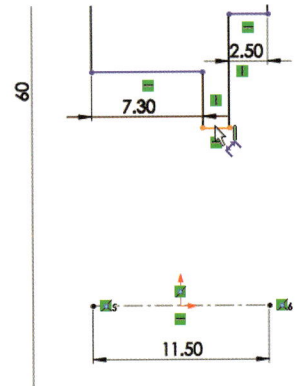

26 중심선을 선택한다.

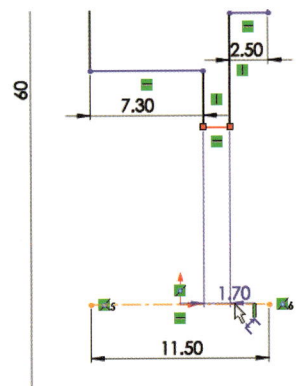

27 마우스를 우측으로 움직이면 지름 치수가 미리보기가 된다.

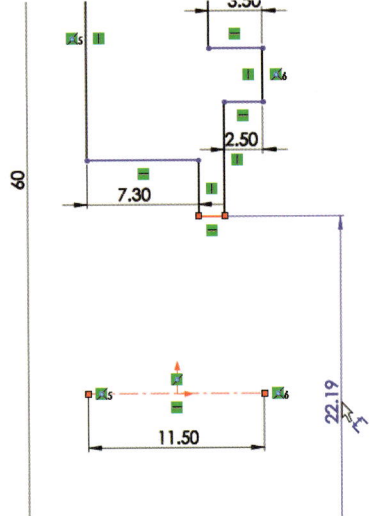

28 마우스를 클릭해 치수를 입력한다.

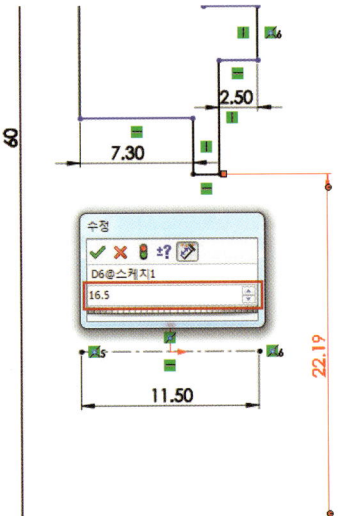

Section7 스케치 연습예제

29 지름 치수가 작성되었다.

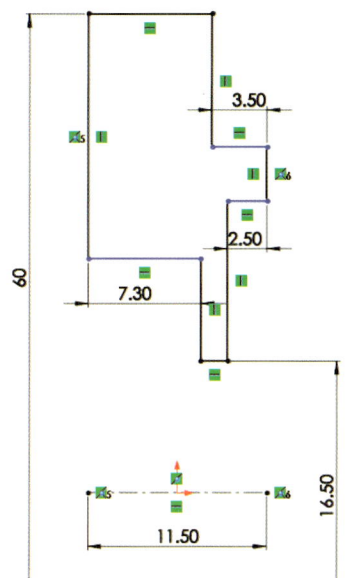

30 마찬가지로 다른 지름 치수도 입력해서 스케치 프로파일 작성을 완료한다.

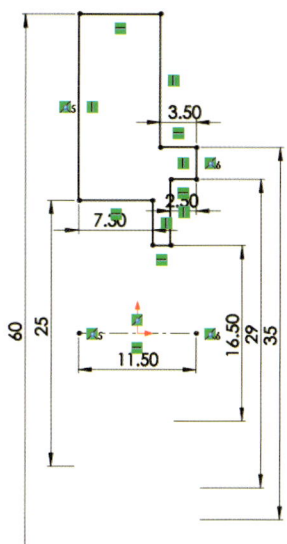

PART2 2D 스케치

117

Lesson 2 | 서브 스케치 연습예제

베이스 피처를 기준으로 하는 서브 피처를 작성하기 위한 스케치 프로파일을 작성하는 법에 대해서 알아보자.

01 사각형 타입의 프로파일

다음과 같은 정사각형 타입의 프로파일을 작성해 보도록 하자.

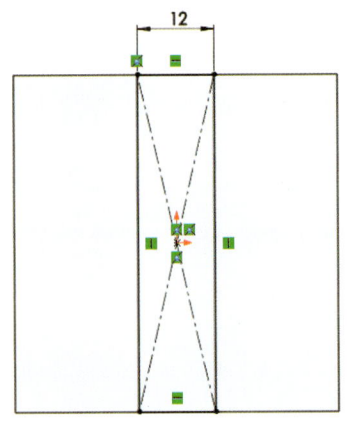

● 이 프로파일의 특징은 다음과 같다.
 - 프로파일이 외곽 모서리에 일치된다.
 - 프로파일이 솔리드면의 정 중앙에 배치된다.

01 솔리드면을 클릭해 스케치를 작성한다.

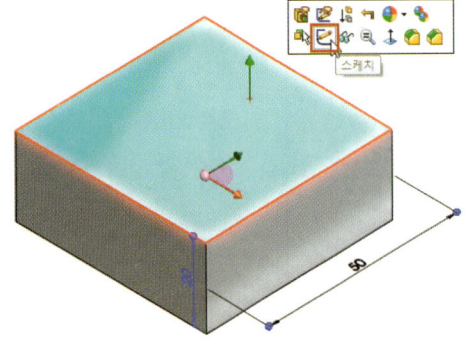

02 중심 사각형 명령을 클릭한다.

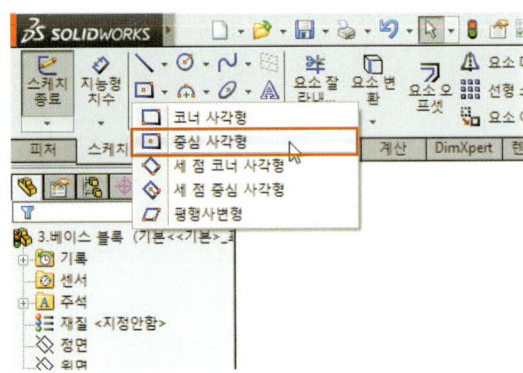

03 사각형의 중심점을 원점에 클릭한다.

04 마우스를 움직여 사각형을 외곽선에 스냅한다.

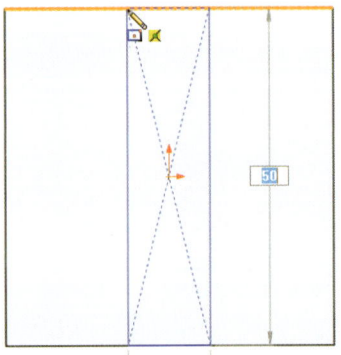

05 클릭하면 사각형 작성이 완료된다.

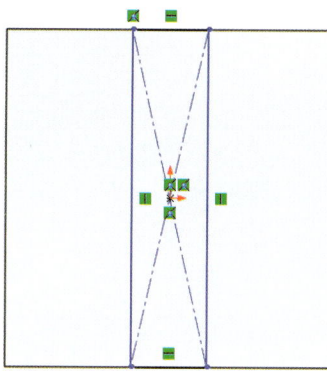

06 지능형 치수 명령을 클릭한다.

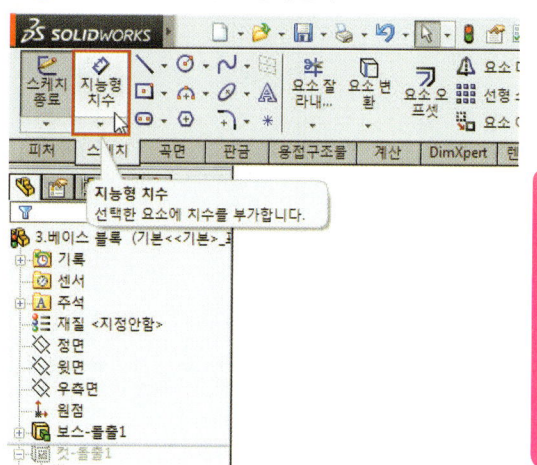

07 위쪽 선을 클릭한다.

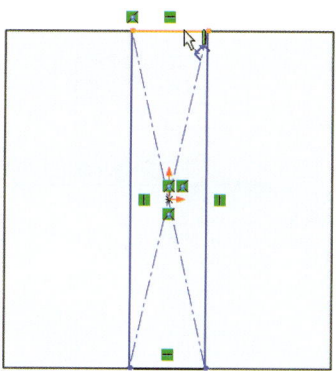

08 마우스를 위로 움직이면 치수가 미리보기 된다.

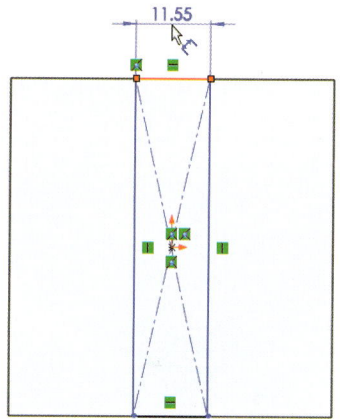

09 클릭해서 치수를 입력한다.

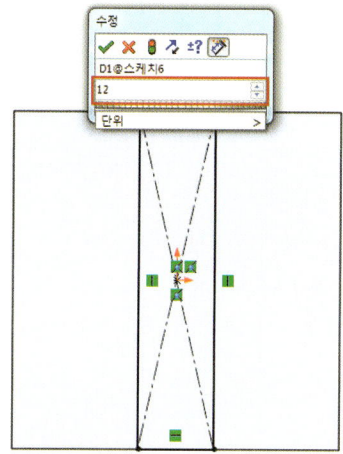

10 프로파일 작성이 완료된다.

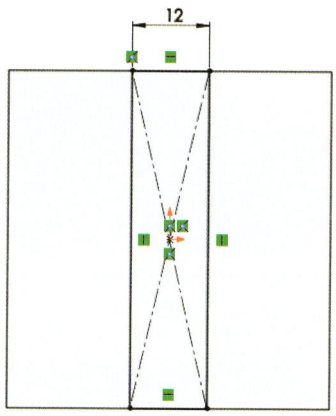

02 대칭형 타입의 프로파일

다음과 같은 정사각형 타입의 프로파일을 작성해 보도록 하자.

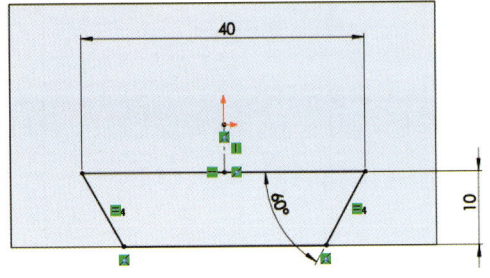

● 이 프로파일의 특징은 다음과 같다.
- 프로파일이 외곽 모서리에 일치된다.
- 프로파일이 솔리드면의 정 중앙에 배치된다.

01 솔리드면을 클릭해 스케치를 작성한다.

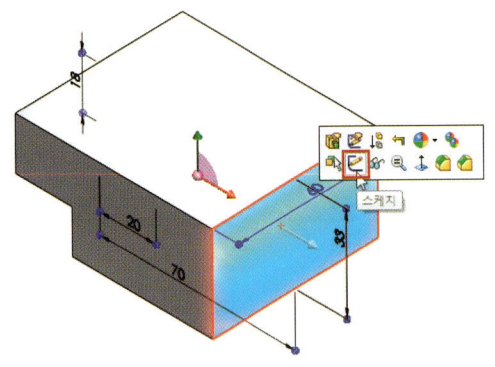

02 선 명령을 클릭한다.

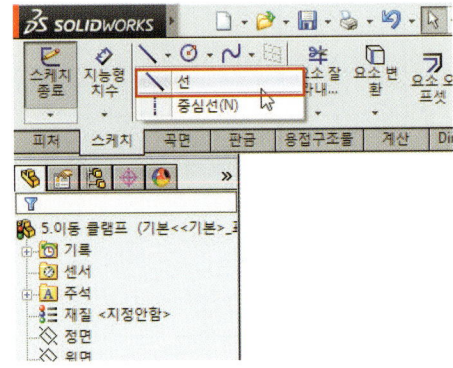

03 첫 번째 점을 아랫변에 스냅하게 클릭한다.

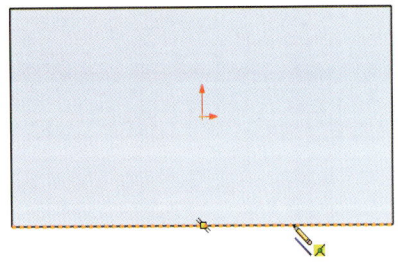

04 마우스를 왼쪽으로 움직여 선을 작성한다.

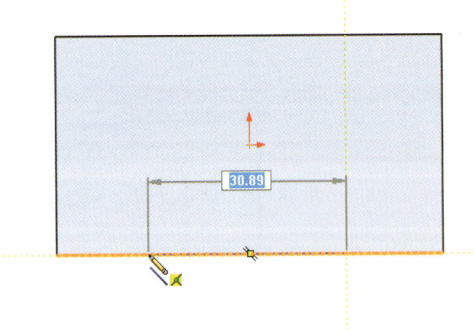

120

05 마우스를 사선으로 움직여 사선을 작성한다.

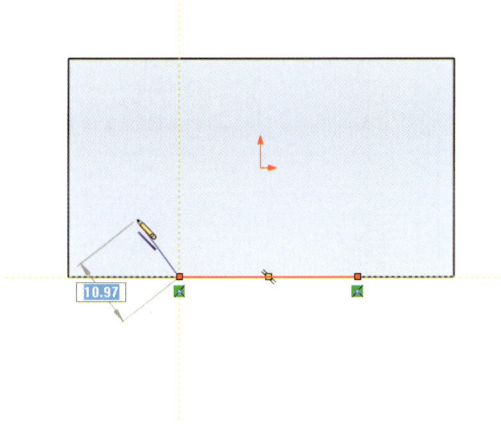

06 마우스를 우측으로 움직여 수평선을 작성한다.

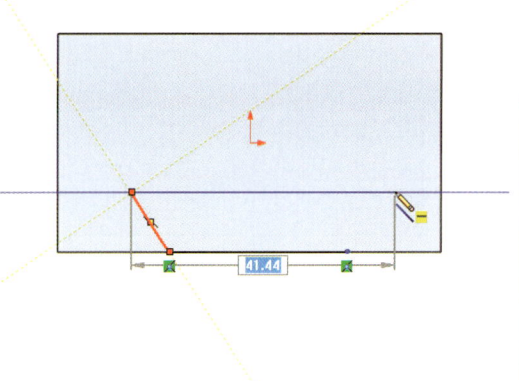

07 마우스 커서를 움직여 첫 번째 점을 클릭한다.

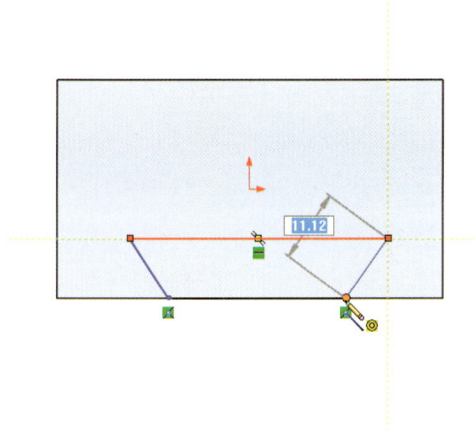

08 선 작성이 완료되었다.

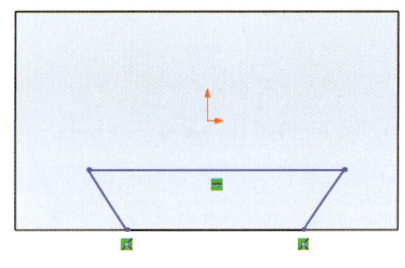

09 중심선 명령을 클릭한다.

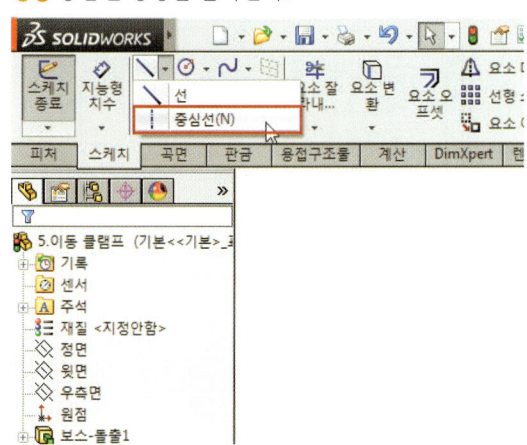

10 중심점을 클릭한다.

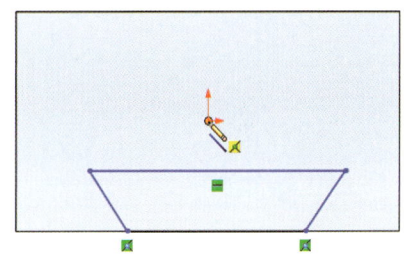

121

11 윗변의 중간점을 클릭해 중심선을 작성한다.

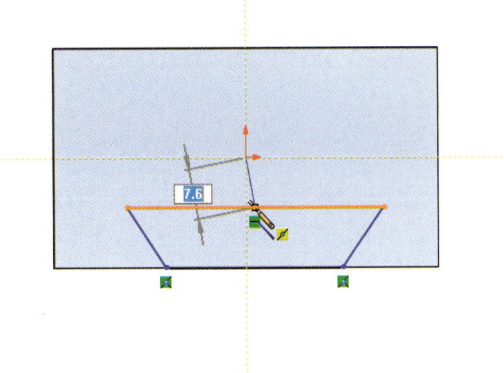

12 작성한 중심선을 선택해 수직 구속조건을 부여한다.

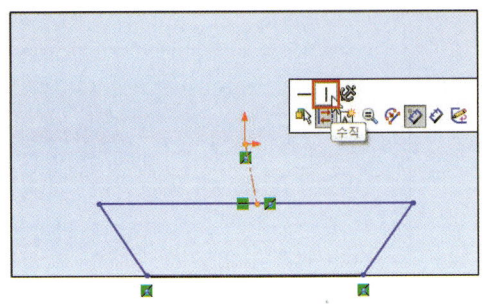

13 양쪽 사선을 선택해 동등 구속조건을 부여한다.

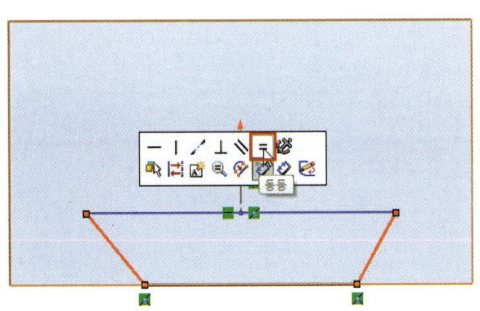

14 지능형 치수 명령을 클릭한다.

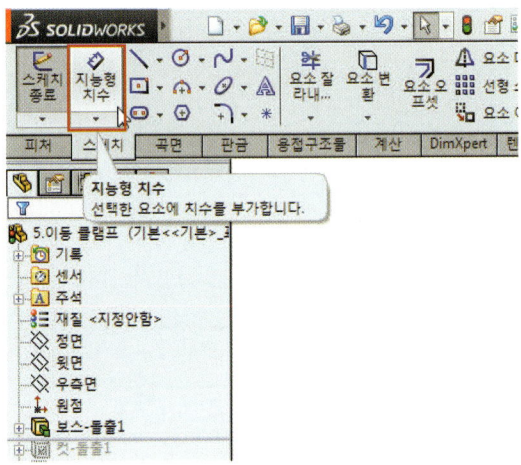

15 윗선을 선택한다.

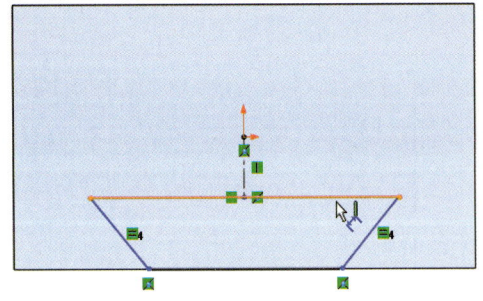

16 마우스를 위로 움직이면 치수가 미리보기가 된다.

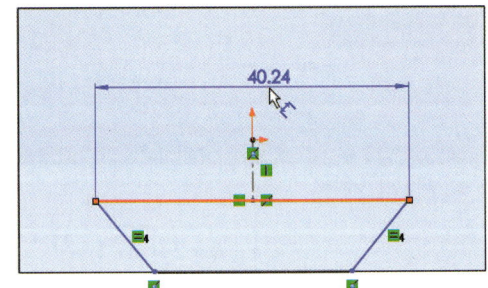

17 마우스를 클릭해 치수를 기입한다.

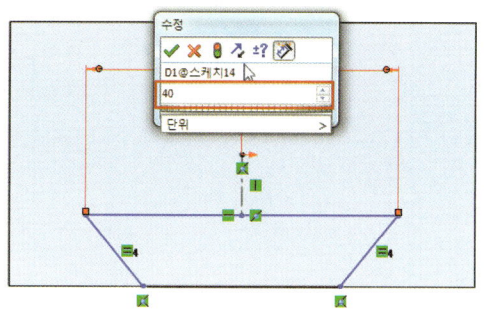

18 다음과 같이 사선을 클릭한다.

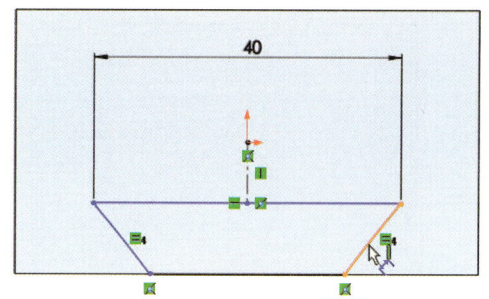

19 마우스를 우측으로 움직이면 수직 치수가 미리보기가 된다.

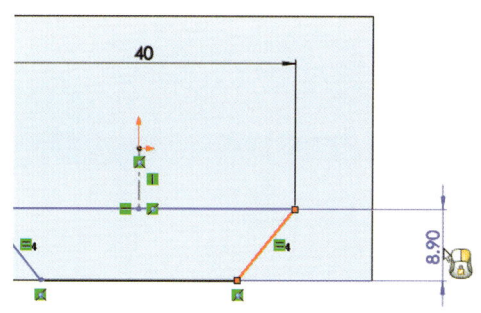

20 마우스를 클릭해 치수를 기입한다.

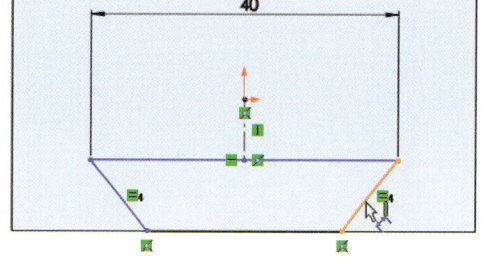

21 다음과 같이 수직 치수가 작성되었다.

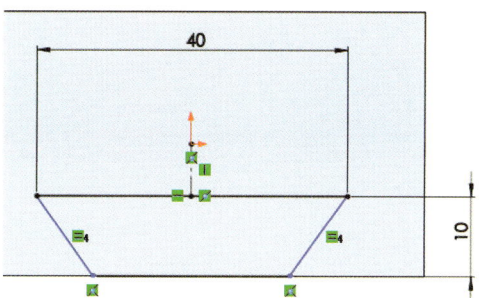

22 다음과 같이 사선을 클릭한다.

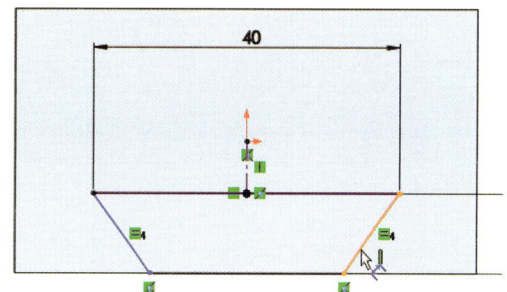

23 위쪽의 수평선을 클릭한다.

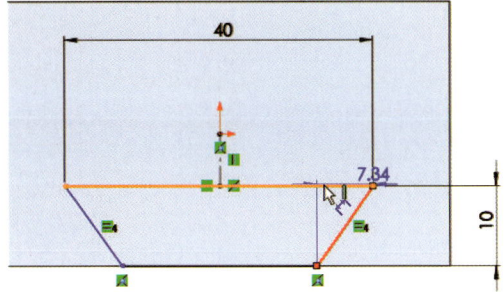

24 마우스를 움직이면 다음과 같이 각도 치수가 미리보기 된다.

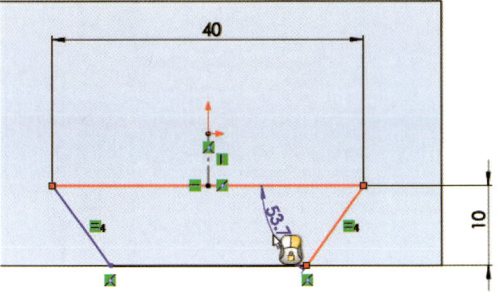

25 마우스를 클릭해 치수를 작성한다.

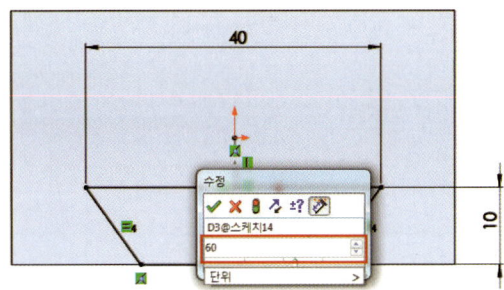

26 다음과 같이 스케치 프로파일이 완성되었다.

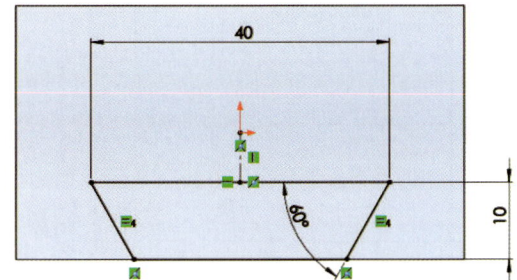

Section7 스케치 연습예제

03 한쪽으로 치우친 타입의 사각형 프로파일

다음과 같은 타입의 프로파일을 작성해 보도록 하자.

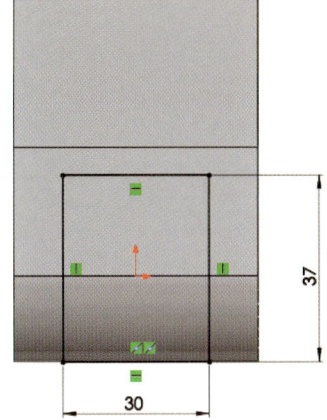

● 이 프로파일의 특징은 다음과 같다.
  - 프로파일의 아래쪽 선의 중간점이 솔리드면의 아래쪽 모서리의 중간점과 일치된다.
  - 프로파일의 좌우에 대해서 대칭 상태가 된다.

01 솔리드면을 클릭해 스케치를 작성한다.

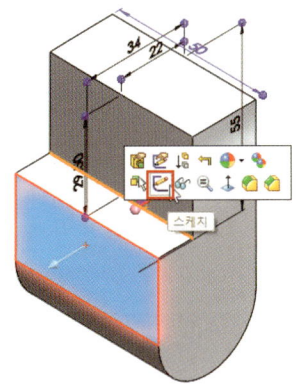

02 코너 사각형 명령을 클릭한다.

03 사각형의 첫 번째 꼭지점을 클릭한다.

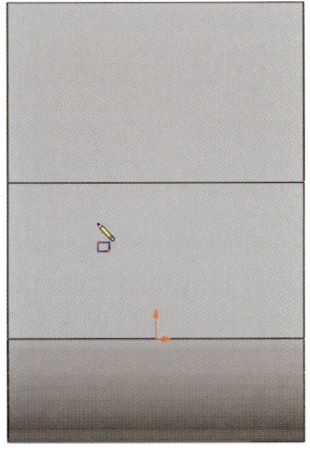

04 마우스를 우측 아래로 움직이면 사각형이 미리보기가 된다.

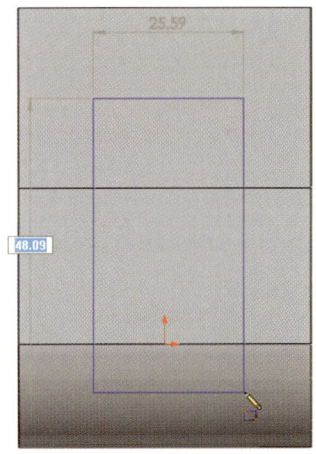

05 사각형의 밑변을 마우스 우측 버튼으로 클릭해 중간점 선택을 클릭한다.

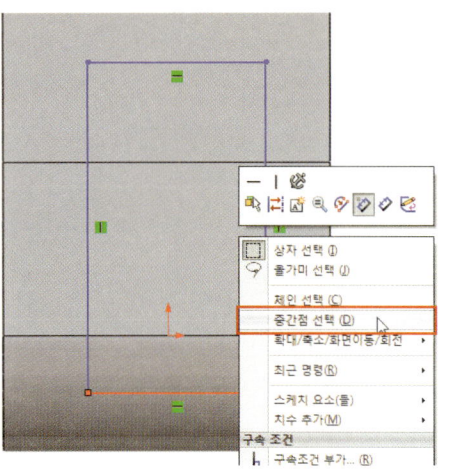

06 컨트롤 키를 누른채로 솔리드면의 아래 모서리를 선택한다.

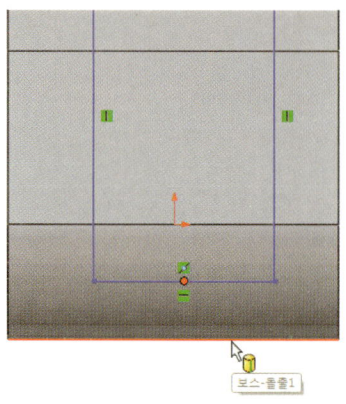

07 중간점 구속조건을 클릭한다.

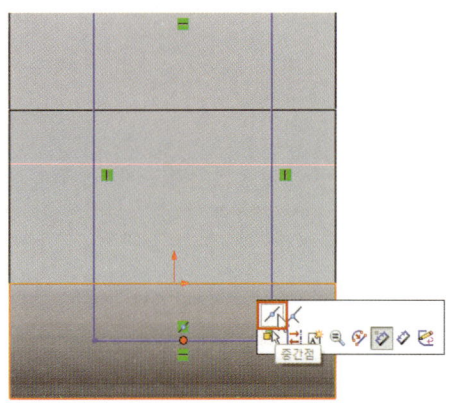

08 치수 명령으로 사각형의 밑변을 선택해 마우스 커서를 아래로 움직이면 치수가 미리보기 된다.

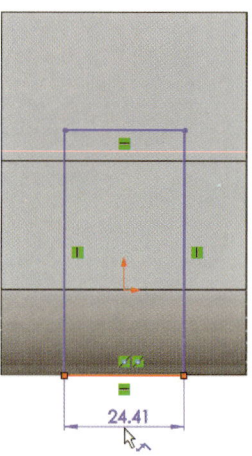

09 마우스를 클릭해 치수를 작성한다.

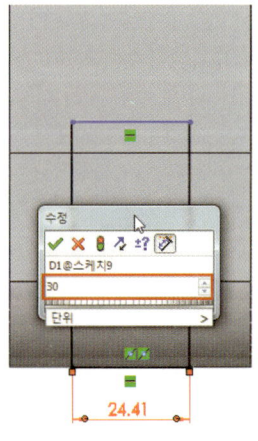

10 치수 명령으로 세로 모서리를 선택한다.

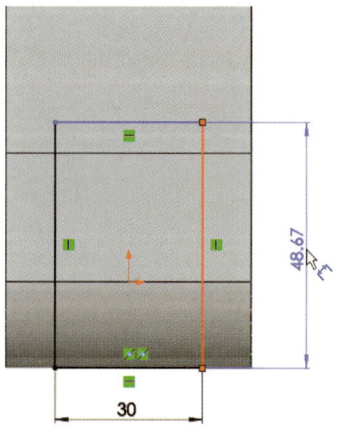

11 마우스를 클릭해 치수를 작성한다.

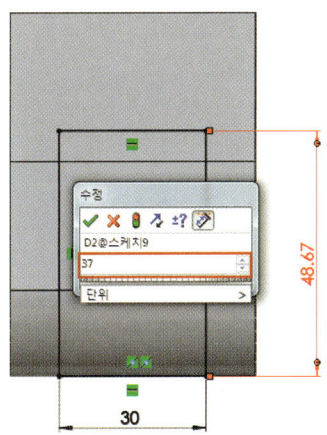

12 스케치 프로파일의 작성이 완료된다.

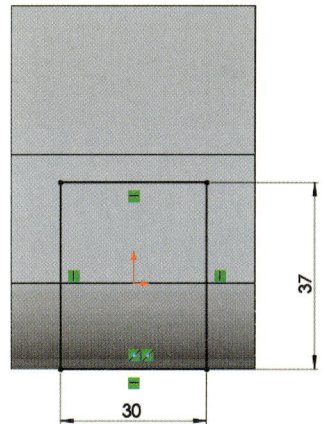

04 스패너 자리파기 프로파일

다음과 같은 타입의 프로파일을 작성해 보도록 하자.

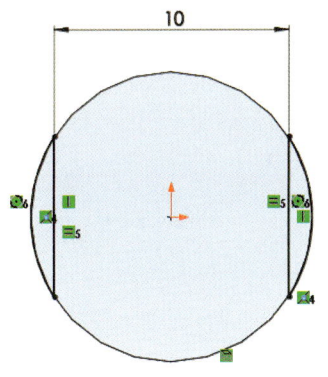

● 이 프로파일의 특징은 다음과 같다.
  - 좌우의 프로파일이 항상 양쪽으로 같은 거리를 유지한다.

01 솔리드면을 클릭해 스케치를 작성한다.

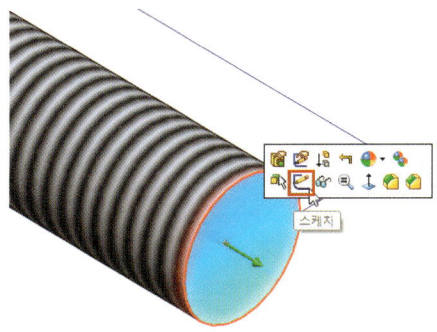

02 요소 변환 명령을 클릭한다.

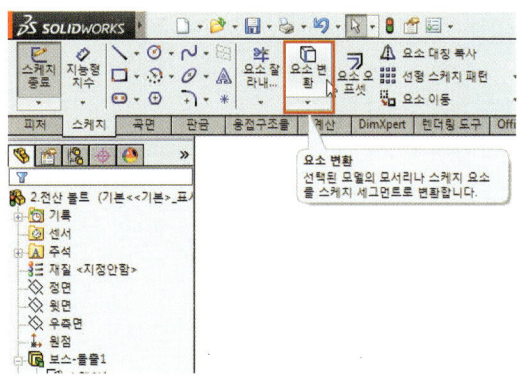

03 다음 모서리를 선택해 확인 버튼을 클릭한다.

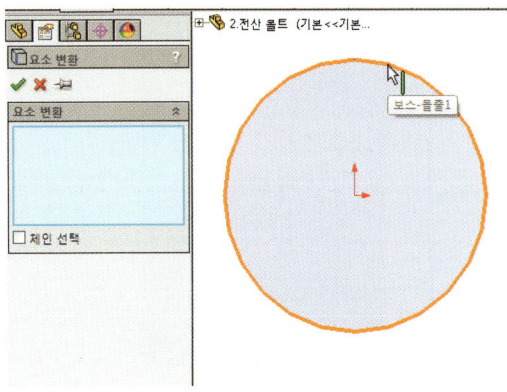

04 선 명령으로 모서리에 접하게 다음과 같이 작성한다.

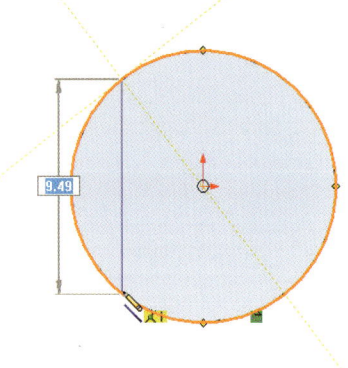

05 반대쪽 선도 마찬가지로 작성한다.

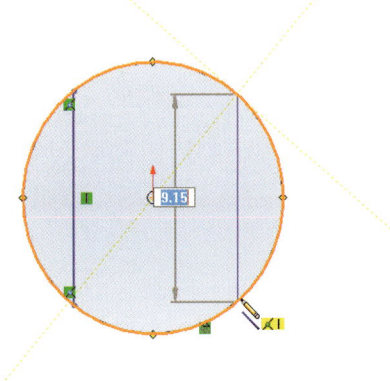

06 작성한 두 개의 선을 선택해 동등 구속조건을 부여한다.

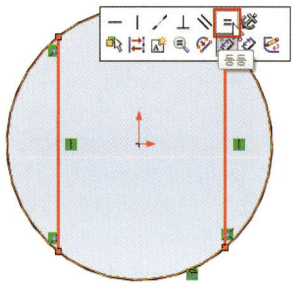

07 두 개의 선의 길이가 같아짐과 동시에 양쪽으로 같은 위치에 놓이게 된다.

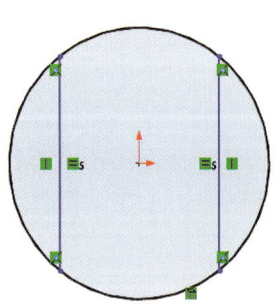

08 치수 명령으로 두 개의 선을 선택해 폭 치수를 작성한다.

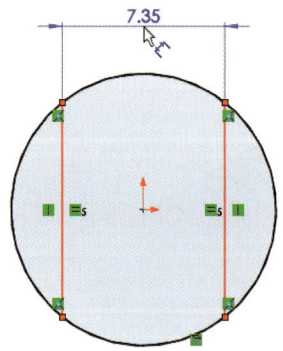

09 다음과 같이 치수가 작성되었다.

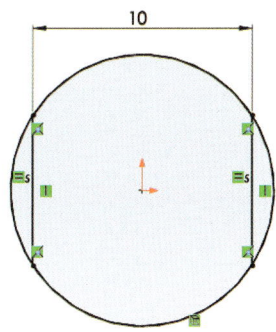

10 요소 잘라내기 명령을 클릭한다.

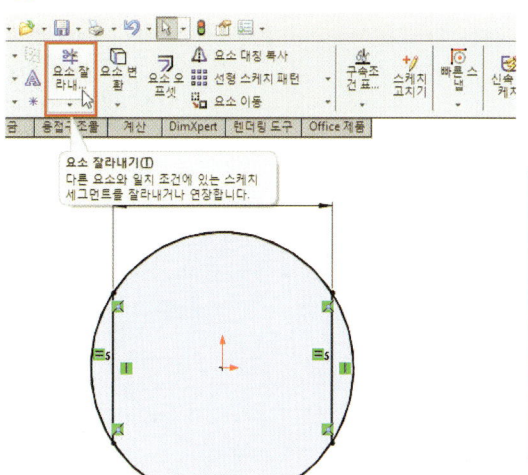

11 지능형 옵션을 선택한다.

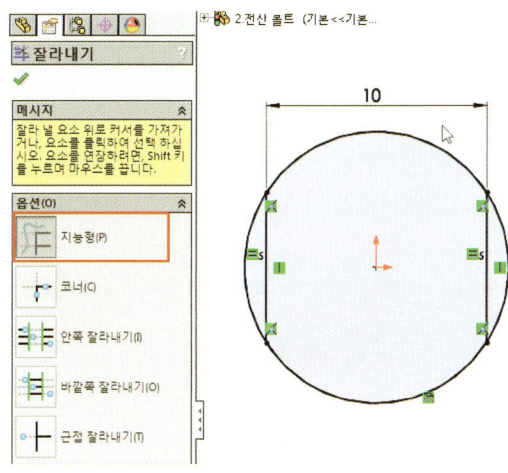

12 다음과 같이 드래그해서 선을 잘라낸다.

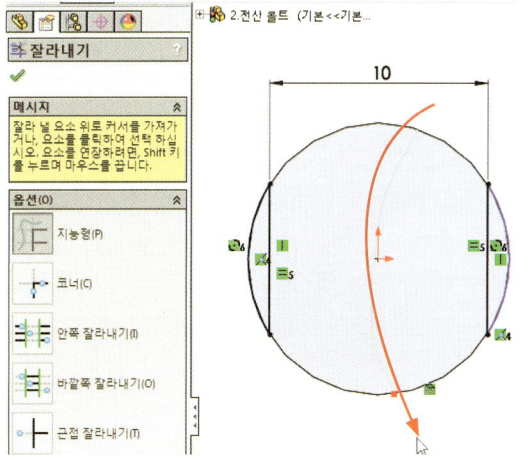

13 스케치 작성이 완료되었다.

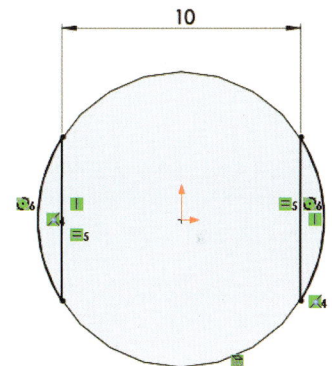

05 원형 호 타입의 프로파일

다음과 같은 타입의 프로파일을 작성해 보도록 하자.

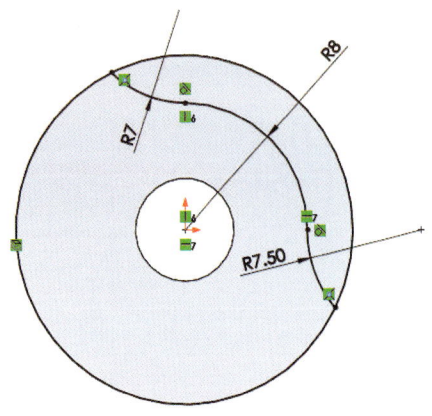

● 이 프로파일의 특징은 다음과 같다.
- 프로파일의 중심이 원점에 일치한다.
- 호의 포지션이 원의 사분점에 일치하게 된다.

01 솔리드면을 클릭해 스케치를 작성한다.

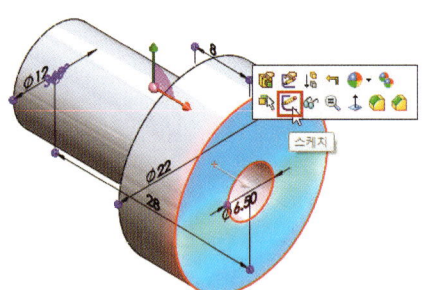

02 중심점 호 명령을 클릭한다.

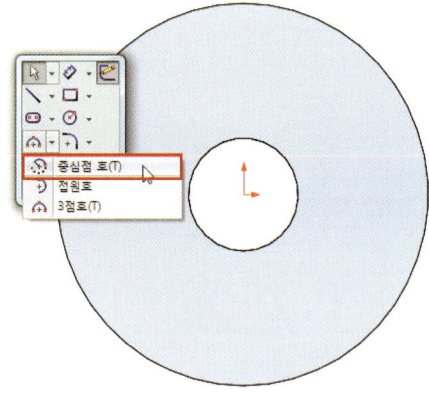

03 원호의 중심점을 선택한다.

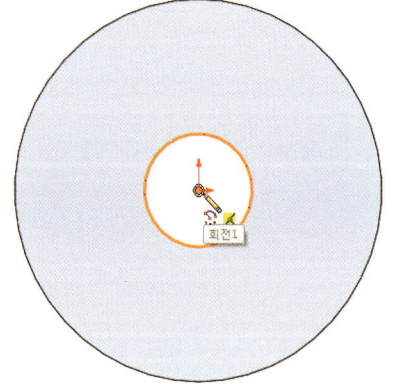

04 마우스를 위로 움직이면 원호가 미리보기가 된다.

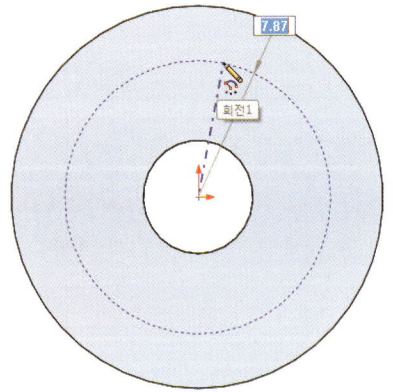

05 원호의 시작점을 클릭해 다음과 같이 마우스 커서를 아래로 움직인다.

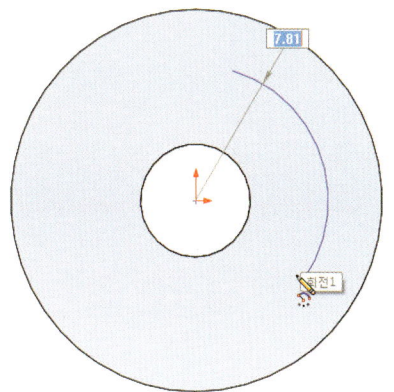

06 두 번째 점을 찍어 원호의 작성을 마무리한다.

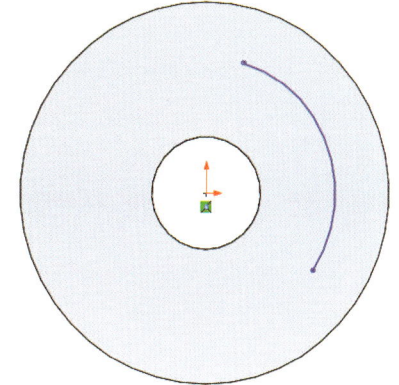

07 요소 변환 명령을 클릭해 다음 모서리를 선택한다.

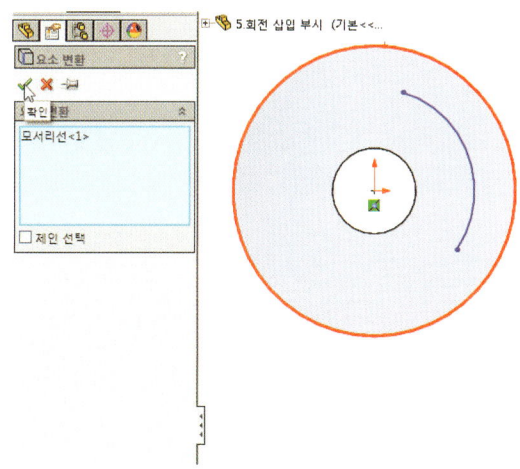

08 확인 버튼을 클릭하면 모서리가 스케치 요소로 변경된다.

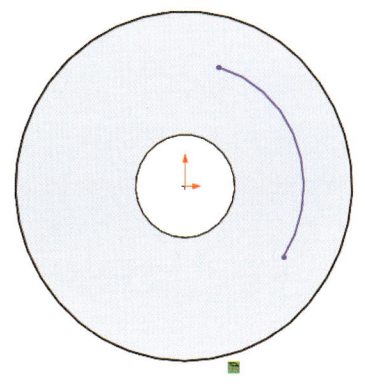

09 접원호 명령을 클릭한다.

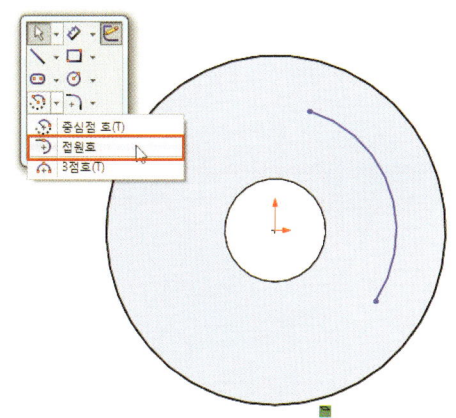

10 원호의 끝점을 클릭한다.

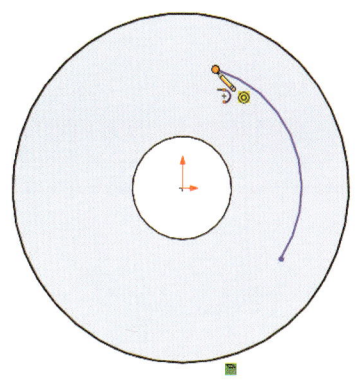

11 마우스를 위로 움직여 모서리에 접하게 클릭한다.

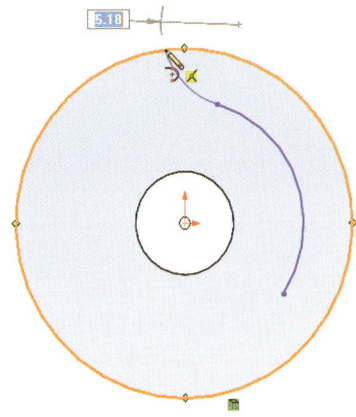

12 다시 접원호 명령을 클릭한다.

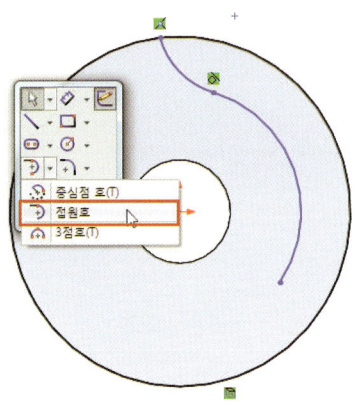

13 원호의 끝점을 클릭한다.

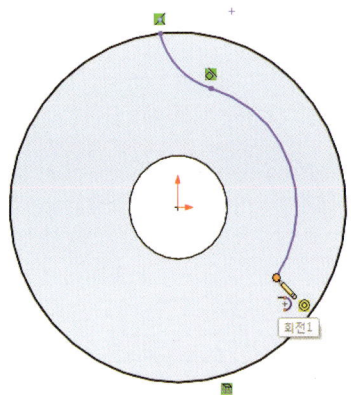

14 마우스를 아래로 움직여 모서리에 접하게 클릭한다.

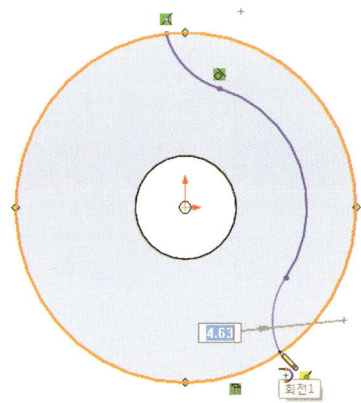

15 원호의 작성이 완료되었다.

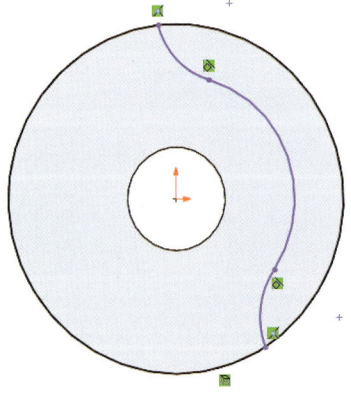

16 지능형 치수 명령을 클릭한다.

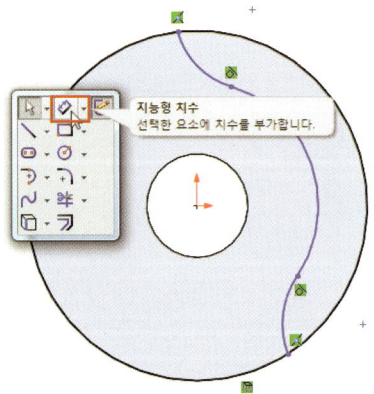

17 다음 원호를 클릭해 마우스를 움직이면 치수가 미리보기가 된다.

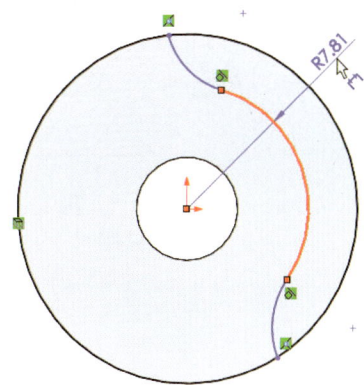

18 치수를 입력한다.

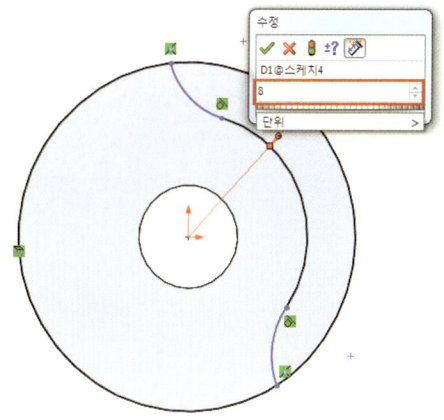

19 다음과 같이 치수가 작성된다.

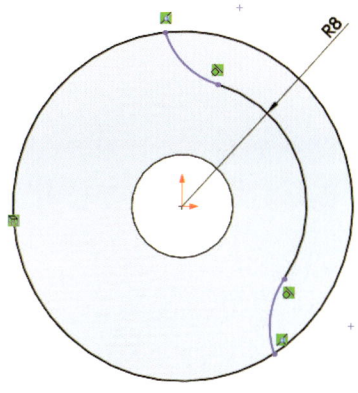

20 다음 원호에도 치수를 입력한다.

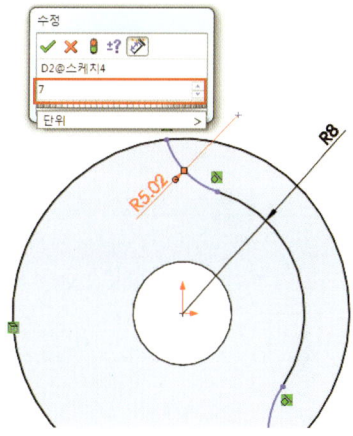

21 아래 원호에도 치수를 입력한다.

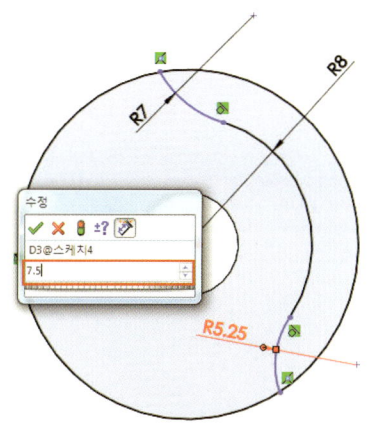

22 위쪽 원호의 끝점과 원점에 수직 구속조건을 부여한다.

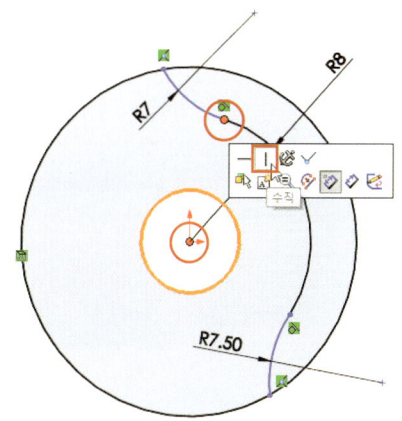

23 우측 원호의 끝점과 원점에 수평 구속조건을 부여한다.

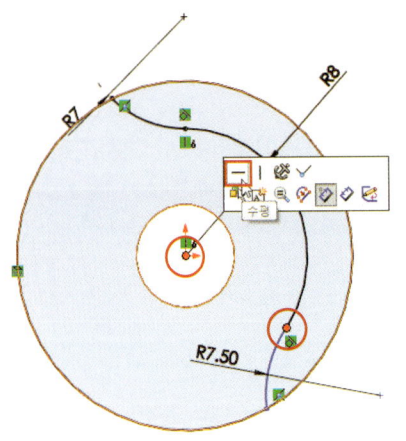

24 다음과 같이 스케치 프로파일이 완성되었다.

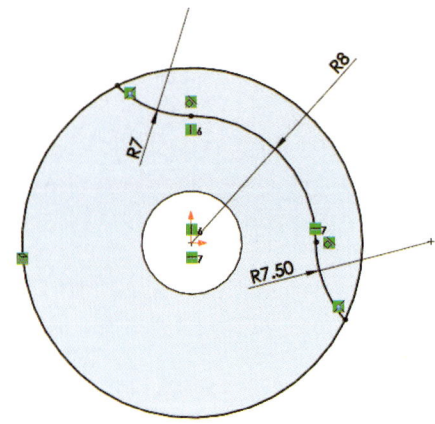

06 회전 컷 타입의 프로파일

다음과 같은 회전 컷 타입의 프로파일을 작성해 보도록 하자.

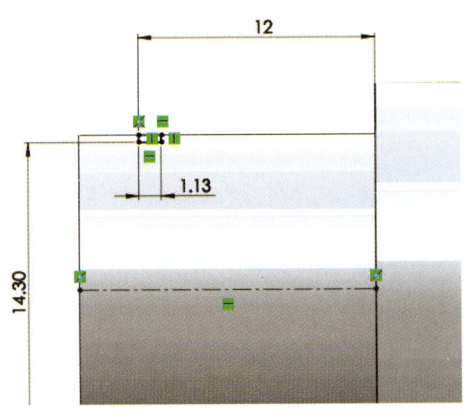

● 이 프로파일의 특징은 다음과 같다.
  - 원점이 사각형의 중심에 있다.
  - 사각형의 가로와 세로의 길이가 같다.

01 표준 평면에 스케치를 작성한다.

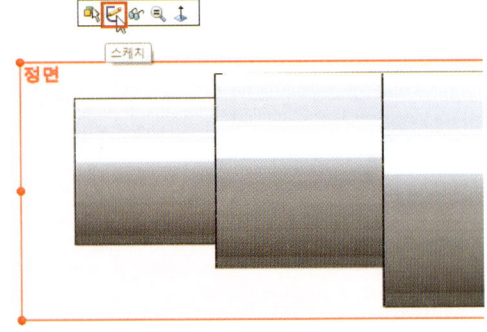

02 코너 사각형 명령을 클릭한다.

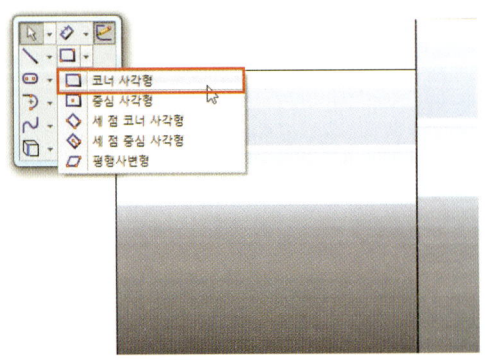

03 사각형의 구석점을 모서리에 스냅하게 클릭한다.

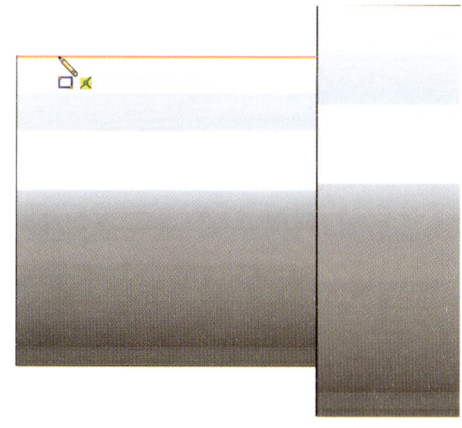

04 마우스를 우측 아래로 내려 사각형의 두 번째 점을 클릭한다.

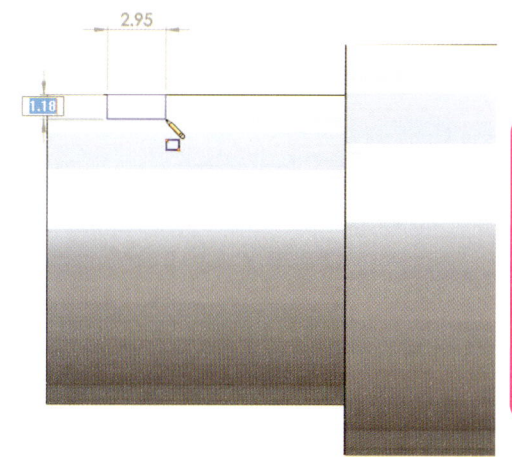

05 중심선 명령을 클릭한다.

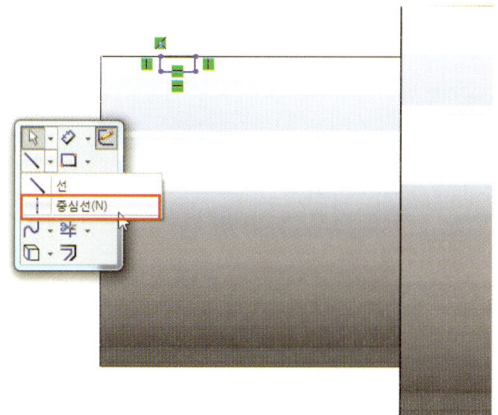

06 중심선의 첫 번째 점을 클릭한다.

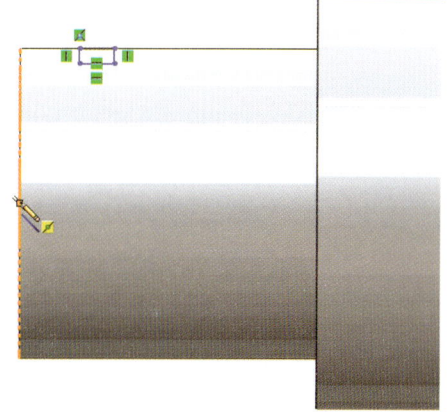

07 다음 모서리의 중간점을 클릭한다.

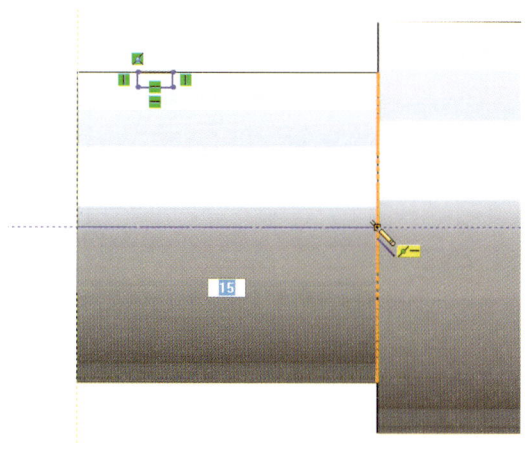

08 중심선 작성이 완료되었다.

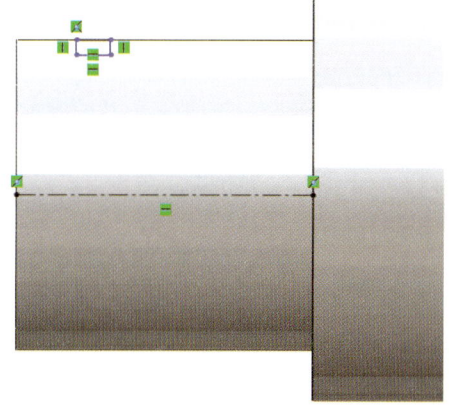

09 지능형 치수 명령을 클릭한다.

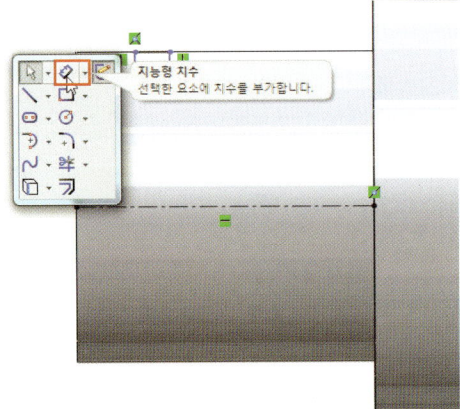

10 다음 선을 클릭해 치수를 입력한다.

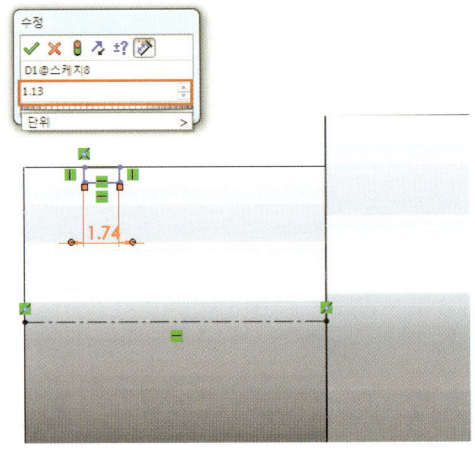

11 다음과 같이 치수가 작성된다.

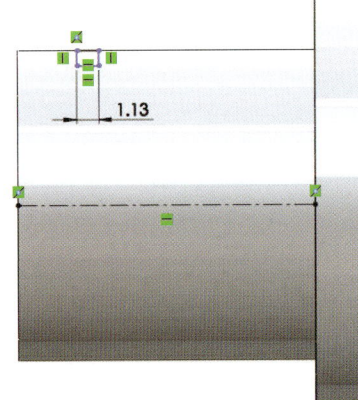

12 다음 두 개의 요소를 선택해 치수를 작성한다.

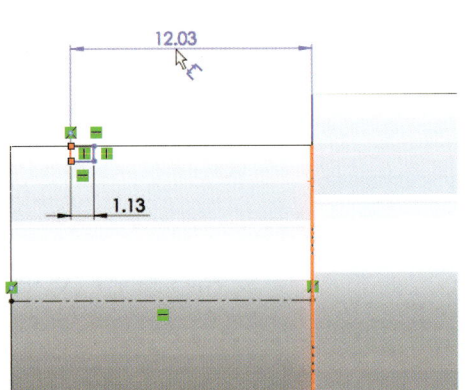

13 마우스를 클릭해 치수를 입력한다.

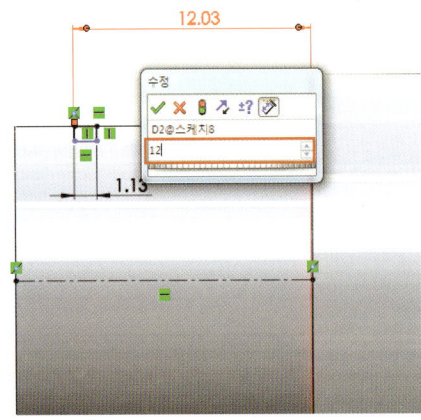

14 다음과 같이 치수 입력이 완료된다.

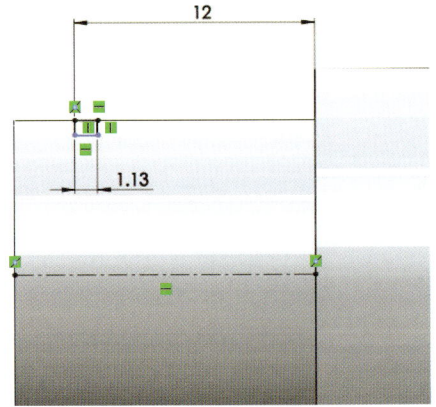

15 다음 선과 중심선을 클릭해 지름 치수를 미리보기한다.

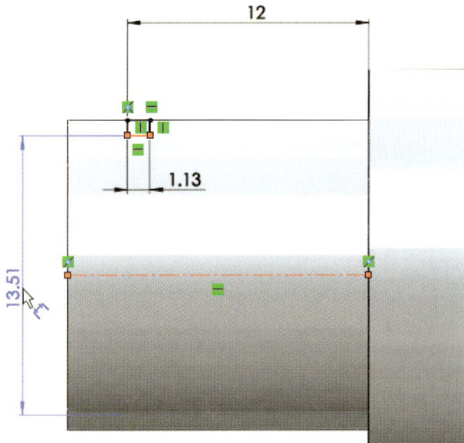

16 클릭해서 치수를 작성한다.

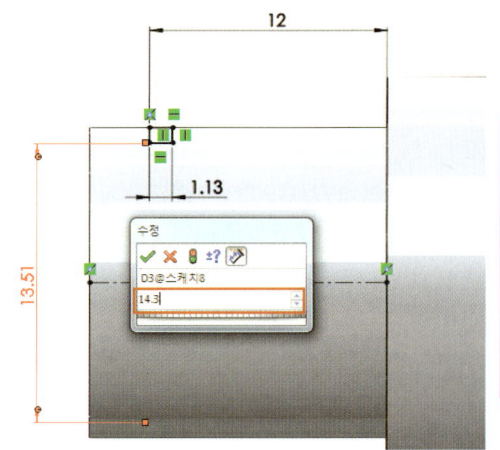

17 다음과 같이 프로파일 작성이 완료된다.

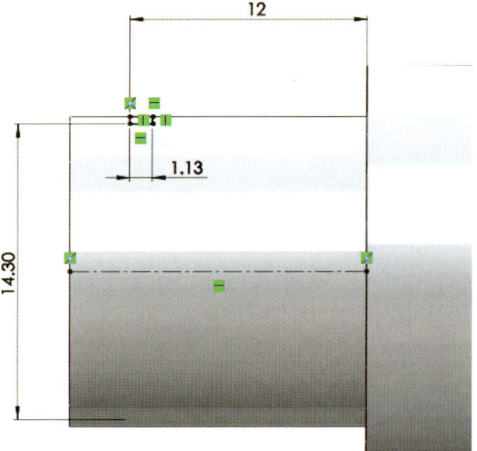

07 키홈 타입의 프로파일

키홈 타입의 프로파일을 작성해 보도록 하자.

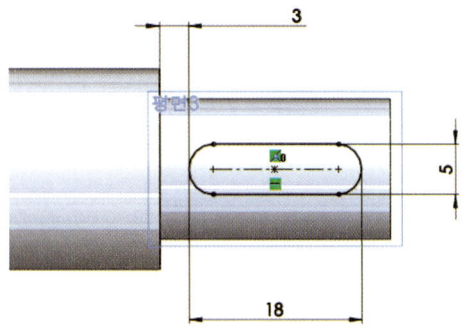

● 이 프로파일의 특징은 다음과 같다.
 - 프로파일과 원점이 수평 상태로 정렬된다.
 - 키홈의 위치는 축의 단의 위치에 따라 결정된다.

01 솔리드면을 클릭해 스케치를 작성한다.

02 직선 홈 명령을 클릭한다.

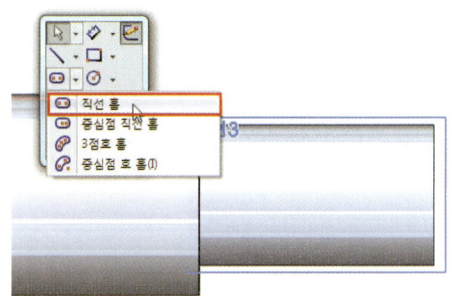

03 직선 홈 중심선의 첫 번째 점을 좌측의 원점과 스냅되게 지시선이 표시된 상태에서 클릭한다.

04 직선 홈 중심선의 두 번째 점을 클릭한다.

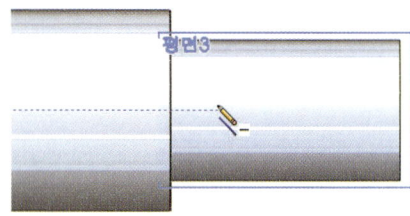
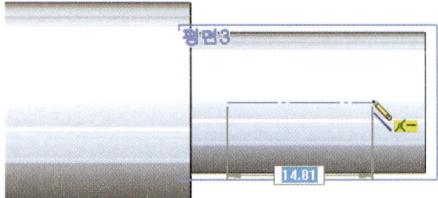

05 마우스를 움직이면 키홈의 너비가 결정된다. 알맞은 위치를 선택해 클릭한다.

06 지능형 치수 명령을 클릭한다.

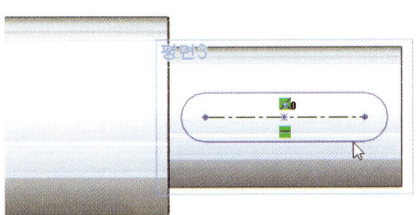

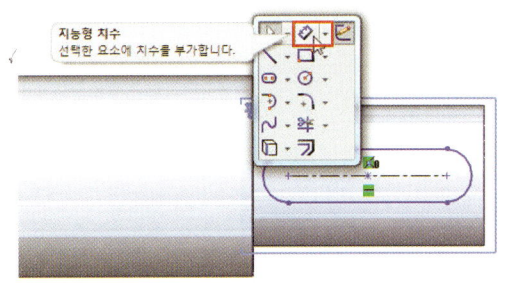

07 직선홈의 왼쪽 사분점을 클릭한다.

08 쉬프트 키를 누른 채로 오른쪽 사분점을 클릭한다.

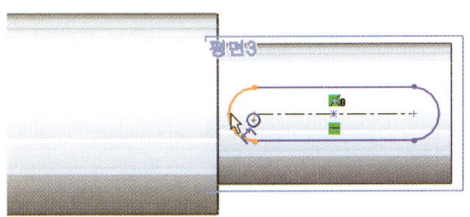

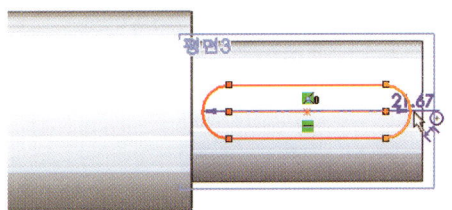

09 마우스를 아래로 움직이면 너비 치수가 미리보기 된다.

10 클릭해서 치수를 기입한다.

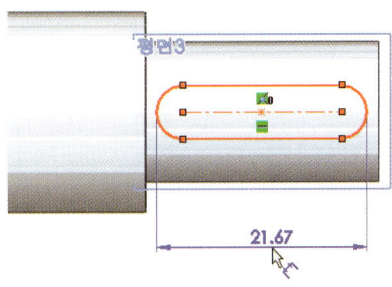

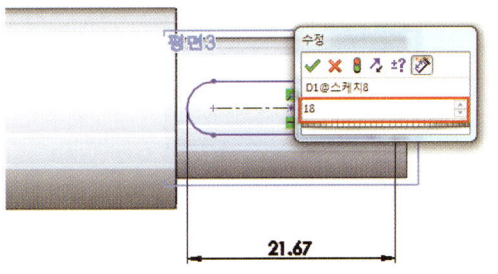

11 치수 기입이 완료되었다.

12 직선 홈의 위아래 선을 클릭하면 너비 치수가 미리 보기 된다.

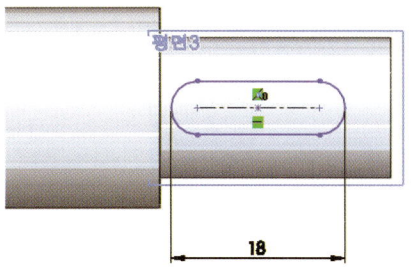

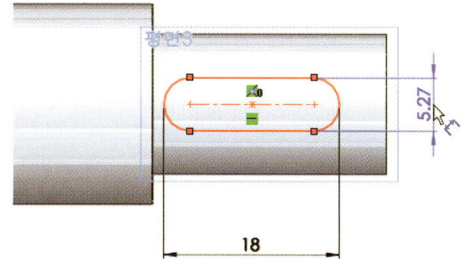

13 클릭해서 치수를 기입한다.

14 치수 기입이 완료되었다.

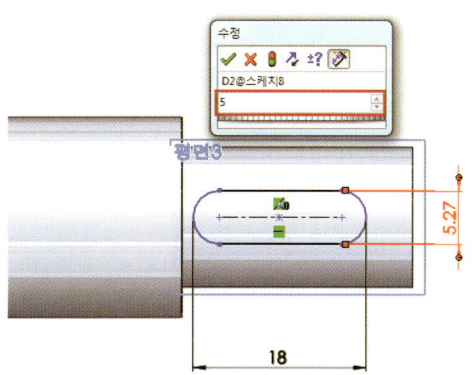

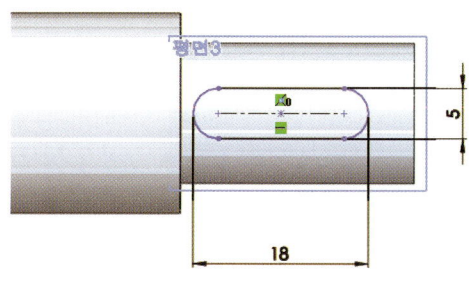

15 치수 명령을 실행해 단의 모서리를 클릭한다.

16 쉬프트 키를 누른 채로 직선 홈 왼쪽 호의 사분점을 클릭한다.

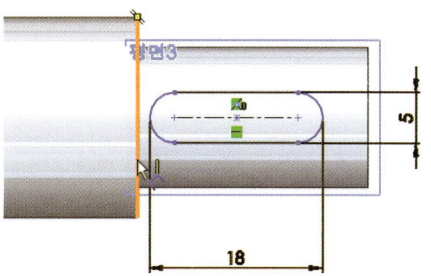

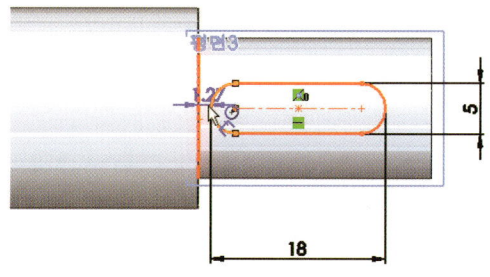

17 마우스를 위로 움직이면 틈 치수가 미리보기 된다.

18 치수를 입력해 프로파일 작성을 마친다.

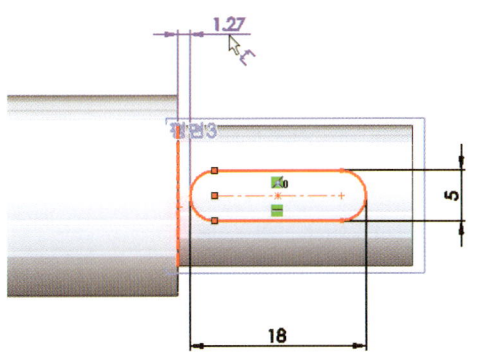
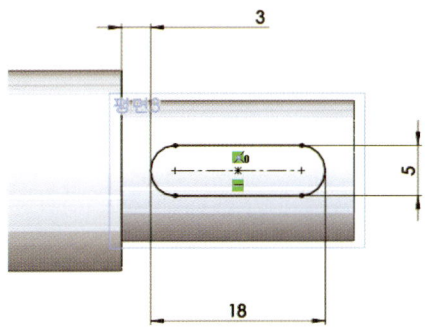

08 구멍에 위치하는 키자리 타입의 프로파일

키자리 타입의 프로파일을 작성해 보도록 하자.

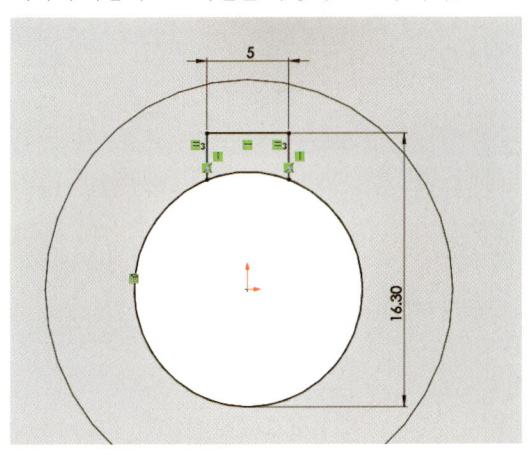

● 이 프로파일의 특징은 다음과 같다.
 - 키자리가 원점에 대해서 좌우대칭이다.
 - 키자리의 높이 치수가 구멍의 지름에 영향받는다.

01 솔리드면을 클릭해 스케치를 작성한다.

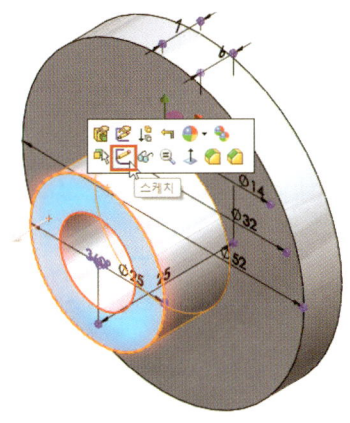

02 요소 변환 명령을 클릭한다.

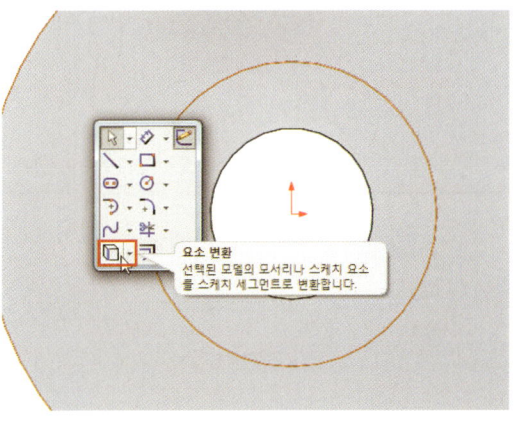

03 다음 원형 모서리를 선택한다.

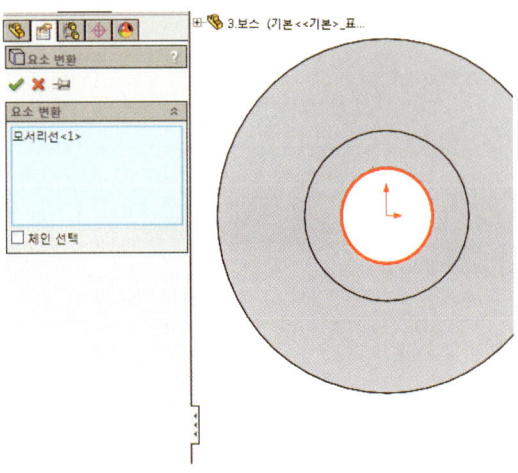

04 확인 버튼을 클릭하면 다음과 같이 원형 모서리가 스케치 요소로 변경된다.

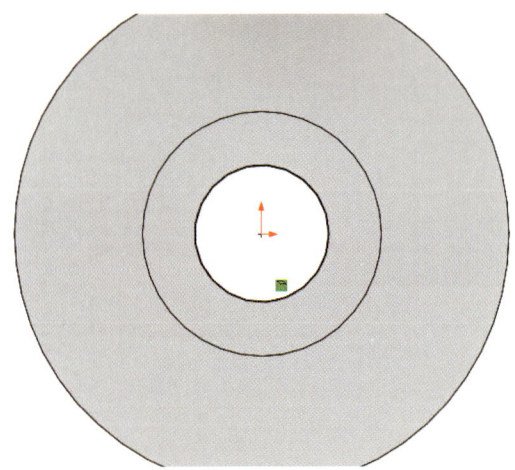

05 선 명령을 클릭한다.

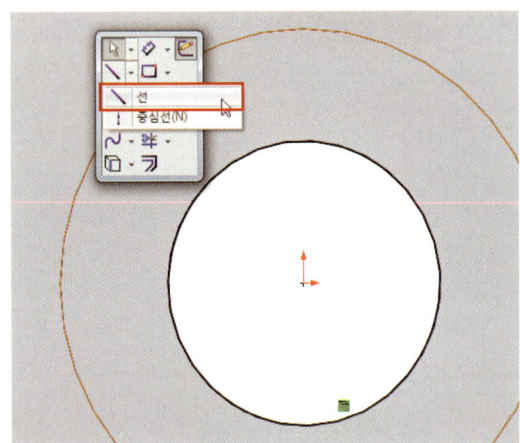

06 선의 첫 번째 점을 다음과 같이 클릭한다.

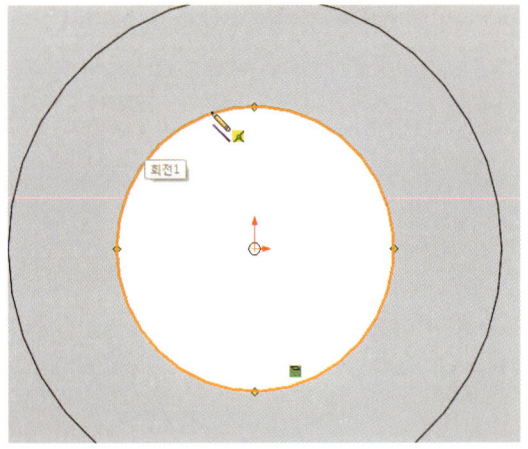

07 마우스를 위로 움직여서 수직선을 작성한다.

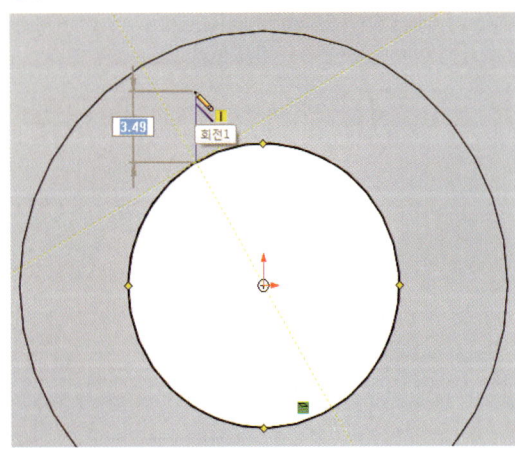

08 다음과 같이 연속선을 작성한다.

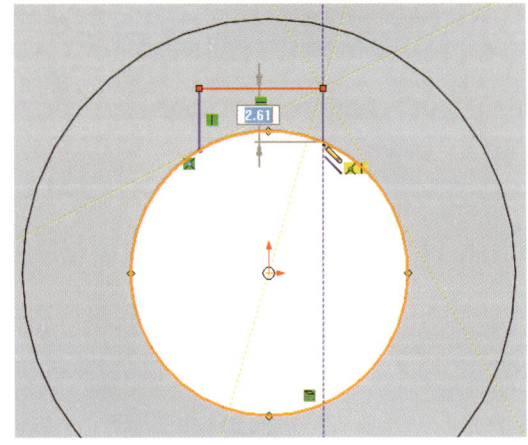

09 선 작성이 완료되었다.

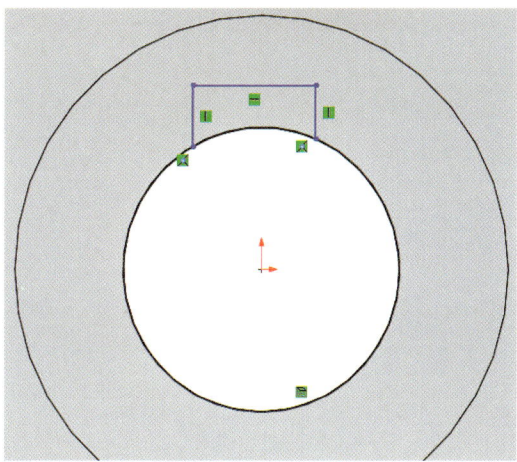

10 다음 두 개의 수직선을 선택해 동등 구속조건을 부여한다.

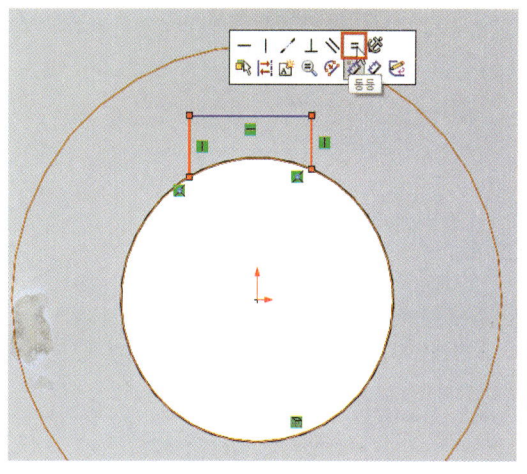

11 다음과 같이 구속조건이 부여된다.

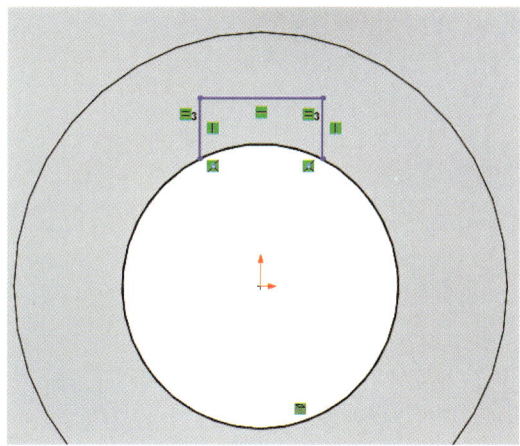

12 지능형 치수 명령을 클릭한다.

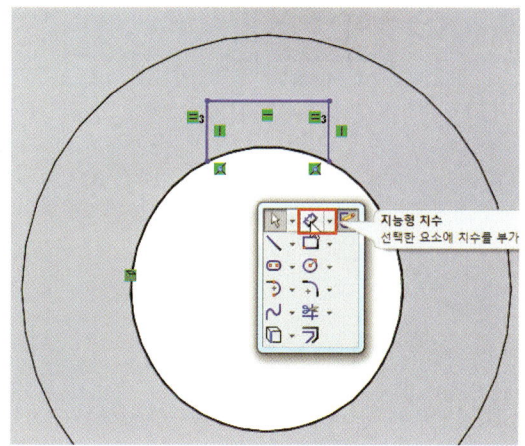

13 윗 선을 선택해 치수를 기입한다.

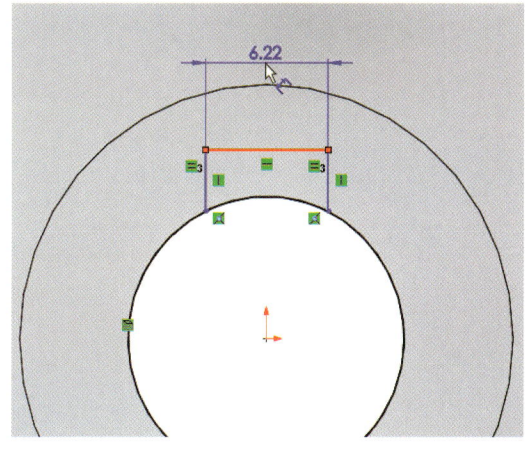

14 다음과 같이 치수 입력이 완료된다.

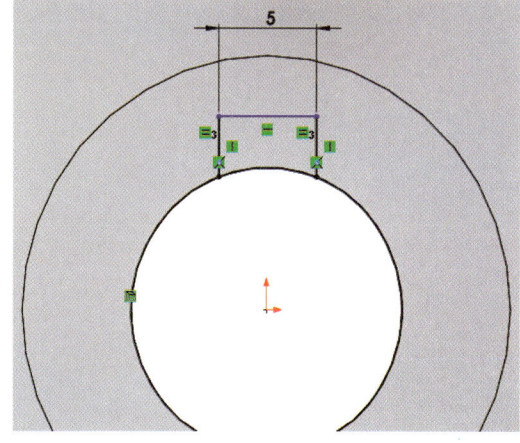

15 치수 명령을 실행해서 윗 선을 선택한다.

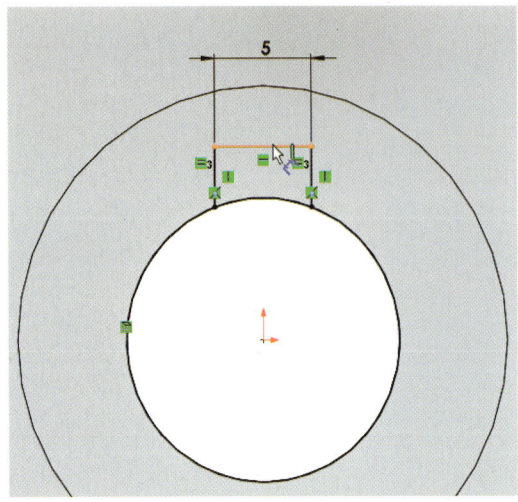

16 쉬프트 키를 누른 채로 아랫 선을 선택한다.

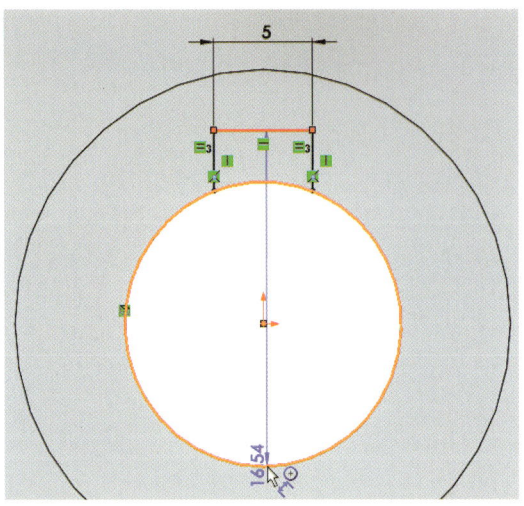

17 마우스를 오른쪽으로 움직이면 치수가 미리보기가 된다.

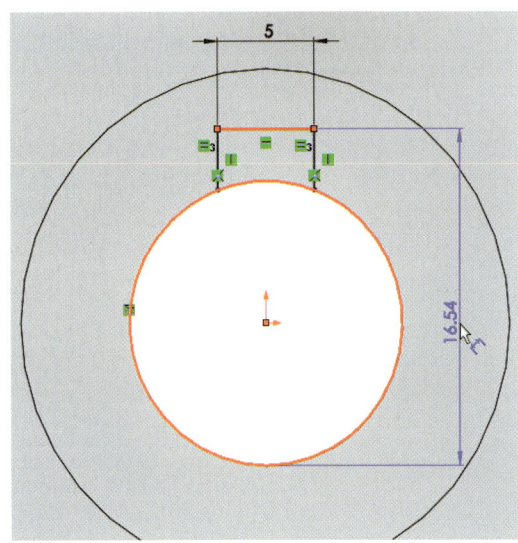

18 프로파일 작성이 완료되었다.

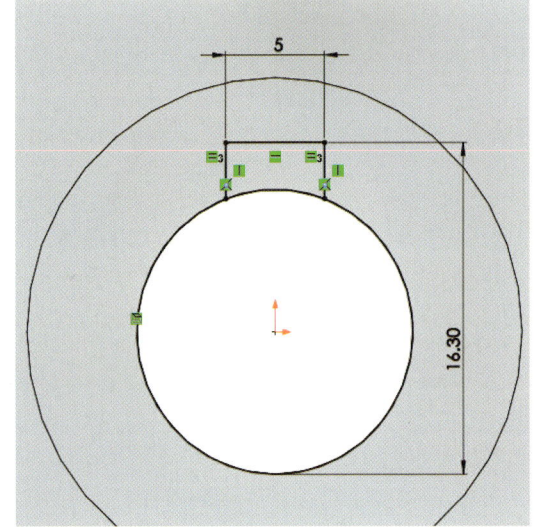

Lesson 3 | 구멍 스케치 연습예제

구멍 마법사로 구멍 피처를 작성하기 위한 스케치를 작성하는 방법에 대해 알아보도록 하자.

01 한쪽 정렬 타입의 구멍 프로파일

다음과 같은 타입의 프로파일을 작성해 보도록 하자.

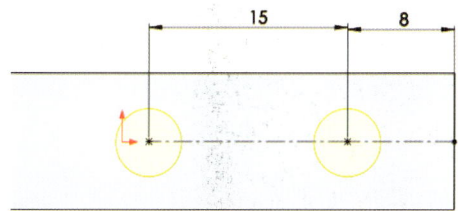

● 이 프로파일의 특징은 다음과 같다.
  - 구멍의 중심이 상/하 정렬 상태이다.
  - 구멍의 위치가 선의 길이에 따라 정렬된다.

01 구멍가공 마법사의 위치탭을 클릭해 구멍 스케치를 작성할 면을 선택한다.

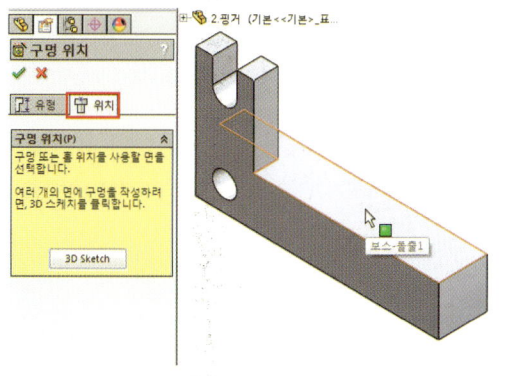

02 중심선을 클릭한다.

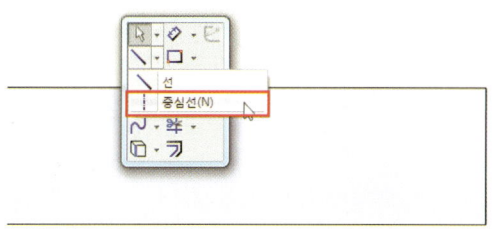

03 선의 첫 점을 모서리의 중간점을 클릭한다.

04 마우스를 왼쪽으로 움직여서 두 번째 점을 클릭한다.

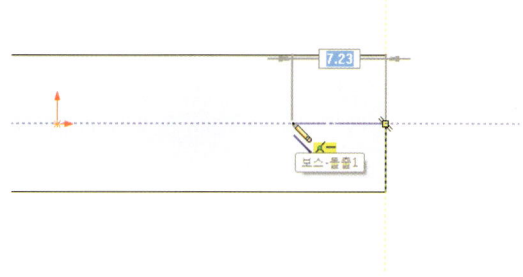

145

05 마우스를 왼쪽으로 더 움직여서 세 번째 점을 클릭한다.

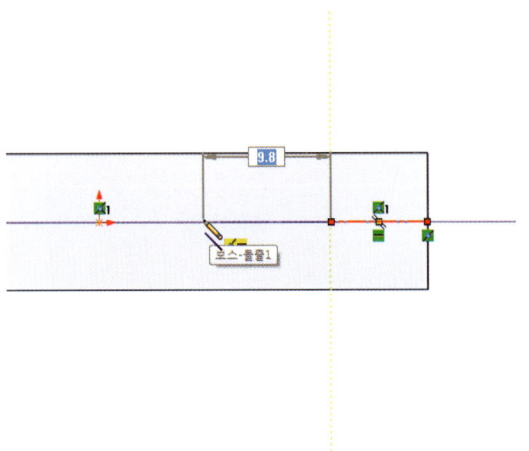

06 지능형 치수 명령을 클릭한다.

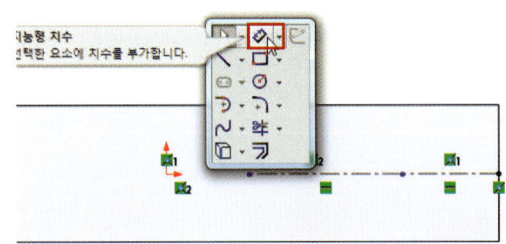

07 첫 번째 중심선을 클릭해 치수를 작성한다.

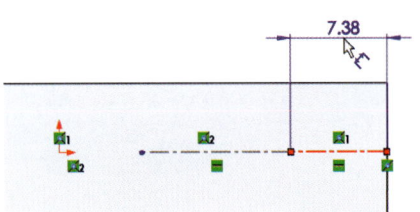

08 다음과 같이 치수가 작성되었다.

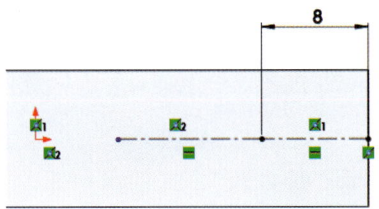

09 두 번째 중심선을 클릭해 치수를 작성한다.

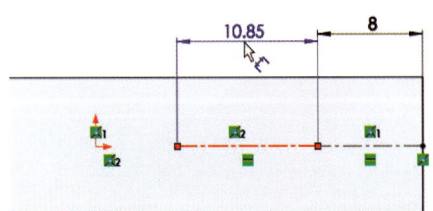

10 클릭해서 치수를 기입한다.

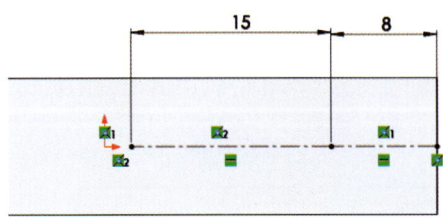

11 점 명령을 클릭한다.

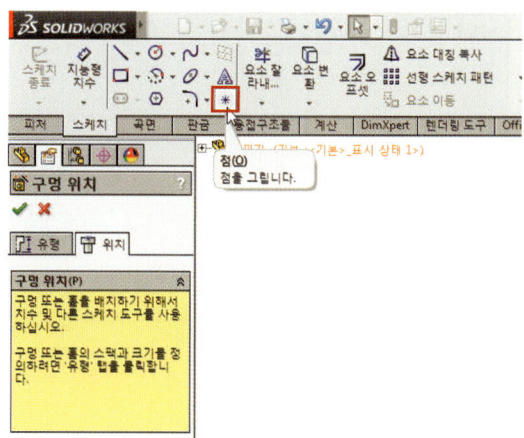

12 좌측 끝점에 점을 클릭한다.

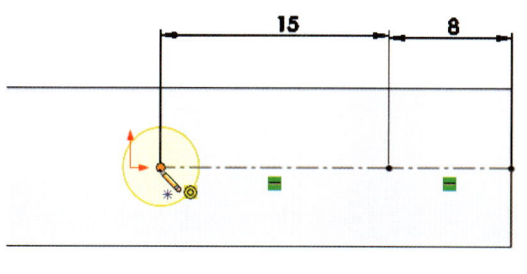

13 중간 두 번째 점에 점을 클릭한다.

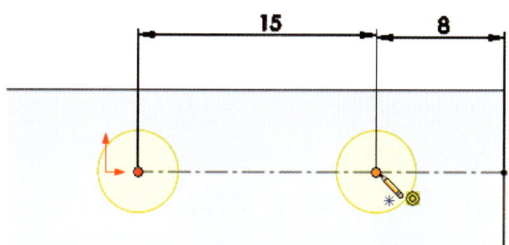

14 스케치 작성이 완료되었다.

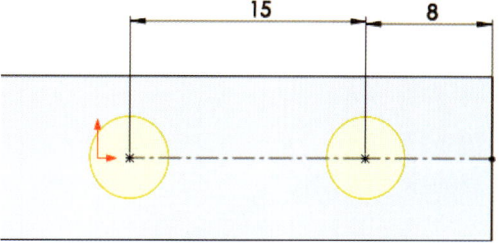

02 정사각 타입의 구멍 프로파일

정사각 타입의 구멍 프로파일을 작성해 보도록 하자.

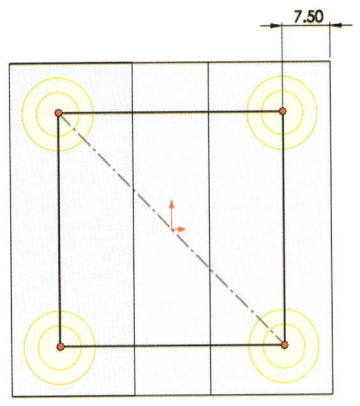

● 이 프로파일의 특징은 다음과 같다.
  - 네 개의 구멍이 원점에 대해 같은 거리에 존재한다.
  - 외곽 모서리와의 거리가 항상 같다.

01 구멍가공 마법사의 위치탭을 클릭해 구멍 스케치를 작성할 면을 선택한다.

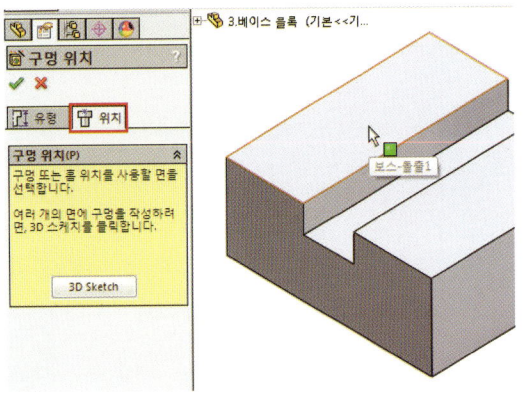

02 코너 사각형 명령을 클릭한다.

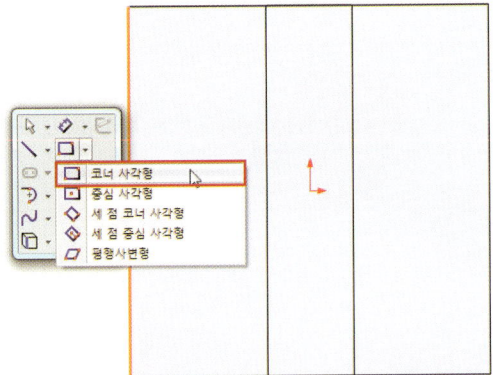

03 다음과 같이 코너 사각형을 작성한다.

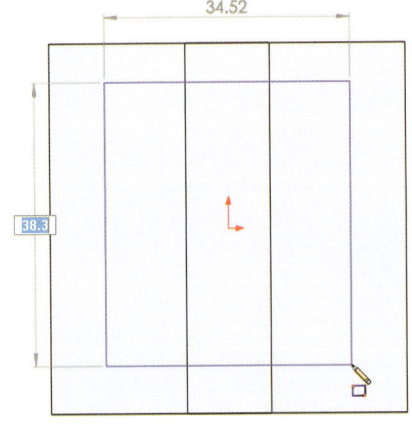

04 코너 사각형 작성이 완료되었다.

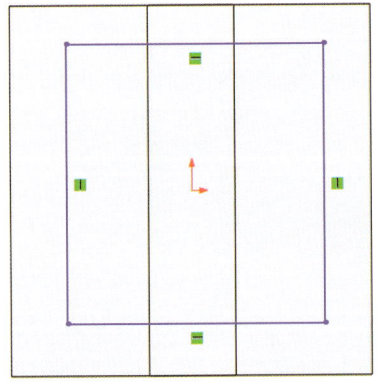

05 중심선 명령을 클릭한다.

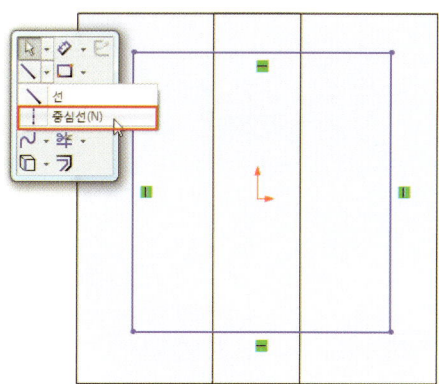

06 첫 번째 구석점을 클릭한다.

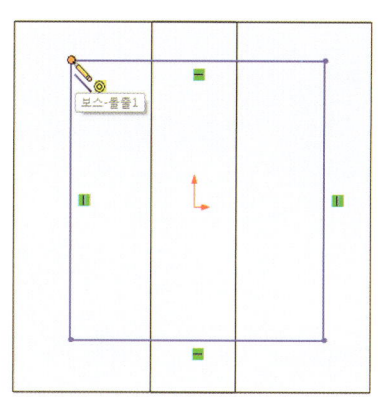

07 반대쪽 구석점을 클릭한다.

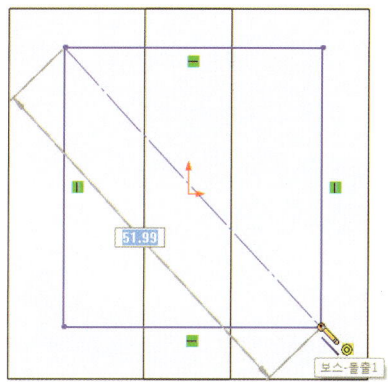

08 중심선 작성이 완료되었다.

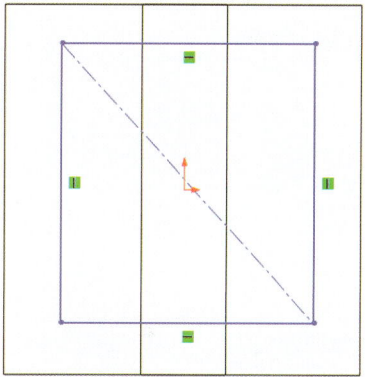

09 중심선과 원점을 선택한 후에 중간점 구속조건을 부여한다.

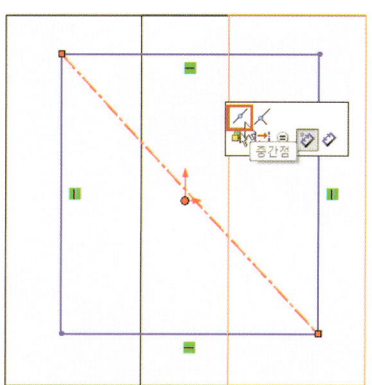

10 가로선과 세로선을 선택해 동등 구속조건을 부여한다.

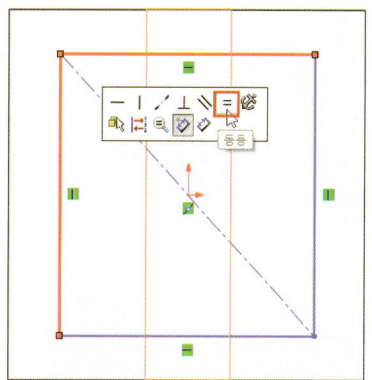

11 지능형 치수 명령을 클릭한다.

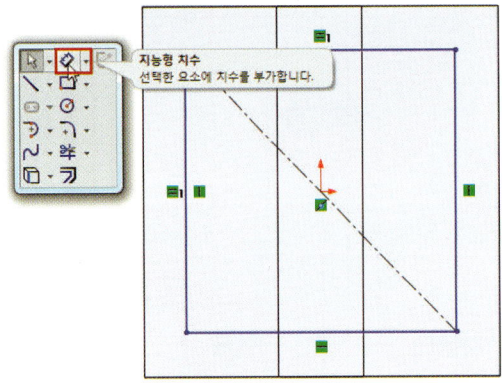

12 다음 두 개의 선을 클릭해 폭 치수를 작성한다.

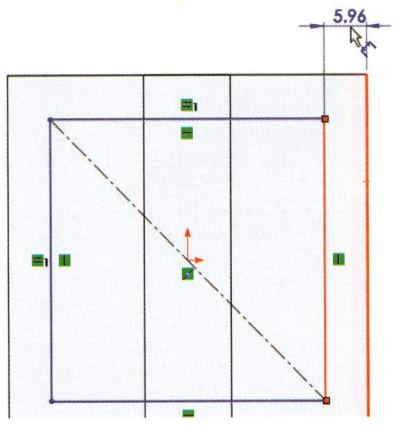

13 치수 작성이 완료되었다.

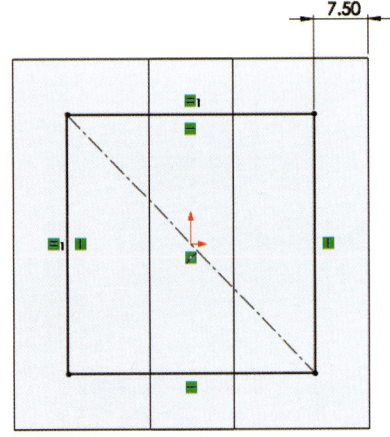

14 점 명령을 클릭한다.

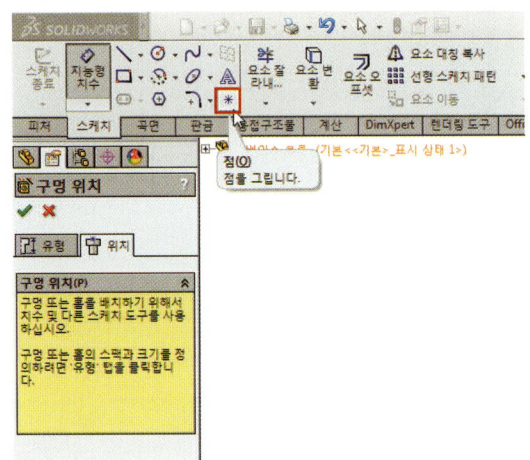

15 다음 사각형의 네 개의 꼭지점에 점을 찍어서 스케치 작성을 마무리한다.

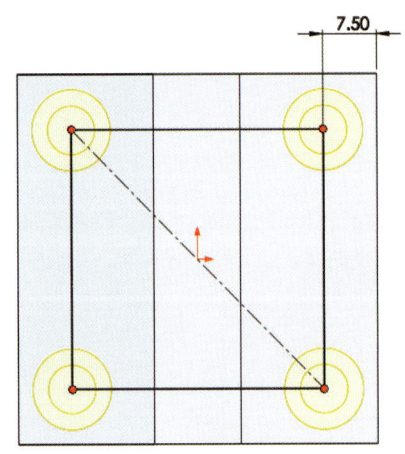

03 좌우 대칭 타입의 구멍 프로파일

좌우 대칭 타입의 구멍 프로파일을 작성해 보도록 하자.

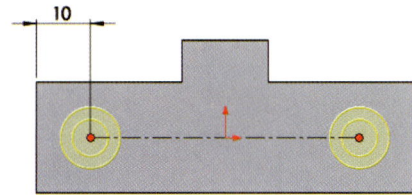

● 이 프로파일의 특징은 다음과 같다.
  - 두 개의 구멍이 좌우로 같은 위치에 있게 된다.

01 구멍가공 마법사의 위치탭을 클릭해 구멍 스케치를 작성할 면을 선택한다.

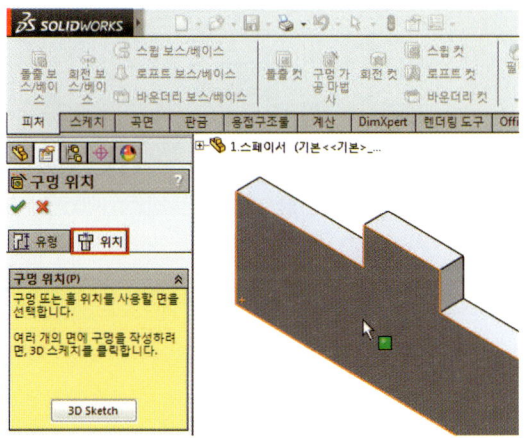

02 중심선 명령을 클릭한다.

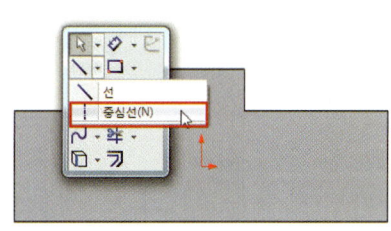

03 첫 번째 점을 클릭한다.

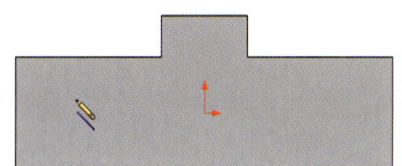

04 두 번째 점을 클릭한다.

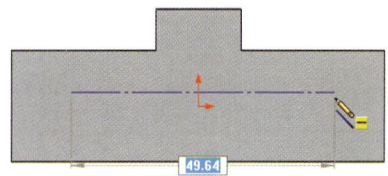

05 중심선과 원점을 선택해 중간점 구속조건을 부여한다.

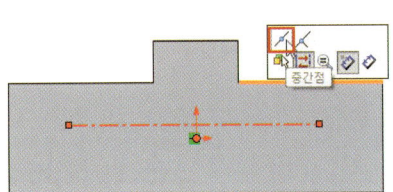

06 지능형 치수 명령을 클릭한다.

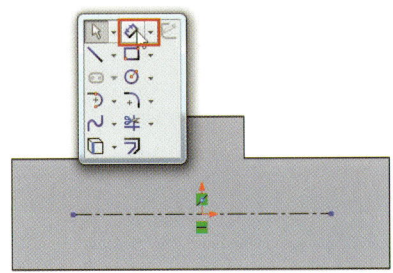

07 왼쪽 모서리와 중심선의 끝점을 선택해 치수를 작성한다.

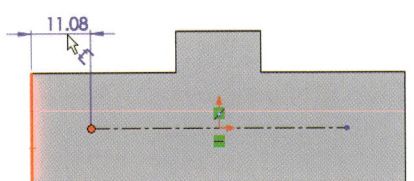

08 다음과 같이 치수 작성이 완료되었다.

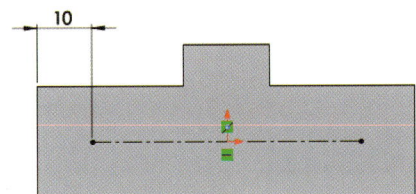

09 점 명령을 클릭한다.

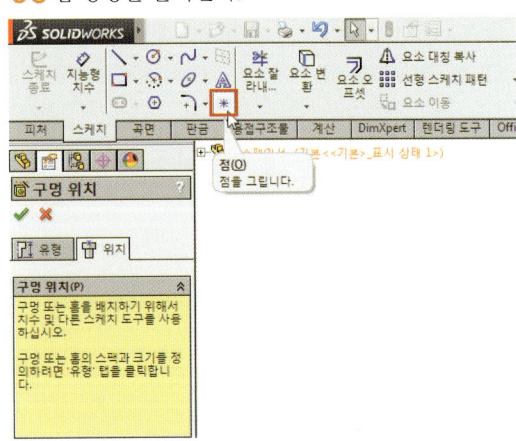

10 중심선의 끝점에 점을 찍어서 스케치 작성을 마무리한다.

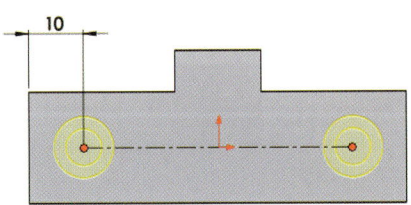

04 단일 타입의 구멍 프로파일

단일 타입의 구멍 프로파일을 작성해 보도록 하자.

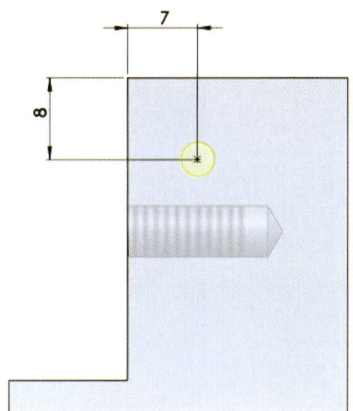

01 구멍가공 마법사의 위치탭을 클릭해 구멍 스케치를 작성할 면을 선택한다.

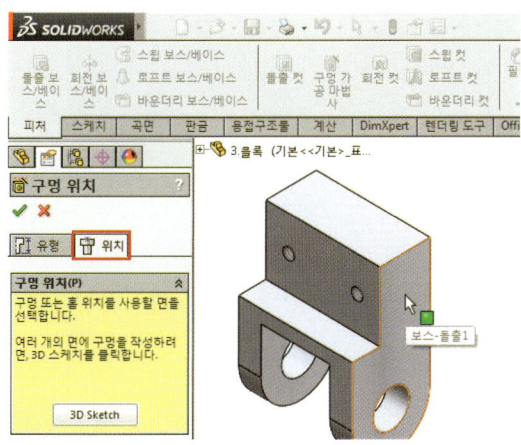

02 점 명령을 클릭해 다음과 같이 점을 작성한다.

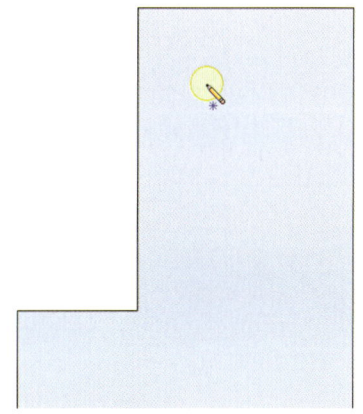

03 점 작성이 완료되었다.

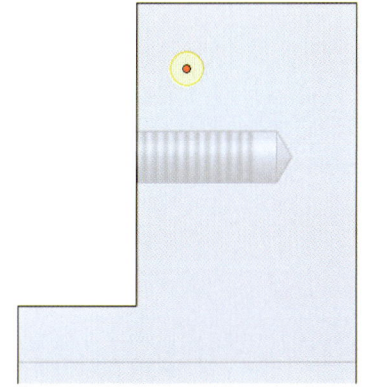

04 지능형 치수 명령을 클릭한다.

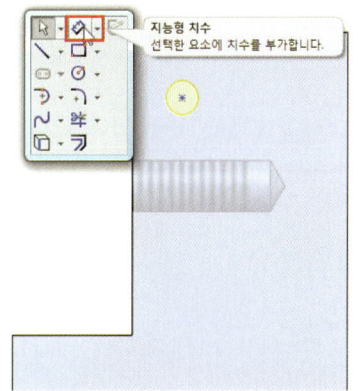

05 왼쪽 모서리와 점을 클릭해 치수를 작성한다.

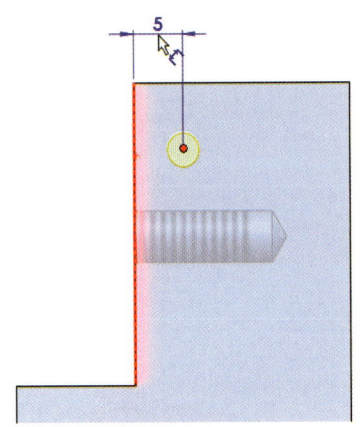

06 치수 작성이 완료되었다.

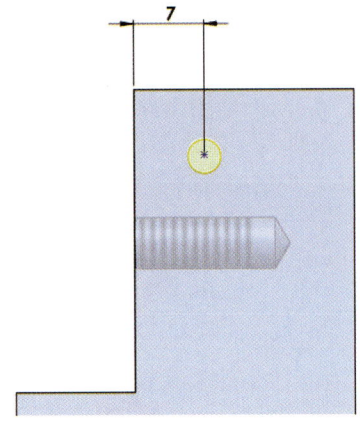

07 위쪽 모서리와 점을 클릭해 치수를 작성한다.

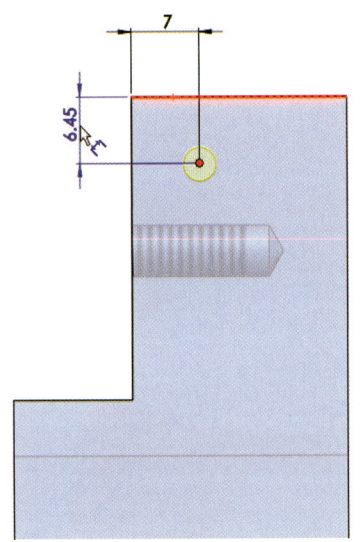

08 다음과 같이 치수 작성이 완료되었다.

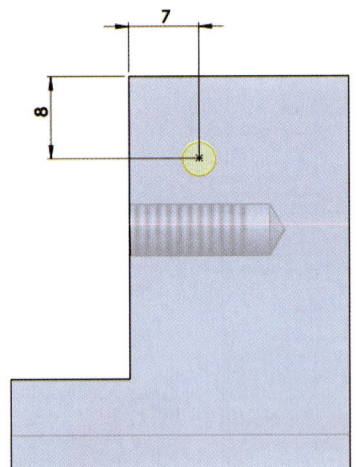

05 동심 타입의 구멍 프로파일

동심 타입의 구멍 프로파일을 작성해 보도록 하자.

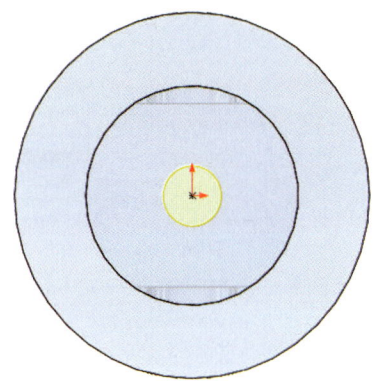

● 이 프로파일의 특징은 다음과 같다.

-구멍의 중심이 원통 모서리의 중심에 일치한다.

01 구멍가공 마법사의 위치탭을 클릭해 구멍 스케치를 작성할 면을 선택한다.

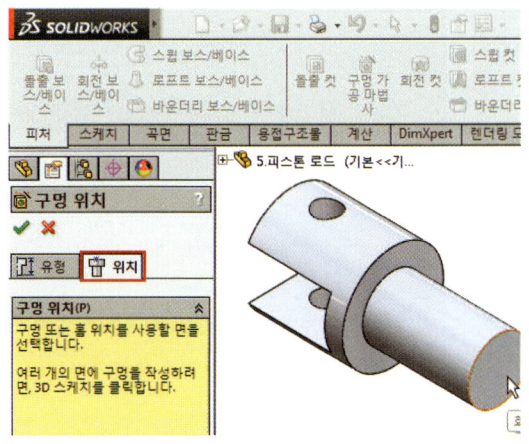

02 원통 모서리의 중심점에 점을 클릭한다.

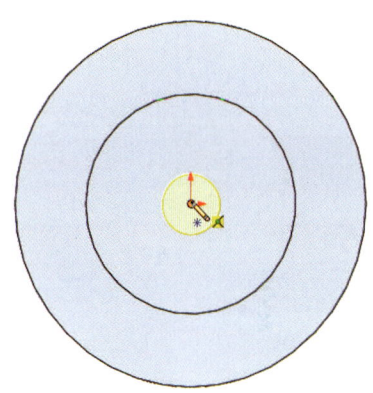

03 다음과 같이 스케치 작성이 완료된다.

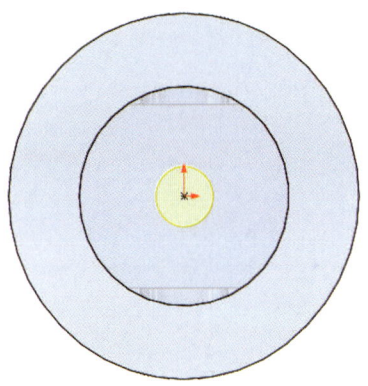

06 사분점 위치 타입의 구멍 프로파일

사분점 위치 타입의 구멍 프로파일을 작성해 보도록 하자.

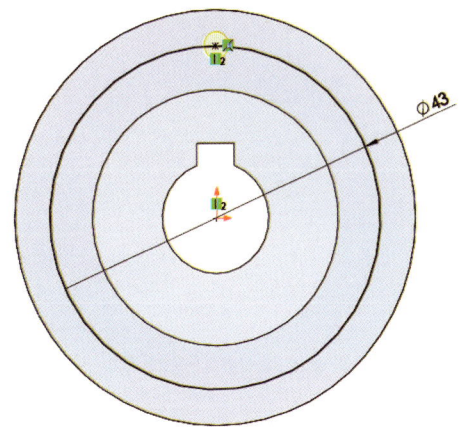

● 이 프로파일의 특징은 다음과 같다.
 - 구멍이 원의 사분점에 위치한다.

01 구멍가공 마법사의 위치탭을 클릭해 구멍 스케치를 작성할 면을 선택한다.

02 원 명령을 클릭한다.

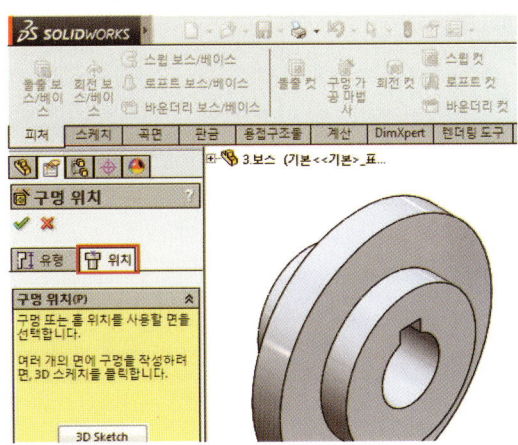

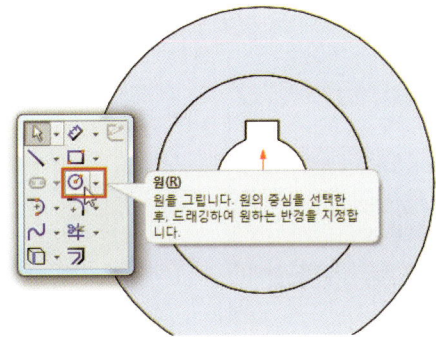

03 원점을 중심으로 하는 원을 작성한다.

04 치수를 기입한다.

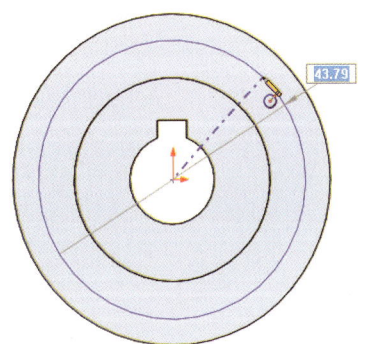

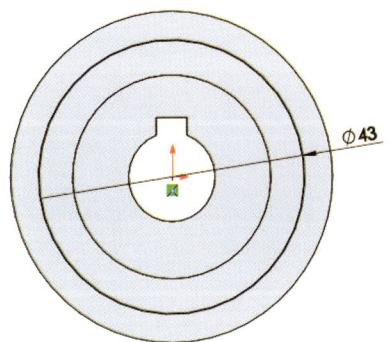

05 점 명령을 클릭한다.

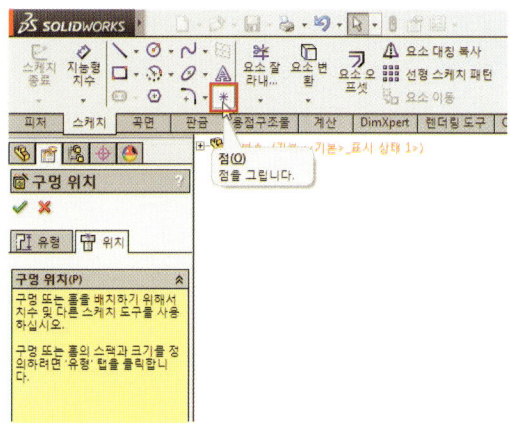

06 원의 사분점에 점을 작성한다.

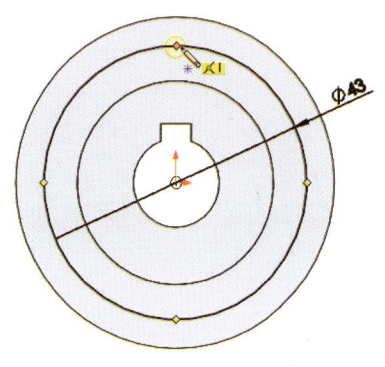

07 구멍 스케치 작성이 완료되었다.

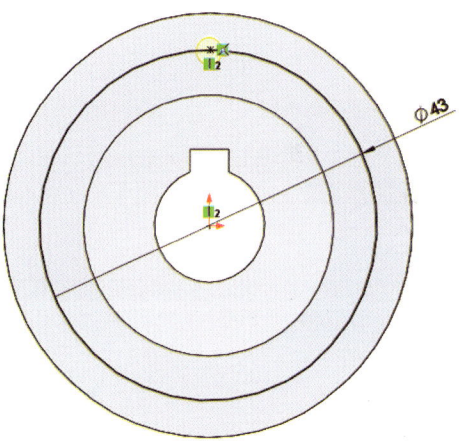

07 각도를 가지는 사분점 위치 타입의 구멍 프로파일

좌우 대칭 타입의 구멍 프로파일을 작성해 보도록 하자.

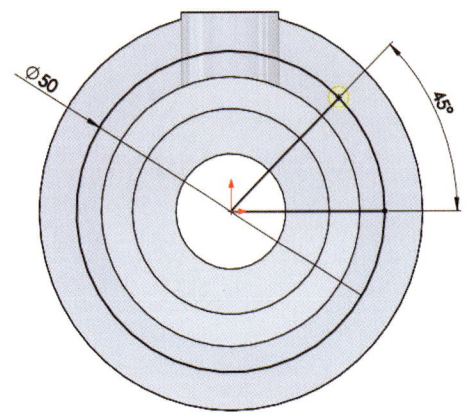

● 이 프로파일의 특징은 다음과 같다.
  - 구멍의 위치가 원의 지름에 따라 위치한다.
  - 구멍이 원의 포지션에서 각도를 가진다.

01 구멍가공 마법사의 위치탭을 클릭해 구멍 스케치를 작성할 면을 선택한다.

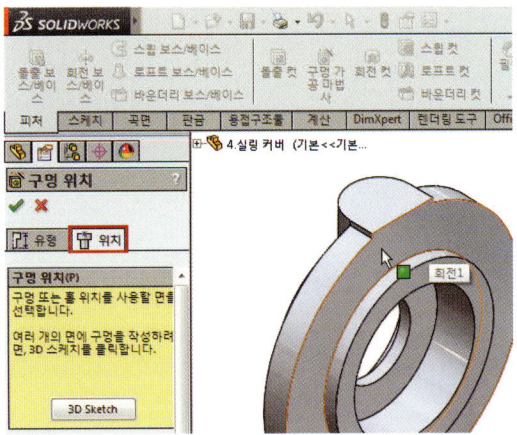

02 원 명령을 클릭한다.

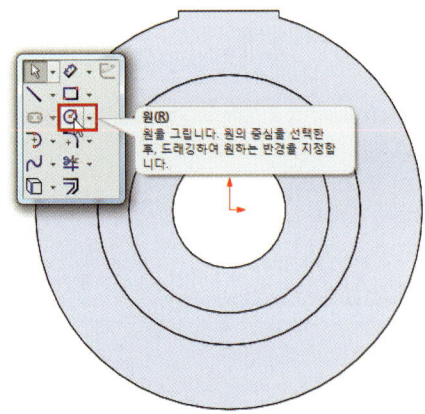

03 다음과 같이 원을 작성한다.

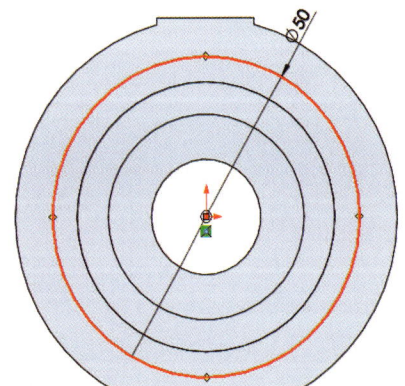

04 선 명령으로 원점과 원의 사분점을 만나는 수평선과 원점과 원에 접하는 선을 작성한다.

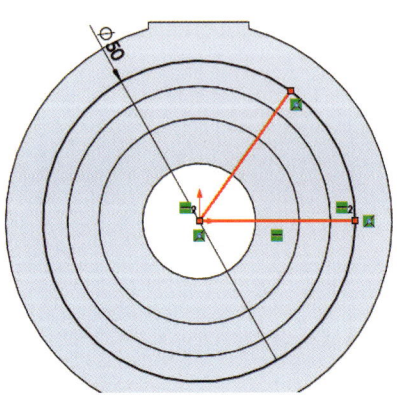

05 치수 명령을 클릭해 작성한 두 개의 선을 클릭해 각도 치수를 작성한다.

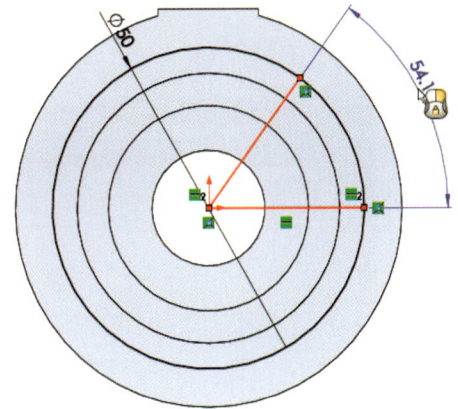

06 다음과 같이 각도 치수가 작성되었다.

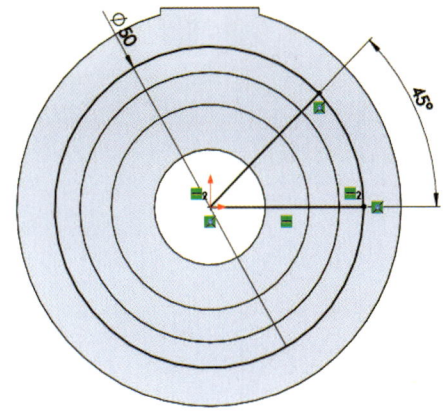

07 점 명령을 클릭한다.

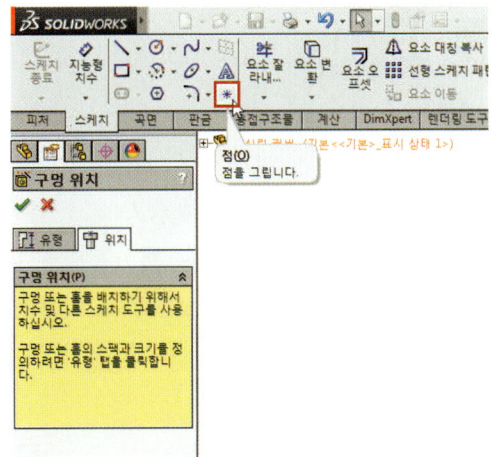

08 다음과 같이 사선의 끝점에 점을 작성한다.

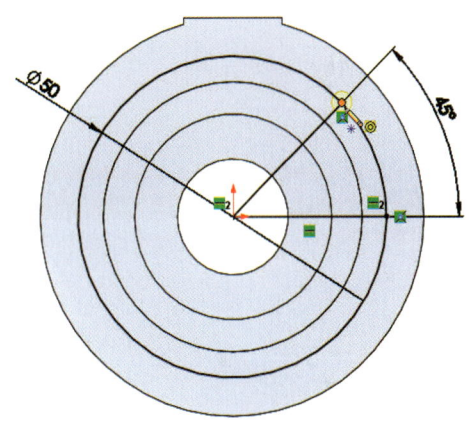

09 구멍 스케치 작성이 완료되었다.

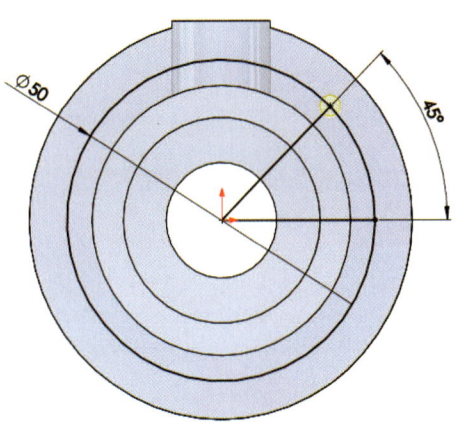

PART 03

피처 명령어

DWORKS 2014

Section 1	작성 명령	162p
Section 2	편집 명령	186p
Section 3	참조 형상	206p
Section 4	패턴 명령	224p

Section 1
작성 명령

전산응용기계제도/기계설계산업기사를 위한 솔리드웍스

작성 명령에는 다음과 같은 명령어들이 있다.

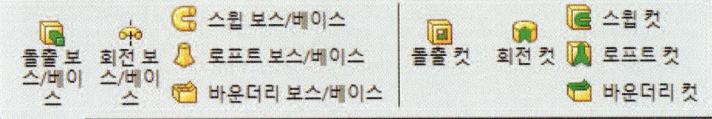

Lesson 1 | 피처 기본 옵션

먼저 피처의 기본 옵션부터 알아보도록 하자.

01 작성/컷 명령으로 나눔

솔리드웍스의 작성 명령은 다음과 같이 각 명령당 작성 명령과 컷 명령으로 나뉘게 된다.

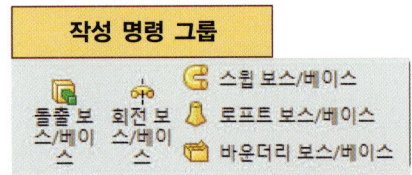 

02 선택 항목

피처 명령의 각 선택 항목은 클릭하면 해당 항목을 선택할 수 있게 테두리가 파란 색으로 활성화된다.

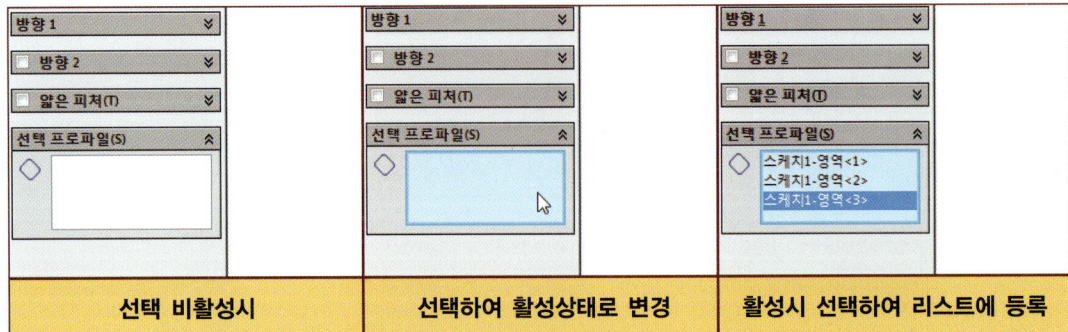

리스트에 추가된 항목들은 다음과 같이 하나씩 삭제하거나 리스트 전체를 삭제할 수 있다.

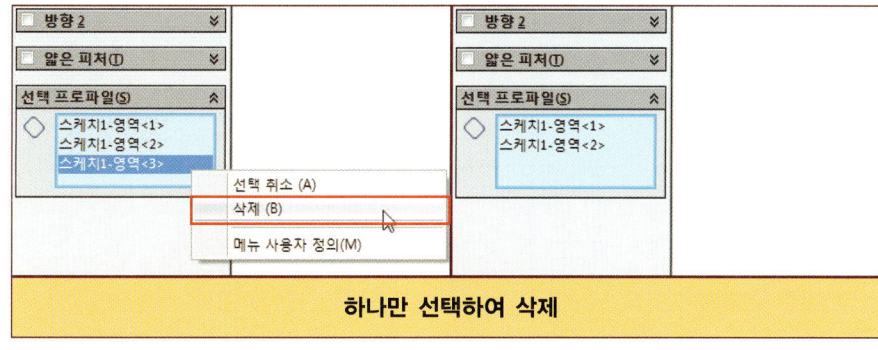

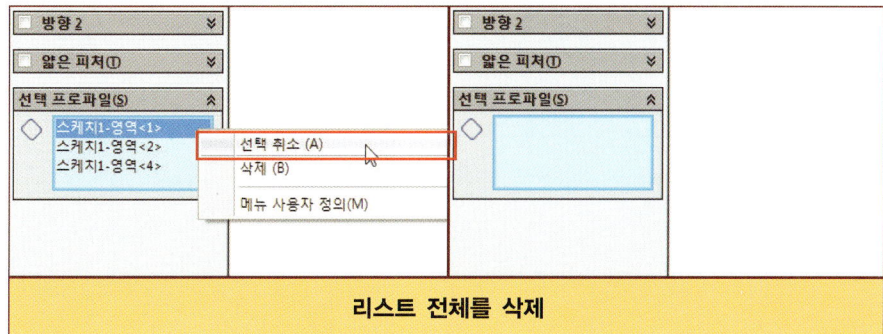

03 프로파일

피처가 생성될 영역으로써 솔리드 형상을 작성하기 위해서는 사방이 막힌 폐곡선 영역이 필요하다.

❶ **단일 프로파일** : 스케치에 단 하나의 영역인 프로파일이 존재하면 피처 명령어 실행시 프로파일은 자동으로 등록된다.

❷ **다중 프로파일** : 스케치에 여러 영역의 프로파일이 존재하면 직접 프로파일을 선택해 줘야 한다.

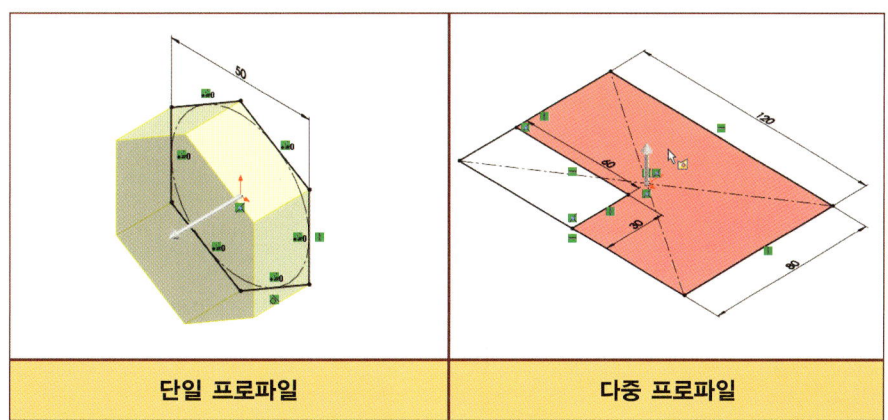

04 피처 선택 리스트의 자동 생성

각각의 피처가 생성될 시에 필요한 선택 요소가 해당 스케치에 하나씩 존재하면 명령어 실행시 피처가 자동 생성된다.

❶ **돌출** : 돌출 생성에 필요한 기본 요소인 프로파일이 스케치에 하나만 존재하면 자동으로 돌출이 생성된다.

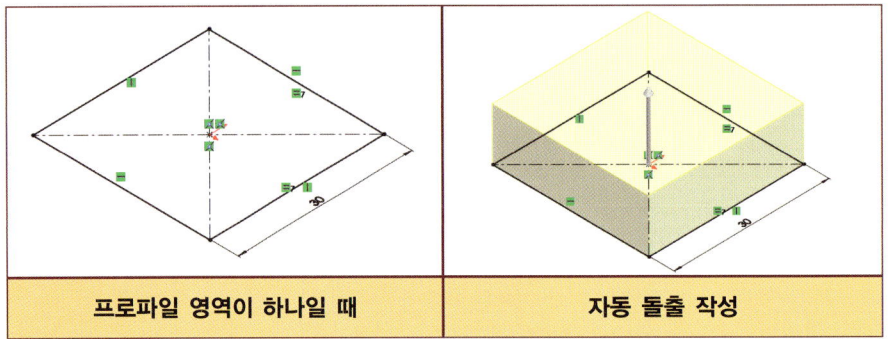

❷ **회전** : 회전 생성에 필요한 기본 요소인 프로파일과 축이 스케치에 하나만 존재하면 자동으로 회전이 생성된다.

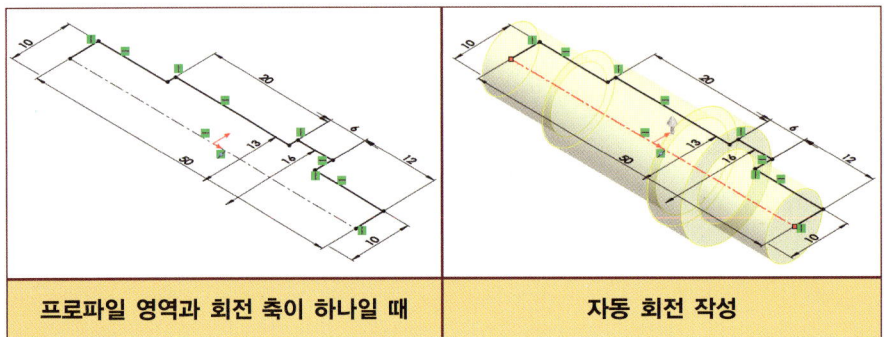

05 얇은 피처 생성

각 피처의 생성 옵션에서 얇은 피처 항목을 체크하면 일정한 두께를 가지는 피처를 작성할 수 있다.

01 돌출 명령 실행시 얇은 피처를 체크한다.

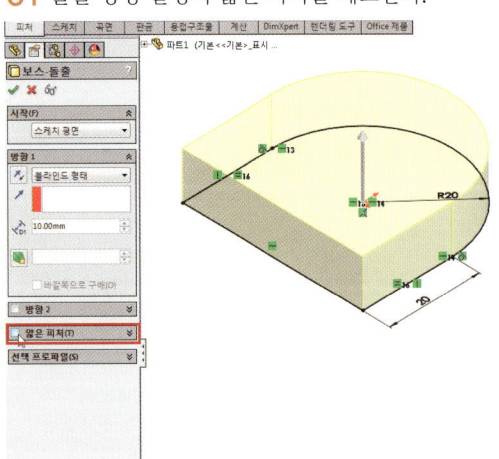

02 다음과 같이 얇은 피처 항목이 활성화된다.

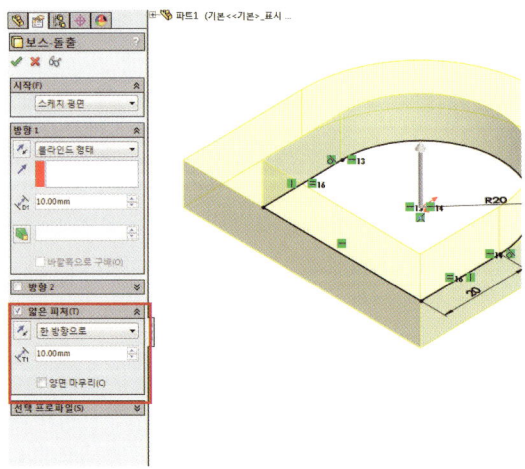

03 원하는 두께를 설정한다.

04 확인 버튼을 클릭하면 다음과 같이 얇은 피처가 작성된다.

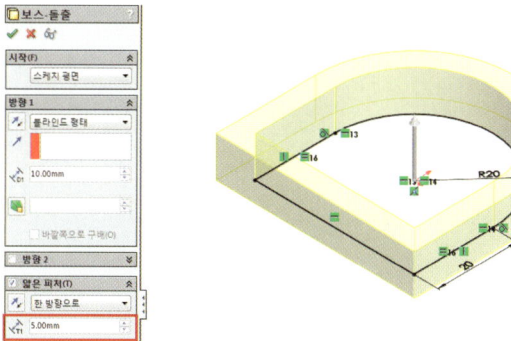
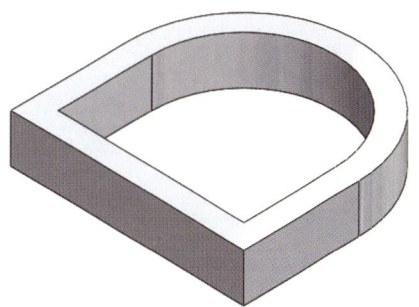

06 바디 합치기 체크/체크해제

바디 합치기를 체크 해제하면 현재 작성하는 피처의 형상이 기존 솔리드와 차별되는 개별 솔리드로 작성된다.

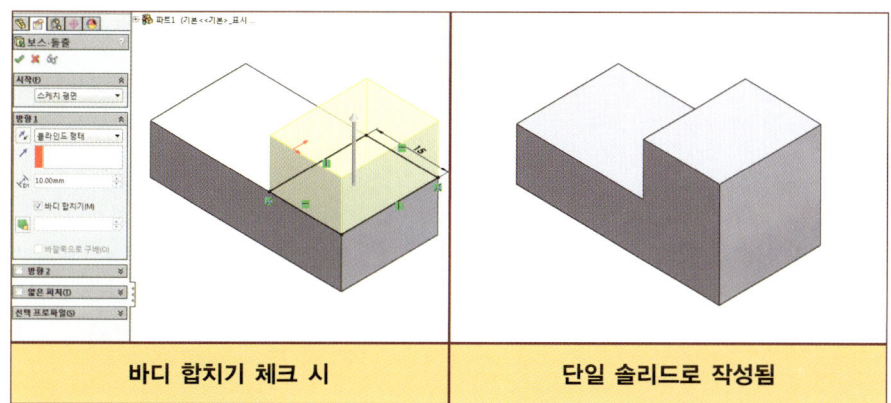

| 바디 합치기 체크 시 | 단일 솔리드로 작성됨 |

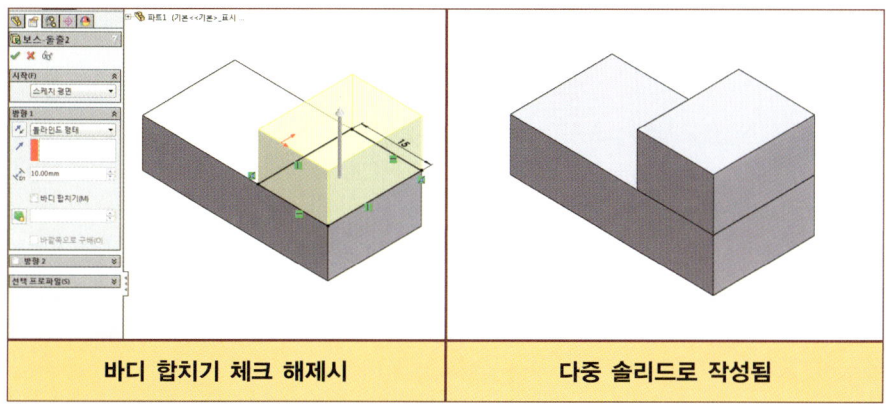

| 바디 합치기 체크 해제시 | 다중 솔리드로 작성됨 |

Lesson 2 | 돌출 보스/베이스, 돌출 컷

프로파일 영역에 깊이나 테이퍼 각도를 주어서 피처를 생성한다.

01 돌출 작성방법

01 스케치를 생성해 프로파일을 작성한다.

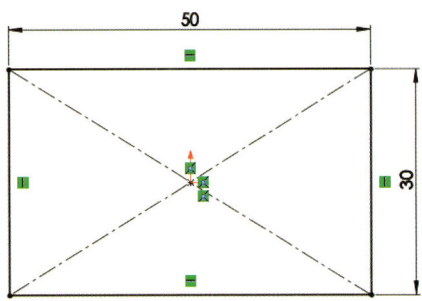

02 돌출 명령을 클릭한다.

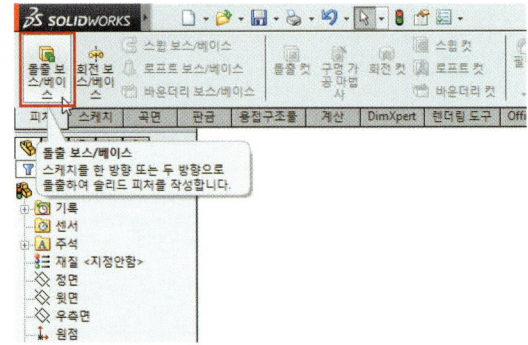

03 프로파일과 거리 및 방향을 지정한다.

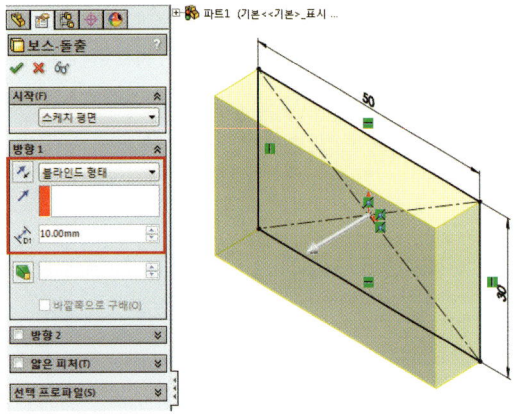

04 확인 버튼을 클릭해 피처 작성을 완료한다.

02 돌출 컷 작성방법

01 이미 작성된 솔리드 면 위에 스케치 프로파일을 작성한다.

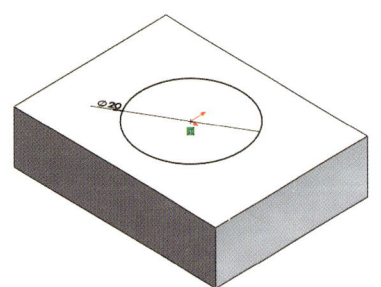

02 돌출 컷 명령을 클릭한다.

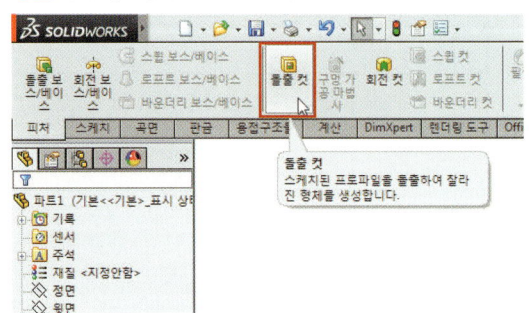

03 프로파일과 거리 및 방향을 지정한다.	04 확인 버튼을 클릭해 피처 작성을 완료한다.

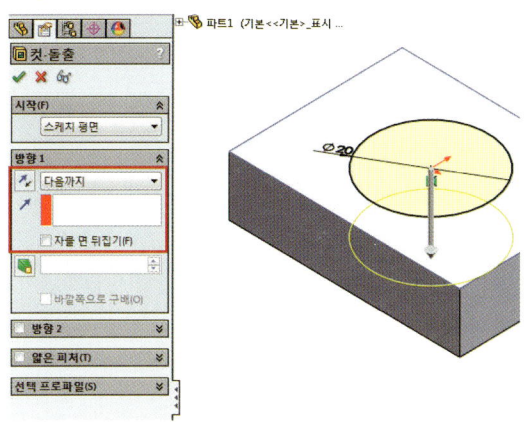 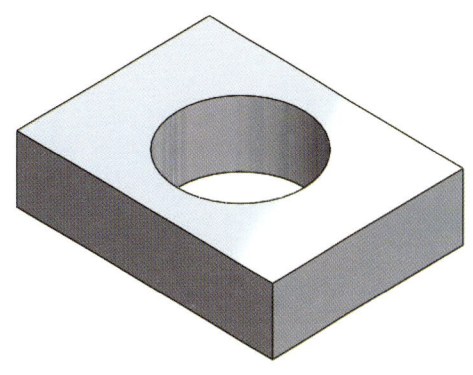

03 방향

방향 옵션에는 다음과 같은 것들이 있다.

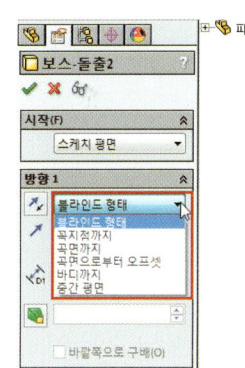

❶ **블라인드 형태** : 입력된 거리만큼 돌출시킨다.

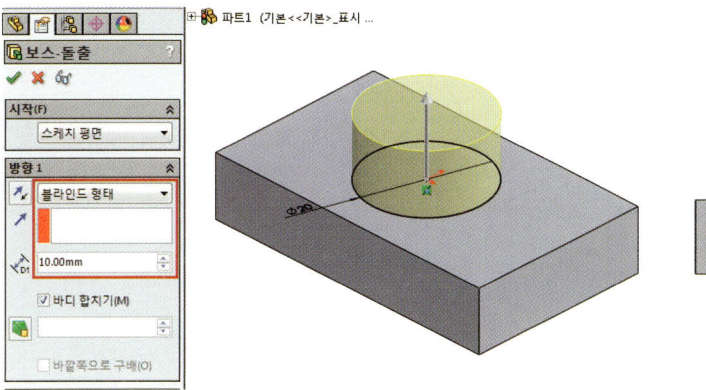 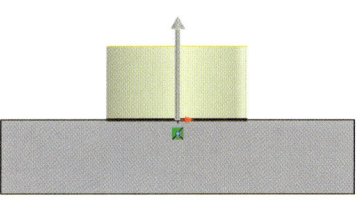

❷ **다음까지** : 다음면까지 돌출시킨다.

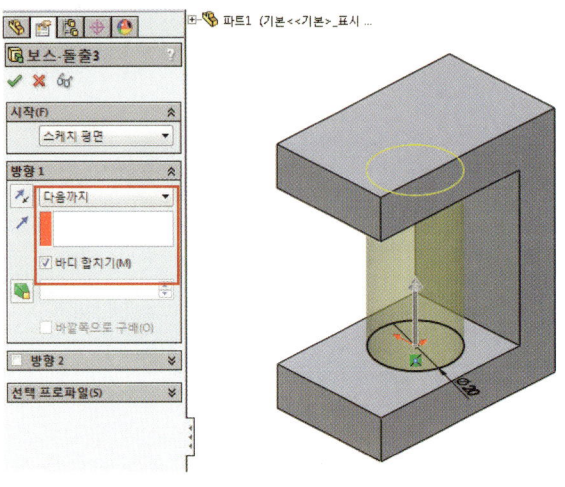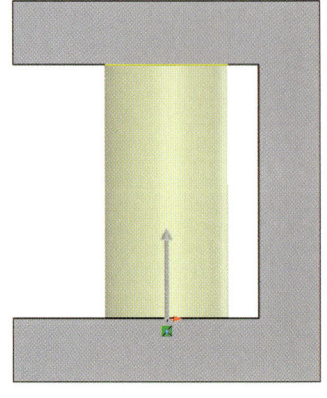

❸ **곡면까지** : 사용자가 선택한 곡면까지 돌출시킨다.

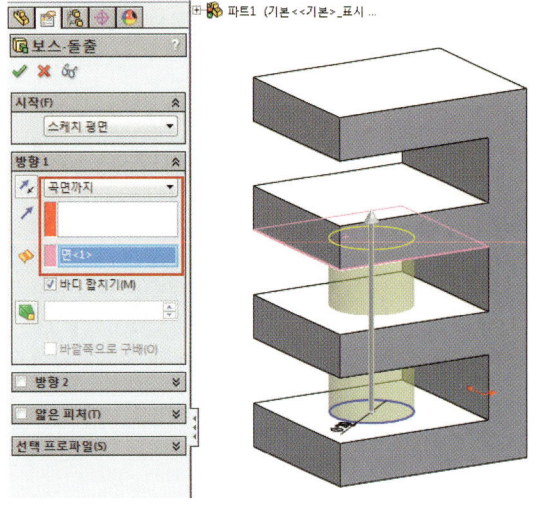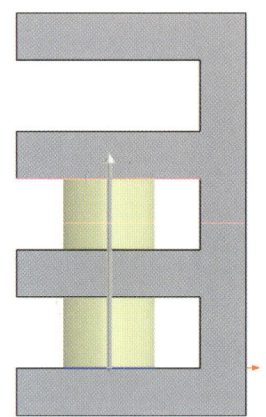

❹ **꼭지점까지** : 사용자가 선택한 꼭지점까지 돌출시킨다.

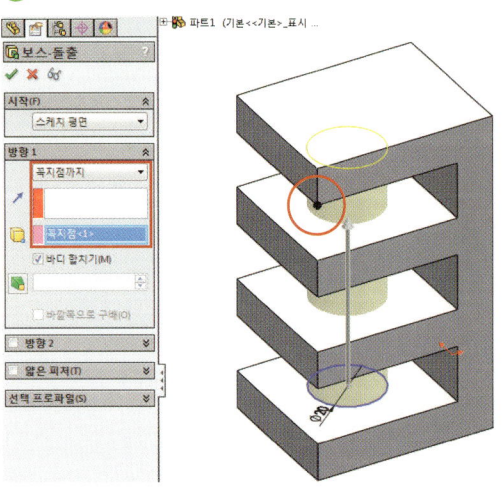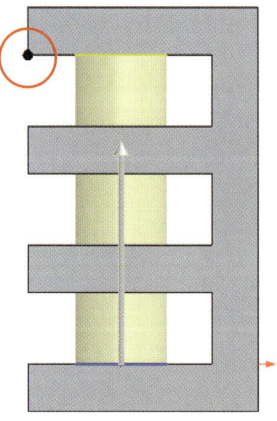

❺ **곡면으로부터 오프셋 :** 사용자가 선택한 곡면에서부터 사용자가 입력한 거리만큼 돌출시킨다.

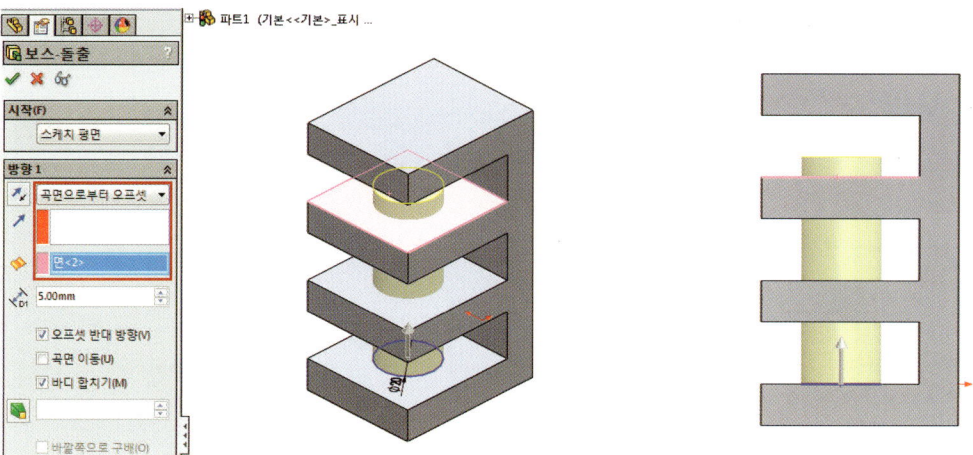

❻ **바디까지 :** 사용자가 선택한 바디까지 돌출시킨다.

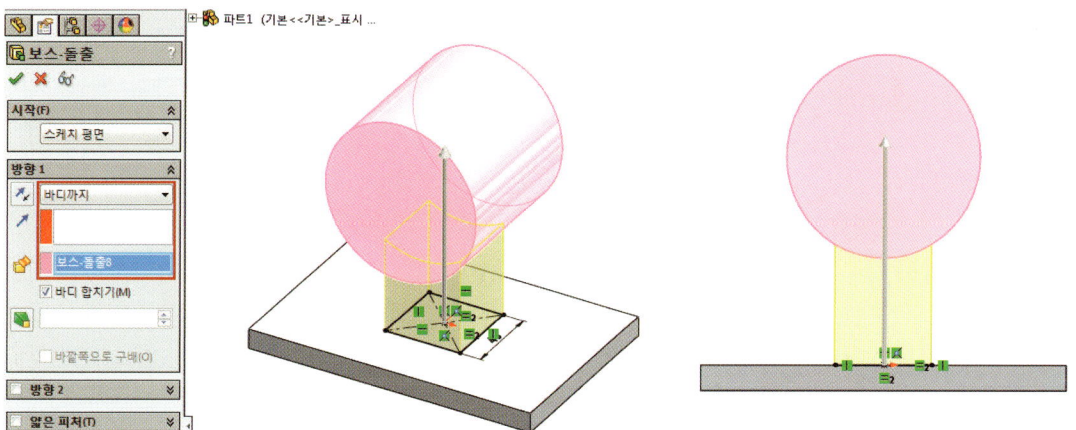

❼ **중간 평면 :** 양쪽 방향으로 대칭 돌출한다.

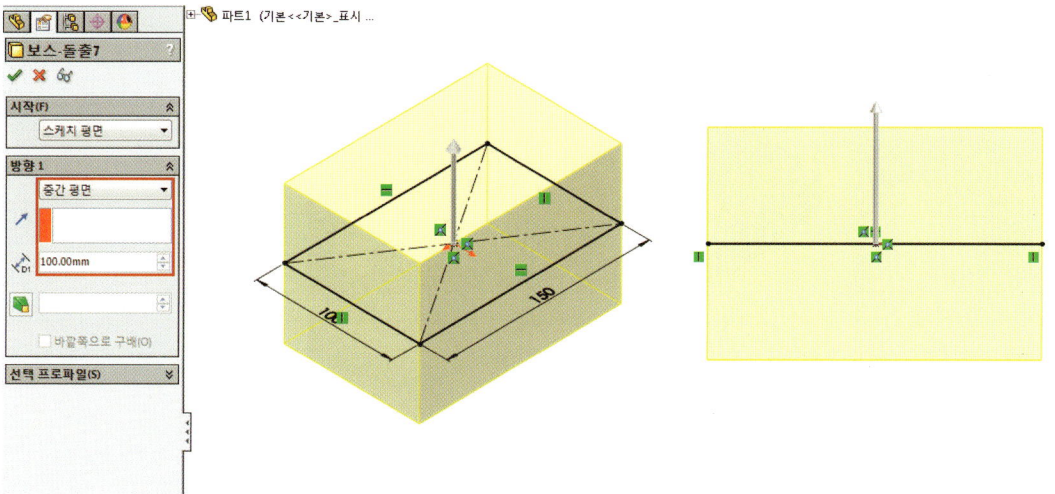

❽ **관통** : 전체 깊이로 돌출시킨다. 주로 돌출컷에서 사용한다.

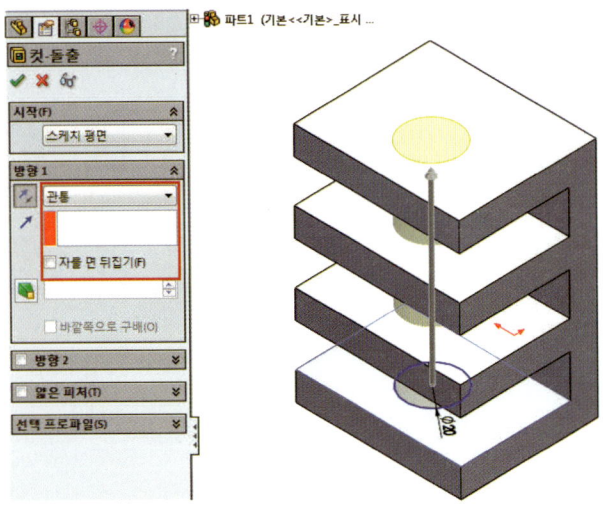

04 시작

시작 옵션에는 다음과 같은 것들이 있다.

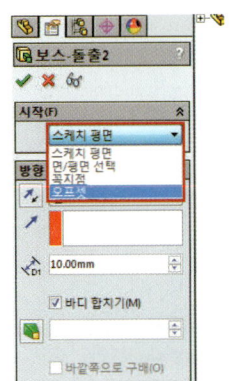

❶ **스케치 평면** : 스케치가 작성된 평면에서 돌출이 시작된다.

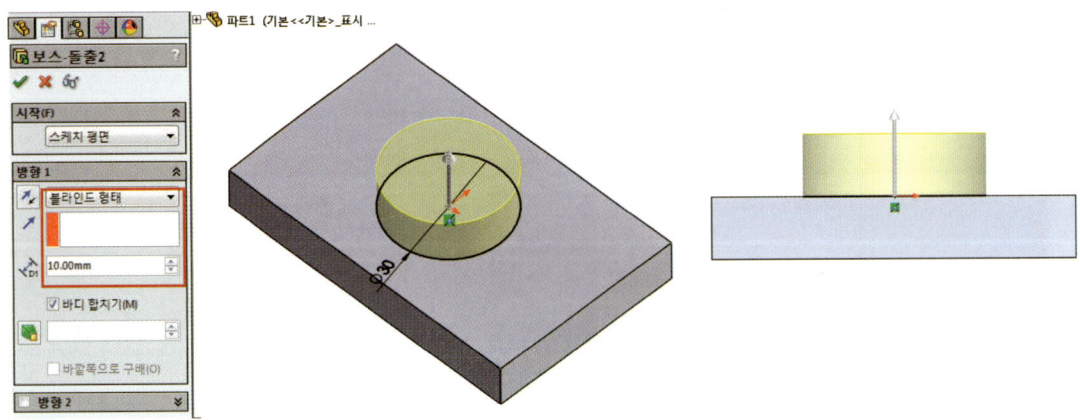

❷ **면/평면 선택** : 사용자가 선택한 평면에서부터 돌출이 시작된다.

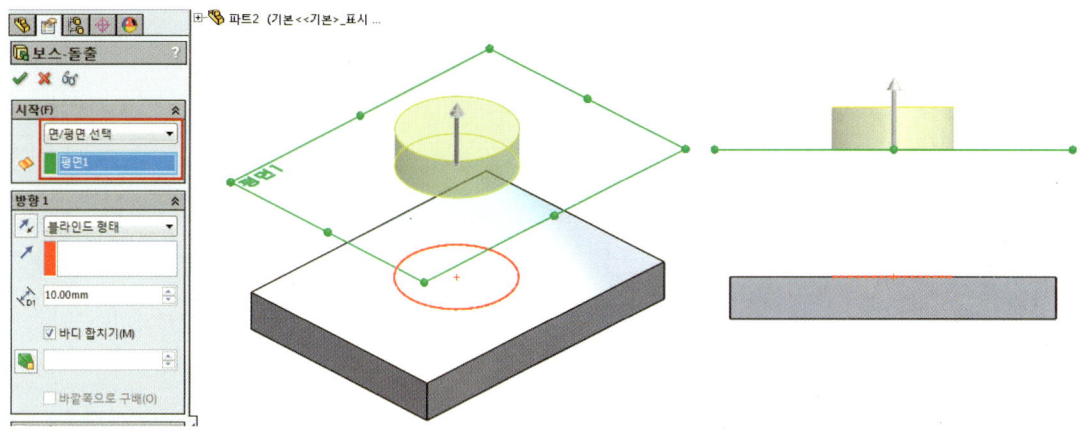

❸ **꼭지점** : 사용자가 선택한 꼭지점과의 거리만큼 오프셋되어 돌출이 시작된다.

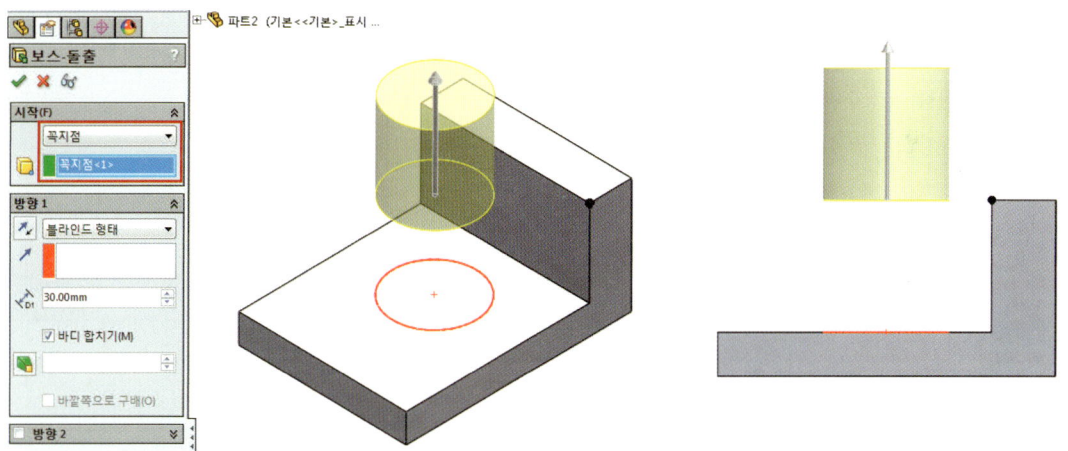

❹ **오프셋** : 현재 스케치 평면에서 사용자가 입력한 값만큼 오프셋된 거리에서 돌출이 시작된다.

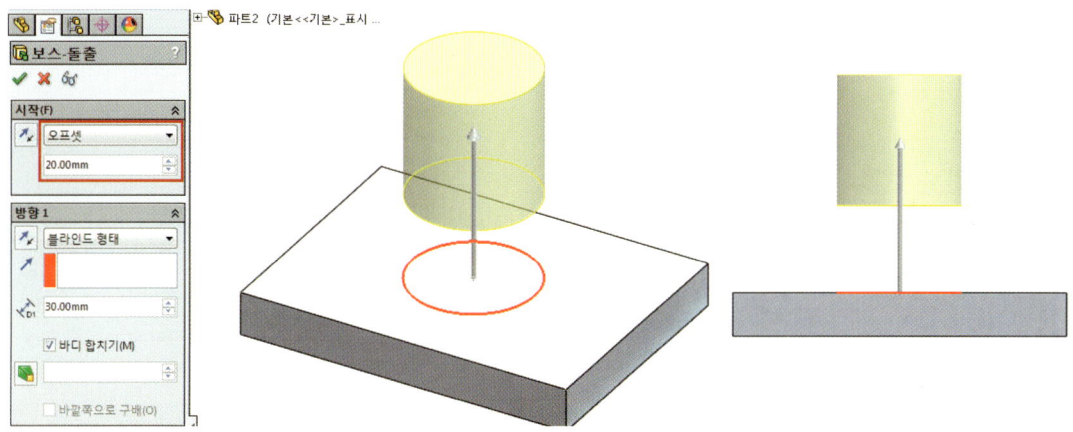

05 방향

돌출 방향에는 다음과 같은 종류가 있다.

❶ 기본 방향 : 스케치가 + 방향으로 돌출된다.

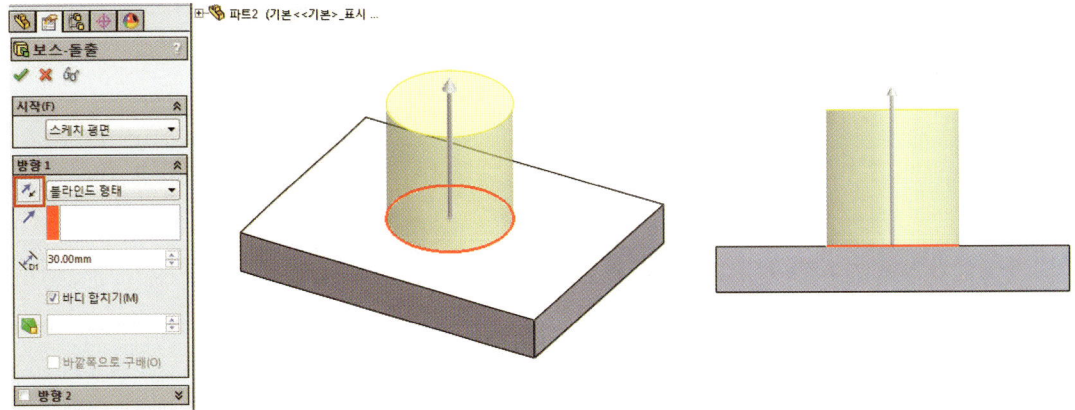

❷ 반대 방향 : 스케치가 - 방향으로 돌출된다.

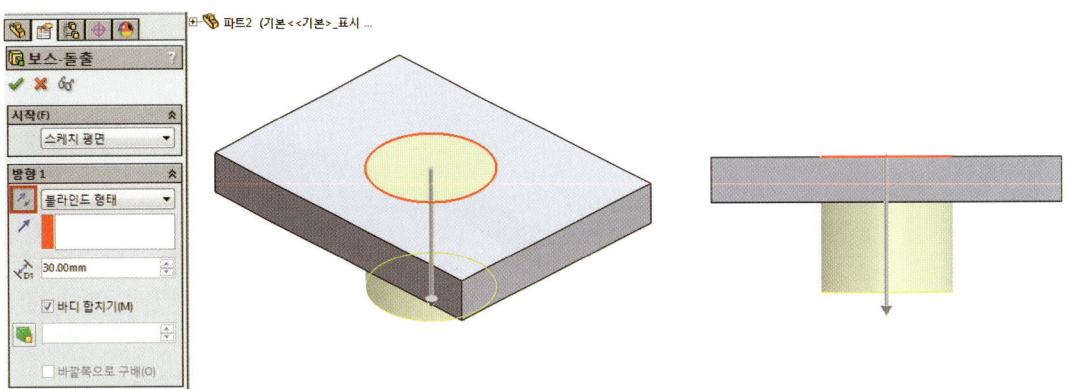

06 돌출 방향 벡터

돌출 옵션에서 원하는 모서리를 선택하면 돌출 방향이 선택한 모서리에 정렬되어 돌출된다.

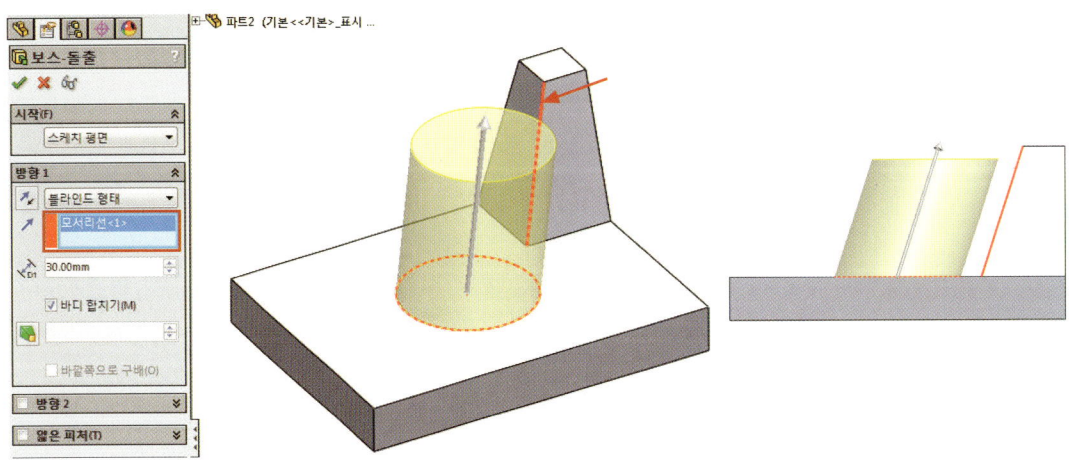

07 구배

구배 켜기/끄기 버튼을 클릭해 돌출을 지정한 각도만큼 구배해서 돌출할 수 있다.

① 구배 켜기 : 돌출각도가 줄어드는 방향으로 구배 돌출된다.

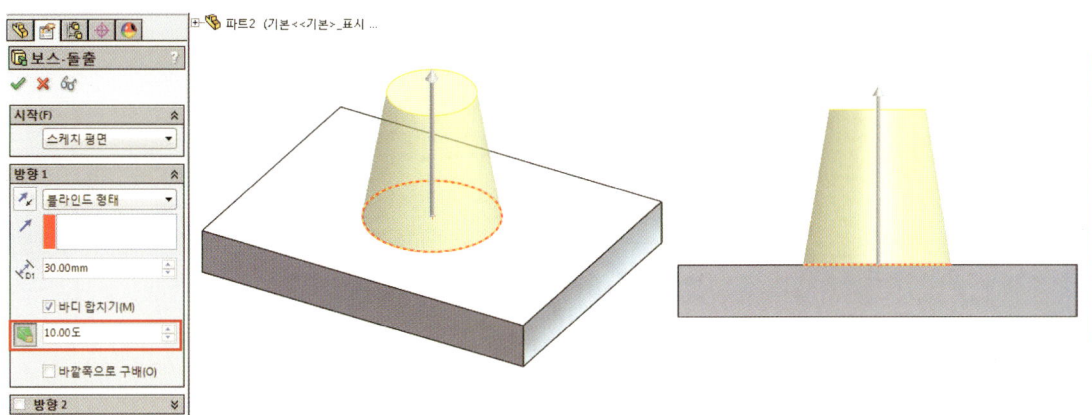

② 구배 켜기(바깥쪽으로 구배 체크) : 돌출각도가 증가하는 방향으로 구배 돌출된다.

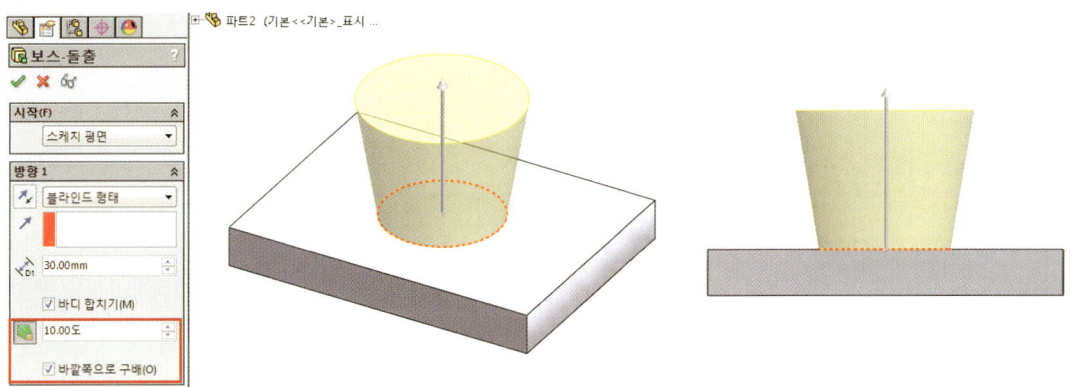

Lesson 3 | 회전 보스/베이스 , 회전 컷

선택한 프로파일 영역을 선택한 축을 중심으로 회전시키는 모양의 피처를 작성한다.

01 회전 작성방법

01 스케치를 생성해 프로파일을 작성한다.

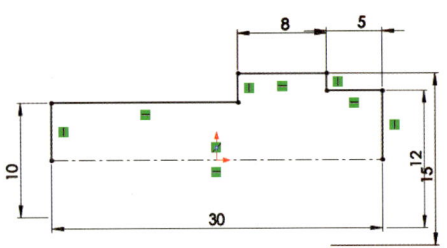

02 회전 명령을 클릭한다.

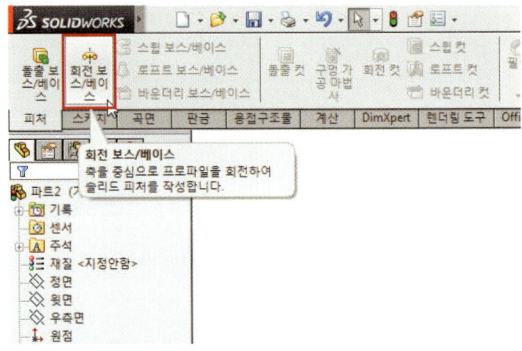

03 예 버튼을 클릭한다.

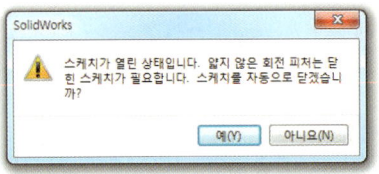

04 기타 옵션을 설정해 확인 버튼을 클릭한다.

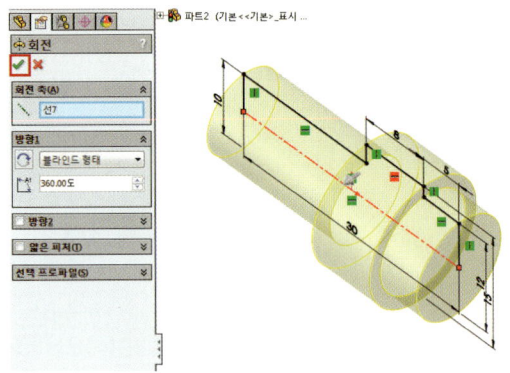

05 회전 피처 작성이 마무리된다.

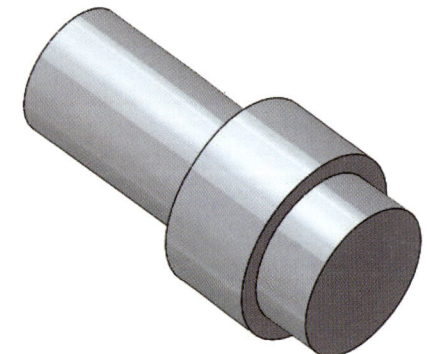

02 회전 컷 작성방법

01 솔리드가 있는 상태에서 스케치를 작성한다.

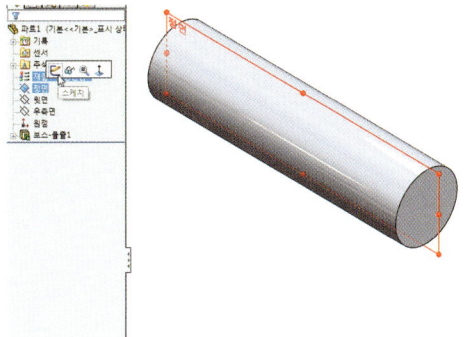

02 스케치 프로파일을 작성한다.

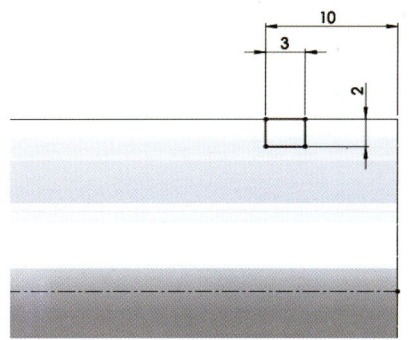

03 회전 컷 명령을 클릭한다.

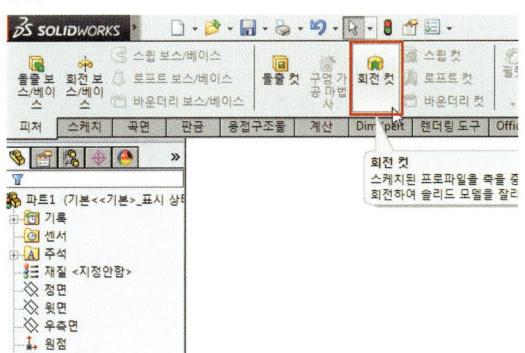

04 기타 옵션을 설정해 확인 버튼을 클릭한다.

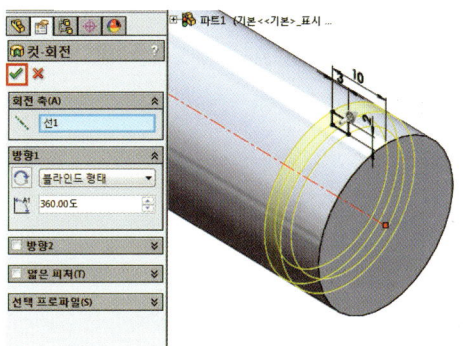

05 회전 컷 피처 작성이 마무리된다.

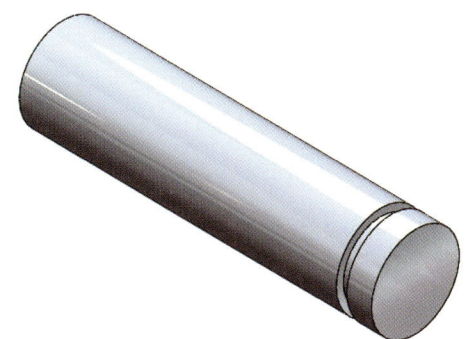

03 선택 옵션

① 프로파일 : 회전할 프로파일을 선택한다.

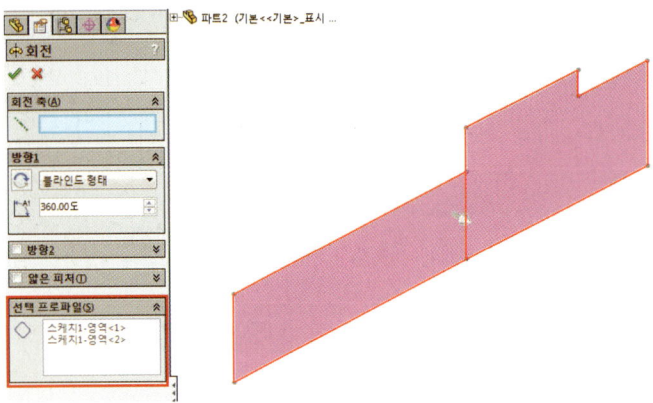

② 축 : 회전의 중심으로 쓸 축을 선택한다.

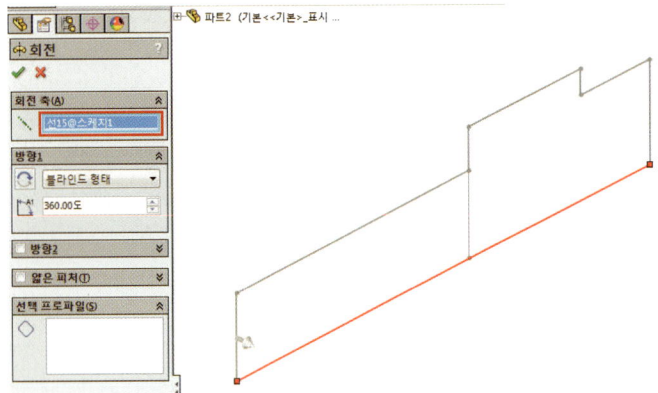

04 방향

① 블라인드 형태 : 입력한 각도만큼 회전한다.

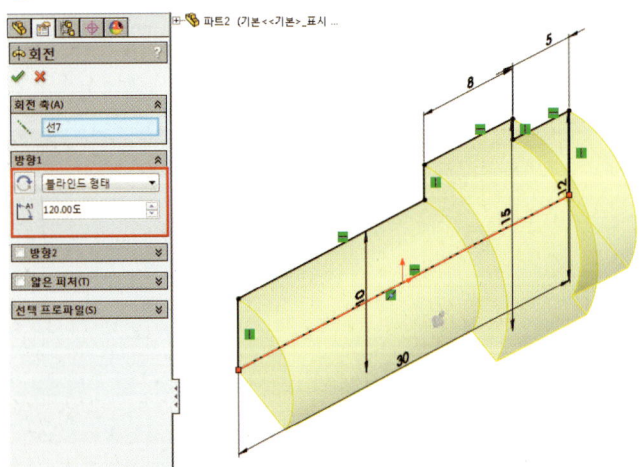

❷ **꼭지점까지** : 선택한 꼭지점까지 회전한다.

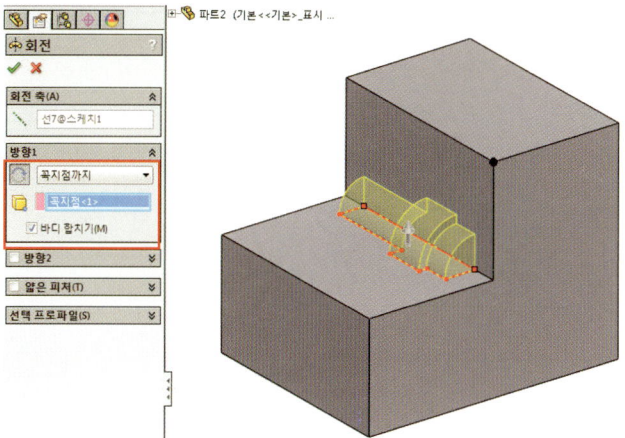

❸ **중간 평면** : 현재 프로파일을 중간 평면으로 양쪽으로 회전한다.

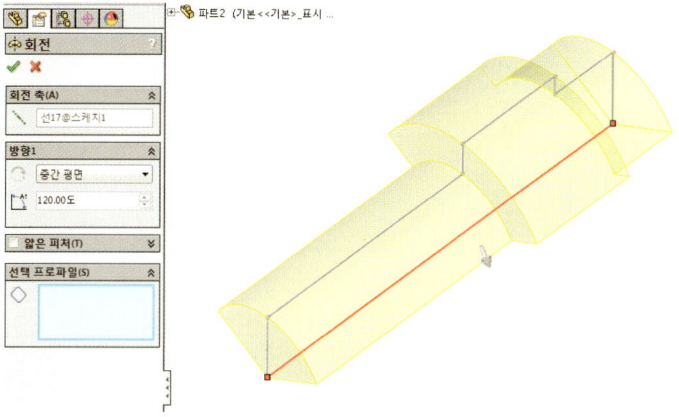

Lesson 4 : 로프트 보스/베이스, 로프트 컷

두 개 이상의 프로파일, 혹은 거기에 경로 레일을 추가하여 피처를 만드는 명령이다.

01 로프트 작성방법

01 로프트의 프로파일로 쓸 두 개 이상의 프로파일을 작성한다.

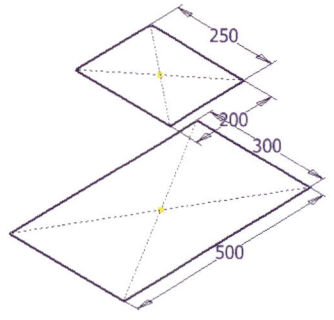

02 로프트의 레일로 쓸 한 개 이상의 스케치 선을 작성한다(필수는 아님).

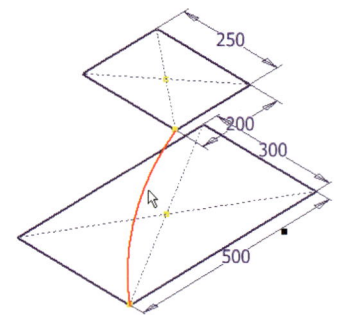

03 로프트 명령을 클릭한다.

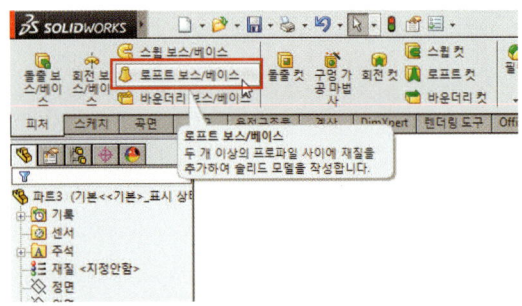

04 프로파일 탭에서 프로파일로 쓸 스케치를 추가한다.

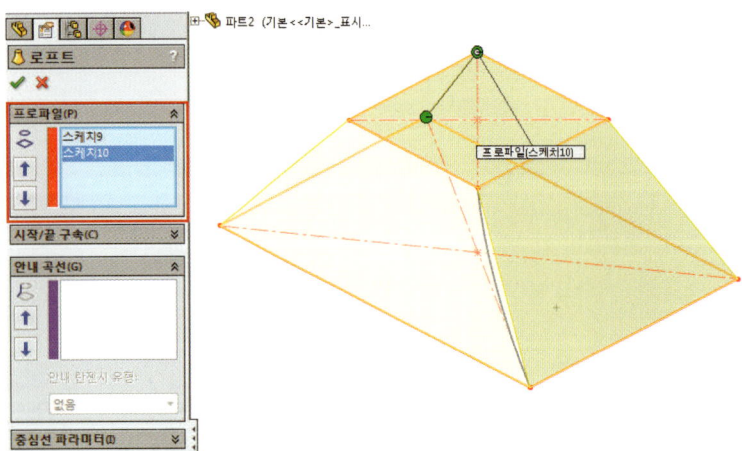

05 안내 곡선 탭에서 경로를 추가한다(필수는 아님).

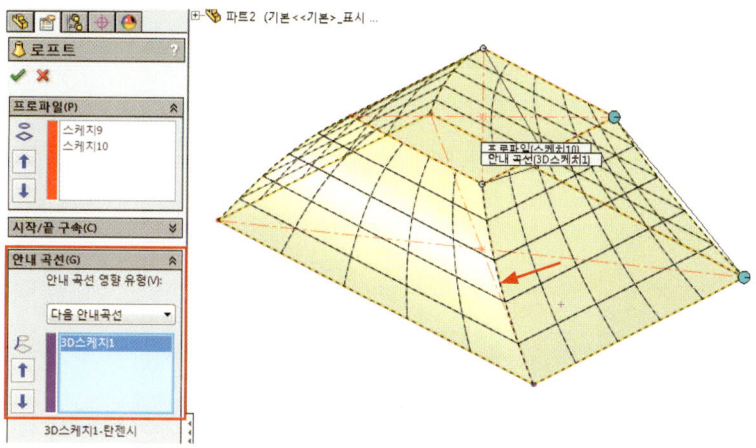

06 확인 버튼을 클릭하면 로프트 피처가 작성 완료된다.

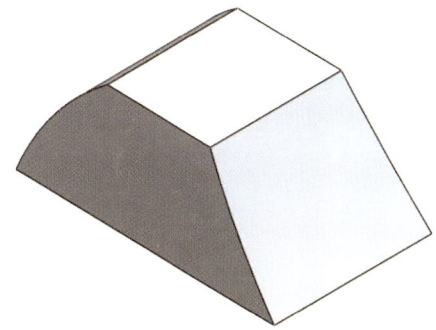

02 로프트 컷 작성방법

01 솔리드와 겹치게 로프트의 프로파일로 쓸 두 개 이상의 프로파일을 작성한다.

02 로프트의 레일로 쓸 한 개 이상의 스케치 선을 작성한다(필수는 아님).

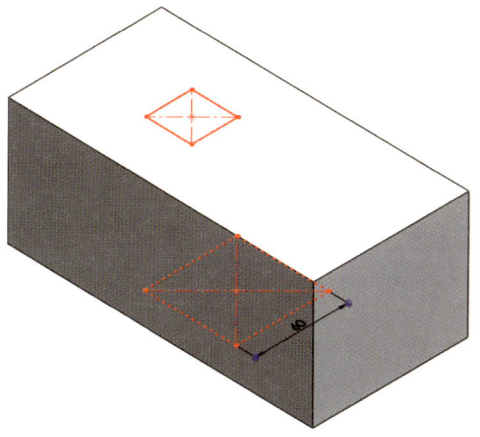
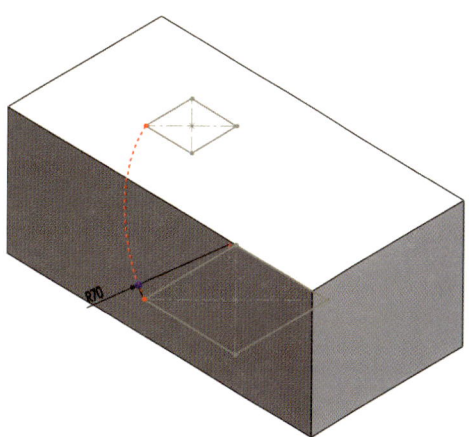

03 로프트 컷 명령을 클릭한다.

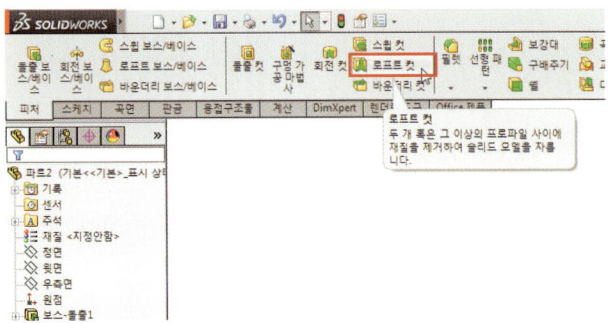

04 프로파일 탭에서 프로파일로 쓸 스케치를 추가한다.

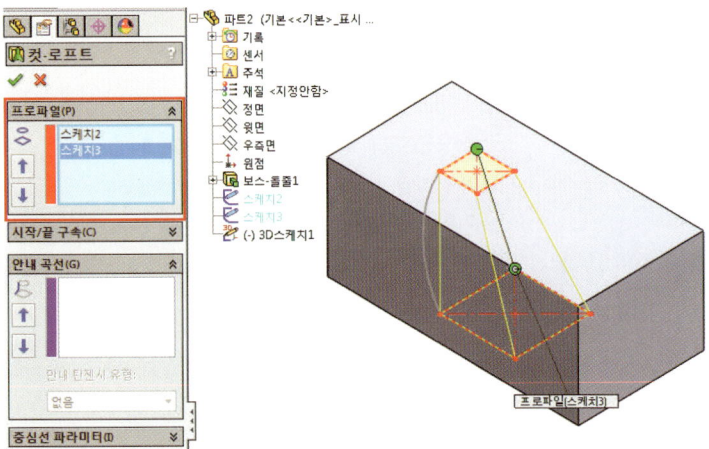

05 안내 곡선 탭에서 경로를 추가한다(필수는 아님).

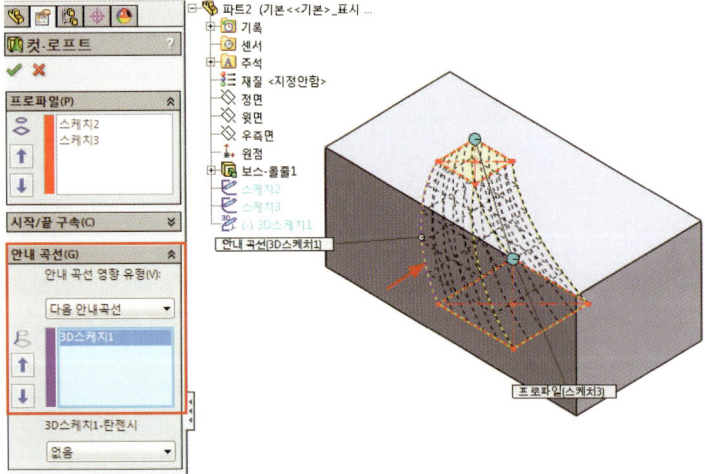

06 확인 버튼을 클릭하면 로프트 컷 피처가 작성 완료된다.

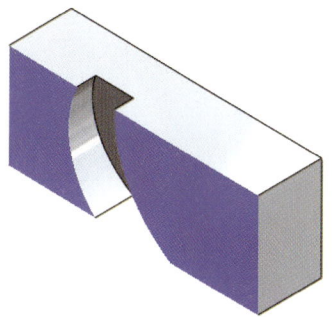

Lesson 5 | 스윕, 스윕 컷

프로파일이 경로를 따라가는 피처를 작성한다.

01 작성방법

01 프로파일로 쓸 스케치와 경로로 쓸 스케치를 작성한다(두 스케치는 하나의 동일한 평면에 있어서는 안된다.).

02 스윕 명령을 클릭한다.

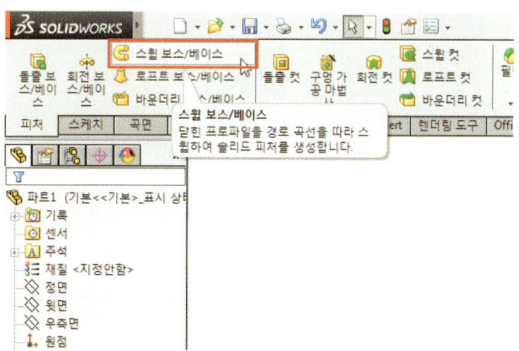

03 프로파일을 선택한다.

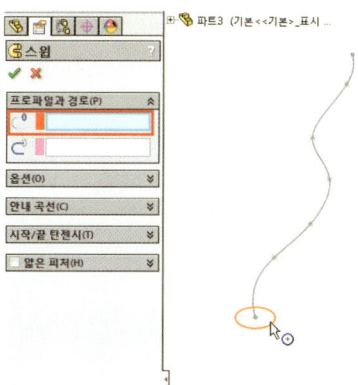

04 경로를 선택한다.

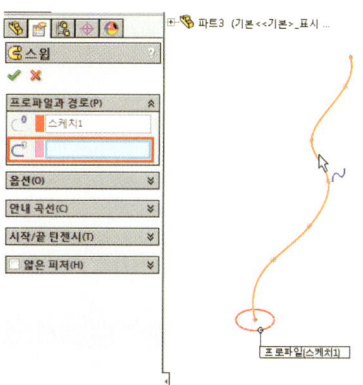

181

05 세부 옵션을 설정한다(필수는 아님).

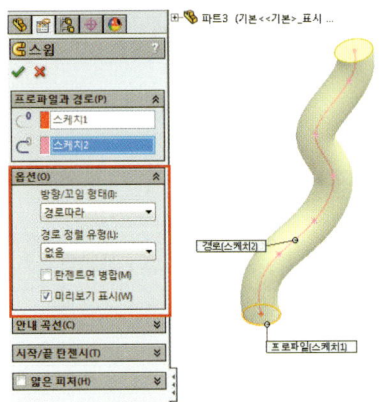

06 확인 버튼을 클릭한다.

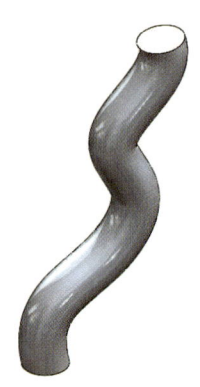

02 선택옵션

① 프로파일 : 스윕 피처의 단면으로 쓸 프로파일을 선택한다.

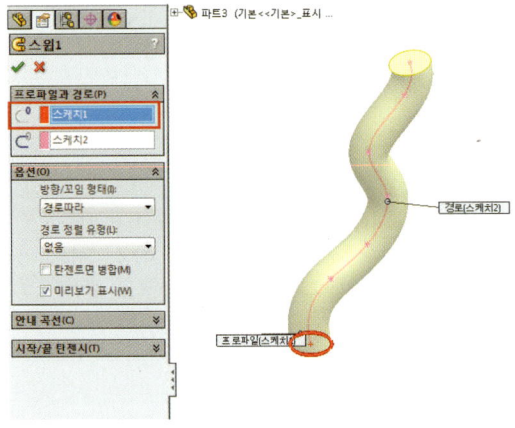

② 경로 : 스윕 피처의 레일로 쓸 곡선을 선택한다.

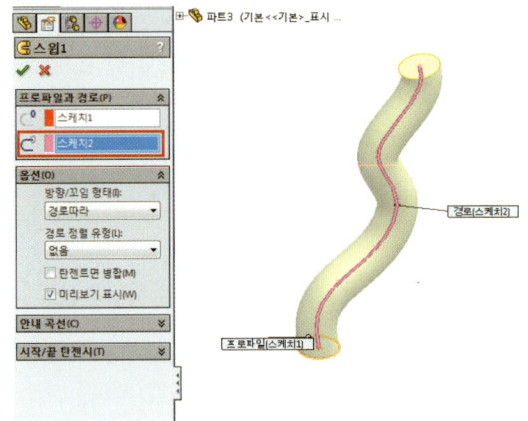

03 방향/꼬임 형태

① 경로따라 : 프로파일이 경로를 따라 일정한 형태로 생성된다.

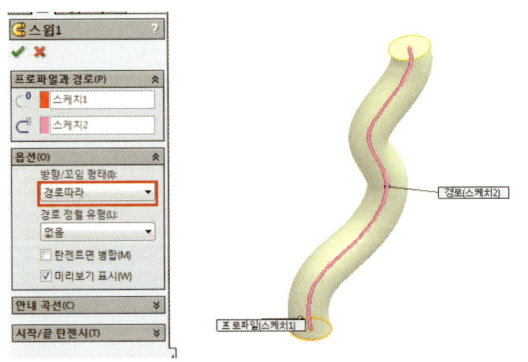

② 기본값 계속 유지 : 프로파일 평면이 평행한 상태로 경로를 따라 생성된다.

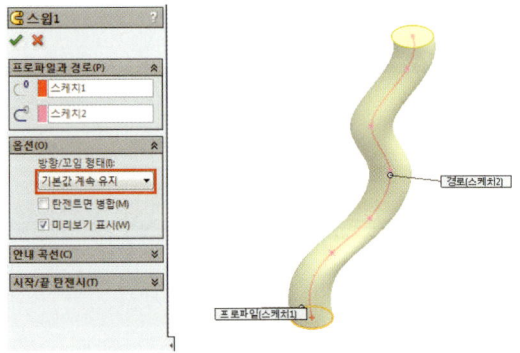

Lesson 6 | 보강대

열린 프로파일, 즉 개곡선을 사용하여 두께와 방향을 지정하는 보강대 형태의 피처를 작성한다.

01 작성방법

01 스케치를 생성하여 개곡선을 작성한다.

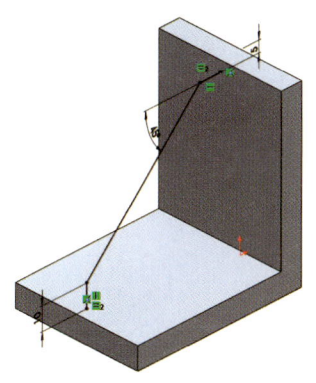

02 리브 명령을 클릭한다.

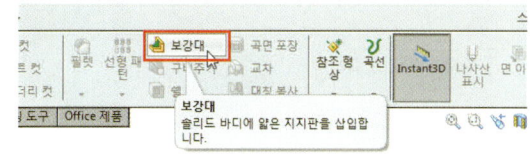

03 두께와 방향을 설정한다.

04 보강대 피처가 생성된다.

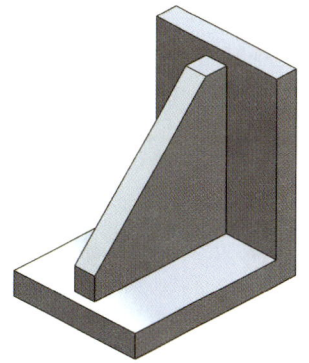

02 두께 방향

❶ 왼쪽 : 왼쪽 방향으로 두께가 생성된다.

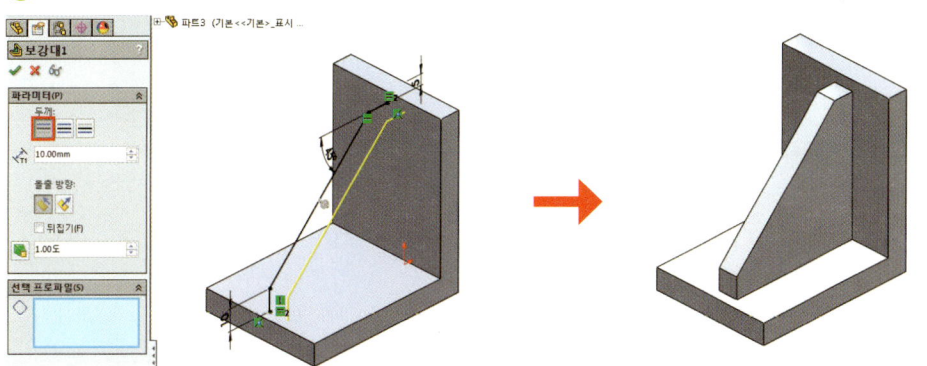

183

❷ **가운데** : 양쪽 방향으로 두께가 생성된다.

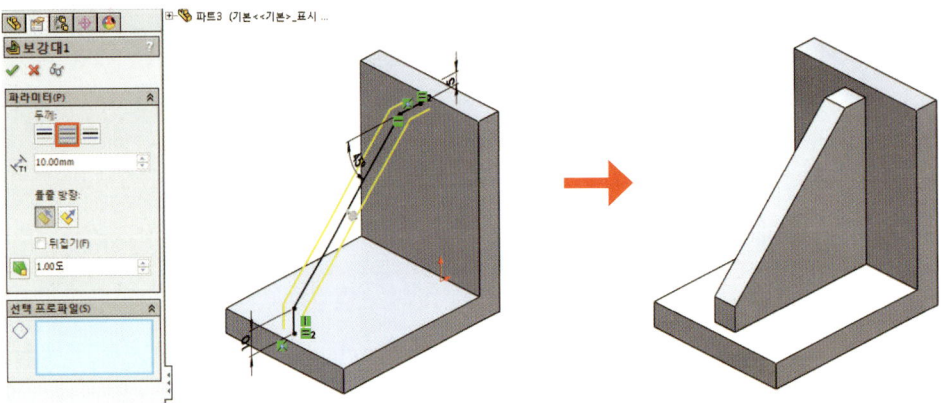

❸ **오른쪽** : 오른쪽 방향으로 두께가 생성된다.

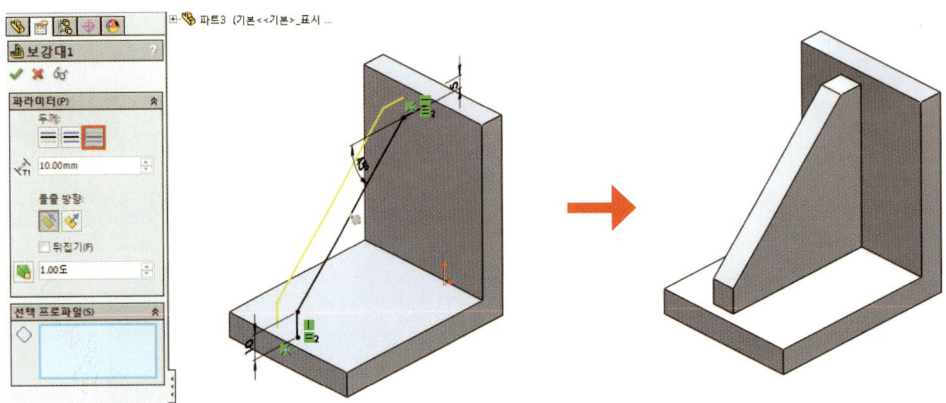

03 돌출 방향

❶ **스케치에 평행** : 스케치에 평행한 방향으로 작성된다.

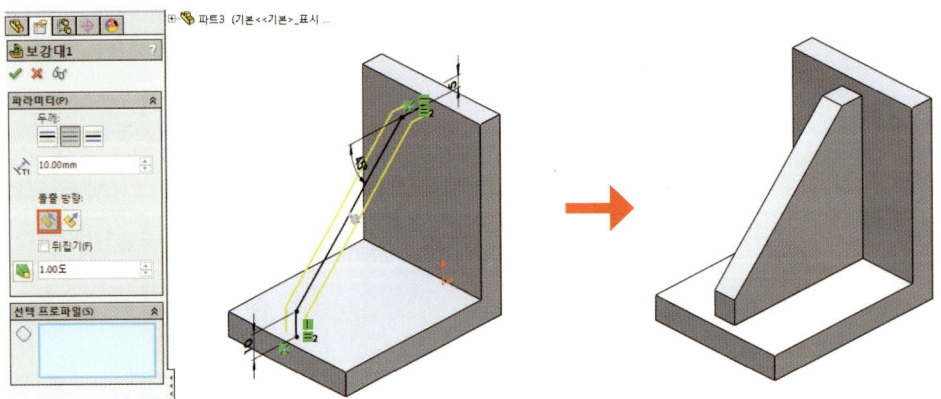

❷ **스케치에 수직** : 스케치에 수직한 방향으로 작성된다.

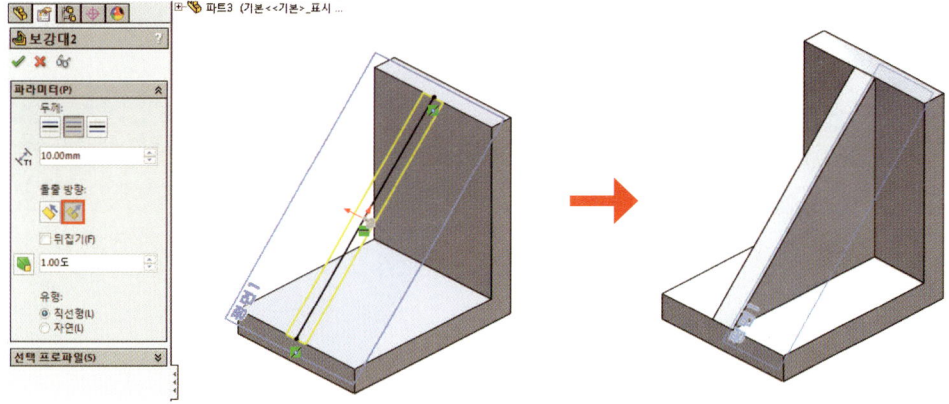

Part 03 피처 명령어

Section 2
편집 명령

전산응용기계제도/기계설계산업기사를 위한 솔리드웍스

수정 명령에는 다음과 같은 명령어들이 있다.

Lesson 1 ｜ 구멍 가공 마법사

스케치 점이나 형상을 참고해 구멍을 작성한다.

01 작성방법

01 구멍 가공 마법사 명령을 클릭한다.

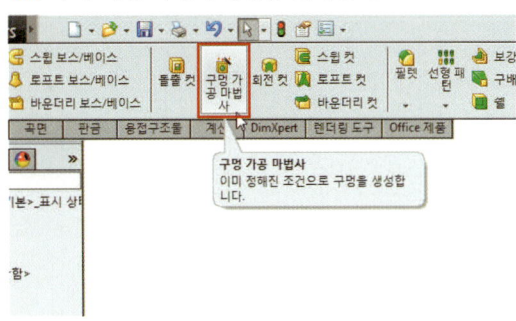

02 위치 탭을 클릭한다.

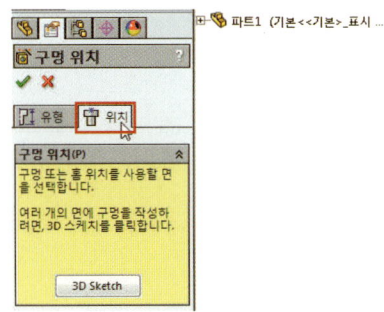

03 구멍을 작성할 면을 선택한다.

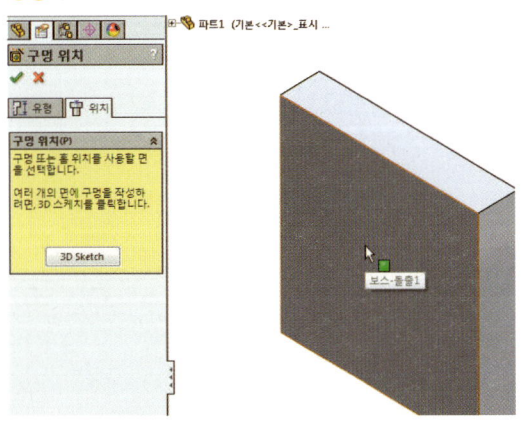

04 스케치 모드에서 구멍을 작성할 점을 작성한다.

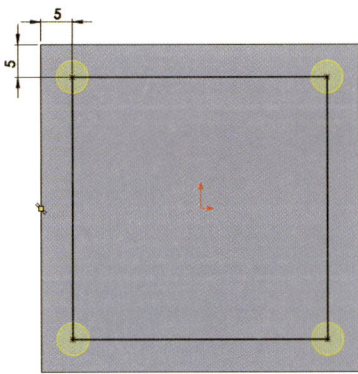

05 유형 탭을 클릭한다.

06 구멍의 유형과 스펙 및 깊이를 설정한다.

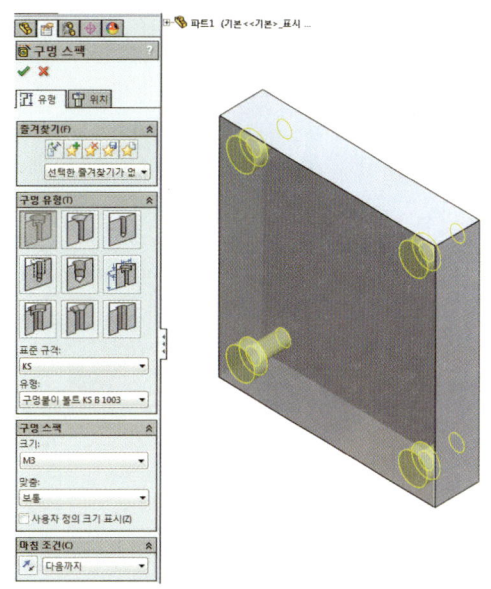

07 확인 버튼을 클릭하면 구멍 작성이 완료된다.

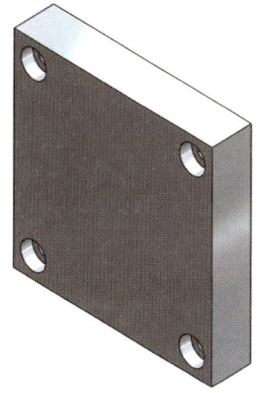

02 구멍 유형

❶ 카운터 보어

❷ 카운터 싱크

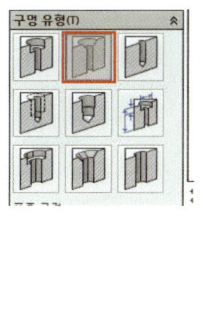 

❸ 구멍
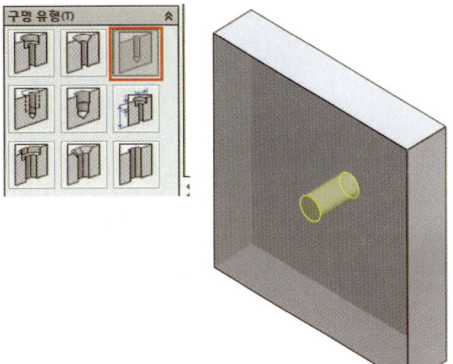

❹ 직선 탭
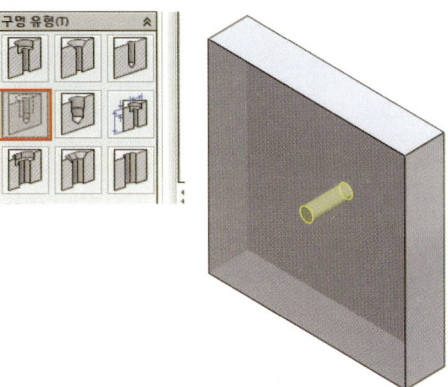

❺ 테이퍼 탭
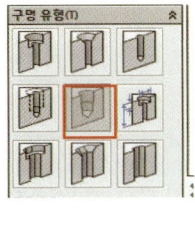
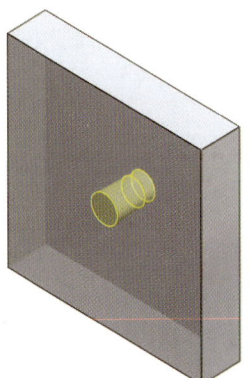

❻ 이전 버전용 구멍
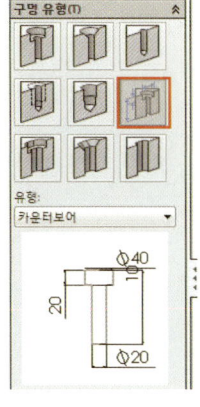
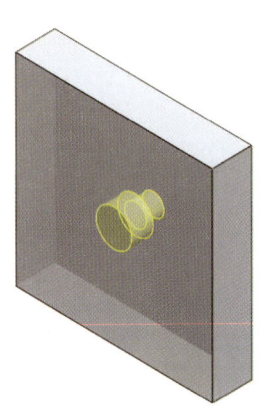

❼ 카운터 보어 홈
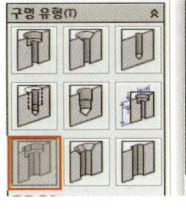
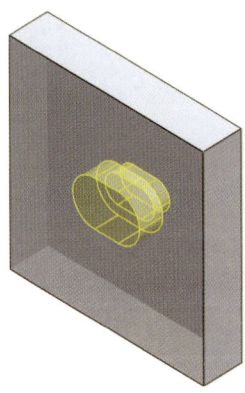

❽ 카운터 싱크 홈
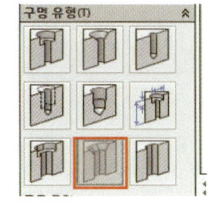
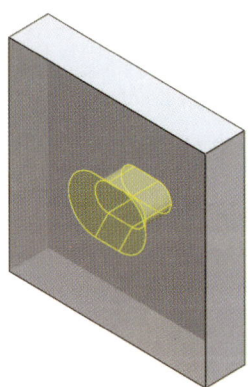

❾ 홈

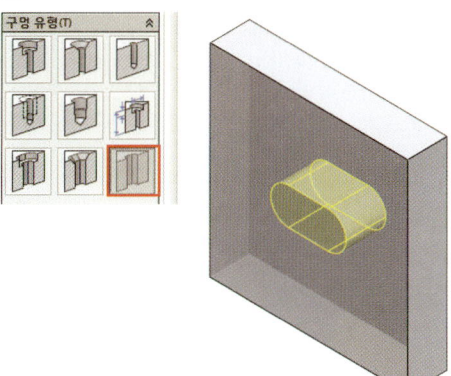

03 마침 조건

❶ 블라인드 형태

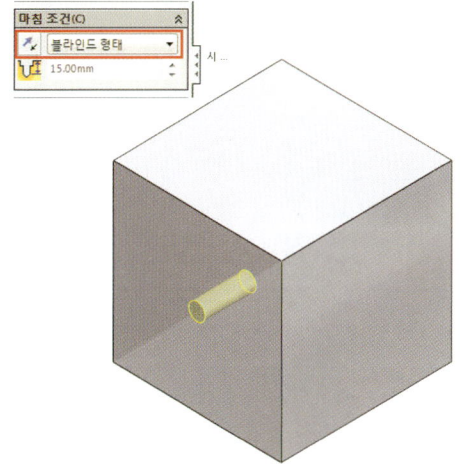

❷ 관통

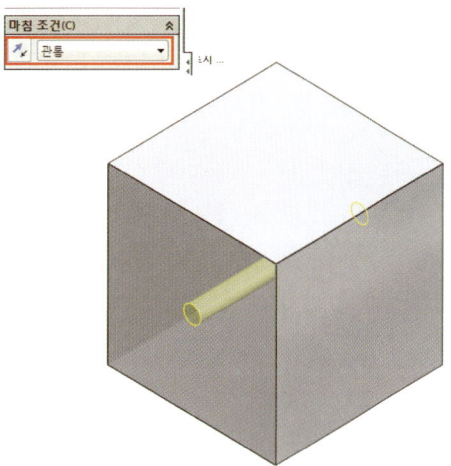

❸ 다음까지

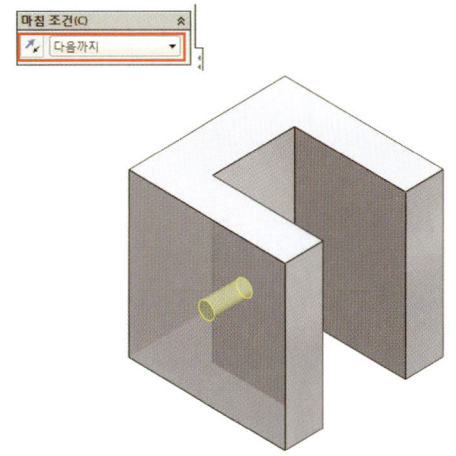

❹ 꼭지점까지

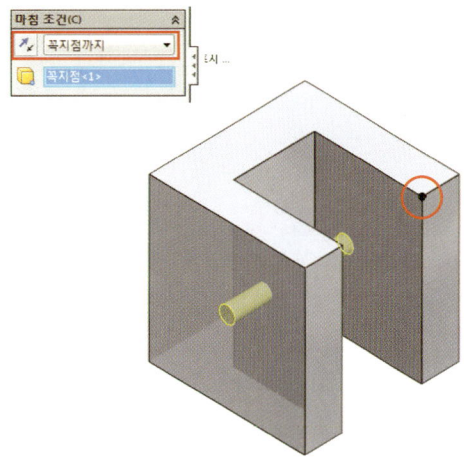

❺ 곡면까지

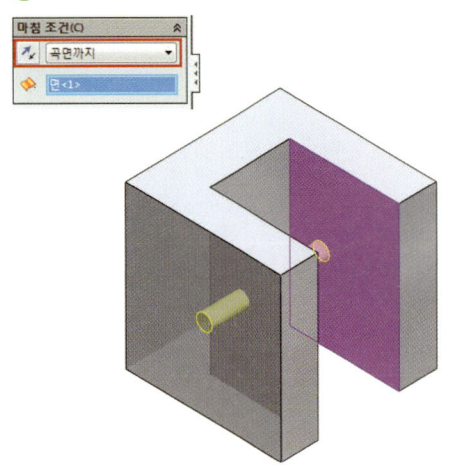

❻ 곡면으로부터 오프셋

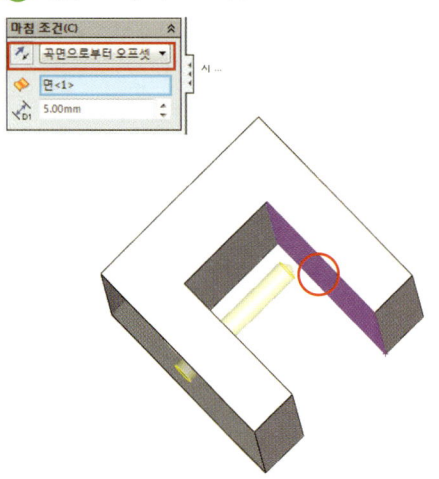

04 구멍 스펙의 사용자 정의 크기

구멍 스펙은 사용자 정의에 의해서 각각의 치수를 수정할 수 있다.

01 구멍 스펙에서 사용자 정의 크기 표시를 체크한다.

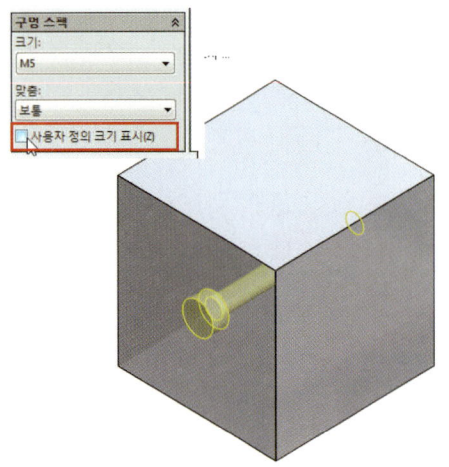

02 사용자 정의 크기 표시를 작성할 수 있다.

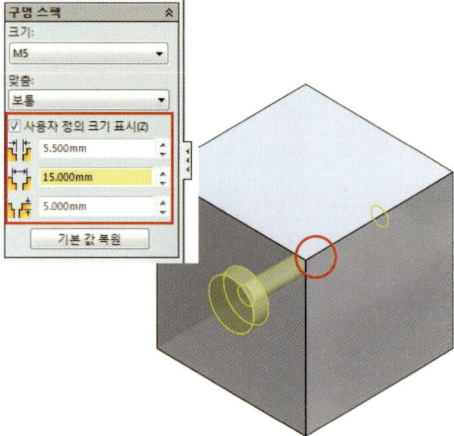

Lesson 2 | 필렛

하나 이상의 모서리나 면에 모깎기 혹은 라운드를 추가한다.

01 일반 필렛 작성하기

01 필렛 명령을 클릭한다.

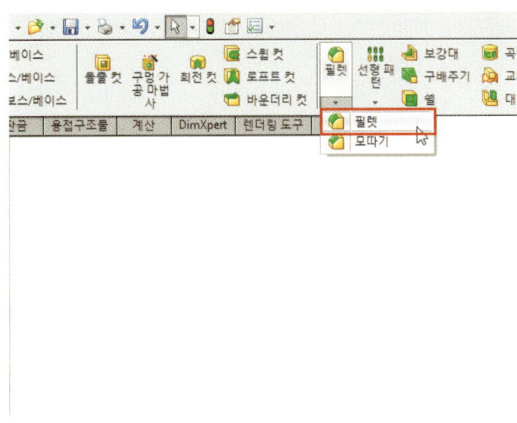

02 필렛을 작성할 모서리를 선택한다.

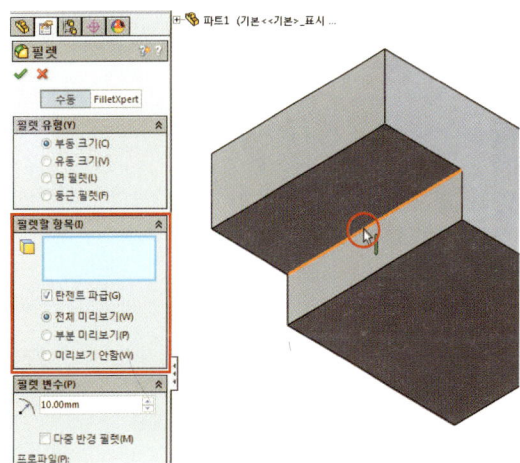

03 필렛 모서리의 반지름을 설정한다.

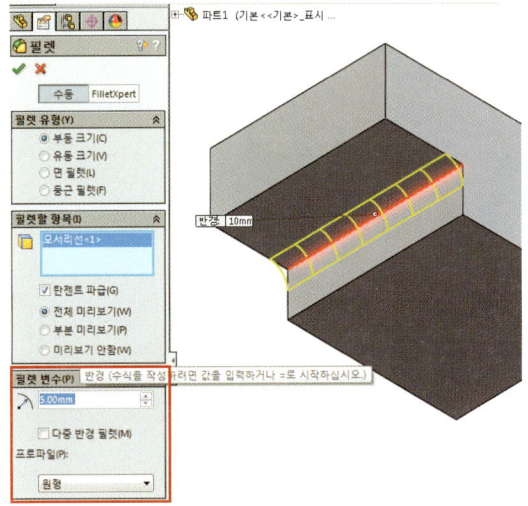

04 확인 버튼을 클릭하면 필렛 피처가 작성된다.

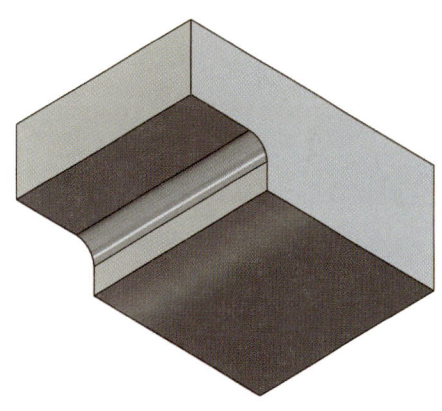

02 다중 반경 필렛 작성하기

01 필렛 명령을 클릭한다.

02 다중 반경 필렛을 체크한다.

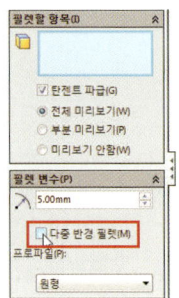

03 필렛할 모서리를 선택한 다음 각각의 스펙을 선택해서 각각 다른 반지름을 입력한다.

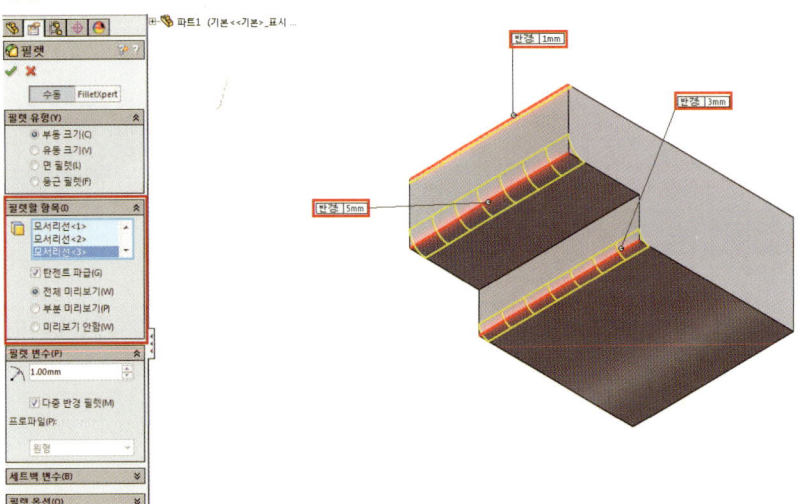

04 확인 버튼을 클릭하면 필렛 피처가 작성된다.

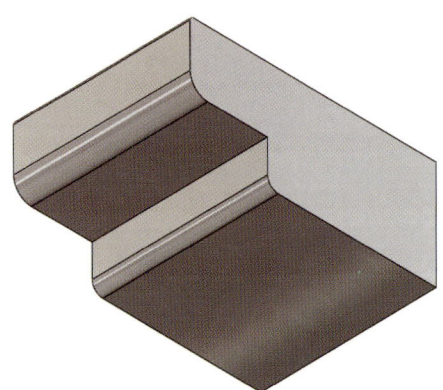

03 유동 반경 필렛 작성하기

01 필렛 명령을 클릭한다.

02 필렛 유형에서 유동 크기를 체크한다.

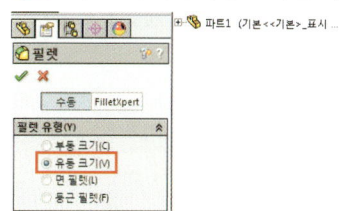

03 모서리를 선택한 후 각각의 점에 반지름을 입력한다.

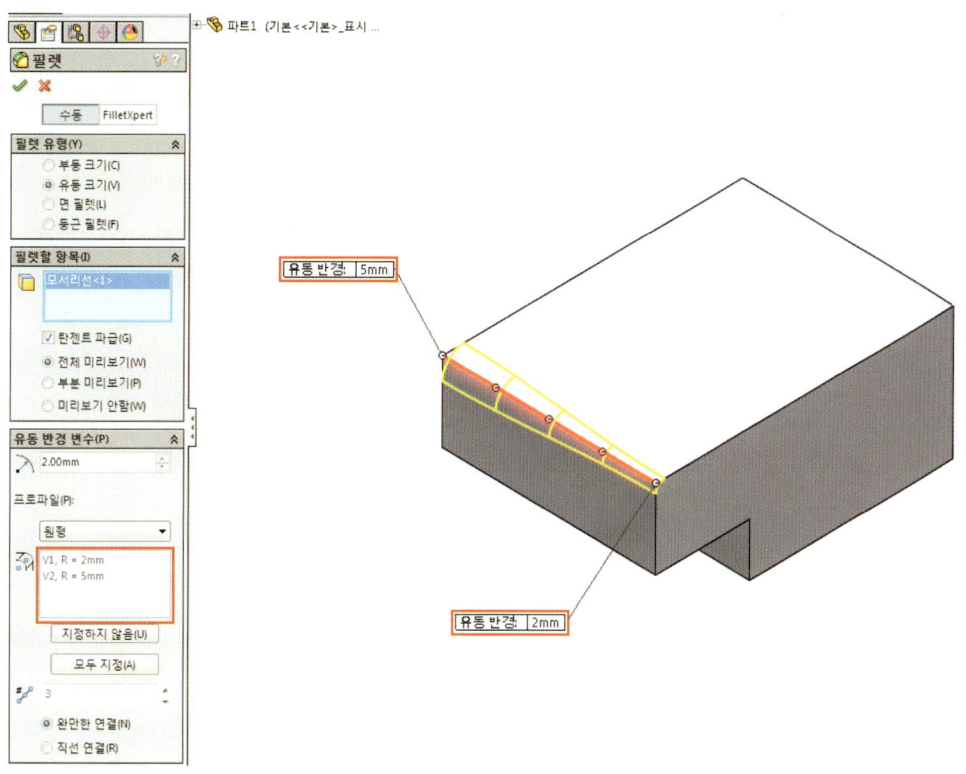

04 확인 버튼을 클릭하면 필렛 피처가 작성된다.

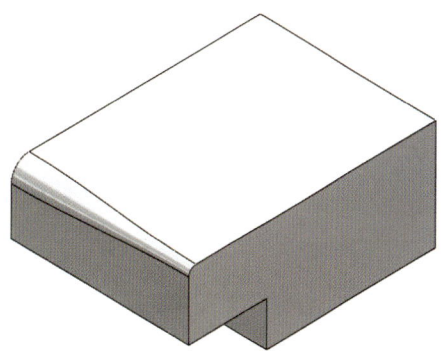

04 면 필렛 작성하기

01 필렛 명령을 클릭한다.

02 필렛 유형에서 면 필렛을 체크한다.

03 필렛할 두 개의 면을 선택한다.

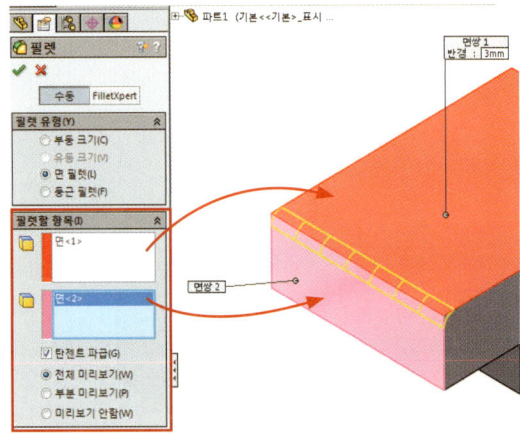

04 확인 버튼을 클릭하면 필렛 피처가 작성된다.

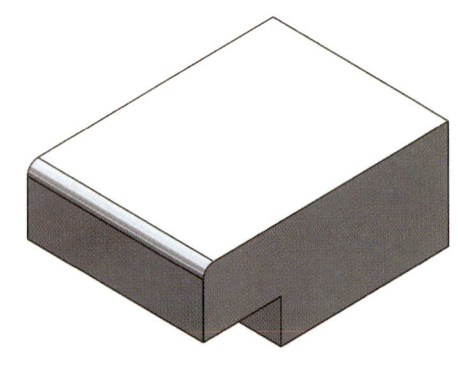

05 둥근 필렛 작성하기

01 필렛 명령을 클릭한다.

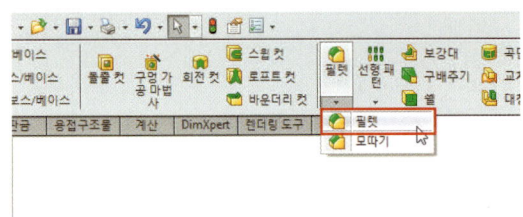

02 필렛 유형에서 둥근 필렛을 체크한다.

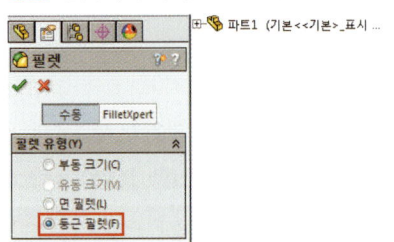

03 필렛할 세 개의 면을 각각 선택한다.

04 확인 버튼을 클릭하면 필렛 피처가 작성된다.

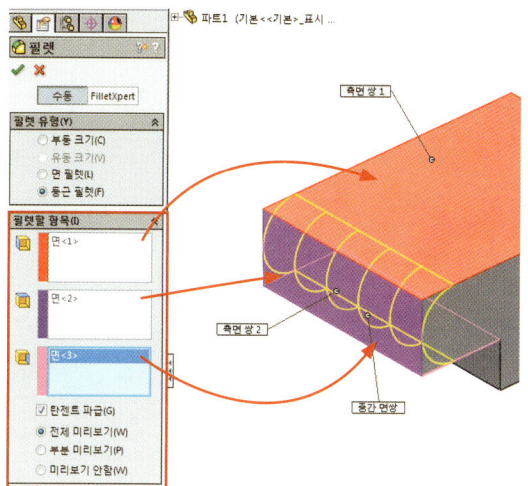
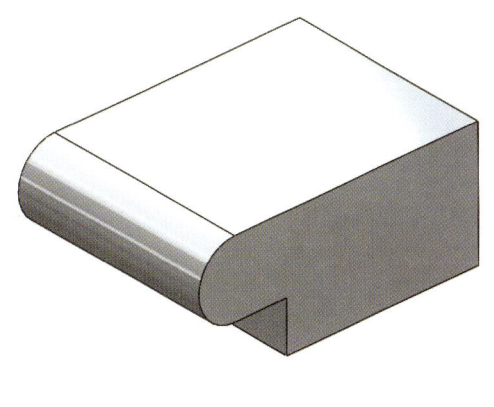

Lesson 3 | 모따기

하나 이상의 모서리에 모따기를 추가한다.

01 작성방법

01 모따기 명령을 클릭한다.

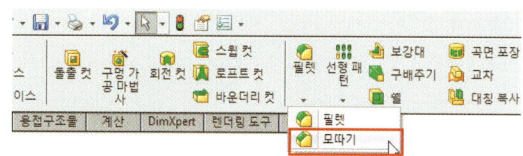

02 모따기할 모서리를 선택한다.

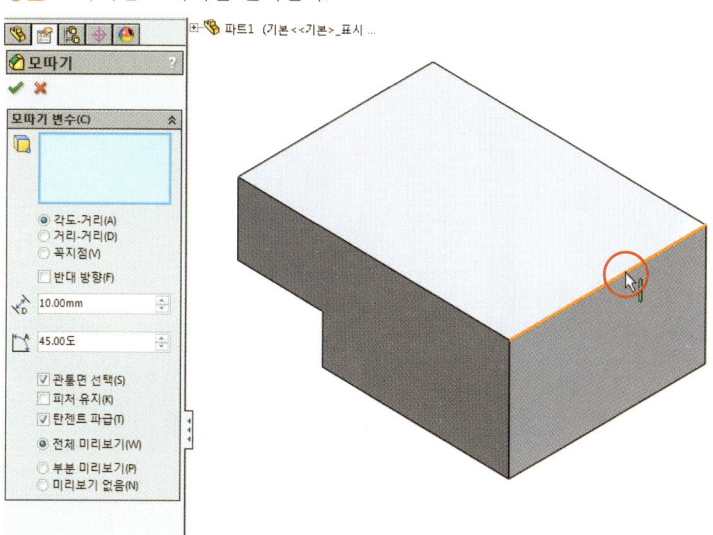

03 거리와 각도를 설정한다.

04 확인 버튼을 클릭하면 필렛 피처가 작성된다.

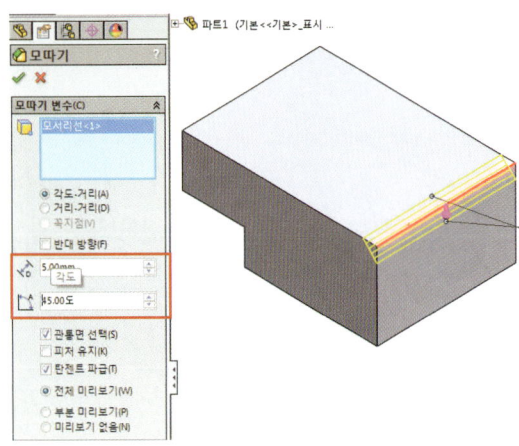
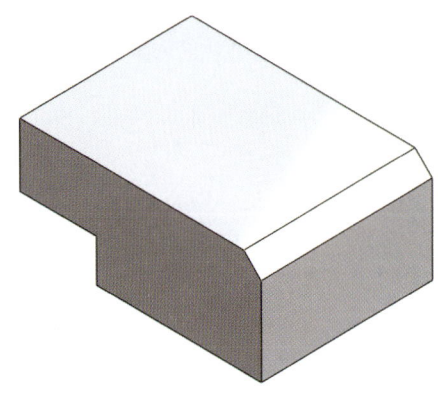

02 모따기 옵션

❶ 각도-거리

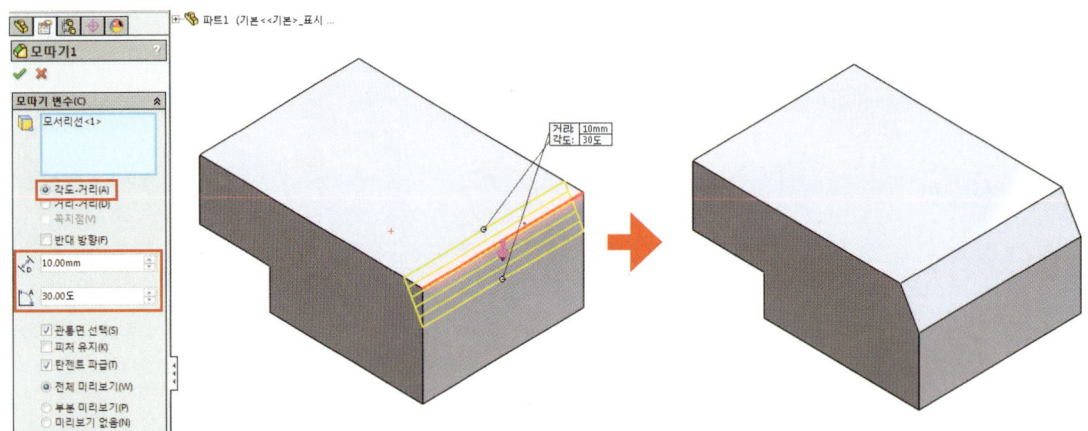

❷ 거리-거리

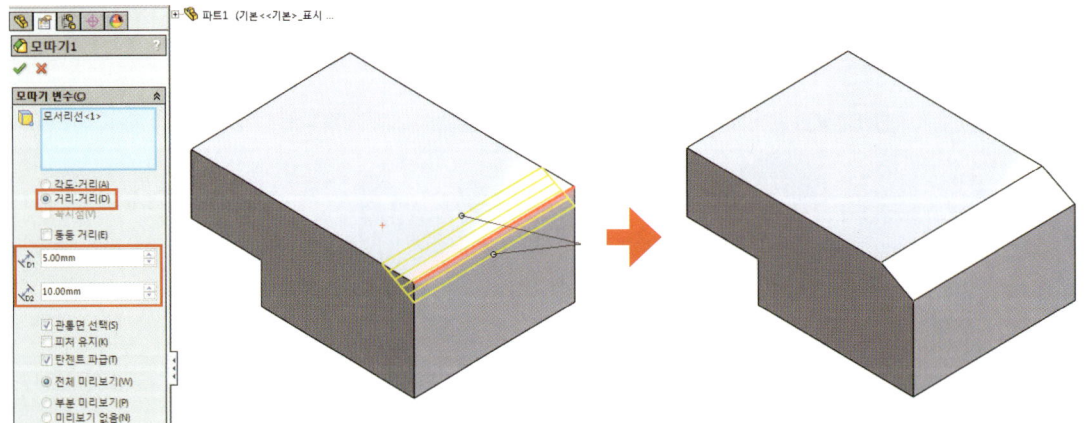

❸ 거리-거리(동등 거리 체크)

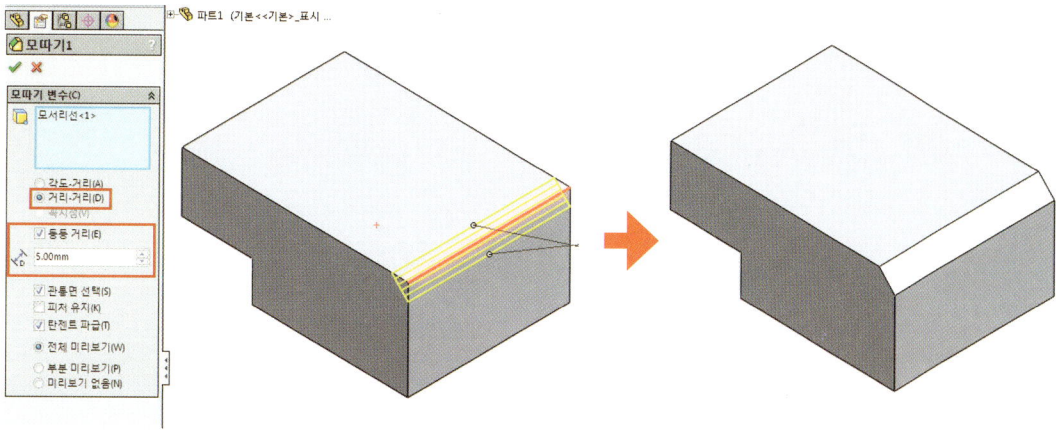

❹ 꼭지점

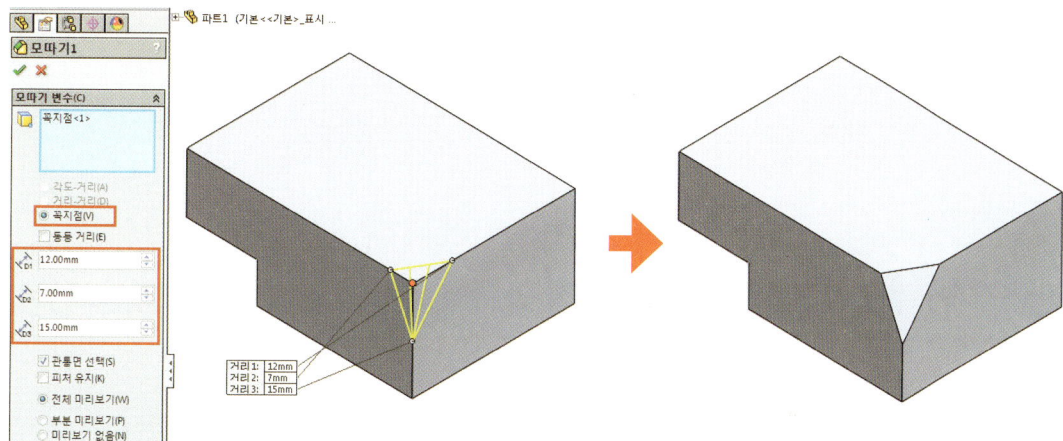

❺ 꼭지점(동등 거리 체크)

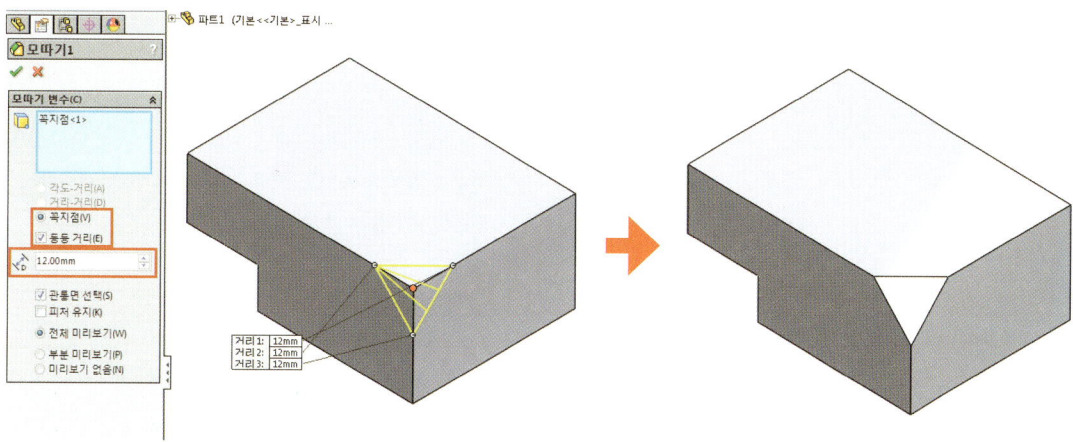

Lesson 4 쉘

부품의 내부 재질을 제거해서 입력한 두께의 벽으로 속이 빈 부품을 작성한다.

01 작성방법

01 쉘 명령을 클릭한다.

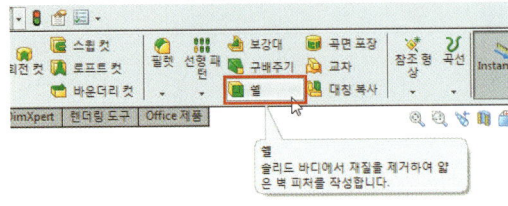

02 면 제거 항목에서 제거할 면을 선택한다.

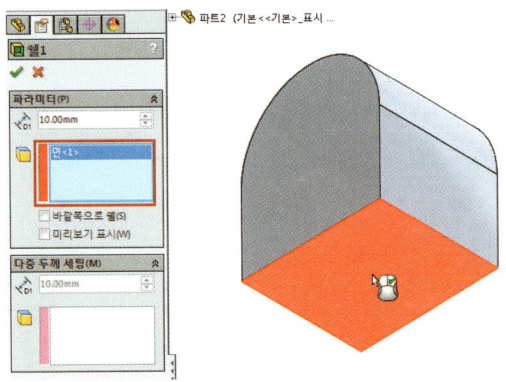

03 파라미터에서 두께를 설정한다.

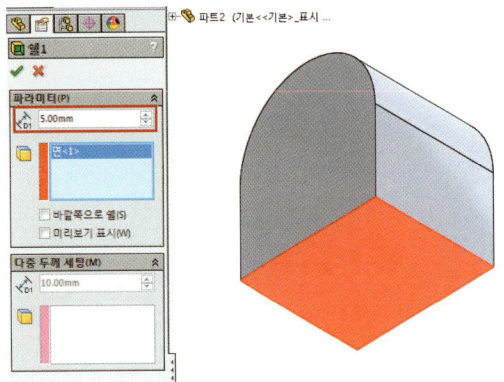

04 확인 버튼을 클릭하면 쉘 피처가 작성된다.

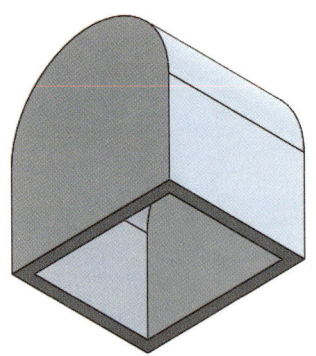

02 쉘의 방향 옵션

❶ 바깥쪽으로 쉘 체크 해제

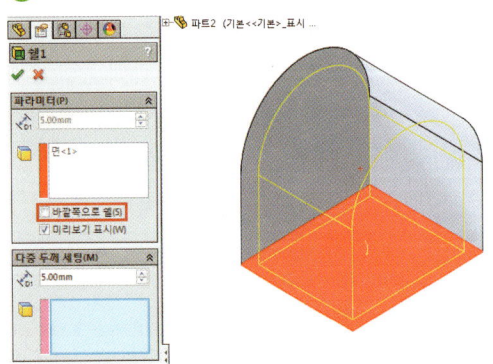

❷ 바깥쪽으로 쉘 체크

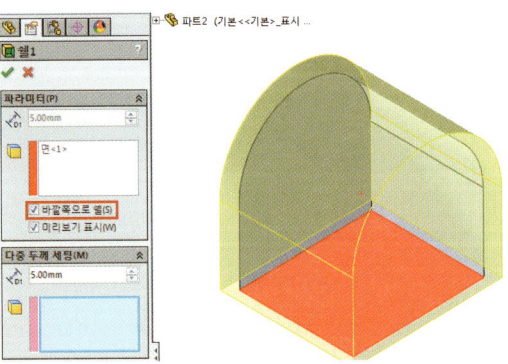

03 쉘의 오프셋 기능

쉘 피처를 작성할 솔리드에 있는 곡률이 유지된 상태로 쉘 피처가 작성된다.

01 곡률이 존재하는 솔리드에 쉘 피처를 작성한다. **02** 곡률이 유지된 상태로 쉘 피처가 작성된다.

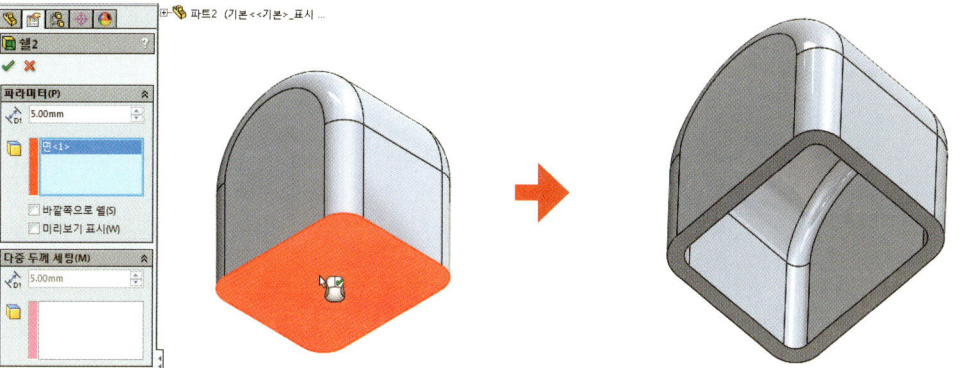

04 쉘의 다중 두께 세팅

다음과 같이 하나의 솔리드에서 다른 두께를 가지는 세팅을 할 수 있다.

01 다중 두께 세팅 옵션에 원하는 두께를 따로 입력한 후 두께를 줄 면을 선택한다. **02** 다음과 같이 다중 두께 쉘이 작성된다.

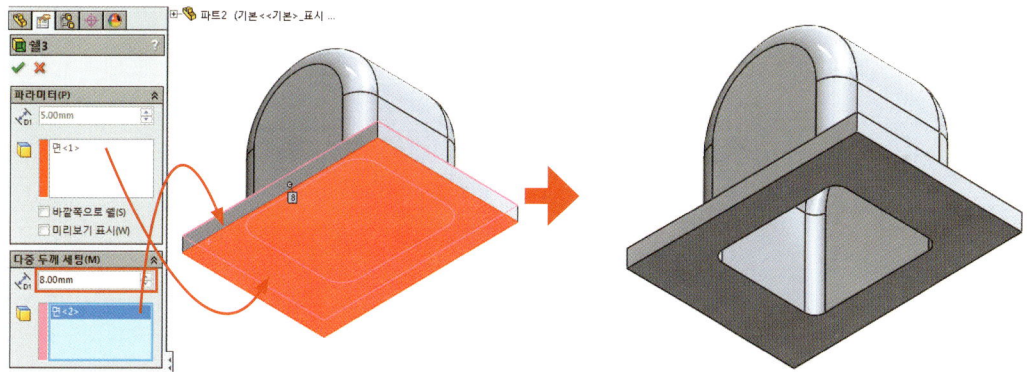

Lesson 5 구배주기

선택한 면에 구배를 주는 명령이다.

01 작성방법

01 구배주기 명령을 클릭한다.

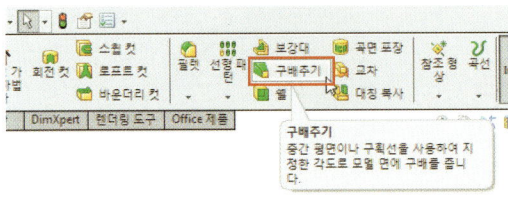

02 구배 각도를 설정한다.

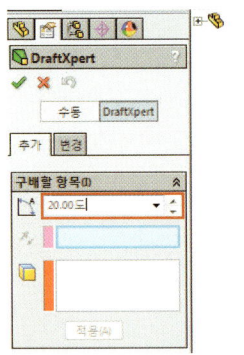

03 중립 평면을 선택한다.

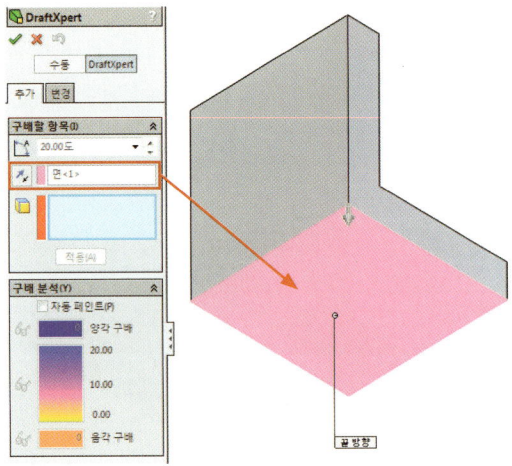

04 구배줄 면을 선택한다.

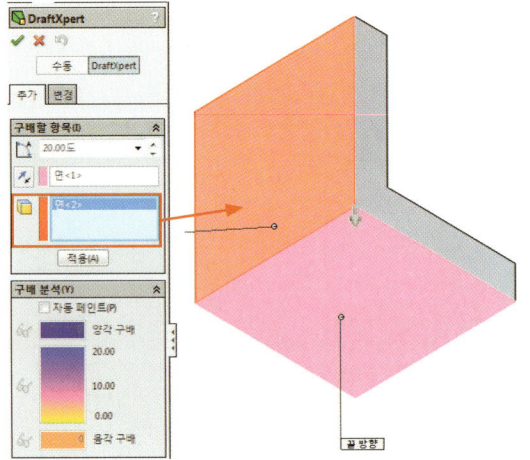

05 확인 버튼을 클릭하면 구배 피처가 작성된다.

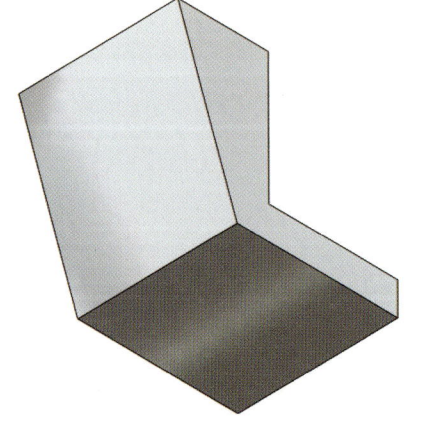

02 구배 방향 옵션

01 반대 방향 버튼을 클릭한다.

02 구배가 반대로 생성된다.

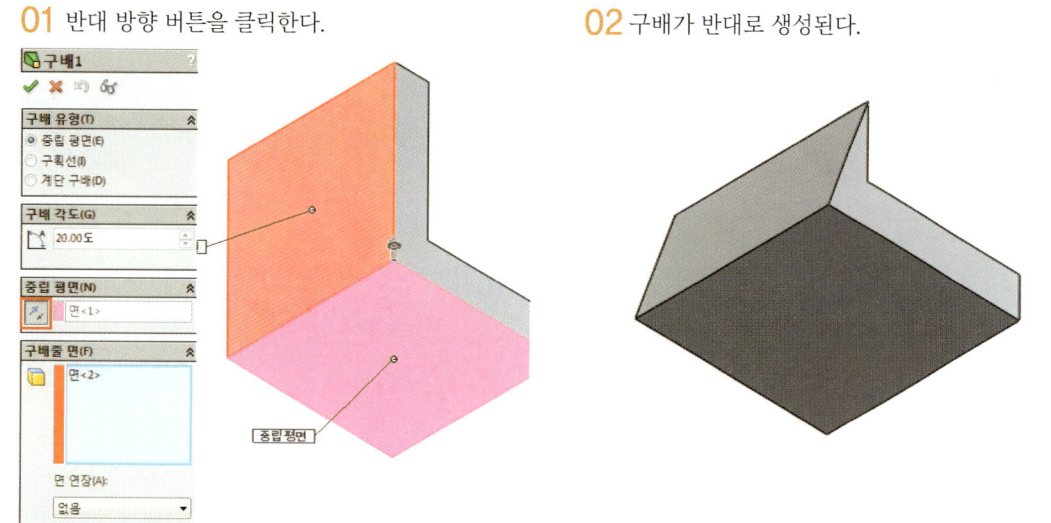

Lesson 6 | 나사산 표시

원통면에 스레드를 작성한다.

01 작성방법

01 풀다운 메뉴 - 삽입 - 주석 - 나사산 표시를 클릭한다.

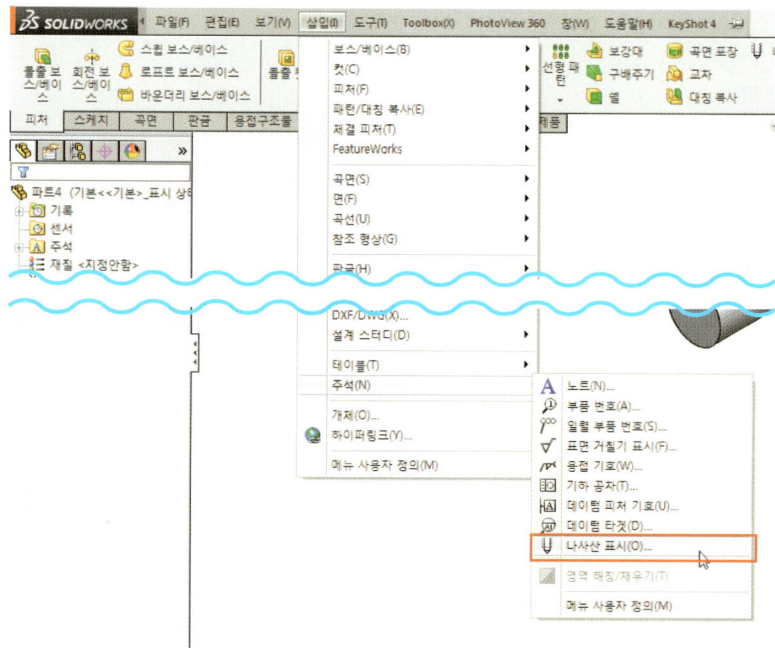

02 표준 규격을 클릭한다.

03 나사산을 표시할 시작 모서리를 선택한다.

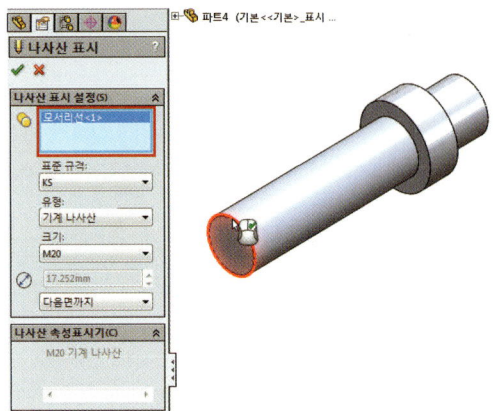

04 나사산을 입힐 거리를 설정한다.

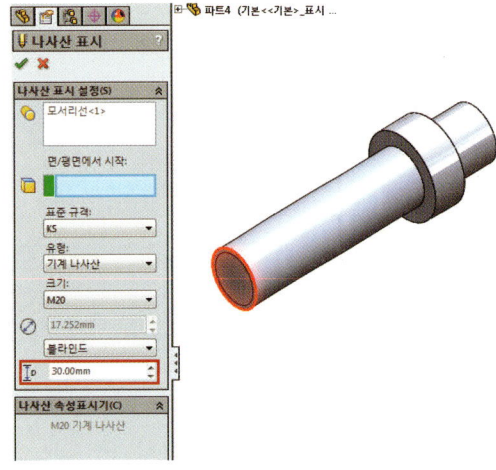

05 확인 버튼을 클릭하면 나사산이 삽입된다.

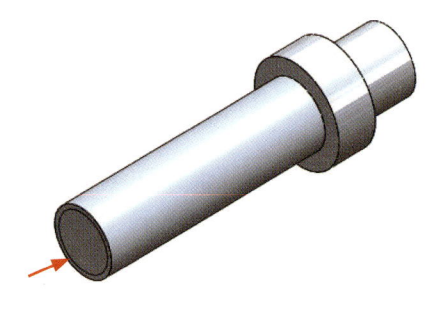

02 음영 나사산 표시 설정

01 주석 항목을 마우스 우측 버튼으로 클릭해 세부 사항을 클릭한다.

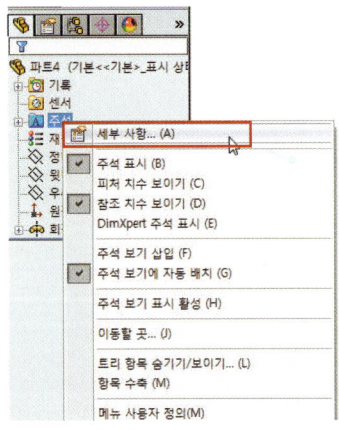

02 다음과 같이 체크 상태를 변경한다.

03 확인 버튼을 클릭하면 음영 나사산이 표시된다.

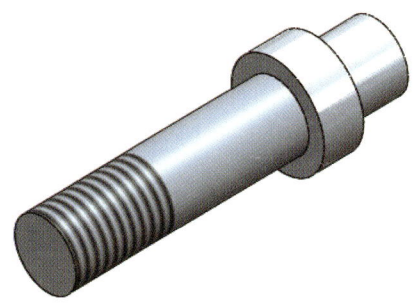

Lesson 7 | 곡면 포장

프로파일을 이용해 피처 면으로부터 볼록하거나 오목한 형상을 가지는 피처를 작성한다.

01 작성방법

01 스케치 프로파일을 작성한다.

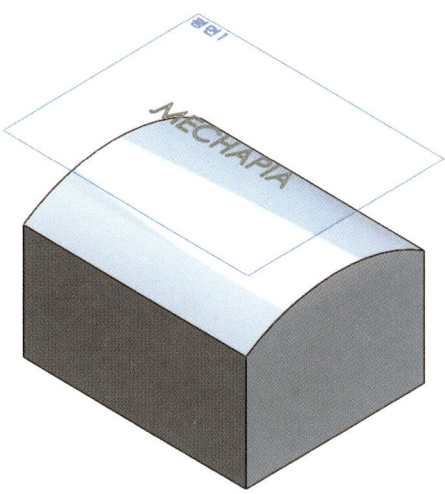

02 곡면 포장 명령을 클릭한다.

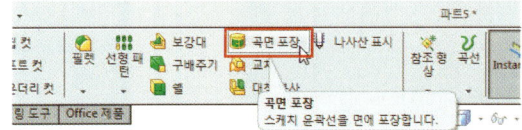

03 곡면 포장에 쓸 스케치를 선택한다.

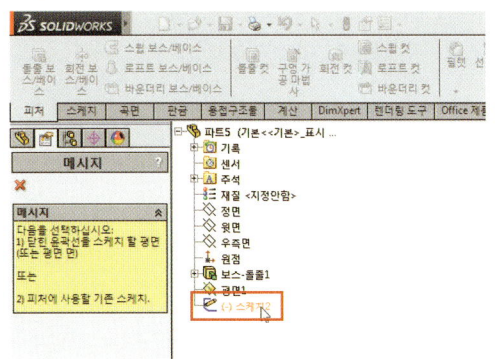

04 곡면 포장할 평면과 거리를 선택한다.

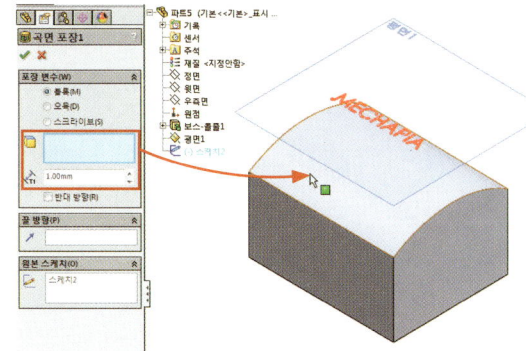

05 확인 버튼을 클릭한다.

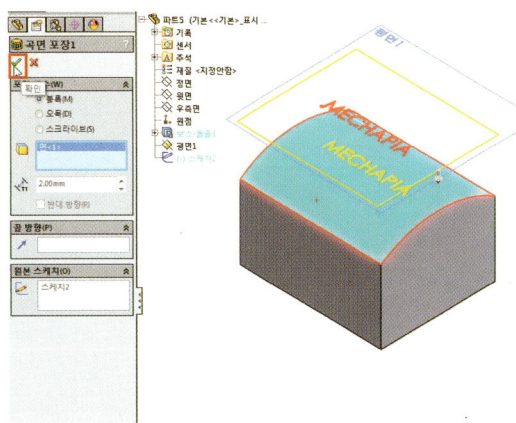

06 곡면 포장 피처가 작성된다.

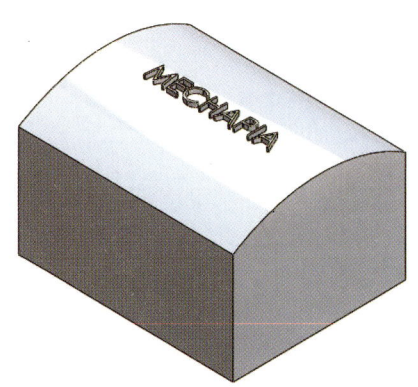

02 포장 변수

❶ 볼록

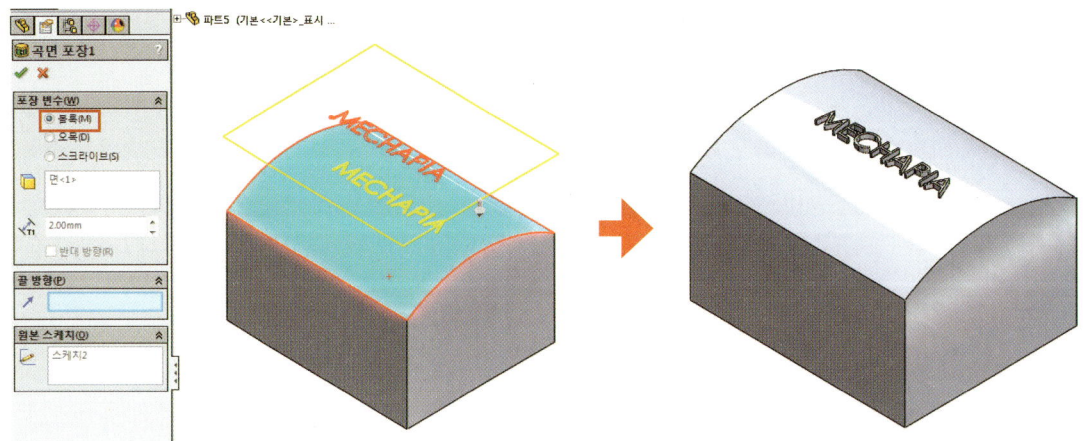

❷ 오목

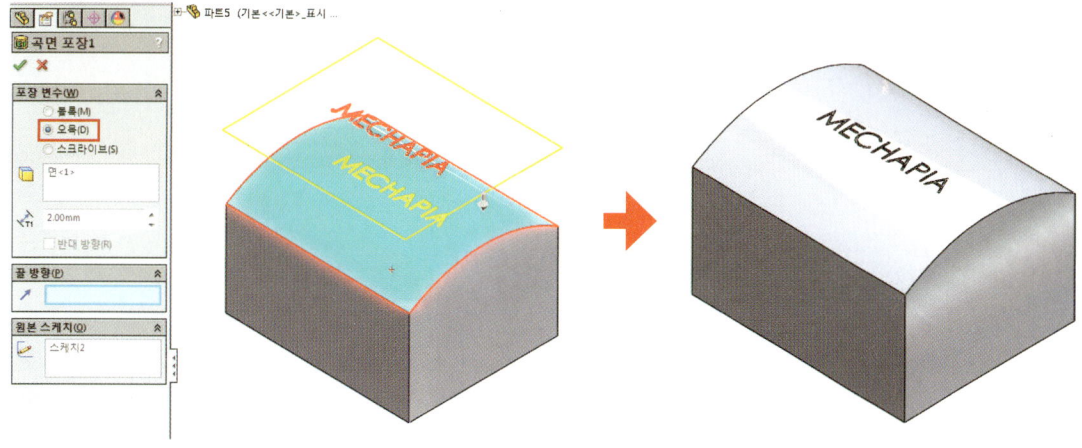

❸ 스트라이브

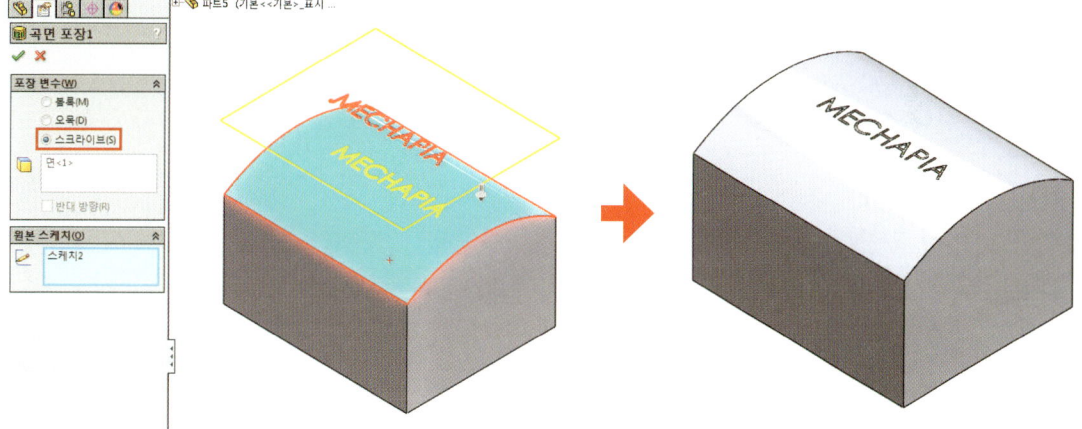

Section 3
참조 형상

전산응용기계제도/기계설계산업기사를 위한 솔리드웍스

원점 항목의 면, 선, 점을 임의적으로 작성하는 명령이다.

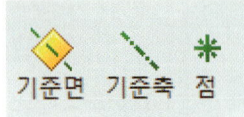

Lesson 1 │ 기준면

사용자 평면을 작성하는 명령이다.

01 기준면 옵션

기준면 명령을 클릭하면 다음과 같이 메뉴가 표시된다.

❶ **제1참조** : 평면을 작성할 첫 번째 참조 형상을 선택한다.

❷ **제2참조** : 평면을 작성할 두 번째 참조 형상을 선택한다.

❸ **제3참조** : 평면을 작성할 세 번째 참조 형상을 선택한다.

아래는 참조 항목에 나타나는 아이콘의 설명이다.

- **일치** : 선택한 참조를 통과하는 옵션
- **평행** : 선택한 평면에 평행하는 옵션
- **직각** : 선택한 참조에 수직하는 옵션
- **프로젝트** : 단일 요소를 곡면에 투영하는 옵션
- **탄젠트** : 원통형 요소에 접합하는 옵션
- **각도** : 면에 대한 각도를 지정하는 옵션
- **거리** : 면에 대한 거리를 지정하는 옵션
- **중간평면** : 두 개의 면에 대한 중간평면 옵션

02 평면에서 간격띄우기

01 기준면 명령을 클릭한다.

02 면을 선택한다.

03 마우스를 끌어서 면을 이동시킨 다음 거리를 입력한다.

04 확인 버튼을 클릭한다.

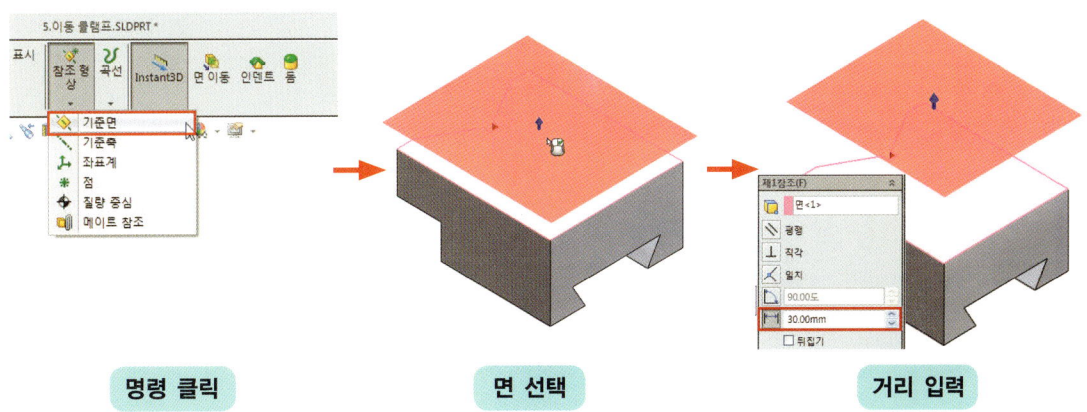

명령 클릭 　　　　　 면 선택 　　　　　 거리 입력

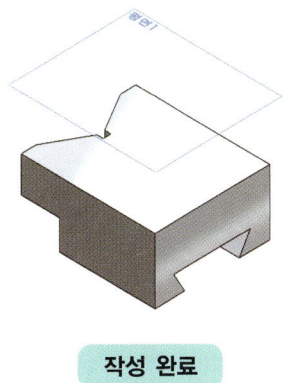

작성 완료

03 점을 통과하여 평면에 평행

01 기준면 명령을 클릭한다.

02 점을 선택한다.

03 평면을 선택한다.

04 확인 버튼을 클릭한다.

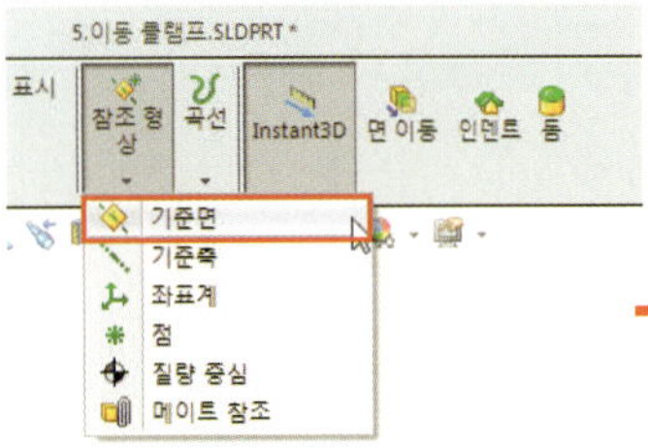

명령 클릭 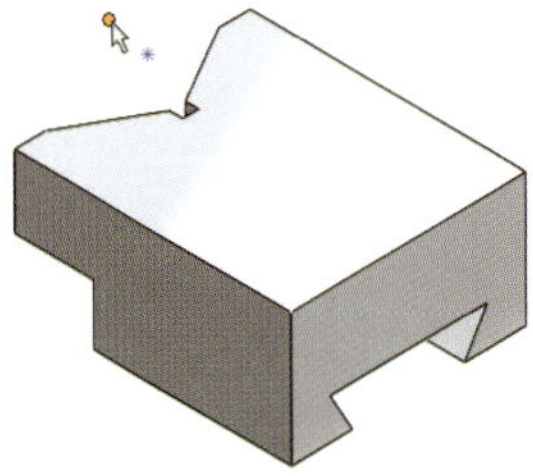 　　　점 선택 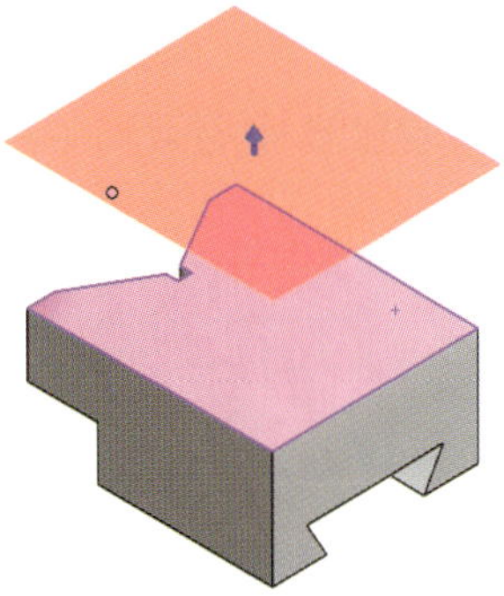 　　　면 선택

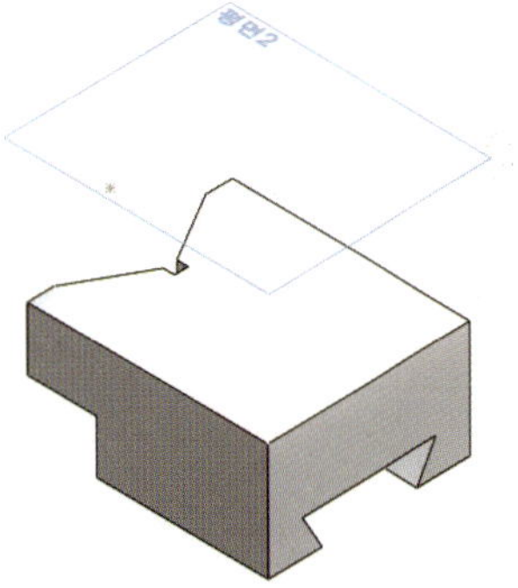

작성 완료

04 두 평행 평면 간의 중간평면

01 기준면 명령을 클릭한다.

02 첫 번째 면을 선택한다.

03 두 번째 면을 선택한다.

04 확인 버튼을 클릭한다.

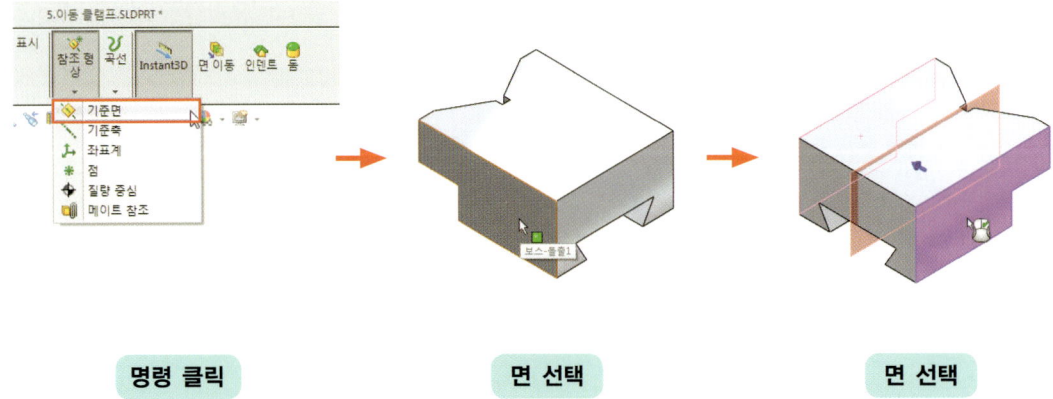

명령 클릭 　　　면 선택 　　　면 선택

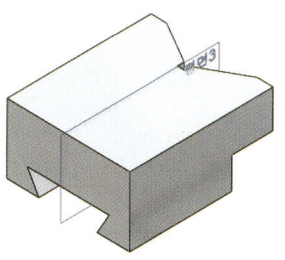

작성 완료

05 모서리를 중심으로 평면에 대한 각도

01 기준면 명령을 클릭한다.

02 모서리를 선택한다.

03 평면을 선택한다.

04 각도를 입력한다.

05 확인 버튼을 클릭한다.

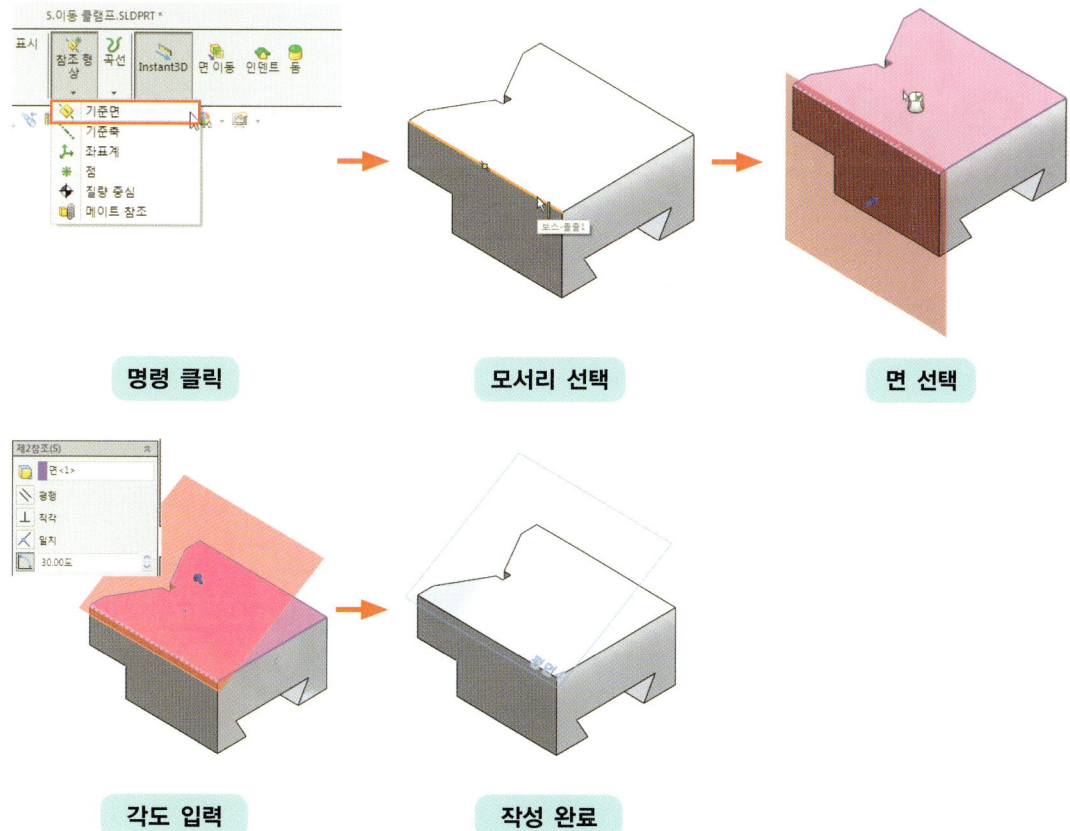

명령 클릭 → 모서리 선택 → 면 선택

각도 입력 → 작성 완료

06 3점

01 기준면 명령을 클릭한다.

02 첫 번째 점을 클릭한다.

03 두 번째 점을 클릭한다.

04 세 번째 점을 클릭한다.

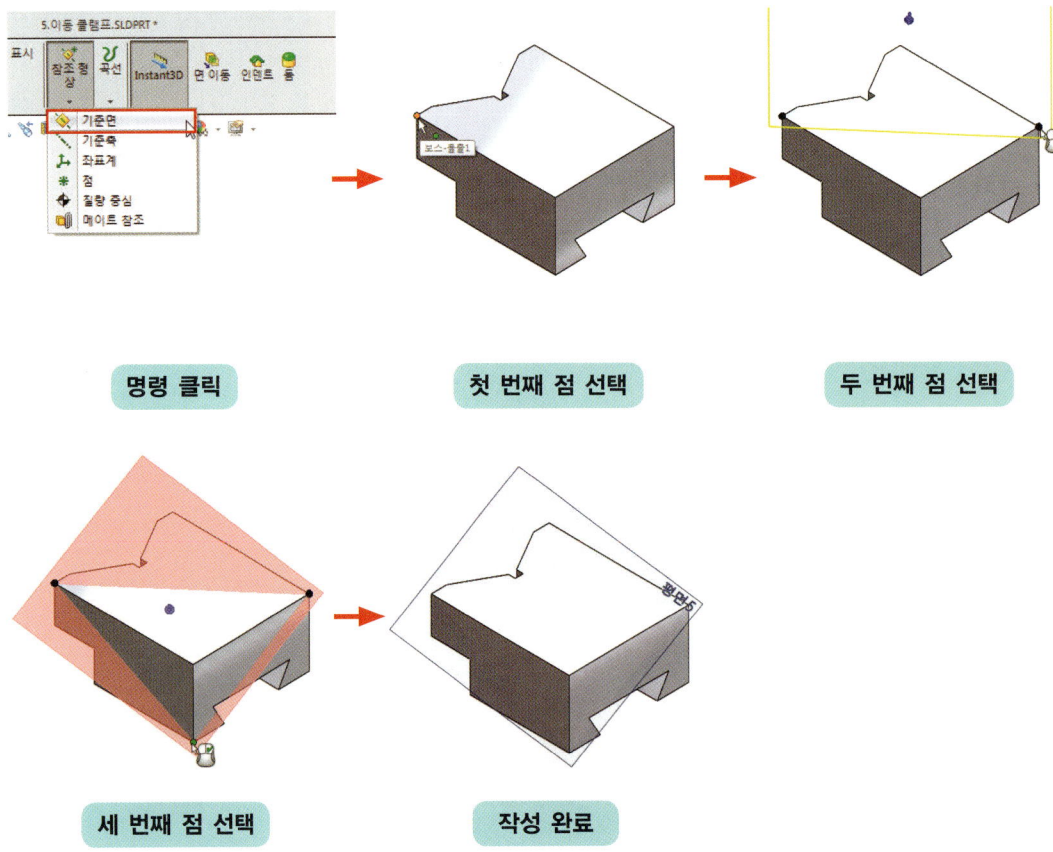

07 두 개의 동일평면상 모서리

01 기준면 명령을 클릭한다.

02 첫 번째 모서리를 클릭한다.

03 두 번째 모서리를 클릭한다.

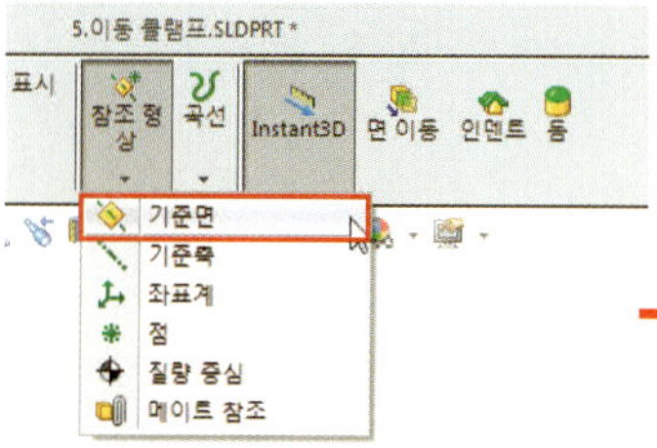

Section3 참조 형상

명령 클릭 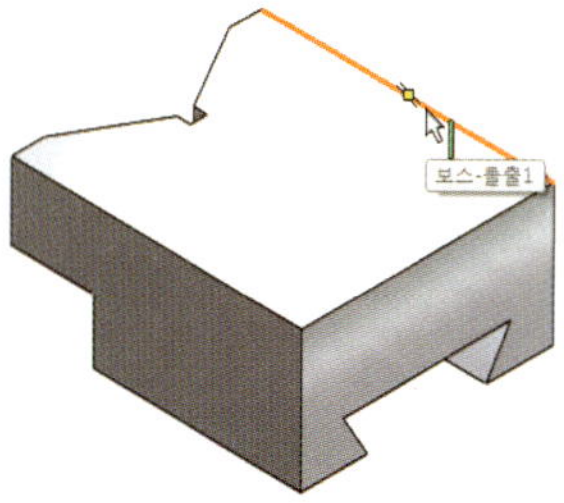 → 모서리 선택 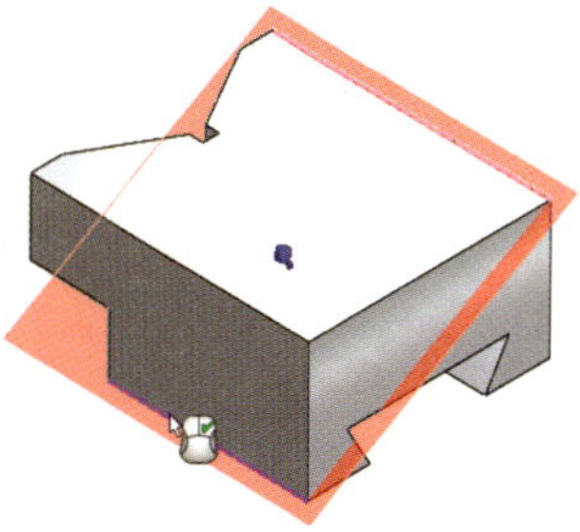 → 모서리 선택

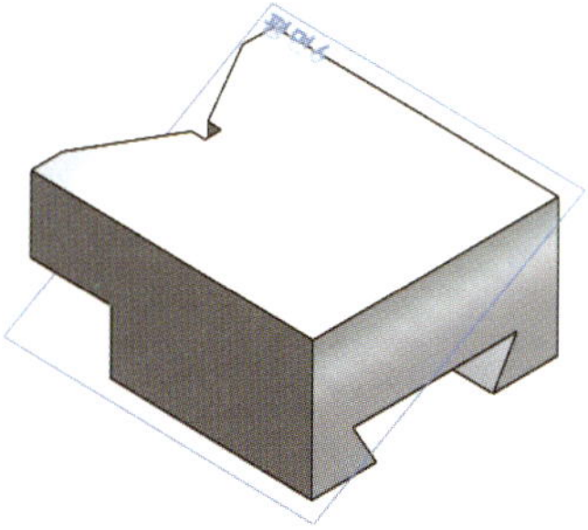

작성 완료

08 모서리를 통과하여 곡면에 접합

01 기준면 명령을 클릭한다.

02 모서리를 선택한다.

03 곡면을 선택한다.

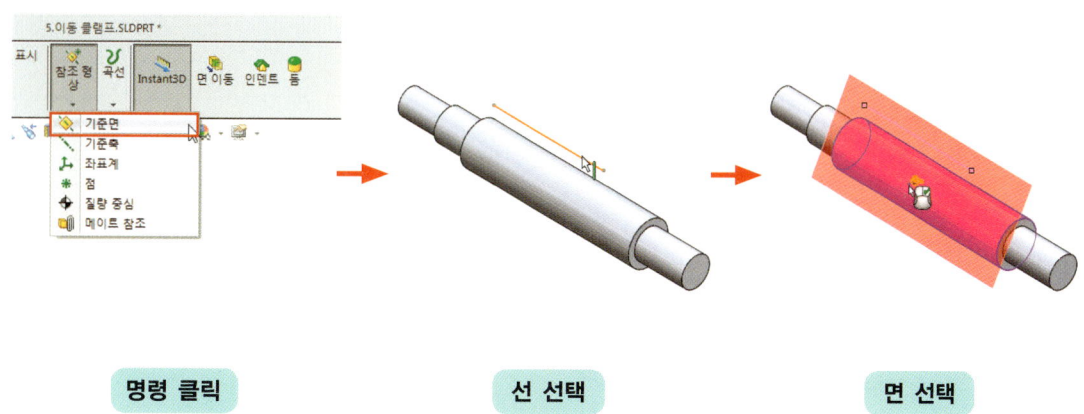

명령 클릭   선 선택   면 선택

211

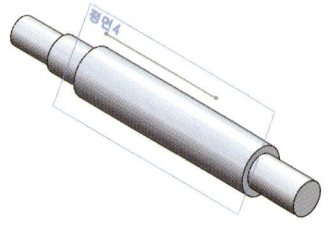

작성 완료

09 점을 통과하여 곡면에 접함

01 기준면 명령을 클릭한다.

02 점을 선택한다.

03 곡면을 선택한다.

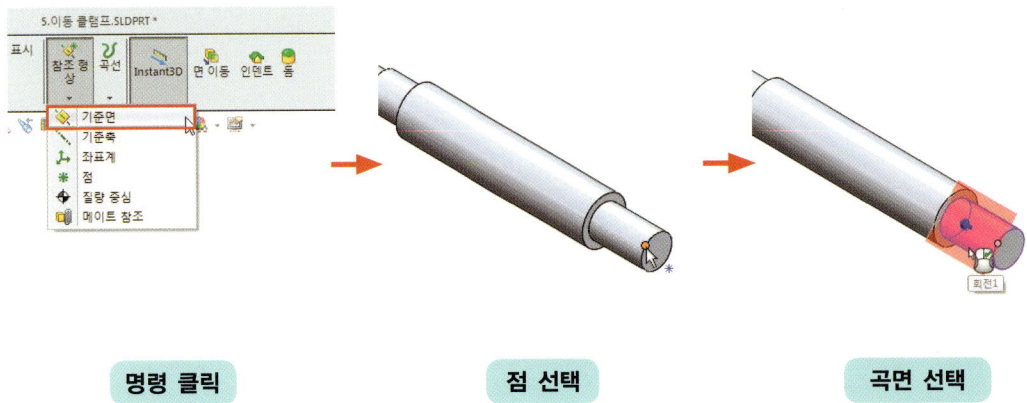

명령 클릭   점 선택   곡면 선택

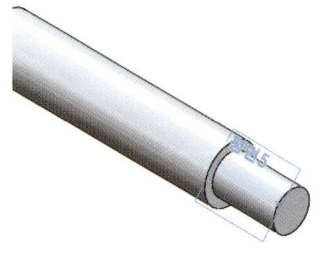

작성 완료

10 곡면에 접하고 평면에 평행(직각)

01 기준면 명령을 클릭한다.

02 평면을 선택한다.

03 곡면을 선택한다.

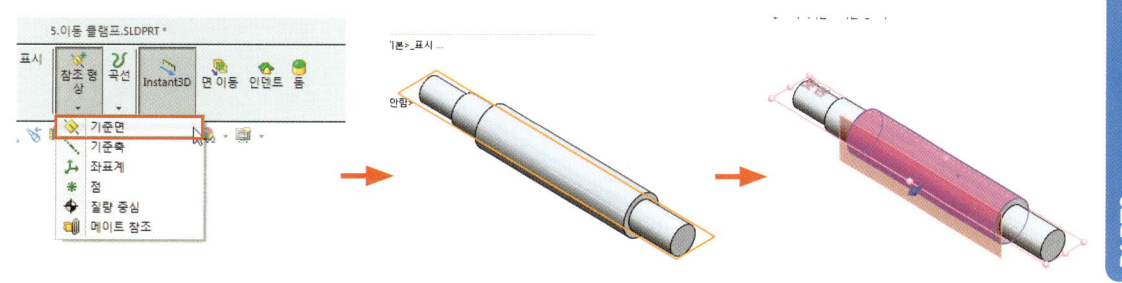

명령 클릭 → 평면 선택 → 곡면 선택

❶ 직각 옵션 체크시

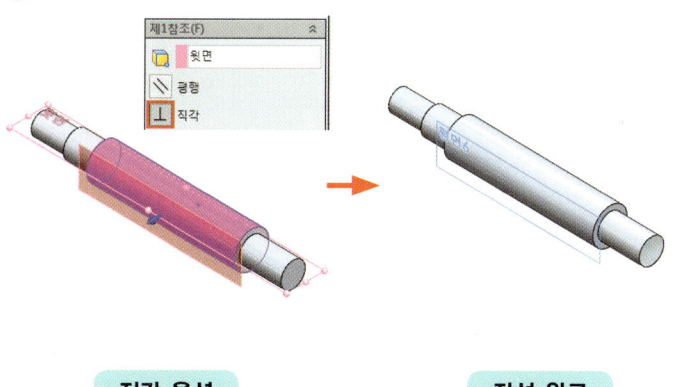

직각 옵션 → 작성 완료

❷ 평행 옵션 체크시

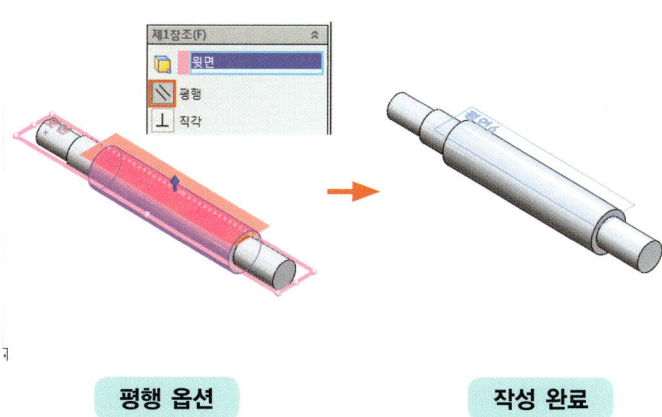

평행 옵션 → 작성 완료

11 점을 통과하여 축에 수직(평행)

01 평면 명령을 클릭한다.

02 점을 선택한다.

03 축을 선택한다.

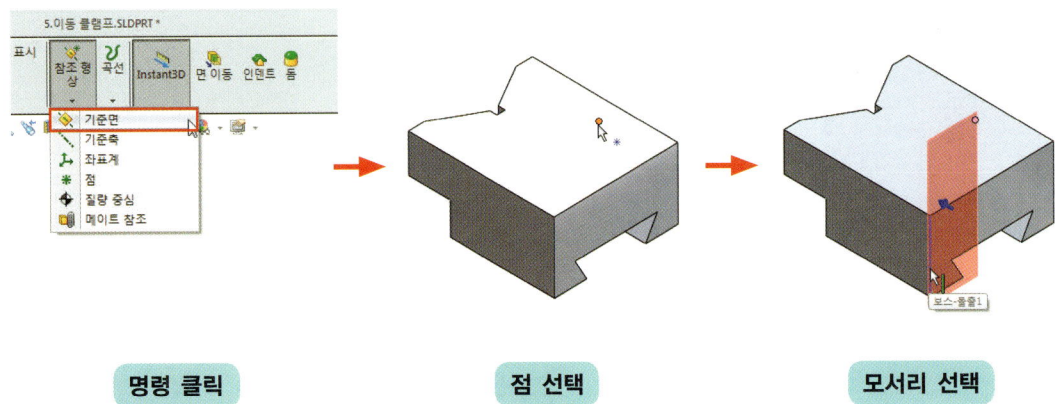

❶ 일치 옵션 체크시

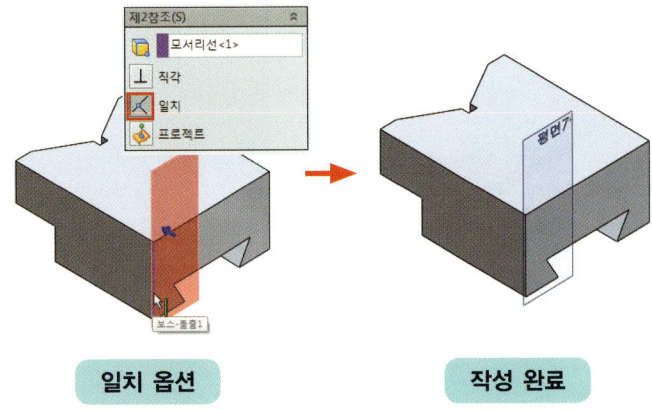

❷ 직각 옵션 체크시

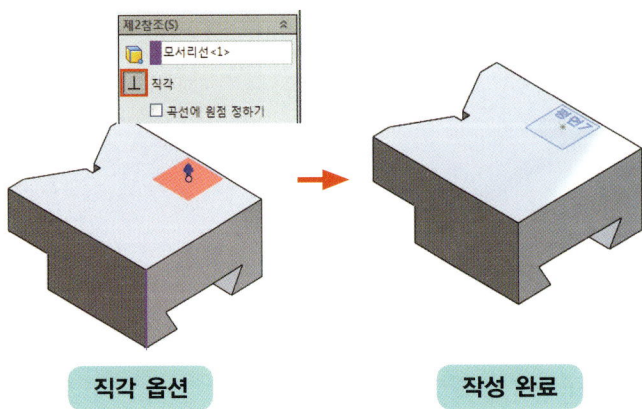

12 점에서 곡선에 수직

01 평면 명령을 클릭한다.

02 곡선이나 모서리를 선택한다.

03 점을 선택한다.

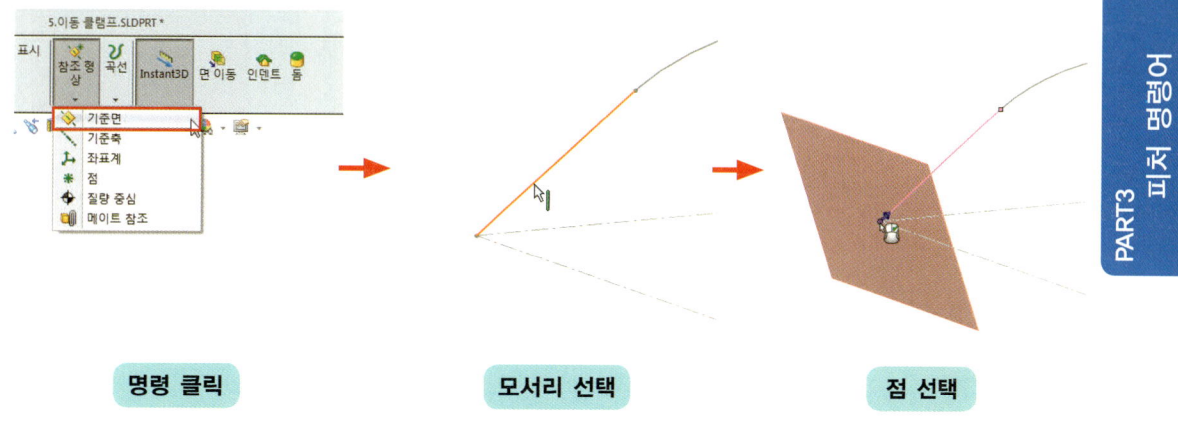

명령 클릭 → 모서리 선택 → 점 선택

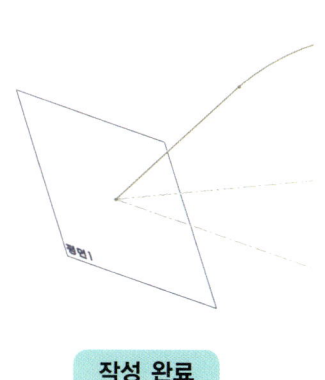

작성 완료

Lesson 2 | 기준축

사용자 축을 작성하는 명령이다.

01 기준축 옵션

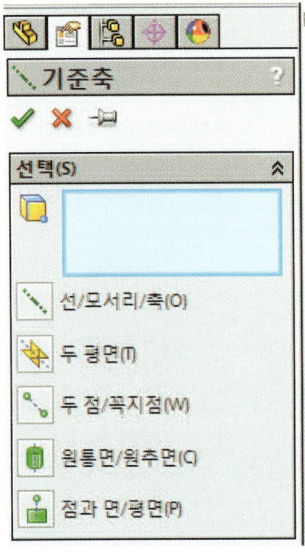

❶ **선택** : 축을 작성하기 위해 선택한 참조 형상이 등록된다.

선/모서리/축 : 선, 모서리 혹은 축에 일치된 기준축을 작성한다.
두 평면 : 두 평면을 교차하는 기준축을 작성한다.
두 점/꼭지점 : 두 개의 점을 잇는 기준축을 작성한다.
원통면/원추면 : 원통면 혹은 원추면을 지나는 기준축을 작성한다.
점과 면/평면 : 점을 지나고 평면에 직각인 기준축을 작성한다.

02 선 또는 모서리에 있음

01 기준축 명령을 클릭한다.

02 선이나 모서리를 선택한다.

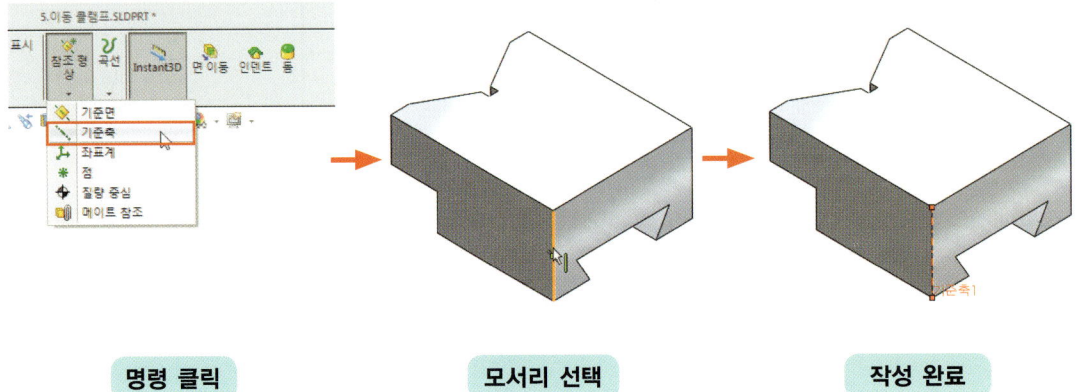

명령 클릭 → 모서리 선택 → 작성 완료

03 두 점 통과

01 기준축 명령을 클릭한다.

02 첫 번째 점을 선택한다.

03 두 번째 점을 선택한다.

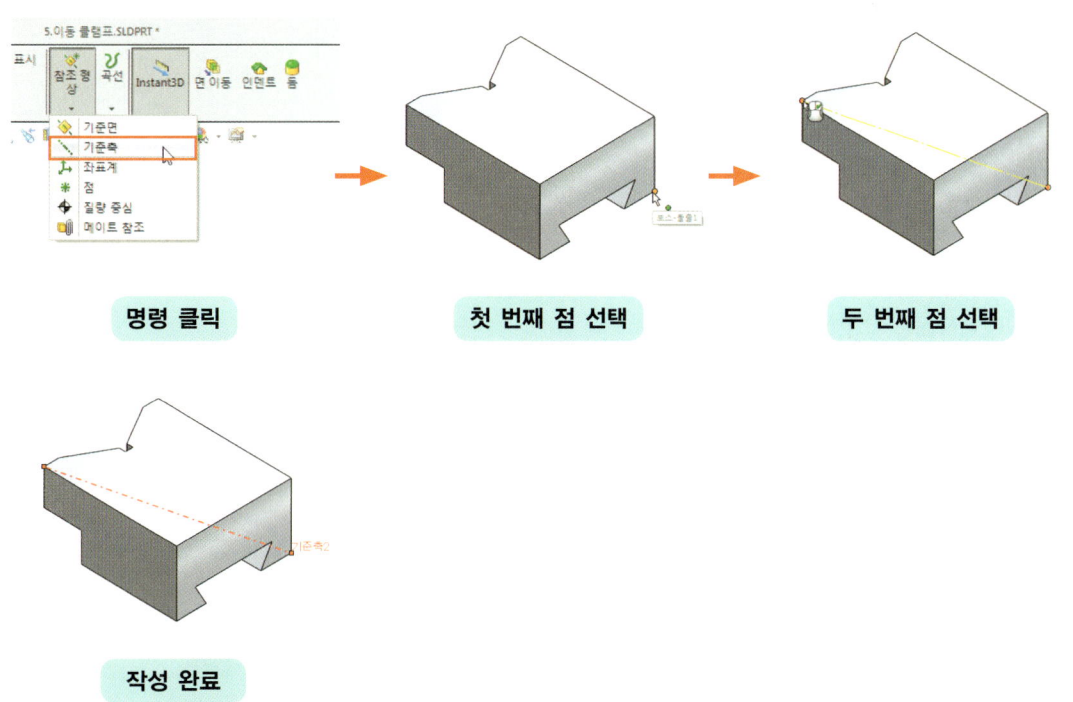

04 두 평면의 교차선

01 기준축 명령을 클릭한다.

02 첫 번째 평면을 선택한다.

03 두 번째 평면을 선택한다.

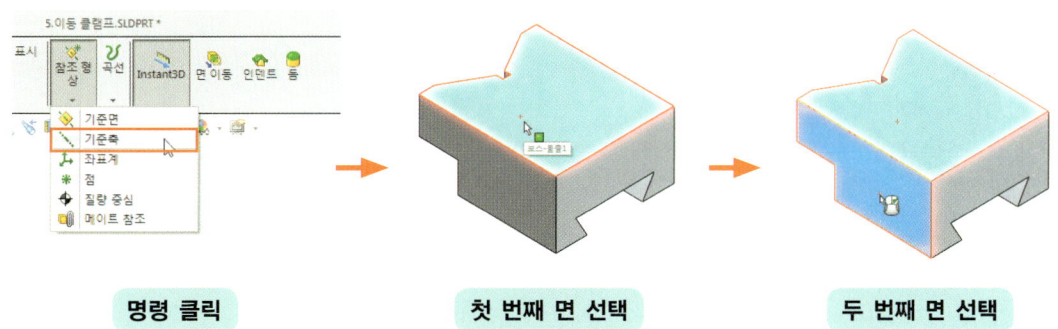

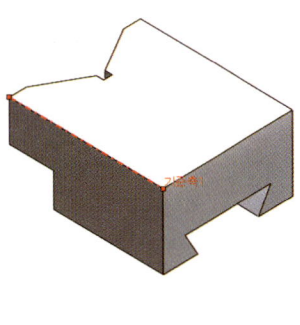

작성 완료

05 점을 통과하여 평면에 수직

01 기준축 명령을 클릭한다.

02 점을 선택한다.

03 평면을 선택한다.

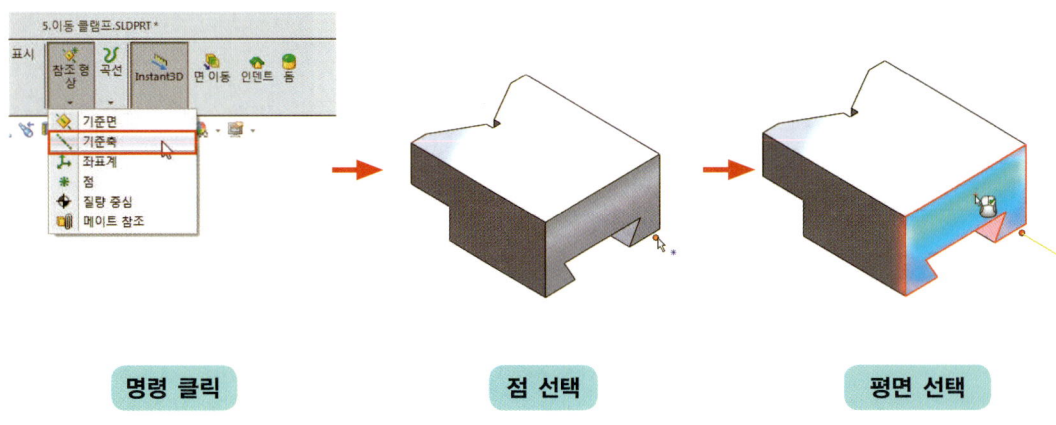

명령 클릭 　　　 점 선택 　　　 평면 선택

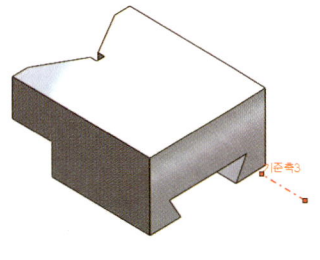

작성 완료

06 원통면의 중심을 지나는 축

01 기준축 명령을 클릭한다.

02 원통면을 클릭한다.

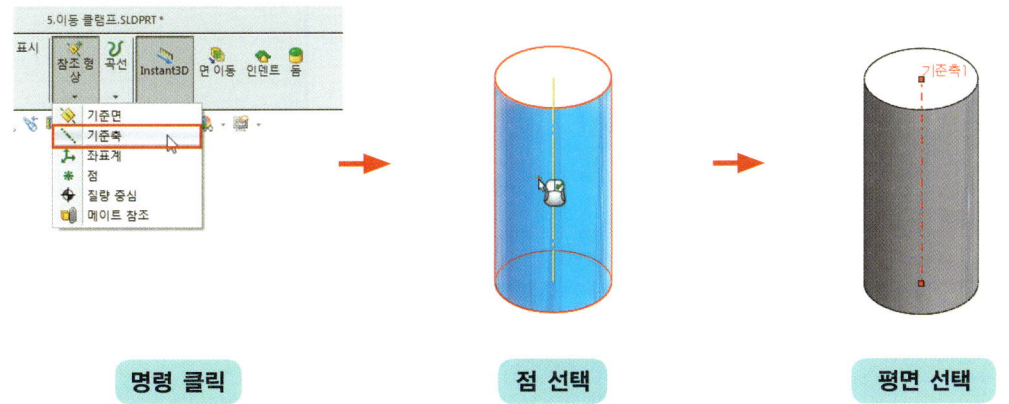

명령 클릭 → 점 선택 → 평면 선택

Lesson 3 점

사용자 점을 작성하는 명령이다.

01 기준축 옵션

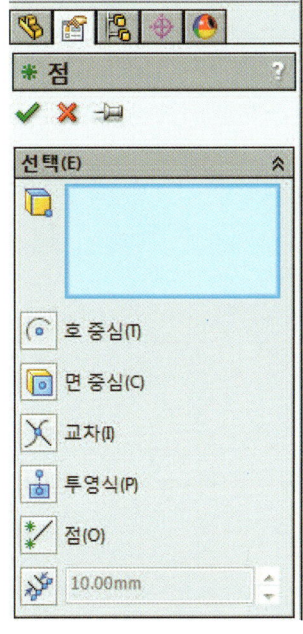

❶ **선택 :** 점을 작성하기 위해 선택한 참조 형상이 등록된다.

호 중심 : 호의 중심에 점을 작성한다.

면 중심 : 면의 중심에 점을 작성한다.

교차 : 두 개의 선 혹은 모서리가 교차하는 지점에 점을 작성한다.

투영식 : 지정면에 투영되는 점을 작성한다.

점 : 스케치 점 혹은 스케치 선 끝에 점을 작성한다.

거브 거리 또는 여러개 참조점 따라 : 선택한 모서리의 포지션에 따라 다양한 위치의 점을 작성한다.

02 모서리에 위치하는 점

01 축 명령을 클릭한다.

02 모서리를 선택한다.

03 알맞은 옵션을 선택한다.

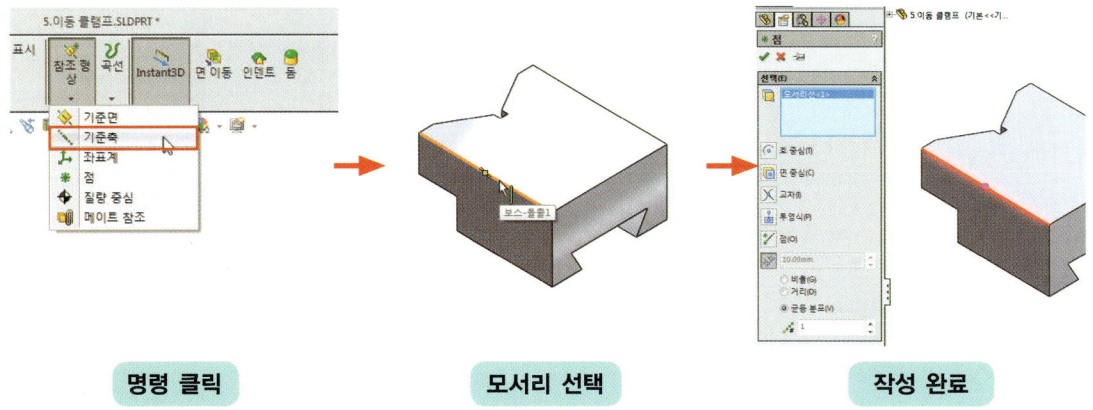

명령 클릭 → 모서리 선택 → 작성 완료

❶ 균등 분포 체크시(개수 1개)

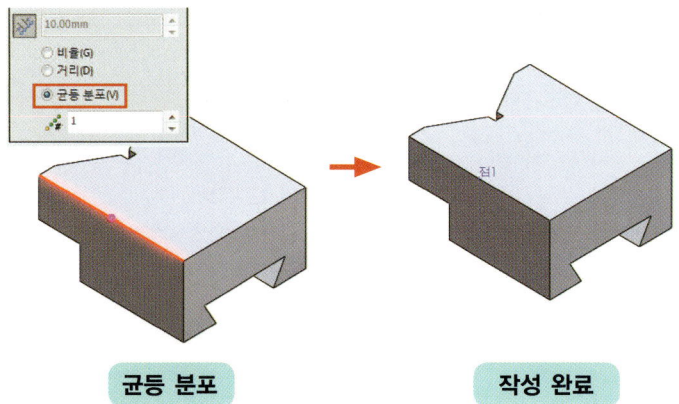

균등 분포 → 작성 완료

❷ 균등 분포 체크시(개수 3개)

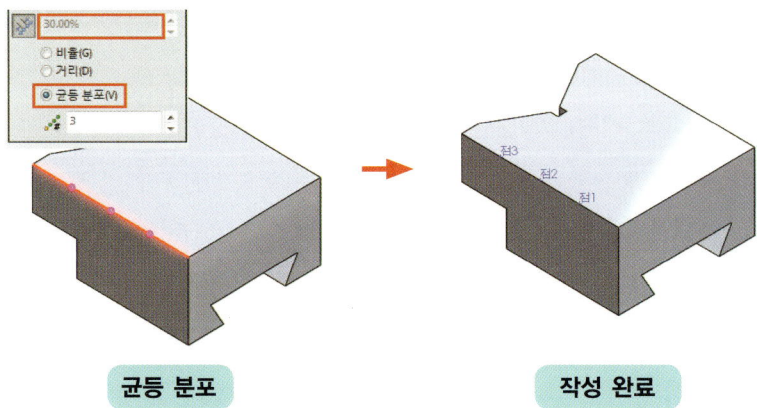

균등 분포 → 작성 완료

❸ 비율 체크시

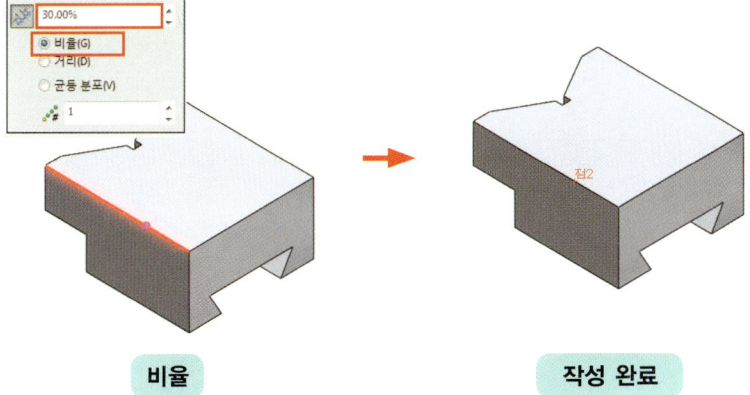

❹ 거리 체크시

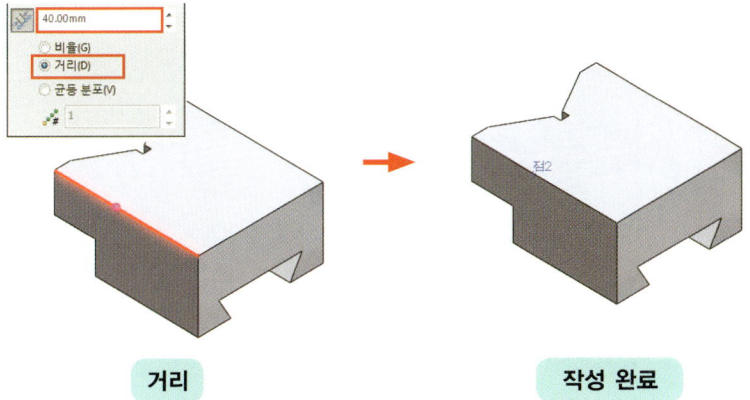

03 스케치 점으로 생성

01 점 명령을 클릭한다.

02 스케치 점을 선택한다.

04 두 선의 교차점

01 점 명령을 클릭한다.

02 첫 번째 선을 선택한다.

03 두 번째 선을 선택한다.

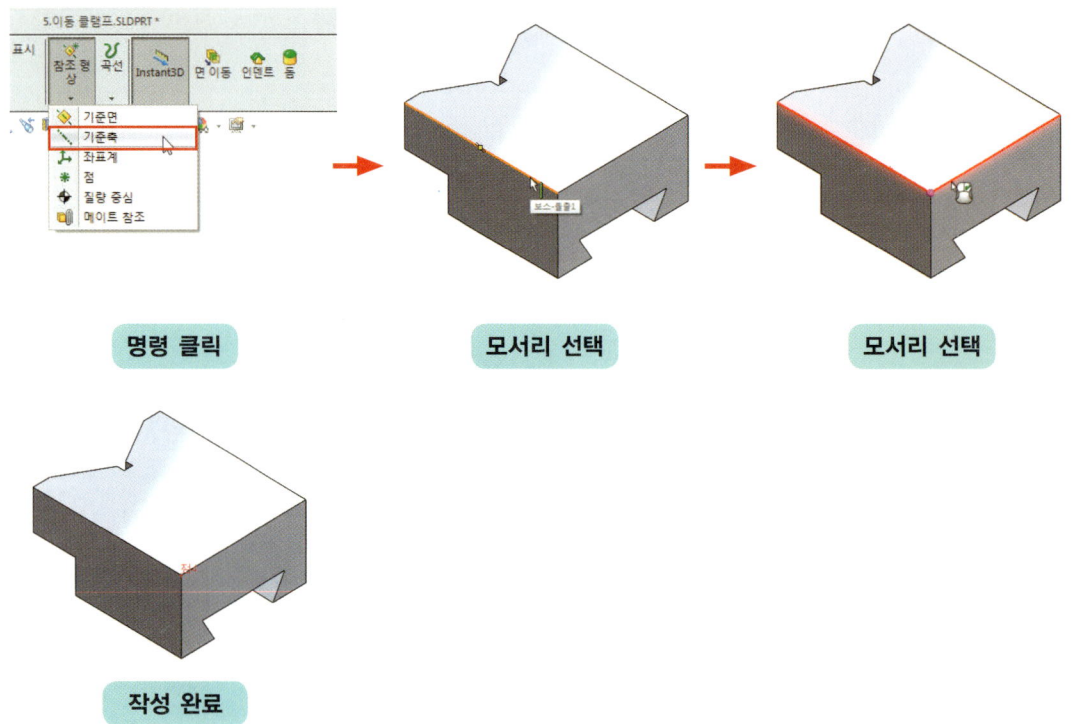

05 평면/곡면과 선의 교차점

01 점 명령을 클릭한다.

02 평면/곡면을 선택한다.

03 선을 선택한다.

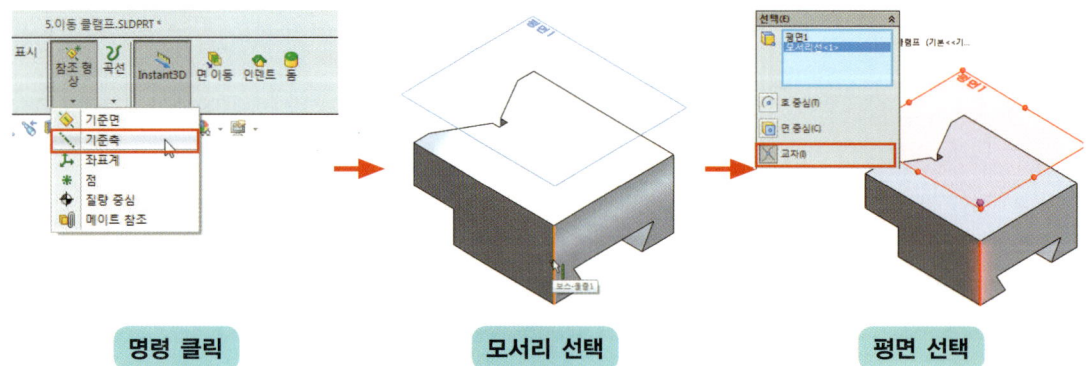

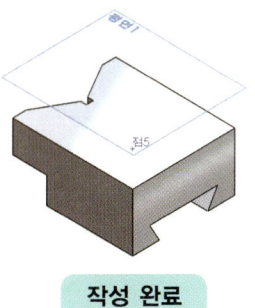

작성 완료

06 형상의 중심점

❶ 면의 중심점

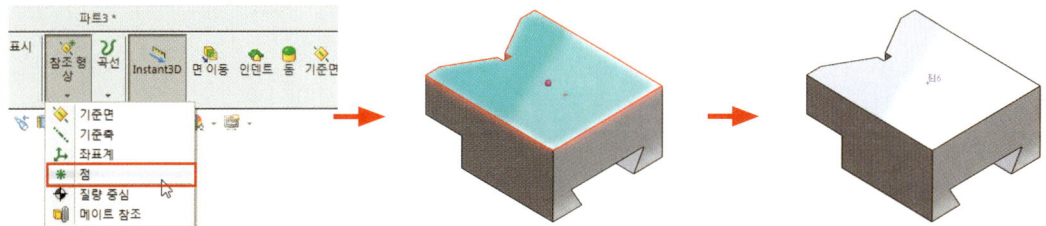

❷ 원형 모서리의 중심점

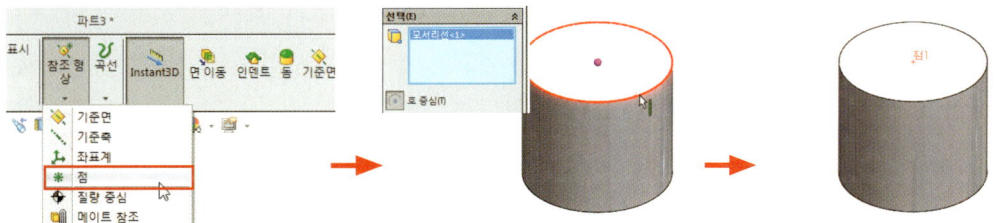

❸ 구의 중심점

❹ 원환의 중심점

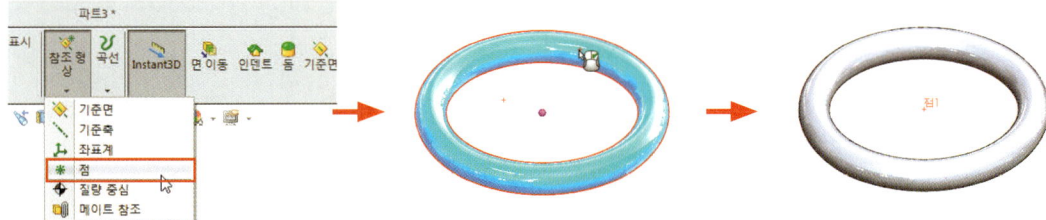

Section 4
패턴 명령

전산응용기계제도/기계설계산업기사를 위한 솔리드웍스

피처 혹은 솔리드를 패턴하는 명령이다.

Lesson 1 | 선형 패턴

선택한 면/피처/솔리드 개체를 선형 방향으로 패턴하는 명령이다.

01 작성방법

01 선형 패턴 명령을 클릭한다.

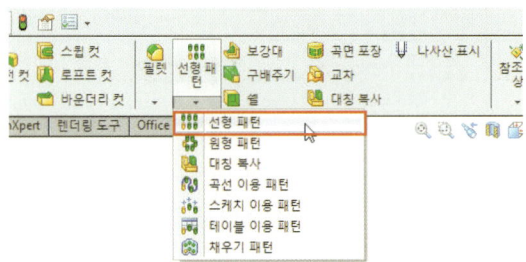

02 패턴할 개체를 선택한다.

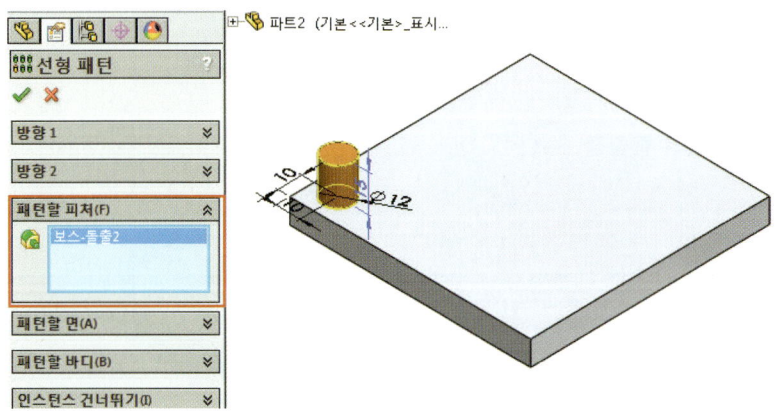

03 패턴할 첫 번째 방향을 지정하고 개수와 거리를 지정한다.

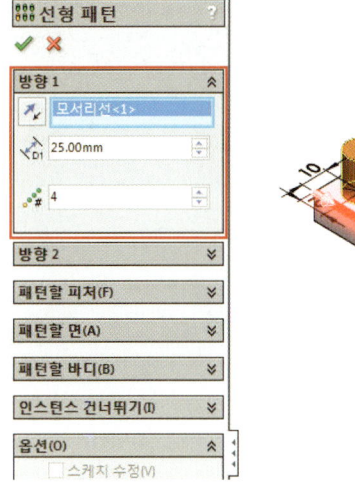 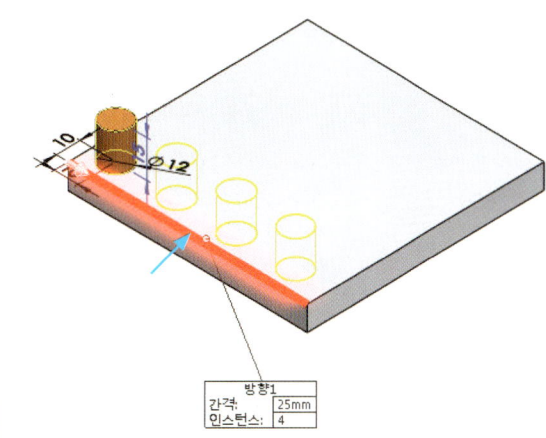

04 패턴할 두 번째 방향을 지정하고 개수와 거리를 지정한다.

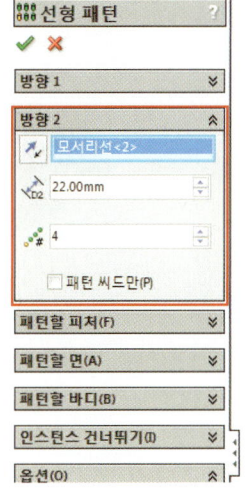 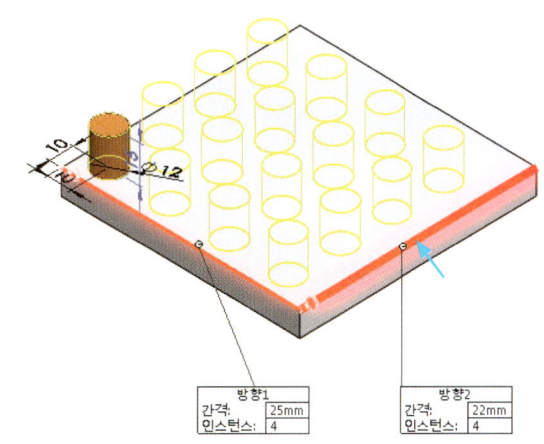

05 확인 버튼을 클릭한다.

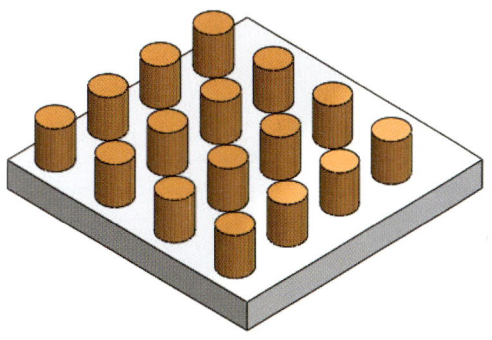

02 생성 유형

① 면 패턴 : 면 개체를 패턴한다.

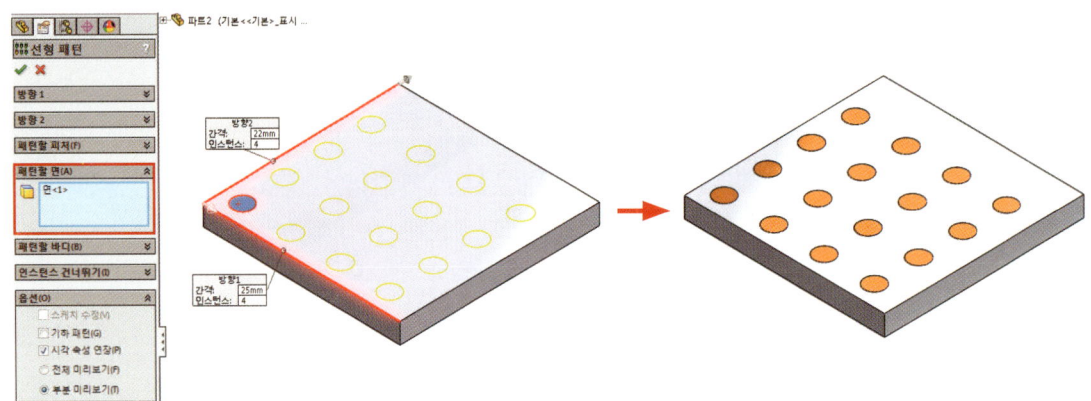

② 피처 패턴 : 피처를 패턴한다.

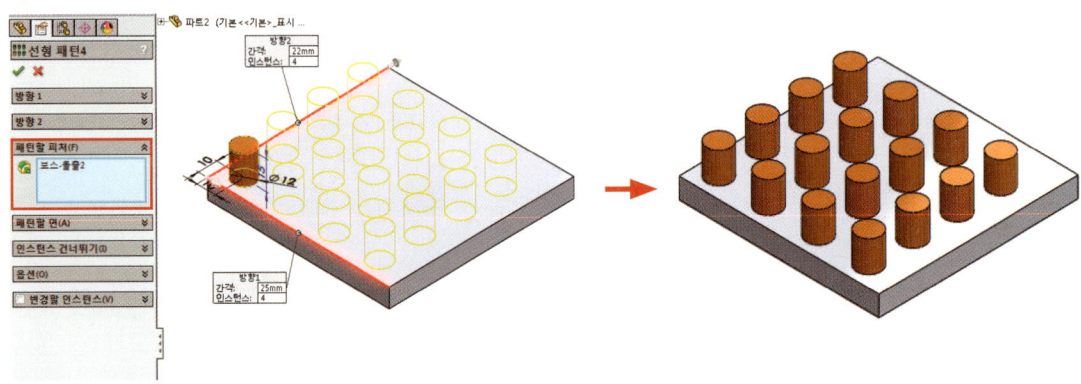

③ 바디 패턴 : 솔리드 개체를 패턴한다.

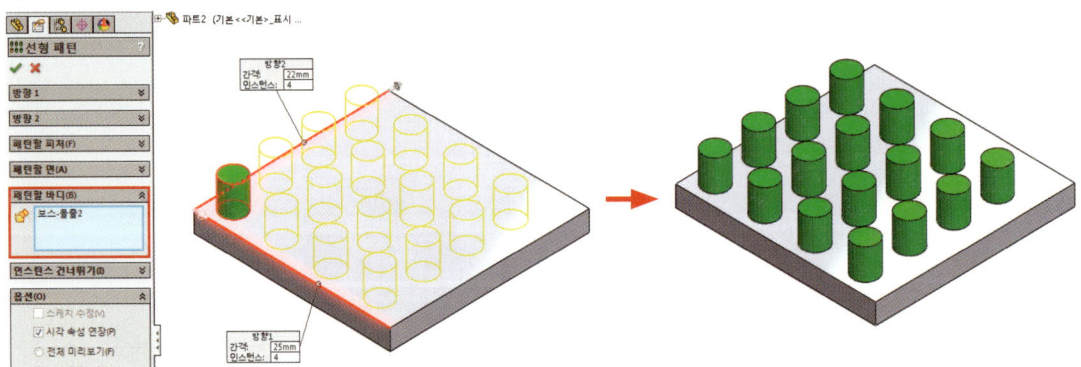

03 인스턴트 건너뛰기

인스턴트 건너뛰기 항목에 등록된 패턴은 패턴 항목에서 제외된다.

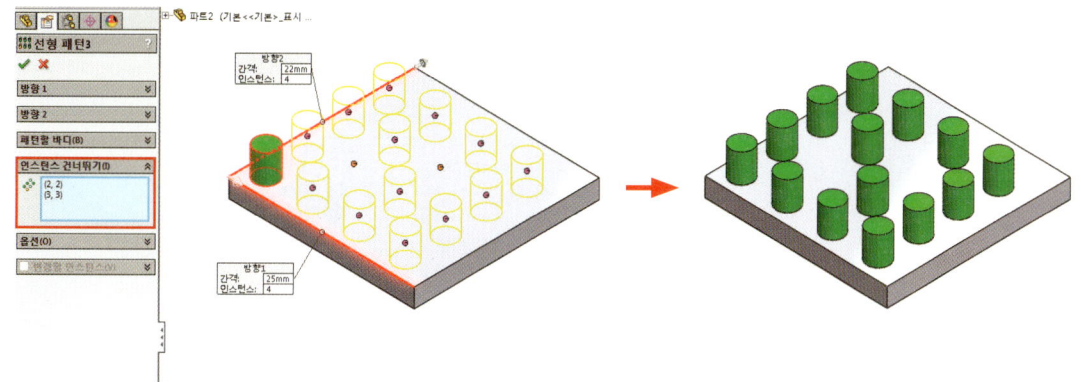

Lesson 2 | 원형 패턴

선택한 피처/솔리드를 패턴 축을 중심으로 허용 각도안에서 지정 개수만큼 원형으로 배열 복사하는 명령이다.

01 작성방법

01 원형 패턴 명령을 클릭한다.

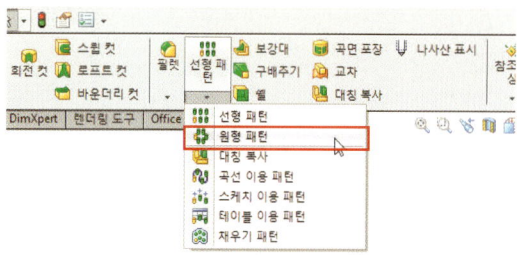

02 패턴할 개체를 선택한다.

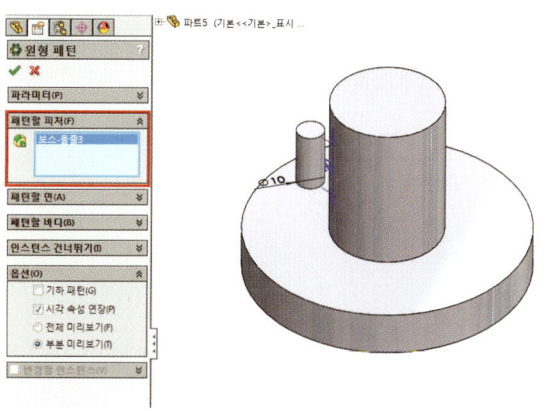

03 패턴의 중심으로 쓸 회전축을 선택한다.

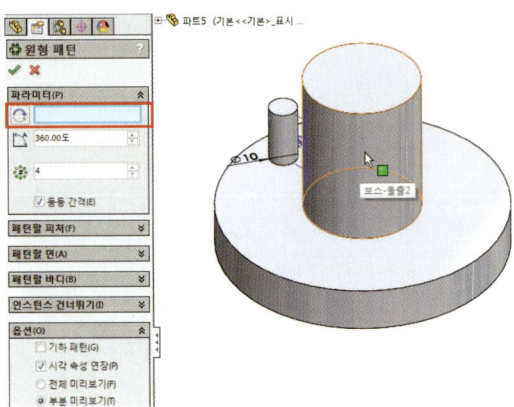

04 패턴할 개수와 범위 각도를 지정한다.

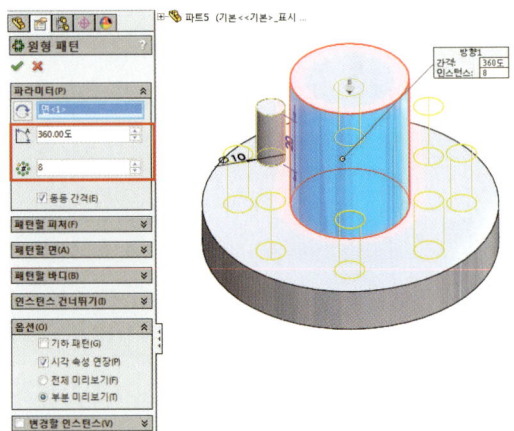

05 확인 버튼을 클릭하면 원형 패턴 피처가 작성된다.

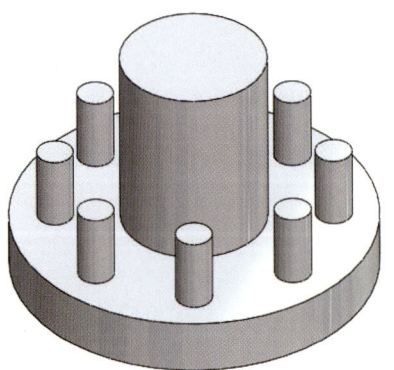

02 생성 유형

① 면 패턴 : 면 개체를 패턴한다.

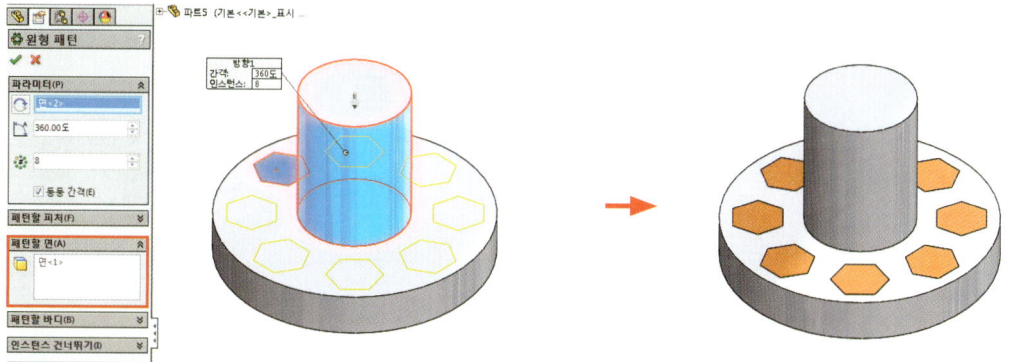

② 피처 패턴 : 피처를 패턴한다.

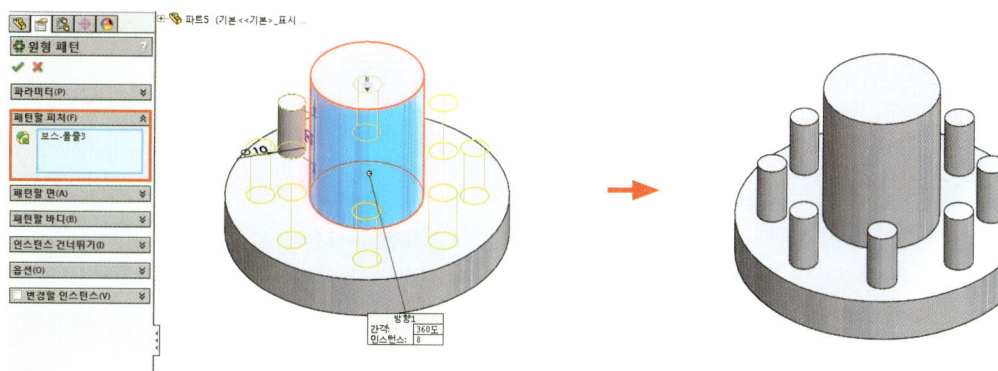

③ 바디 패턴 : 솔리드 개체를 패턴한다.

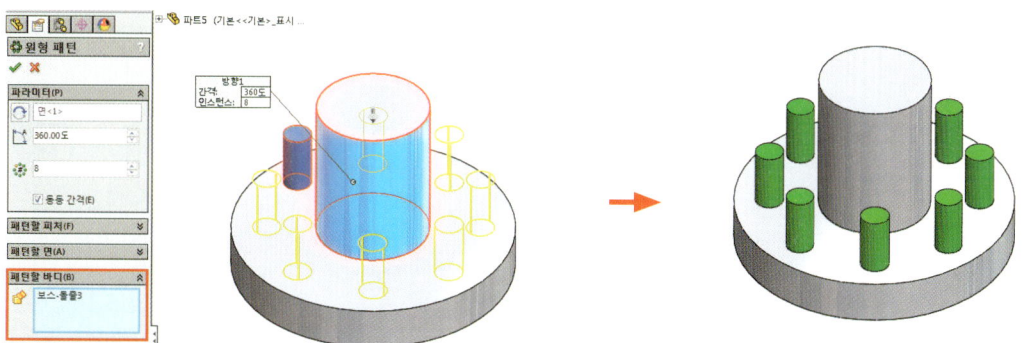

03 인스턴트 건너뛰기

인스턴트 건너뛰기 항목에 등록된 패턴은 패턴 항목에서 제외된다.

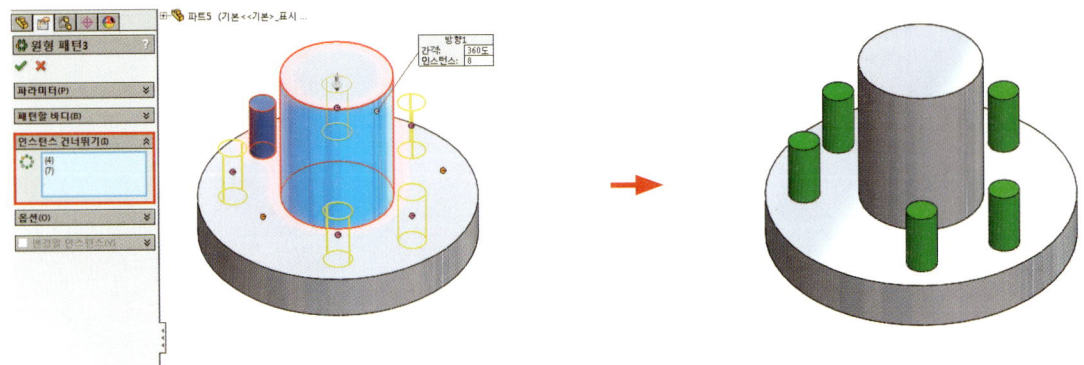

Lesson 3 │ 대칭 복사

선택한 피처/솔리드 개체를 기준 평면에 대칭되게 복사하는 명령이다.

01 작성방법

01 대칭 복사 명령을 클릭한다.

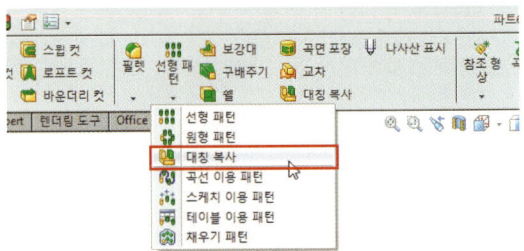

02 패턴할 개체를 선택한다.

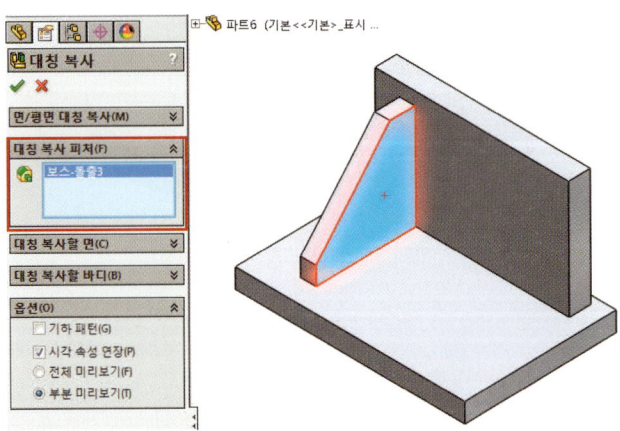

03 기준 평면을 선택한다.

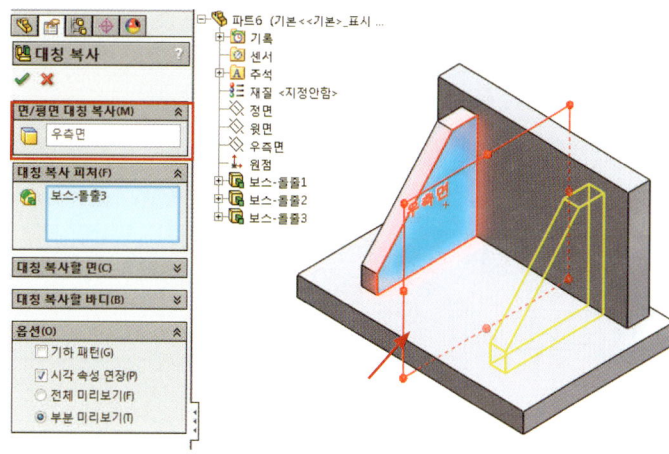

04 확인 버튼을 클릭한다.

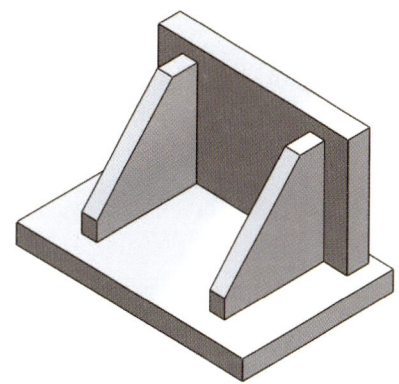

02 생성 유형

❶ **면 패턴** : 면 개체를 패턴한다.

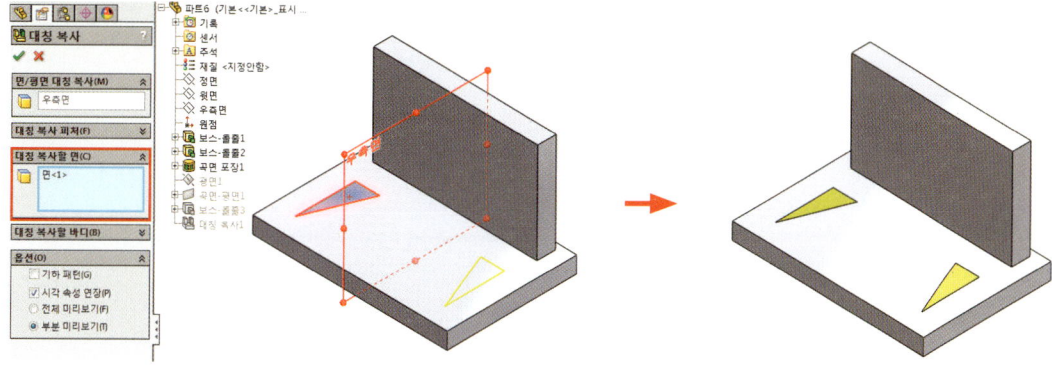

❷ **피처 패턴** : 피처를 패턴한다.

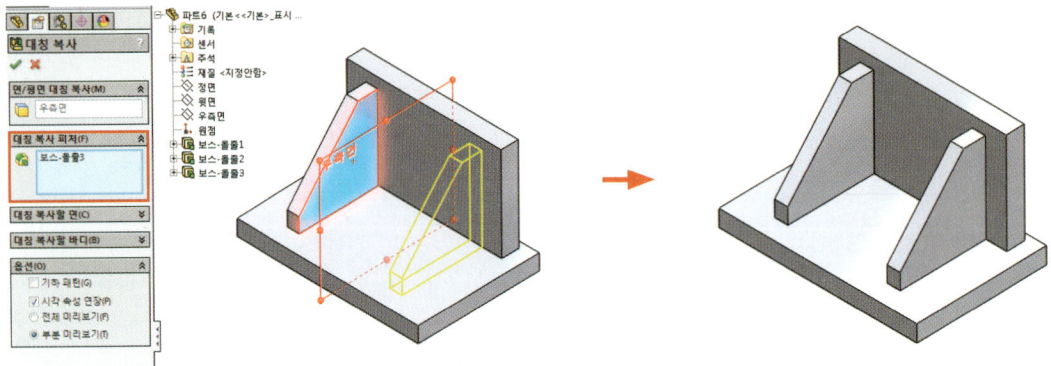

❸ **바디 패턴** : 솔리드 개체를 패턴한다.

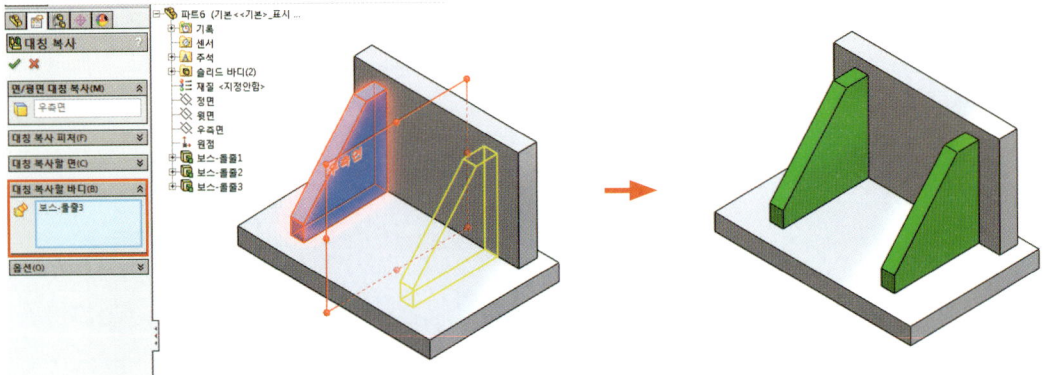

Lesson 4 | 스케치 이용 패턴

스케치에 작성된 점의 좌표에 패턴을 하는 명령이다.

01 작성방법

01 스케치 이용 패턴 명령을 클릭한다.

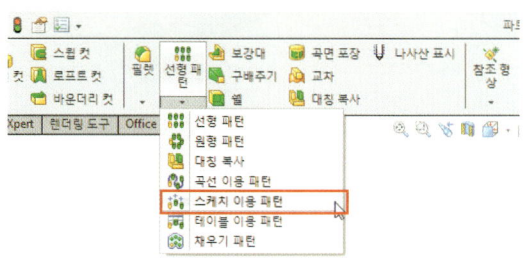

02 패턴 좌표가 작성된 점이 있는 스케치를 선택한다.

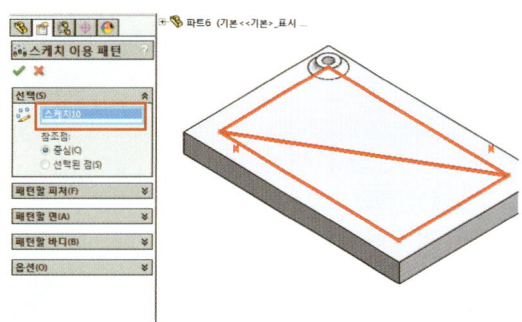

03 패턴할 개체를 선택한다.

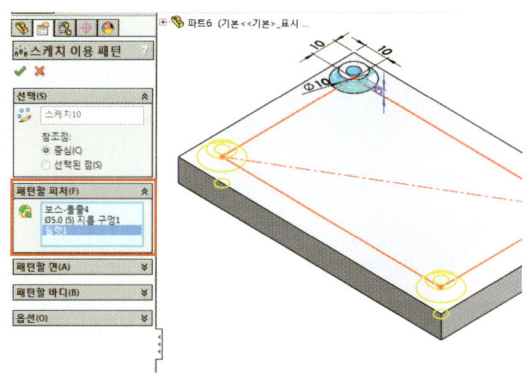

04 확인 버튼을 클릭하면 패턴이 완료된다.

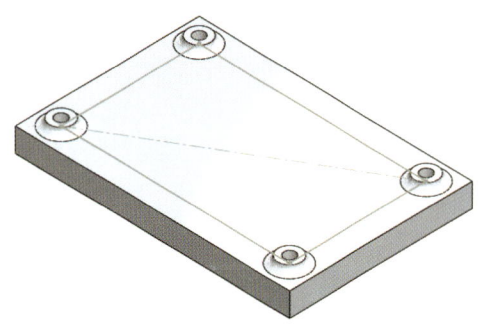

02 생성 유형

❶ 면 패턴 : 면 개체를 패턴한다.

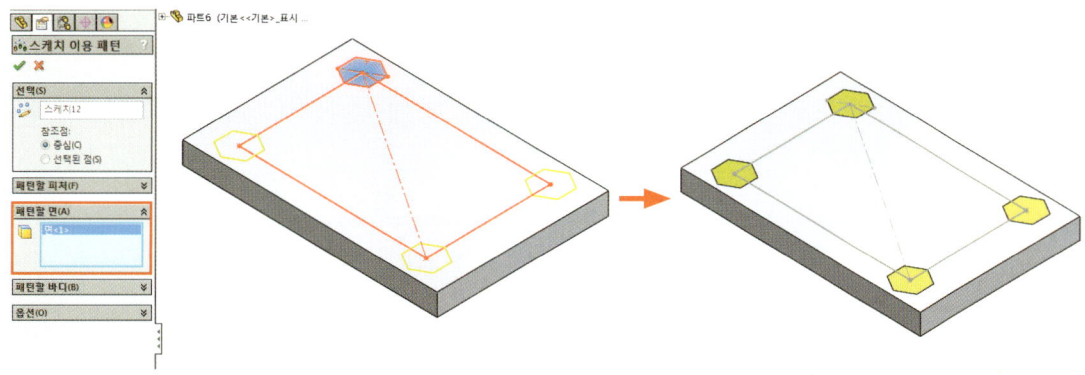

233

❷ **피처 패턴** : 피처를 패턴한다.

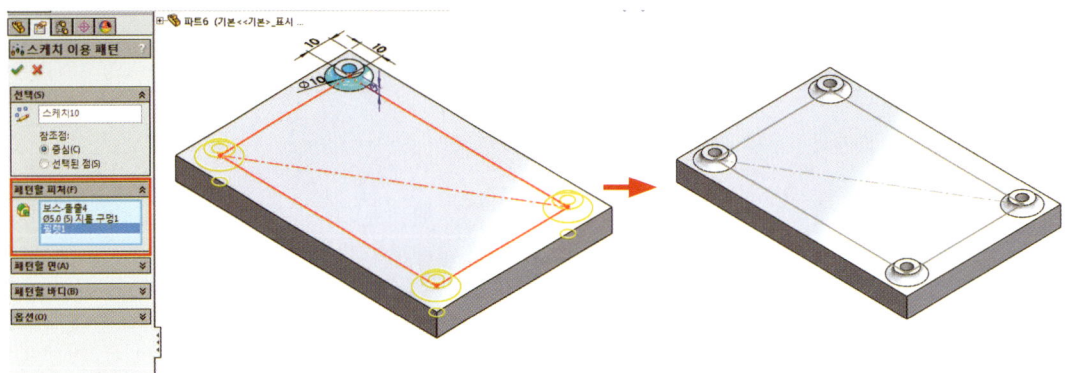

❸ **바디 패턴** : 솔리드 개체를 패턴한다.

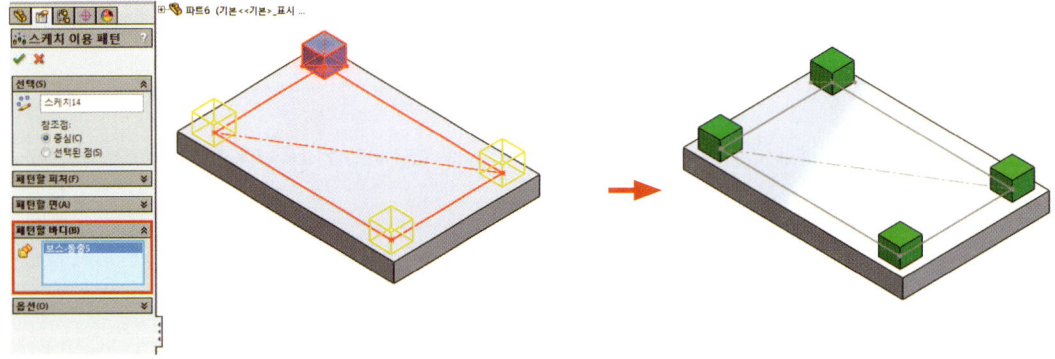

Section4 패턴 명령

Lesson 5 │ 사용자 재질 작성하기

01 재질 창 열기

피처 트리의 재질 항목을 선택해 재질 편집을 클릭한다.

02 재질 입력하기

재질 창이 열리면 다음과 같이 원하는 재질을 선택한 후 적용 버튼을 클릭한다.

다음과 같이 재질이 변경된다.

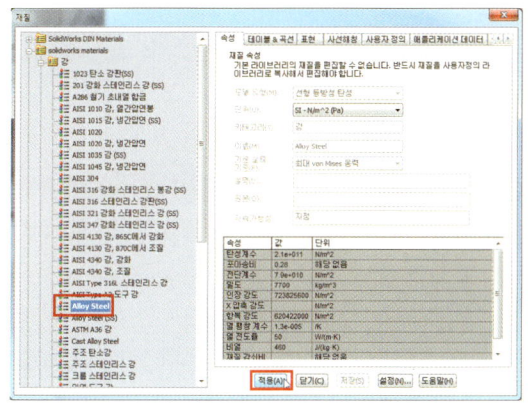

03 사용자 재질 만들기

원하는 재질이 없을때 사용자가 임의로 재질을 설정한다. 다음과 화면 빈곳을 선택해 마우스 오른쪽 버튼을 클릭해 새 라이브러리를 클릭한다.

원하는 템플릿 폴더를 선택해 재질 라이브러리 이름을 지정해 파일로 저장한다.

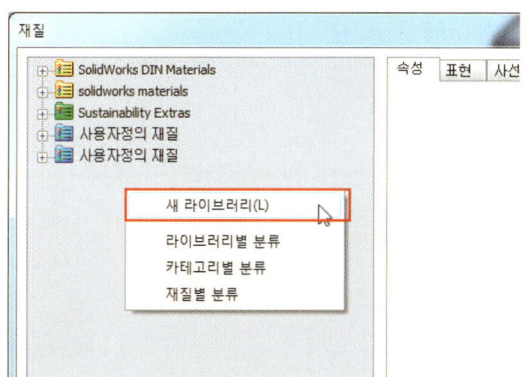
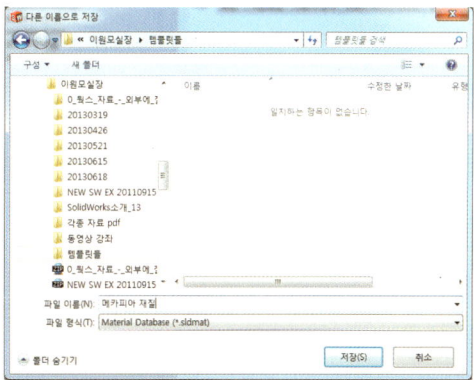

235

생성된 라이브러리란을 선택해 마우스 오른쪽 버튼을 클릭해 새 카테고리를 클릭한다.

재질 카테고리의 속성을 나타내는 이름을 지정한다.

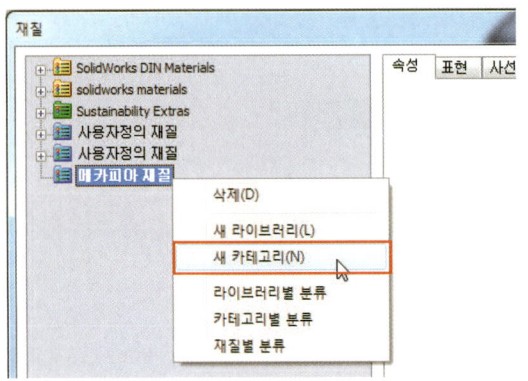

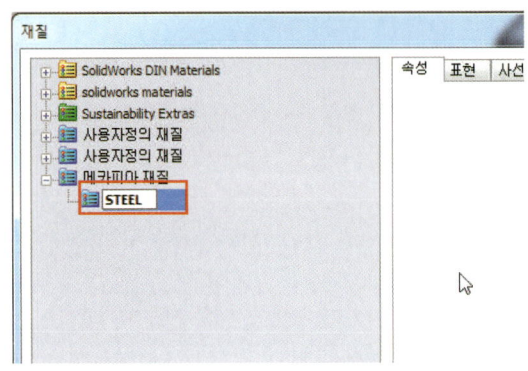

다음과 같이 새로 작성하려는 재질과 같은 물성치를 가지고 있는 재질을 선택해 마우스 오른쪽 버튼을 클릭해 복사를 클릭한다.

앞서 생성한 카테고를 마우스 오른쪽 버튼으로 클릭해 붙여넣기를 클릭한다.

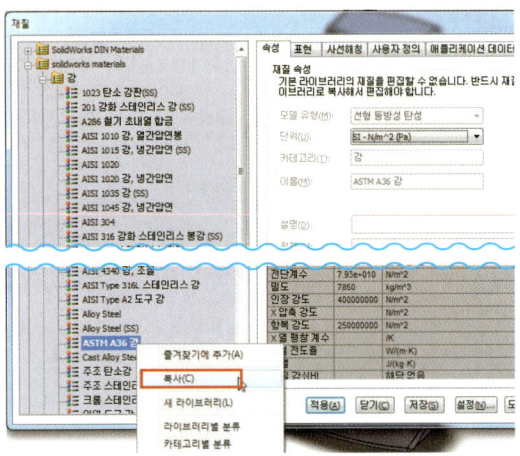

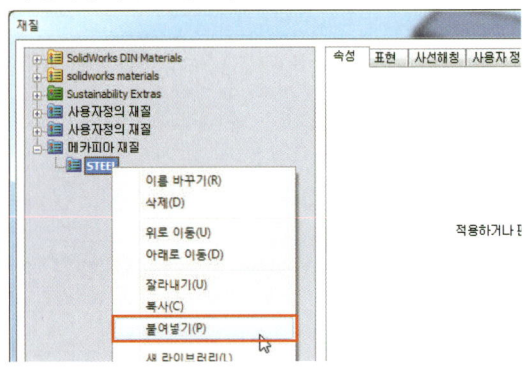

복사된 재질을 더블클릭해 사용자가 원하는 이름으로 수정한다.

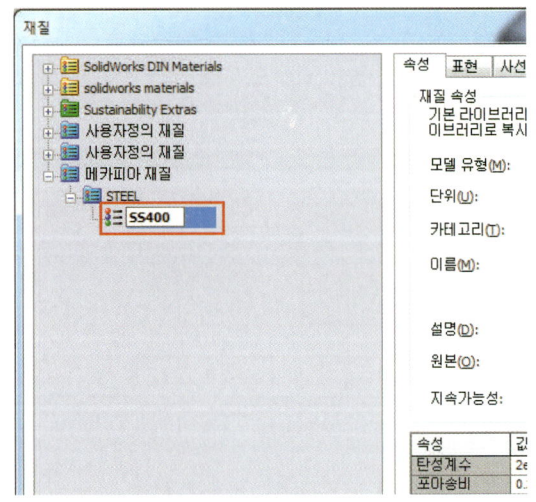

재질을 설정하는 창은 다음과 같다.

속성

재질 속성 또는 물성치를 편집할 수 있다. 물성치 테이블은 엑셀 테이블 처럼 드래그해서 복사한 뒤 다른 재질 물성치란에 붙여넣기가 가능한다.

테이블 & 곡선

재질이 가지고 있는 응력-변형 곡선 테이블이나 곡선에 대해 설정한다.

표현

재질의 색상을 지정할 수 있다.

사선 해칭

재질의 해칭 스타일을 지정한다.

사용자 정의

재질의 특수한 속성을 추가하거나 편집한다.

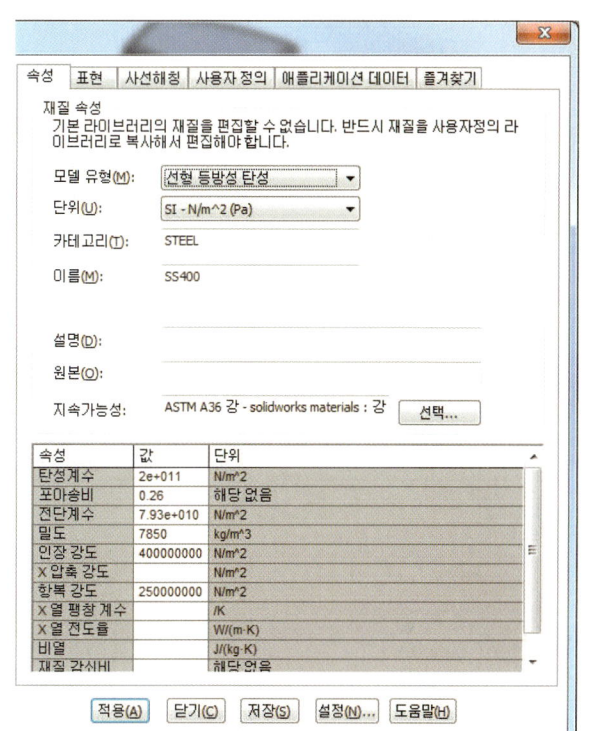

어플리케이션 데이터

재질에 대한 기타 데이트베이스를 작성한 뒤, 문서처리나 제조의 참조 데이터베이스로 활용한다.

즐겨찾기

즐겨찾기 리스트에 추가되어 재질을 입력할때 빠르게 찾아쓸 수 있게 해준다.

표현 탭의 다음 표현 적용을 체크 해제하면 재질의 색깔이 아닌 기존의 색상이 표현된다.

즐겨찾기 탭에서 작성한 재질을 추가하면 해당 재질은 재질 편집 창에 들어오지 않아도 Featuremanager 디자인 트리에서 빠르게 불러올 수 있다.

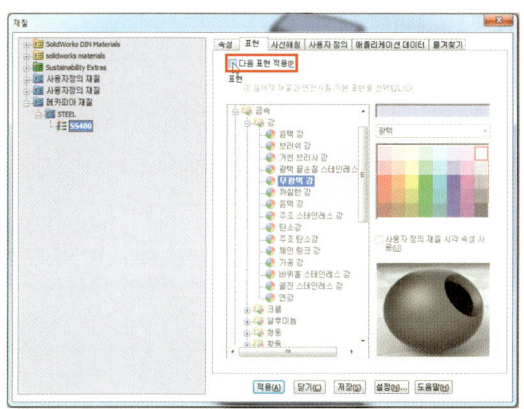
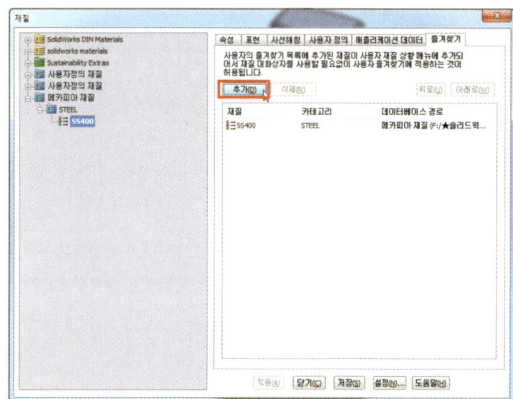

PART 04

파트 모델링

ƊWORKS 2014

Section 1	블럭 타입의 부품 그리기	240p
Section 2	핀, 볼트 타입의 부품 그리기	270p
Section 3	축 타입의 부품 그리기	296p
Section 4	동력전달용 부품 그리기	334p
Section 5	본체 타입의 부품 그리기	382p
Section 6	기타 부품 그리기	418p

Section 1
블럭 타입의 부품 그리기

전산응용기계제도/기계설계산업기사를 위한 솔리드웍스

돌출 명령을 이용하는 사각 박스 타입의 블럭 부품을 작성하는 방법을 알아보도록 하자.

Lesson 1 | 필로우 캡

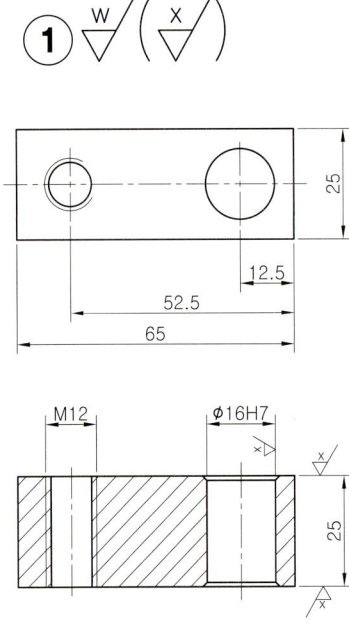

주 석 ▶ 도시되고 지시하지 않은 모따기 1X45°

01 베이스 피처 작성

01 윗면에 스케치를 작성한다.

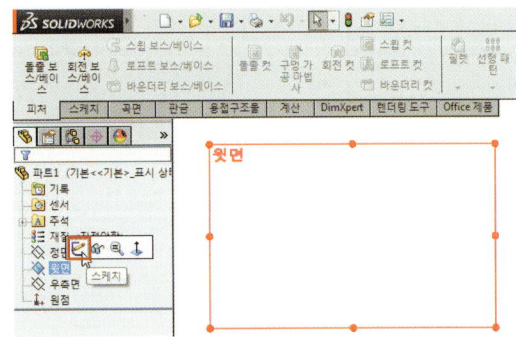

02 중심 사각형 명령을 클릭한다.

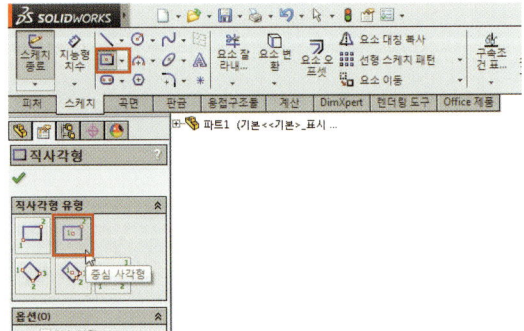

Section1 블럭 타입의 부품 그리기

03 중심점을 원점으로 직사각형을 작성한다.

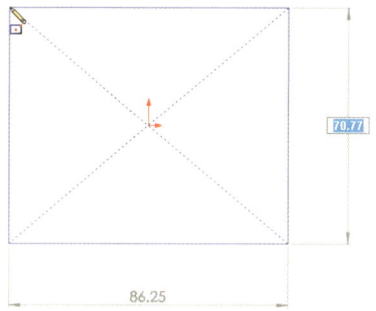

04 치수 명령으로 가로 세로의 치수를 작성한다.

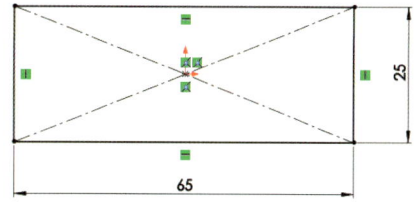

05 돌출 명령 클릭 ▶ 방향1 : 블라인드 형태 ▶ 거리 : 25mm ▶ 확인

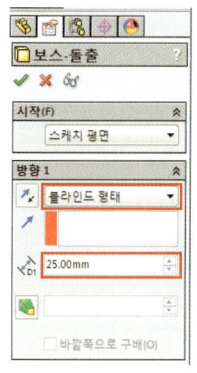
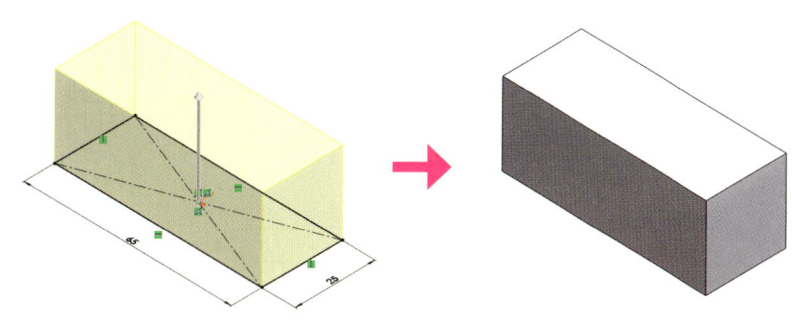

02 서브 피처 작성

01 구멍 명령을 실행한 후 위치 탭에서 구멍을 작성할 평면을 선택한다.

02 구멍의 중심으로 쓸 스케치를 작성한다.

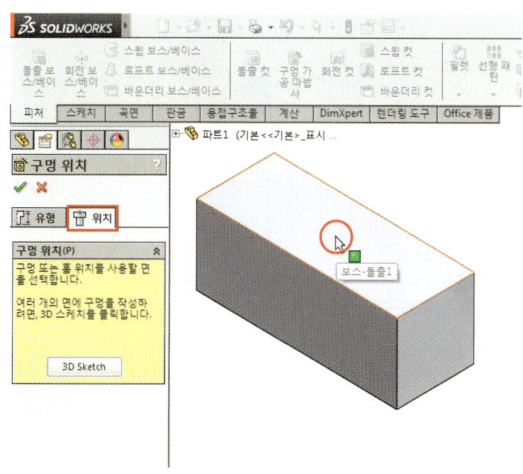

03 유형 탭 클릭 ▶ 구멍 유형 : 직선 탭 ▶ 표준 규격 : KS ▶ 구멍 크기 : M12 ▶ 마침 조건 : 다음까지 ▶ 확인

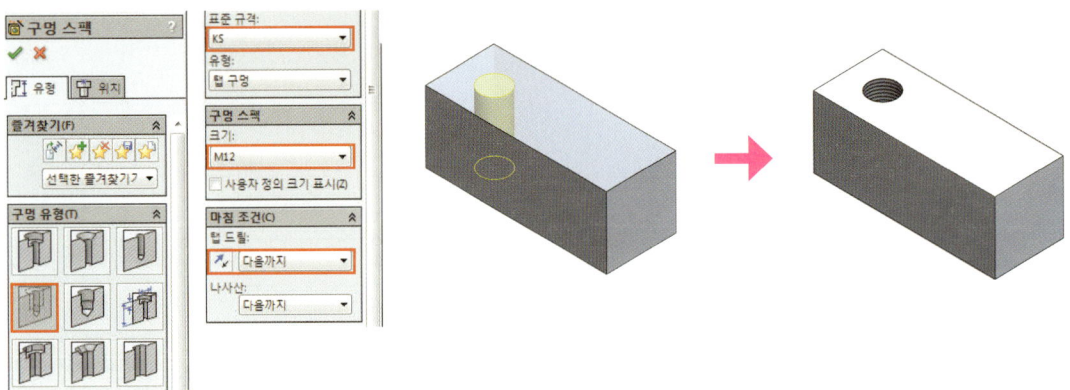

04 구멍 명령을 실행한 후 위치 탭에서 구멍을 작성할 평면을 선택한다.

05 구멍의 중심으로 쓸 스케치를 작성한다.

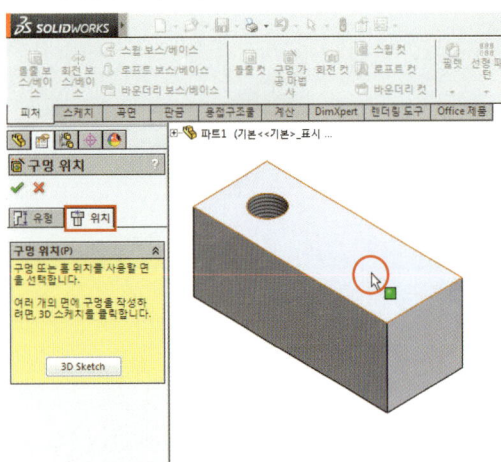
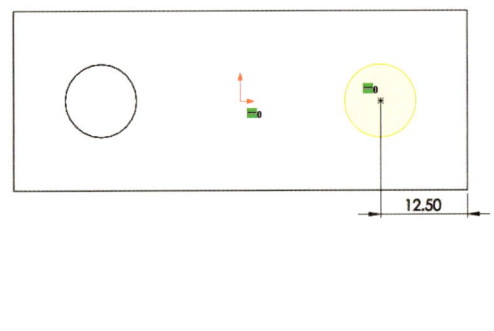

06 유형 탭 클릭 ▶ 구멍 유형 : 구멍 ▶ 표준 규격 : KS ▶ 구멍 크기 : Ø16 ▶ 마침 조건 : 다음까지 ▶ 확인

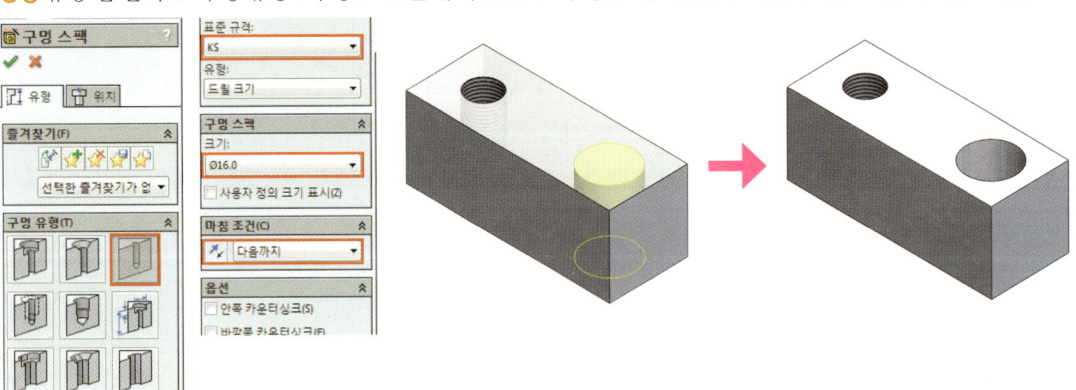

어드바이스 ▶ 구멍 가공 마법사는 위치 탭에서 3D Sketch 명령을 클릭하면 다른 공간타입의 구멍을 작성할 수 있다.

Section1 블럭 타입의 부품 그리기

03 마무리 피처 작성

01 모따기 명령 클릭 ▶ 모서리 선택 ▶ 유형 : 거리-거리(동등 거리 체크) ▶ 거리 : 1mm ▶ 확인

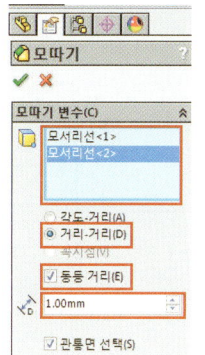
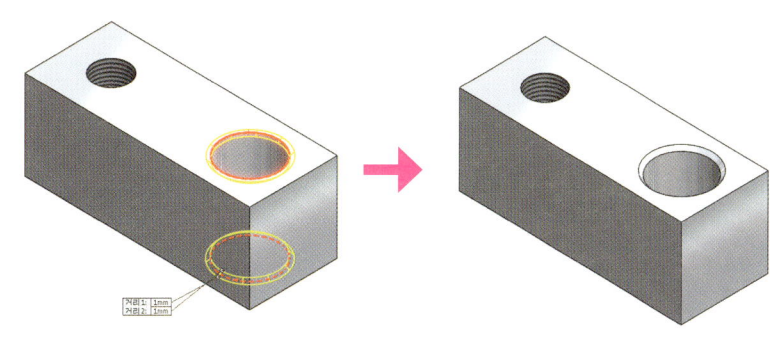

Lesson 2 ┃ 핑거

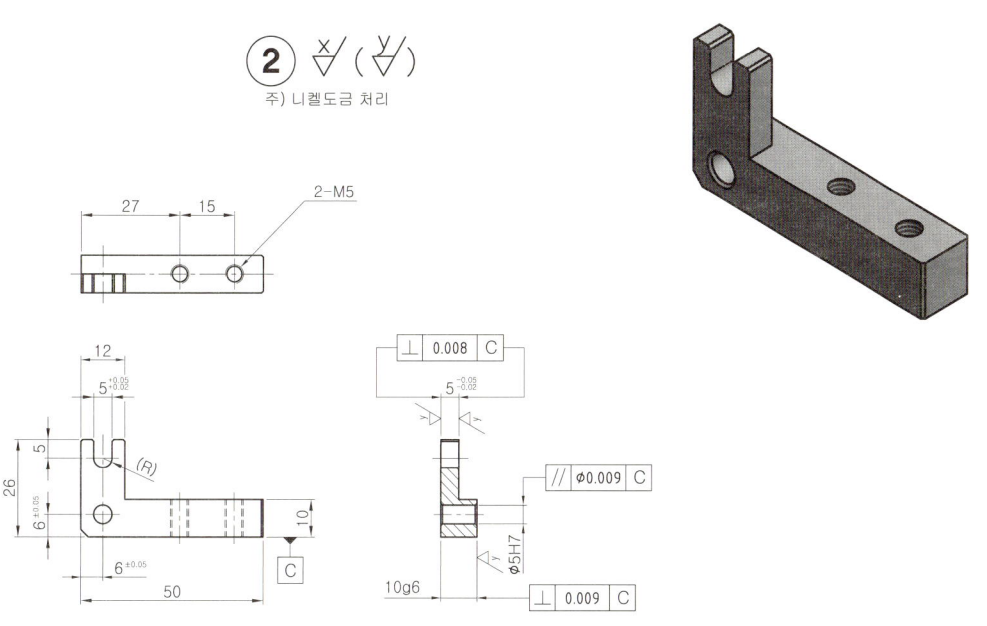

주 석 ▶ 도시되고 지시하지 않은 모따기 1X45°

243

01 베이스 피처 작성

01 정면에 스케치를 작성한다.

02 스케치 프로파일을 작성한다.

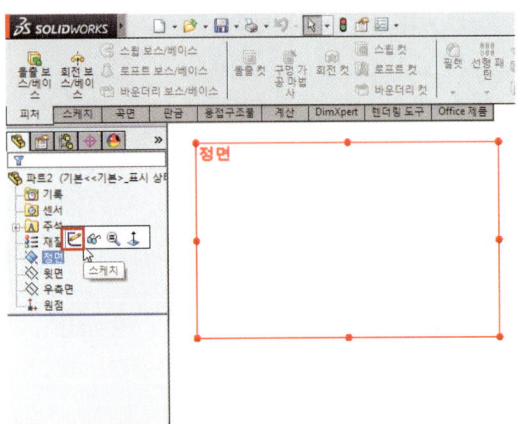
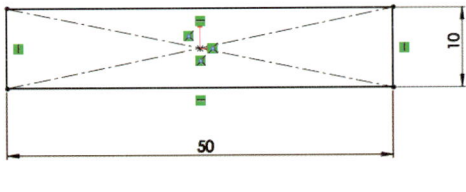

03 돌출 명령 클릭 ▶ 방향1 : 중간 평면 ▶ 거리 : 10mm ▶ 확인

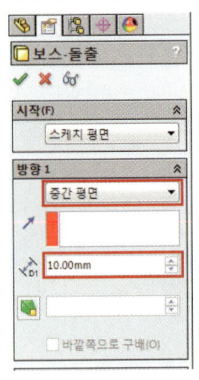
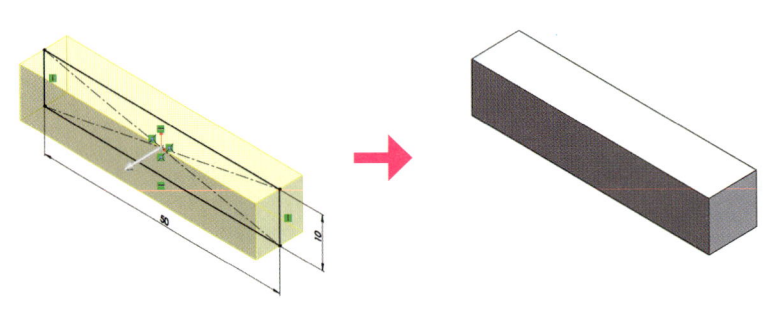

04 작성된 솔리드 면에 스케치를 작성한다.

05 스케치 프로파일을 작성한다.

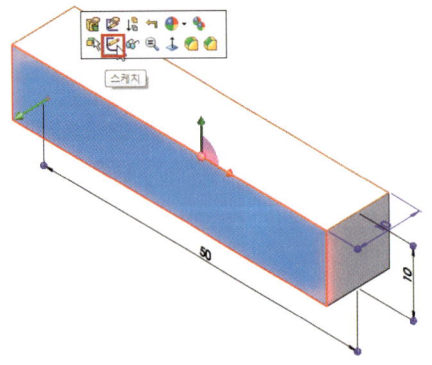
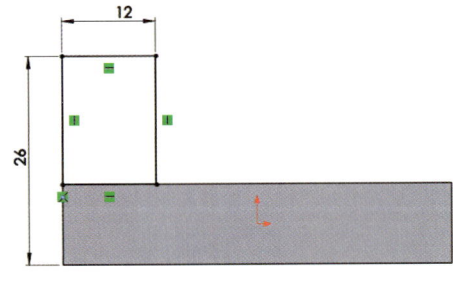

어드바이스 ▶ 첫 번째 피처의 돌출 방향은 중간 평면으로 한다.

06 돌출 명령 클릭 ▶ 방향1 : 블라인드 형태(반대 방향 클릭) ▶ 거리 : 5mm ▶ 확인

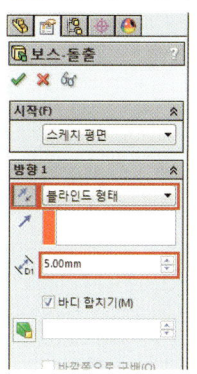 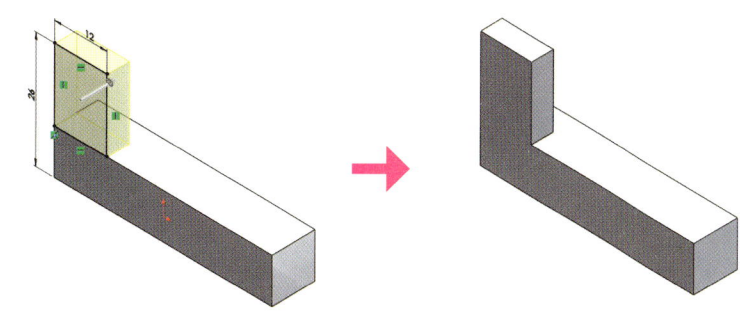

02 서브 피처 작성

01 작성된 솔리드 면에 스케치를 작성한다.   02 스케치 프로파일을 작성한다.

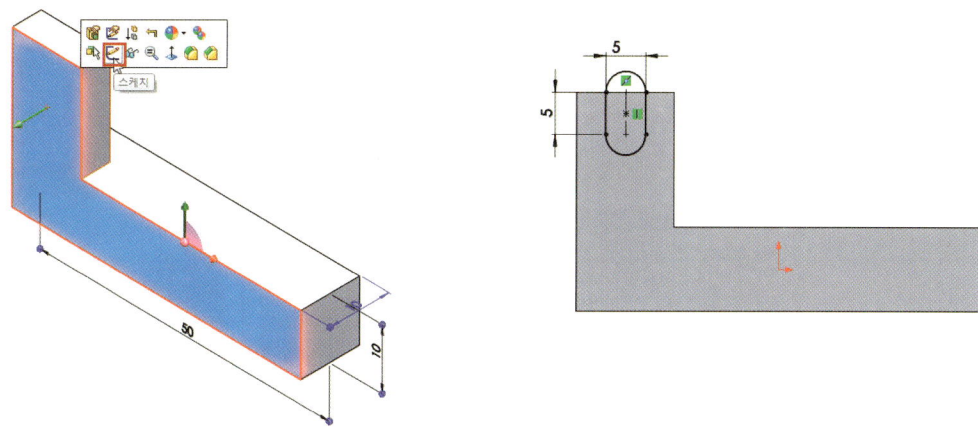

03 돌출 컷 명령 클릭 ▶ 방향1 : 다음까지 ▶ 확인

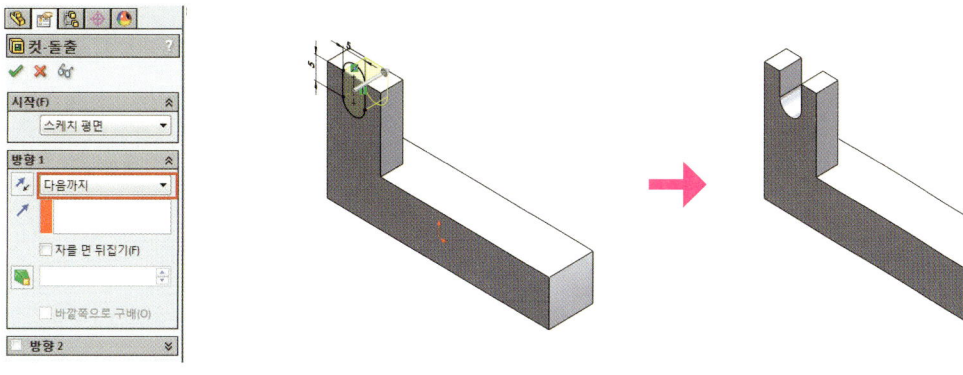

어드바이스 ▶ 관통되는 경우는 주로 관통 옵션보다는 다음까지 옵션으로 작성하는 것이 더 보편적이다.

04 구멍 명령을 실행한 후 위치 탭에서 구멍을 작성할 평면을 선택한다.

05 구멍의 중심으로 쓸 스케치를 작성한다.

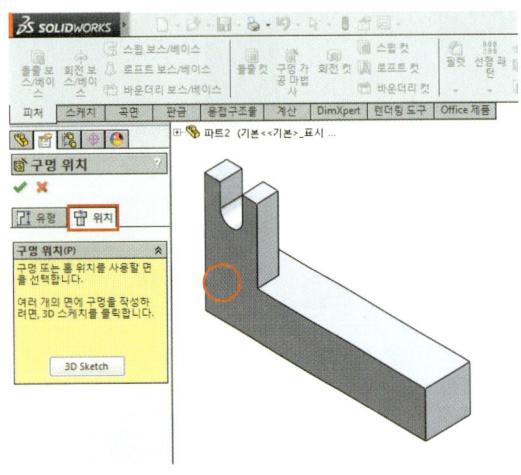
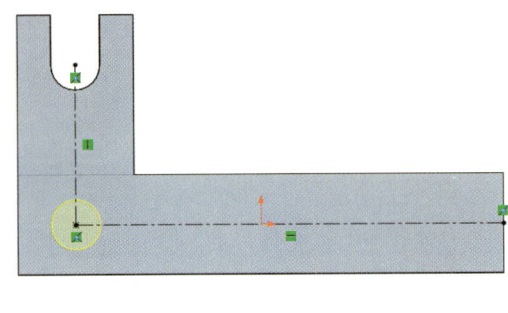

06 유형 탭 클릭 ▶ 구멍 유형 : 구멍 ▶ 표준 규격 : KS ▶ 구멍 크기 : Ø5 ▶ 마침 조건 : 다음까지 ▶ 확인

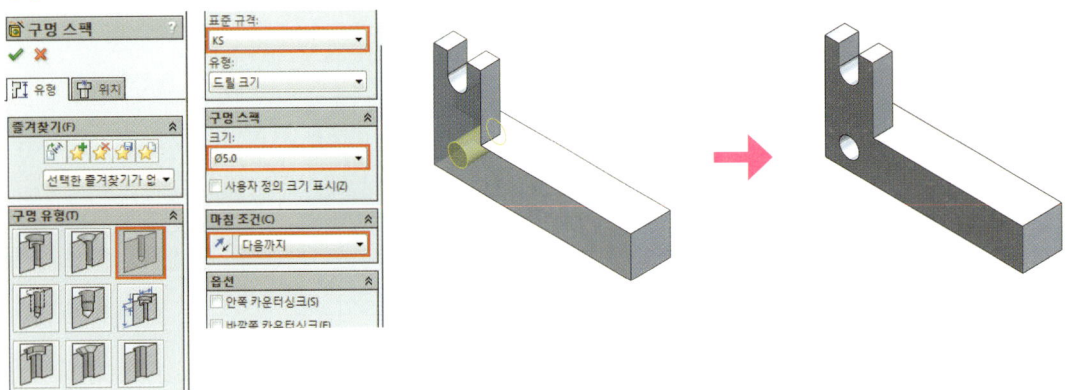

07 구멍 명령을 실행한 후 위치 탭에서 구멍을 작성할 평면을 선택한다.

08 구멍의 중심으로 쓸 스케치를 작성한다.

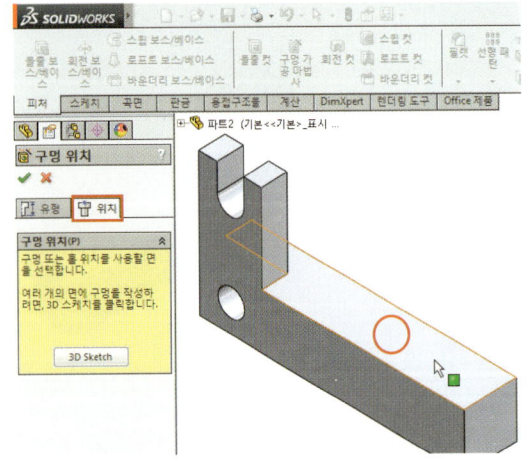
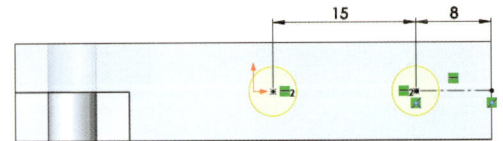

09 유형 탭 클릭 ▶ 구멍 유형 : 직선 탭 ▶ 표준 규격 : KS ▶ 구멍 크기 : M5 ▶ 마침 조건 : 다음까지 ▶ 확인

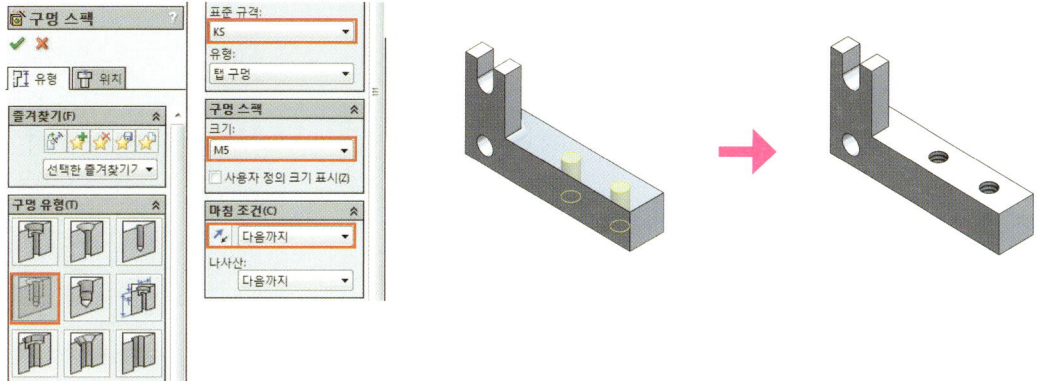

03 마무리 피처 작성

01 모따기 명령 클릭 ▶ 모서리 선택 ▶ 유형 : 거리-거리(동등 거리 체크) ▶ 거리 : 2mm ▶ 확인

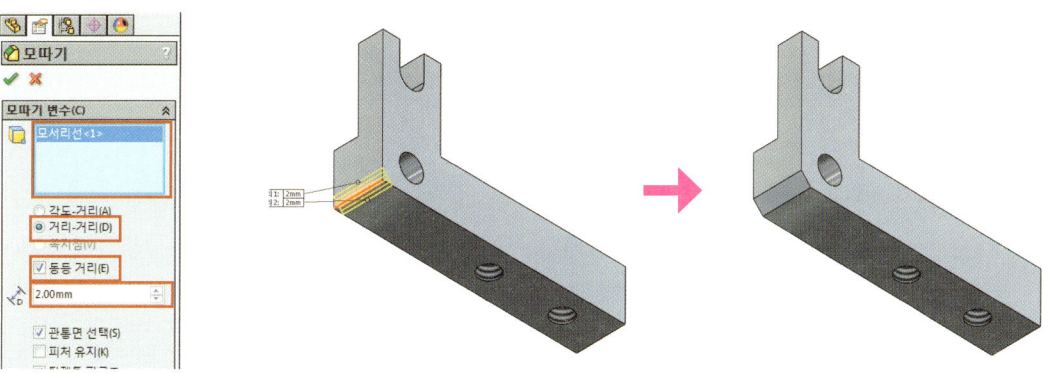

02 모따기 명령 클릭 ▶ 모서리 선택 ▶ 유형 : 거리-거리(동등 거리 체크) ▶ 거리 : 0.5mm ▶ 확인

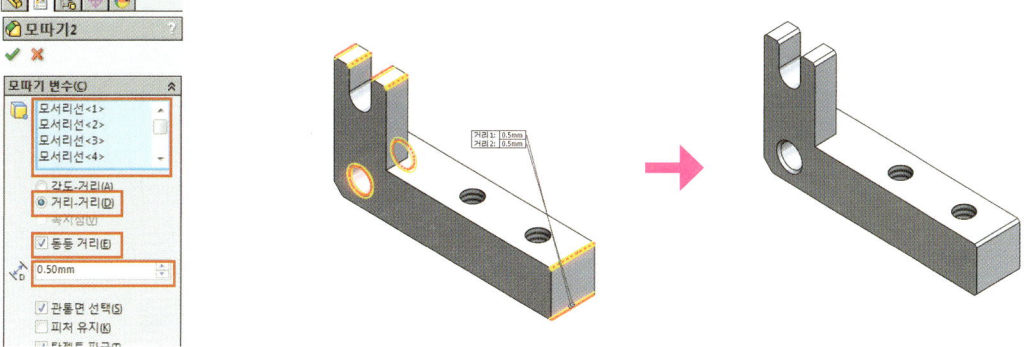

Lesson 3 | 이동 클램프

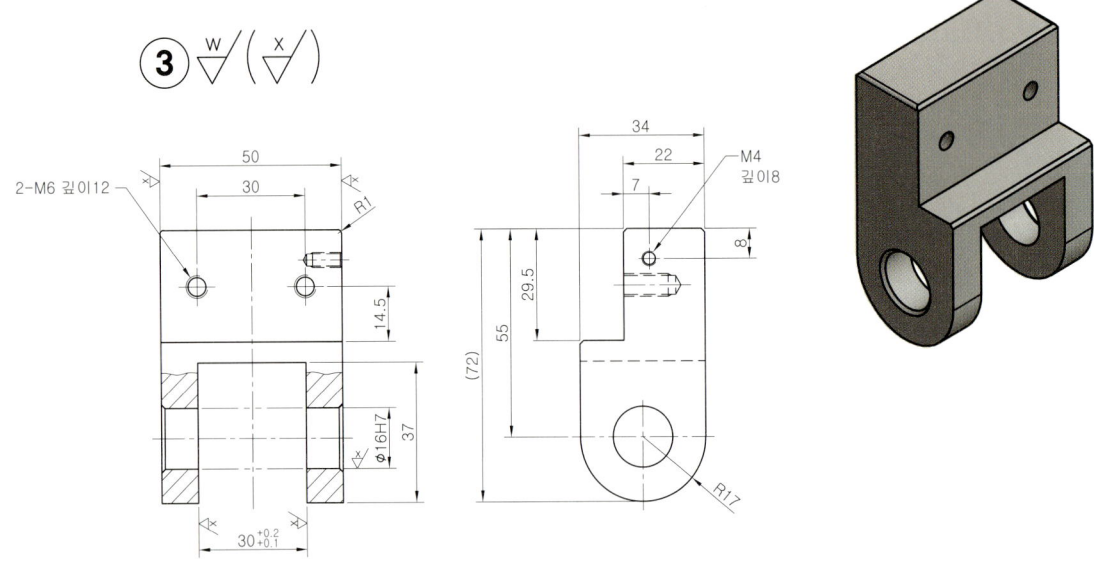

주 석 ▶ 도시되고 지시하지 않은 모따기 1X45°

01 베이스 피처 작성

01 우측면에 스케치를 작성한다.

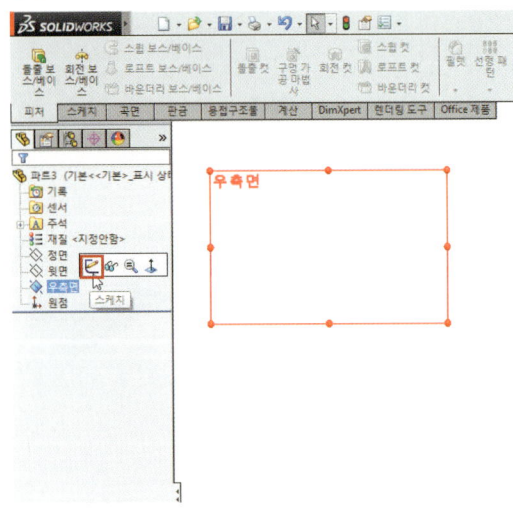

02 스케치 프로파일을 작성한다.

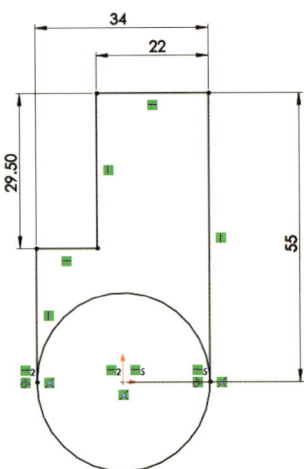

Section1 블록 타입의 부품 그리기

03 돌출 명령 클릭 ▶ 방향1 : 중간 평면 ▶ 거리 : 50mm ▶ 확인

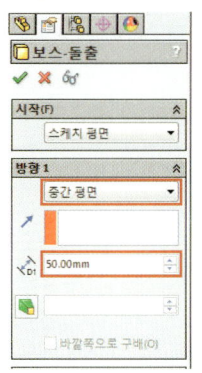 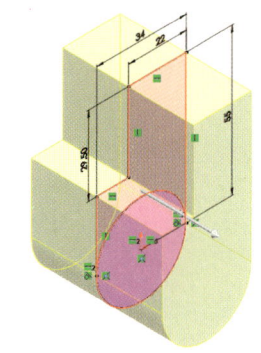 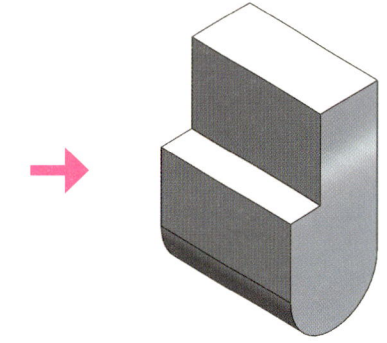

04 작성된 솔리드 면에 스케치를 작성한다.

05 스케치 프로파일을 작성한다.

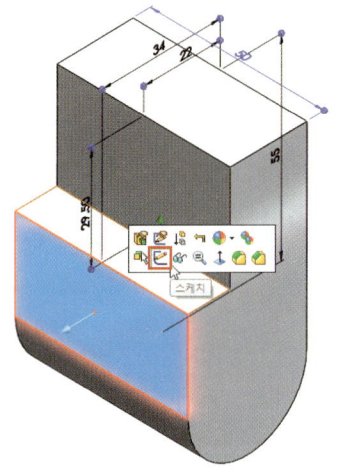 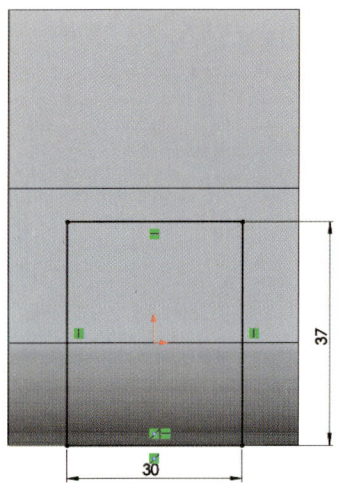

02 서브 피처 작성

01 돌출 컷 명령 클릭 ▶ 방향1 : 다음까지 ▶ 확인

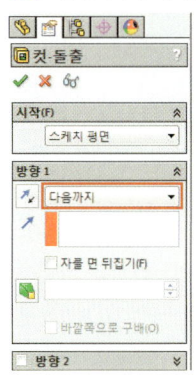 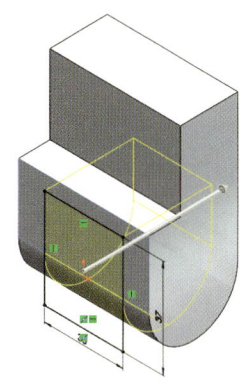 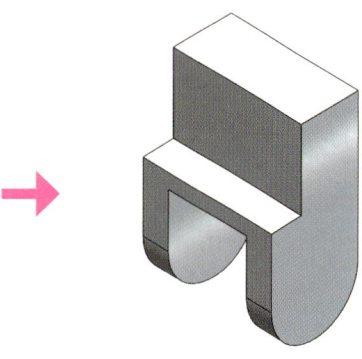

249

02 작성된 솔리드 면에 스케치를 작성한다.

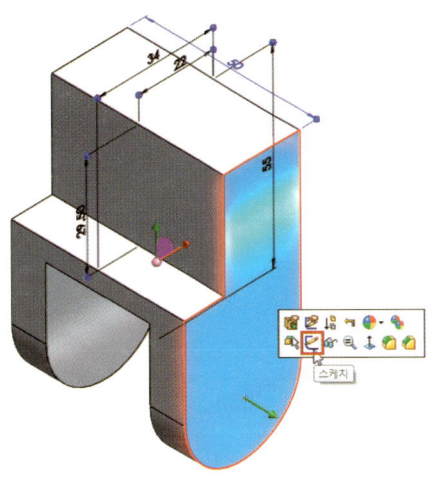

03 스케치 프로파일을 작성한다.

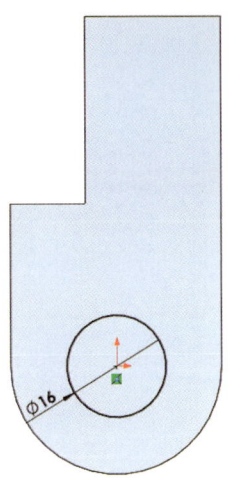

04 돌출 컷 명령 클릭 ▶ 방향1 : 중간 평면 ▶ 거리 : 10mm ▶ 확인

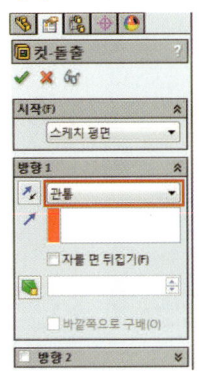 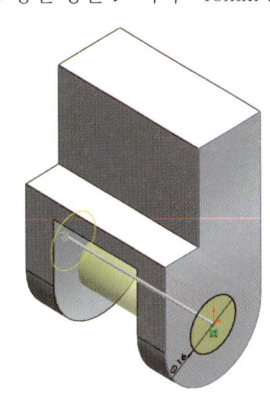 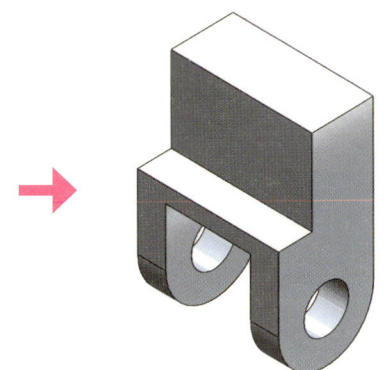

05 구멍 명령을 실행한 후 위치 탭에서 구멍을 작성할 평면을 선택한다.

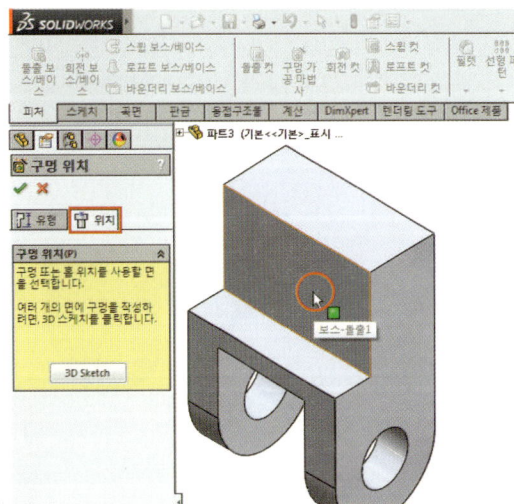

06 구멍의 중심으로 쓸 스케치를 작성한다.

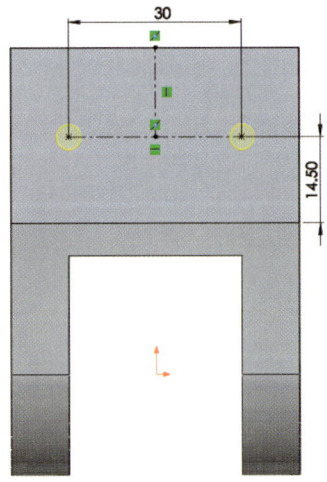

07 유형 탭 클릭 ▶ 구멍 유형 : 직선 탭 ▶ 구멍 크기 : M6 ▶ 구멍 깊이 : 14mm, 탭 깊이 : 12mm ▶ 확인

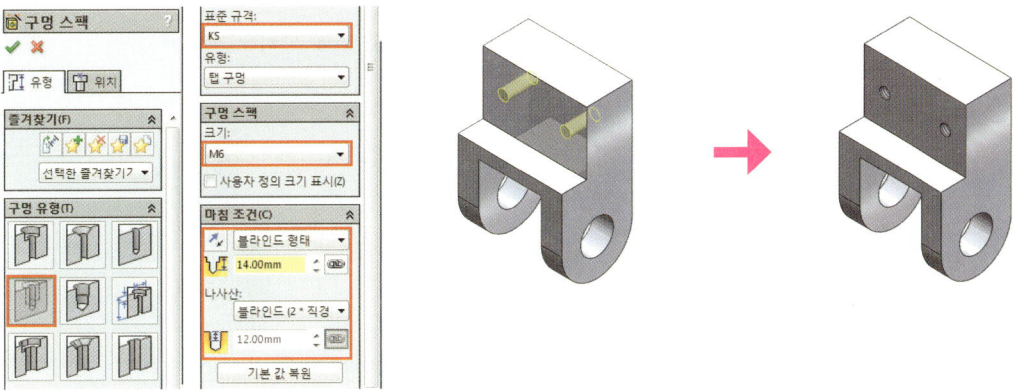

08 구멍 명령을 실행한 후 위치 탭에서 구멍을 작성할 평면을 선택한다.

09 구멍의 중심으로 쓸 스케치를 작성한다.

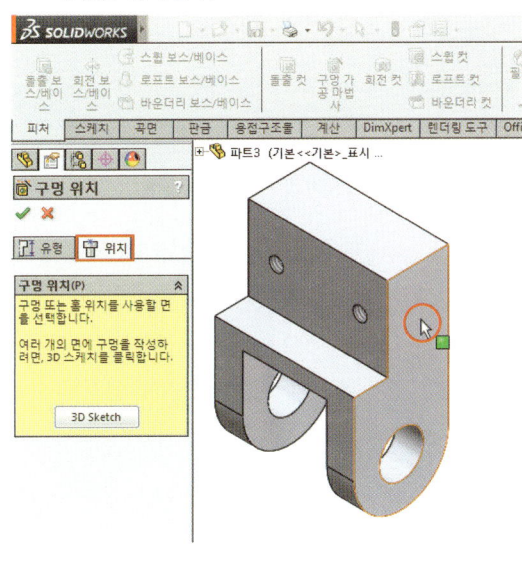
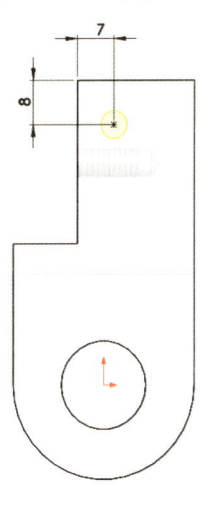

10 유형 탭 클릭 ▶ 구멍 유형 : 직선 탭 ▶ 구멍 크기 : M4 ▶ 구멍 깊이 : 11.5mm, 탭 깊이 : 8mm ▶ 확인

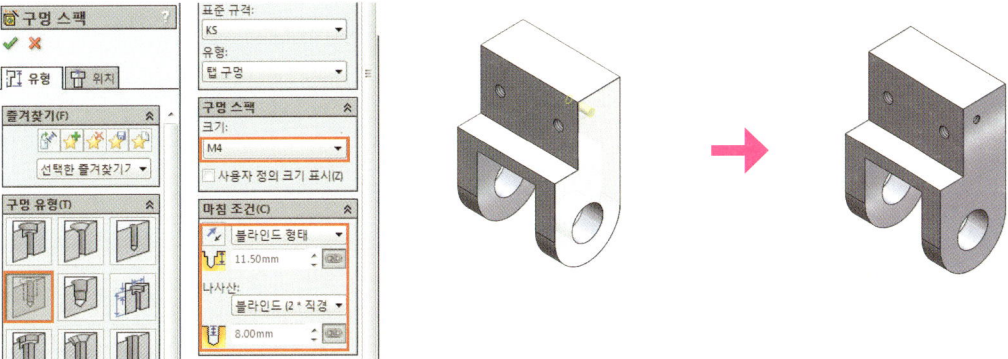

03 마무리 피처 작성

01 모따기 명령 클릭 ▶ 모서리 선택 ▶ 유형 : 거리-거리(동등 거리 체크) ▶ 거리 : 1mm ▶ 확인

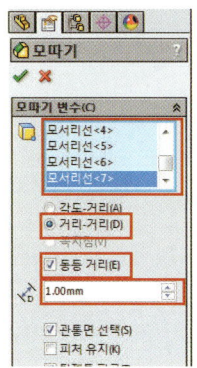
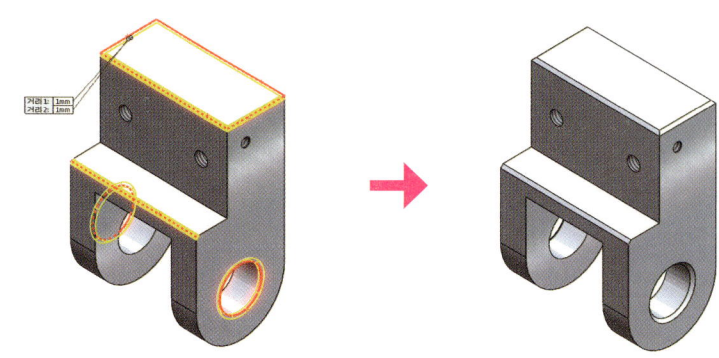

Lesson 4 고정 클램프

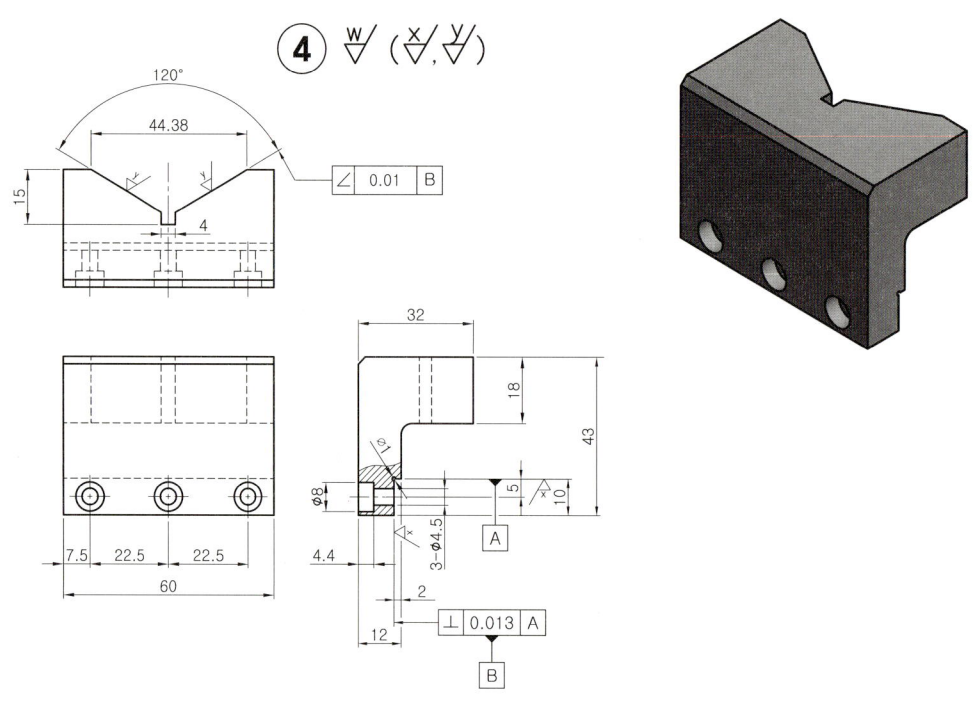

주 석 ▶ 도시되고 지시하지 않은 모따기 1X45°

01 베이스 피처 작성

01 우측면에 스케치를 작성한다.

02 스케치 프로파일을 작성한다.

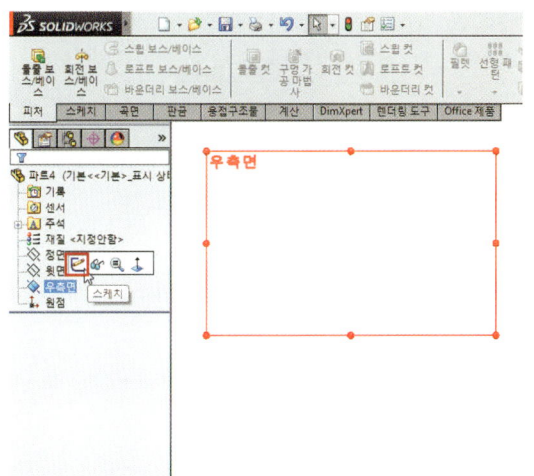
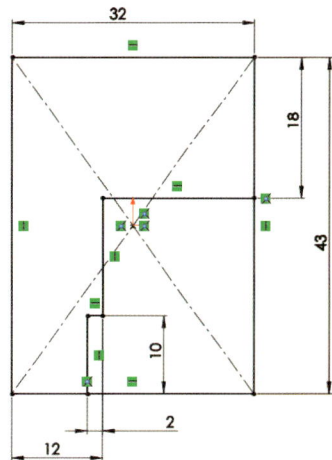

03 돌출 명령 클릭 ▶ 방향1 : 중간 평면 ▶ 거리 : 60mm ▶ 확인

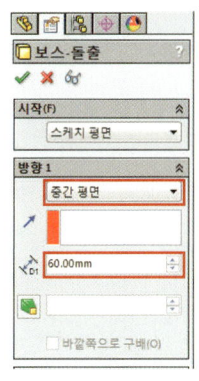
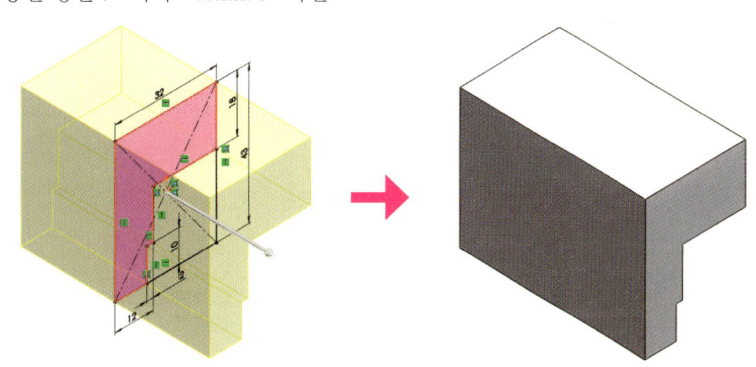

04 작성된 솔리드 면에 스케치를 작성한다.

05 스케치 프로파일을 작성한다.

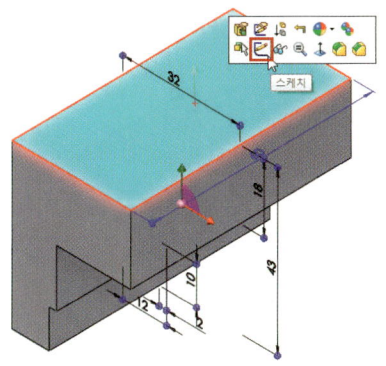
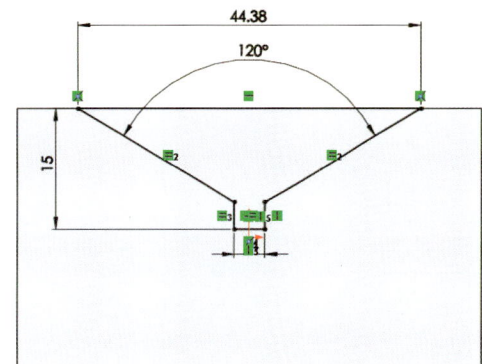

253

06 돌출컷 명령 클릭 ▶ 방향1 : 다음까지 ▶ 확인

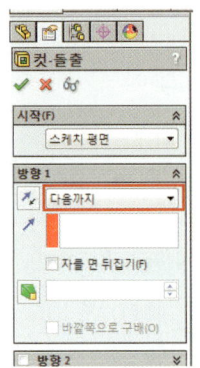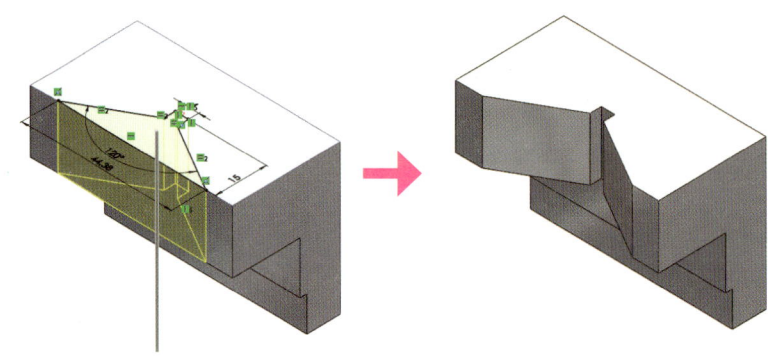

02 서브 피처 작성

01 구멍 명령을 실행한 후 위치 탭에서 구멍을 작성할 평면을 선택한다.

02 구멍의 중심으로 쓸 스케치를 작성한다.

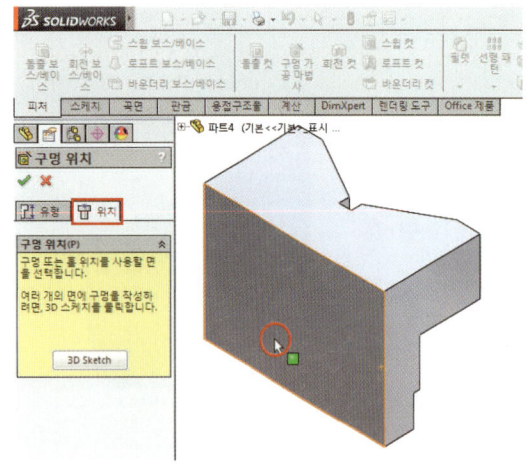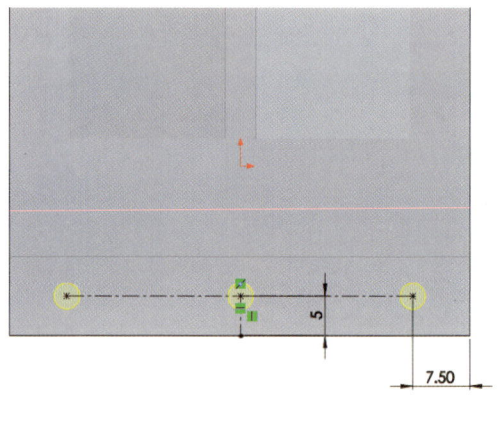

03 유형 탭 클릭 ▶ 구멍 유형 : 카운터보어 ▶ 표준 규격 : KS ▶ 구멍 크기 : M4 ▶ 마침 조건 : 다음까지 ▶ 확인

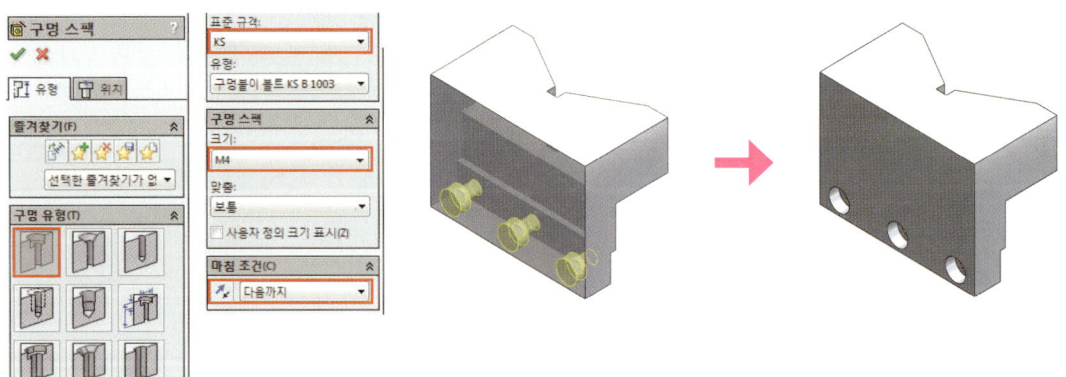

04 작성된 솔리드 면에 스케치를 작성한다.

05 스케치 프로파일을 작성한다.

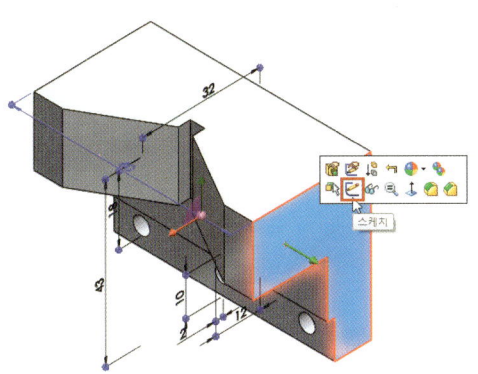
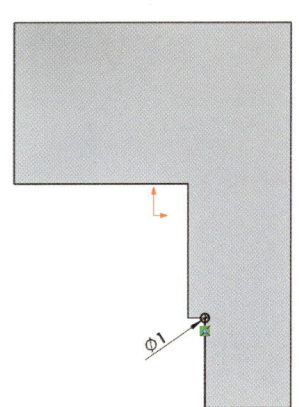

06 돌출 컷 명령 클릭 ▶ 방향1 : 다음까지 ▶ 확인

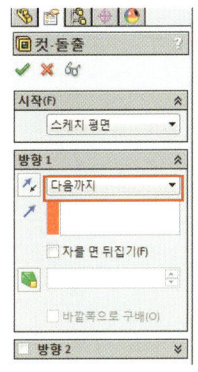
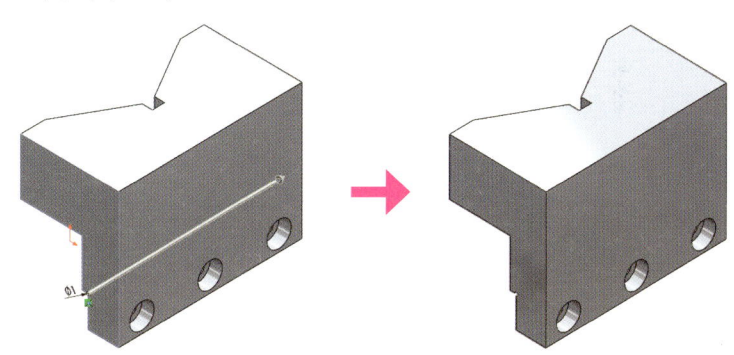

03 마무리 피처 작성

01 필렛 명령 클릭 ▶ 필렛 유형 : 부동 크기 ▶ 모서리 선택 ▶ 필렛 변수 : 3mm ▶ 확인

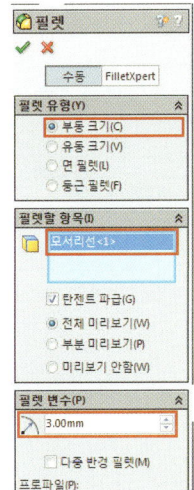
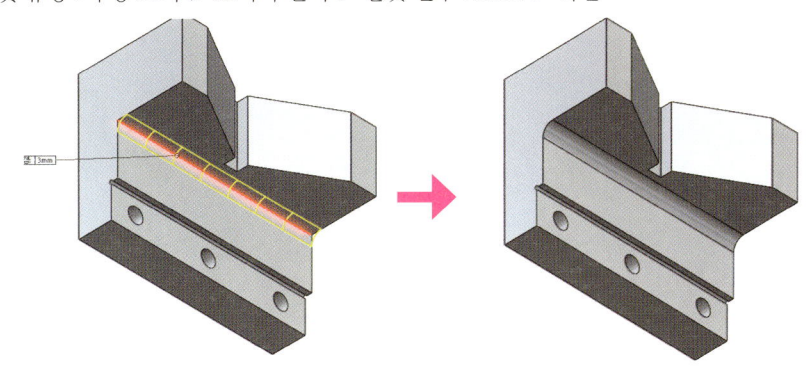

255

02 모따기 명령 클릭 ▶ 모서리 선택 ▶ 유형 : 거리-거리(동등 거리 체크) ▶ 거리 : 2mm ▶ 확인

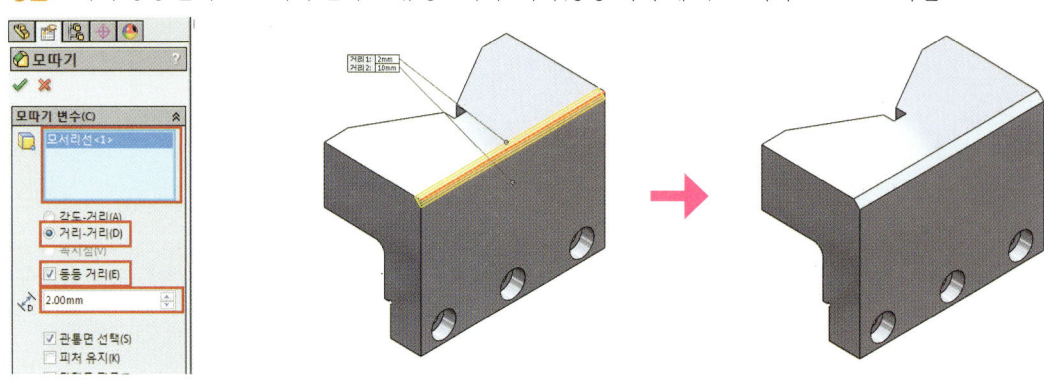

Lesson 5 　커버

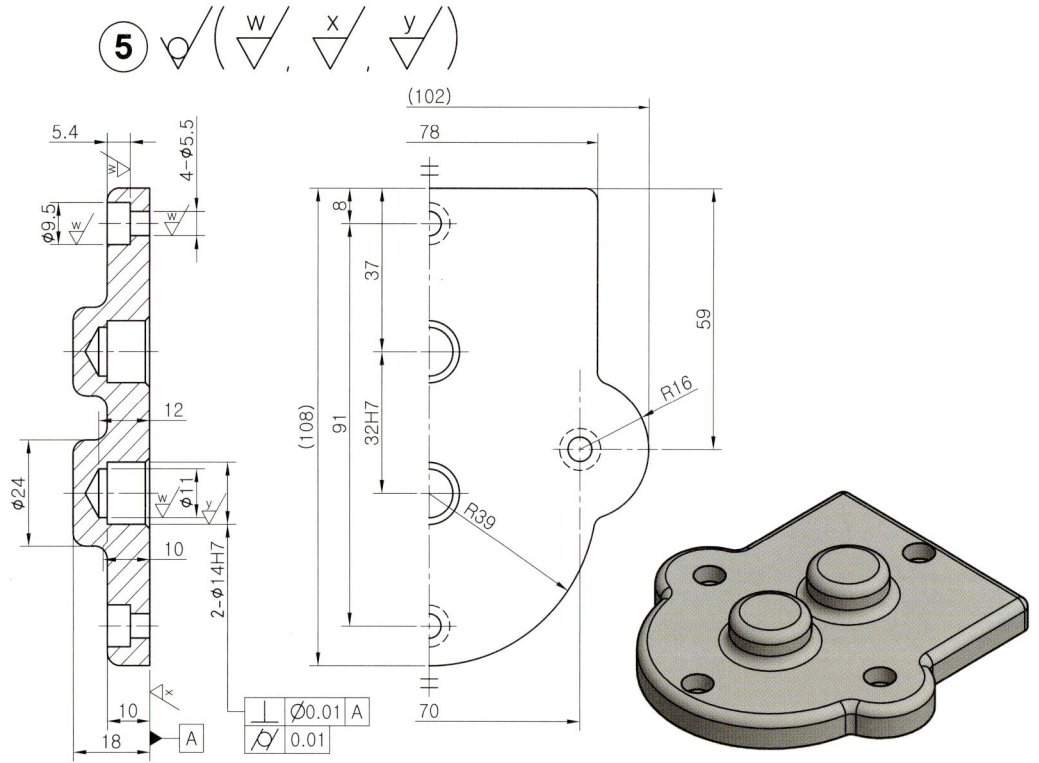

주 석 ▶ 도시되고 지시하지 않은 모따기 1X45°

Section1 블럭 타입의 부품 그리기

01 베이스 피처 작성

01 정면에 스케치를 작성한다.

02 스케치 프로파일을 작성한다.

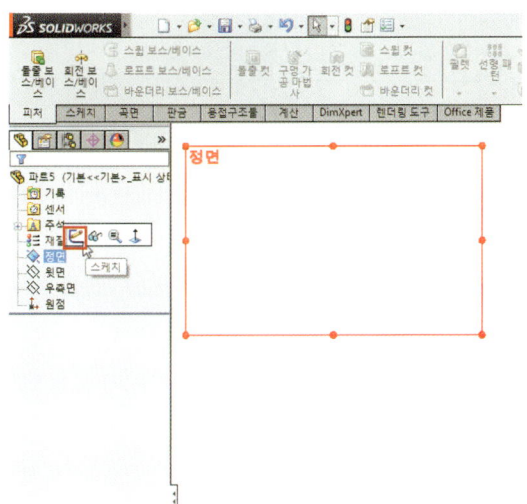
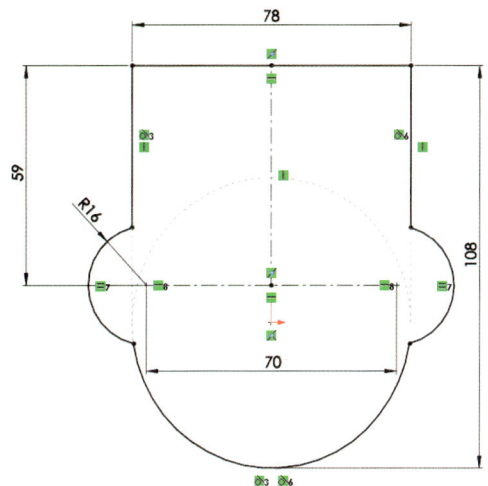

03 돌출 명령 클릭 ▶ 방향1 : 블라인드 형태 ▶ 거리 : 10mm ▶ 확인

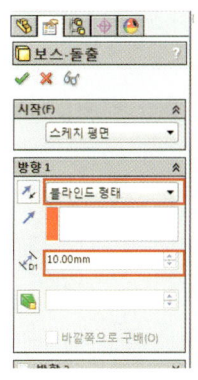
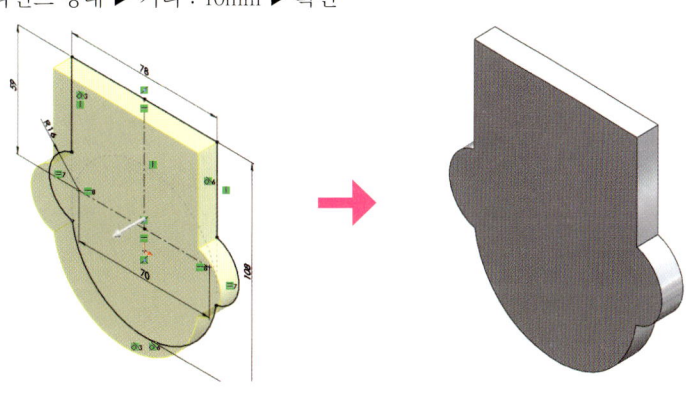

04 작성된 솔리드 면에 스케치를 작성한다.

05 스케치 프로파일을 작성한다.

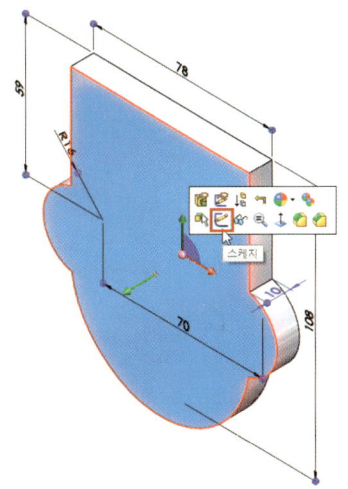
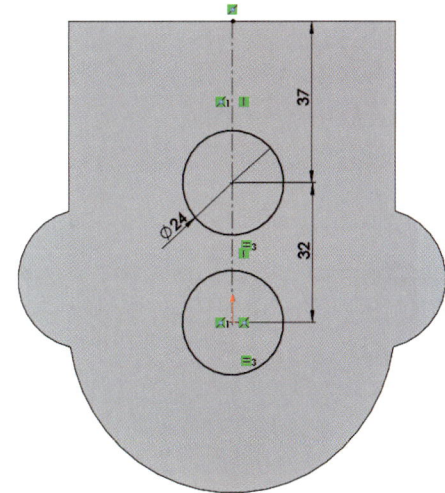

257

06 돌출 명령 클릭 ▶ 방향1 : 블라인드 형태 ▶ 거리 : 8mm ▶ 확인

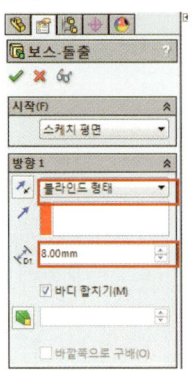
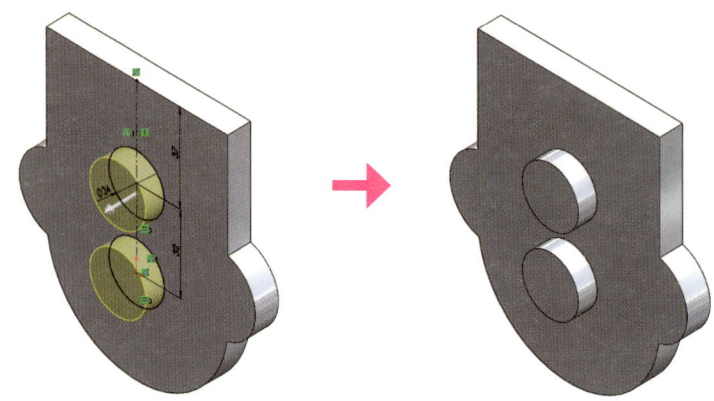

02 서브 피처 작성

01 구멍 명령을 실행한 후 위치 탭에서 구멍을 작성할 평면을 선택한다.

02 구멍의 중심으로 쓸 스케치를 작성한다.

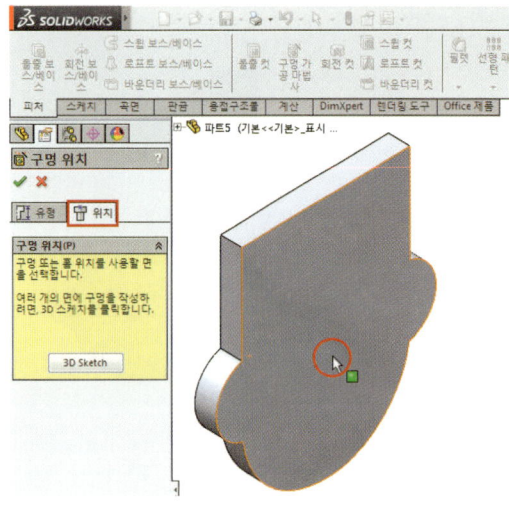
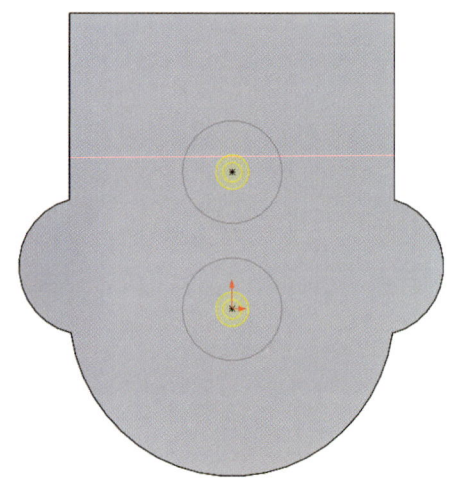

03 유형 탭 클릭 ▶ 구멍 유형 : 카운터보어 ▶ 구멍 스펙 : M10 ▶ 사용자 정의 크기 표시 체크 ▶ 관통 구멍 지름 : 11mm, 카운터보어 지름 : 14mm, 카운터보어 깊이 : 10mm ▶ 마침 조건 : 블라인드 형태(12mm) ▶ 확인

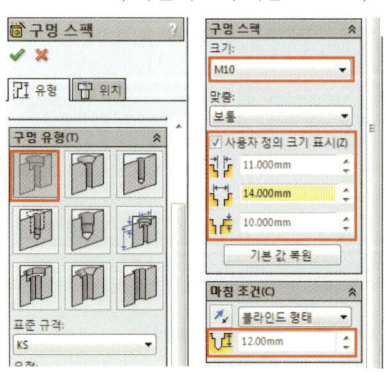
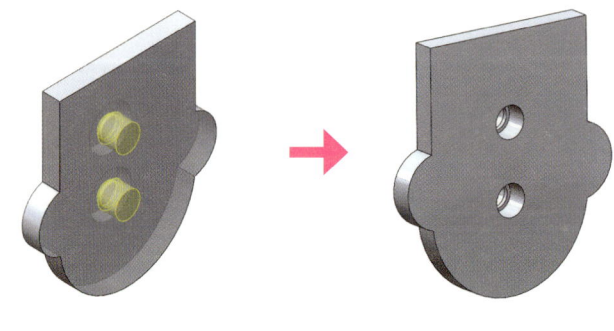

04 구멍 명령을 실행한 후 위치 탭에서 구멍을 작성할 평면을 선택한다.

05 구멍의 중심으로 쓸 스케치를 작성한다.

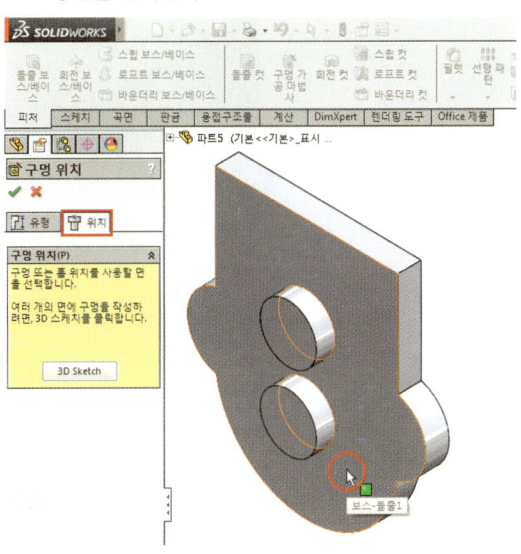
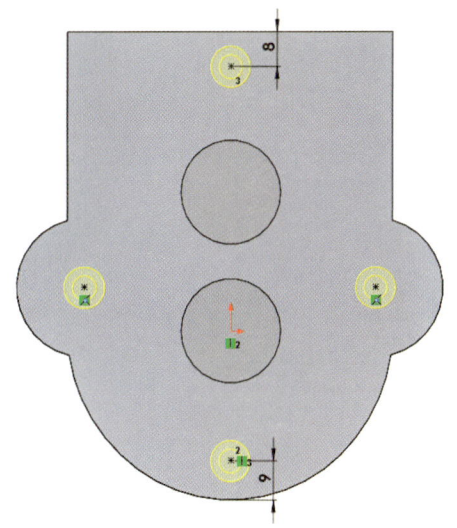

06 유형 탭 클릭 ▶ 구멍 유형 : 카운터보어 ▶ 표준 규격 : KS ▶ 구멍 크기 : M5 ▶ 마침 조건 : 다음까지 ▶ 확인

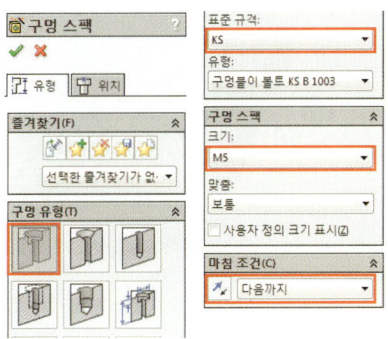
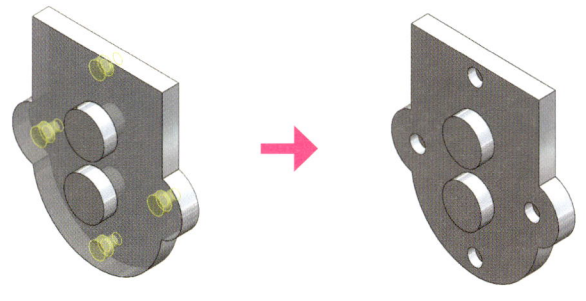

03 마무리 피처 작성

01 필렛 명령 클릭 ▶ 필렛 유형 : 부동 크기 ▶ 모서리 선택 ▶ 필렛 변수 : 2mm ▶ 확인

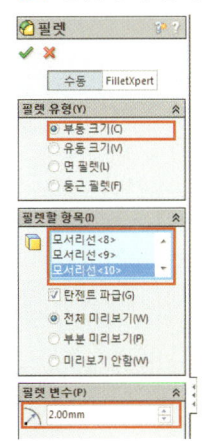
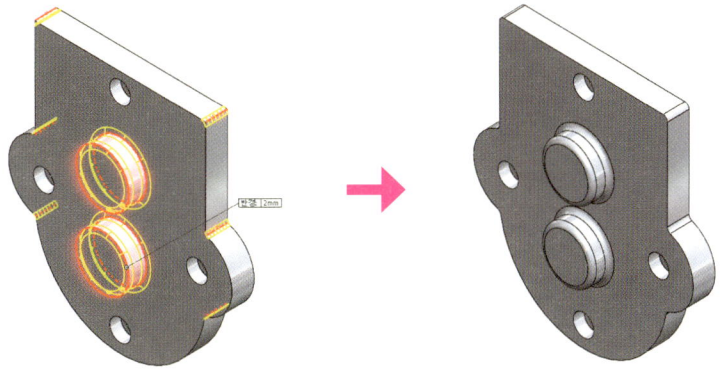

02 필렛 명령 클릭 ▶ 필렛 유형 : 부동 크기 ▶ 모서리 선택 ▶ 필렛 변수 : 3mm ▶ 확인

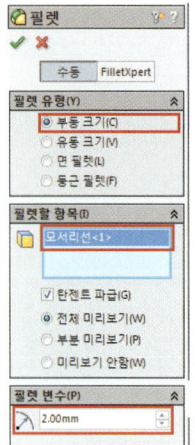 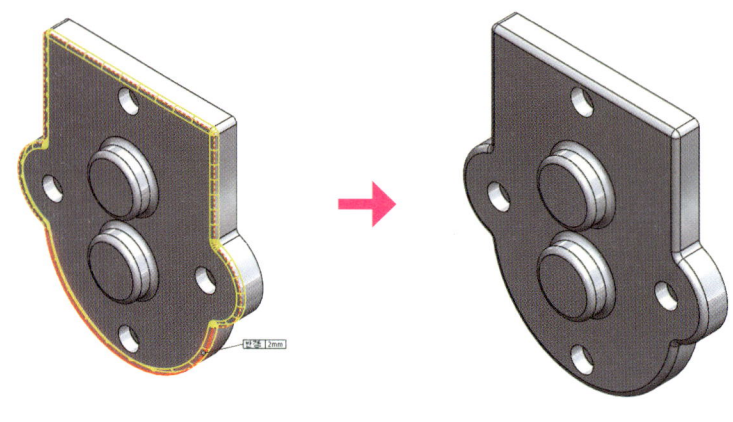

03 모따기 명령 클릭 ▶ 모서리 선택 ▶ 유형 : 거리-거리(동등 거리 체크) ▶ 거리 : 1mm ▶ 확인

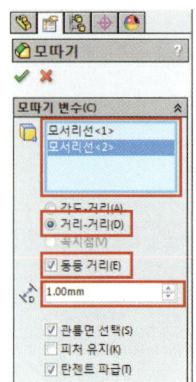 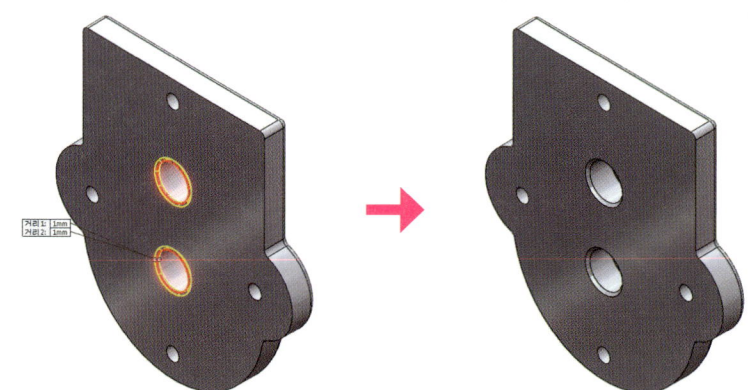

어드바이스 ▶ 같은 타입과, 같은 반경 혹은 거리를 가지는 필렛과 모따기는 한번의 명령으로 작성한다.

Lesson 6 | 연습 예제도면

01 스페이서

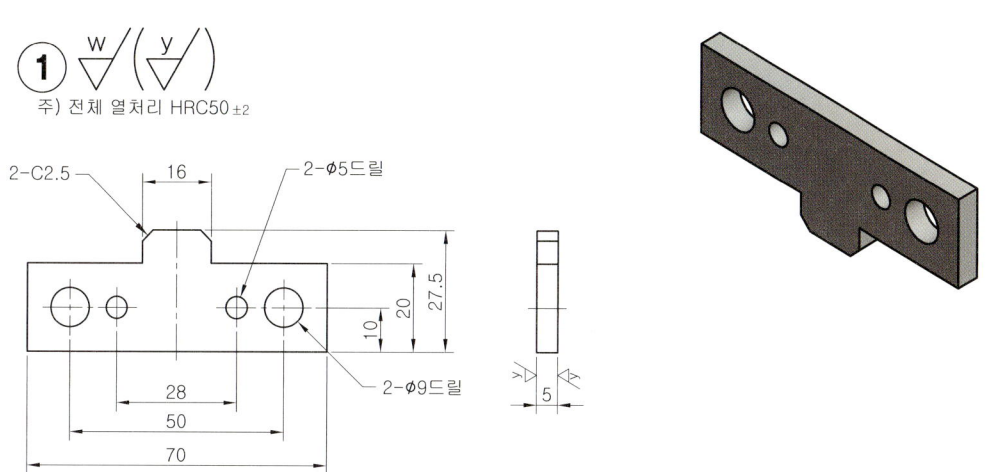

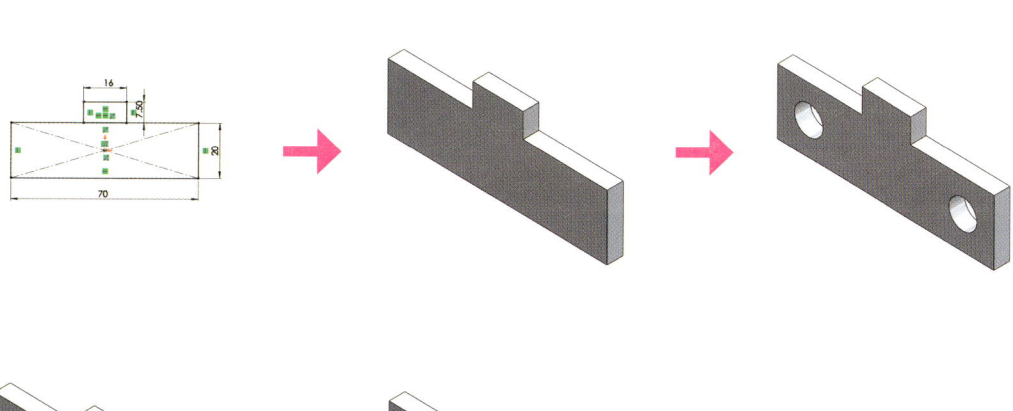

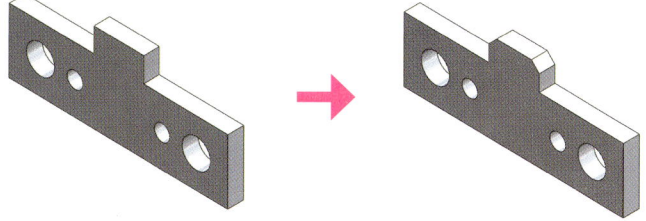

02 클램핑 블록

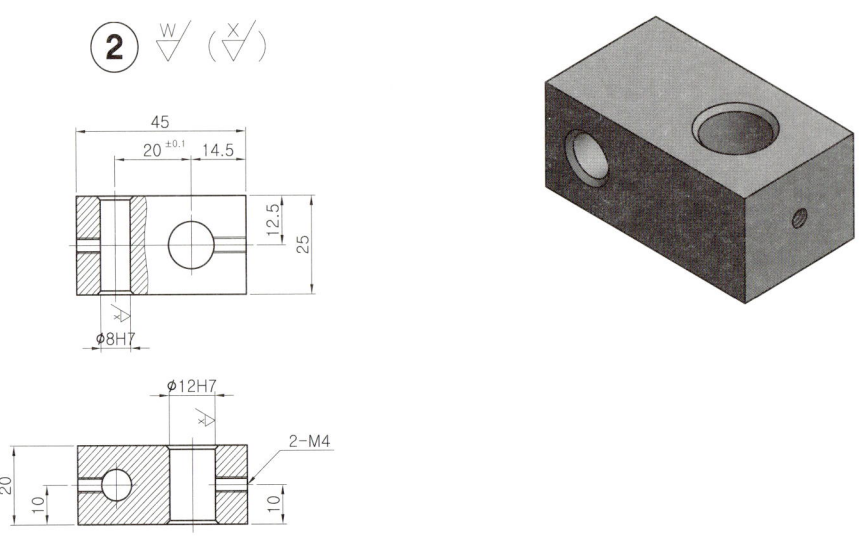

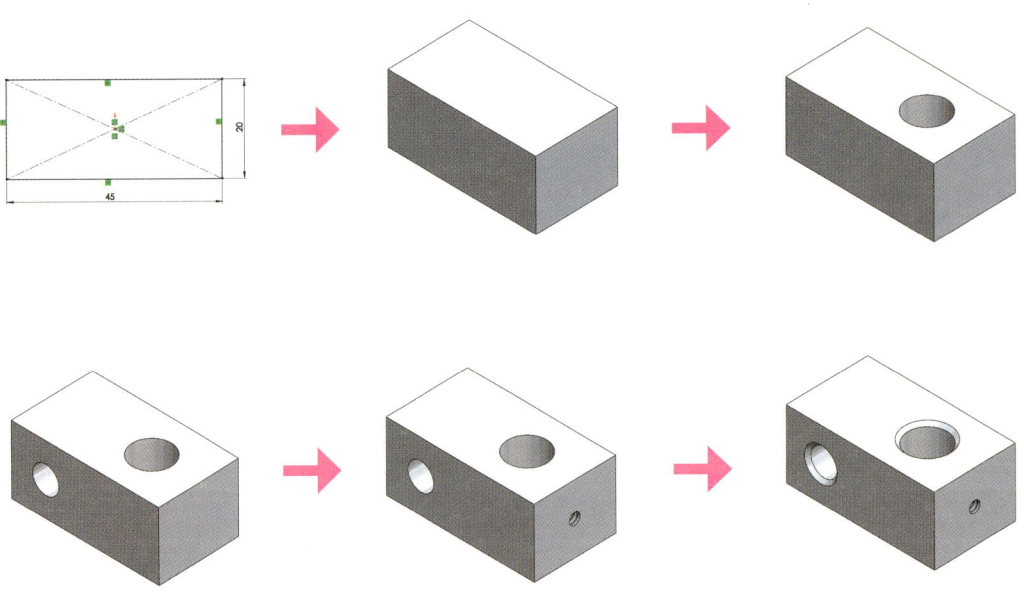

03 베이스 블록

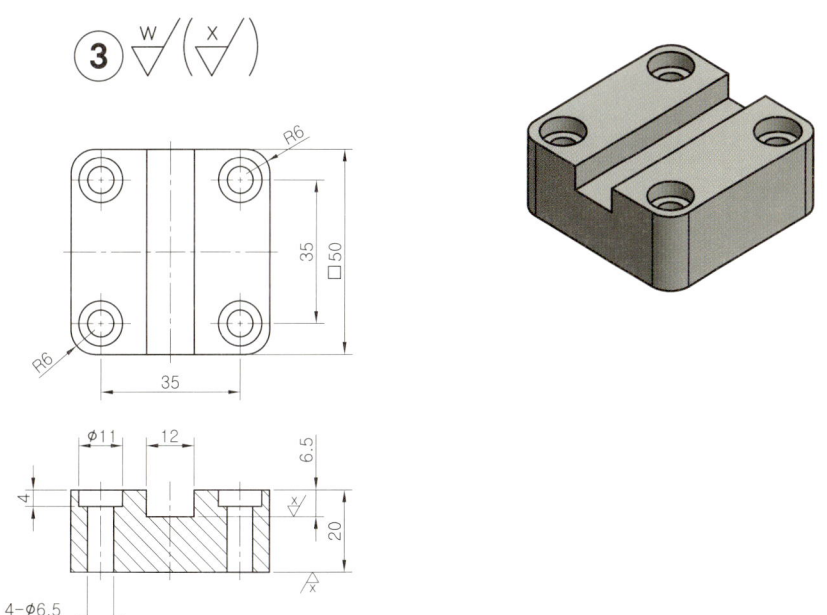

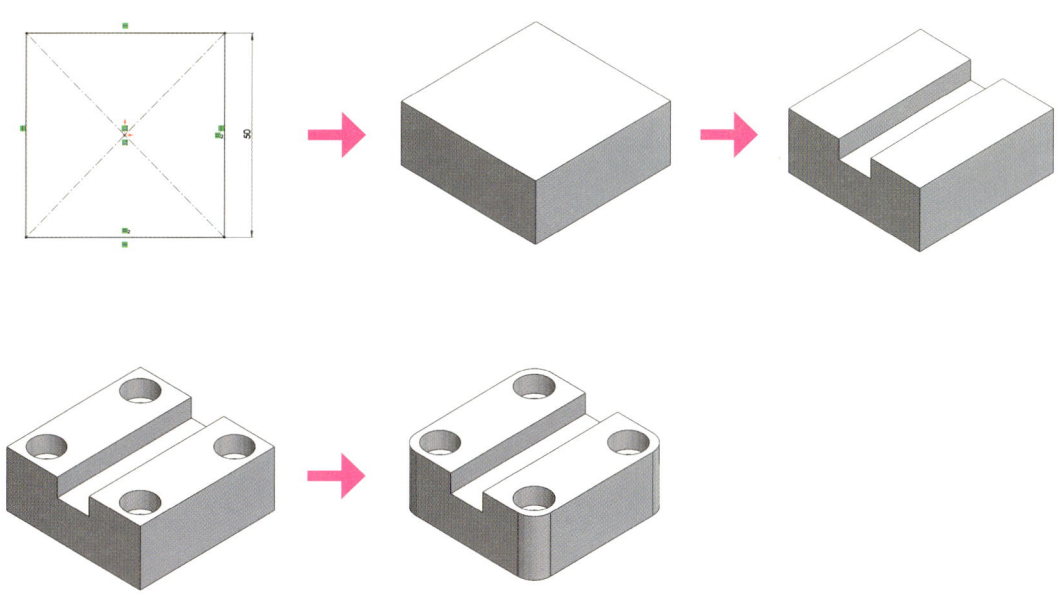

04 클램프 링크

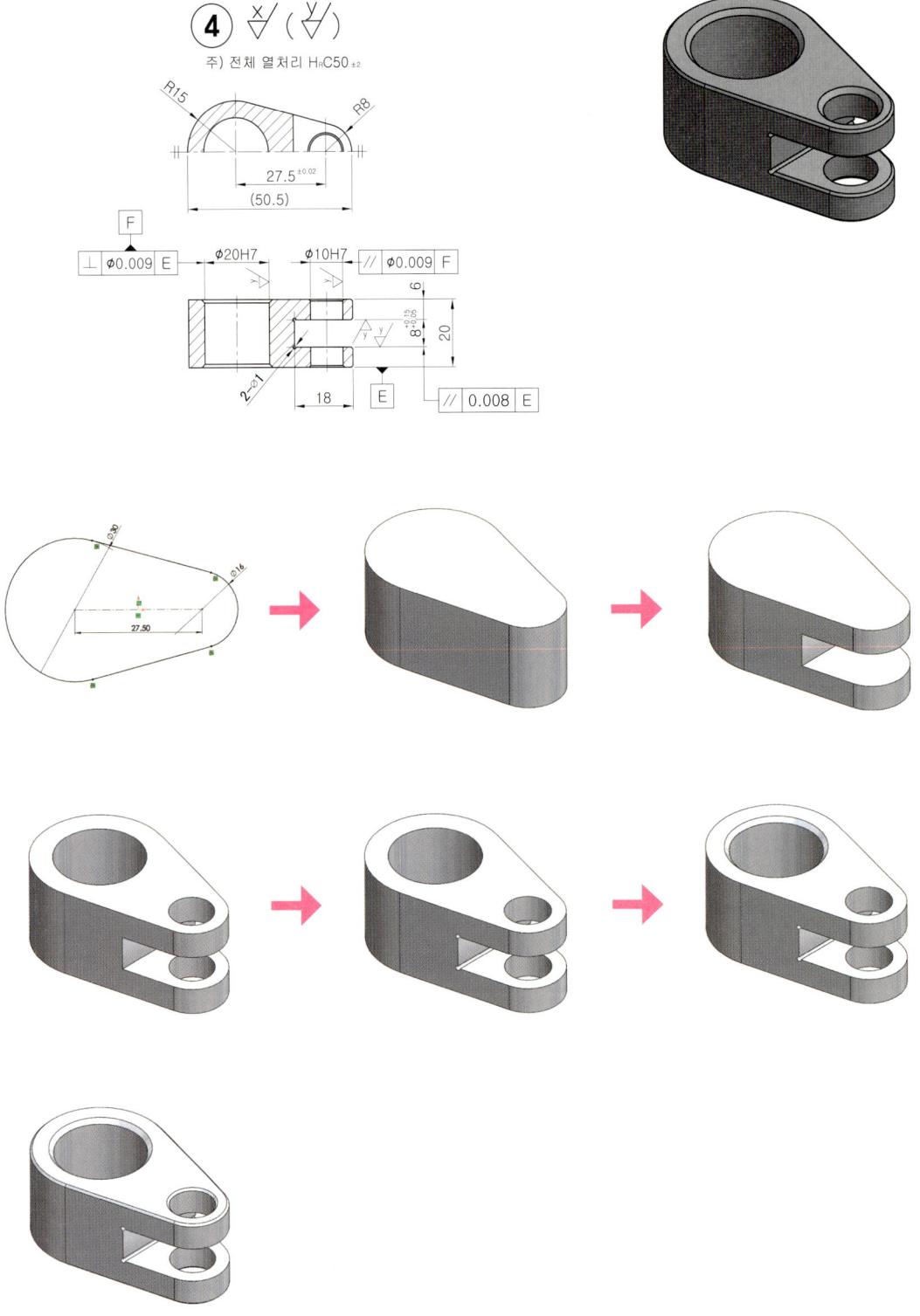

05 이동 클램프

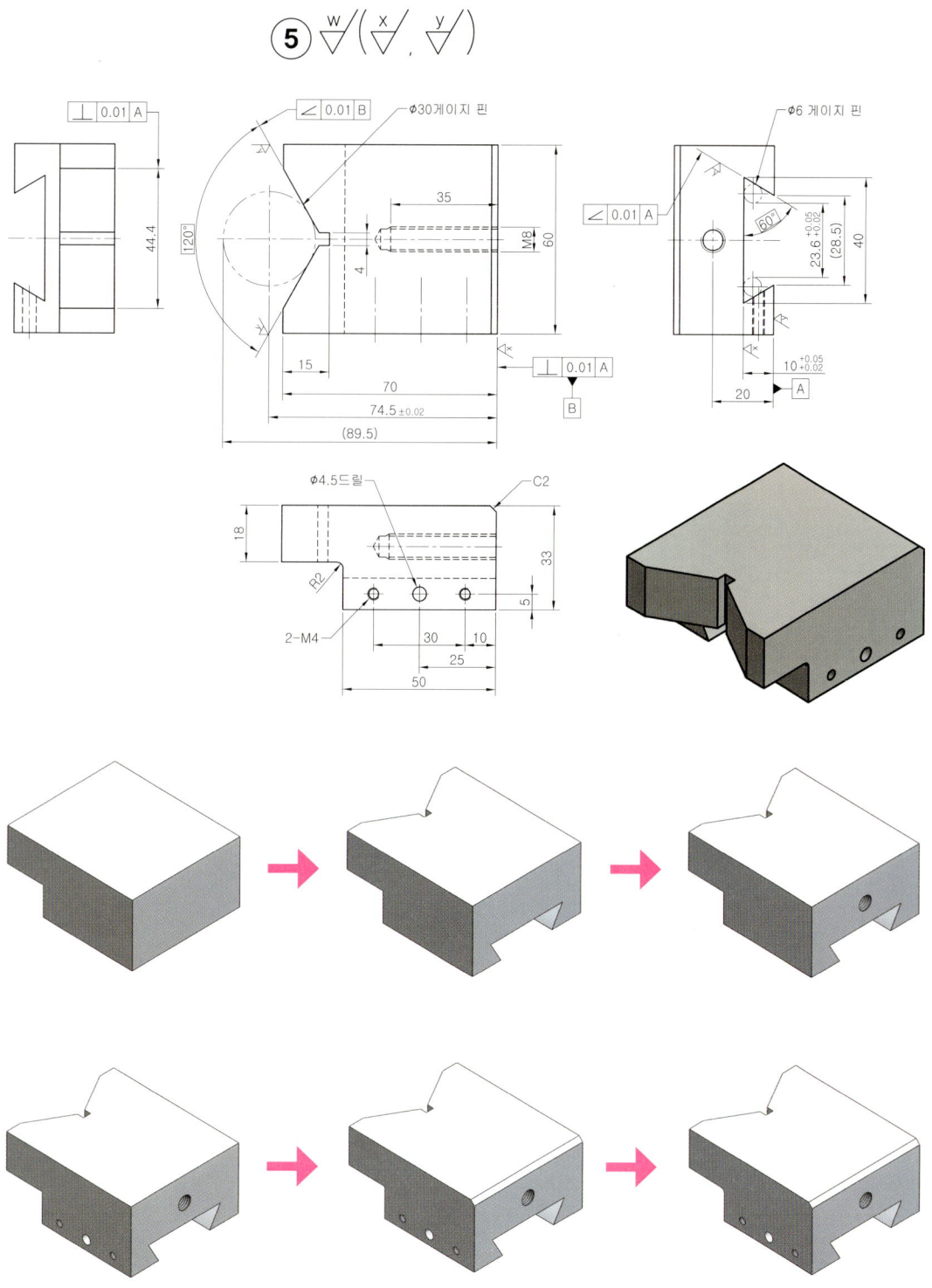

06 기어박스 커버

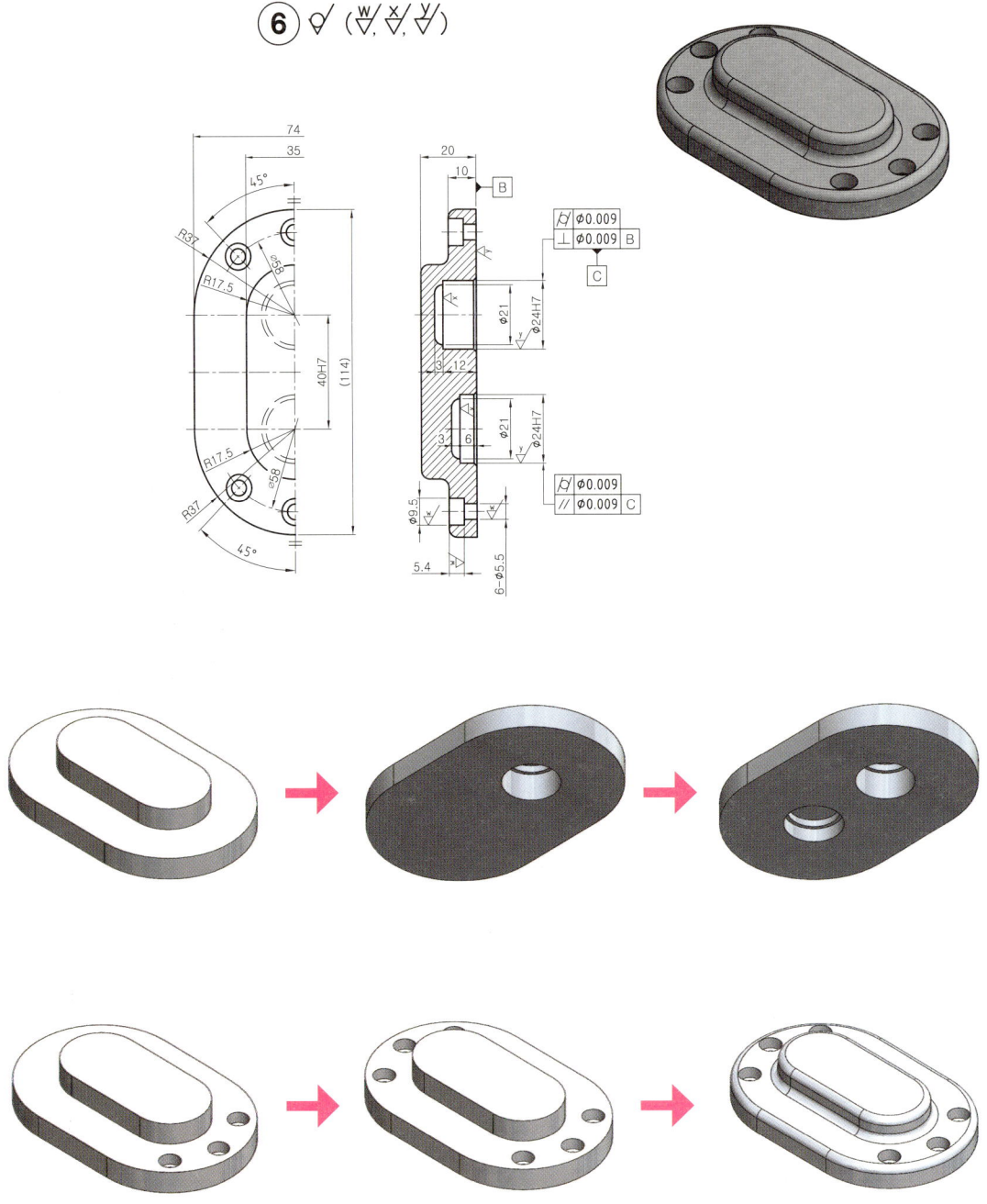

07 커버

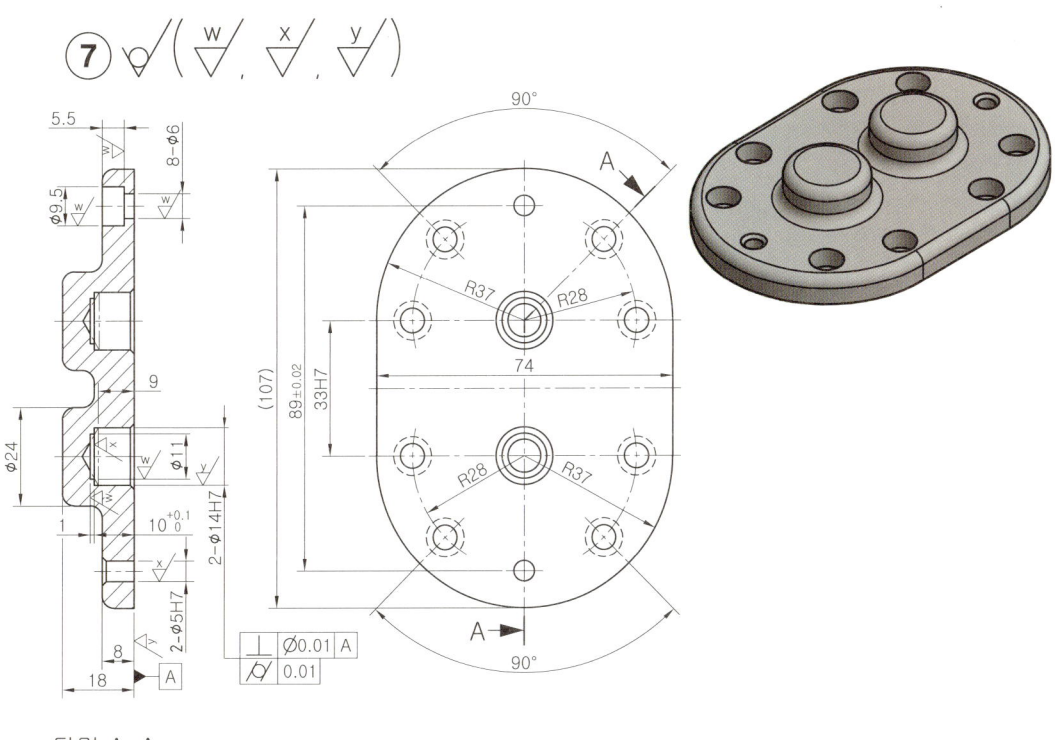

단면 A-A

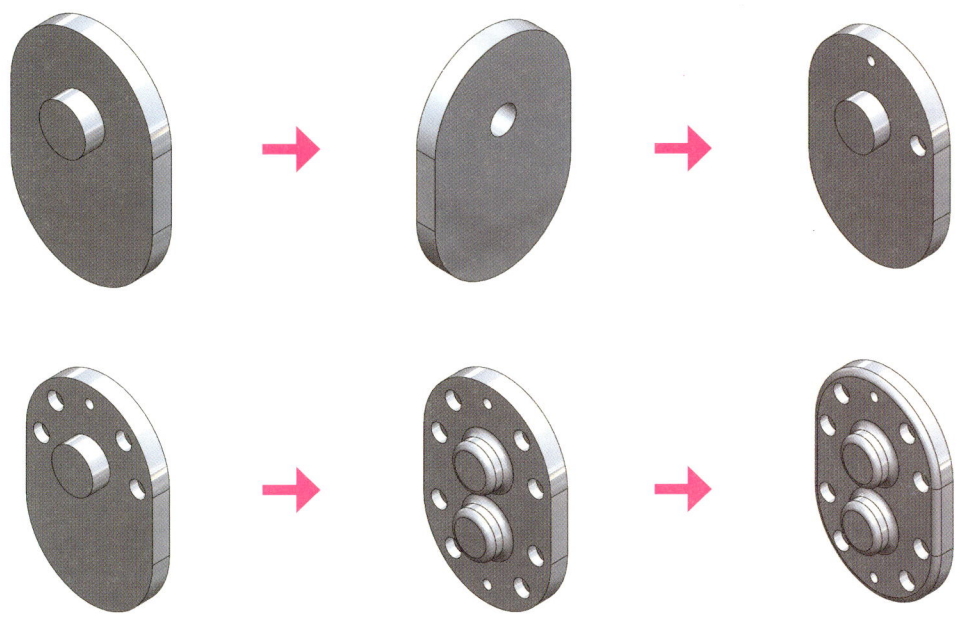

08 V-블록

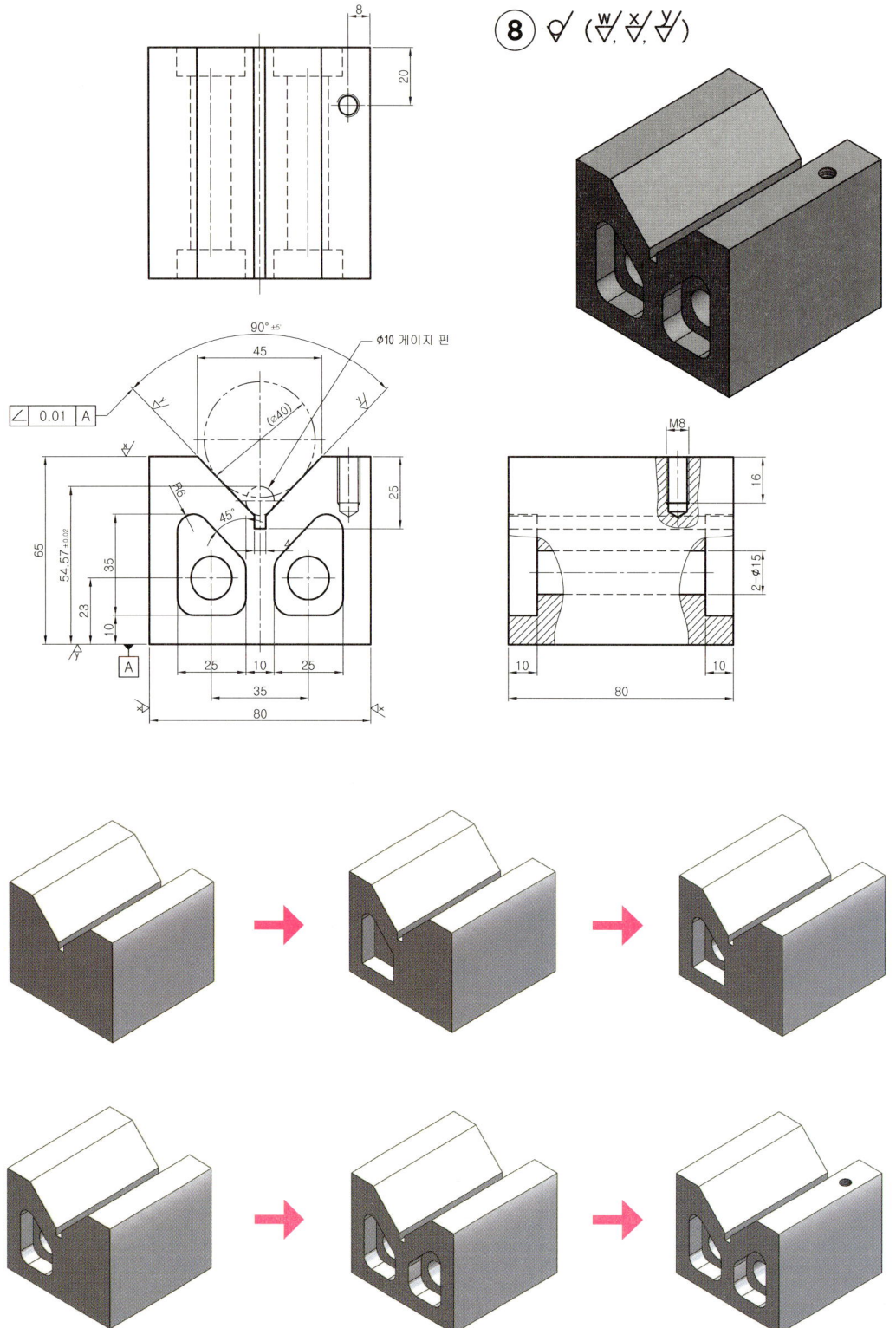

09 가동 조

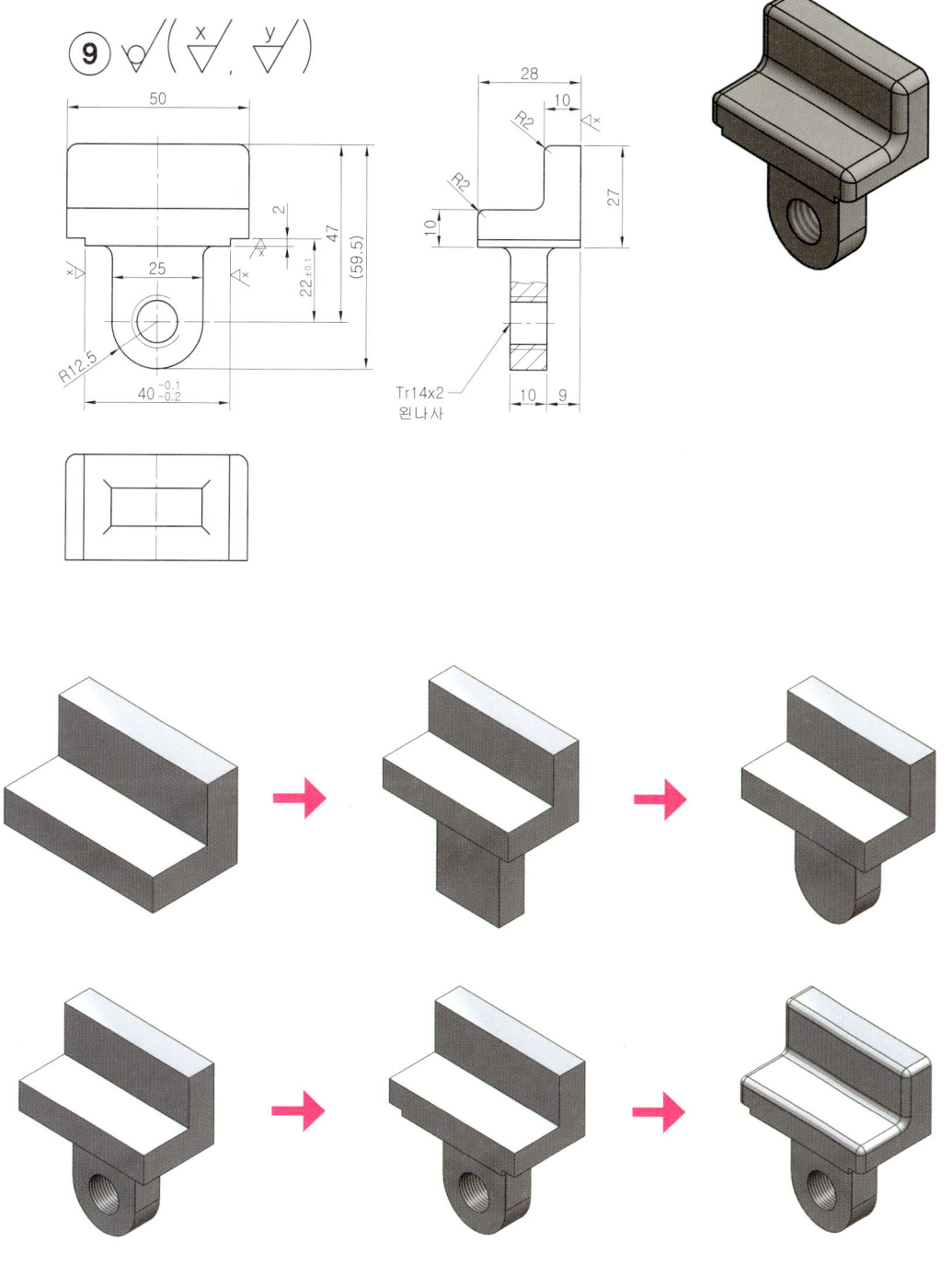

269

Section 2
핀, 볼트 타입의 부품 그리기

전산응용기계제도/기계설계산업기사를 위한 솔리드웍스

핀, 혹은 볼트 타입의 단순한 원통 종류의 부품을 그리는 방법을 알아보도록 하자.

Lesson 1 | 힌지 핀

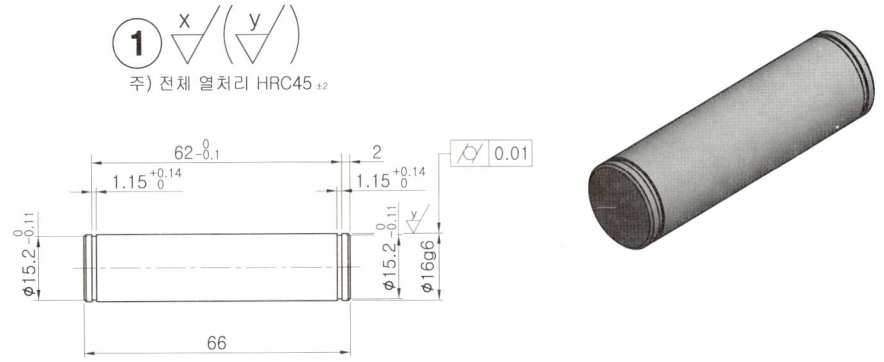

주 석 ▶ 도시되고 지시하지 않은 모따기 1X45°

01 베이스 피처 작성

01 정면에 스케치를 작성한다.

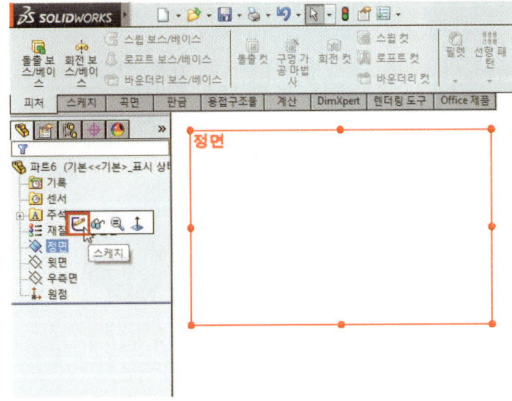

02 스케치 프로파일을 작성한다.

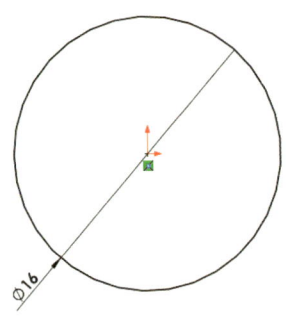

03 돌출 명령 클릭 ▶ 방향1 : 중간 평면 ▶ 거리 : 66mm ▶ 확인

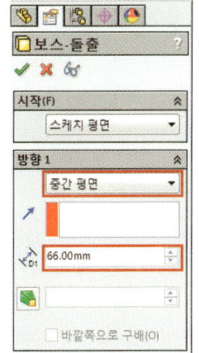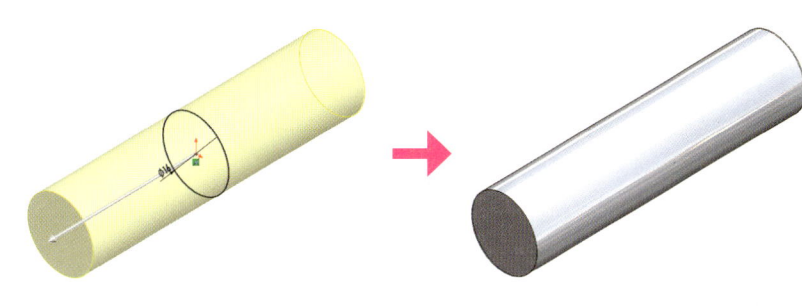

02 서브 피처 작성

01 우측면에 스케치를 작성한다.

02 스케치 프로파일을 작성한다.

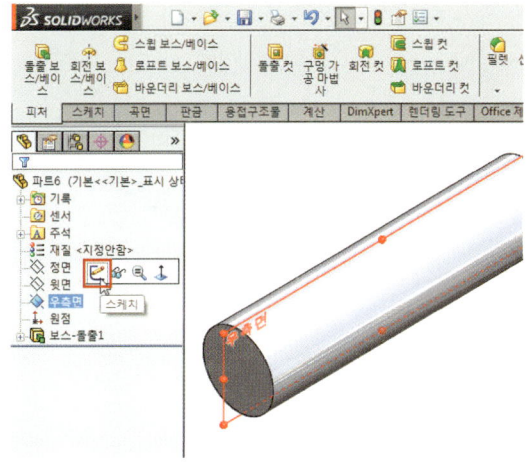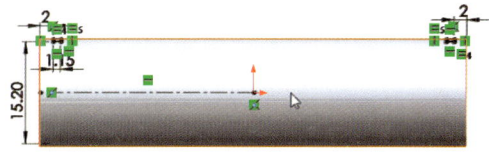

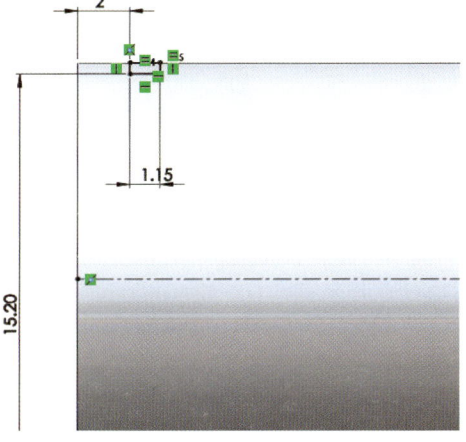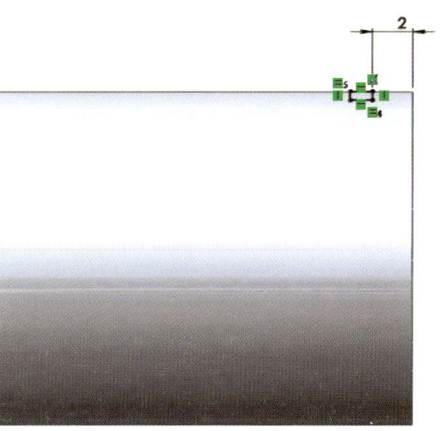

03 회전 컷 명령 클릭 ▶ 회전 축 선택 ▶ 확인

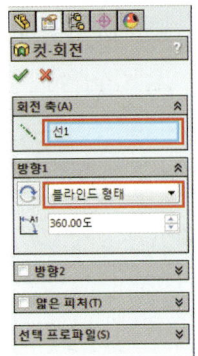 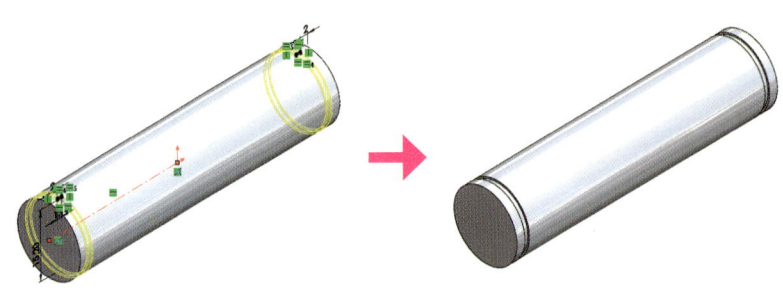

03 마무리 피처 작성

01 모따기 명령 클릭 ▶ 모서리 선택 ▶ 유형 : 거리-거리(동등 거리 체크) ▶ 거리 : 0.5mm ▶ 확인

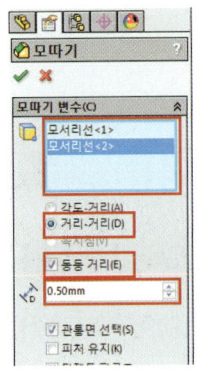 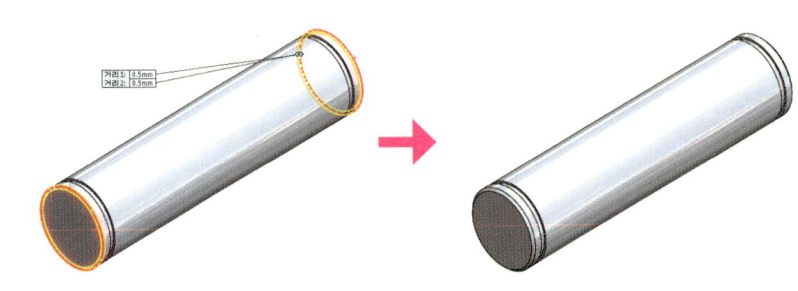

Lesson 2 　필로우 캡

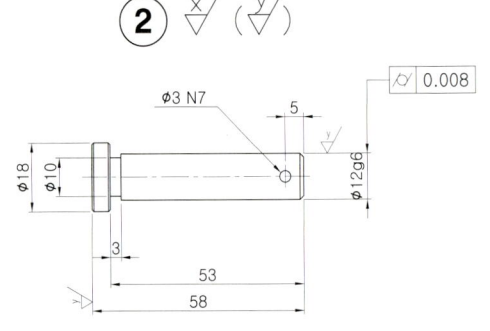 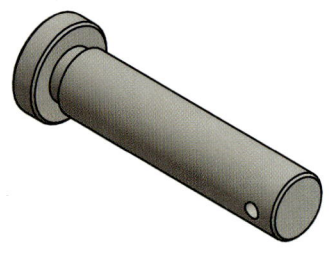

주　석 ▶ 도시되고 지시하지 않은 모따기 1X45°

272

Section2 핀, 볼트 타입의 부품 그리기

01 베이스 피처 작성

01 정면에 스케치를 작성한다.

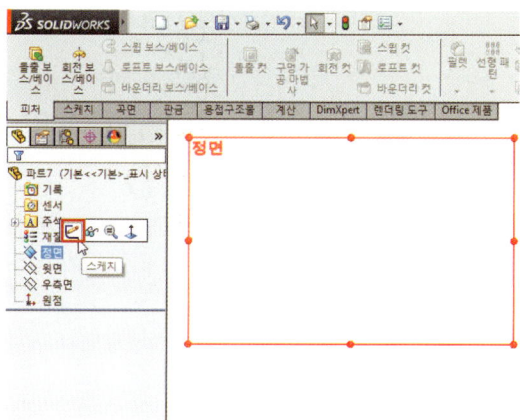

02 전체 길이에 해당하는 중심선을 작성한다.

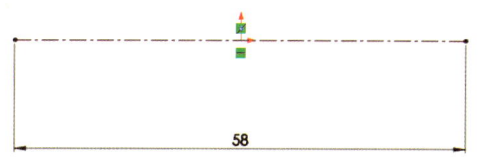

03 선 명령으로 프로파일을 작성한다.

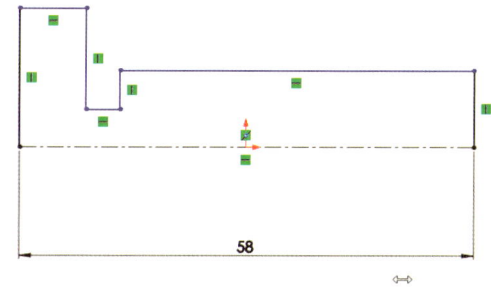

04 치수를 작성해 스케치를 완성한다.

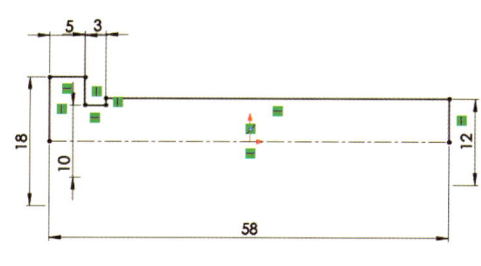

05 회전 명령 클릭 ▶ 회전 축과 프로파일이 자동 선택 ▶ 확인

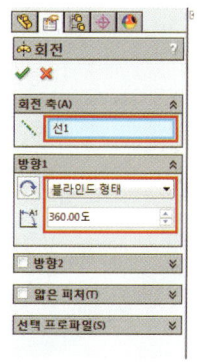 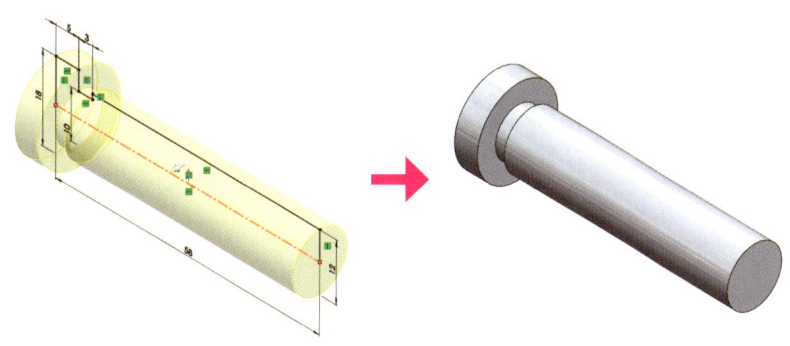

| 어드바이스 | ▶ 중심선은 항상 원점과 일치하거나, 중간점 구속조건 상태에 있도록 한다.

273

02 서브 피처 작성

01 정면에 스케치를 작성한다.

02 스케치 프로파일을 작성한다.

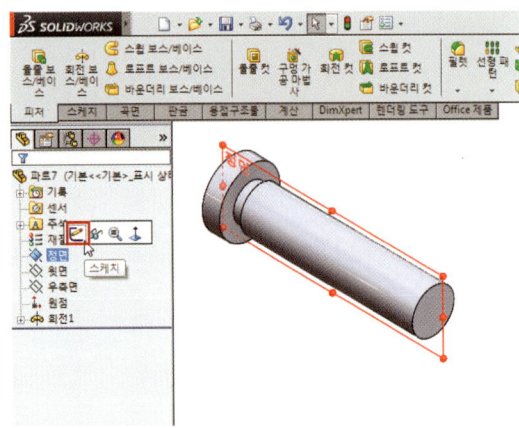

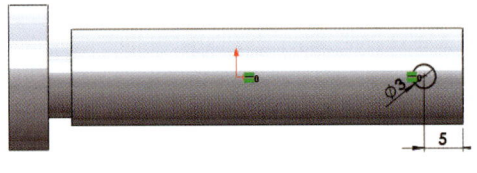

03 돌출 컷 명령 클릭 ▶ 방향1 : 관통-양쪽 ▶ 확인

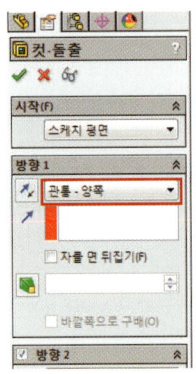
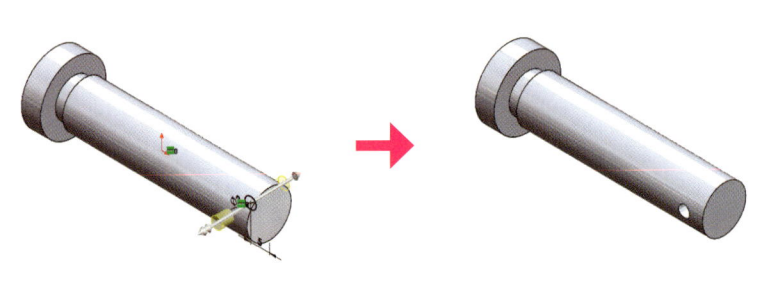

03 마무리 피처 작성

01 모따기 명령 클릭 ▶ 모서리 선택 ▶ 유형 : 거리-거리(동등 거리 체크) ▶ 거리 : 1mm ▶ 확인

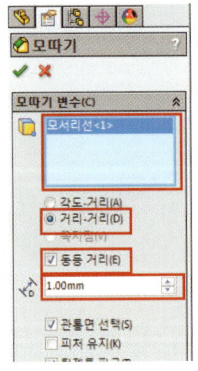
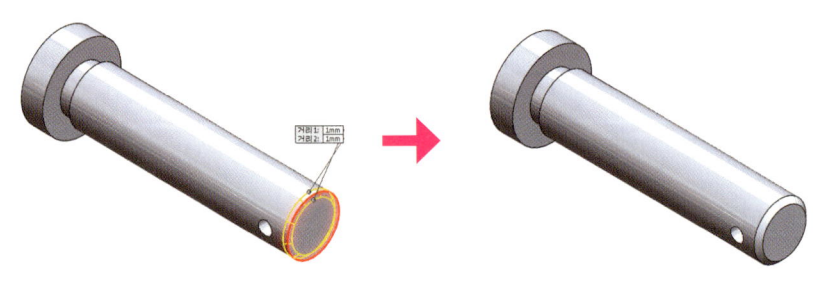

Section2 핀, 볼트 타입의 부품 그리기

02 모따기 명령 클릭 ▶ 모서리 선택 ▶ 유형 : 거리-거리(동등 거리 체크) ▶ 거리 : 0.5mm ▶ 확인

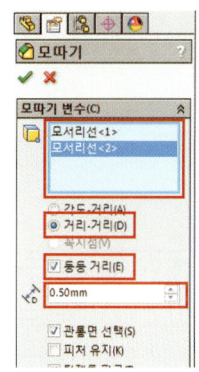
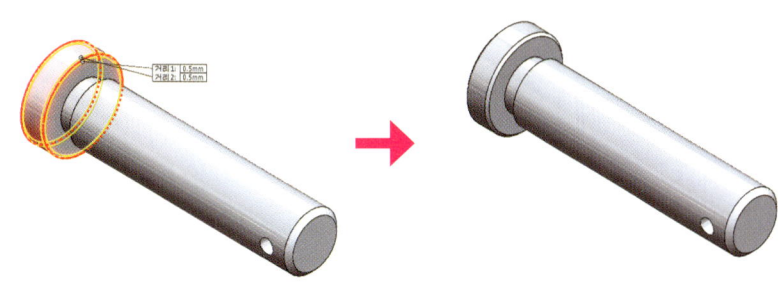

어드바이스 ▶ 모따기 피처는 가장 큰 거리를 가지는 요소부터 작성한다.

Lesson 3 　지지볼트

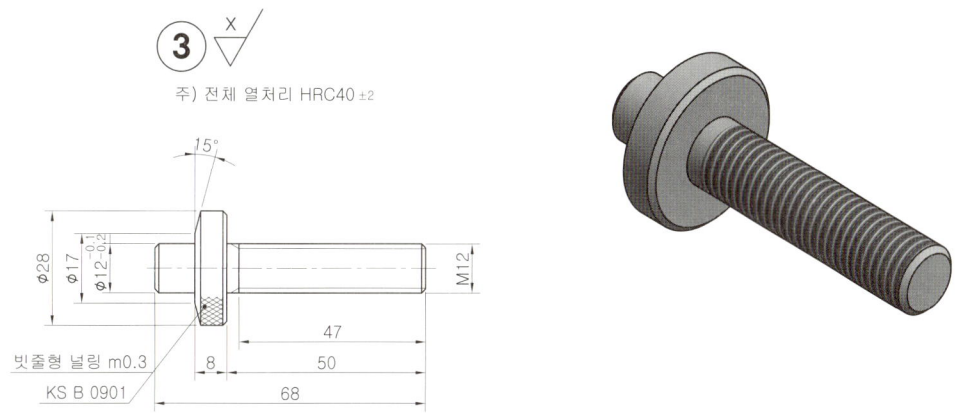

주) 전체 열처리 HRC40 ±2

주 석 ▶ 도시되고 지시하지 않은 모따기 1X45°

01 베이스 피처 작성

01 정면에 스케치를 작성한다.

02 스케치 프로파일을 작성한다.

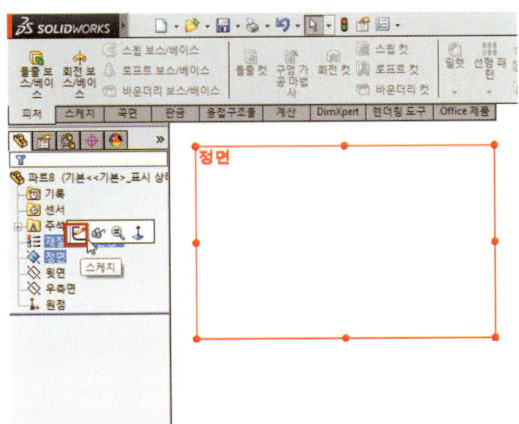
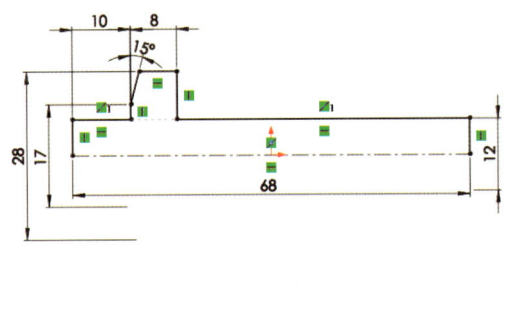

03 회전 명령 클릭 ▶ 회전 축과 프로파일이 자동 선택 ▶ 확인

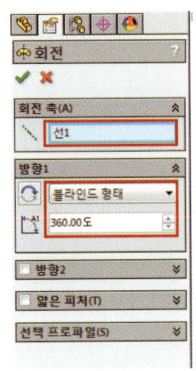
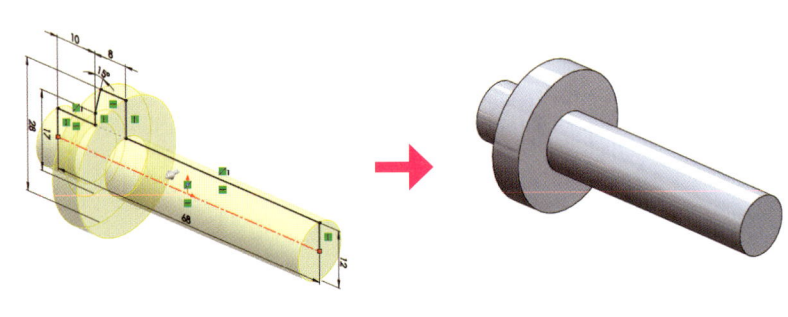

02 서브 피처 작성

01 나사산 표시 명령 클릭 ▶ 모서리선 선택 ▶ 표준 규격 : KS(크기 자동 선택) ▶ 거리(블라인드) : 47mm ▶ 확인

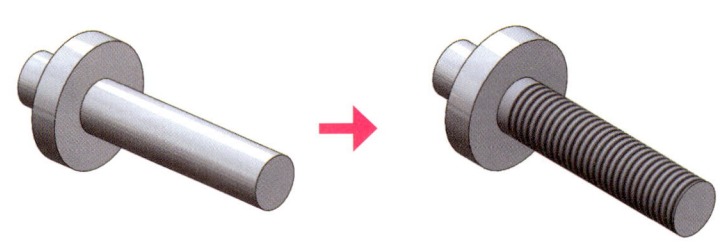

Section2 핀, 볼트 타입의 부품 그리기

02 솔리드 면을 마우스 우측 버튼으로 클릭해 표현-면을 클릭한다.

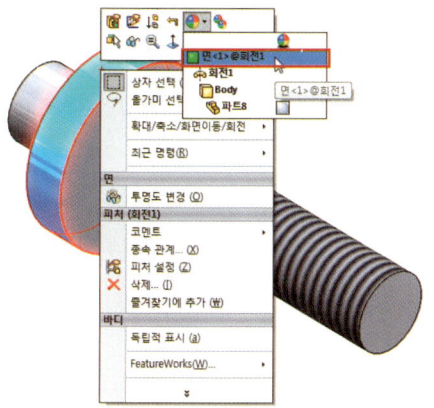

03 색상 명령에서 고급 버튼을 클릭해 찾아보기 버튼을 클릭한다.

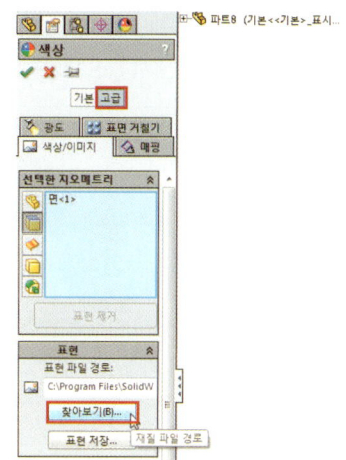

04 c:\Program Files\Solidworks Corp\SolidWorks\data\graphics\materials\legacy\metals\miscellaneous\knurl small.p2m 파일을 선택한다.

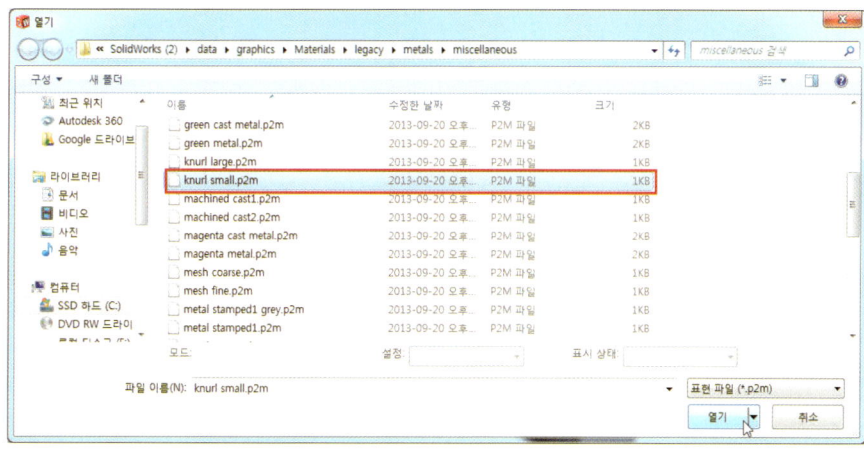

05 매핑 이미지가 미리보기 된다.

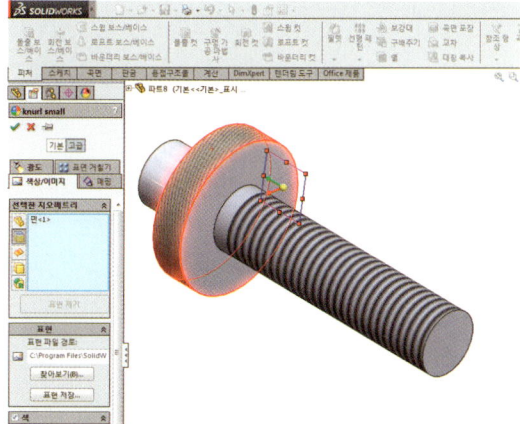

06 확인 버튼을 클릭하면 매핑이 마무리된다.

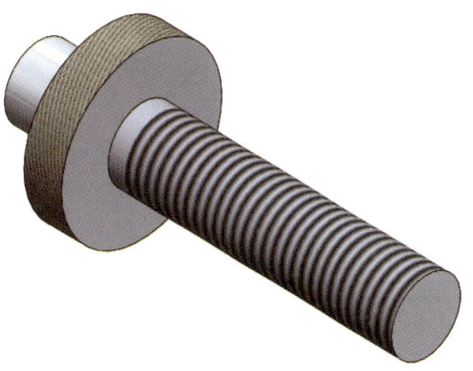

03 마무리 피처 작성

01 모따기 명령 클릭 ▶ 모서리 선택 ▶ 유형 : 거리-거리(동등 거리 체크) ▶ 거리 : 1mm ▶ 확인

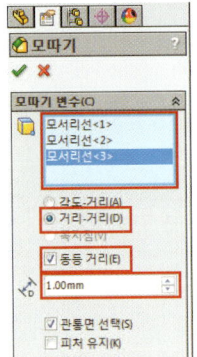
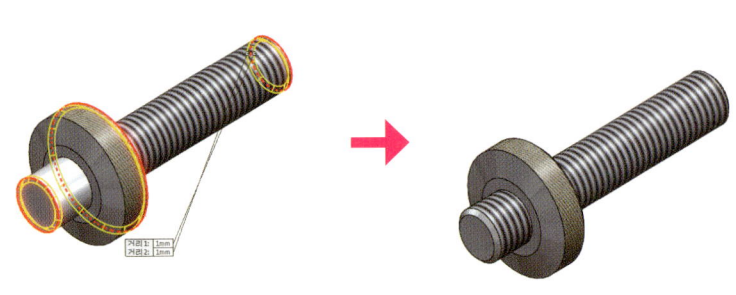

Lesson 4 | 클램프 볼트

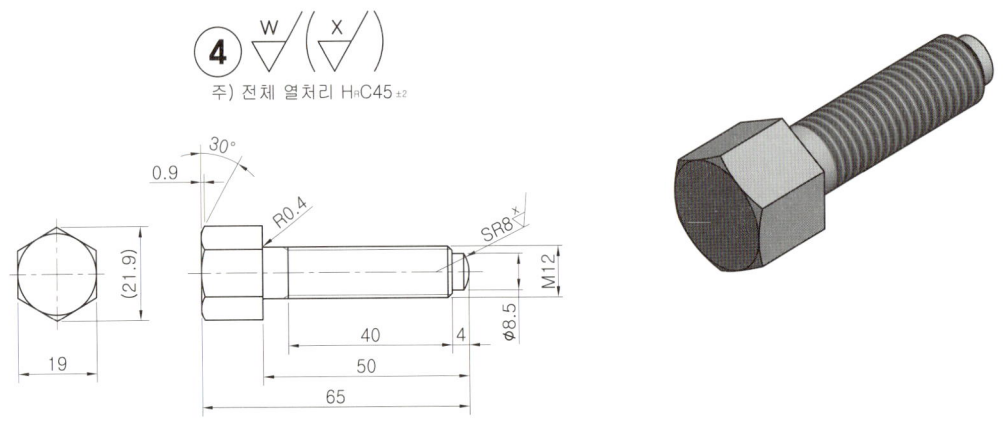

주 석 ▶ 도시되고 지시하지 않은 모따기 1X45°

Section2 핀, 볼트 타입의 부품 그리기

01 베이스 피처 작성

01 정면에 스케치를 작성한다.

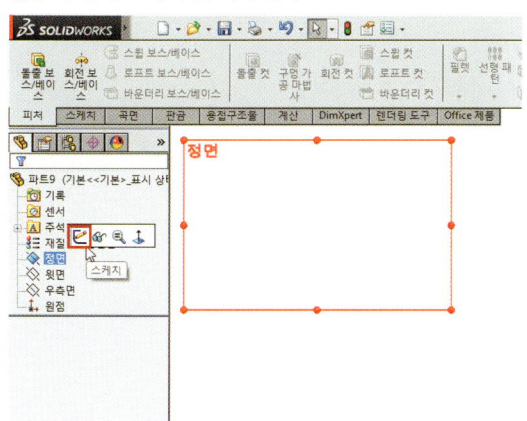

02 스케치 프로파일을 작성한다.

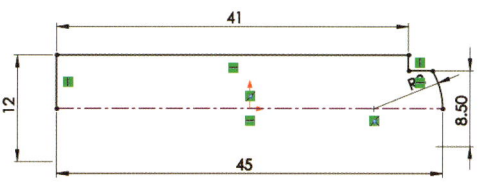

03 회전 명령 클릭 ▶ 회전 축과 프로파일이 자동 선택 ▶ 확인

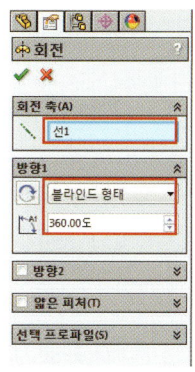
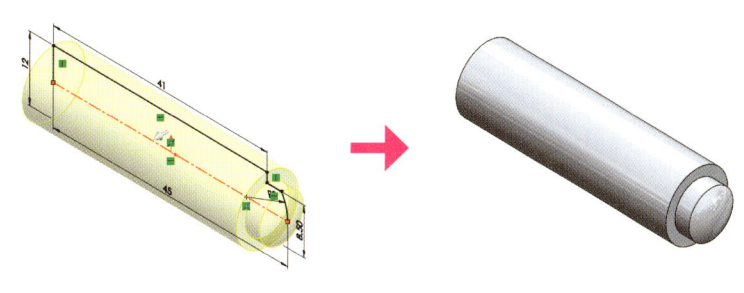

04 작성된 솔리드 면에 스케치를 작성한다.

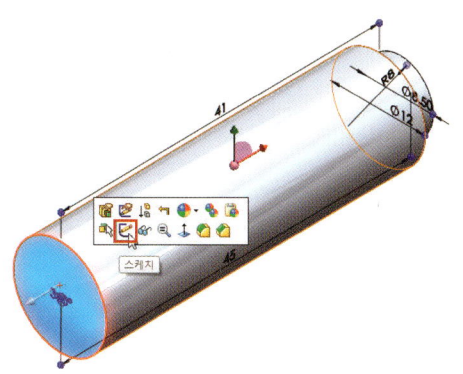

05 스케치 프로파일을 작성한다.

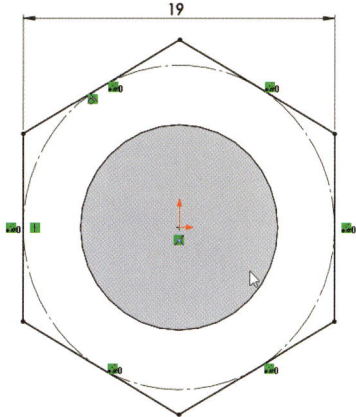

279

06 돌출 명령 클릭 ▶ 방향1 : 블라인드 형태 ▶ 거리 : 15mm ▶ 확인

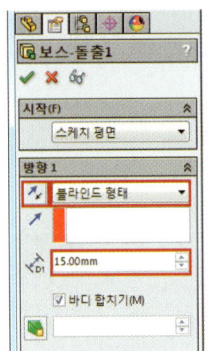 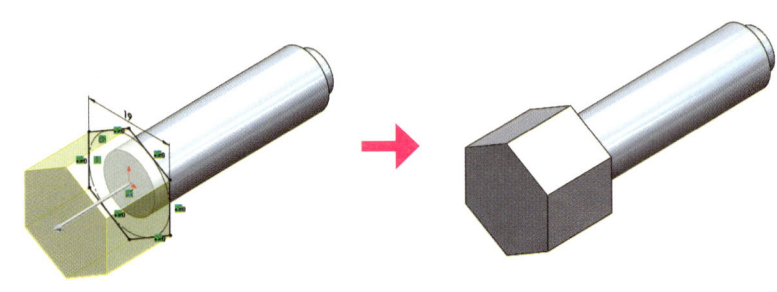

02 서브 피처 작성

01 작성된 솔리드 면에 스케치를 작성한다.　　**02** 스케치 프로파일을 작성한다.

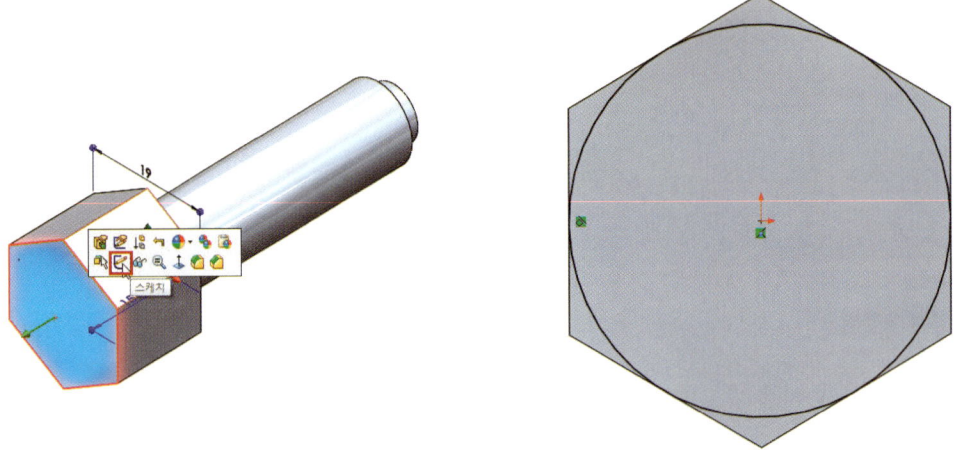

03 돌출 컷 명령 클릭 ▶ 방향1 : 관통(자를 면 뒤집기 체크) ▶ 구배 체크 : 30도 ▶ 확인

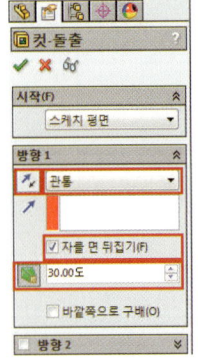 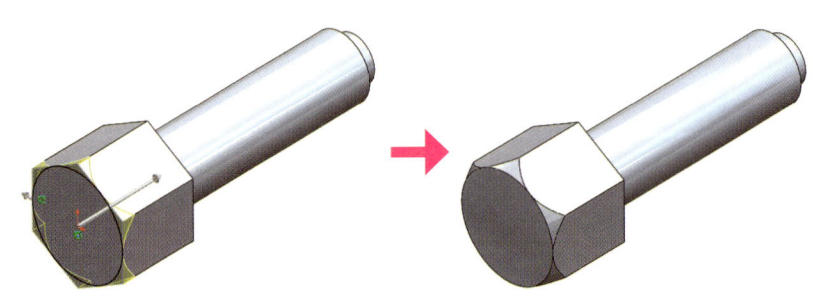

04 나사산 표시 명령 클릭 ▶ 모서리선 선택 ▶ 표준 규격 : KS(크기 자동 선택) ▶ 거리(블라인드) : 35mm ▶ 확인

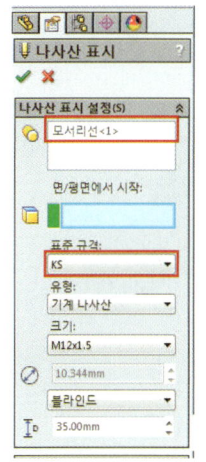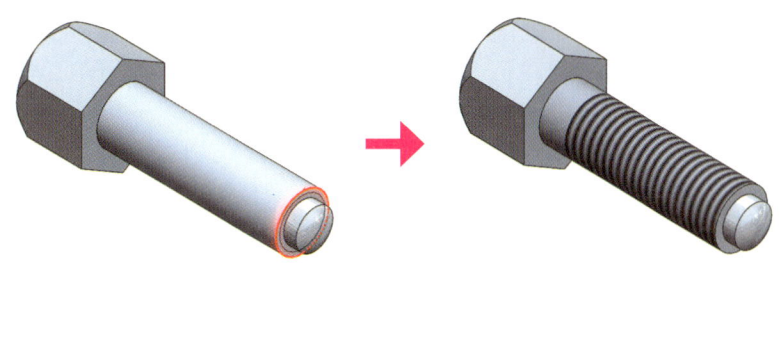

03 마무리 피처 작성

01 모따기 명령 클릭 ▶ 모서리 선택 ▶ 유형 : 각도-거리 ▶ 거리 : 1mm ▶ 각도 : 45도 ▶ 확인

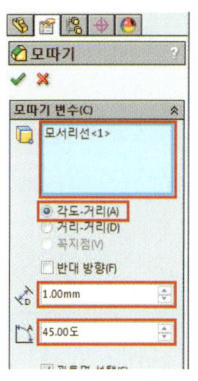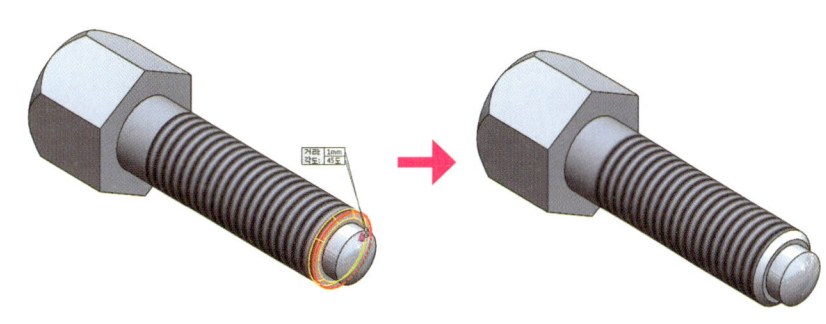

02 필렛 명령 클릭 ▶ 필렛 유형 : 부동 크기 ▶ 모서리 선택 ▶ 필렛 변수 : 0.4mm ▶ 확인

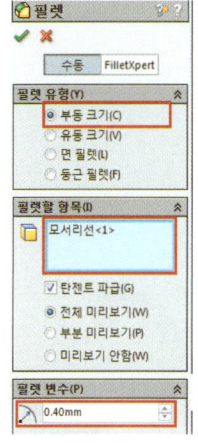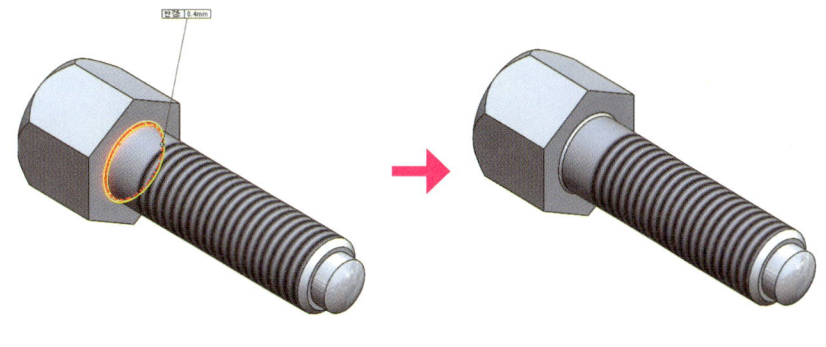

Lesson 5 피스톤 로드

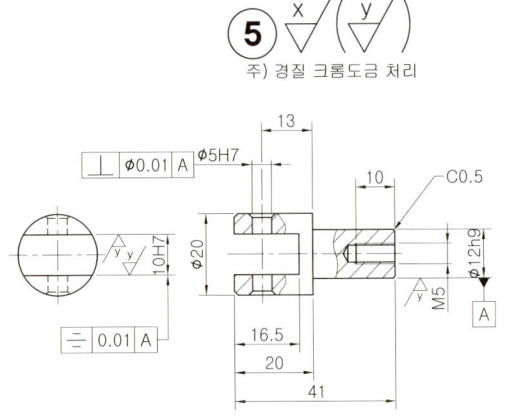

주 석 ▶ 도시되고 지시하지 않은 모따기 1X45°

01 베이스 피처 작성

01 정면에 스케치를 작성한다.

02 스케치 프로파일을 작성한다.

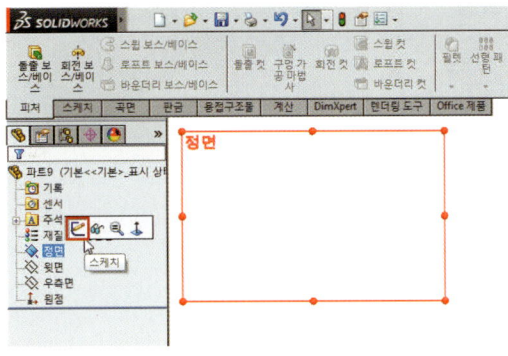
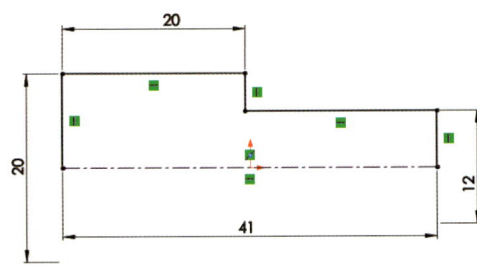

03 회전 명령 클릭 ▶ 회전 축과 프로파일이 자동 선택 ▶ 확인

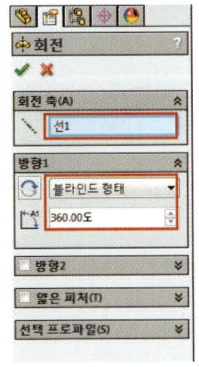
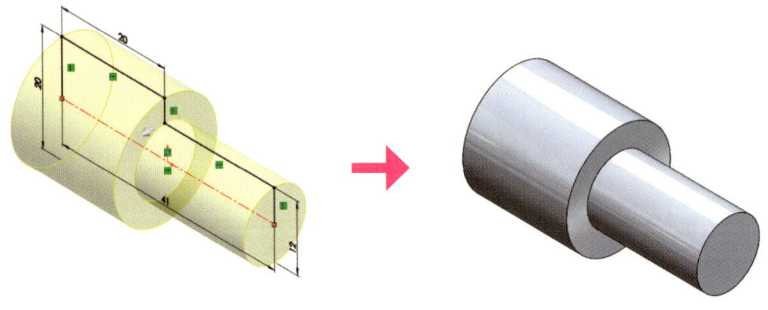

04 정면에 스케치를 작성한다.

05 스케치 프로파일을 작성한다.

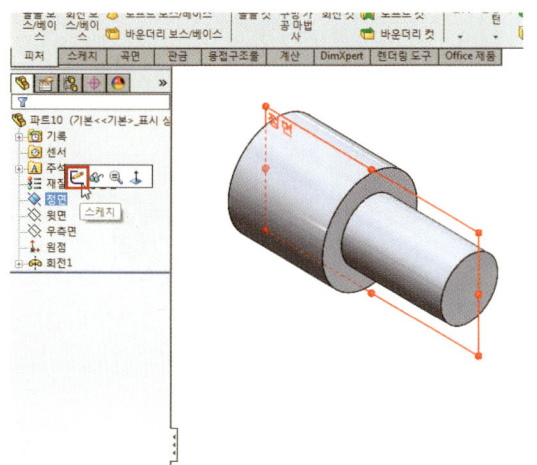
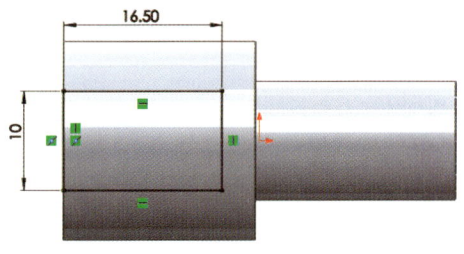

06 돌출 컷 명령 클릭 ▶ 방향1 : 관통-양쪽 ▶ 확인

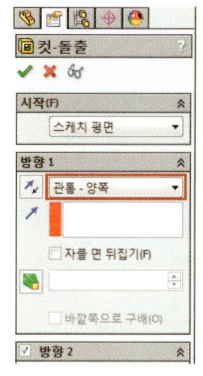
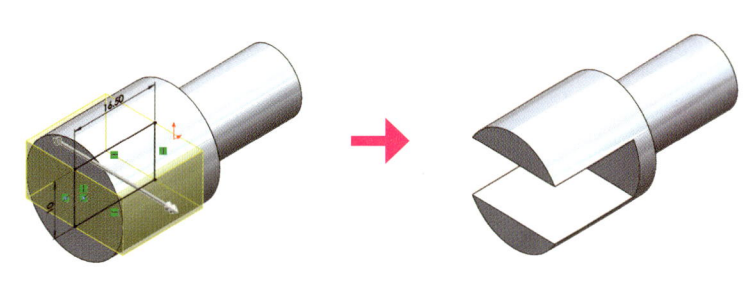

02 서브 피처 작성

01 윗면에 스케치를 작성한다.

02 스케치 프로파일을 작성한다.

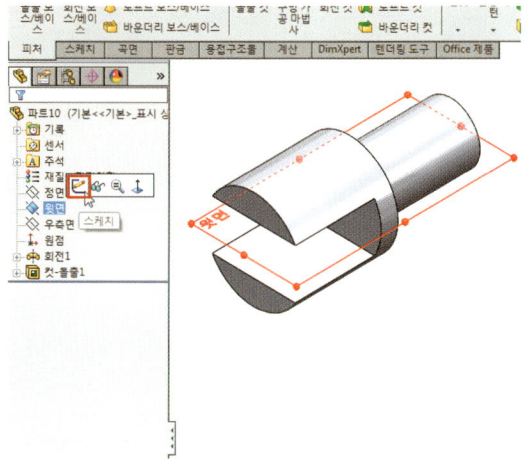
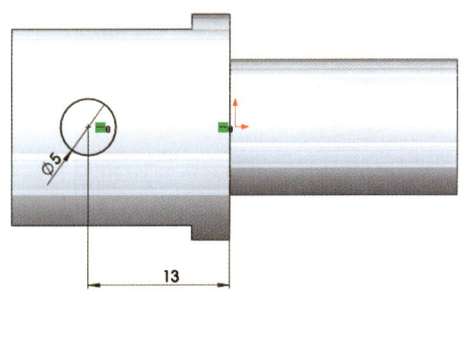

03 돌출 컷 명령 클릭 ▶ 방향1 : 관통-양쪽 ▶ 확인

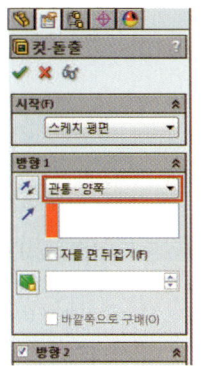 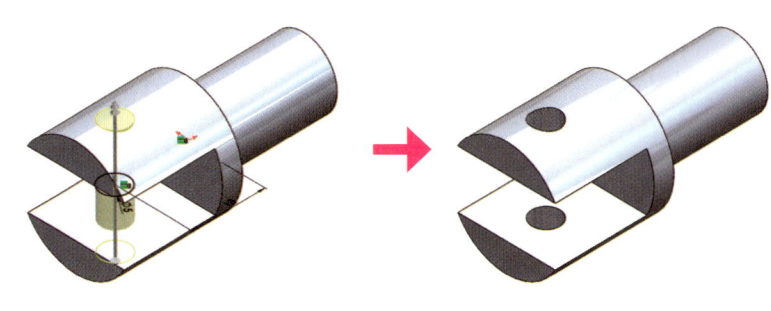

04 구멍 명령을 실행한 후 위치 탭에서 구멍을 작성할 평면을 선택한다.

05 구멍의 중심으로 쓸 스케치를 작성한다.

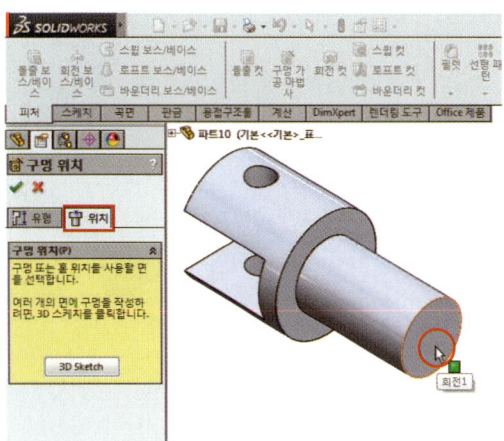 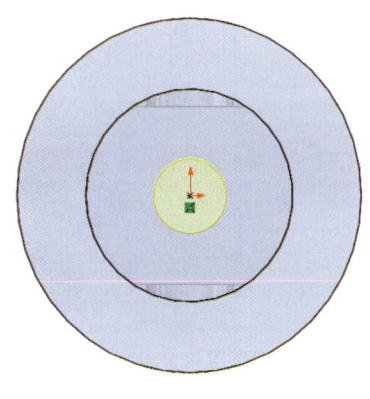

06 유형 탭 클릭 ▶ 구멍 유형 : 직선 탭 ▶ 구멍 크기 : M5 ▶ 구멍 깊이 : 14mm, 탭 깊이 : 10mm ▶ 확인

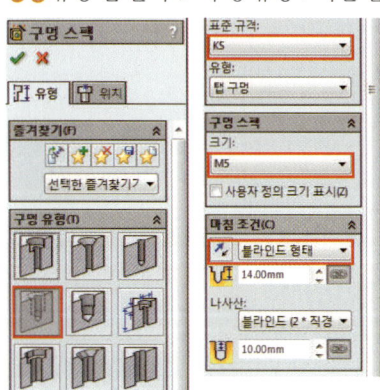 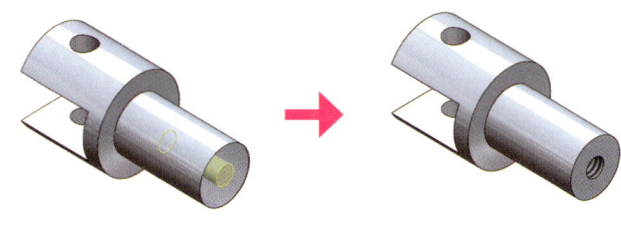

어드바이스 ▶ 블라인드 형태의 직선 탭은, 탭의 거리를 지정하면 드릴의 거리는 자동으로 계산된다.

03 마무리 피처 작성

01 모따기 명령 클릭 ▶ 모서리 선택 ▶ 유형 : 거리-거리(동등 거리 체크) ▶ 거리 : 1mm ▶ 확인

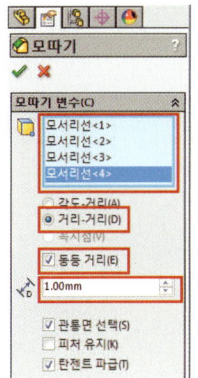 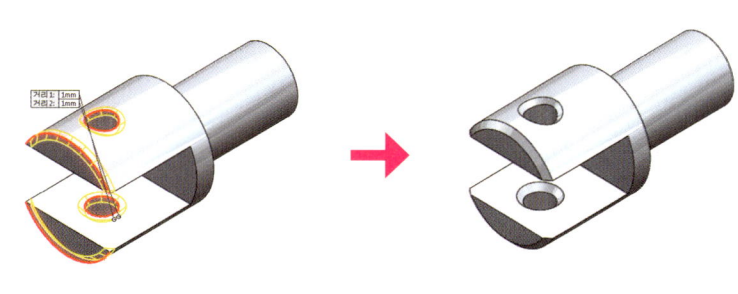

02 모따기 명령 클릭 ▶ 모서리 선택 ▶ 유형 : 거리-거리(동등 거리 체크) ▶ 거리 : 0.5mm ▶ 확인

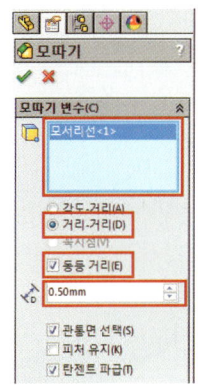 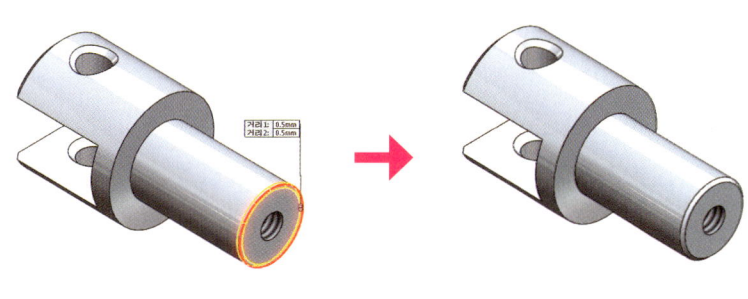

어드바이스 ▶ 모따기와 필렛 피처는 맨 마지막에 작성하는 것이 좋다.

Lesson 6 | 연습 예제도면

01 슬라이더

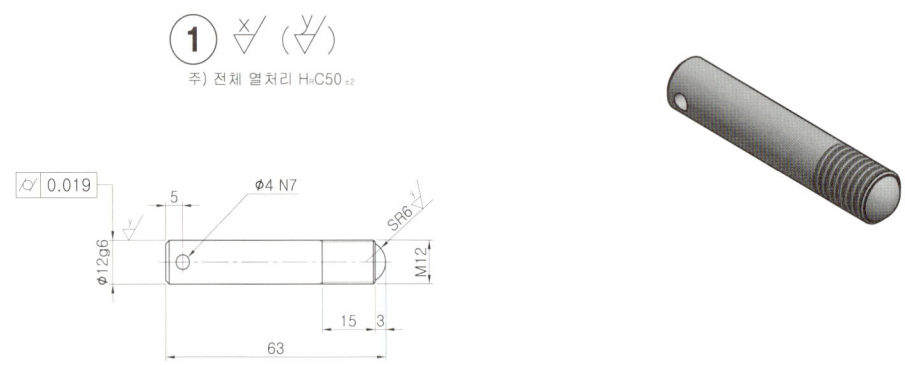

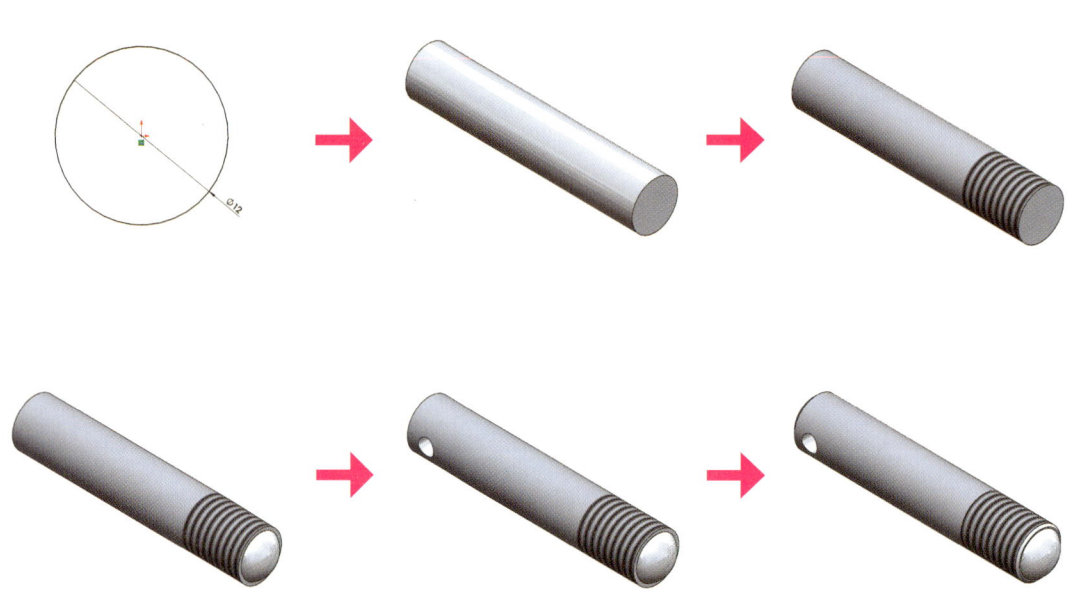

02 전산 볼트

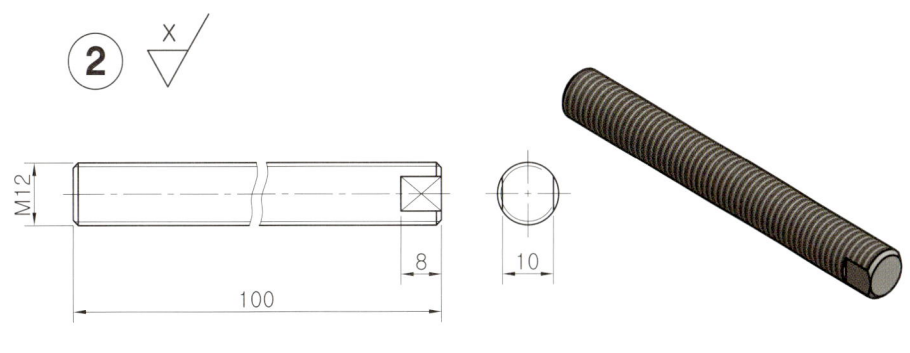

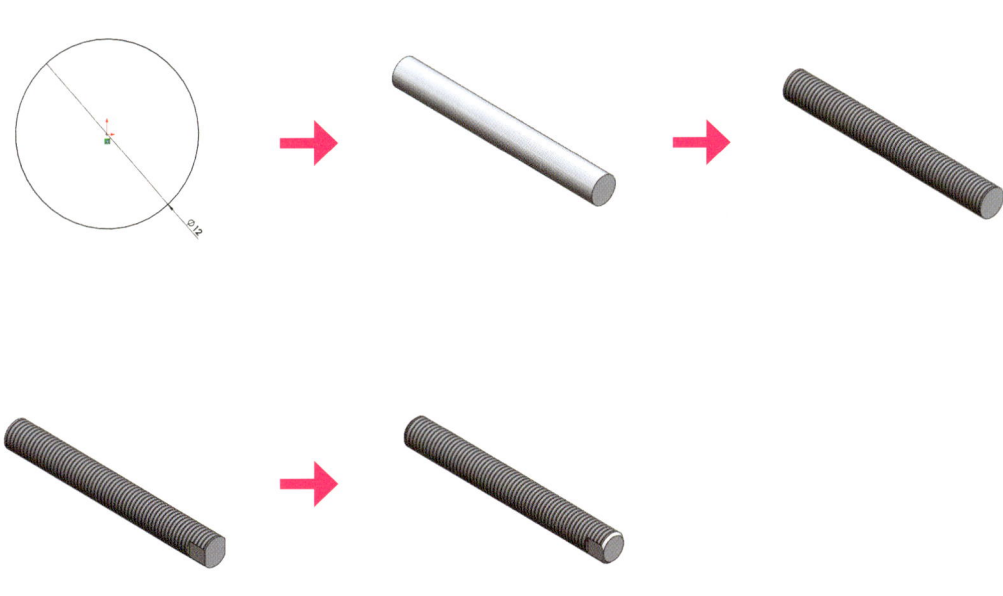

03 칼라

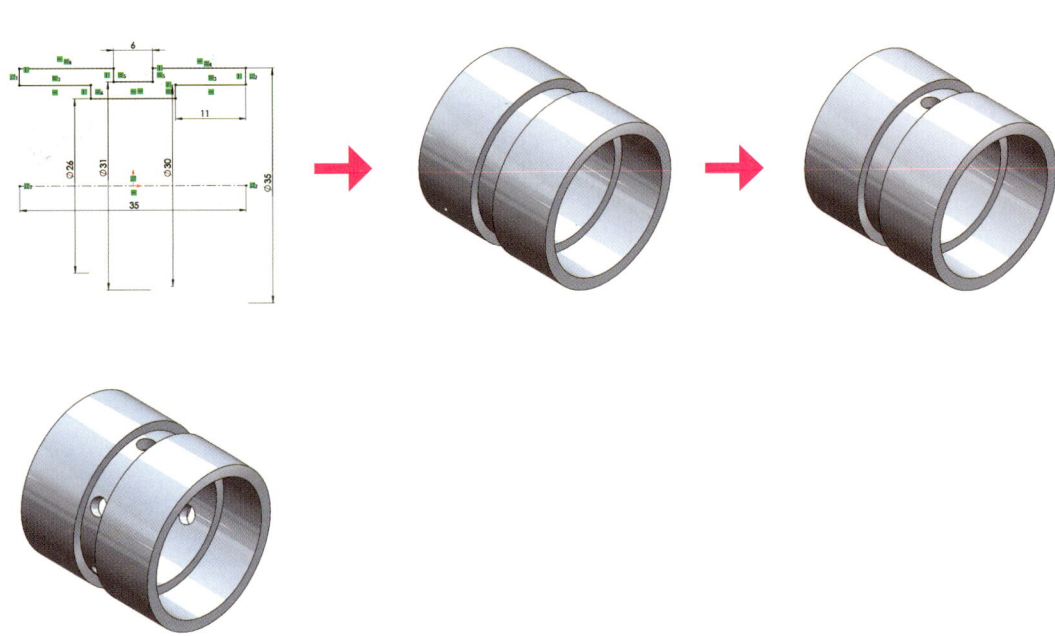

04 힌지 핀

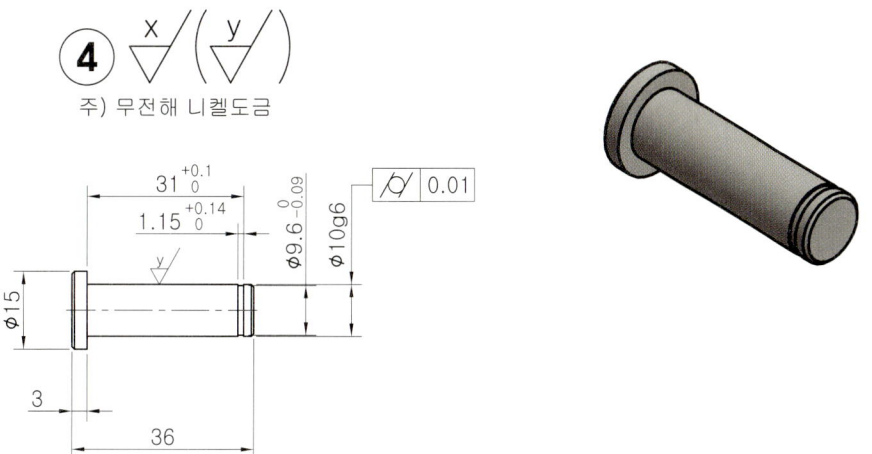

주) 무전해 니켈도금

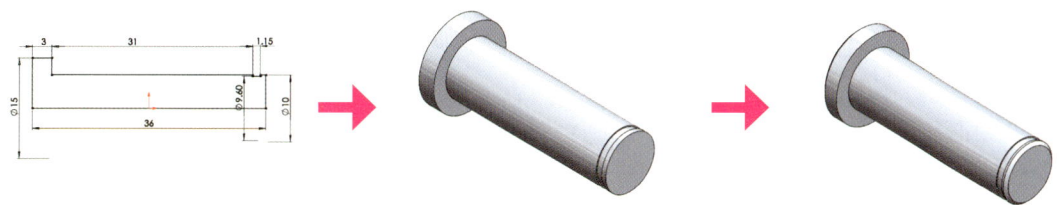

05 회전 삽입 부시

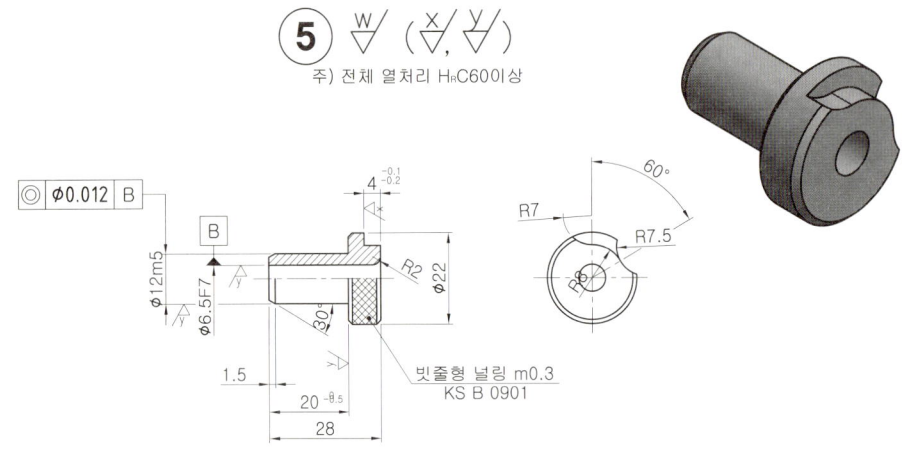

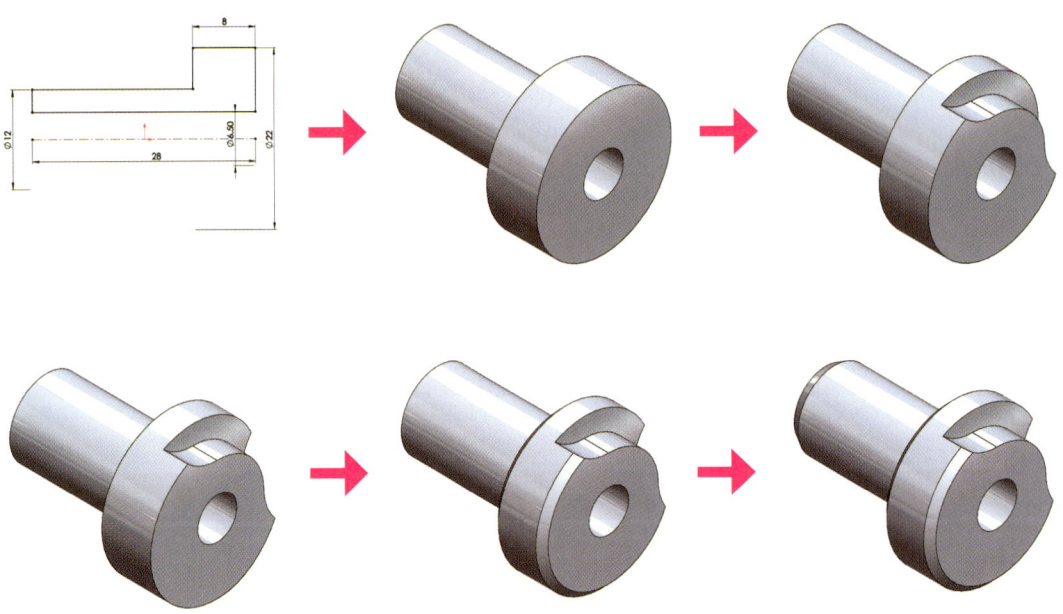

06 피스톤 로드

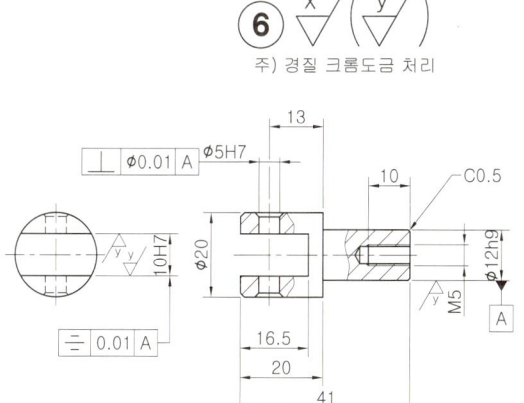

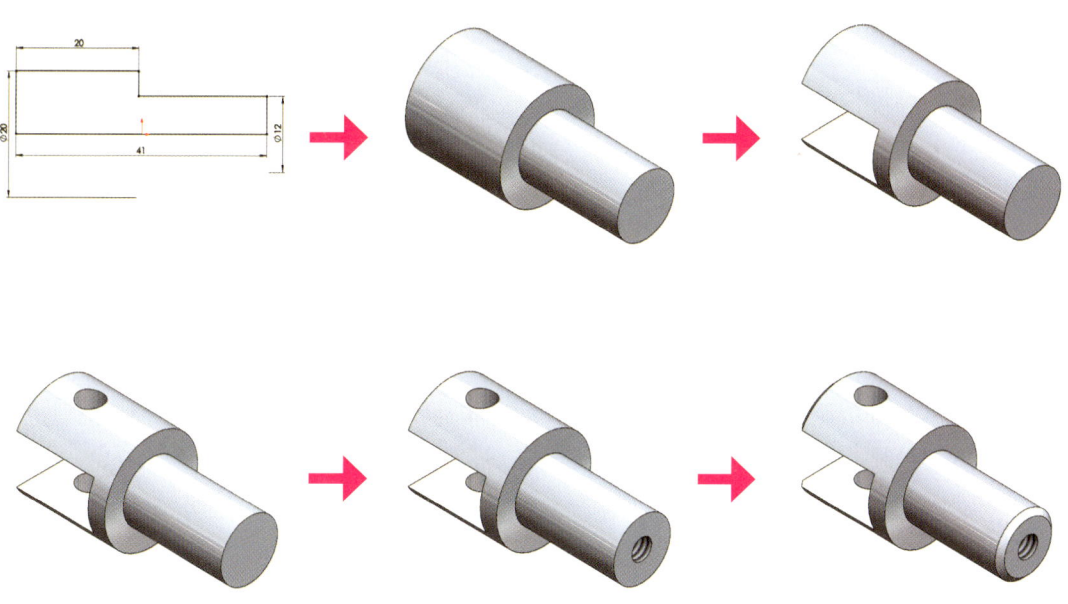

07 클램핑 볼트

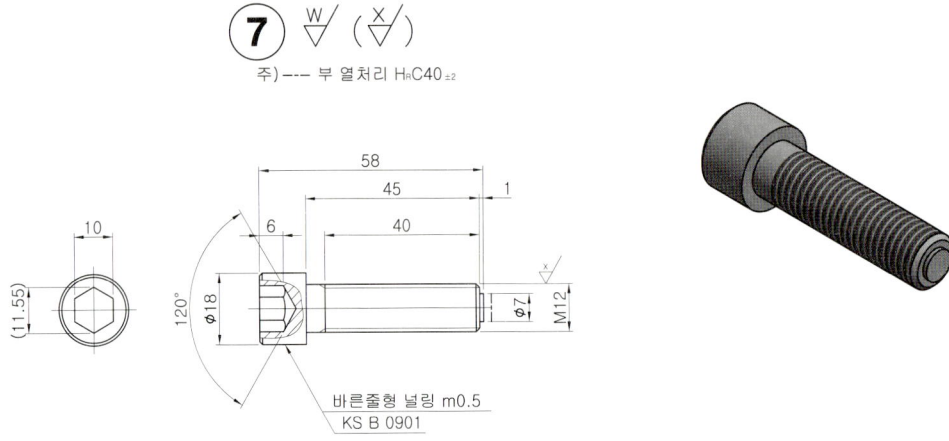

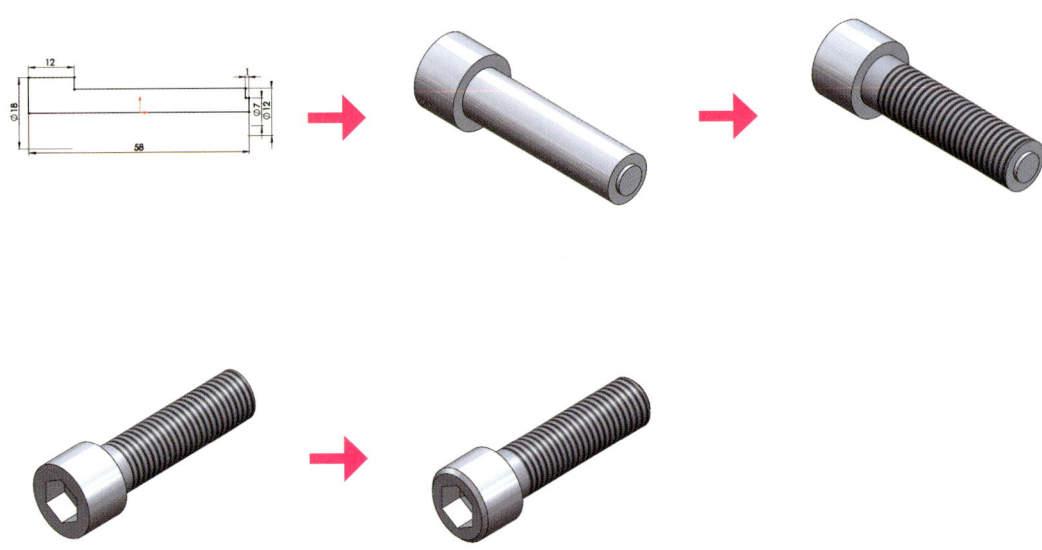

08 고정 바

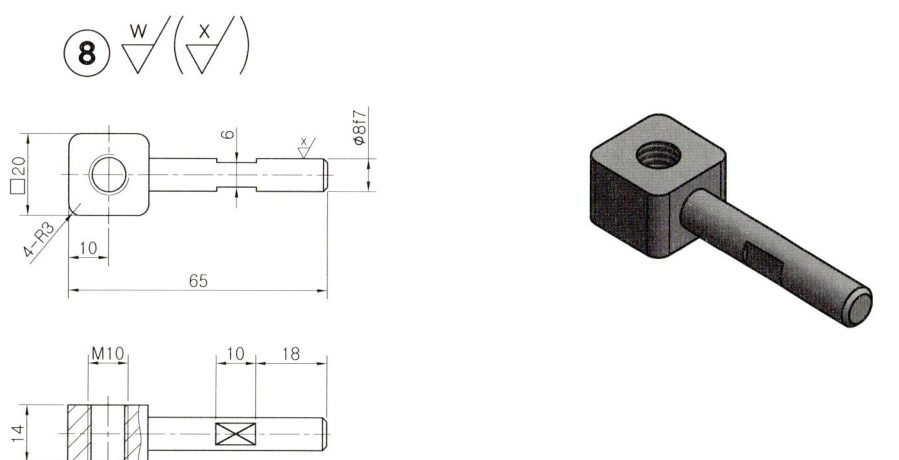

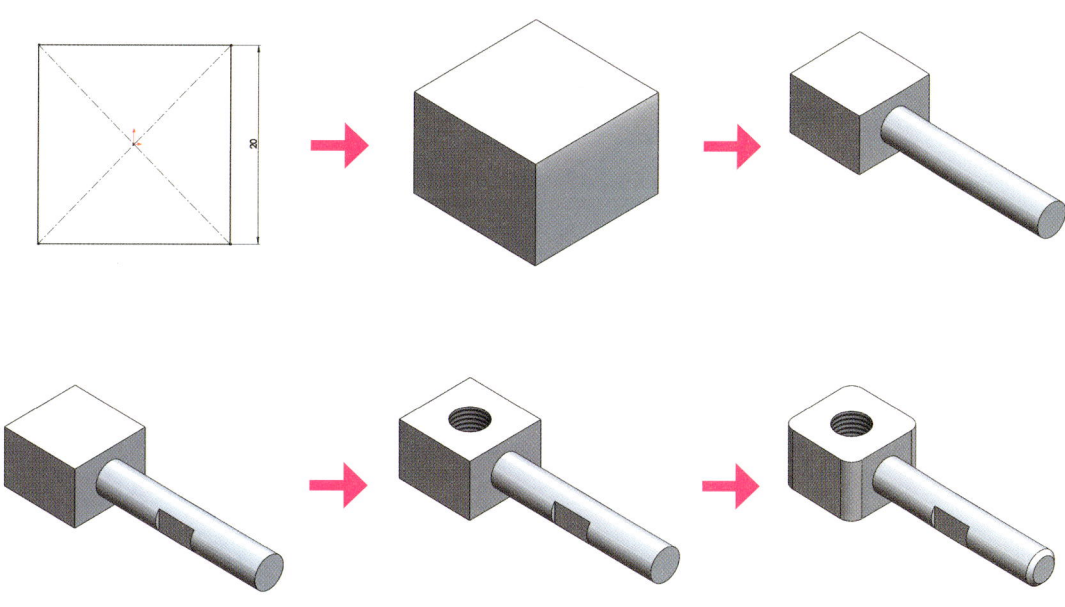

09 누름 볼트

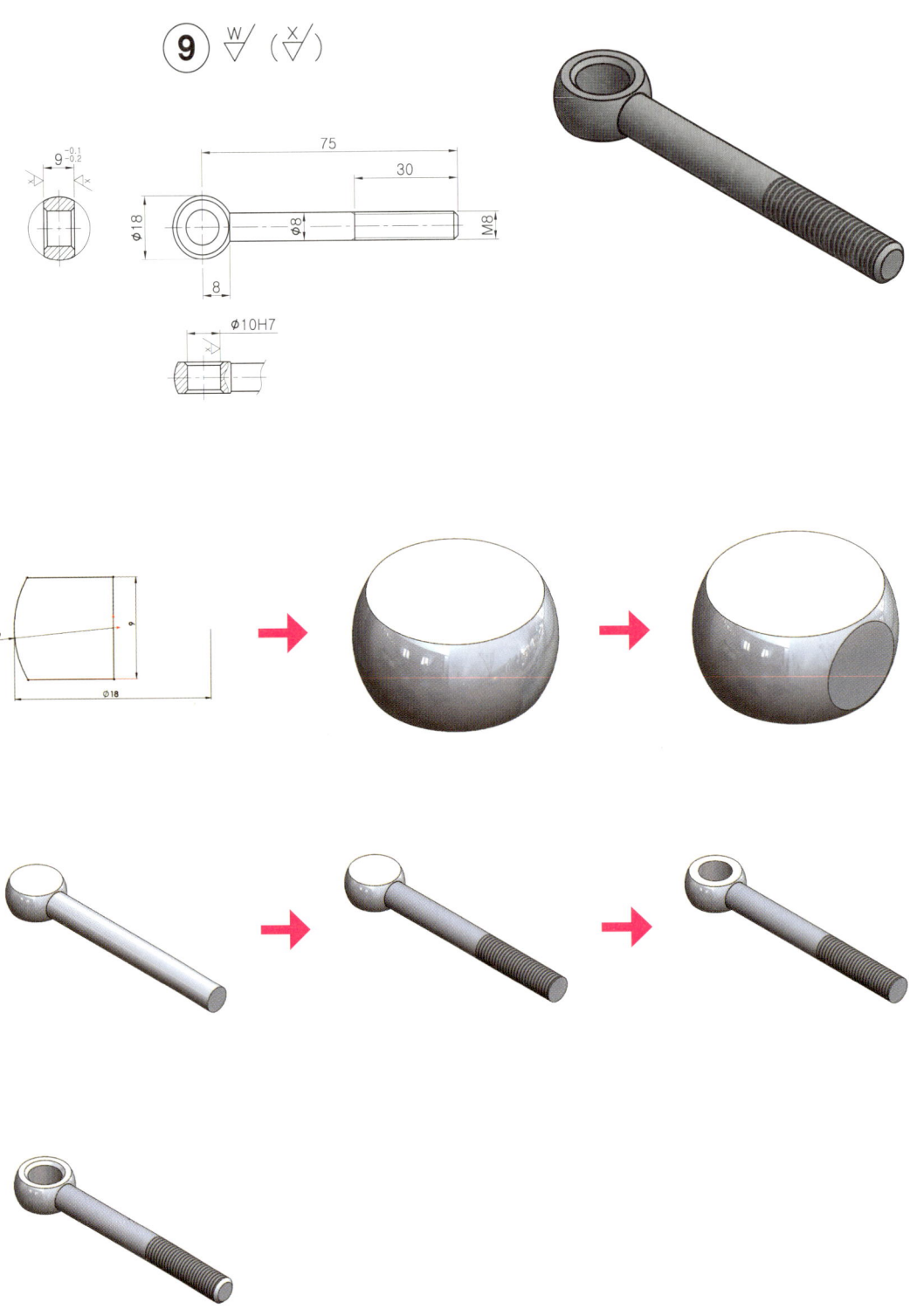

10 클램프 볼트

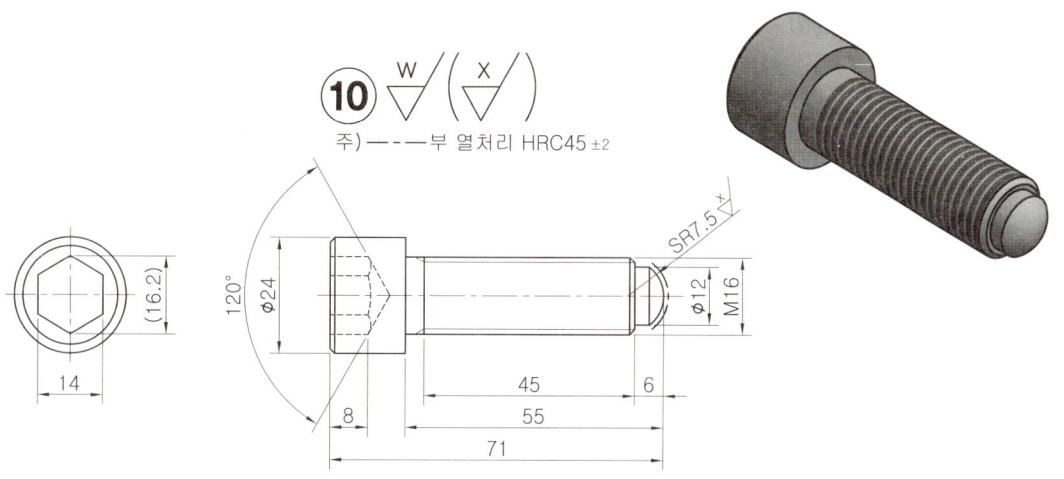

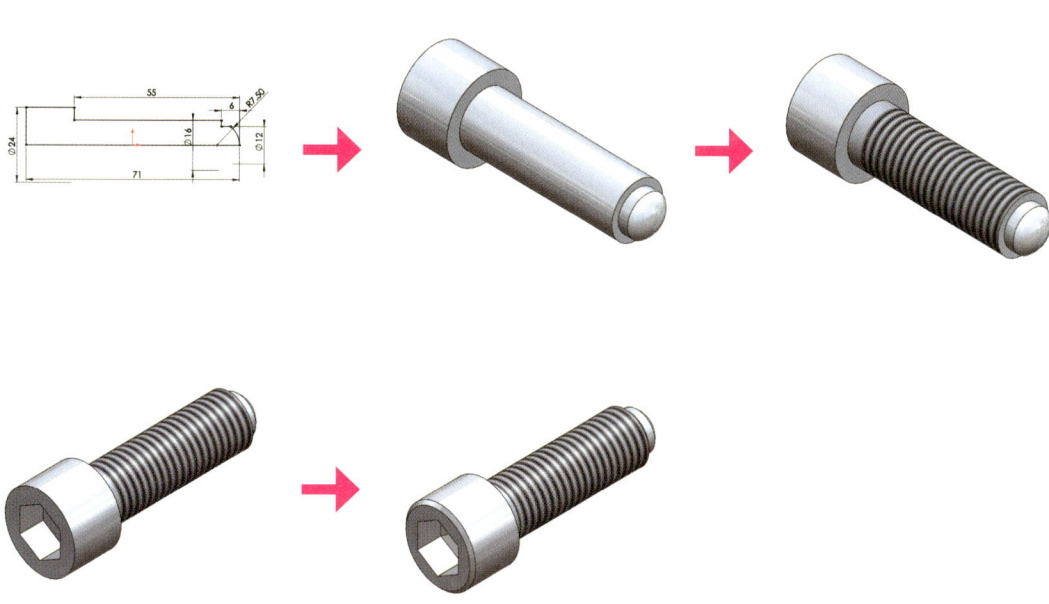

Section 3
축 타입의 부품 그리기

전산응용기계제도/기계설계산업기사를 위한 솔리드웍스

축 타입의 부품을 회전 명령을 이용해 작성하는 방법을 알아보도록 하자.

Lesson 1 | 축

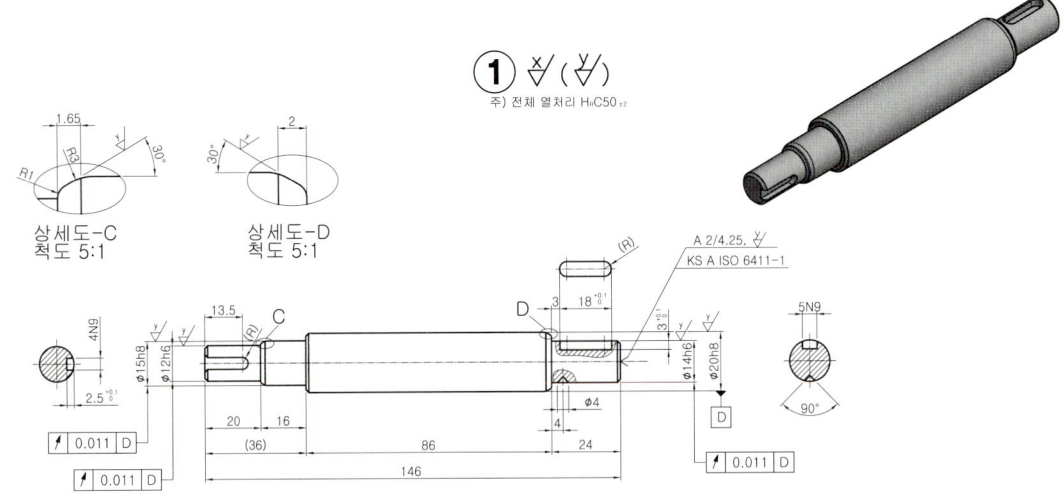

주 석 ▶ 도시되고 지시하지 않은 모따기 1X45°

01 베이스 피처 작성

01 정면에 스케치를 작성한다.

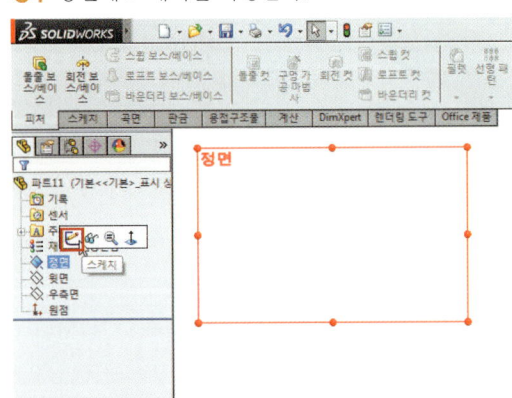

02 스케치 프로파일을 작성한다.

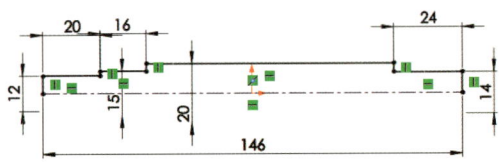

Section3 축 타입의 부품 그리기

03 회전 명령 클릭 ▶ 회전 축과 프로파일이 자동 선택 ▶ 확인

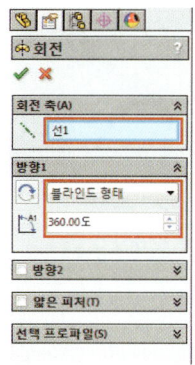 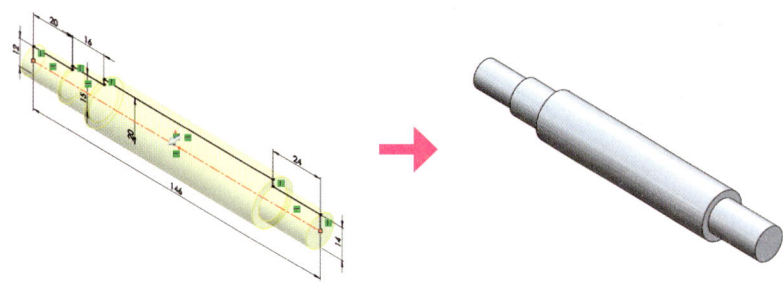

02 서브 피처 작성

01 기준면 명령 클릭 ▶ 제1참조 : 윗면(직각 옵션) ▶ 제2참조 : 원통면 ▶ 확인

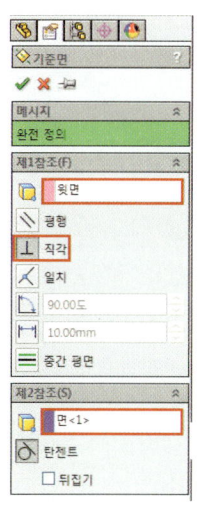 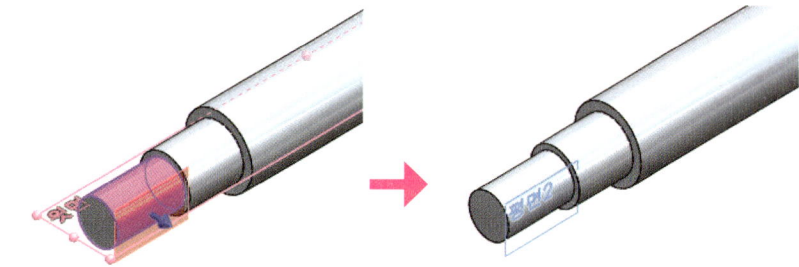

02 작성된 기준면에 스케치를 작성한다.　　03 스케치 프로파일을 작성한다.

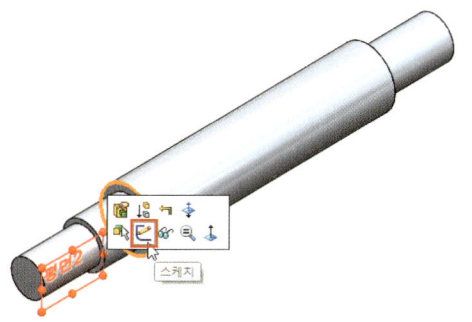 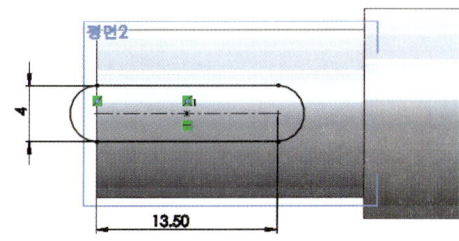

297

04 돌출 명령 클릭 ▶ 방향1 : 블라인드 형태 ▶ 거리 : 2.5mm ▶ 확인

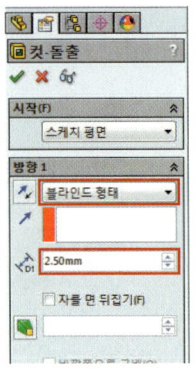 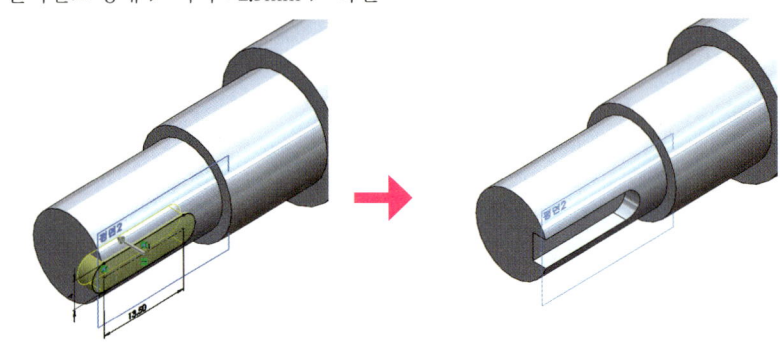

05 기준면 명령 클릭 ▶ 제1참조 : 정면(직각 옵션) ▶ 제2참조 : 원통면 ▶ 확인

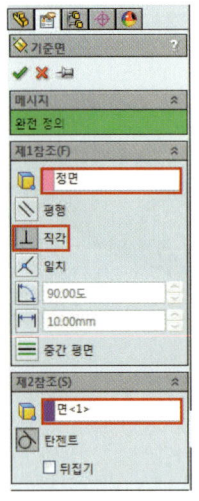 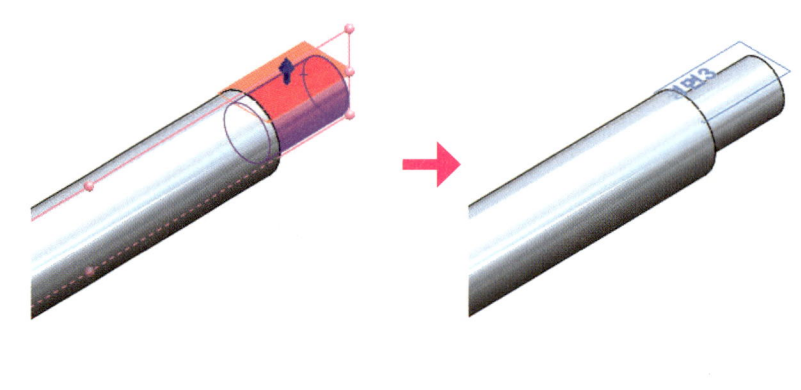

06 작성된 기준면에 스케치를 작성한다.

07 스케치 프로파일을 작성한다.

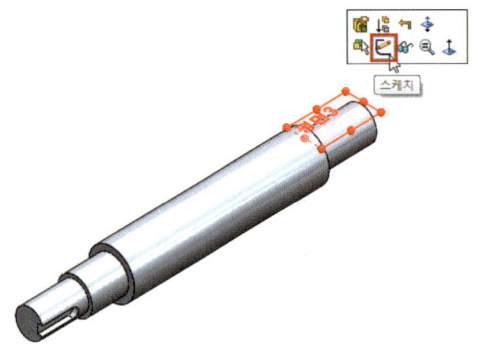 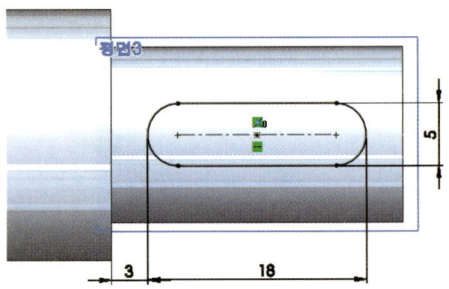

Section3 축 타입의 부품 그리기

08 돌출 명령 클릭 ▶ 방향1 : 블라인드 형태 ▶ 거리 : 3mm ▶ 확인

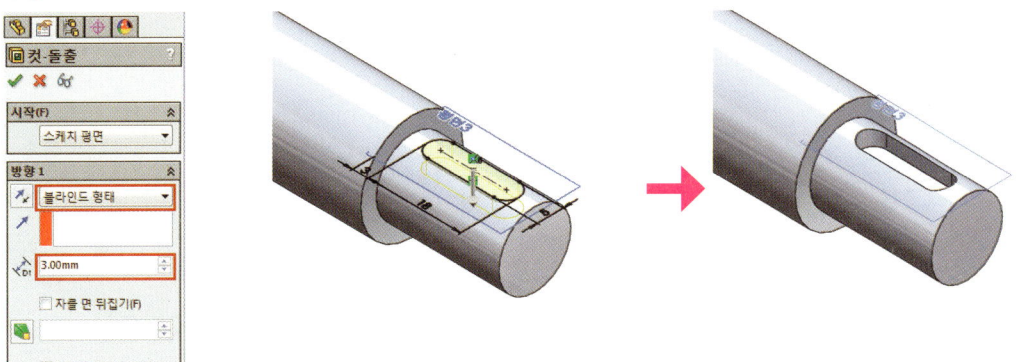

09 정면에 스케치를 작성한다.

10 스케치 프로파일을 작성한다.

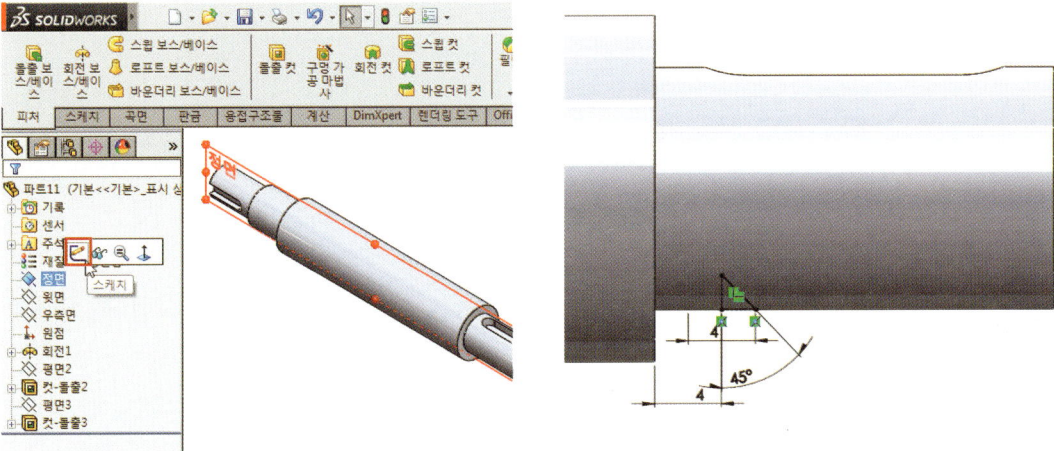

11 회전 컷 명령 클릭 ▶ 회전 축과 프로파일이 자동 선택 ▶ 확인

| 어드바이스 | ▶ 드릴자리 피처는 구멍가공 마법사 명령으로 작성해도 된다.

03 마무리 피처 작성

01 모따기 명령 클릭 ▶ 모서리 선택 ▶ 유형 : 각도-거리 ▶ 거리 : 1.65mm, 각도 : 30도 ▶ 확인

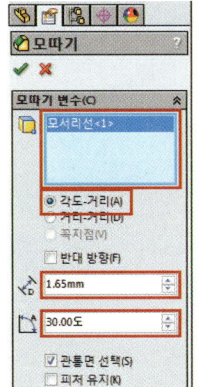 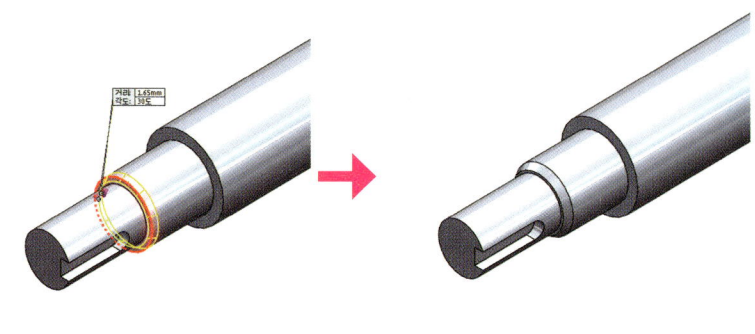

> **어드바이스** ▶ 위 타입의 모따기 거리가 반대일 경우에는 반대 방향을 체크하면 된다.

02 모따기 명령 클릭 ▶ 모서리 선택 ▶ 유형 : 각도-거리(반대 방향 체크) ▶ 거리 : 2mm, 각도 : 30도 ▶ 확인

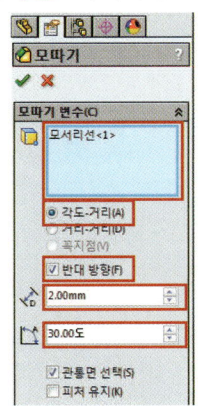 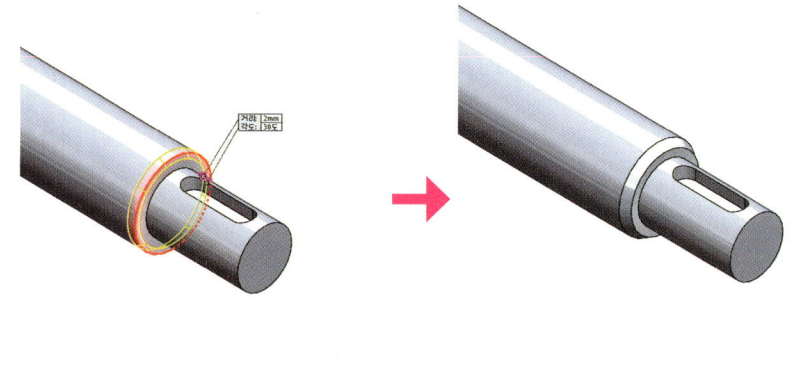

03 모따기 명령 클릭 ▶ 모서리 선택 ▶ 유형 : 거리-거리(동등 거리 체크) ▶ 거리 : 1mm ▶ 확인

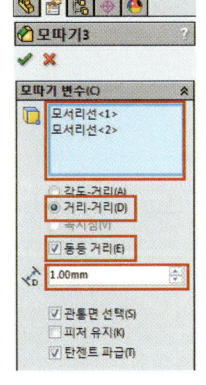 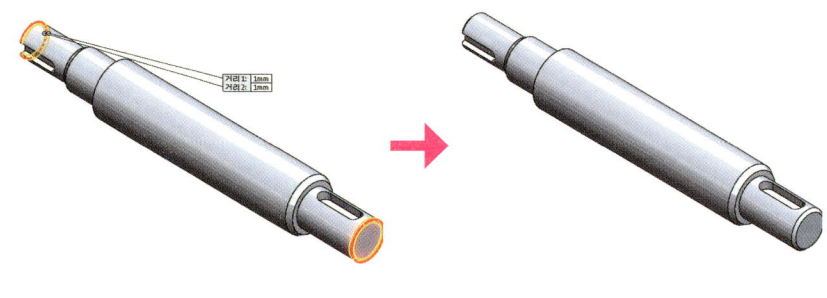

04 필렛 명령 클릭 ▶ 필렛 유형 : 부동 크기 ▶ 모서리 선택 ▶ 필렛 변수 : 1mm, 3mm(다중 반경 필렛 체크) ▶ 확인

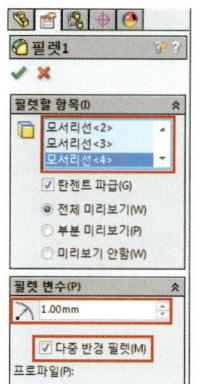
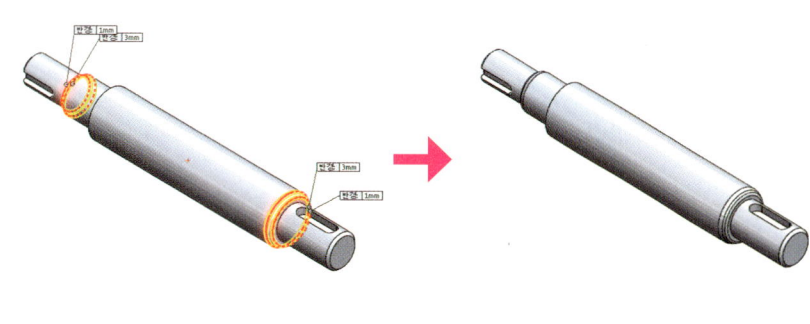

Lesson 2 　 편심축

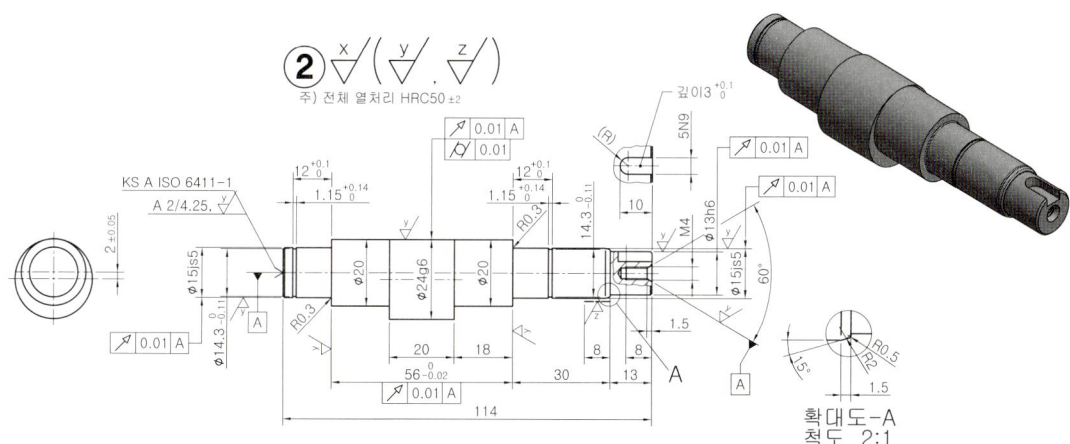

주 석 ▶ 도시되고 지시하지 않은 모따기 1X45°

01 베이스 피처 작성

01 정면에 스케치를 작성한다.

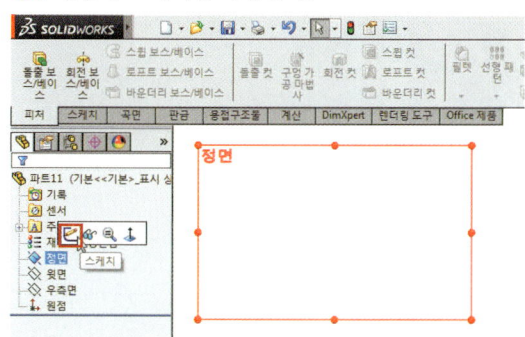

02 스케치 프로파일을 작성한다.

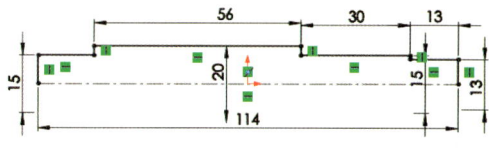

301

03 회전 명령 클릭 ▶ 회전 축과 프로파일이 자동 선택 ▶ 확인

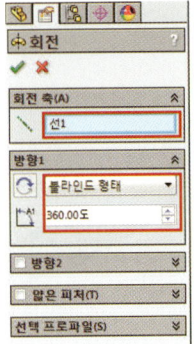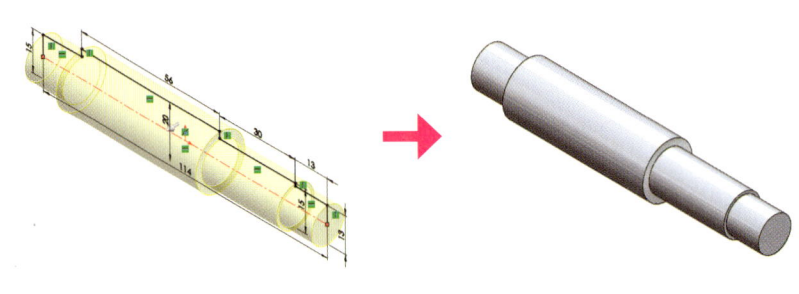

04 정면에 스케치를 작성한다.

05 스케치 프로파일을 작성한다.

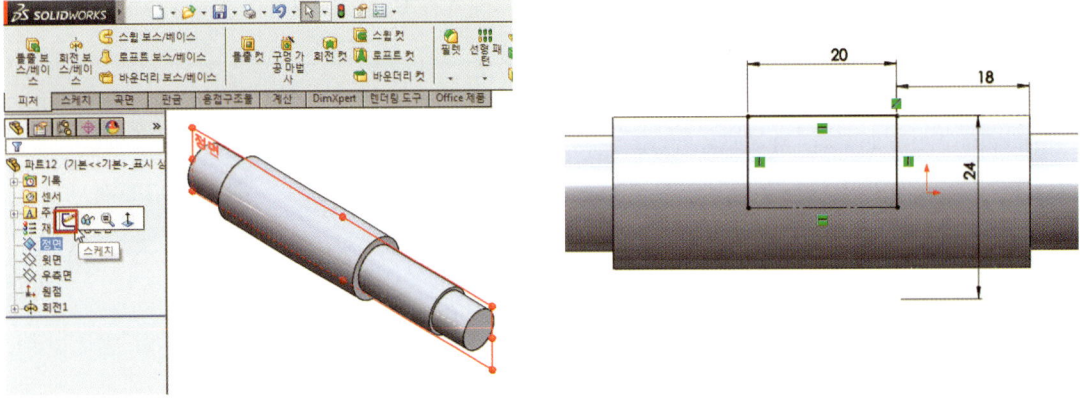

06 회전 명령 클릭 ▶ 회전 축과 프로파일이 자동 선택 ▶ 확인

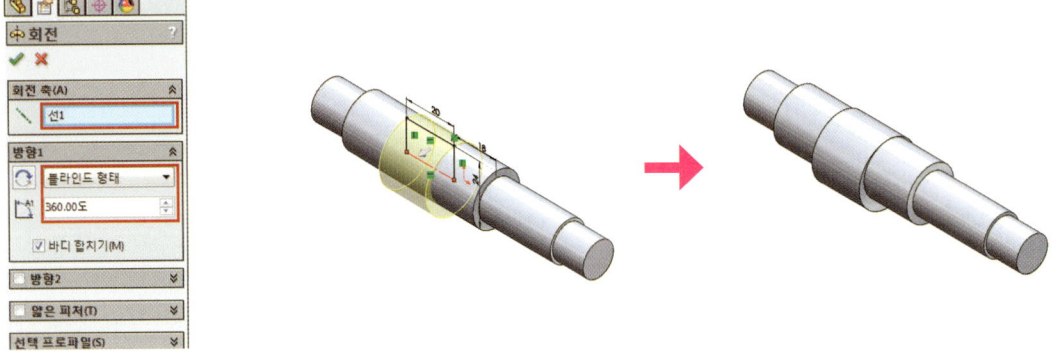

어드바이스 ▶ 편심축은 대부분 축의 외곽모서리끼리 접하는 형태가 된다.

07 정면에 스케치를 작성한다.

08 스케치 프로파일을 작성한다.

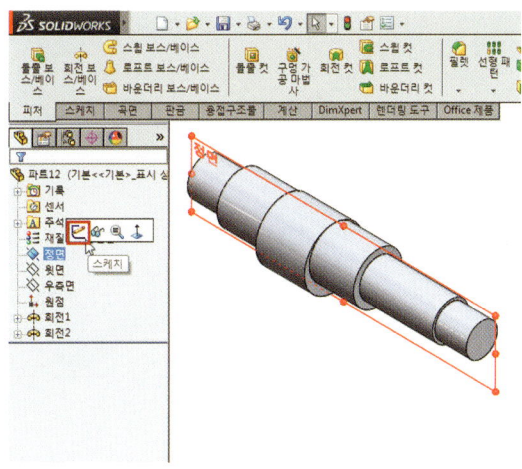
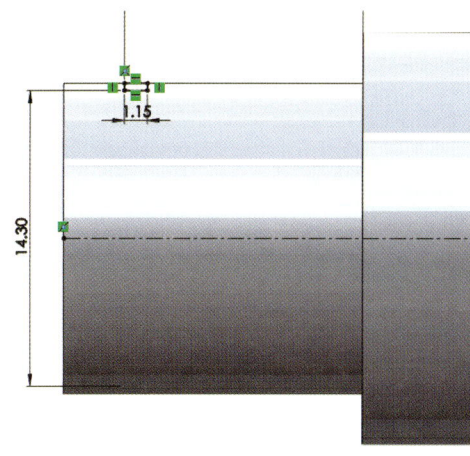

09 회전 컷 명령 클릭 ▶ 회전 축과 프로파일이 자동 선택 ▶ 확인

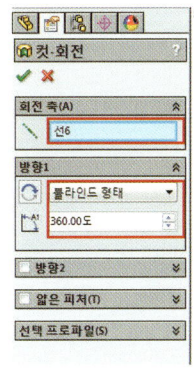
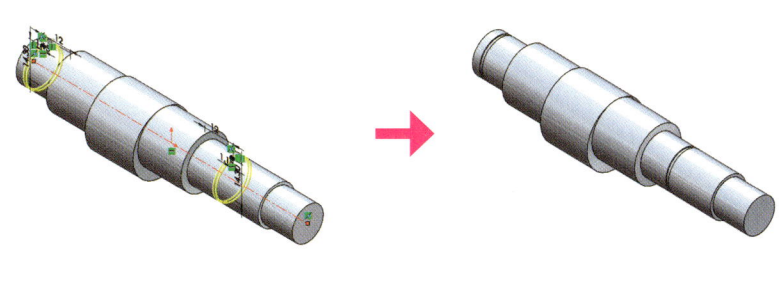

어드바이스 ▶ 스냅링 자리의 피처의 위치 치수는 대부분 조립되는 베어링의 폭 치수에 좌우된다.

02 서브 피처 작성

01 기준면 명령 클릭 ▶ 제1참조 : 정면(직각 옵션) ▶ 제2참조 : 원통면 ▶ 확인

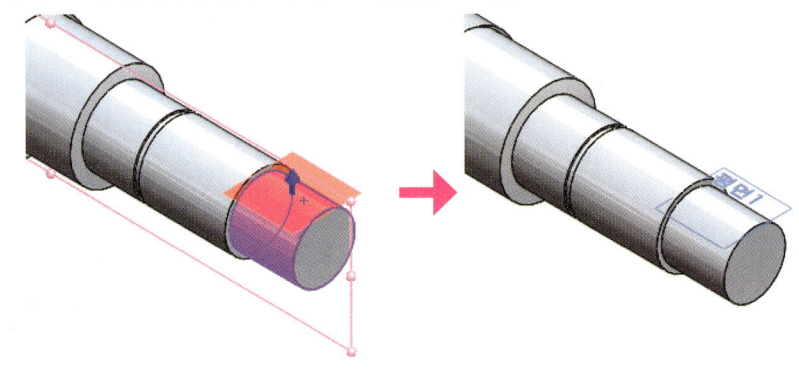

02 작성된 기준면에 스케치를 작성한다.

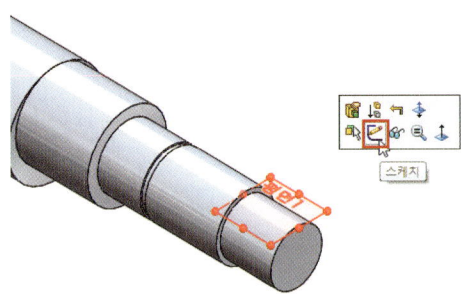

03 스케치 프로파일을 작성한다.

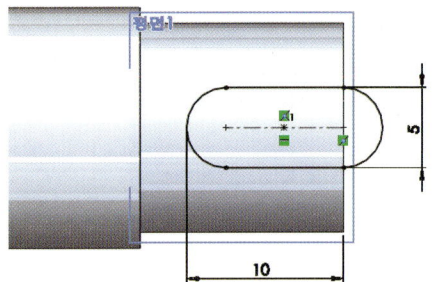

04 돌출 컷 명령 클릭 ▶ 방향1 : 블라인드 형태 ▶ 거리 : 3mm ▶ 확인

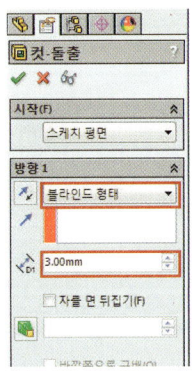
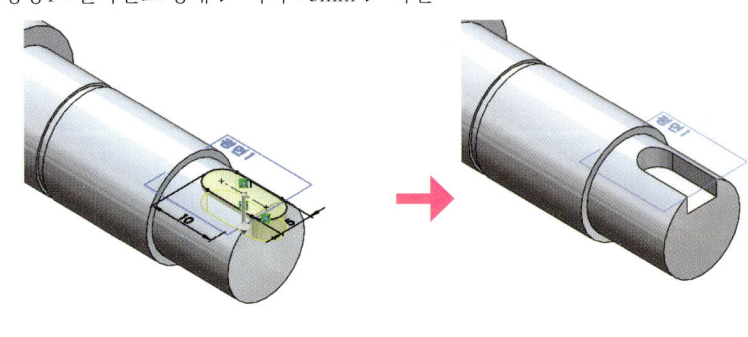

Section3 축 타입의 부품 그리기

05 구멍 명령을 실행한 후 위치 탭에서 구멍을 작성할 평면을 선택한다.

06 구멍의 중심으로 쓸 스케치를 작성한다.

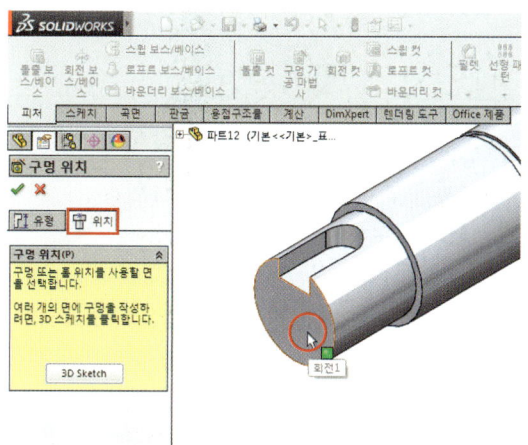
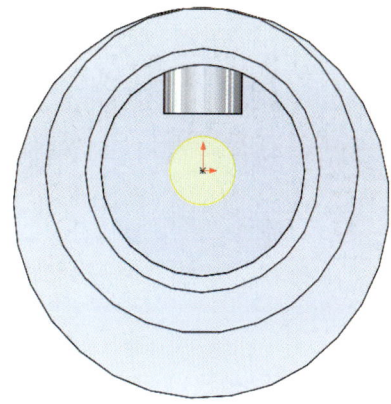

07 유형 탭 클릭 ▶ 구멍 유형 : 직선 탭 ▶ 구멍 크기 : M4 ▶ 구멍 깊이 : 11.5mm, 탭 깊이 : 8mm ▶ 확인

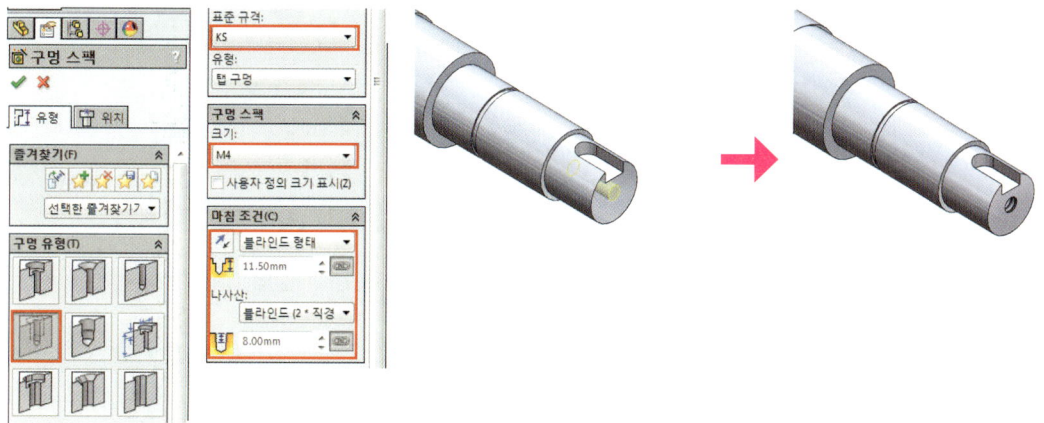

03 마무리 피처 작성

01 모따기 명령 클릭 ▶ 모서리 선택 ▶ 유형 : 각도-거리(반대 방향 체크) ▶ 거리 : 1mm, 각도 : 15도 ▶ 확인

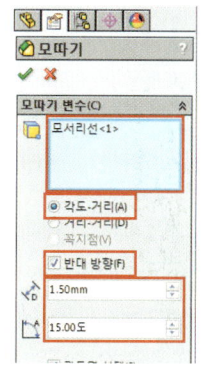
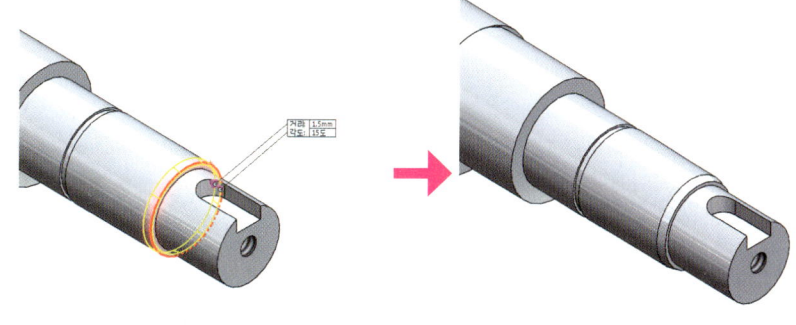

305

02 모따기 명령 클릭 ▶ 모서리 선택 ▶ 유형 : 거리-거리(동등 거리 체크) ▶ 거리 : 0.5mm ▶ 확인

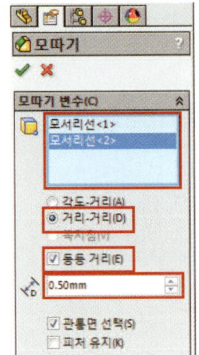 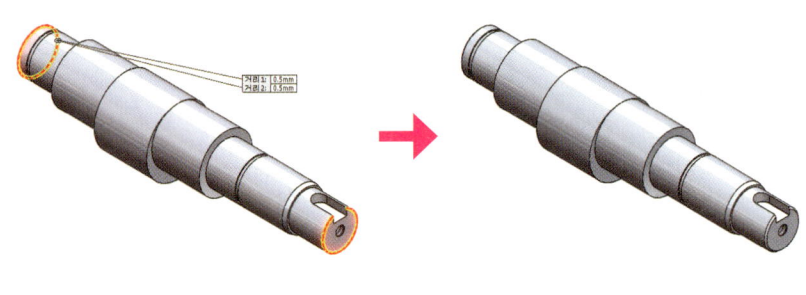

03 필렛 명령 클릭 ▶ 모서리 선택 ▶ 필렛 변수 : 0.5mm, 2mm(다중 반경 필렛 체크) ▶ 확인

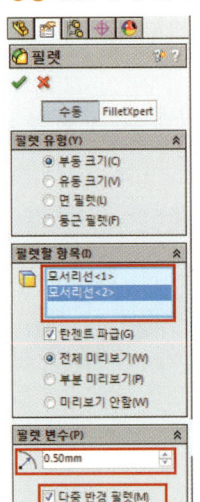 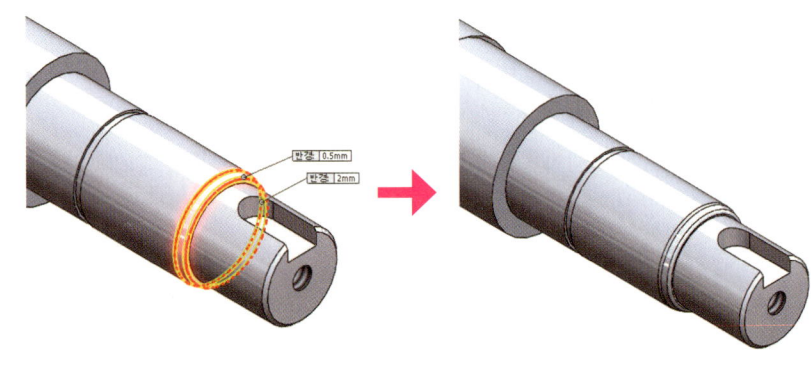

04 필렛 명령 클릭 ▶ 필렛 유형 : 부동 크기 ▶ 모서리 선택 ▶ 필렛 변수 : 0.3mm ▶ 확인

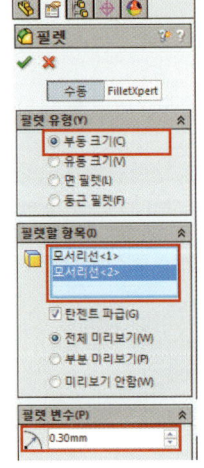 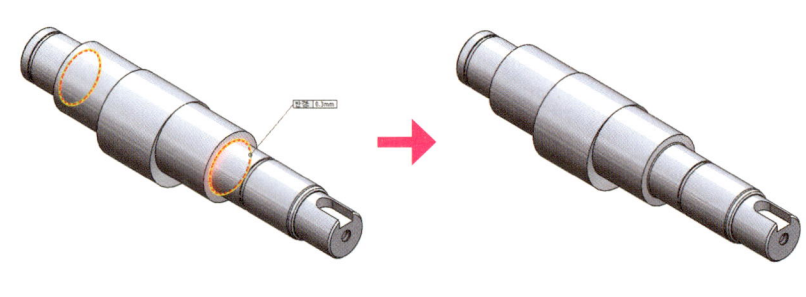

Lesson 3 | 보스

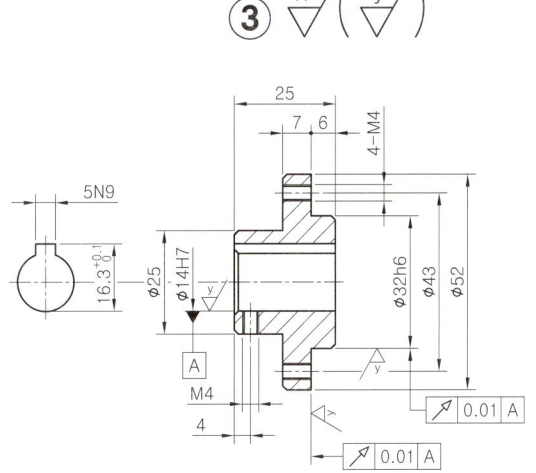
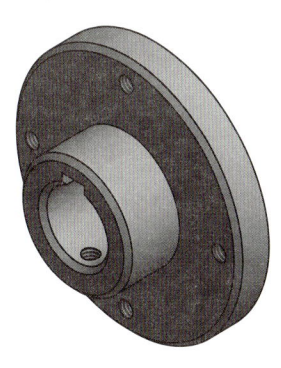

주 석 ▶ 도시되고 지시하지 않은 모따기 1X45°

01 베이스 피처 작성

01 정면에 스케치를 작성한다.

02 전체 길이에 해당하는 중심선을 작성한다.

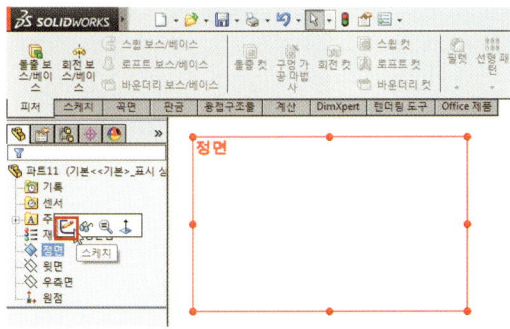
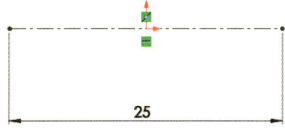

03 선 명령으로 프로파일을 작성한다.

04 중심선의 끝점과 프로파일의 끝점에 수직 구속조건을 부여한다.

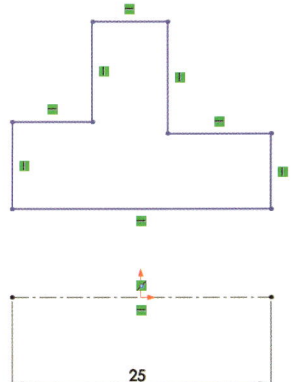
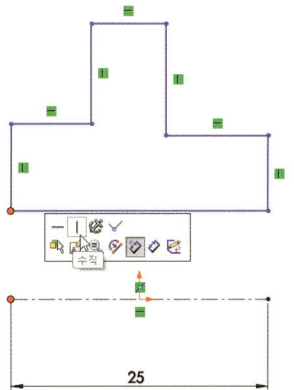

307

05 치수를 작성해 스케치를 완성한다.

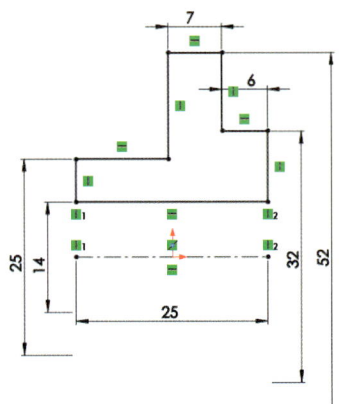

06 회전 명령 클릭 ▶ 회전 축과 프로파일이 자동 선택 ▶ 확인

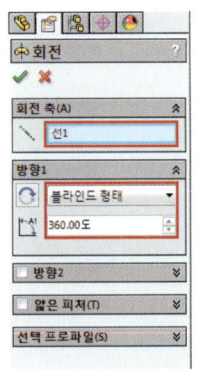
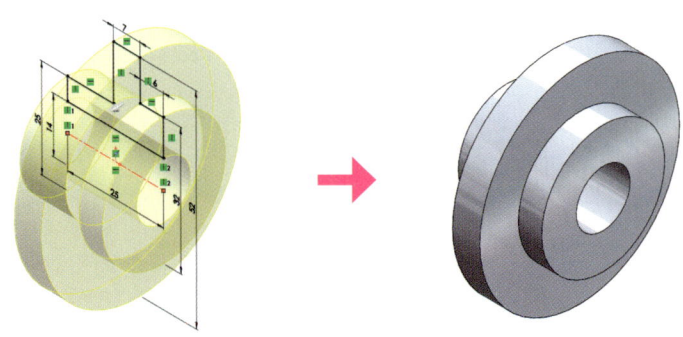

02 서브 피처 작성

01 작성된 솔리드 면에 스케치를 작성한다.

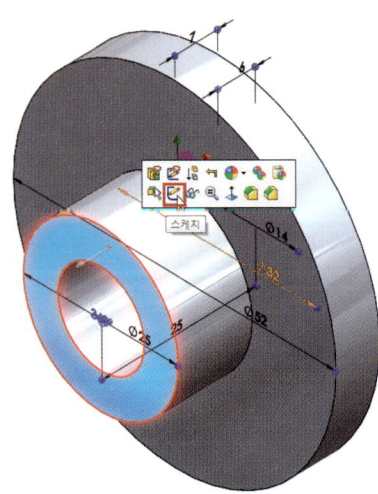

02 스케치 프로파일을 작성한다.

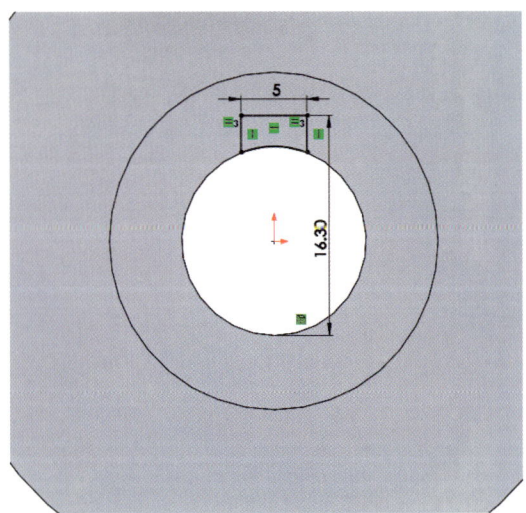

Section3 축 타입의 부품 그리기

03 돌출 컷 명령 클릭 ▶ 방향1 : 다음까지 ▶ 확인

 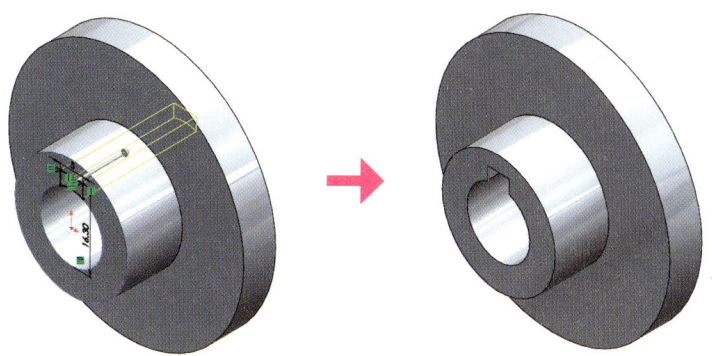

04 구멍 명령을 실행한 후 위치 탭에서 구멍을 작성할 평면을 선택한다.

05 구멍의 중심으로 쓸 스케치를 작성한다.

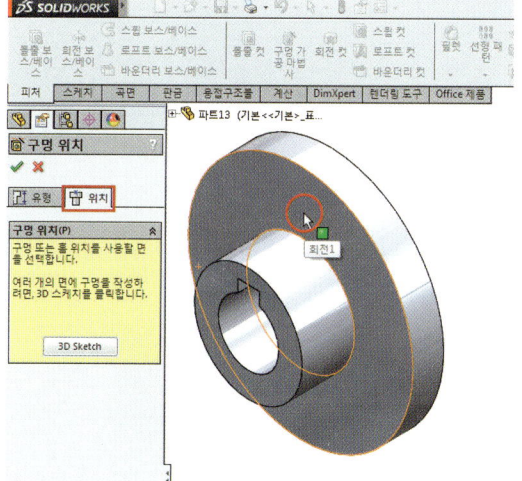 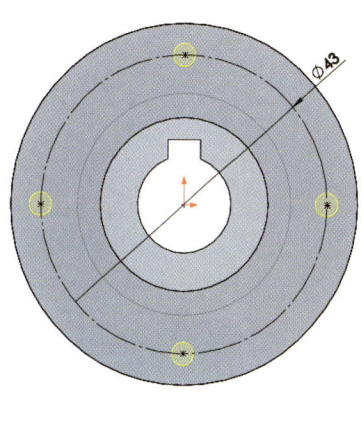

06 유형 탭 클릭 ▶ 구멍 유형 : 직선 탭 ▶ 구멍 크기 : M4 ▶ 마침 조건 : 다음까지 ▶ 확인

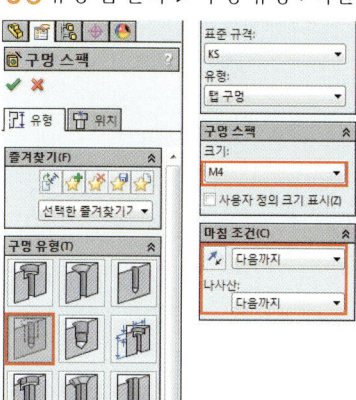 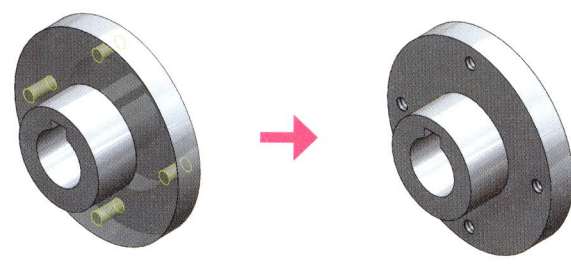

309

07 기준면 명령 클릭 ▶ 제1참조 : 정면(직각 옵션) ▶ 제2참조 : 원통면 ▶ 확인

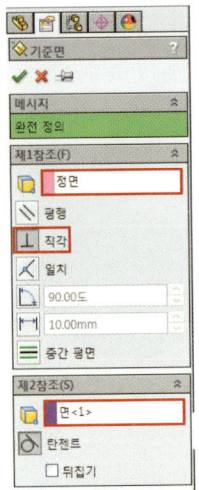
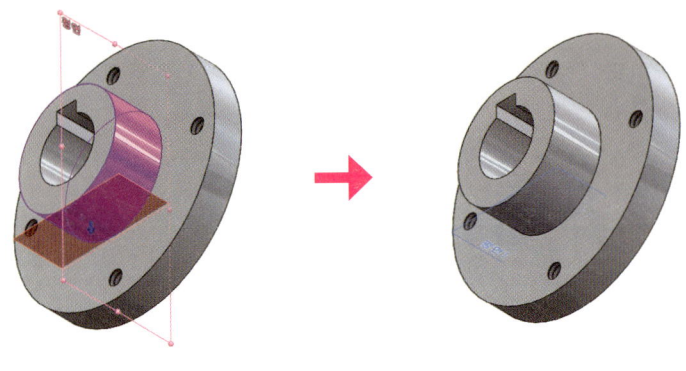

08 구멍 명령을 실행한 후 위치 탭에서 구멍을 작성할 평면을 선택한다.

09 구멍의 중심으로 쓸 스케치를 작성한다.

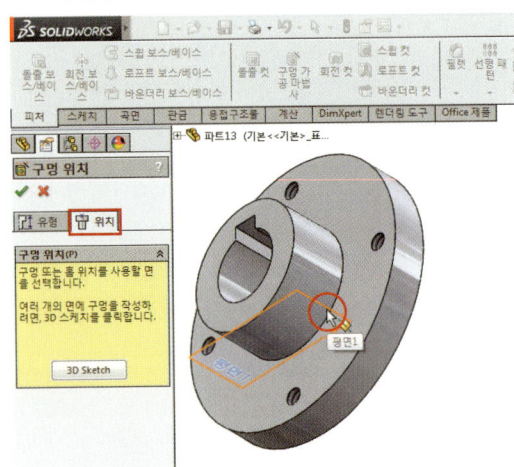
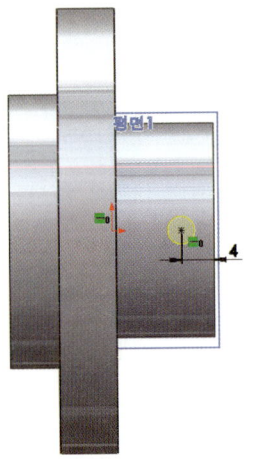

10 유형 탭 클릭 ▶ 구멍 유형 : 직선 탭 ▶ 구멍 크기 : M4 ▶ 마침 조건 : 다음까지 ▶ 확인

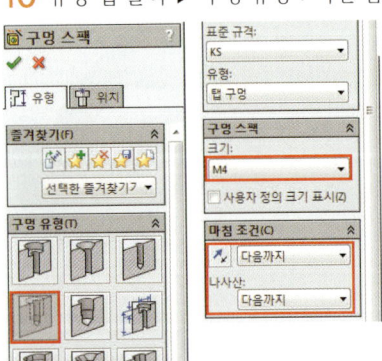
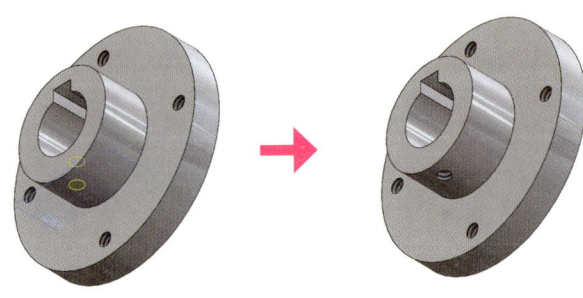

03 마무리 피처 작성

01 모따기 명령 클릭 ▶ 모서리 선택 ▶ 유형 : 거리-거리(동등 거리 체크) ▶ 거리 : 1mm ▶ 확인

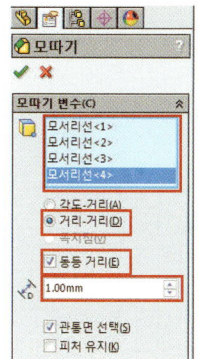
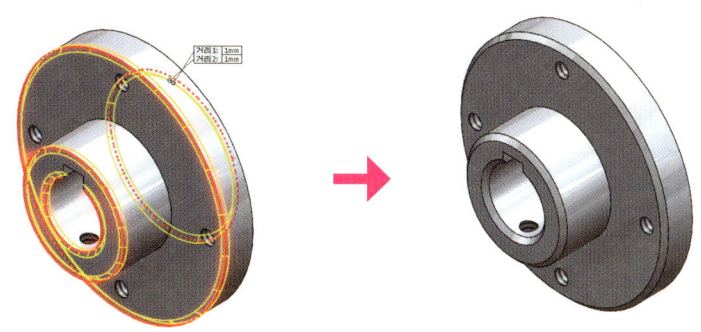

Lesson 4 | 실링 커버

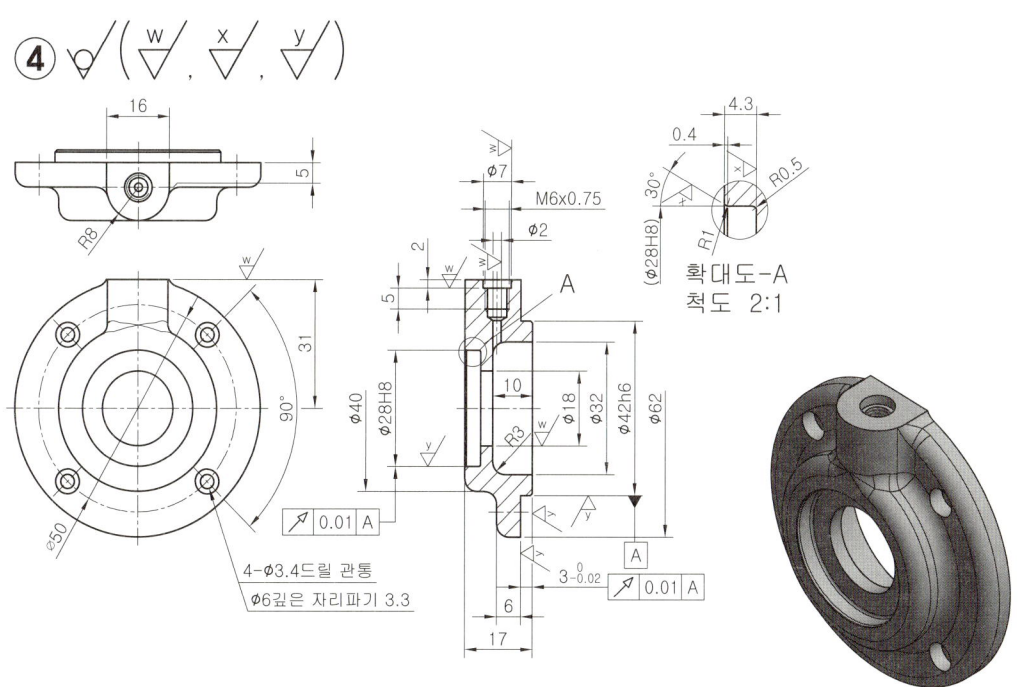

주 석 ▶ 도시되고 지시하지 않은 모따기 1X45°

01 베이스 피처 작성

01 정면에 스케치를 작성한다.

02 스케치 프로파일을 작성한다.

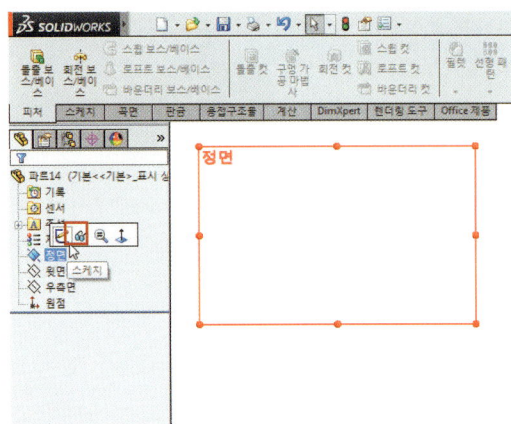
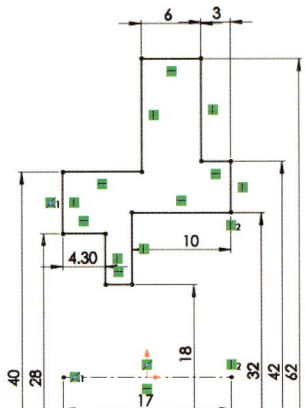

03 회전 명령 클릭 ▶ 회전 축과 프로파일이 자동 선택 ▶ 확인

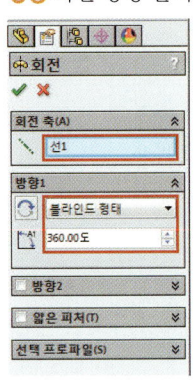
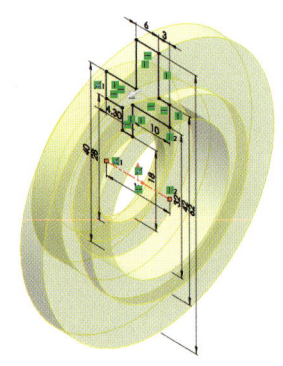
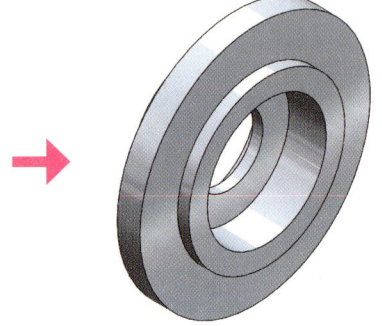

04 기준면 명령 클릭 ▶ 제1참조 : 윗면 ▶ 거리 : 31mm ▶ 확인

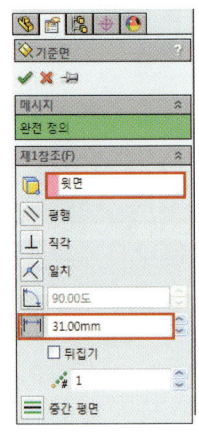
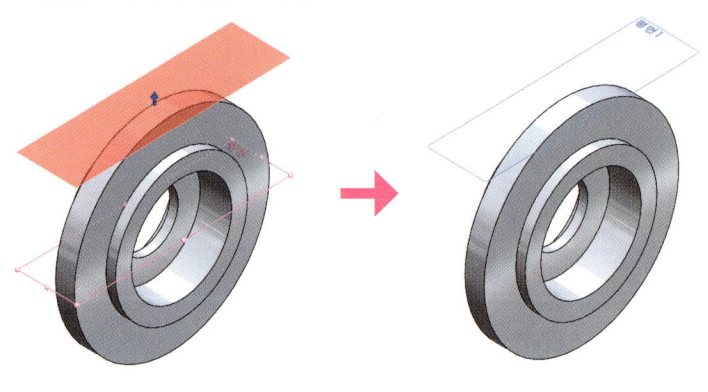

어드바이스 ▶ 첫 번째 스케치는 도면의 방향과 같은 방향의 평면을 선택해서 작성한다.

Section3 축 타입의 부품 그리기

05 작성된 기준면에 스케치를 작성한다.

06 스케치 프로파일을 작성한다.

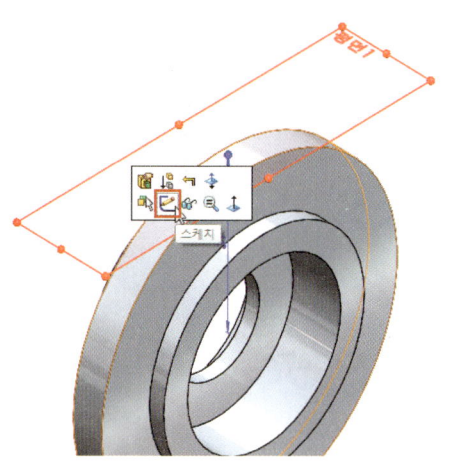
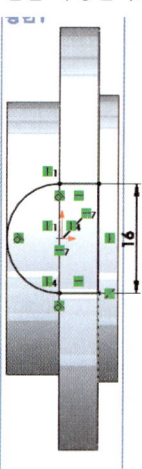

07 돌출 명령 클릭 ▶ 방향1 : 곡면까지(방향 반전) ▶ 면 선택 ▶ 확인

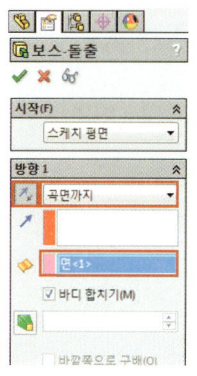
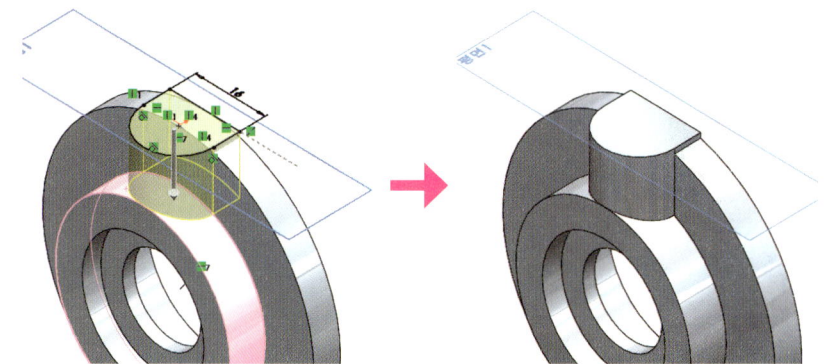

02 서브 피처 작성

01 구멍 명령을 실행한 후 위치 탭에서 구멍을 작성할 평면을 선택한다.

02 구멍의 중심으로 쓸 스케치를 작성한다.

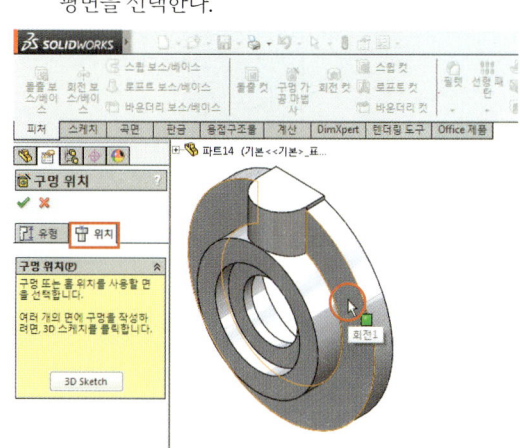
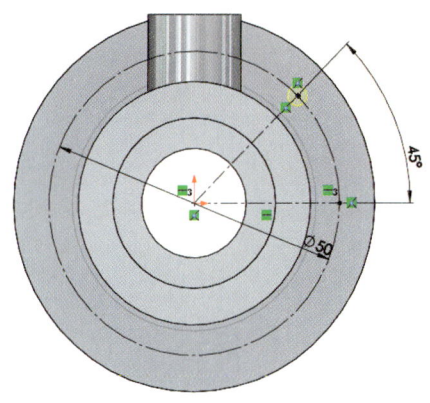

03 유형 탭 클릭 ▶ 구멍 유형 : 카운터보어 ▶ 표준 규격 : KS ▶ 구멍 스펙 : M3 ▶ 마침 조건 : 다음까지 ▶ 확인

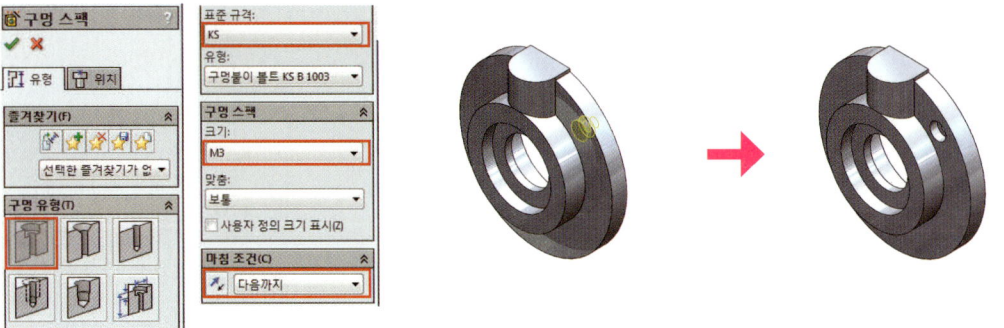

04 원형 패턴 명령 클릭 ▶ 파라미터 : 회전 축 면 선택 ▶ 각도 : 360도 ▶ 개수 : 4 ▶ 패턴할 피처 선택 ▶ 확인

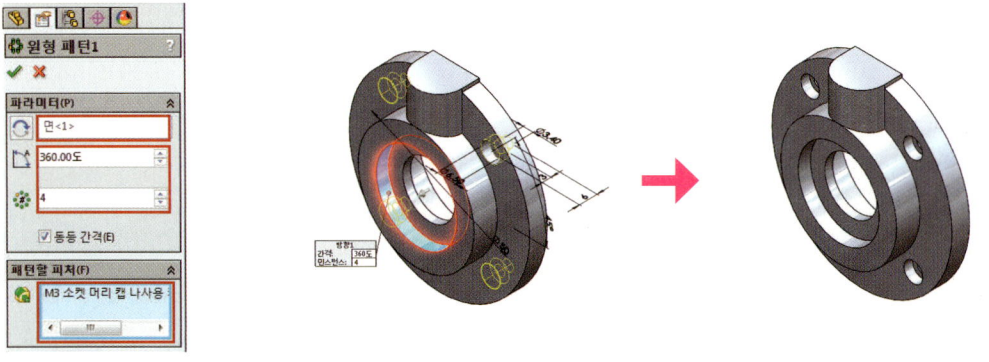

05 구멍 명령을 실행한 후 위치 탭에서 구멍을 작성할 평면을 선택한다.

06 구멍의 중심으로 쓸 스케치를 작성한다.

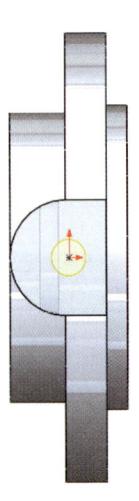

어드바이스 ▶ 마우스 커서를 원호에 갖다대면 원호의 중심점이 자동으로 생성된다.

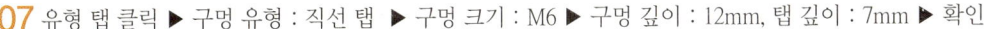

07 유형 탭 클릭 ▶ 구멍 유형 : 직선 탭 ▶ 구멍 크기 : M6 ▶ 구멍 깊이 : 12mm, 탭 깊이 : 7mm ▶ 확인

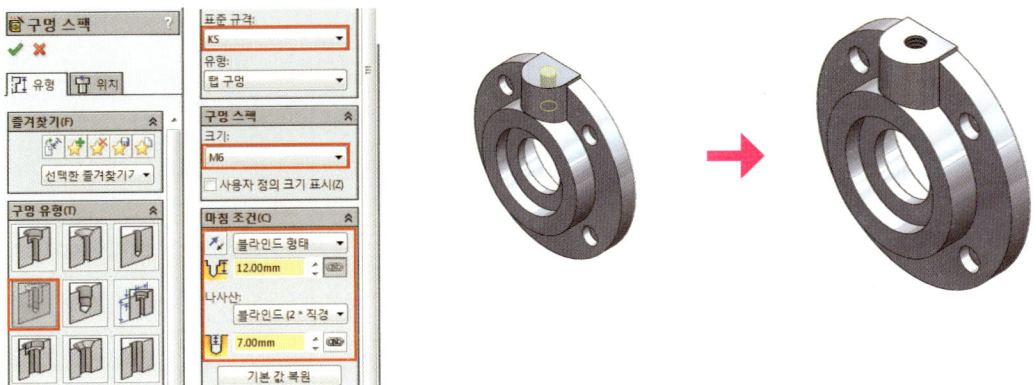

08 구멍 명령을 실행한 후 위치 탭에서 구멍을 작성할 평면을 선택한다.

09 구멍의 중심으로 쓸 스케치를 작성한다.

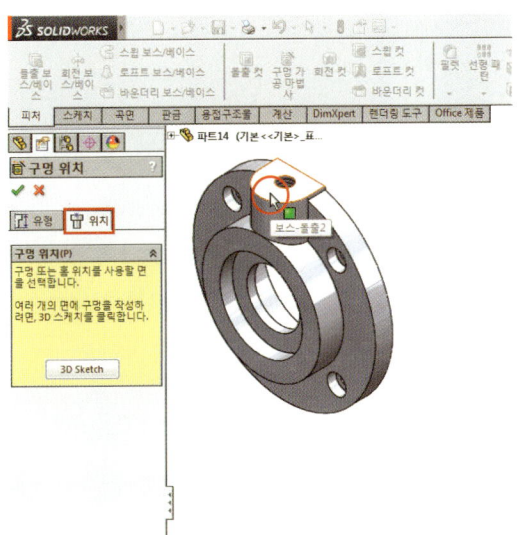
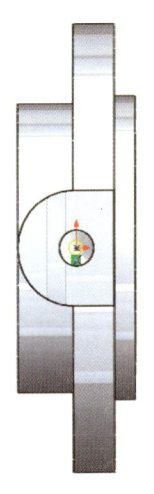

10 유형 탭 클릭 ▶ 구멍 유형 : 구멍 ▶ 표준 규격 : KS ▶ 구멍 크기 : Ø2 ▶ 마침 조건 : 다음까지 ▶ 확인

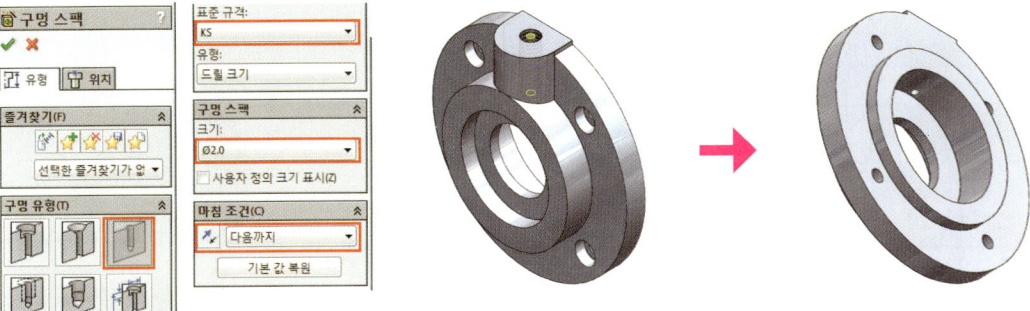

11 작성된 솔리드 면에 스케치를 작성한다.   **12** 스케치 프로파일을 작성한다.

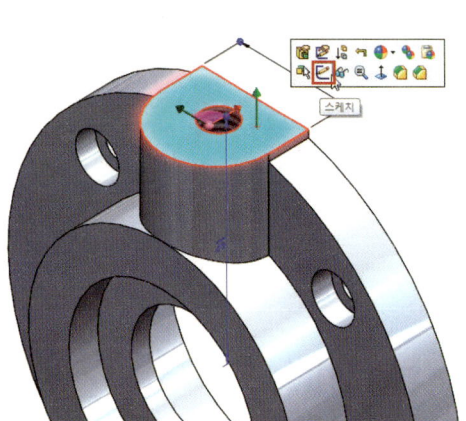
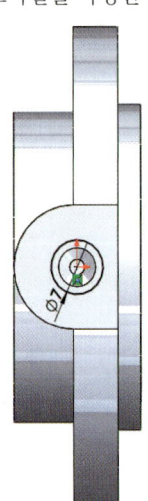

13 돌출 컷 명령 클릭 ▶ 방향1 : 블라인드 형태 ▶ 거리 : 2mm ▶ 확인

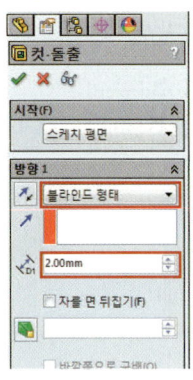
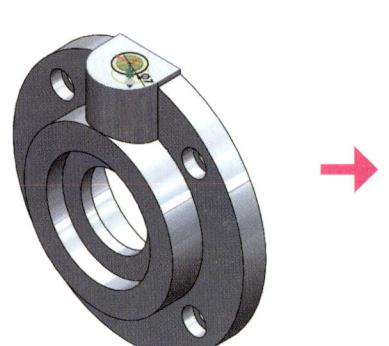

03 마무리 피처 작성

01 필렛 명령 클릭 ▶ 모서리 선택 ▶ 필렛 변수 : 3mm ▶ 확인

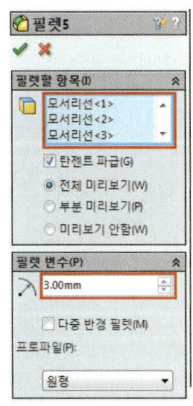
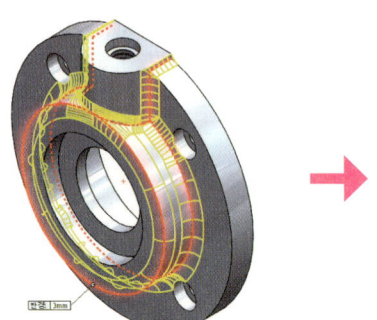

02 필렛 명령 클릭 ▶ 필렛 유형 : 부동 크기 ▶ 모서리 선택 ▶ 필렛 변수 : 3mm ▶ 확인

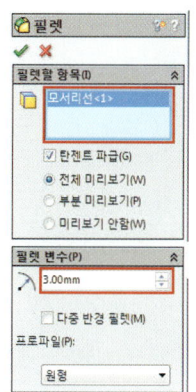
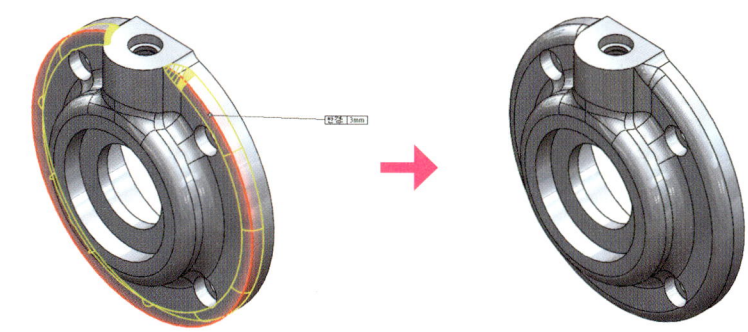

03 모따기 명령 클릭 ▶ 모서리 선택 ▶ 유형 : 거리-거리(동등 거리 체크) ▶ 거리 : 1mm ▶ 확인

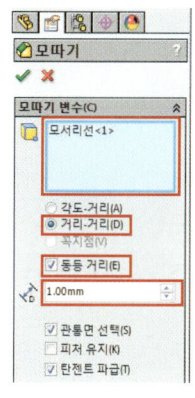
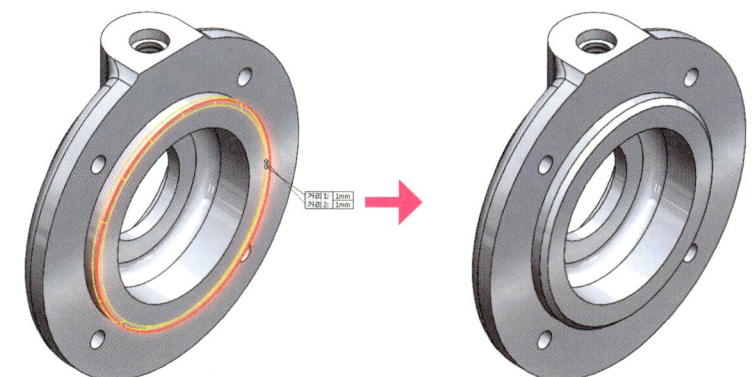

04 필렛 명령 클릭 ▶ 모서리 선택 ▶ 필렛 변수 : 0.5mm ▶ 확인

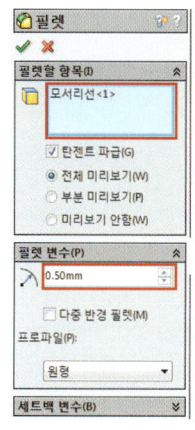
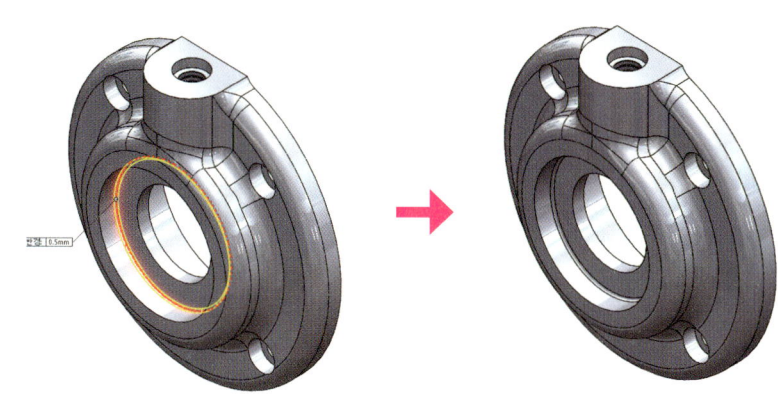

05 모따기 명령 클릭 ▶ 모서리 선택 ▶ 유형 : 각도-거리(반대 방향 체크) ▶ 거리 : 0.4mm, 각도 : 30도 ▶ 확인

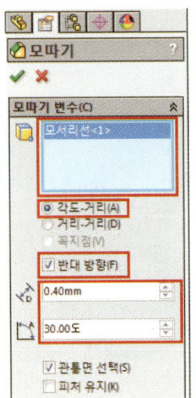 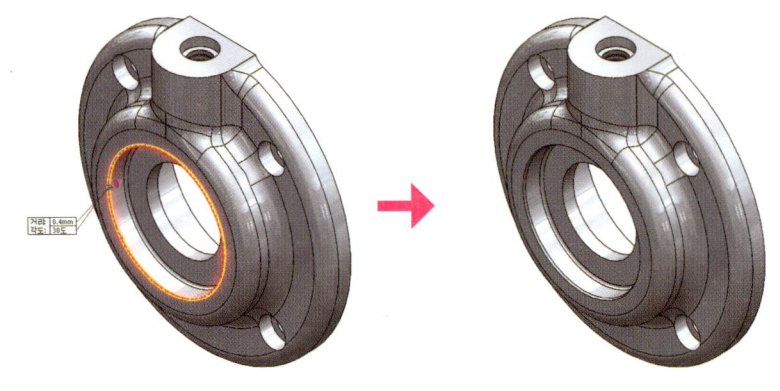

06 필렛 명령 클릭 ▶ 모서리 선택 ▶ 필렛 변수 : 1mm ▶ 확인

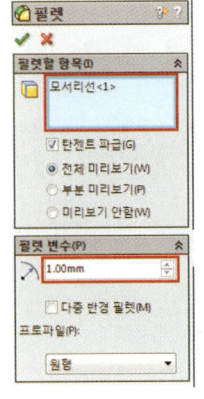 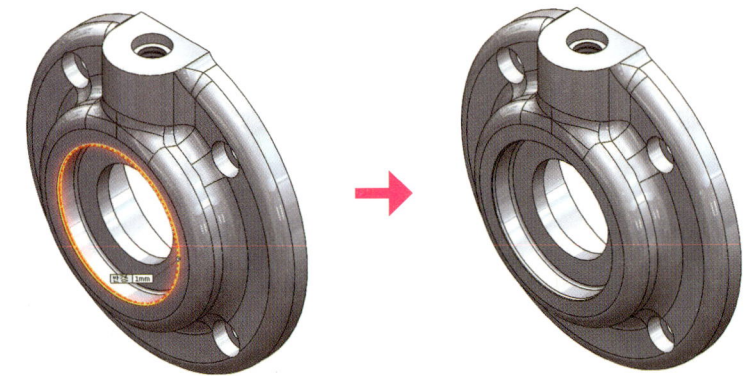

Lesson 5 | 기준 패드

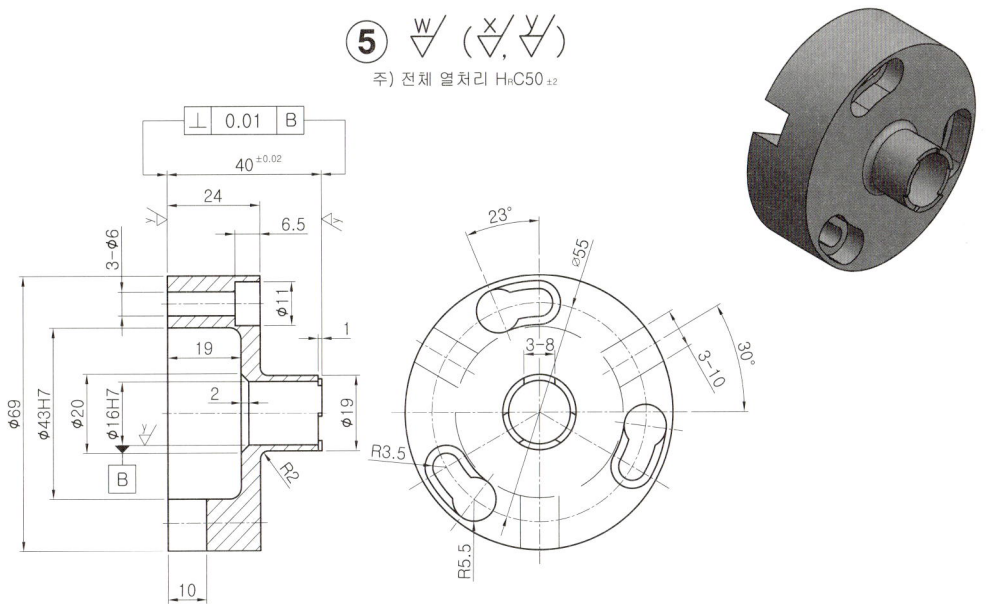

| 주 석 | ▶ 도시되고 지시하지 않은 모따기 1X45° |

01 베이스 피처 작성

01 정면에 스케치를 작성한다.

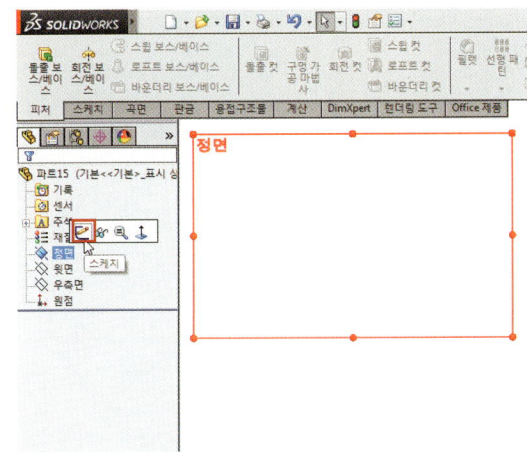

02 스케치 프로파일을 작성한다.

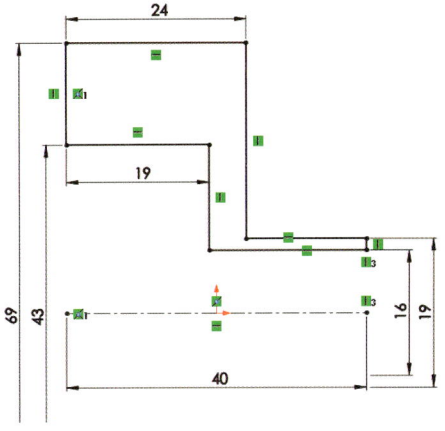

03 회전 명령 클릭 ▶ 회전 축과 프로파일이 자동 선택 ▶ 확인

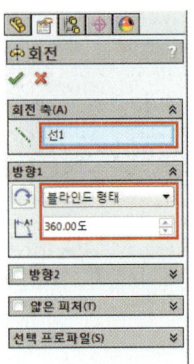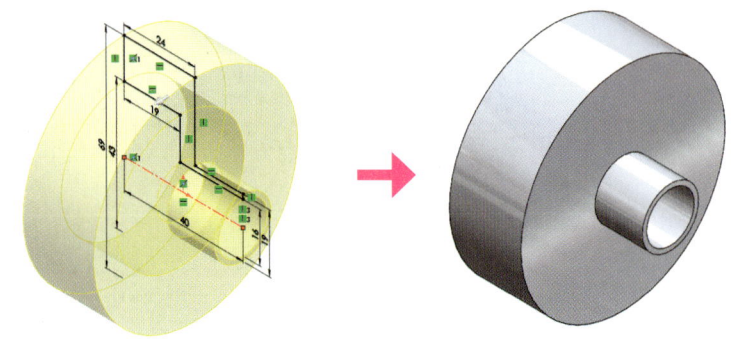

02 서브 피처 작성

01 작성된 솔리드 면에 스케치를 작성한다.   02 스케치 프로파일을 작성한다.

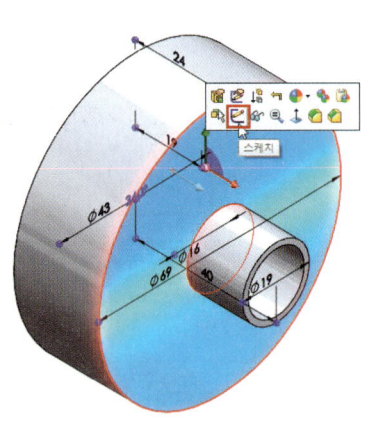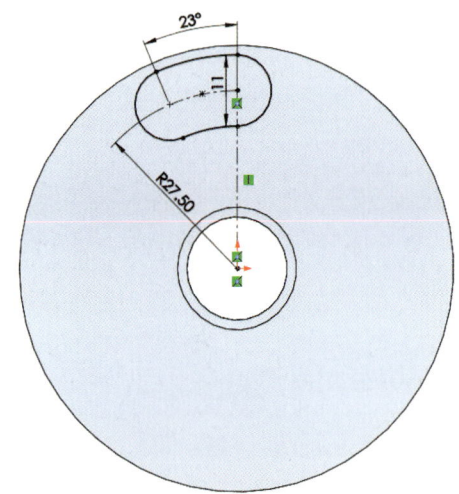

03 돌출 컷 명령 클릭 ▶ 방향1 : 블라인드 형태 ▶ 거리 : 6.5mm ▶ 확인

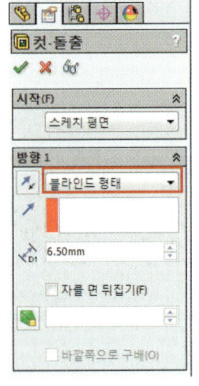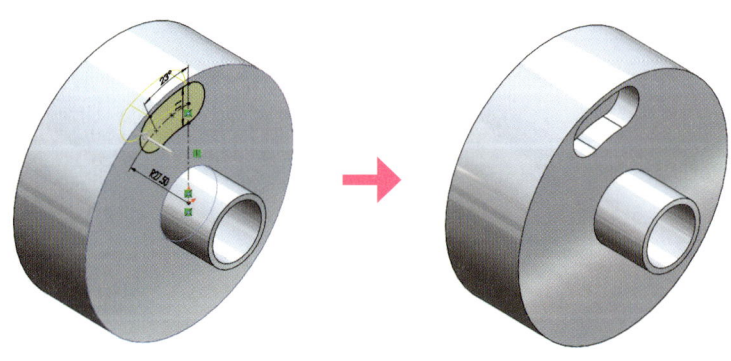

04 작성된 솔리드 면에 스케치를 작성한다.

05 스케치 프로파일을 작성한다.

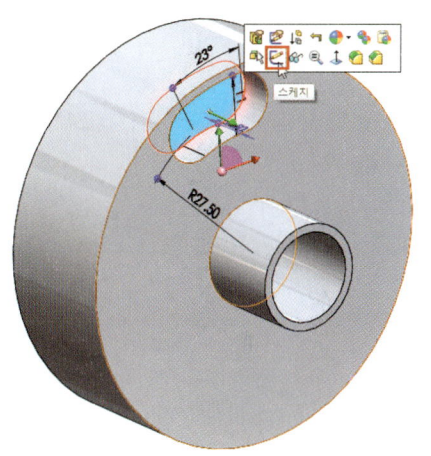
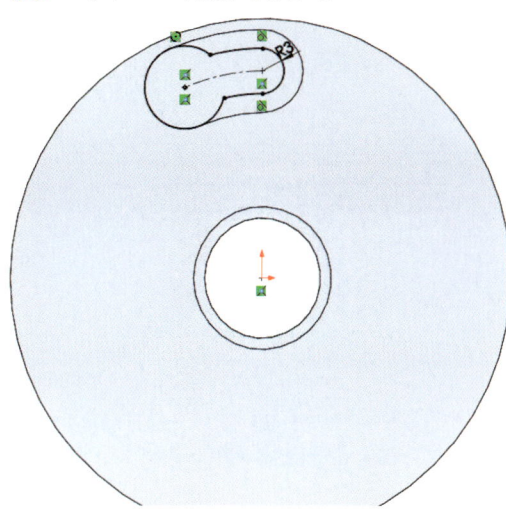

06 돌출 컷 명령 클릭 ▶ 방향1 : 다음까지 ▶ 확인

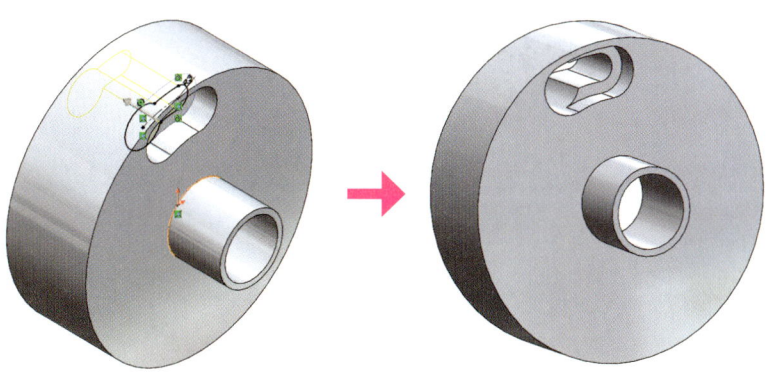

07 작성된 솔리드 면에 스케치를 작성한다.

08 스케치 프로파일을 작성한다.

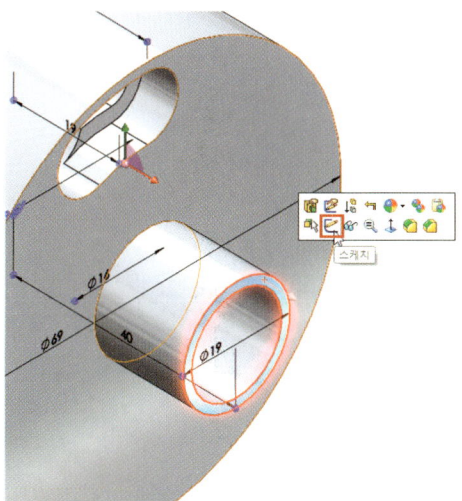
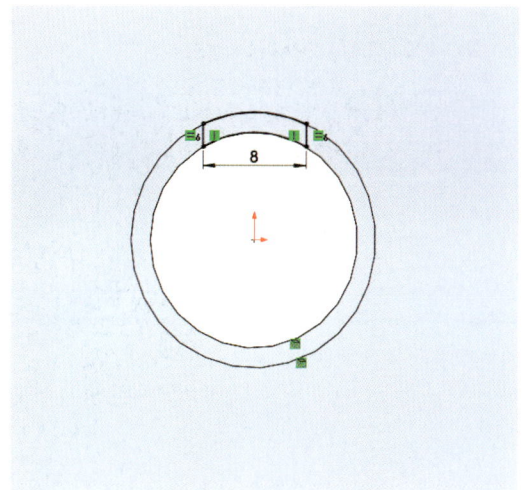

09 돌출 컷 명령 클릭 ▶ 방향1 : 블라인드 형태 ▶ 거리 : 1mm ▶ 확인

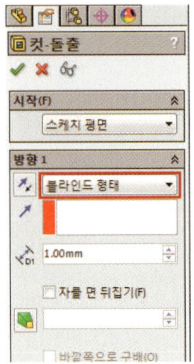

10 작성된 솔리드 면에 스케치를 작성한다.

11 스케치 프로파일을 작성한다.

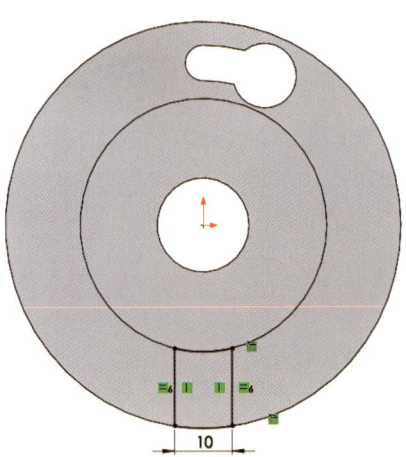

12 돌출 컷 명령 클릭 ▶ 방향1 : 블라인드 형태 ▶ 거리 : 10mm ▶ 확인

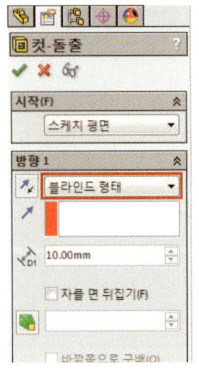
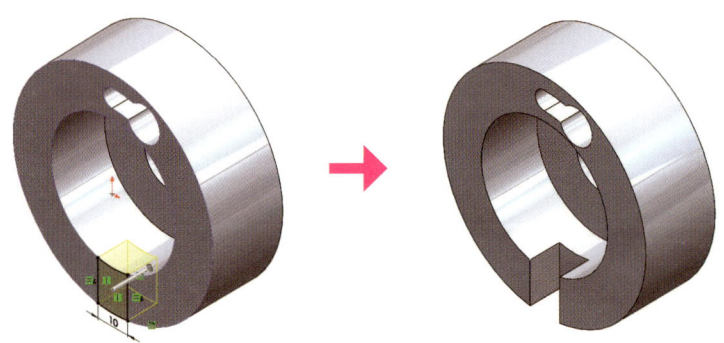

Section3 축 타입의 부품 그리기

13 원형 패턴 명령 클릭 ▶ 파라미터 : 회전 축 면 선택 ▶ 각도 : 360도 ▶ 개수 : 3 ▶ 패턴할 피처 선택 ▶ 확인

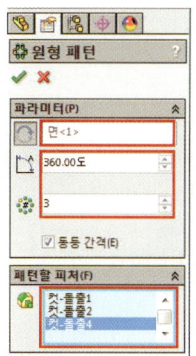
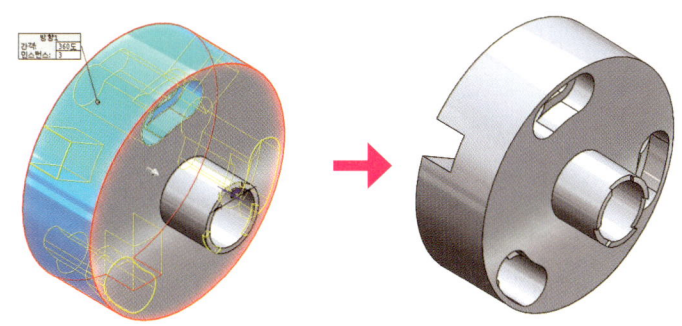

03 마무리 피처 작성

01 모따기 명령 클릭 ▶ 모서리 선택 ▶ 유형 : 거리-거리(동등 거리 체크) ▶ 거리 : 2mm ▶ 확인

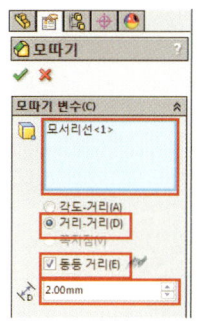
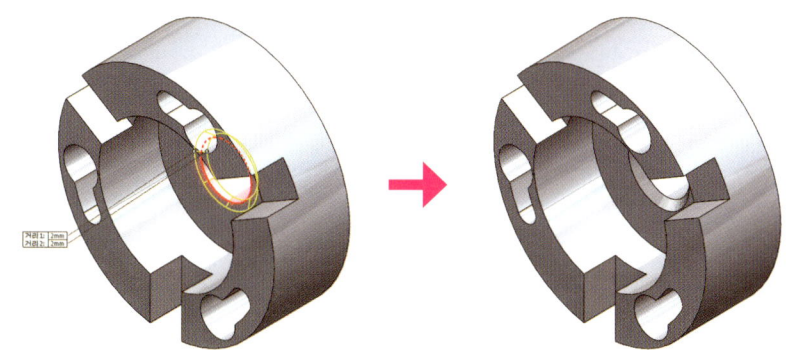

02 필렛 명령 클릭 ▶ 모서리 선택 ▶ 필렛 변수 : 2mm ▶ 확인

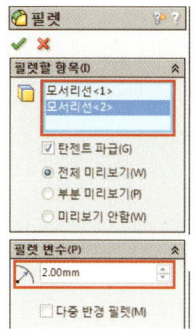
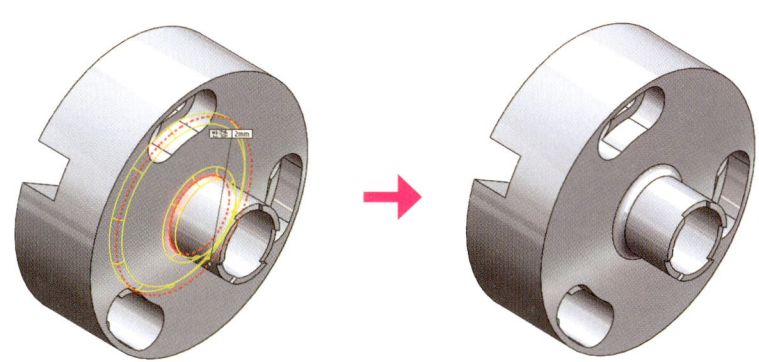

Lesson 6 | 연습 예제도면

01 축

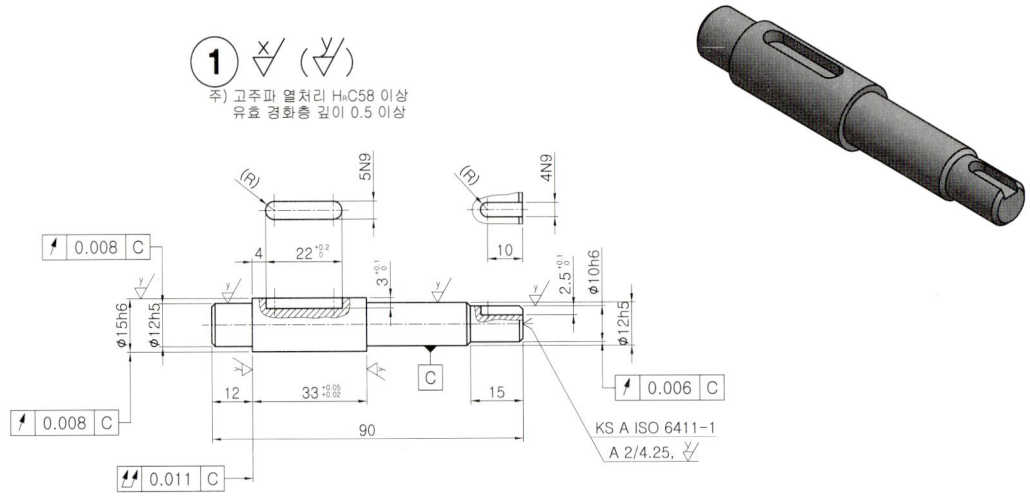

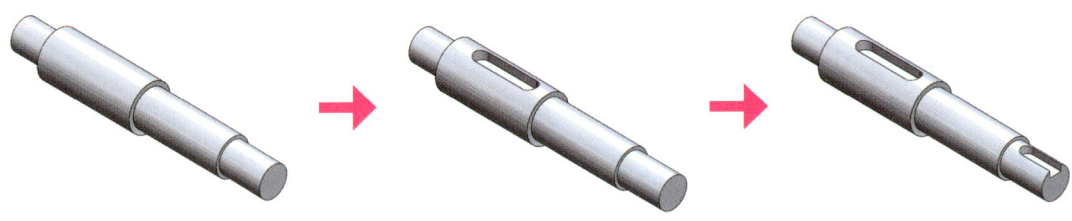

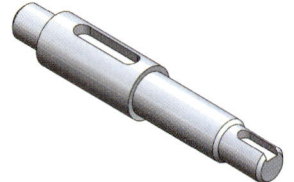

02 축

KS A ISO 6411-1
A2/4.25
확대도-A
척도 2:1
확대도-B
척도 2:1
6N9
M14
M4
φ25h8
φ20h6
φ25k5
φ35
φ32
φ20h8
0.01 A
177
60
36

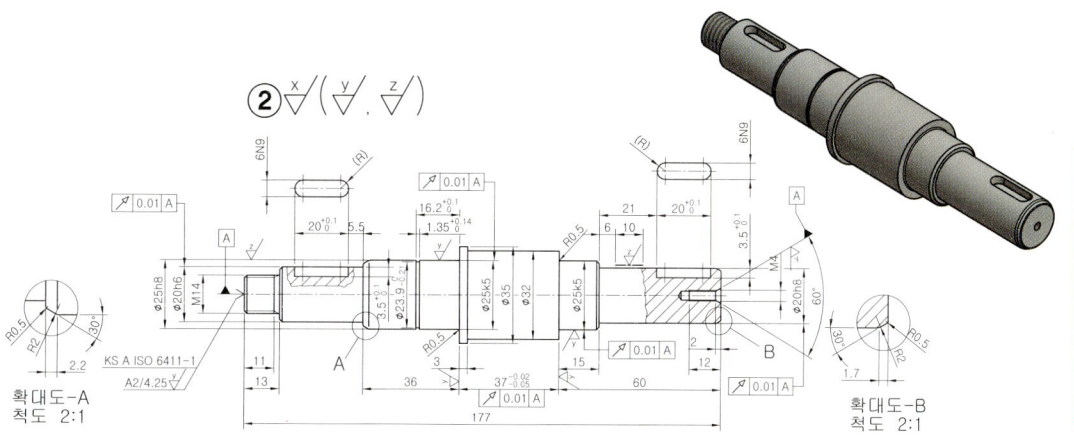

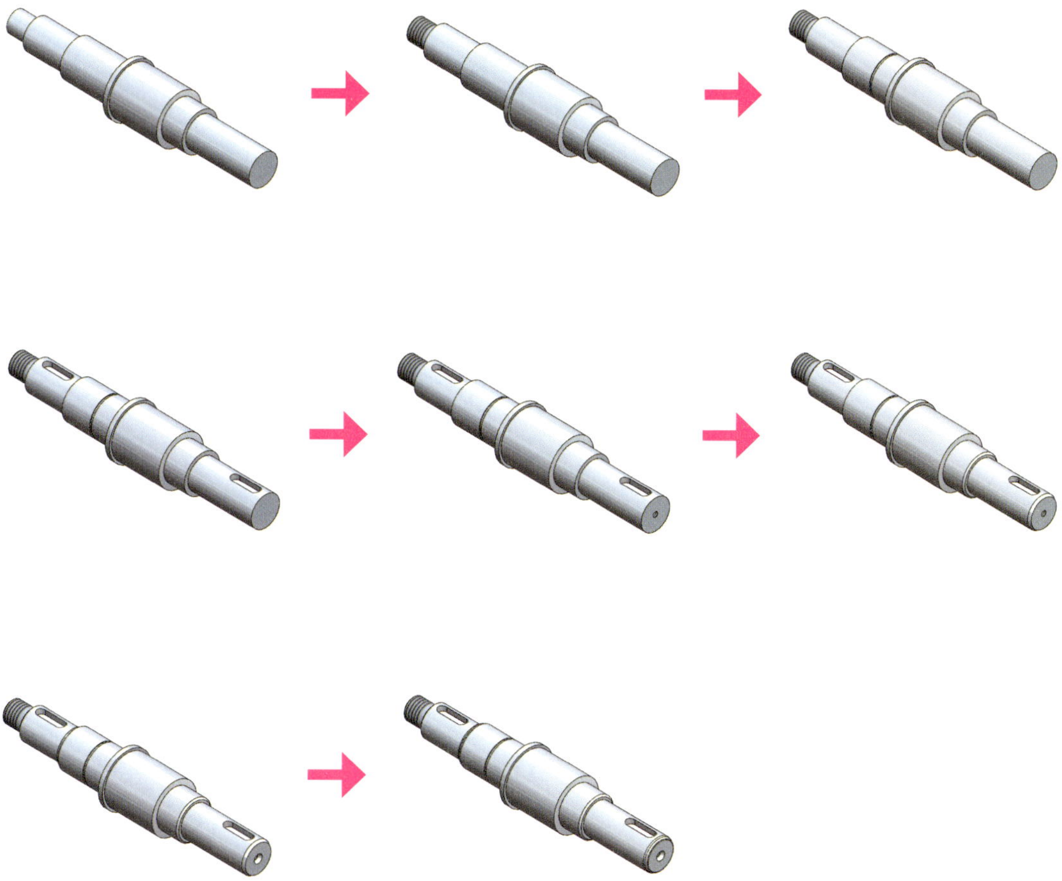

03 편심 축

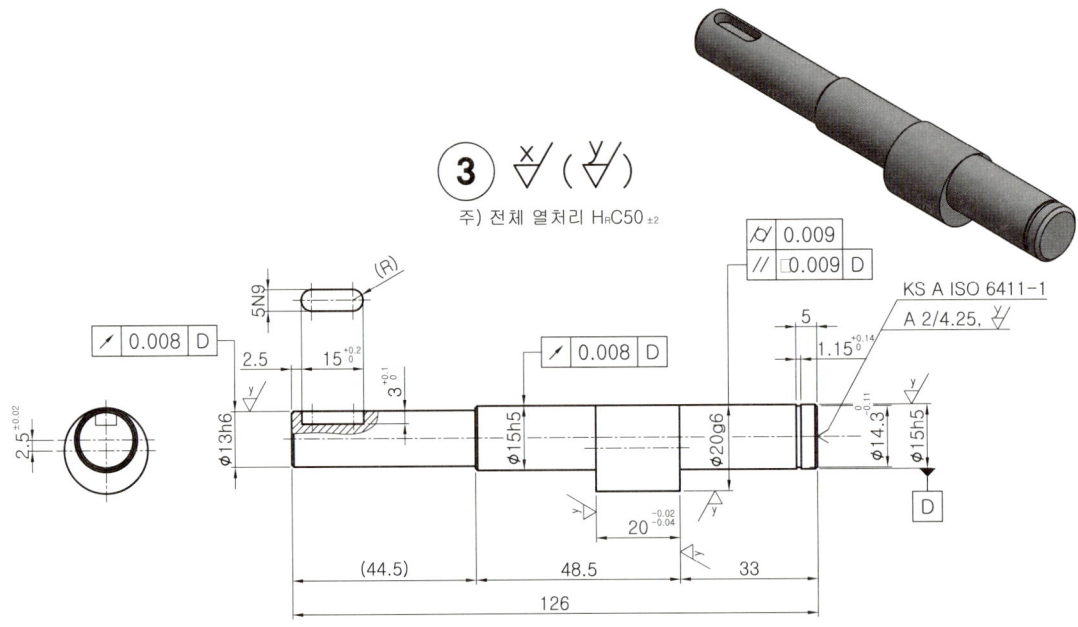

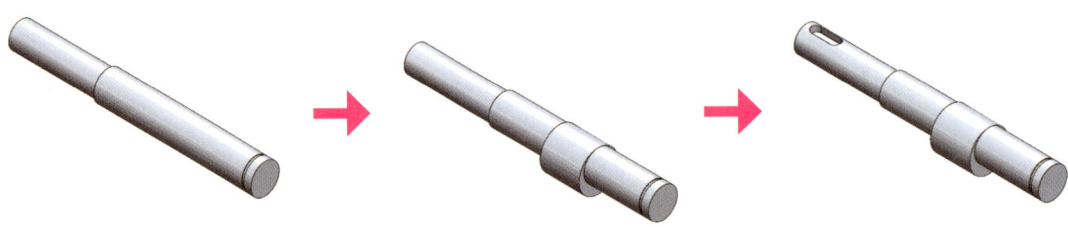

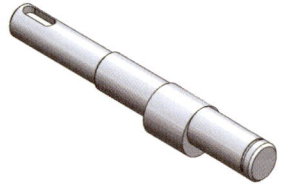

04 편심 축

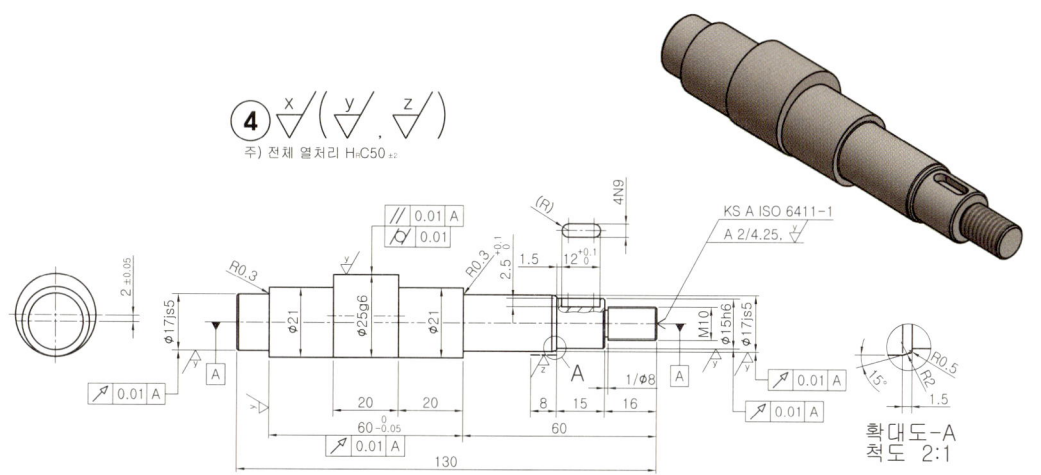

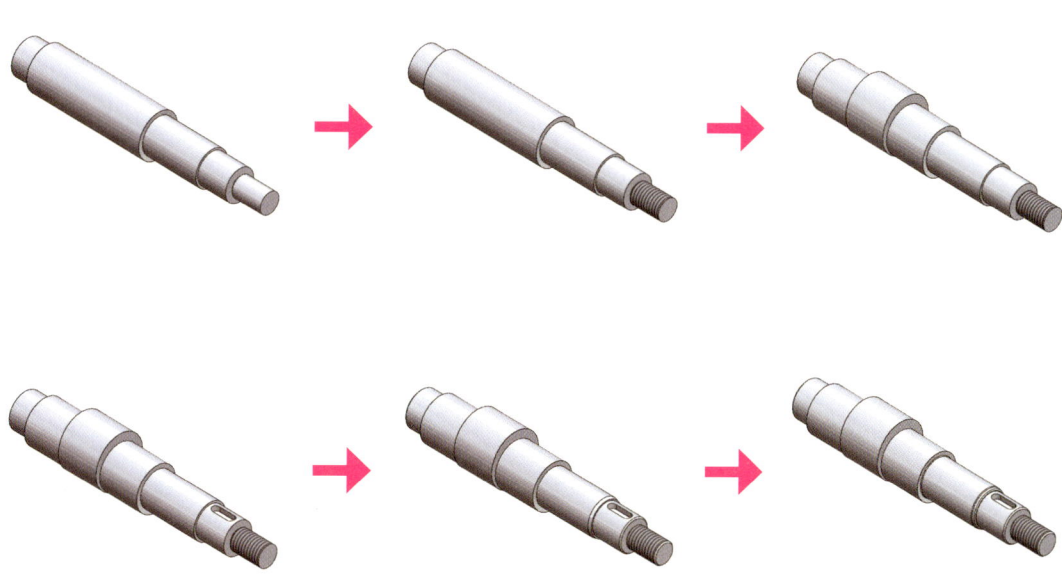

05 커버

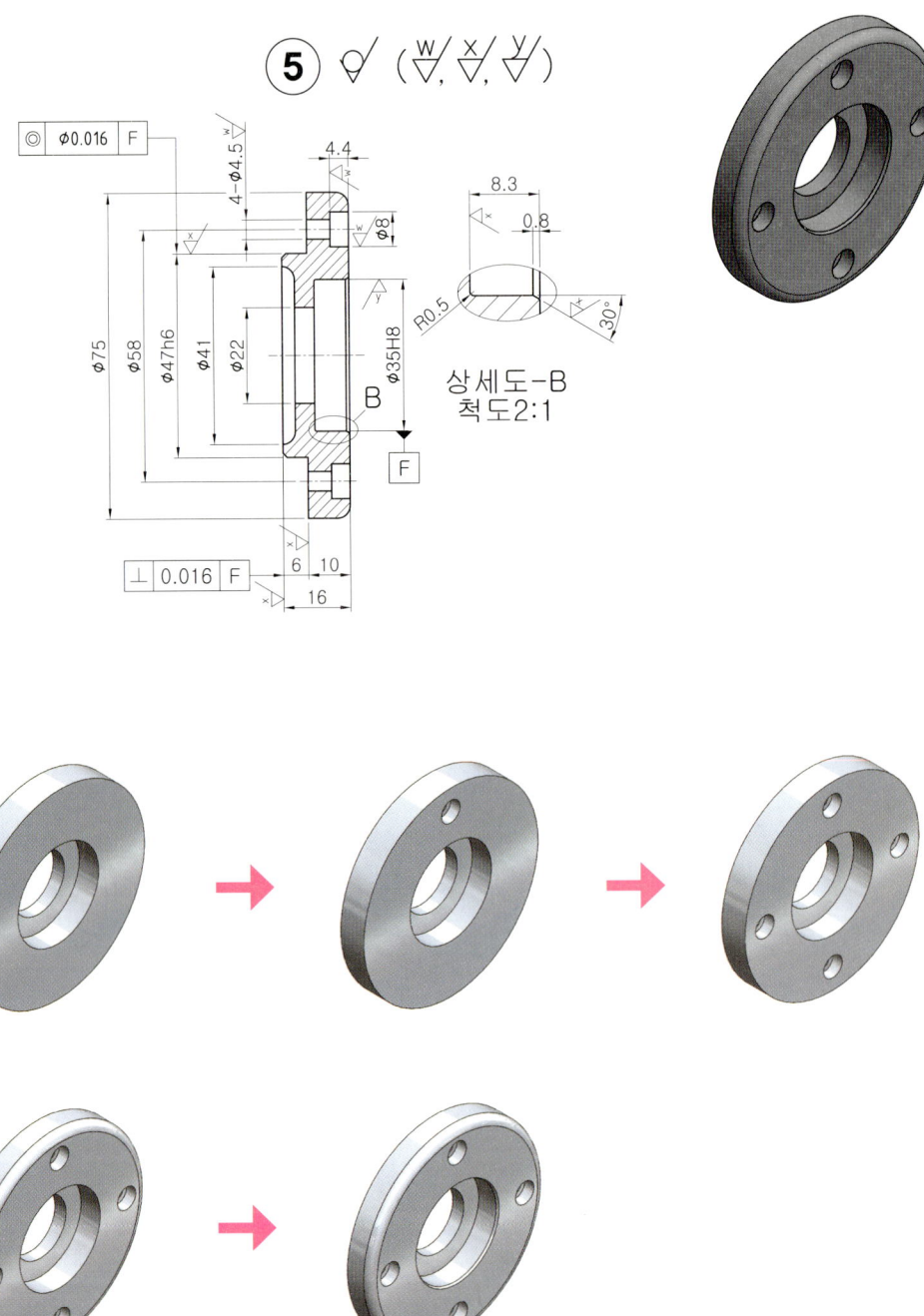

06 커버

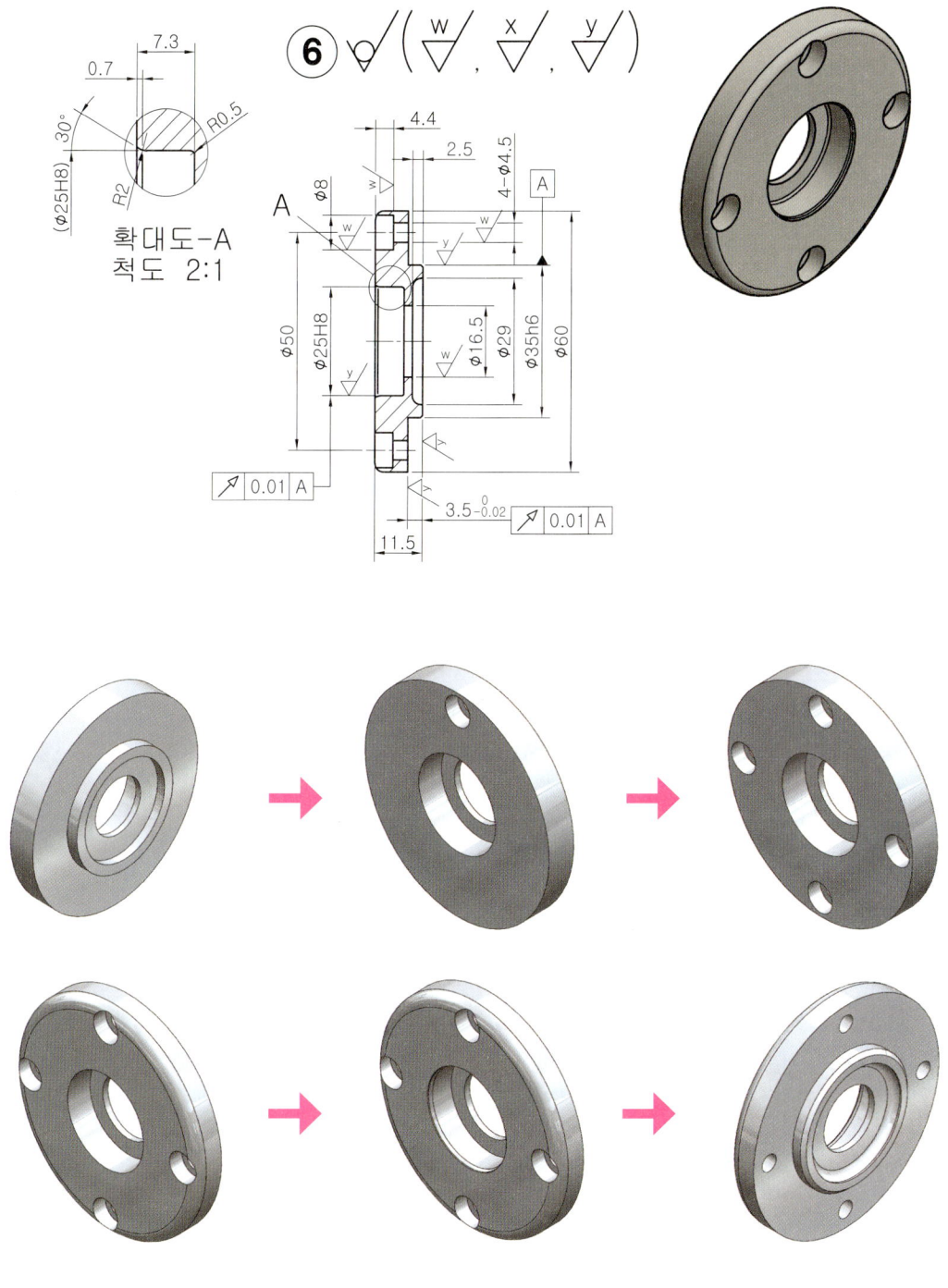

07 내경 콜렛

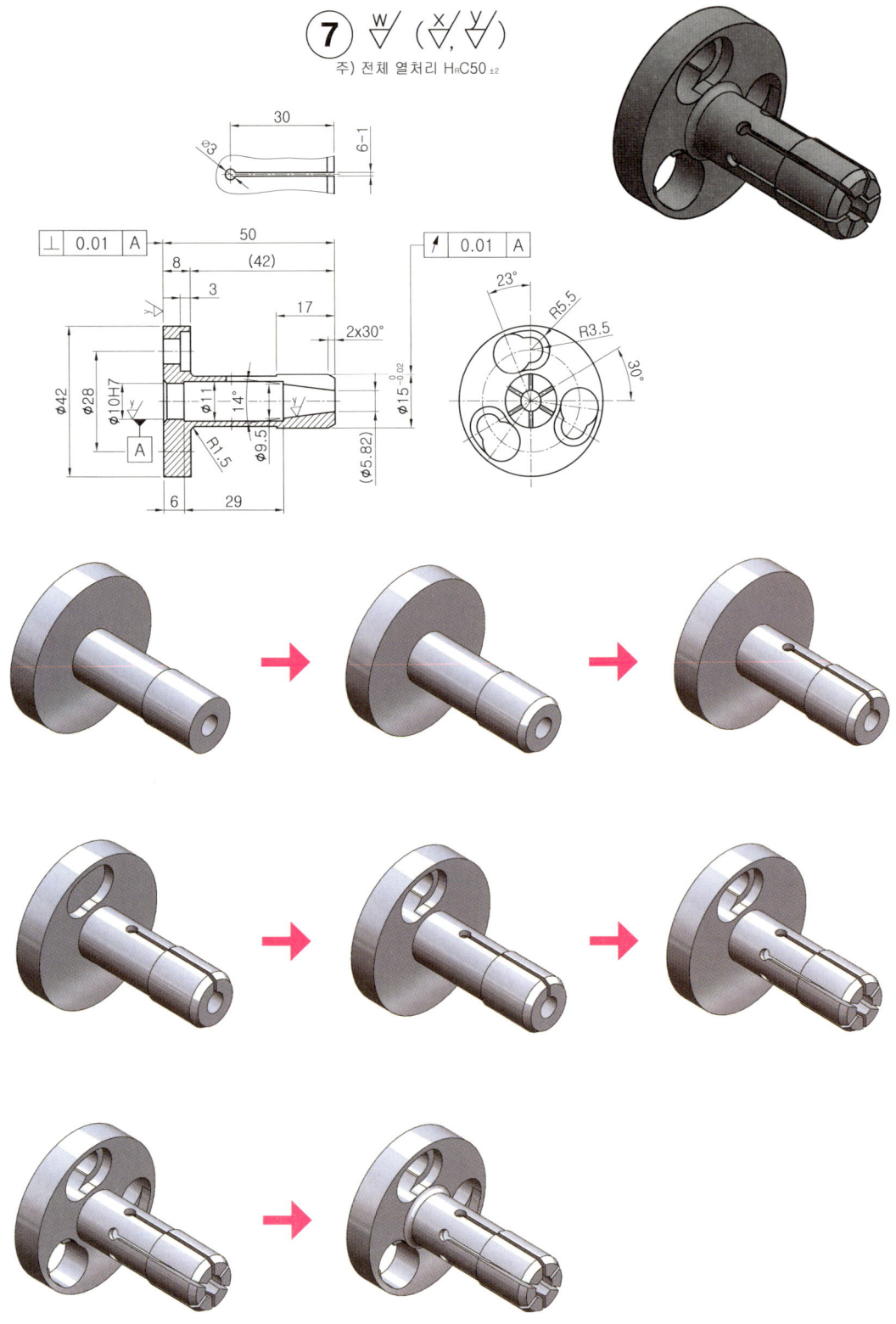

08 클램프

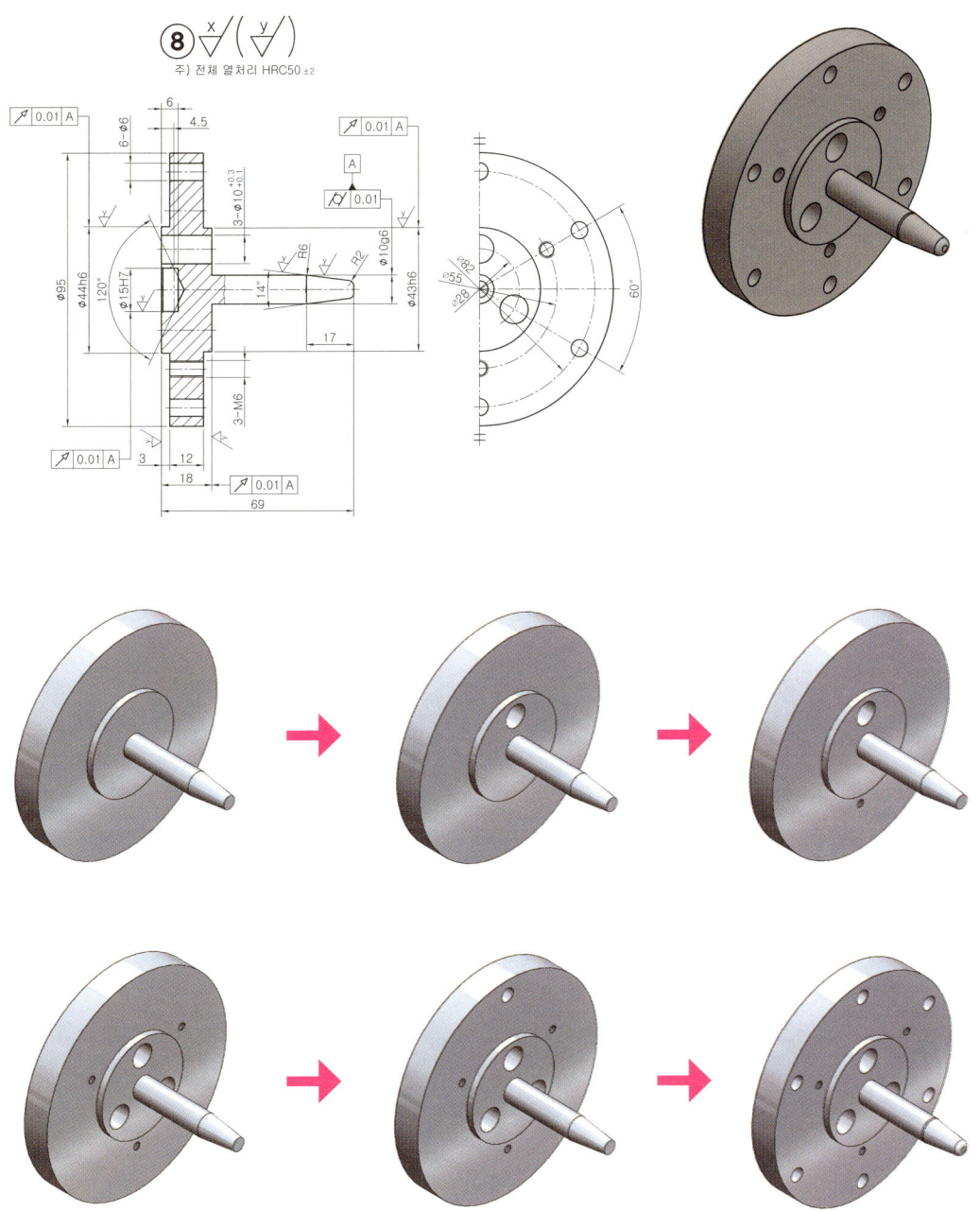

09 커플링

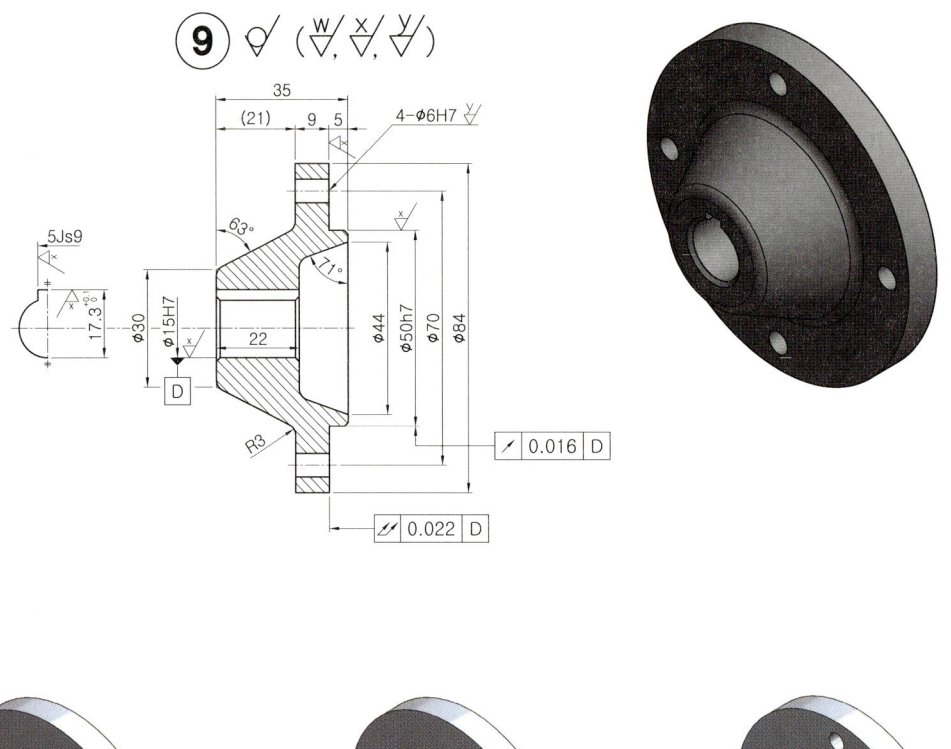

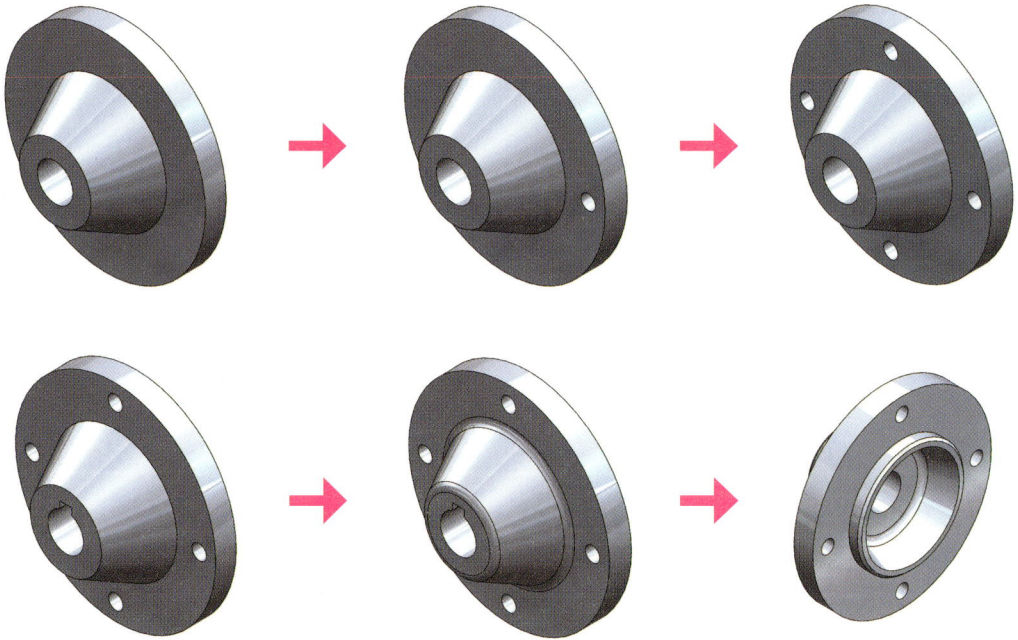

10 커버

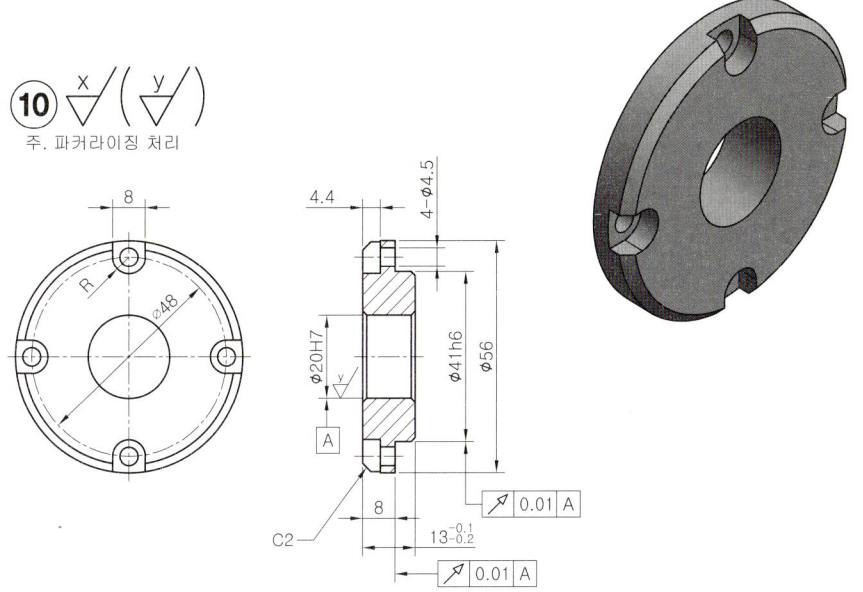

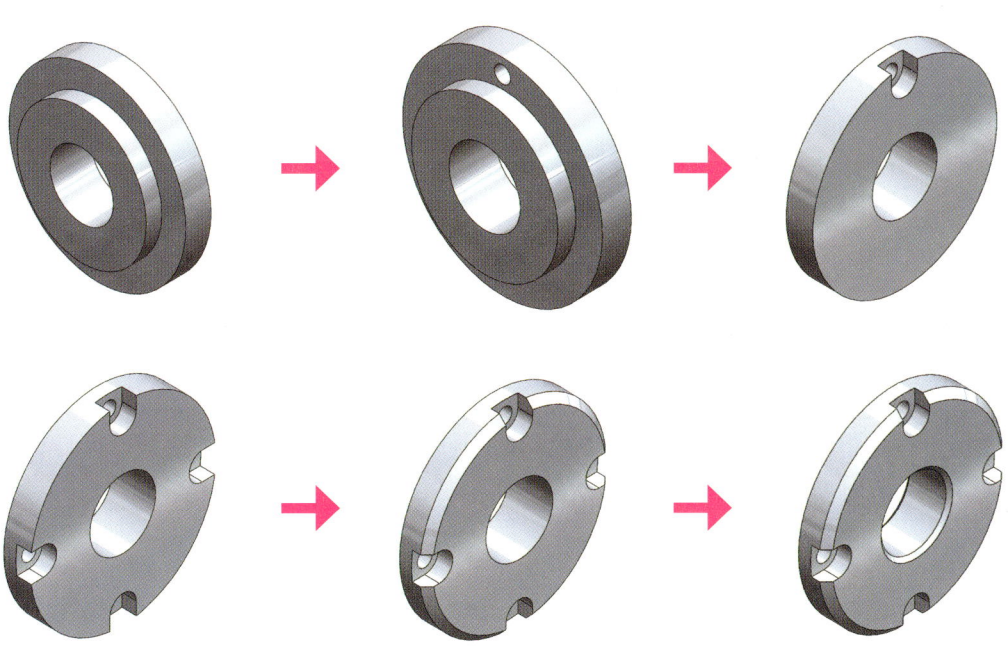

Part 04 파트 모델링

Section 4
동력전달용 부품 작성하기

전산응용기계제도/기계설계산업기사를 위한 솔리드웍스

기어, 풀리, 스프로킷 등 동력전달용 부품을 작성하는 방법에 대해 알아보도록 하자.

Lesson 1 | V-벨트 풀리

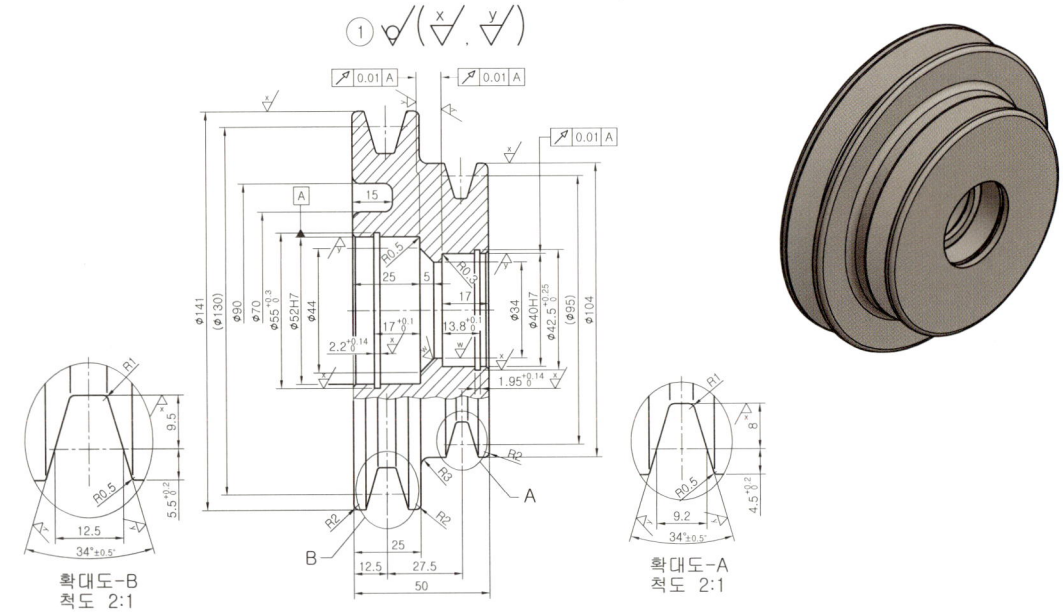

주 석 ▶ 도시되고 지시하지 않은 모따기 1X45°

01 베이스 피처 작성

01 정면에 스케치를 작성한다.

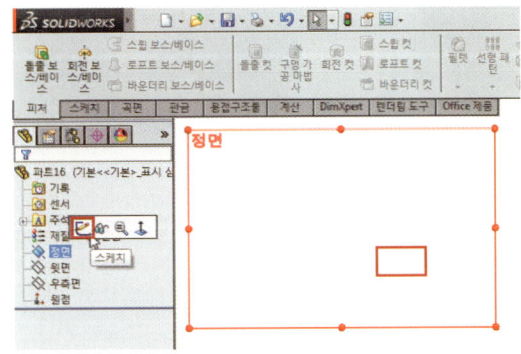

02 전체 길이에 해당하는 중심선을 작성한다.

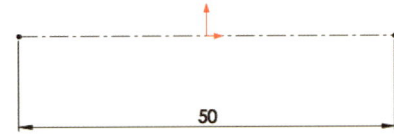

334

03 선 명령으로 프로파일 형상을 작성한다.

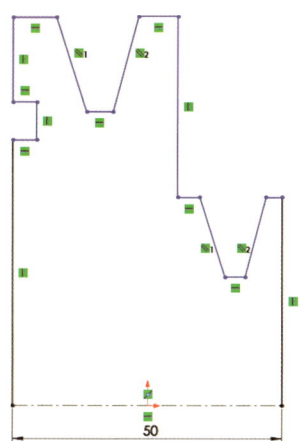

04 지름 치수를 작성한다.

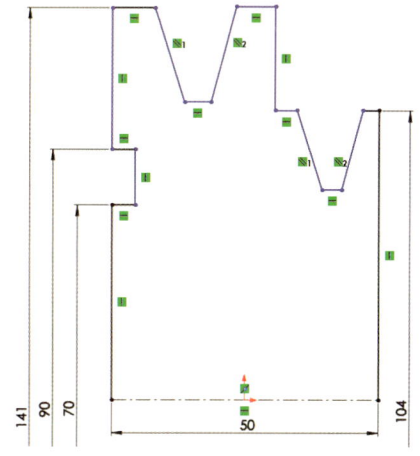

05 다음 중심선들을 작성한다.

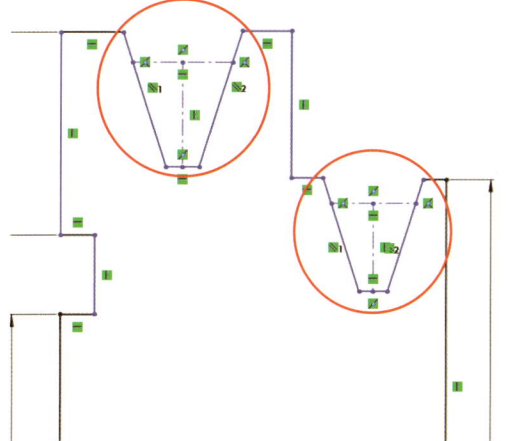

06 다음 두 개의 선에 동등 구속조건을 부여한다.

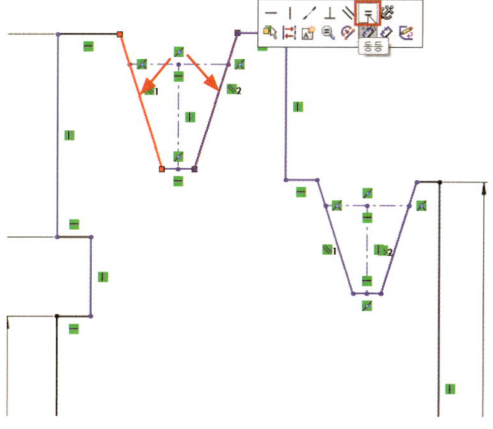

07 다음 두 개의 선에 동등 구속조건을 부여한다.

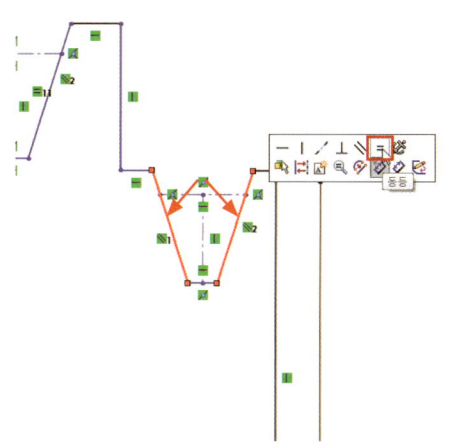

08 다음과 같이 치수를 작성한다.

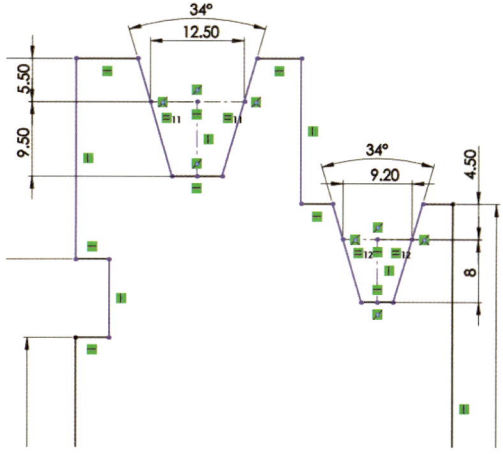

Part 04 파트 모델링

09 나머지 치수들을 입력해 스케치 프로파일을 완성한다.

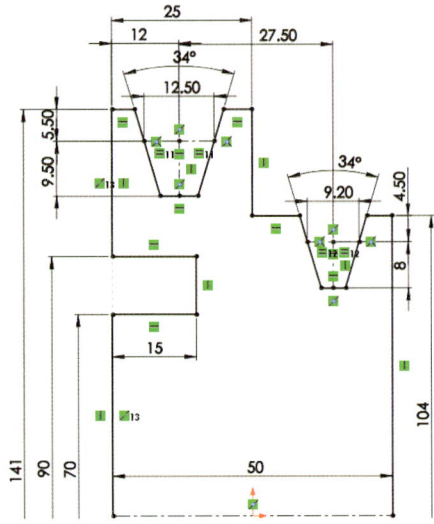

10 회전 명령 클릭 ▶ 회전 축과 프로파일이 자동 선택 ▶ 확인

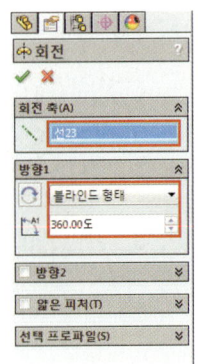
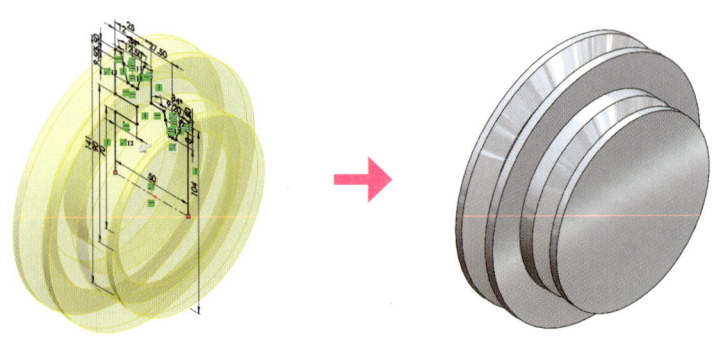

02 서브 피처 작성

01 정면에 스케치를 작성한다.

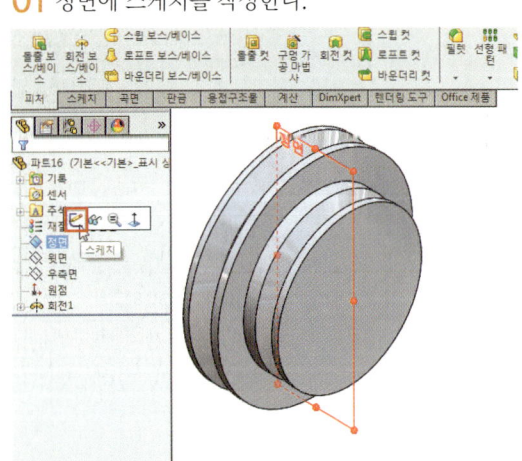

02 스케치 프로파일을 작성한다.

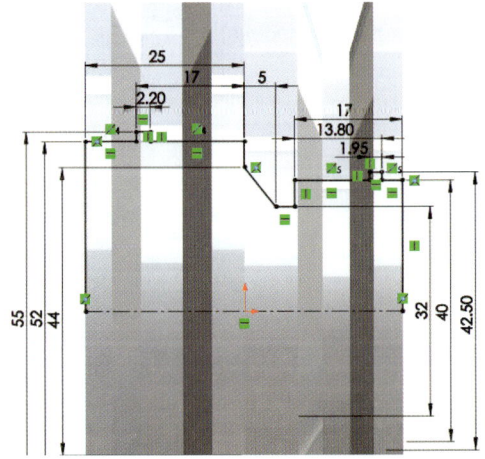

03 회전 컷 명령 클릭 ▶ 회전 축과 프로파일이 자동 선택 ▶ 확인

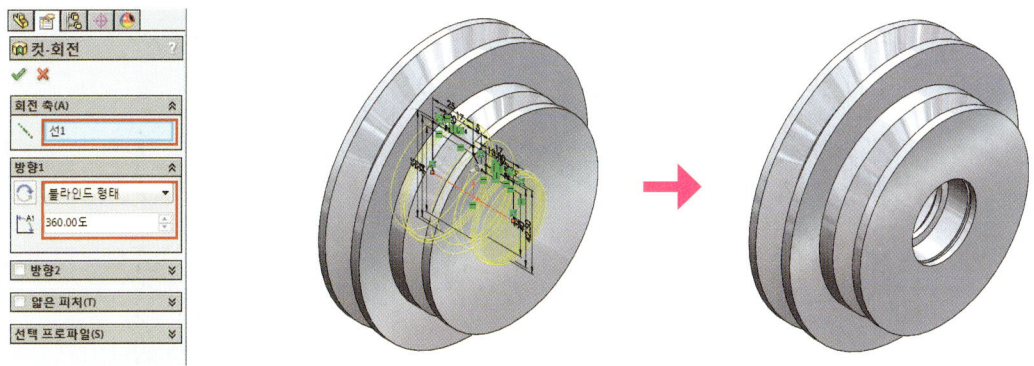

어드바이스 ▶ 처음 스케치에서 방금 작성한 회전 컷의 프로파일을 같이 그려도 된다.

03 마무리 피처 작성

01 필렛 명령 클릭 ▶ 모서리 선택 ▶ 필렛 변수 : 3mm ▶ 확인

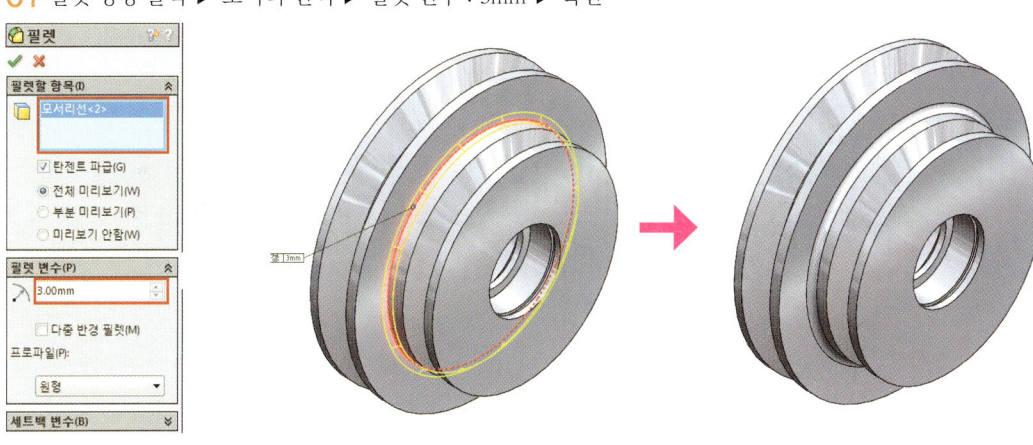

02 필렛 명령 클릭 ▶ 모서리 선택 ▶ 필렛 변수 : 2mm ▶ 확인

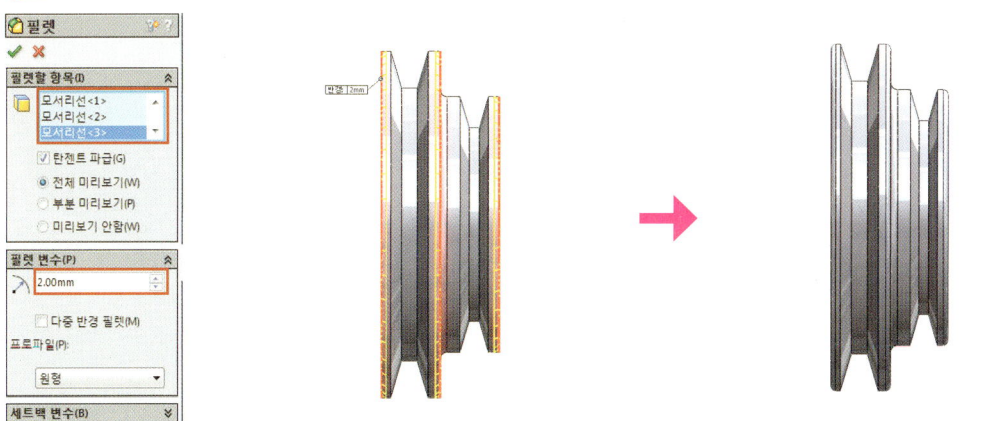

03 필렛 명령 클릭 ▶ 모서리 선택 ▶ 필렛 변수 : 2mm ▶ 확인

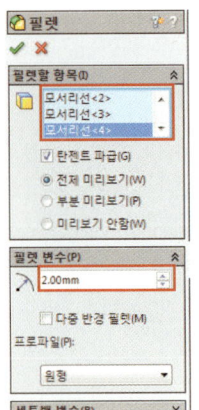 

04 필렛 명령 클릭 ▶ 모서리 선택 ▶ 필렛 변수 : 0.5mm, 1mm(다중 반경 필렛 체크) ▶ 확인

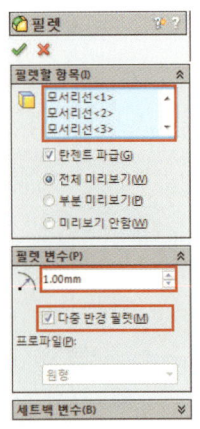 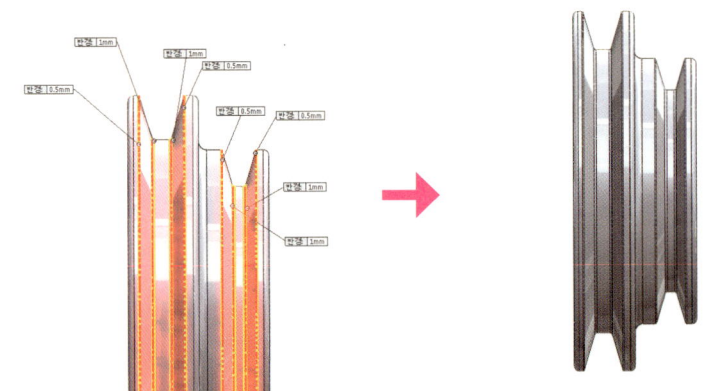

05 모따기 명령 클릭 ▶ 모서리 선택 ▶ 유형 : 거리-거리(동등 거리 체크) ▶ 거리 : 1mm ▶ 확인

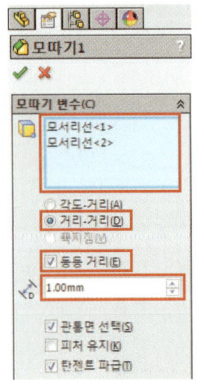 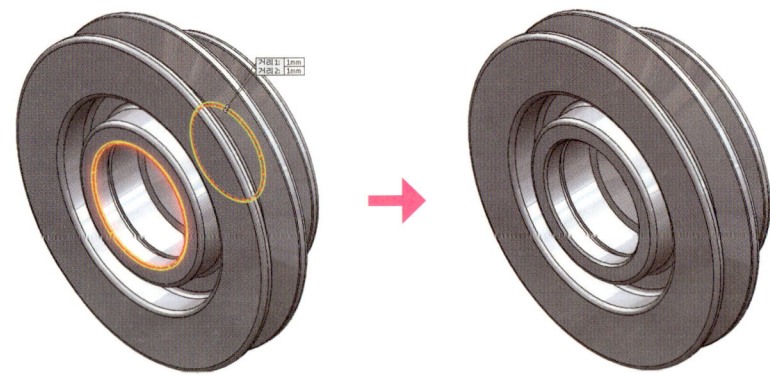

06 필렛 명령 클릭 ▶ 모서리 선택 ▶ 필렛 변수 : 0.5mm, 0.3mm(다중 반경 필렛 체크) ▶ 확인

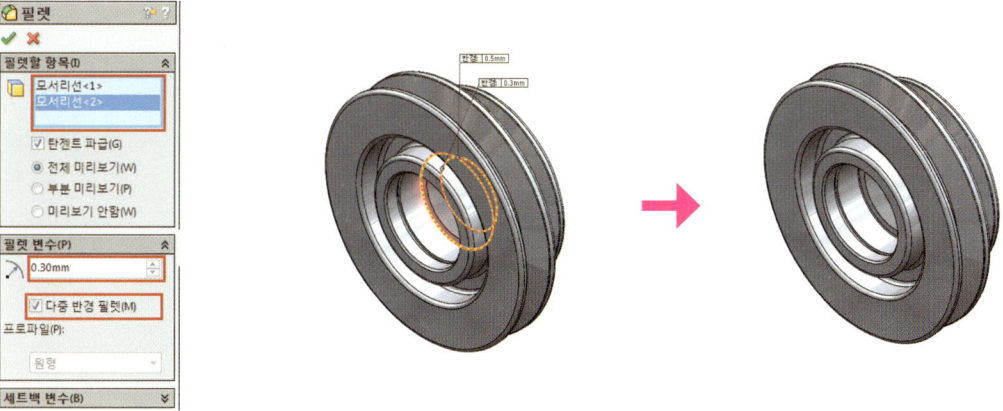

어드바이스 ▶ 방금 작성한 필렛과 모따기는 개념적인 순서로 나누어 놓은 것일 뿐이므로 꼭 이 순서를 따를 필요는 없다.

Lesson 2 │ 평벨트 풀리

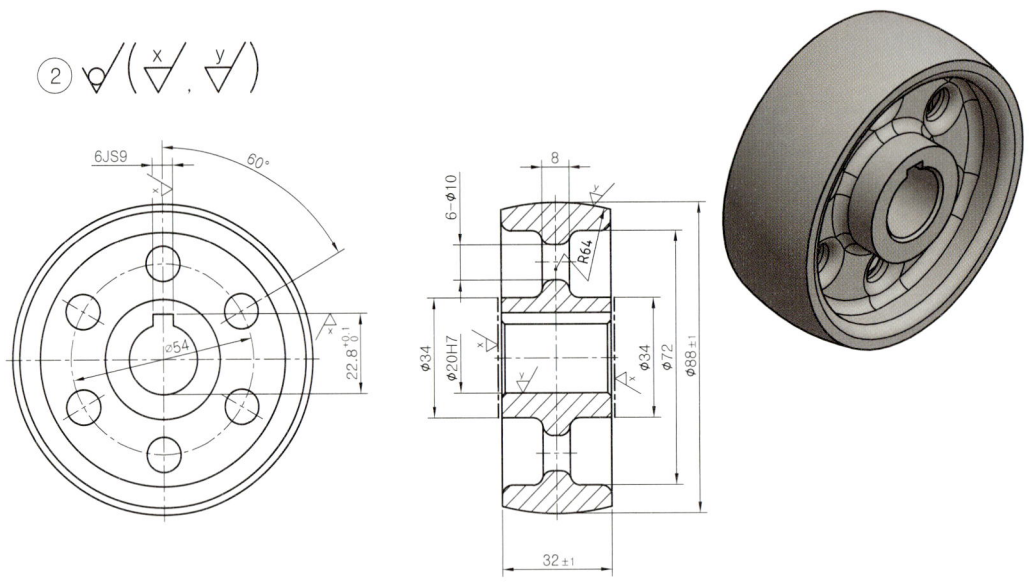

주 석 ▶ 도시되고 지시하지 않은 모따기 1X45°

01 베이스 피처 작성

01 정면에 스케치를 작성한다.

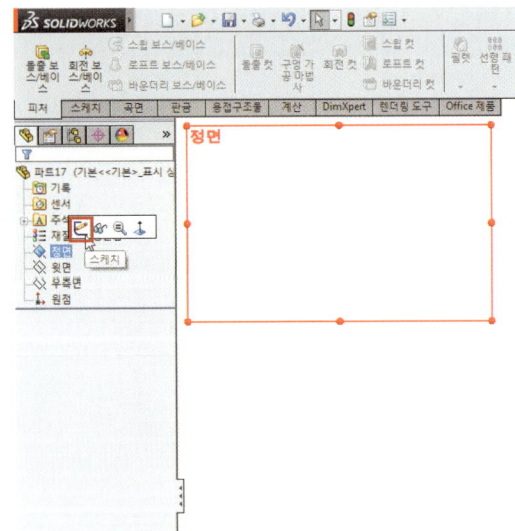

02 스케치 프로파일을 작성한다.

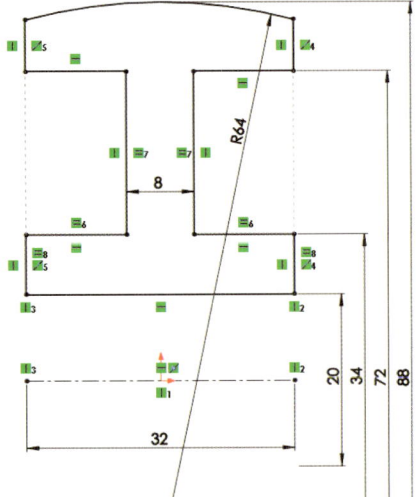

03 회전 명령 클릭 ▶ 회전 축과 프로파일이 자동 선택 ▶ 확인

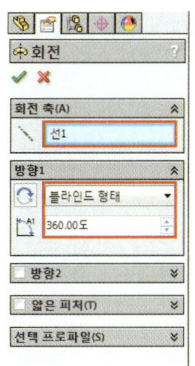 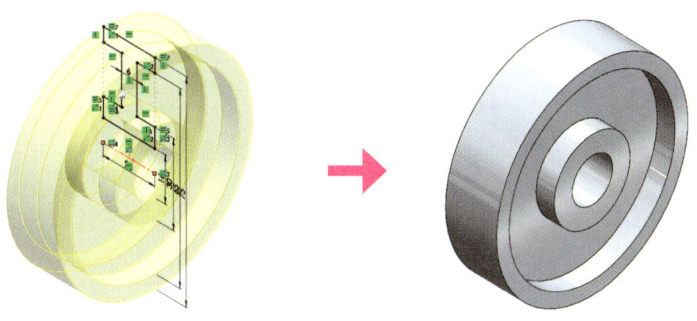

02 서브 피처 작성

01 작성한 솔리드면에 스케치를 작성한다.

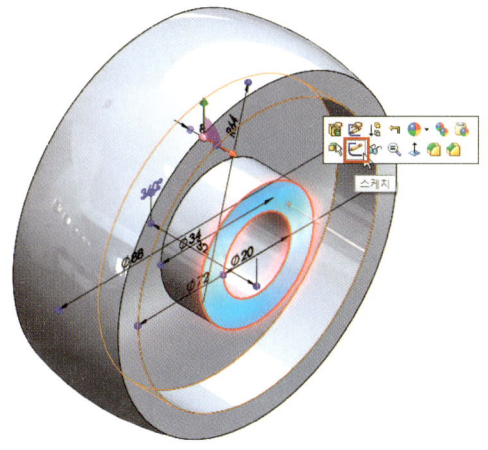

02 다음과 같이 프로파일을 작성한다.

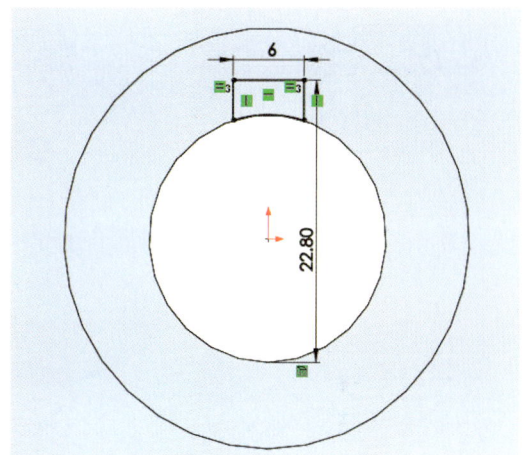

03 돌출 컷 명령 클릭 ▶ 방향1 : 다음까지 ▶ 확인

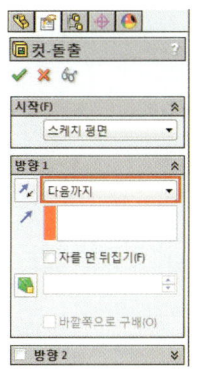 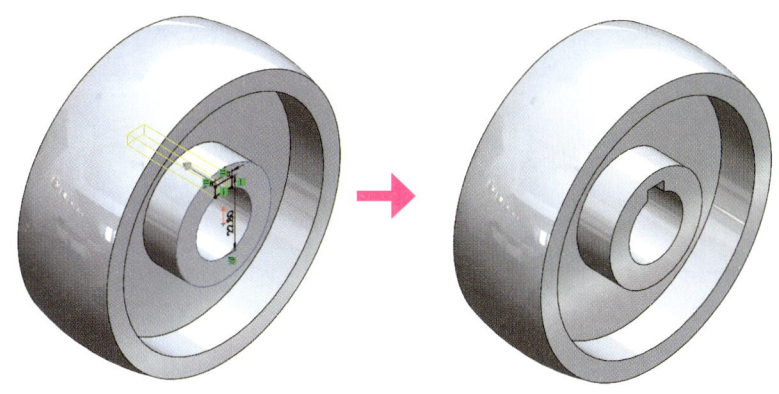

04 작성한 솔리드면에 스케치를 작성한다.

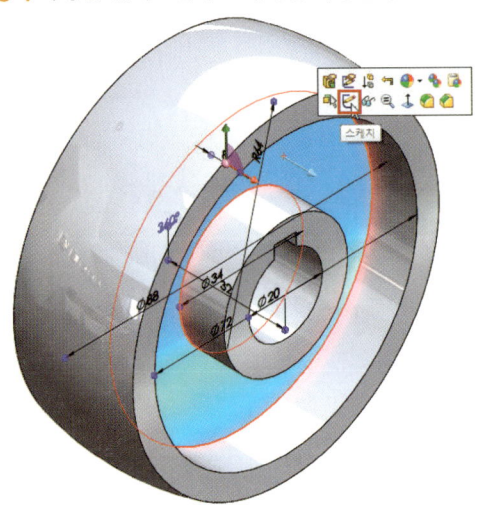

05 다음과 같이 프로파일을 작성한다.

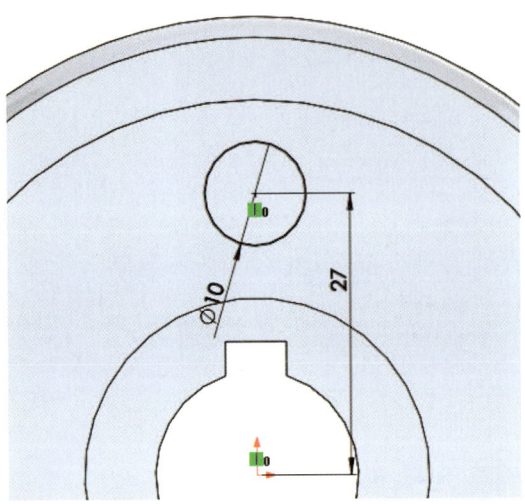

06 돌출 컷 명령 클릭 ▶ 방향1 : 다음까지 ▶ 확인

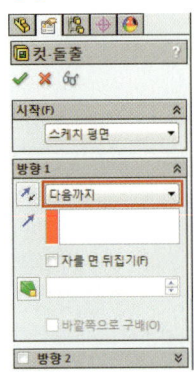
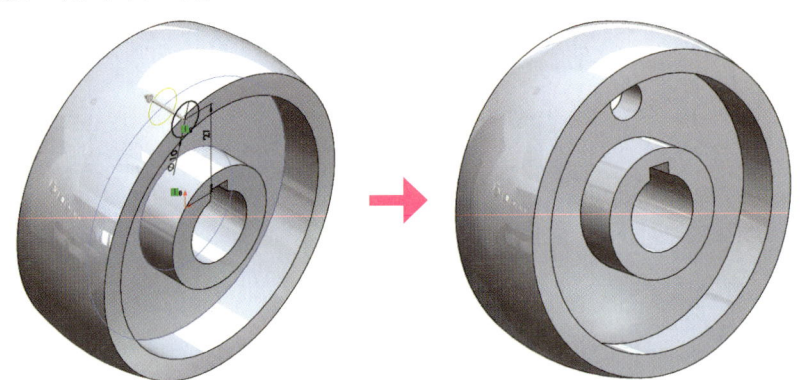

07 필렛 명령 클릭 ▶ 모서리 선택 ▶ 필렛 변수 : 3mm ▶ 확인

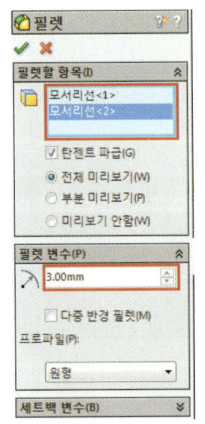
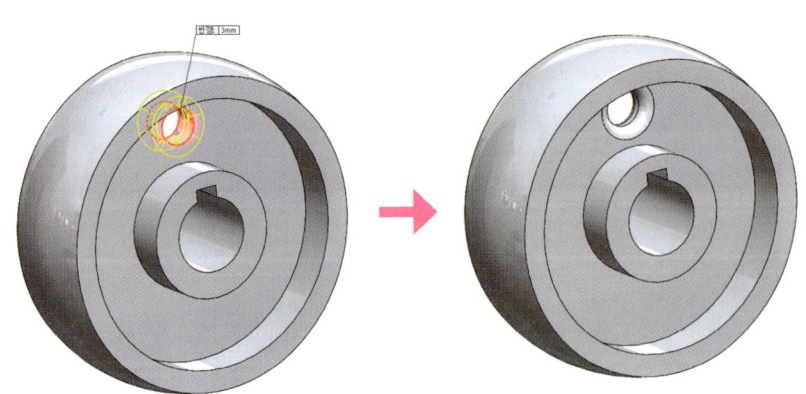

08 원형 패턴 명령 클릭 ▶ 파라미터 : 회전 축 면 선택 ▶ 각도 : 360도 ▶ 개수 : 6 ▶ 패턴할 피처 선택 ▶ 확인

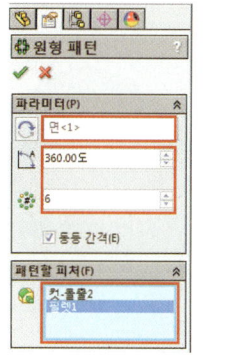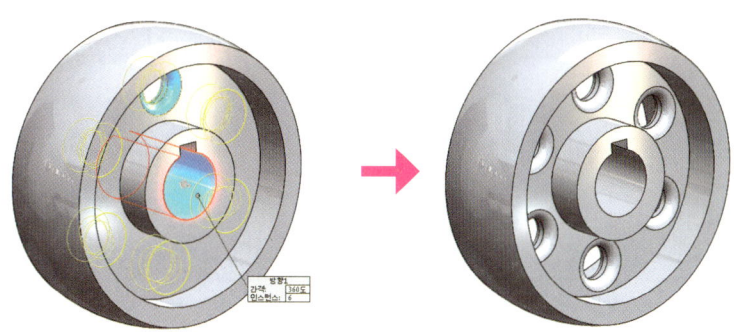

03 마무리 피처 작성

01 필렛 명령 클릭 ▶ 모서리 선택 ▶ 필렛 변수 : 3mm ▶ 확인

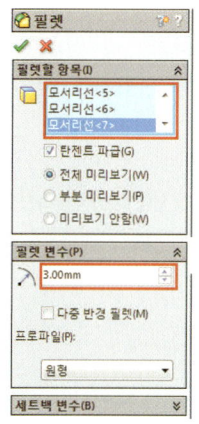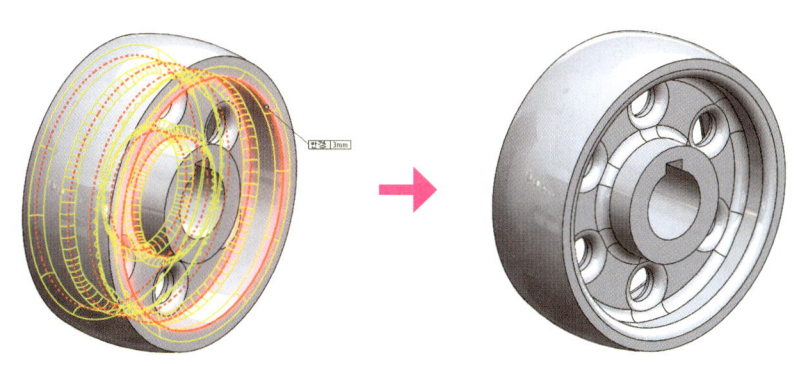

02 모따기 명령 클릭 ▶ 모서리 선택 ▶ 유형 : 거리-거리(동등 거리 체크) ▶ 거리 : 1mm ▶ 확인

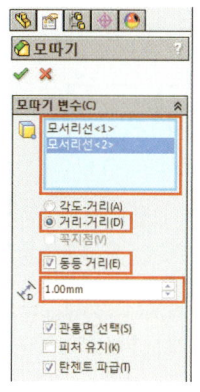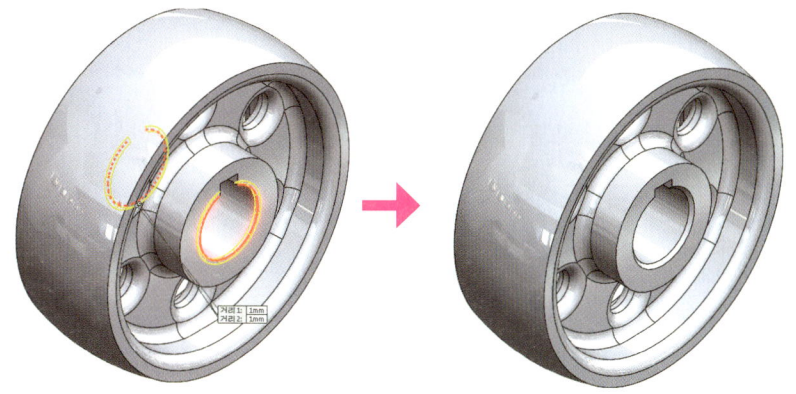

Lesson 3 | 스퍼 기어

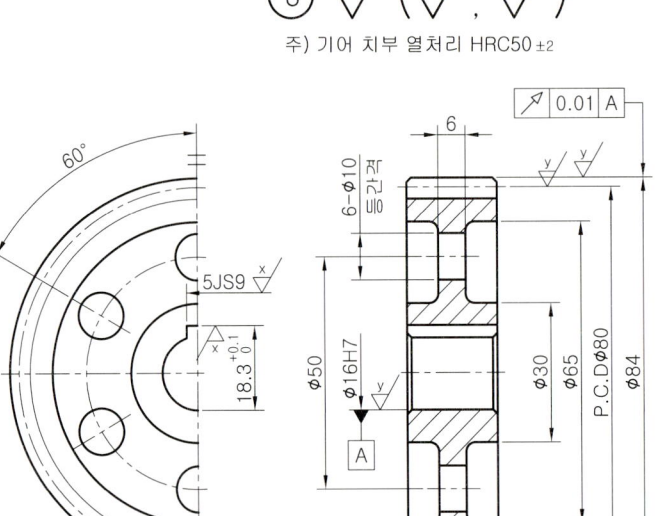
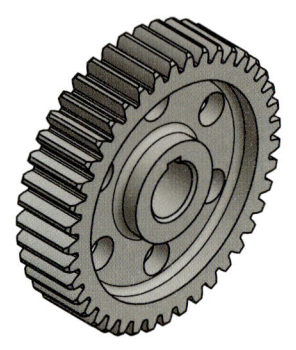

스 퍼 기 어		
기어치형		표준
공구	치형	보통이
	모듈	2
	압력각	20°
잇수		41
피치원지름		84
전체이높이		4.5
다듬질방법		호브절삭
정밀도		KS B ISO 1328-1,4급

주 석 ▶ 도시되고 지시하지 않은 모따기 1X45°

01 베이스 피처 작성

01 정면에 스케치를 작성한다.

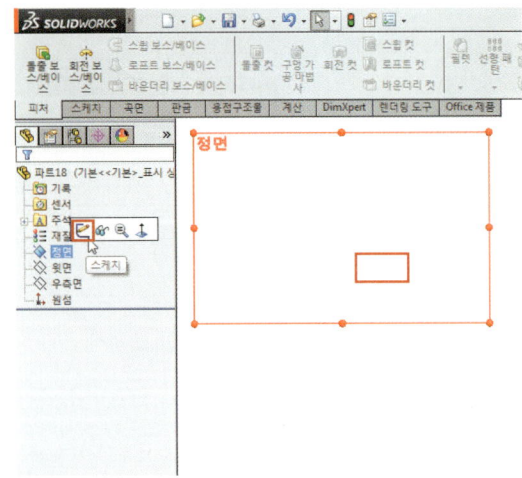

02 중심선과 프로파일을 작성한다.

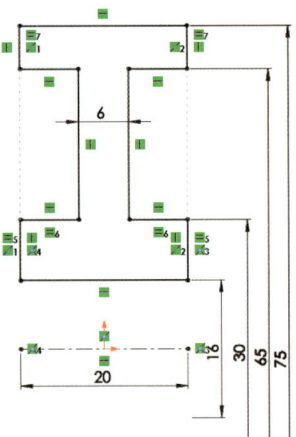

Section4 동력전달용 부품 작성하기

03 회전 명령 클릭 ▶ 회전 축과 프로파일이 자동 선택 ▶ 확인

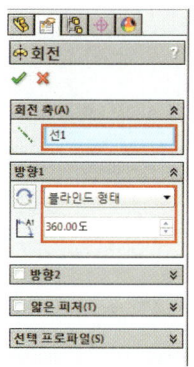

02 이빨 피처 작성

01 작성된 솔리드 면에 스케치를 작성한다.

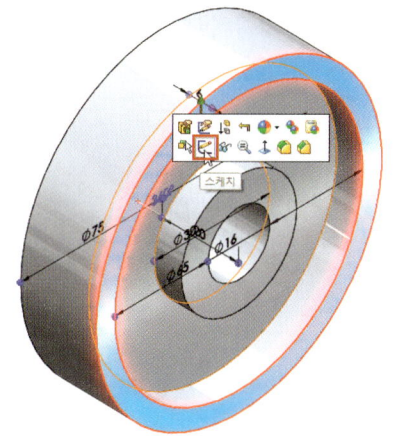

02 구성선으로 P.C.D원과 외곽선을 작성한다.

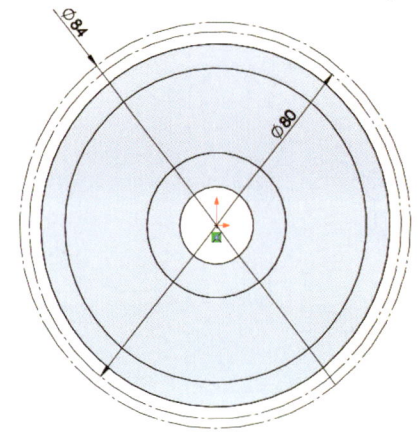

03 구분선 3개와 중간선을 작성한다.

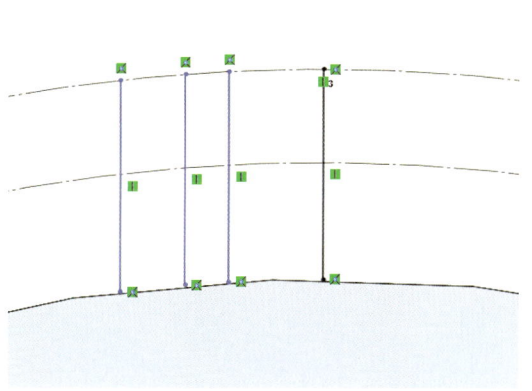

04 중간선과 두 번째 구분선과의 치수를 작성한다.

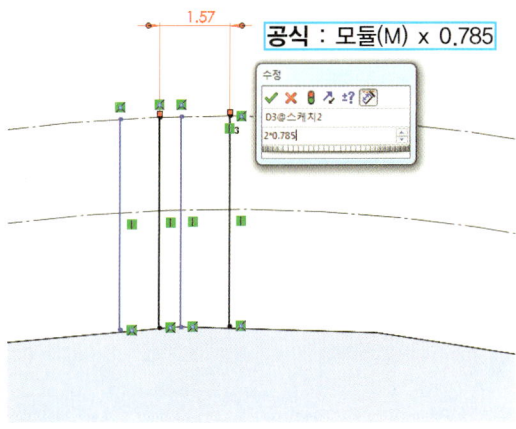

공식 : 모듈(M) x 0.785

345

05 두 번째와 세 번째 구분선과의 치수를 작성한다.

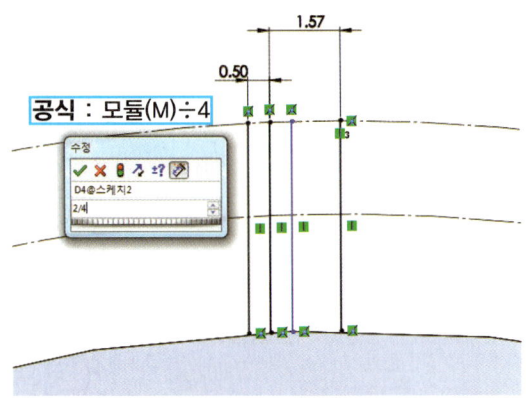

06 두 번째와 첫 번째 구분선과의 치수를 작성한다.

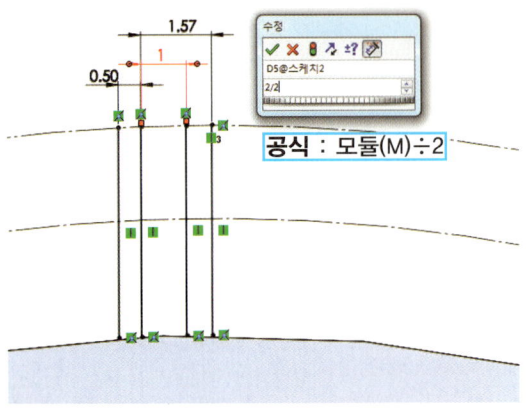

07 두 번째 구분선과 P.C.D 원과의 교차점에 점을 작성한다.

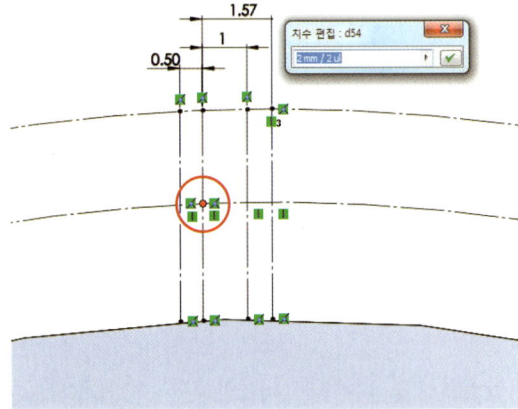

08 다음 세 점을 잇는 3점 호를 작성한다.

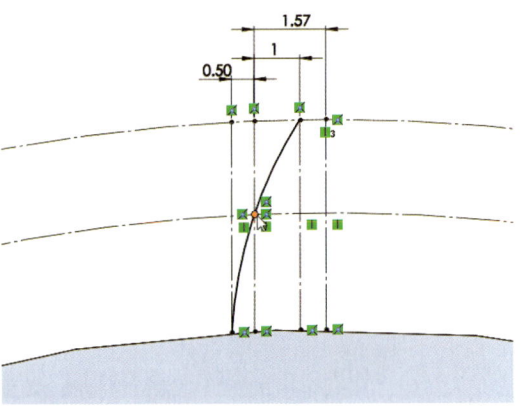

09 대칭 복사 명령으로 3점호를 중간선을 기준으로 대칭한다.

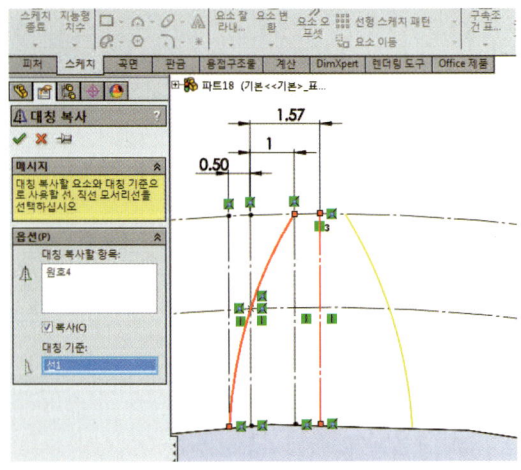

10 3점 호가 대칭되었다.

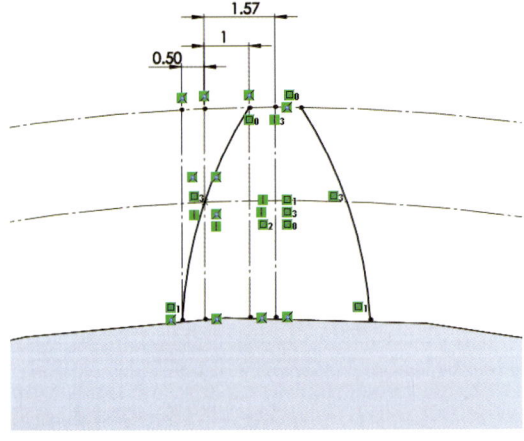

11 중심점 호 명령으로 원점을 중심으로 하고 서로 대칭된 3점 호의 위, 아래를 닫는 호를 작성한다.

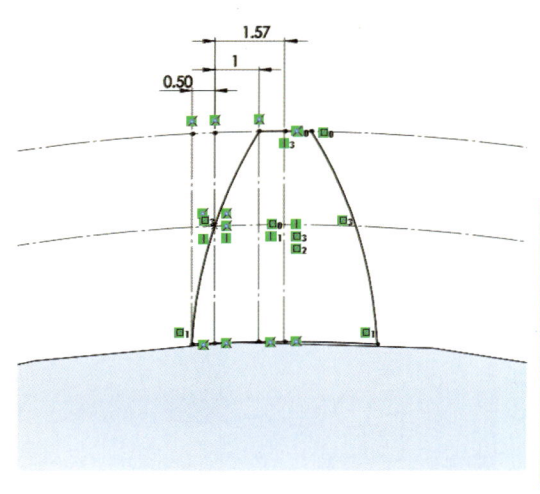

12 돌출 명령 클릭 ▶ 방향1 : 곡면까지(면 선택) ▶ 확인

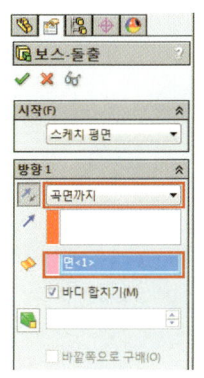 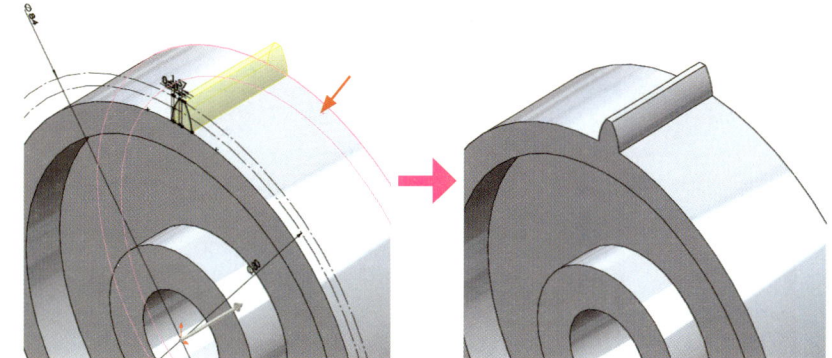

13 모따기 명령 클릭 ▶ 모서리 선택 ▶ 유형 : 거리-거리(동등 거리 체크) ▶ 거리 : 1mm ▶ 확인

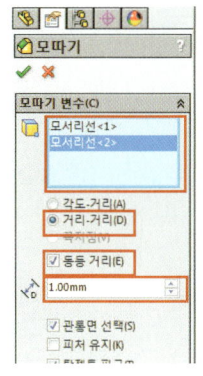 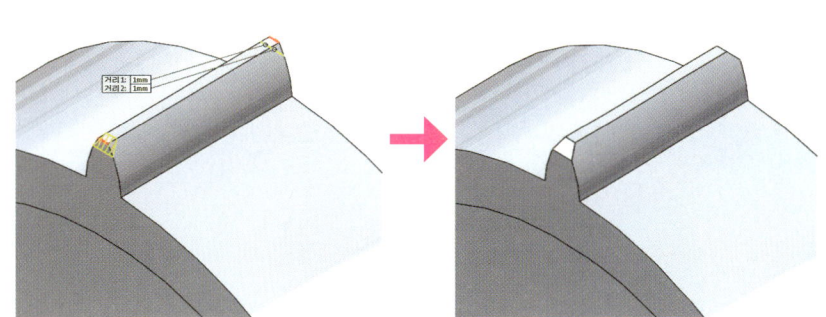

어드바이스 ▶ 패턴후에 모따기와 필렛 피처를 작성하면 선택 요소가 너무 많으므로 미리 작성한다.

14 필렛 명령 클릭 ▶ 필렛 유형 : 부동 크기 ▶ 모서리 선택 ▶ 필렛 변수 : 0.5mm ▶ 확인

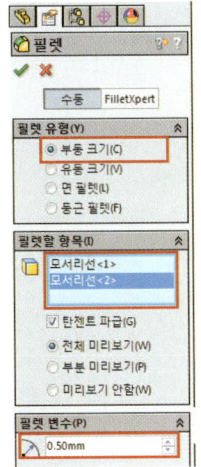
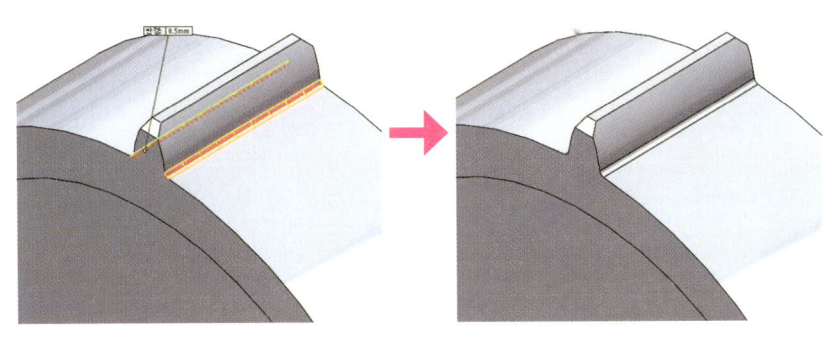

15 원형 패턴 명령 클릭 ▶ 파라미터 : 회전 축 면 선택 ▶ 각도 : 360도 ▶ 개수 : 41 ▶ 패턴할 피처 선택 ▶ 확인

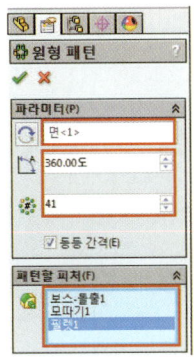
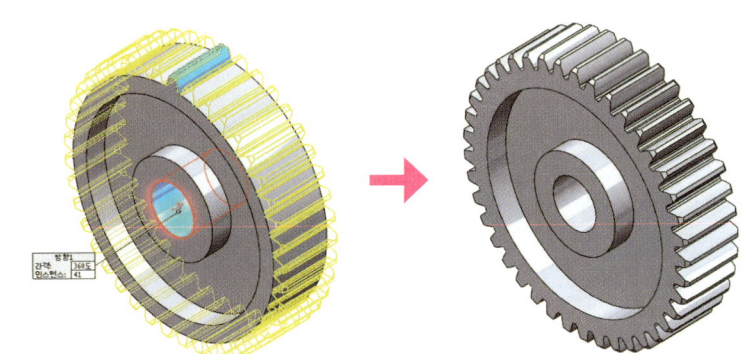

03 마무리 피처 작성

01 작성된 솔리드 면을 선택해 스케치를 작성한다.

02 스케치 프로파일을 작성한다.

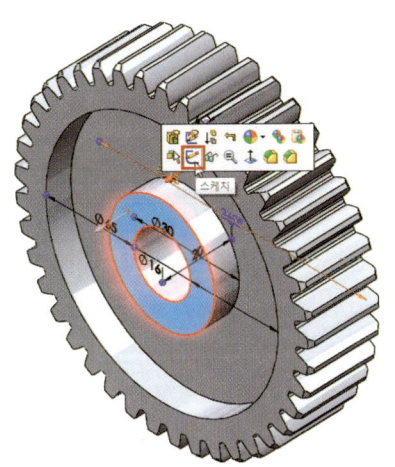
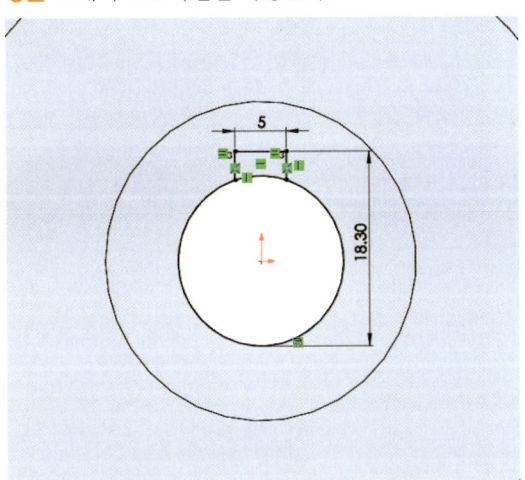

03 돌출 컷 명령 클릭 ▶ 방향1 : 다음까지 ▶ 확인

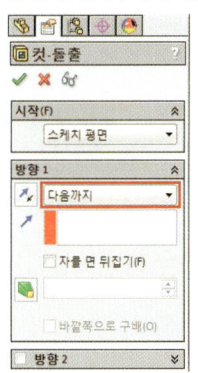 

04 작성된 솔리드 면을 선택해 스케치를 작성한다.   05 스케치 프로파일을 작성한다.

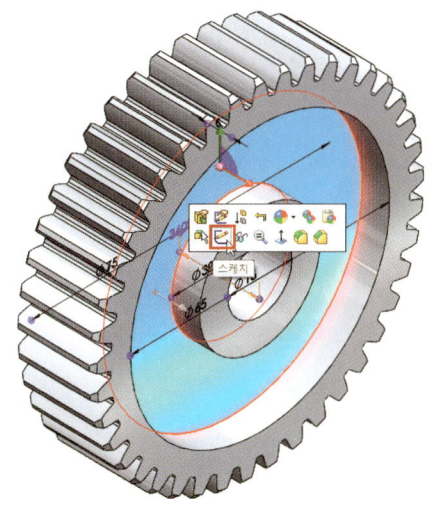 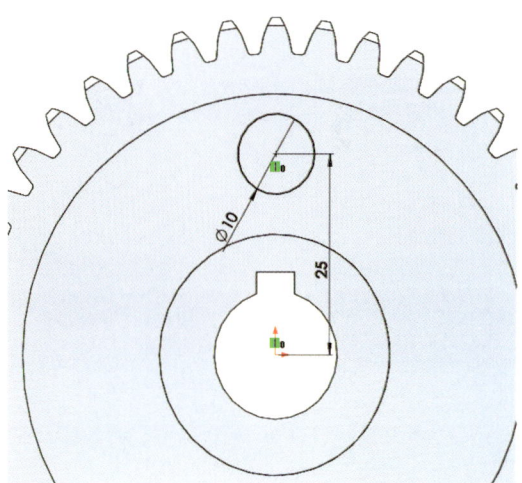

06 돌출 컷 명령 클릭 ▶ 방향1 : 다음까지 ▶ 확인

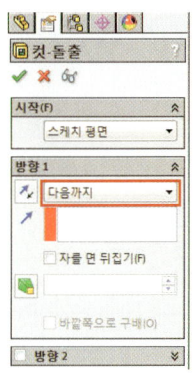 

07 원형 패턴 명령 클릭 ▶ 파라미터 : 회전 축 면 선택 ▶ 각도 : 360도 ▶ 개수 : 6 ▶ 패턴할 피처 선택 ▶ 확인

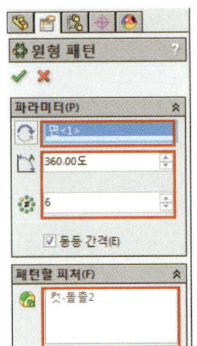 

08 필렛 명령 클릭 ▶ 모서리 선택 ▶ 필렛 변수 : 2mm ▶ 확인

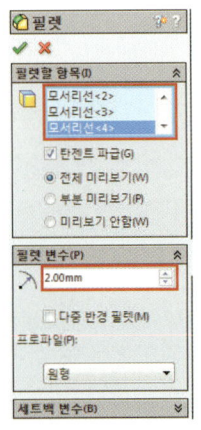 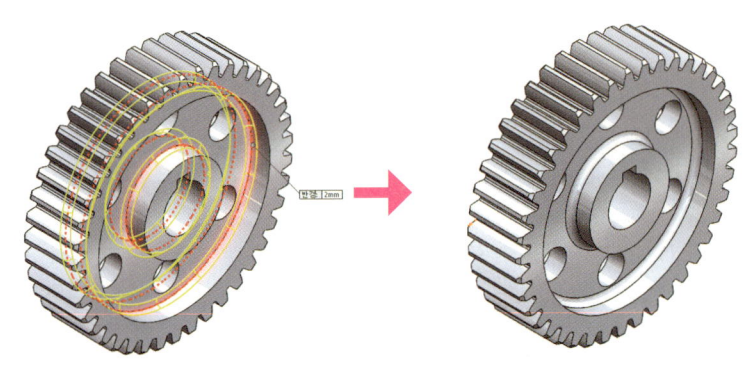

09 모따기 명령 클릭 ▶ 모서리 선택 ▶ 유형 : 거리-거리(동등 거리 체크) ▶ 거리 : 1mm ▶ 확인

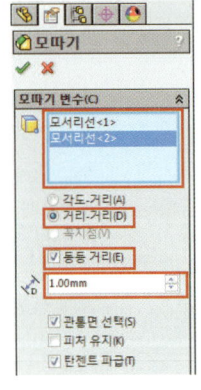 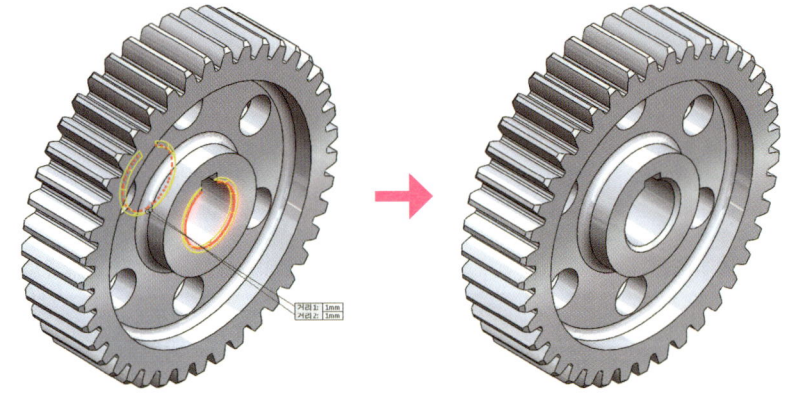

Lesson 4 　 래크 기어

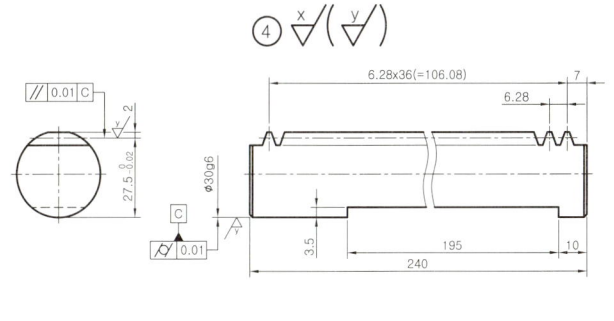
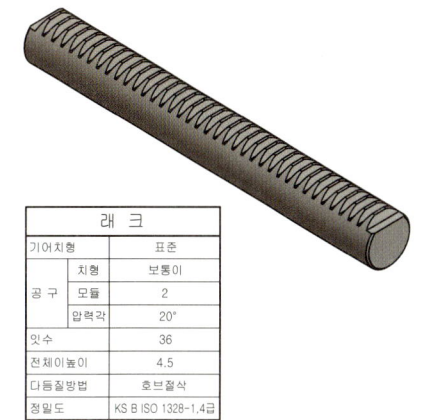

래 크	
기어치형	표준
공 구	치형	보통이
	모듈	2
	압력각	20°
잇수	36
전체이높이	4.5
다듬질방법	호브절삭
정밀도	KS B ISO 1328-1,4급

주 석 ▶ 도시되고 지시하지 않은 모따기 1X45°

01 베이스 피처 작성

01 우측면에 스케치를 작성한다.

02 프로파일을 작성한다.

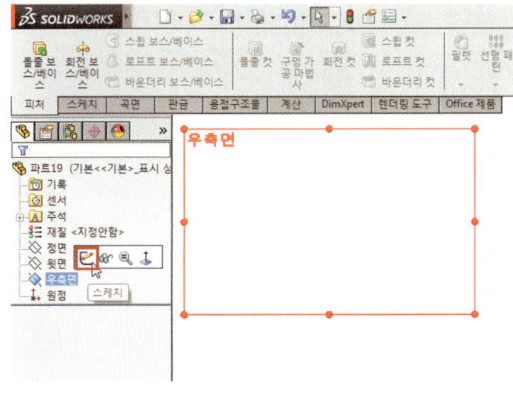
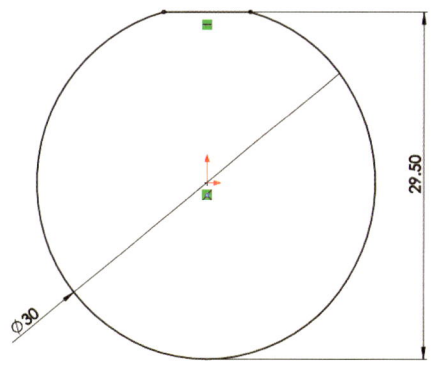

03 돌출 명령 클릭 ▶ 방향1 : 중간 평면 ▶ 거리 : 240mm ▶ 확인

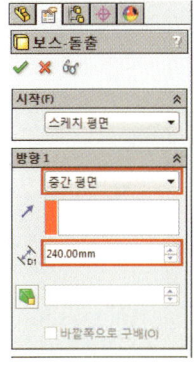
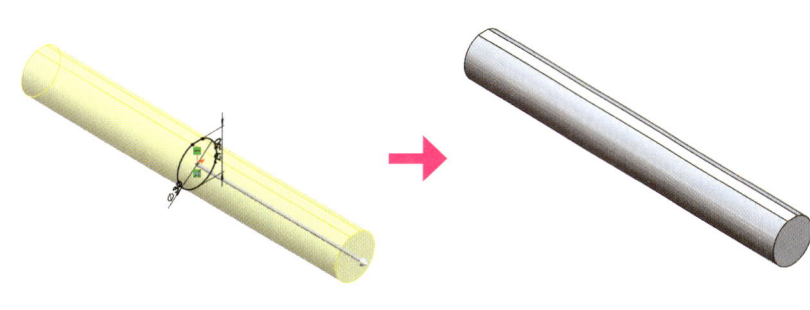

351

02 이빨 피처 작성

01 정면에 스케치를 작성한다.

02 스케치 프로파일을 작성한다.

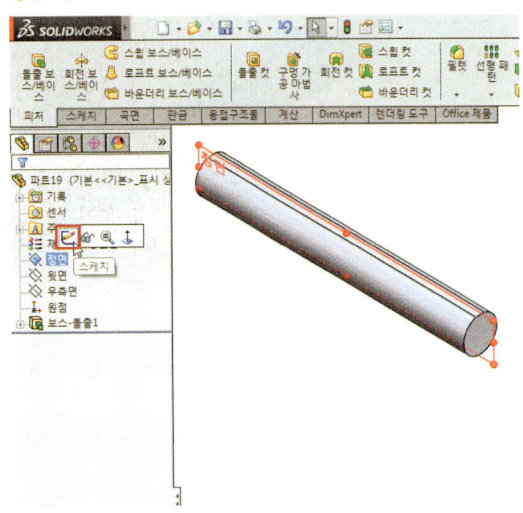
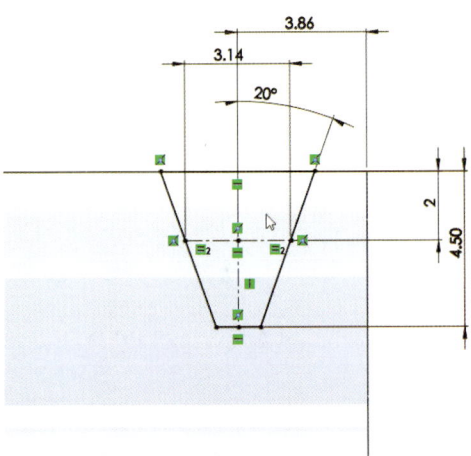

03 돌출 컷 명령 클릭 ▶ 관통-양쪽 ▶ 확인

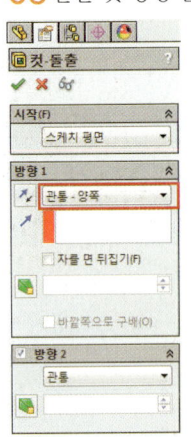
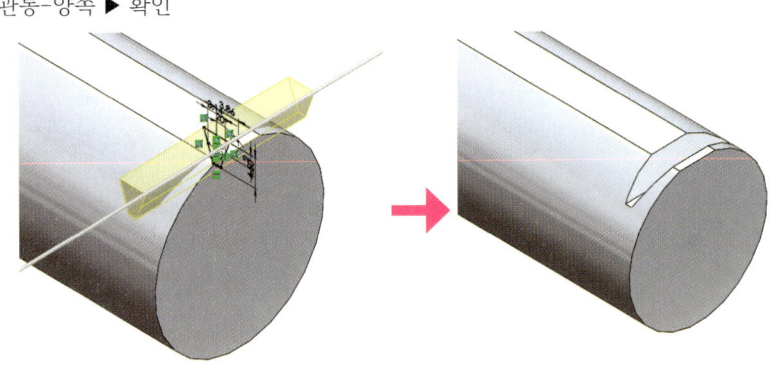

04 선형 패턴 명령 클릭 ▶ 방향1 : 모서리선 선택 ▶ 간격 : 6.28mm ▶ 개수 : 38 ▶ 확인

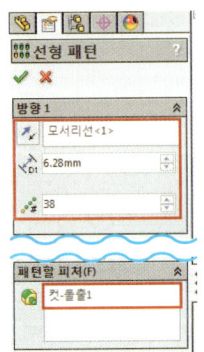
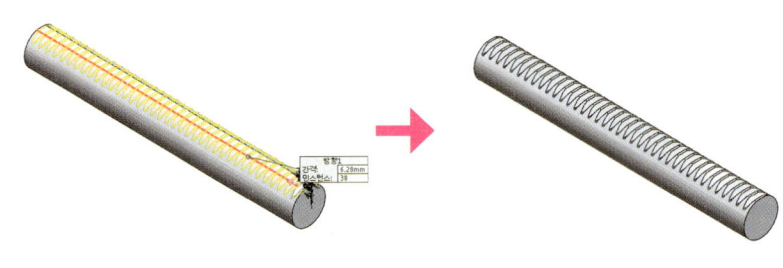

03 마무리 피처 작성

01 정면에 스케치를 작성한다.

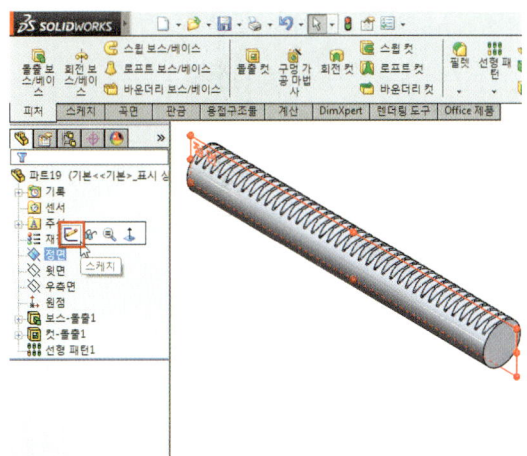

02 스케치 프로파일을 작성한다.

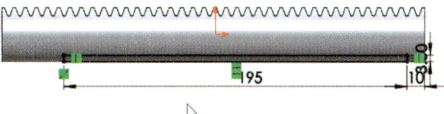

03 우측 위의 프로파일을 작성한다.

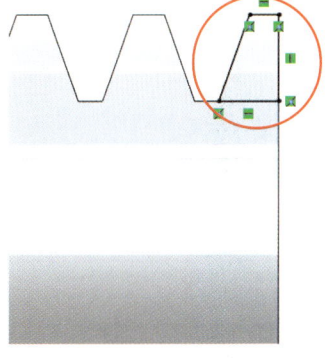

04 좌측 위의 프로파일을 작성한다.

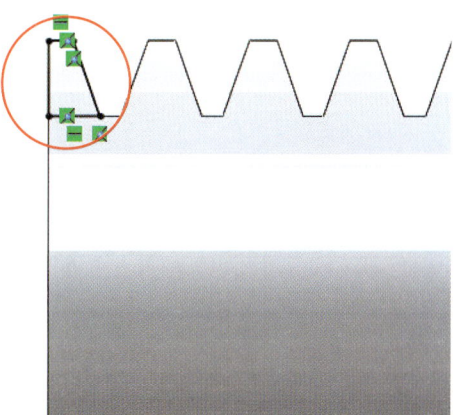

05 돌출 컷 명령 클릭 ▶ 방향1 : 관통-양쪽 ▶ 확인

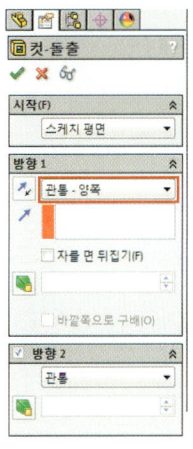
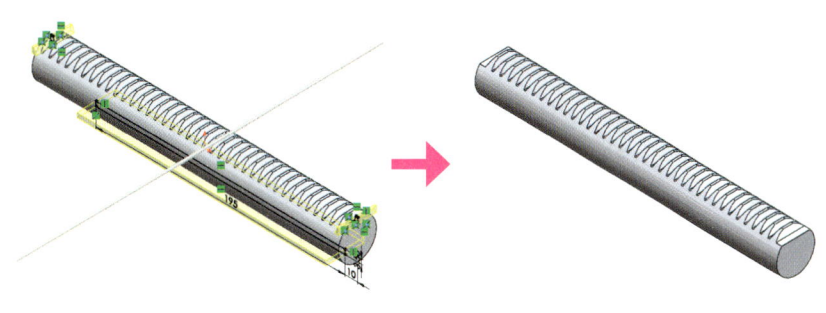

06 모따기 명령 클릭 ▶ 모서리 선택 ▶ 유형 : 거리-거리(동등 거리 체크) ▶ 거리 : 1mm ▶ 확인

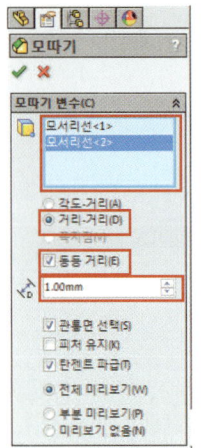
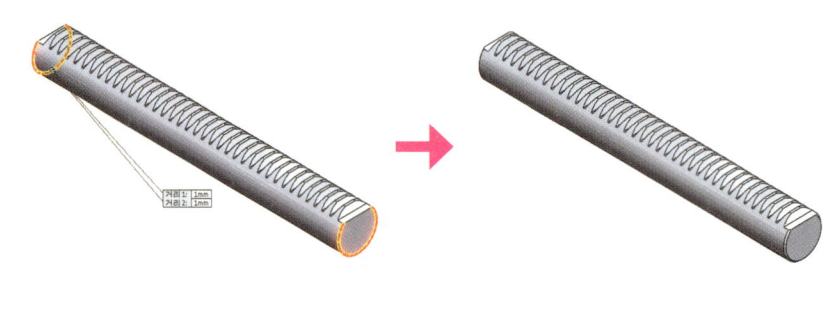

Lesson 5 | 헬리컬 기어

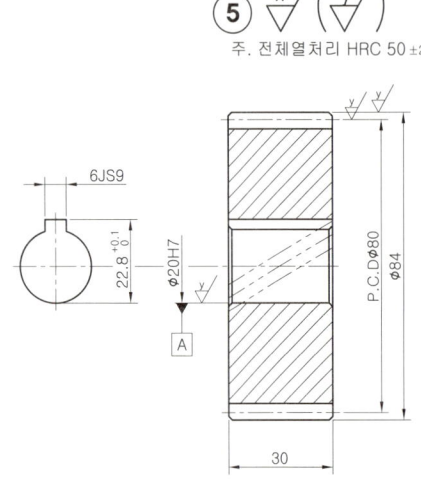
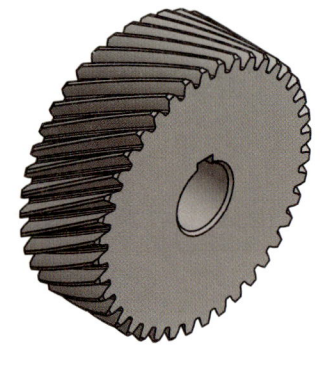

헬리컬 기어	
기어치형	표준
치형기준단면	치직각
공구	치형	보통이
	모듈	2
	압력각	20°
비틀림 각	30°
비틀림 방향	우
잇수	40
피치원지름	⌀80
전체이높이	4.5
다듬질방법	호브절삭
정밀도	KS B ISO 1328-1,3급

주 석 ▶ 도시되고 지시하지 않은 모따기 1X45°

Section4 동력전달용 부품 작성하기

01 베이스 피처 작성

01 우측면에 스케치를 작성한다.

02 프로파일을 작성한다.

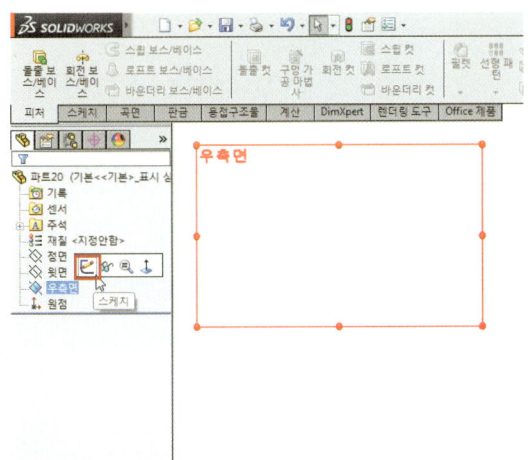
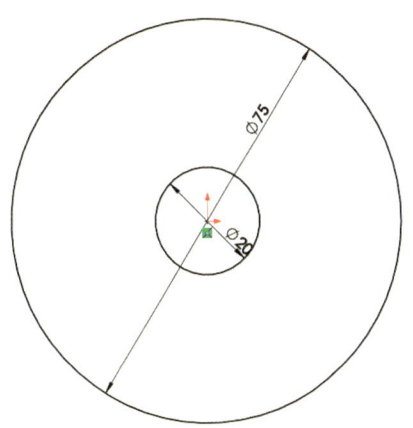

03 돌출 명령 클릭 ▶ 방향1 : 중간 평면 ▶ 거리 : 30mm ▶ 확인

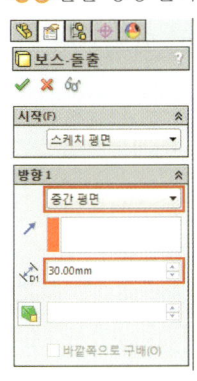
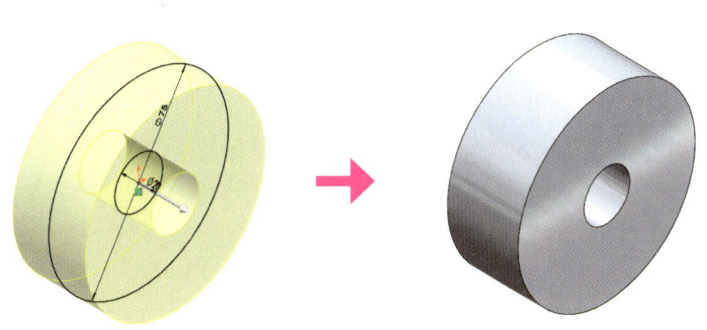

02 이빨 피처 작성

01 작성된 솔리드 면에 스케치를 작성한다.

02 프로파일을 작성한다.(스퍼 기어와 동일)

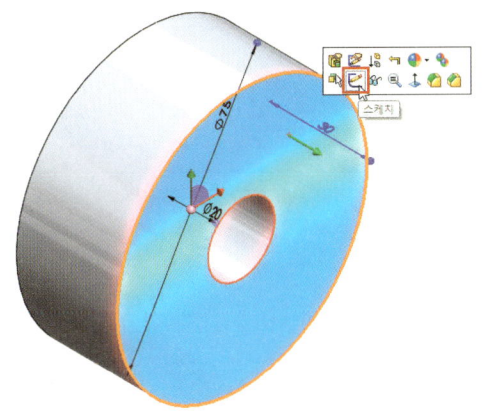
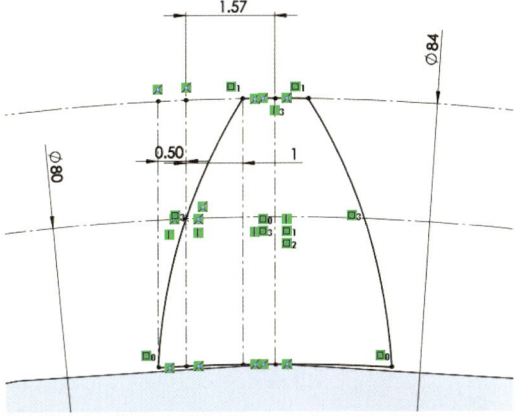

355

03 스케치를 마무리 버튼을 클릭한다.

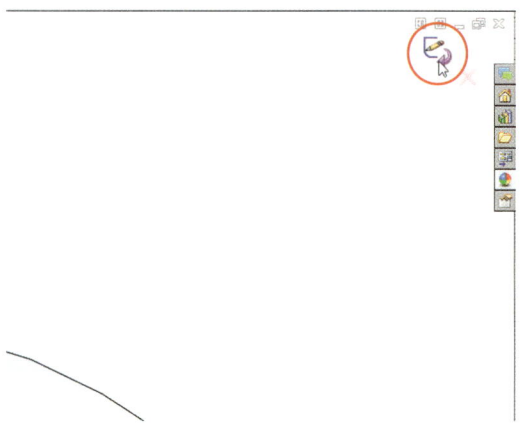

04 작성된 솔리드 면에 스케치를 작성한다.

05 요소 변환 명령으로 외곽 모서리를 스케치 선으로 변환한다.

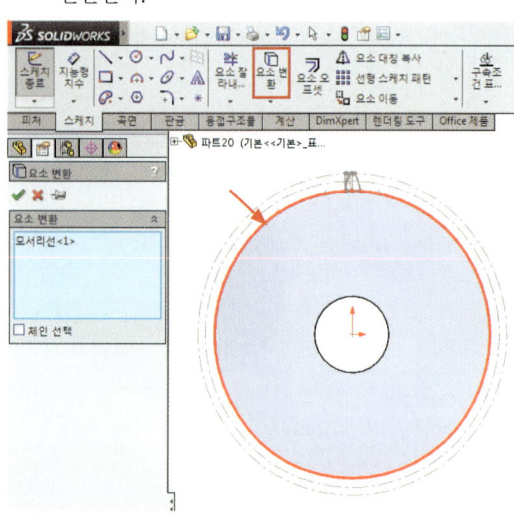

06 풀다운 메뉴-삽입-곡선-나선형 곡선 명령을 클릭한다.

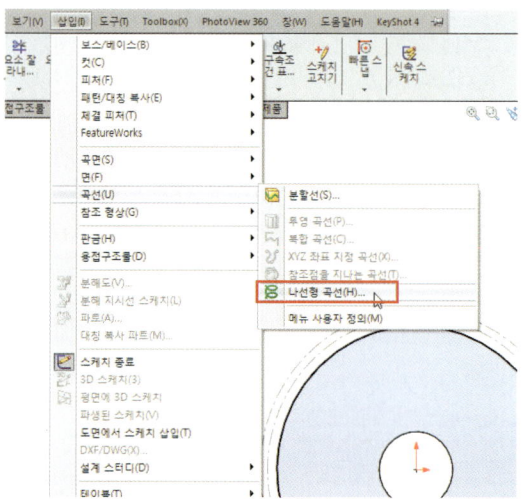

07 정의 기준 : 높이와 회전 ▶ 높이 : 30mm(반대 방향 체크) ▶ 회전 : 1/360*30 ▶ 시작 각도 : 90도 ▶ 시계 반대 방향 체크 ▶ 확인

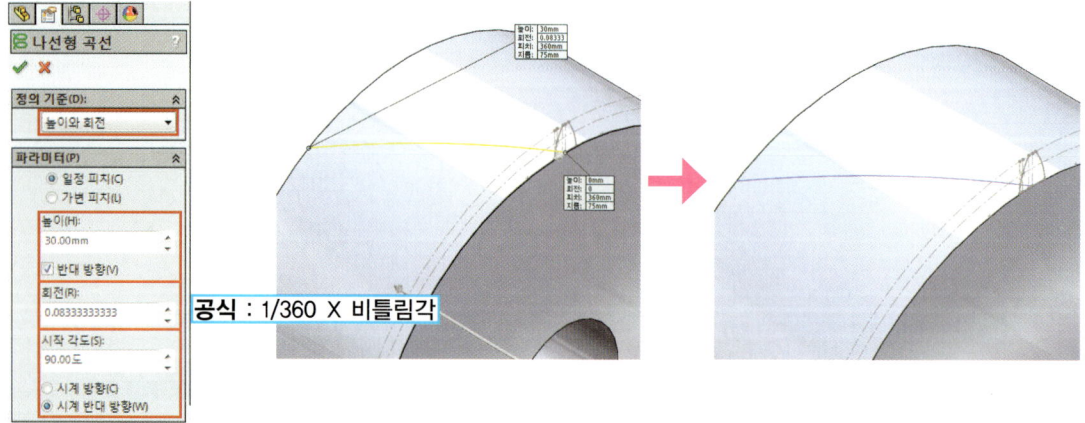

공식 : 1/360 X 비틀림각

08 스윕 명령 클릭 ▶ 프로파일 : 스케치2 ▶ 경로 : 나선형 곡선 ▶ 확인

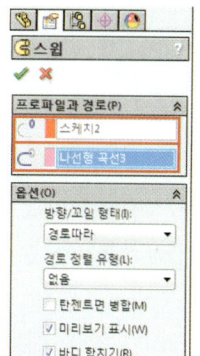 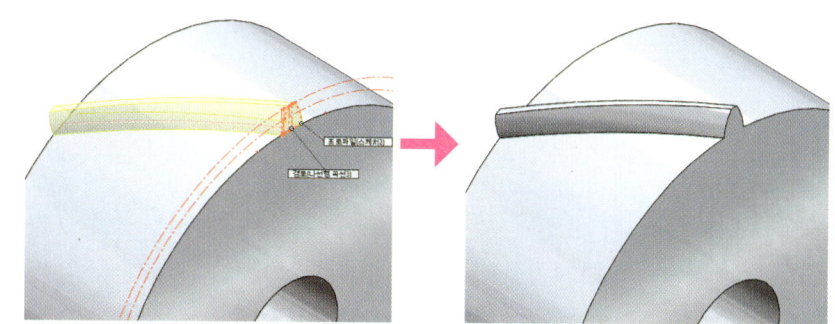

09 모따기 명령 클릭 ▶ 모서리 선택 ▶ 유형 : 거리-거리(동등 거리 체크) ▶ 거리 : 1mm ▶ 확인

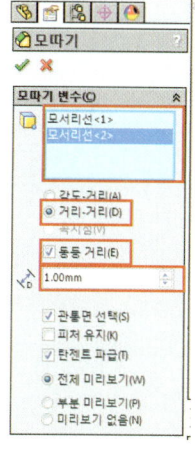 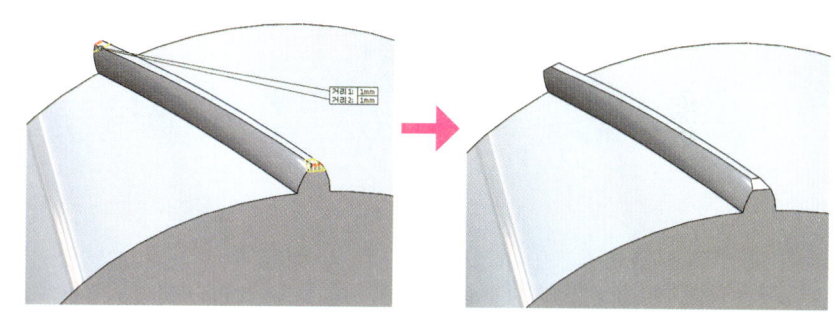

10 필렛 명령 클릭 ▶ 필렛 유형 : 부동 크기 ▶ 모서리 선택 ▶ 필렛 변수 : 0.5mm ▶ 확인

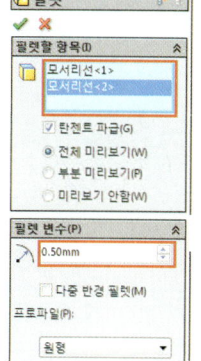 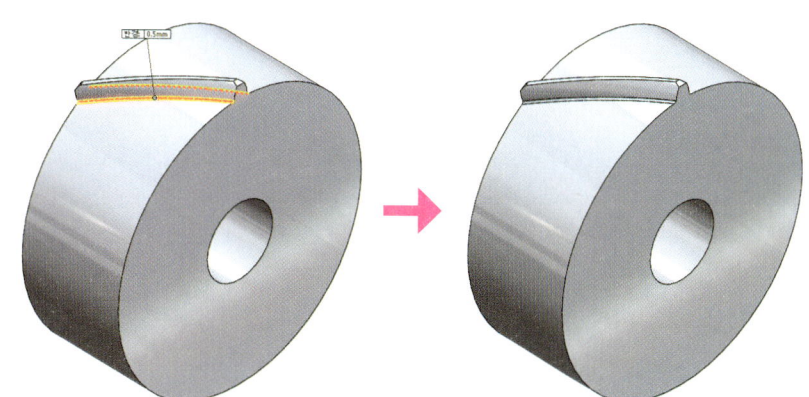

11 원형 패턴 명령 클릭 ▶ 파라미터 : 회전 축 면 선택 ▶ 각도 : 360도 ▶ 개수 : 40 ▶ 패턴할 피처 선택 ▶ 확인

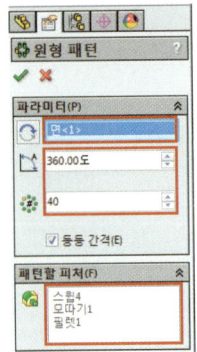
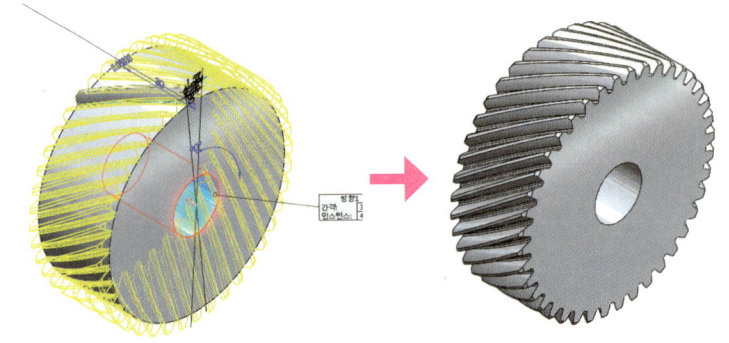

03 마무리 피처 작성

01 작성된 솔리드면에 스케치를 작성한다.

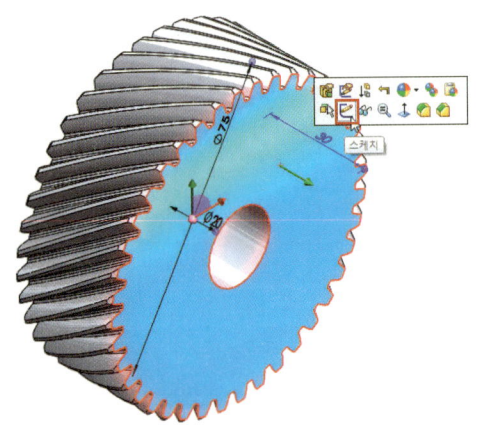

02 프로파일을 작성한다.

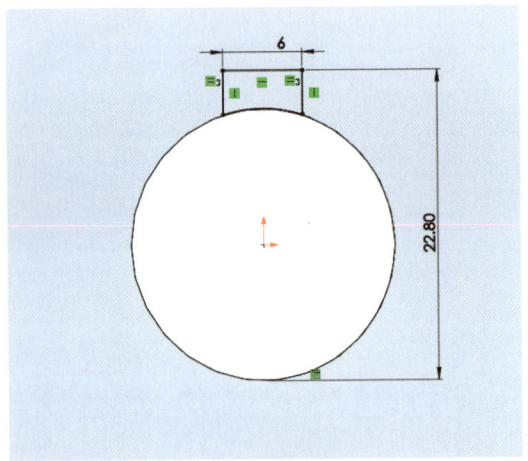

03 돌출 컷 명령 클릭 ▶ 방향1 : 다음까지 ▶ 확인

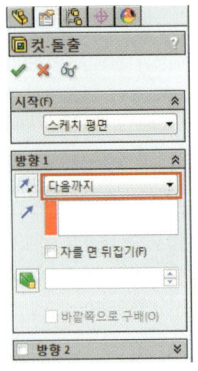
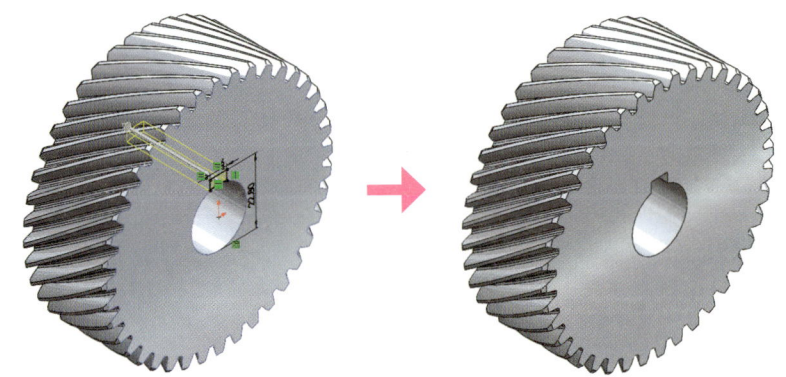

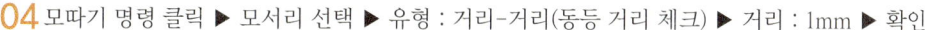

04 모따기 명령 클릭 ▶ 모서리 선택 ▶ 유형 : 거리-거리(동등 거리 체크) ▶ 거리 : 1mm ▶ 확인

Lesson 6 | 체인 스프로킷

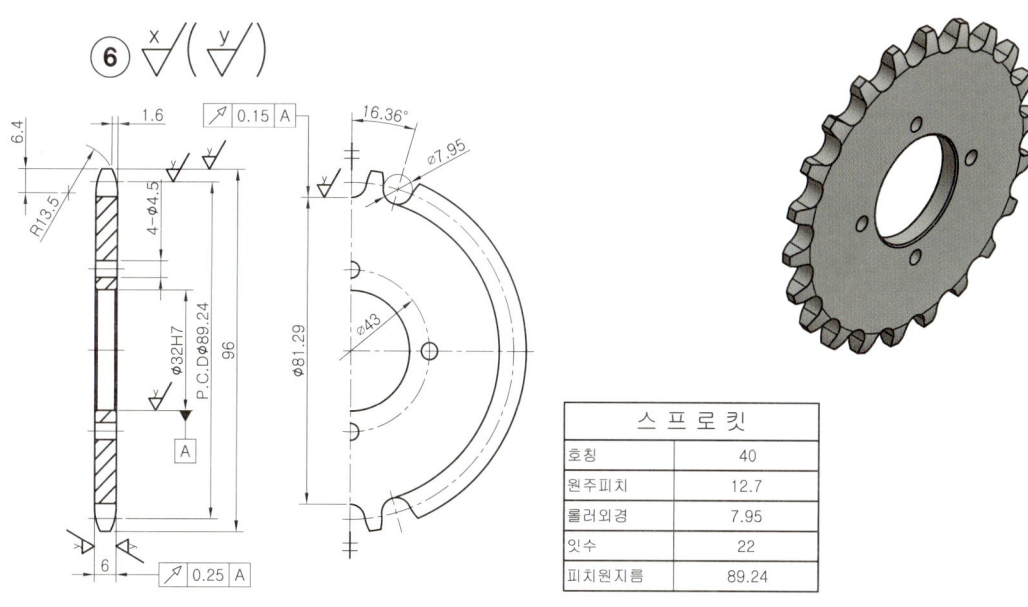

스프로킷	
호칭	40
원주피치	12.7
롤러외경	7.95
잇수	22
피치원지름	89.24

주 석 ▶ 도시되고 지시하지 않은 모따기 0.5X45°

01 베이스 피처 작성

01 우측면에 스케치를 작성한다.

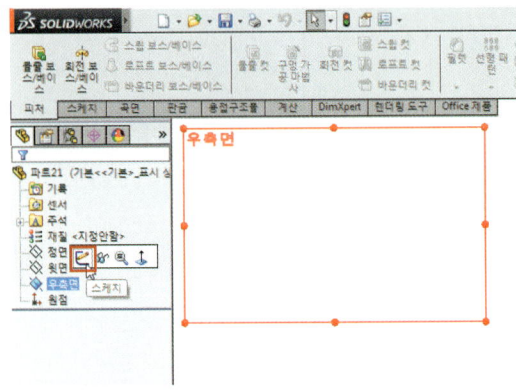

02 전체 길이에 해당하는 중심선을 작성한다.

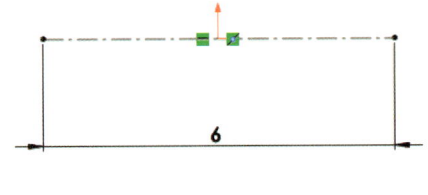

03 선 명령으로 위쪽의 프로파일 형상을 작성한다.

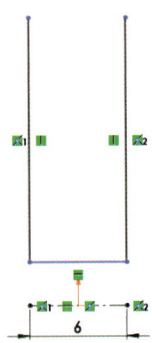

04 탄젠트 호 명령으로 다음과 같이 작성한다.

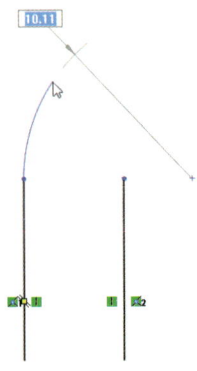

05 탄젠트 호가 작성되었다.

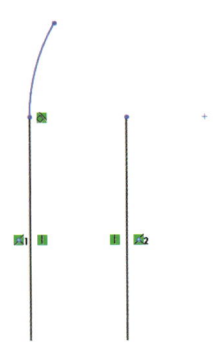

06 반대편 선을 이용해 다시 탄젠트 호를 작성한다.

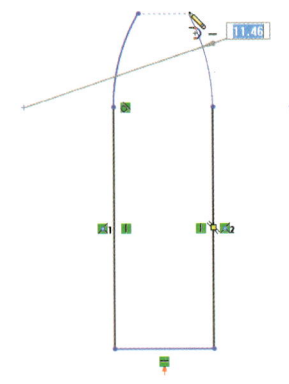

어드바이스 ▶ 탄젠트 호 명령을 이용하면 선에 접한 호를 그릴 수 있다.

07 탄젠트 호가 작성되었다.

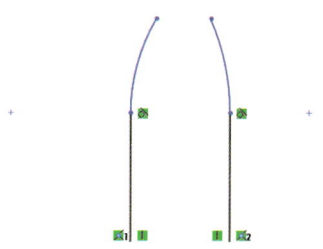

08 선 명령으로 호의 윗점기리 잇는다.

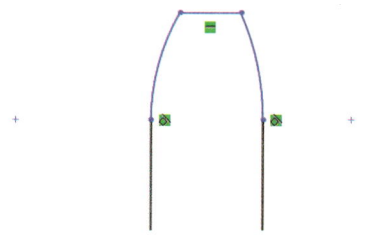

09 탄젠트 호의 반지름 치수를 작성한다.

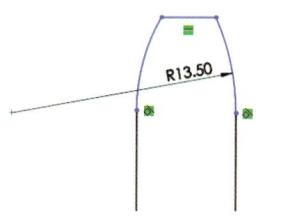

10 양쪽 호를 선택해 동일 구속조건을 부여한다.

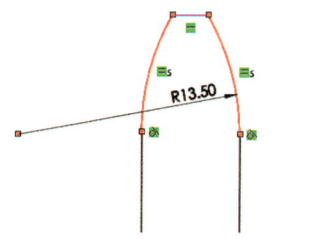

11 위쪽 선과 호의 중심선과의 치수를 작성한다.

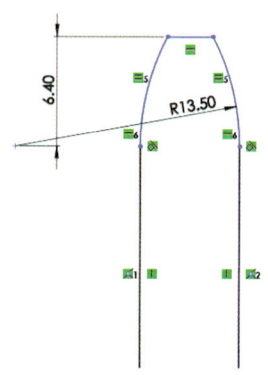

12 나머지 치수를 작성해 스케치 작성을 완료한다.

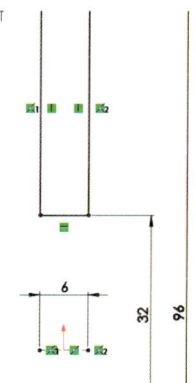

13 회전 명령 클릭 ▶ 회전 축과 프로파일이 자동 선택 ▶ 확인

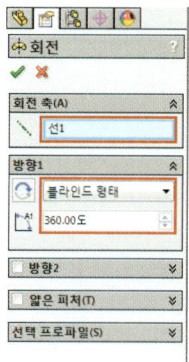

02 이빨 피처 작성

01 작성된 솔리드 면에 스케치를 작성한다.

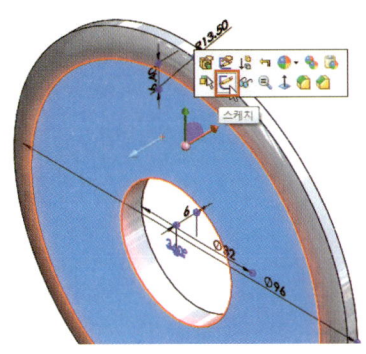

02 P.C.D 원과 이뿌리 원을 작성한다.

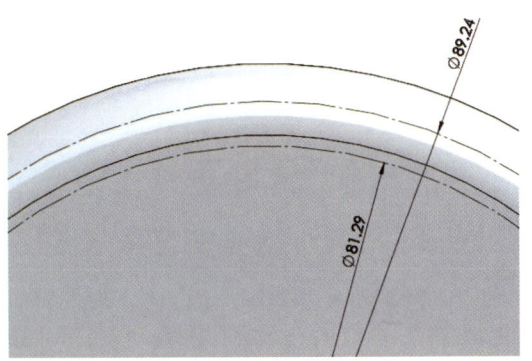

03 중심점으로부터 이뿌리원까지 접하는 선을 작성한다.

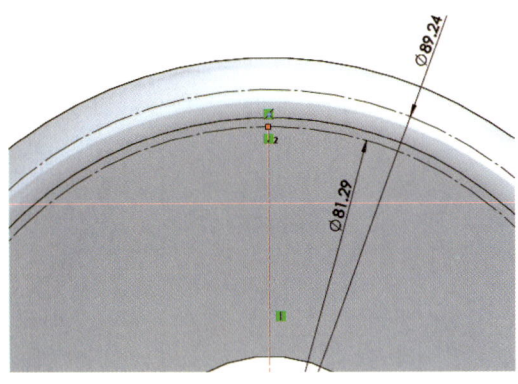

04 3점 호 명령으로 다음과 같이 작성한다.

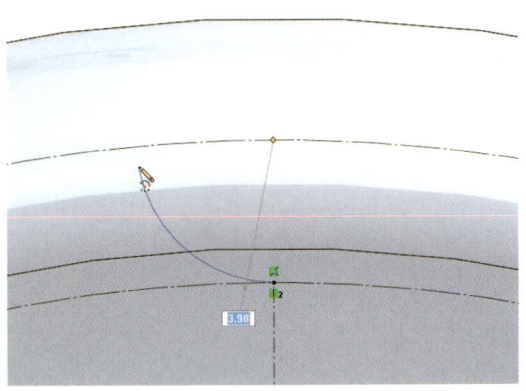

05 접원 호 명령으로 첫 번째 호를 이어서 다음과 같이 작성한다.

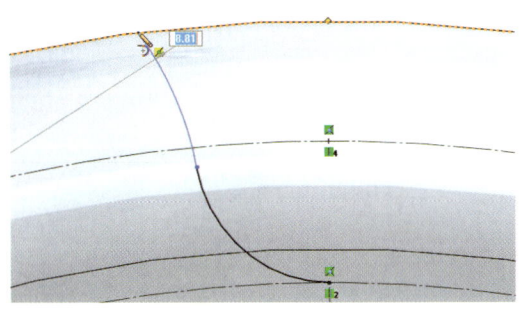

06 다음과 같이 구속조건과 치수를 기입한다.

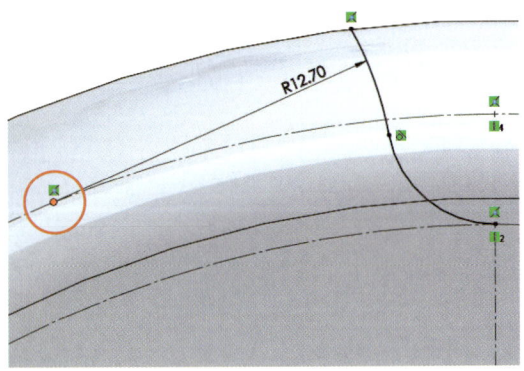

| 어드바이스 | ▶ 위의 호는 3점 호로 작성해도 된다.

07 대칭 복사 명령으로 다음과 같이 두 개의 호를 대칭 복사한다.

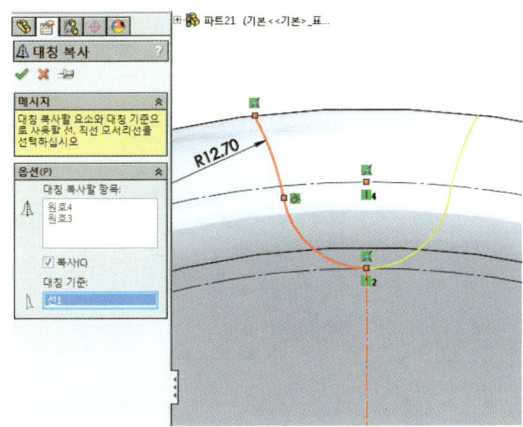

08 다음과 같이 두 개의 호가 대칭 복사되었다.

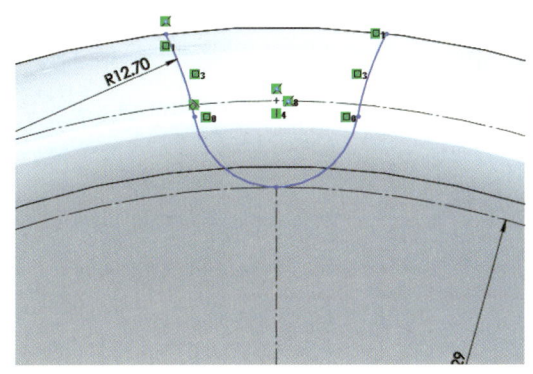

09 중간점 구속조건으로 아래쪽 원호와 중심선의 끝점을 구속한다.

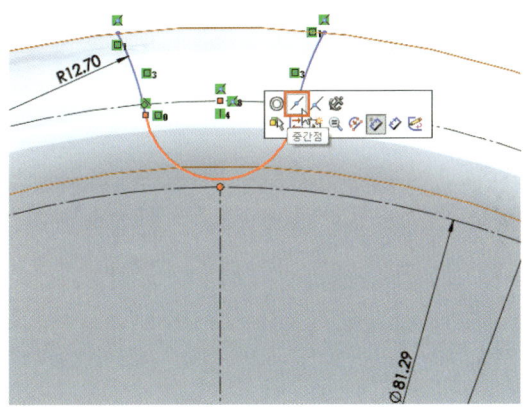

10 다음과 같이 스케치가 완전 구속된다.

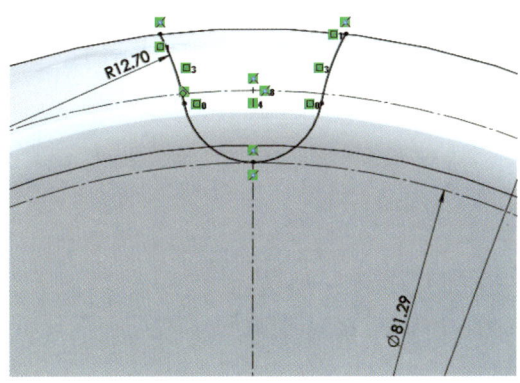

11 중심점 호 명령으로 프로파일을 닫는다.

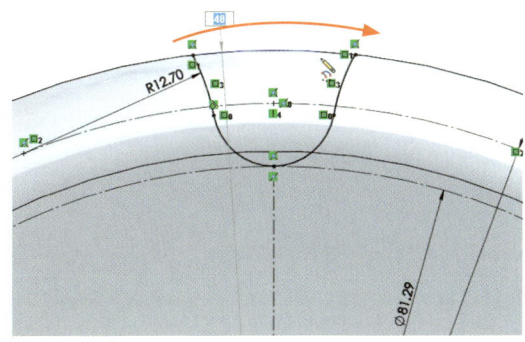

12 스케치가 마무리되었다.

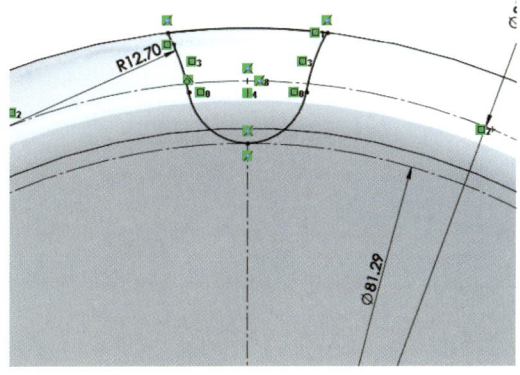

363

13 돌출 컷 명령 클릭 ▶ 방향1 : 다음까지 ▶ 확인

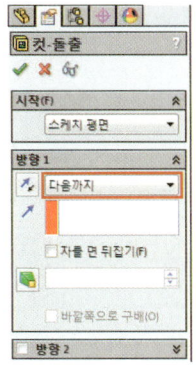
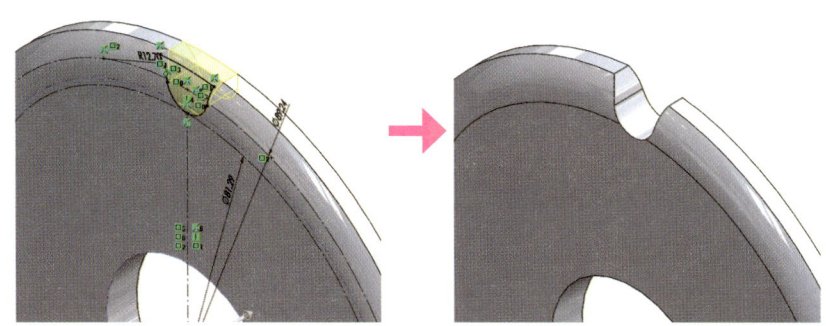

14 원형 패턴 명령 클릭 ▶ 파라미터 : 회전 축 면 선택 ▶ 각도 : 360도 ▶ 개수 : 22 ▶ 패턴할 피처 선택 ▶ 확인

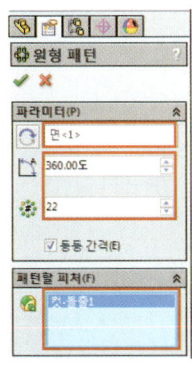
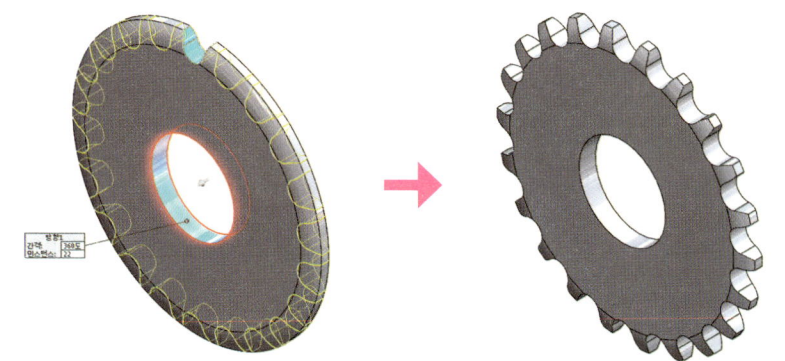

03 마무리 피처 작성

01 구멍 명령을 실행한 후 위치 탭에서 구멍을 작성할 평면을 선택한다.

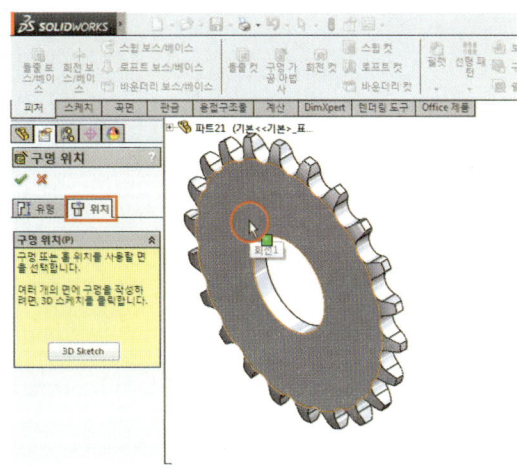

02 구멍의 중심으로 쓸 점을 작성한다.

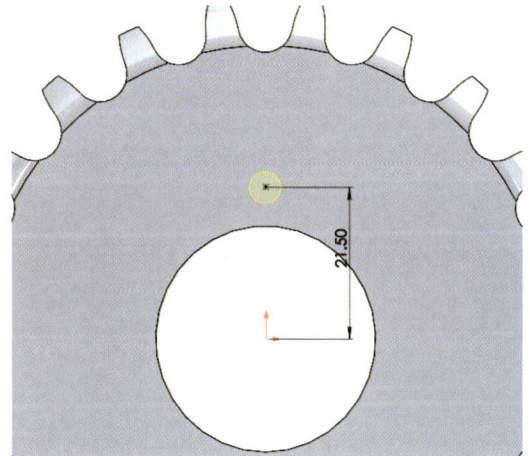

Section4 동력전달용 부품 작성하기

03 유형 탭 클릭 ▶ 구멍 유형 : 구멍 ▶ 구멍 크기 : Ø4.5 ▶ 마침 조건 : 다음까지 ▶ 확인

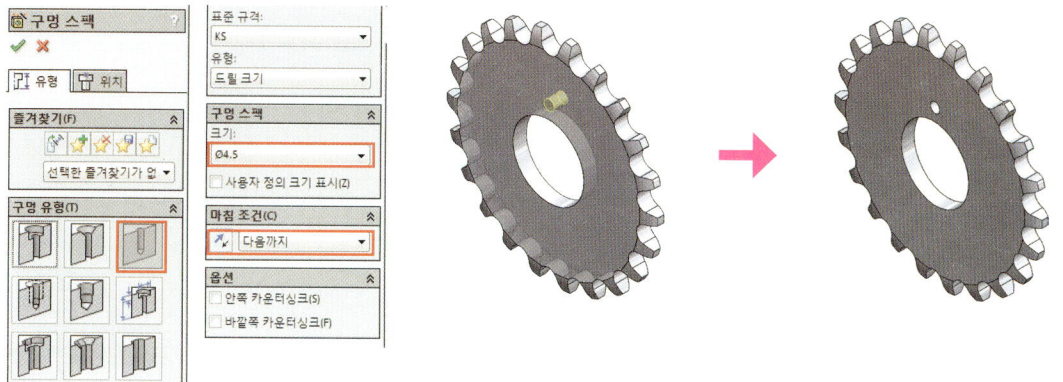

04 원형 패턴 명령 클릭 ▶ 파라미터 : 회전 축 면 선택 ▶ 각도 : 360도 ▶ 개수 : 4 ▶ 패턴할 피처 선택 ▶ 확인

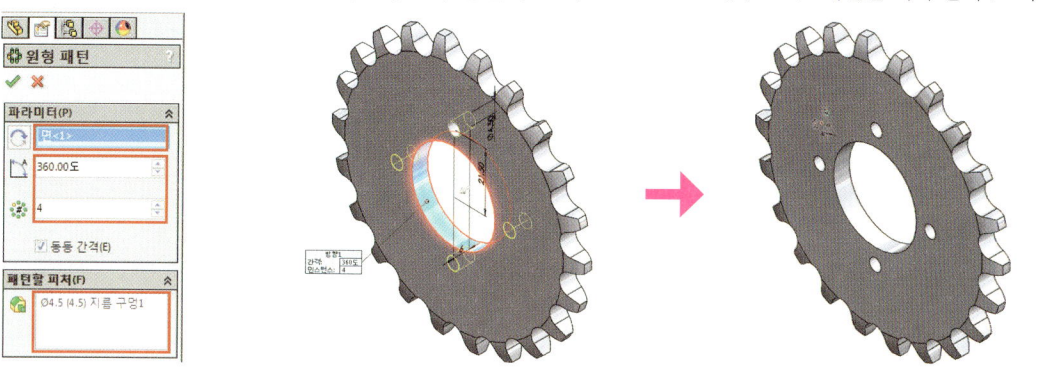

05 모따기 명령 클릭 ▶ 모서리 선택 ▶ 유형 : 거리-거리(동등 거리 체크) ▶ 거리 : 0.5mm ▶ 확인

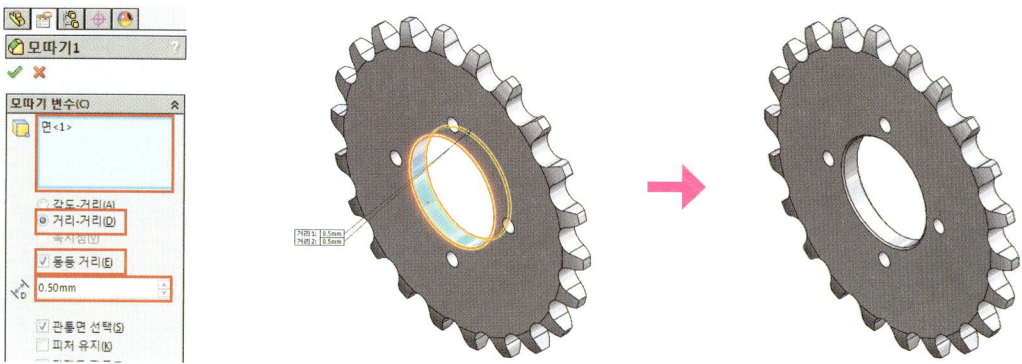

365

Lesson 7 | 베벨 기어

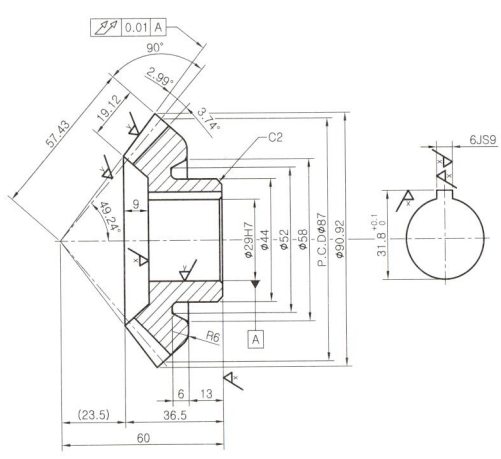
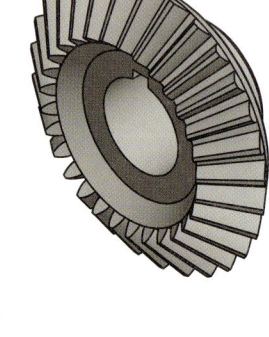

베벨 기어	
기어치형	글리슨 식
모듈	3
압력각	20°
잇수	29
피치원지름	87
피치원추각	4.5
축각	90°
다듬질방법	절 삭
정밀도	KS B 1412, 3급

주 석 ▶ 도시되고 지시하지 않은 모따기 1X45°

01 이빨 피처 작성

01 정면에 스케치를 작성한다.

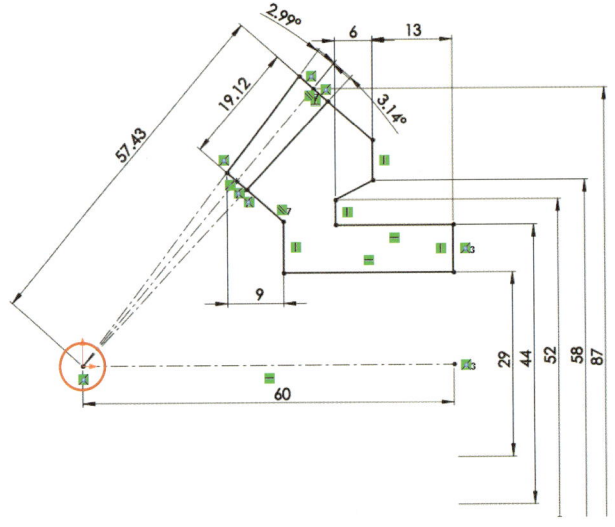

어드바이스 ▶ 위의 스케치에서 표시한 빨간 동그라미는 원점을 의미한다.

02 회전 명령 클릭 ▶ 회전 축 자동 선택 ▶ 프로파일 선택 ▶ 확인

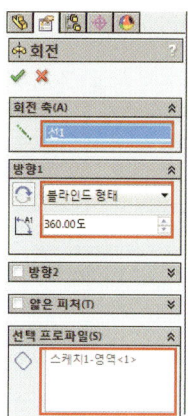
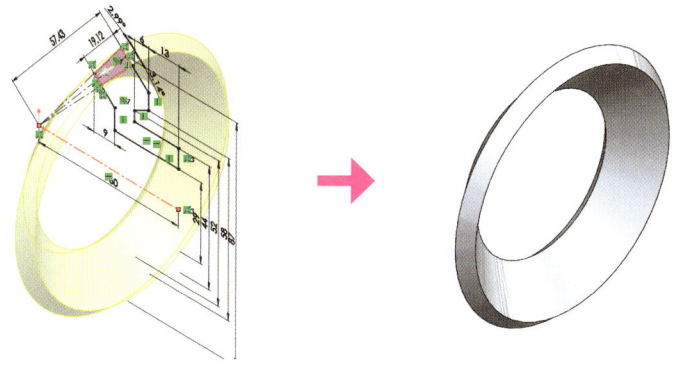

03 참조 형상 목록 중에 점 명령을 클릭한다.

04 다음 스케치 점을 선택해 점을 생성한다.

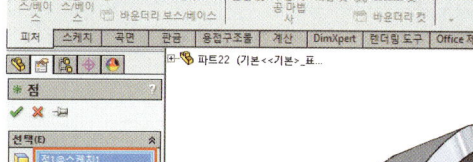

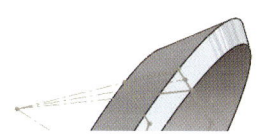

05 기준면 명령 클릭 ▶ 제1참조 : 스케치 선 ▶ 제2참조 : 스케치 끝점 ▶ 확인

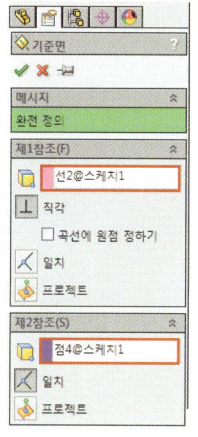
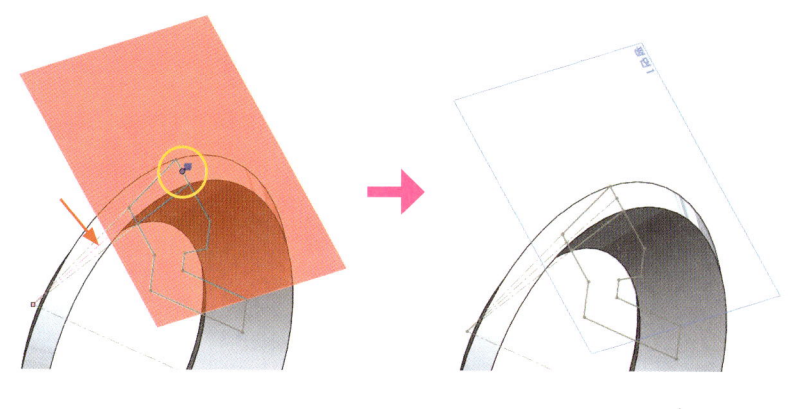

06 작성된 기준면에 스케치를 작성한다.

07 스케치 프로파일을 작성한다.

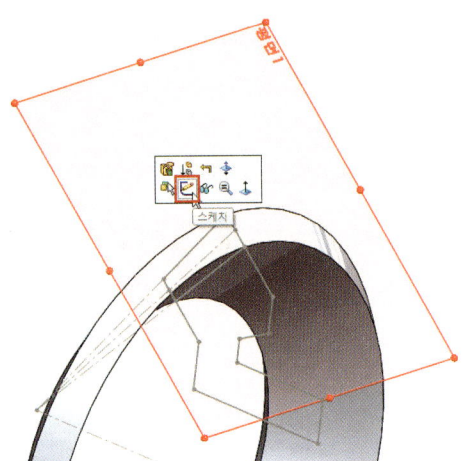
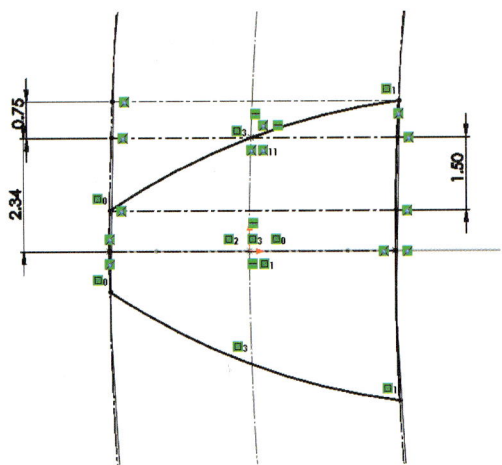

08 로프트 명령 클릭 ▶ 프로파일 : 스케치2와 점1 선택 ▶ 확인

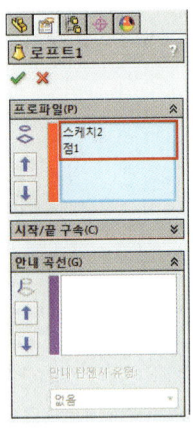
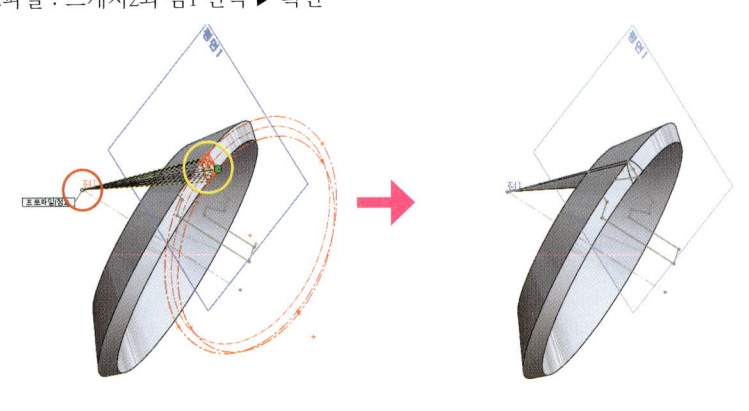

09 풀다운 메뉴-삽입-피처-합치기 명령을 클릭한다.

10 작업 유형 : 공통 ▶ 합칠 바디 : 회전1, 로프트1 선택 ▶ 확인

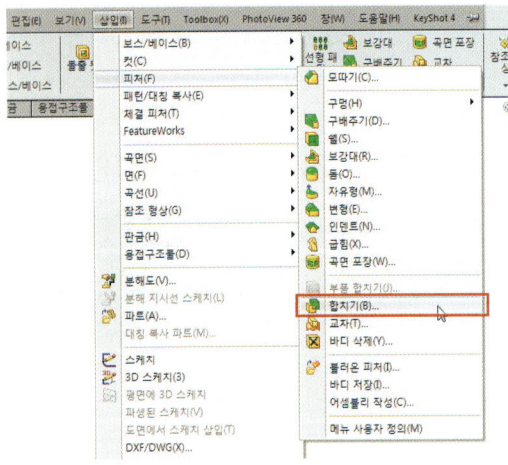
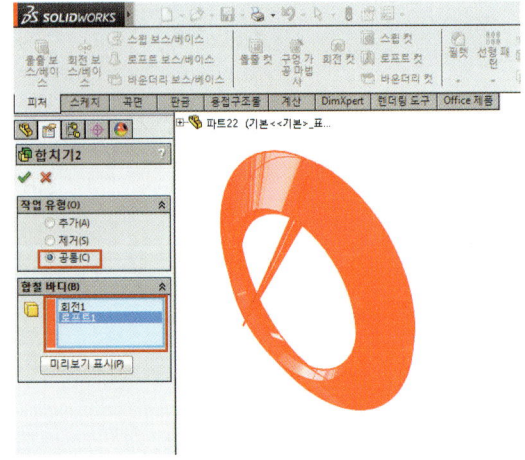

11 다음과 같이 교차되는 영역만 남게 된다.

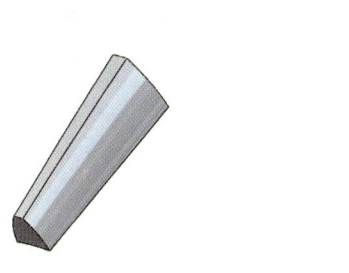

12 스케치1을 클릭해 보이기 명령을 클릭한다.

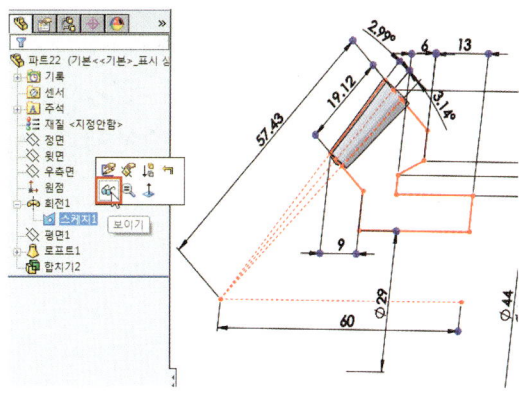

13 원형 패턴 명령 클릭 ▶ 파라미터 : 회전 축 선택 ▶ 각도 : 360도 ▶ 개수 : 29 ▶ 패턴할 바디 선택 ▶ 확인

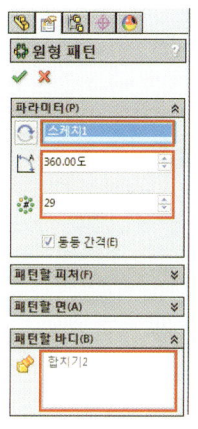
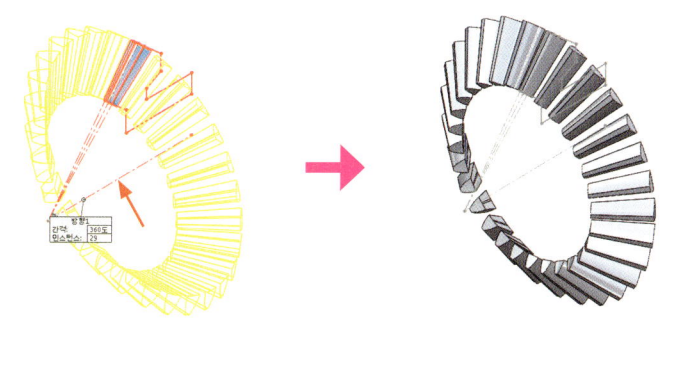

02 본체 피처 작성

01 회전 명령 클릭 ▶ 회전 축과 프로파일 선택 ▶ 확인

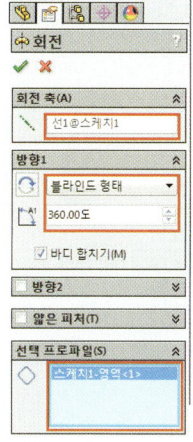
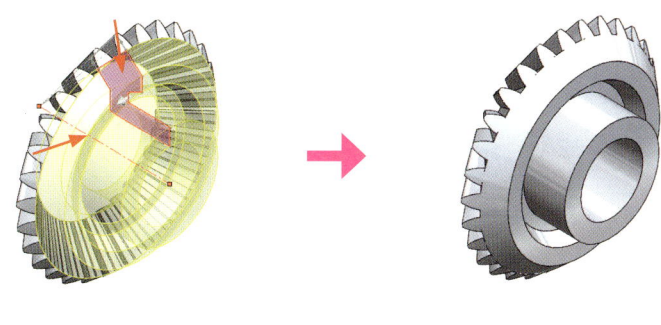

02 작성된 솔리드 면에 스케치를 작성한다.

03 스케치 프로파일을 작성한다.

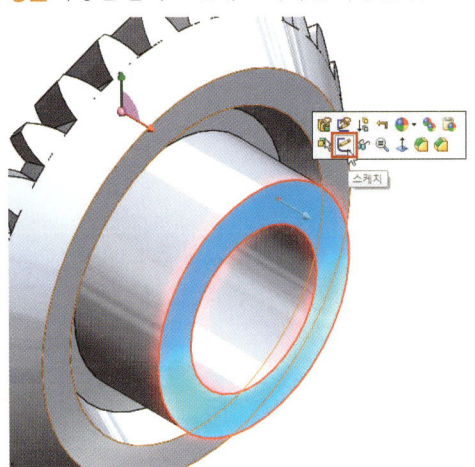
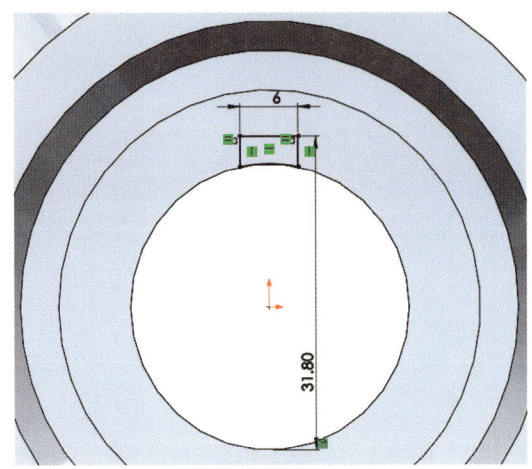

04 돌출 컷 명령 클릭 ▶ 방향1 : 다음까지 ▶ 확인

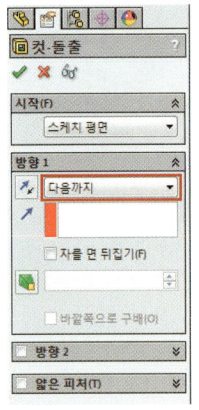

03 마무리 피처 작성

01 필렛 명령 클릭 ▶ 모서리 선택 ▶ 필렛 변수 : 2mm, 3mm, 6mm(다중 반경 필렛 체크) ▶ 확인

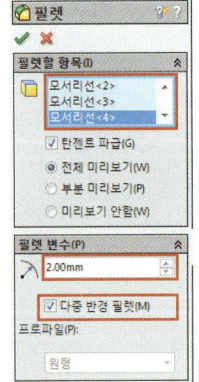
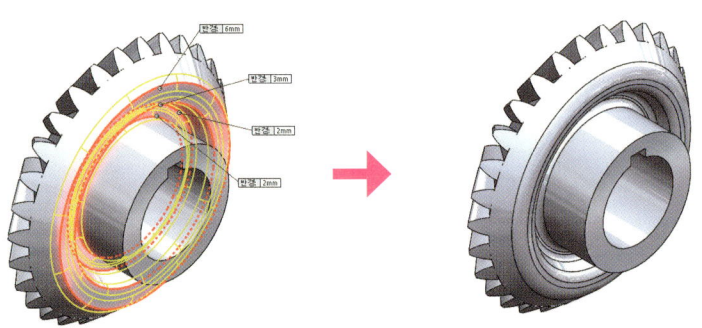

02 모따기 명령 클릭 ▶ 모서리 선택 ▶ 유형 : 거리-거리(동등 거리 체크) ▶ 거리 : 2mm ▶ 확인

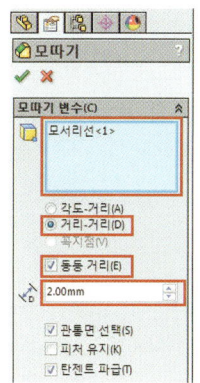 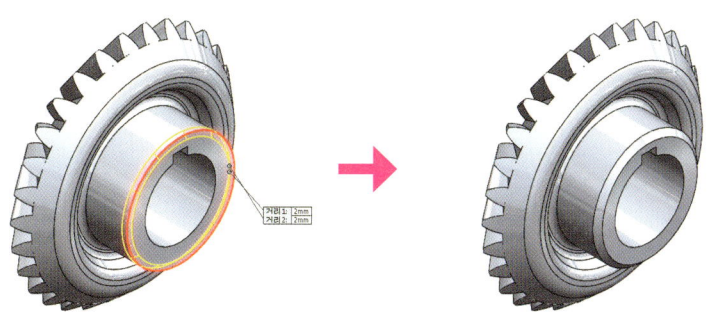

03 모따기 명령 클릭 ▶ 모서리 선택 ▶ 유형 : 거리-거리(동등 거리 체크) ▶ 거리 : 1mm ▶ 확인

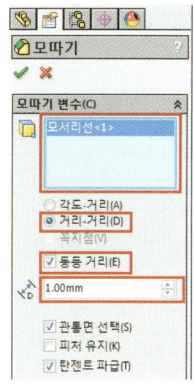 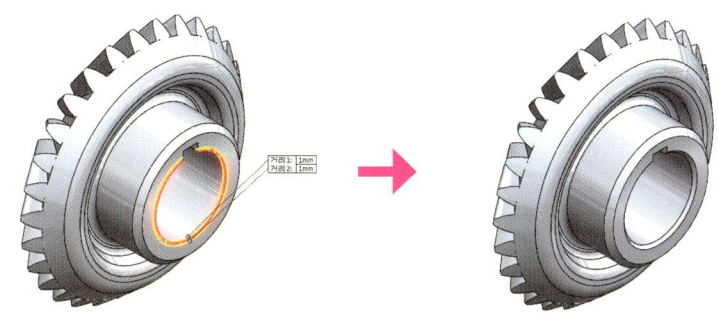

Lesson 8 웜 휠

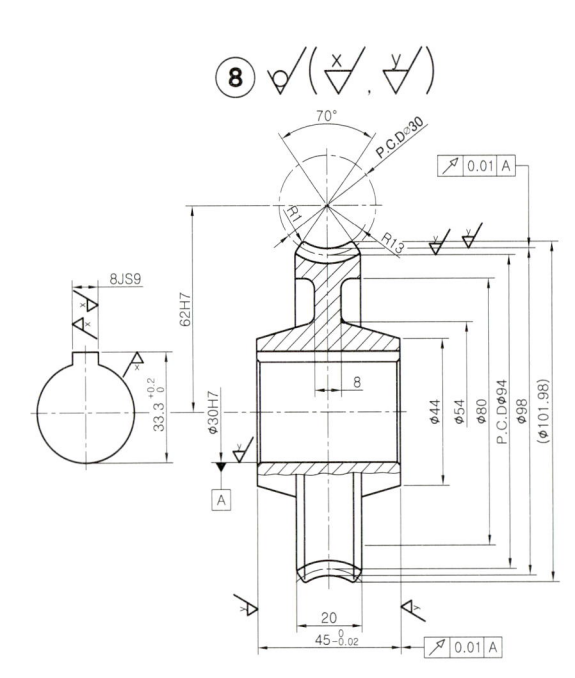
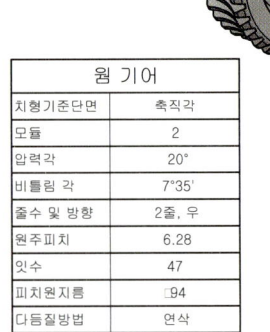

웜 기어	
치형기준단면	축직각
모듈	2
압력각	20°
비틀림 각	7°35'
줄수 및 방향	2줄, 우
원주피치	6.28
잇수	47
피치원지름	⌀94
다듬질방법	연삭

주 석 ▶ 도시되고 지시하지 않은 모따기 1X45°

01 베이스 피처 작성

01 정면에 스케치를 작성한다.

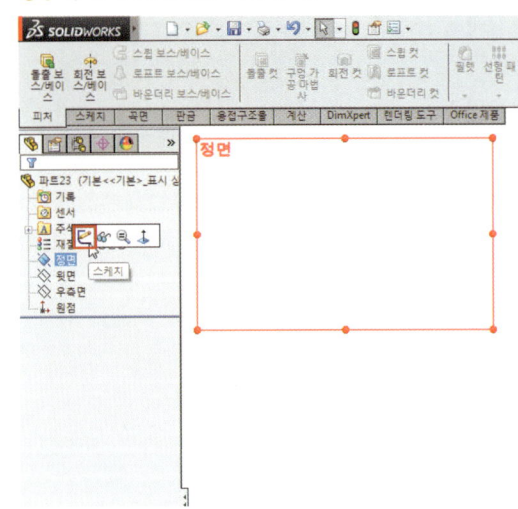

02 스케치 프로파일을 작성한다.

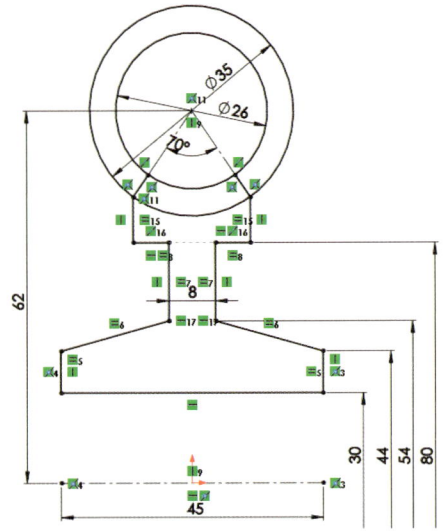

03 회전 명령 클릭 ▶ 회전 축과 프로파일 선택 ▶ 확인

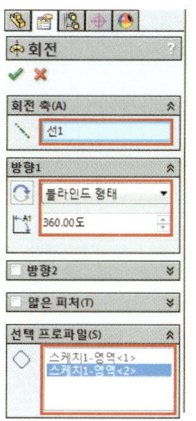 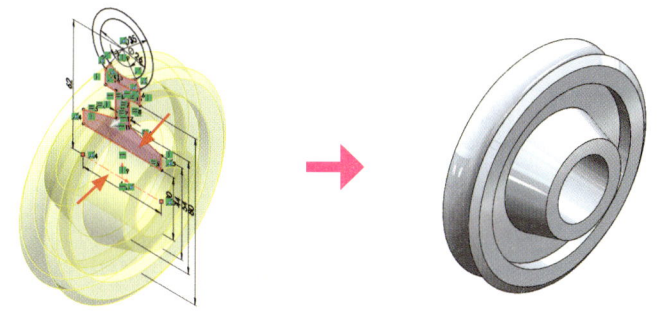

04 필렛 명령 클릭 ▶ 모서리 선택 ▶ 필렛 변수 : 3mm ▶ 확인

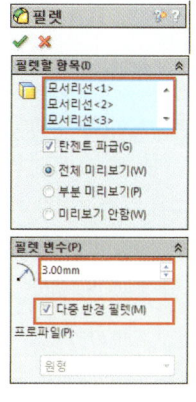 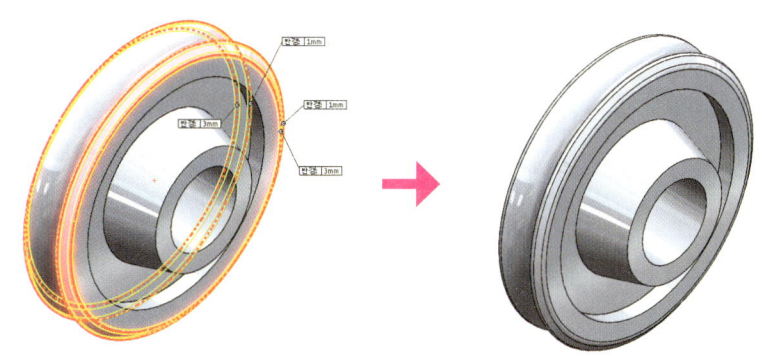

02 이빨 피처 작성

01 스케치1을 선택해 보이기 명령을 클릭한다.

02 우측면에 스케치를 작성한다.

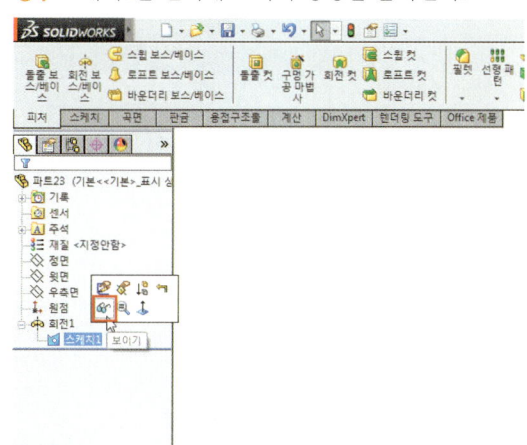 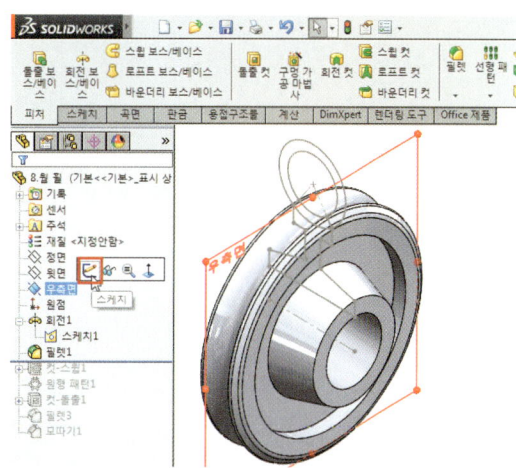

373

03 스케치1의 절점을 참고해 스케치를 다음과 같이 작성한다.

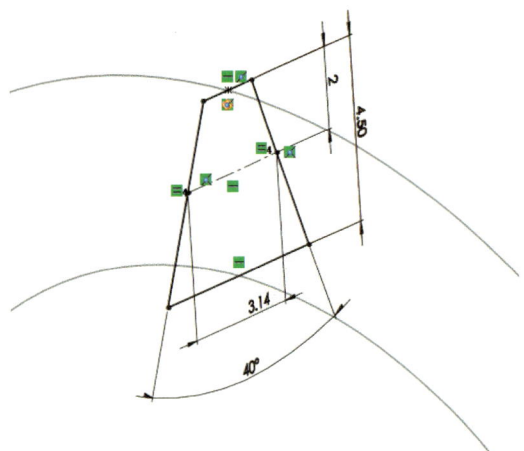

04 스케치를 마무리 한 후 정면에 스케치를 작성한다.

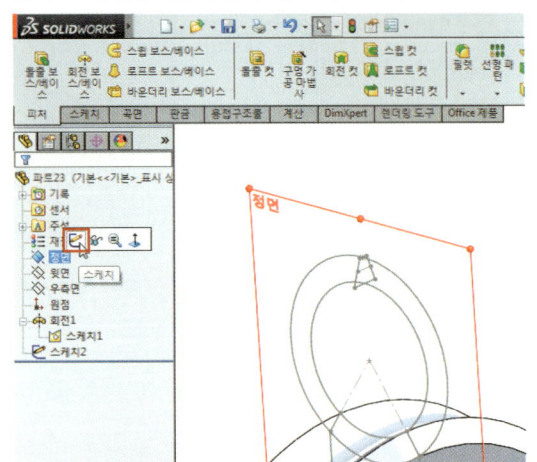

05 요소 변환 명령을 클릭해서 다음의 외부 스케치 요소를 선택해 스케치 선으로 변환한다.

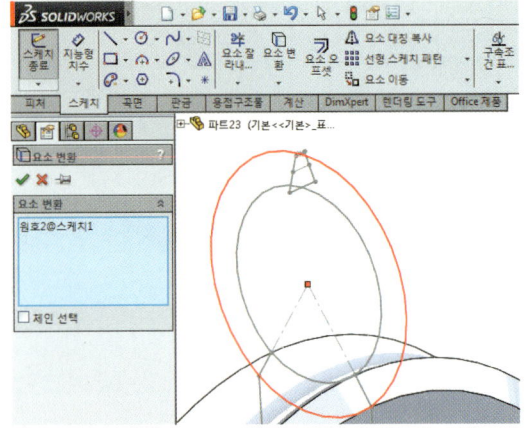

06 풀다운 메뉴-삽입-곡선-나선형 곡선을 클릭한다.

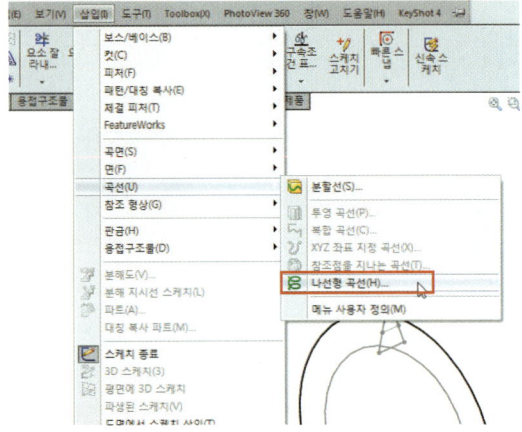

07 나선형 곡선의 옵션을 다음과 같이 설정한다.

피치 공식 : 3.14 X 줄 수

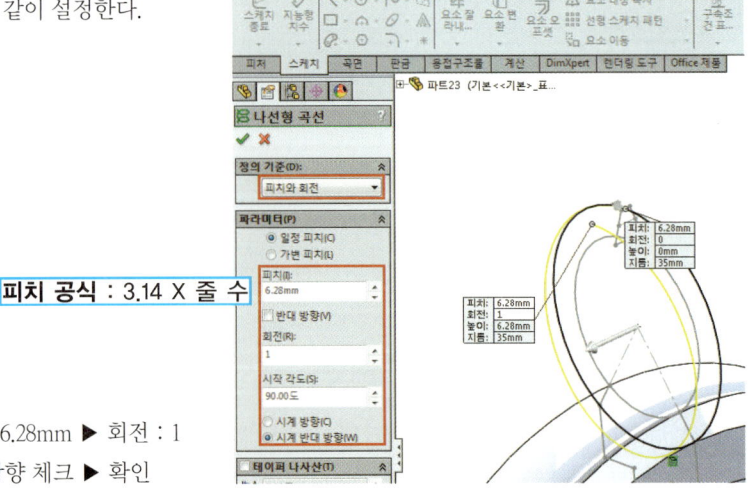

정의 기준 : 피치와 회전 ▶ 피치 : 6.28mm ▶ 회전 : 1
▶시작 각도 : 90도 ▶ 시계 반대 방향 체크 ▶ 확인

Section4 동력전달용 부품 작성하기

08 스윕 컷 명령 클릭 ▶ 프로파일과 경로 선택 ▶ 확인

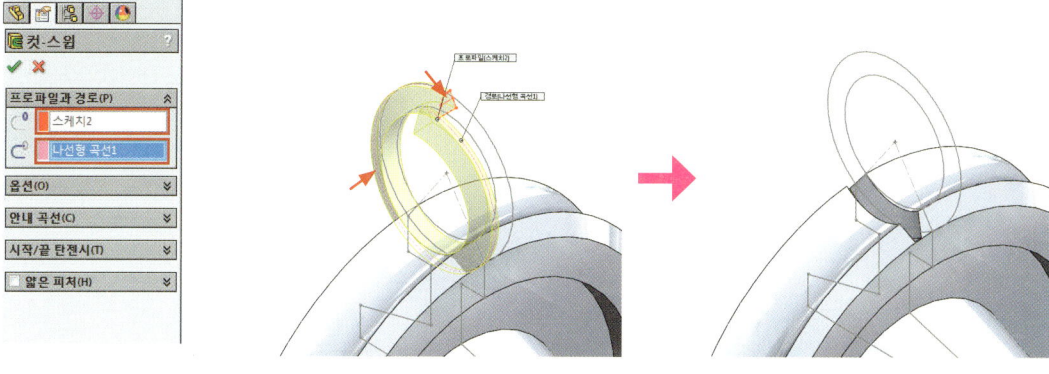

09 스케치1 항목을 클릭해 숨기기 명령을 클릭한다.

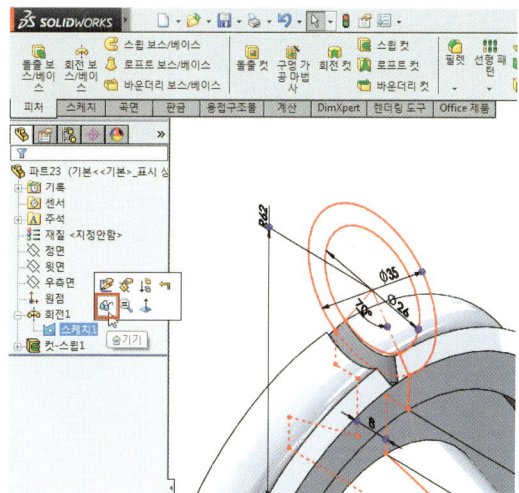

10 원형 패턴 명령 클릭 ▶ 파라미터 : 회전 축 면 선택 ▶ 각도 : 360도 ▶ 개수 : 47 ▶ 패턴할 피처 선택 ▶ 확인

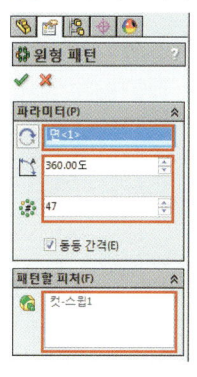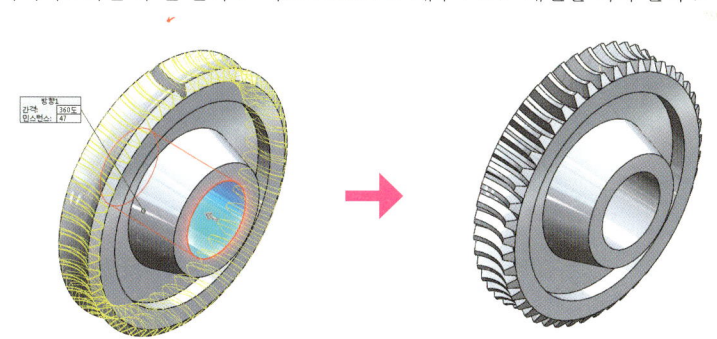

375

03 마무리 피처 작성

01 작성된 솔리드 면에 스케치를 작성한다.

02 스케치 프로파일을 작성한다.

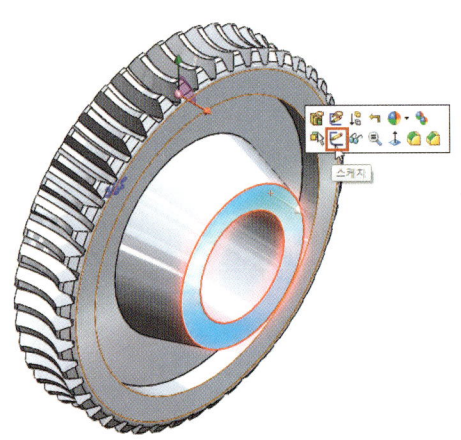
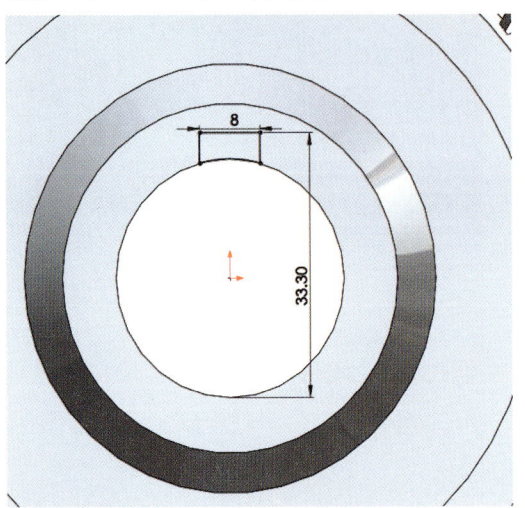

03 돌출 컷 명령 클릭 ▶ 방향1 : 다음까지 ▶ 확인

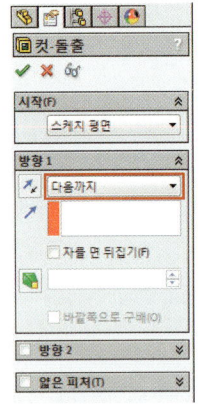
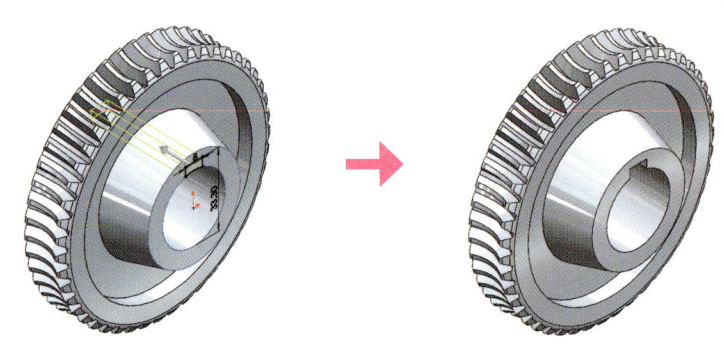

04 필렛 명령 클릭 ▶ 모서리 선택 ▶ 필렛 변수 : 3mm ▶ 확인

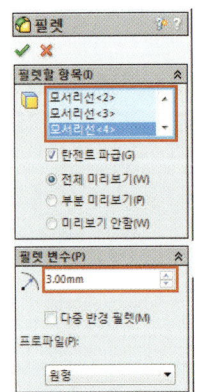
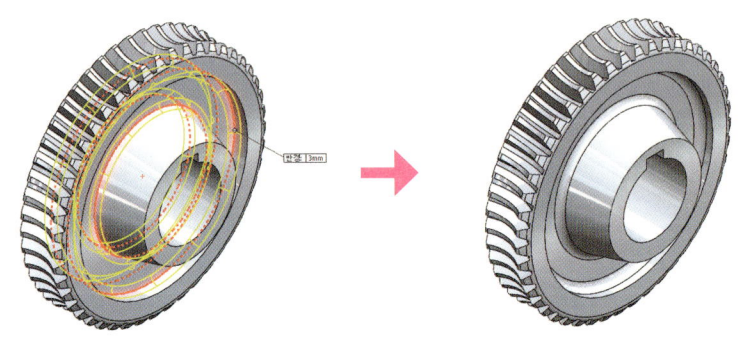

05 모따기 명령 클릭 ▶ 모서리 선택 ▶ 유형 : 거리-거리(동등 거리 체크) ▶ 거리 : 1mm ▶ 확인

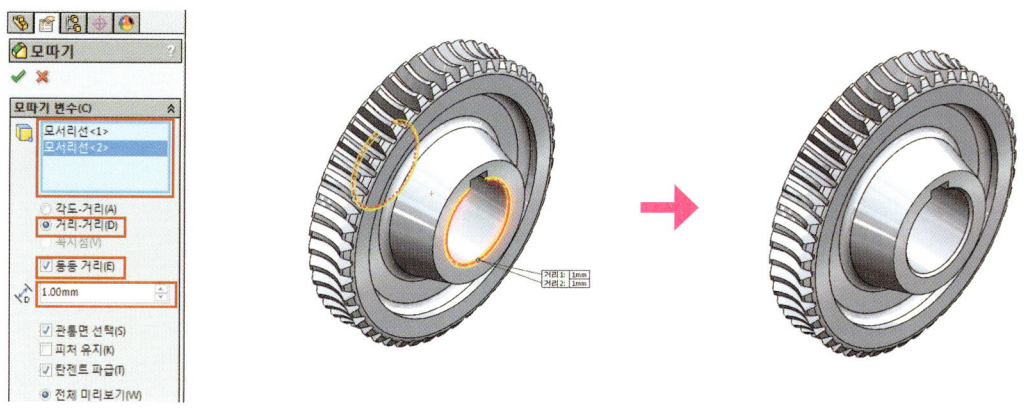

Lesson 9 | 웜 샤프트

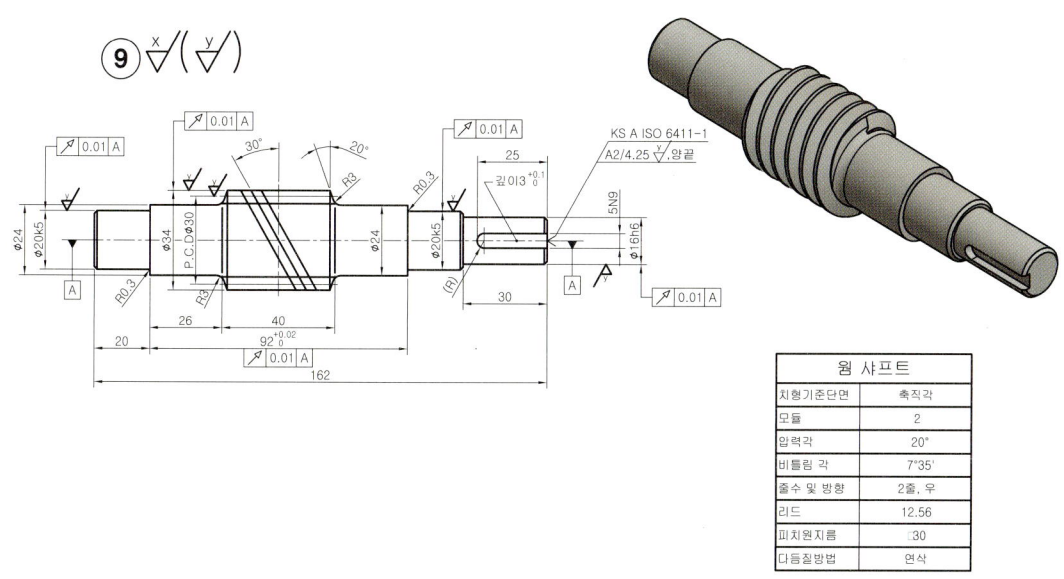

웜 샤프트	
치형기준단면	축직각
모듈	2
압력각	20°
비틀림 각	7°35′
줄수 및 방향	2줄, 우
리드	12.56
피치원지름	30
다듬질방법	연삭

주 석 ▶ 도시되고 지시하지 않은 모따기 1X45°

01 베이스 피처 작성

01 정면에 스케치를 작성한다.

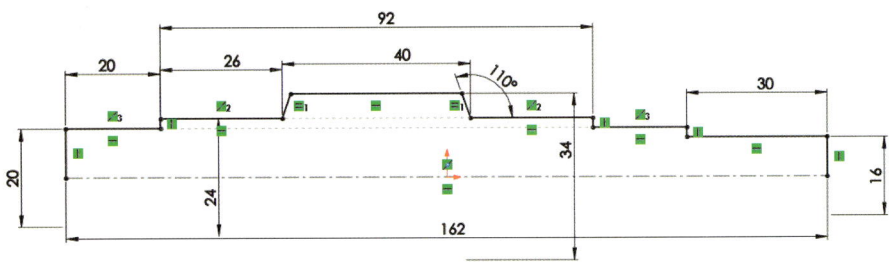

02 회전 명령 클릭 ▶ 회전 축과 프로파일이 자동 선택 ▶ 확인

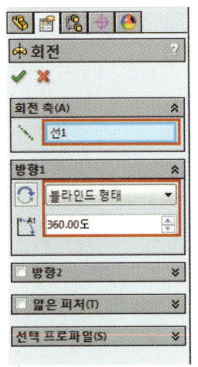
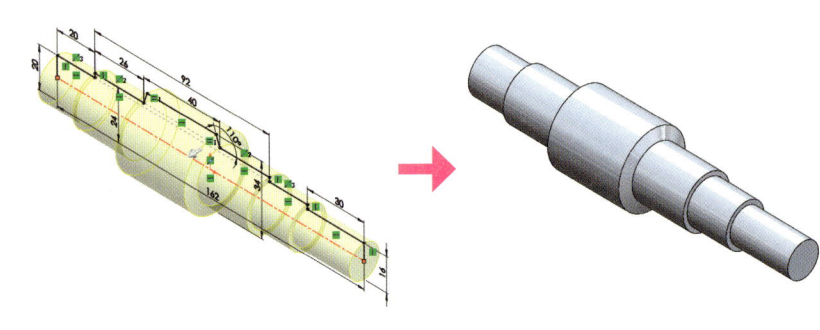

02 이빨 피처 작성

01 정면에 스케치를 작성한다.

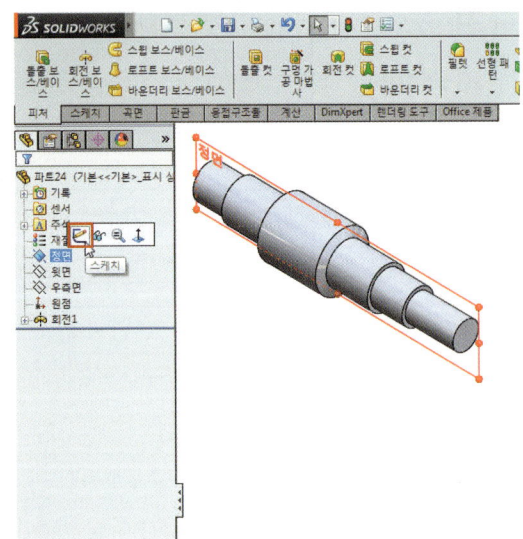

02 스케치 프로파일을 작성한다.

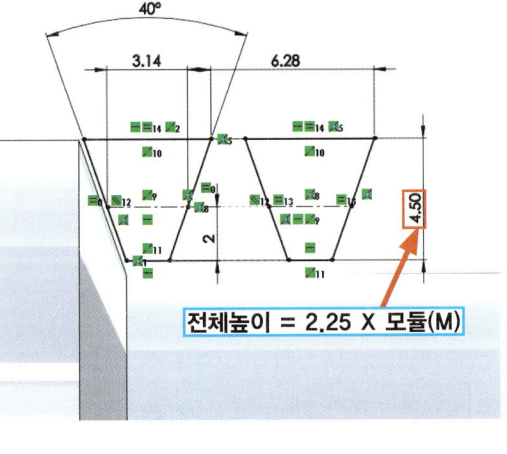

전체높이 = 2.25 X 모듈(M)

Section4 동력전달용 부품 작성하기

03 스케치를 마무리한다.

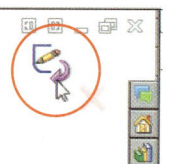

04 필렛 명령 클릭 ▶ 모서리 선택 ▶ 필렛 변수 : 3mm ▶ 확인

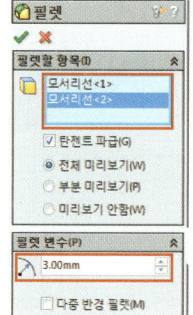
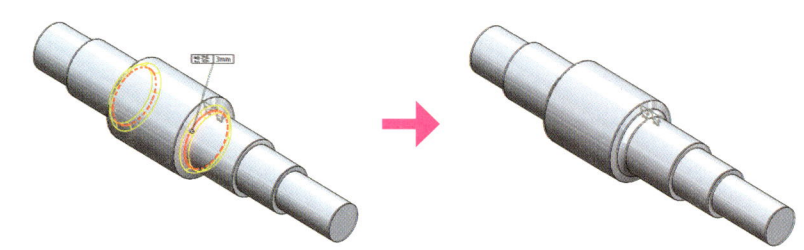

05 기준면 명령 클릭 ▶ 제1참조 : 스케치 선 ▶ 제2참조 : 스케치 점 ▶ 확인

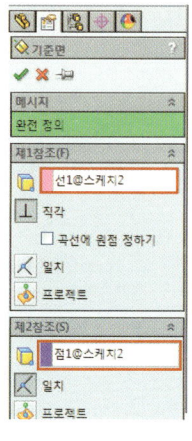
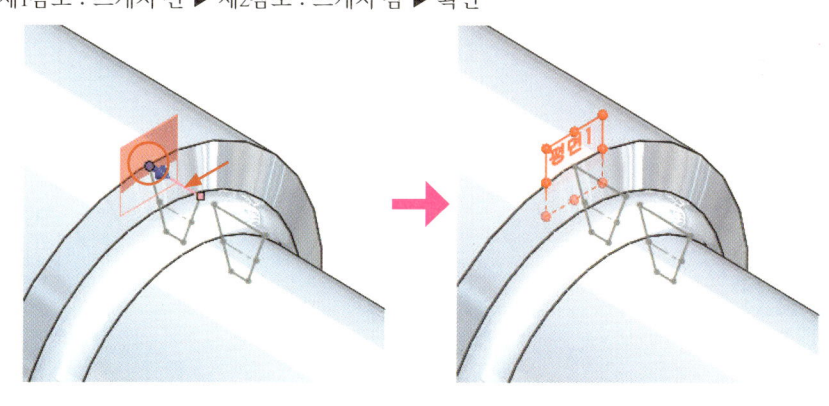

06 작성된 작업면에 스케치를 작성한다.

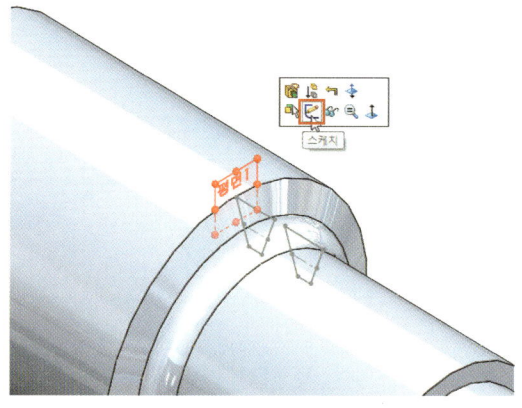

07 모서리를 요소변환 한다.

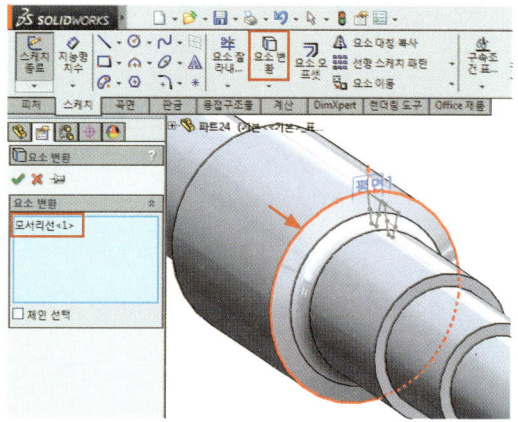

08 나선형 곡선 명령 클릭 ▶ 정의 기준 : 높이와 피치 ▶ 높이 : 50mm ▶ 피치 : 3.14 x 2 x 2mm=12.56(반대 방향 체크) ▶시작 각도 : 0도 ▶ 시계 반대 방향 체크 ▶ 확인

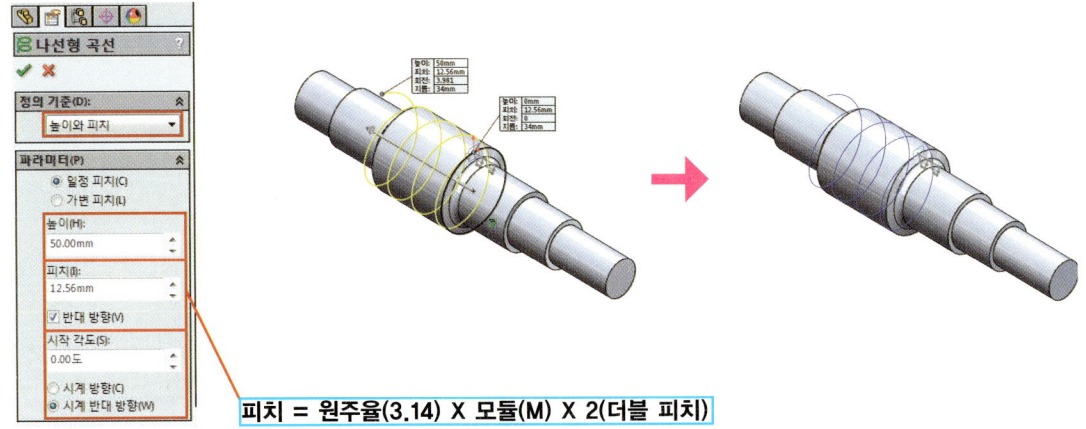

피치 = 원주율(3.14) X 모듈(M) X 2(더블 피치)

09 스윕 컷 명령 클릭 ▶ 프로파일과 경로 선택 ▶ 확인

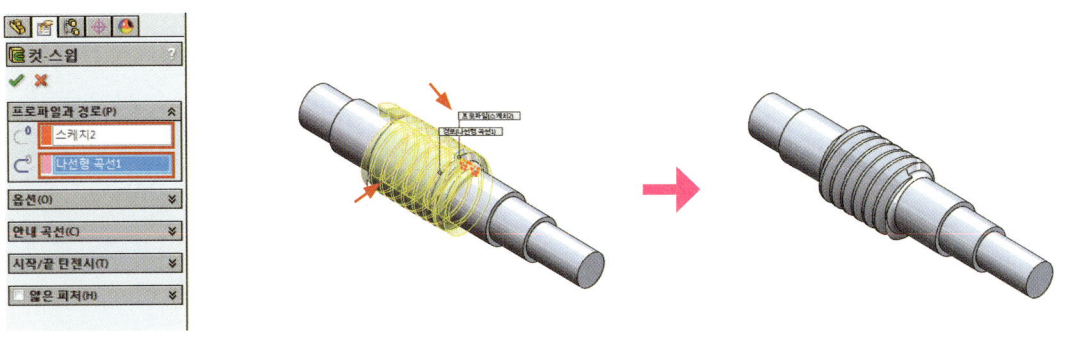

03 마무리 피처 작성

01 기준면 명령 클릭 ▶ 제1참조 : 윗면 ▶ 제2참조 : 원통면 ▶ 확인

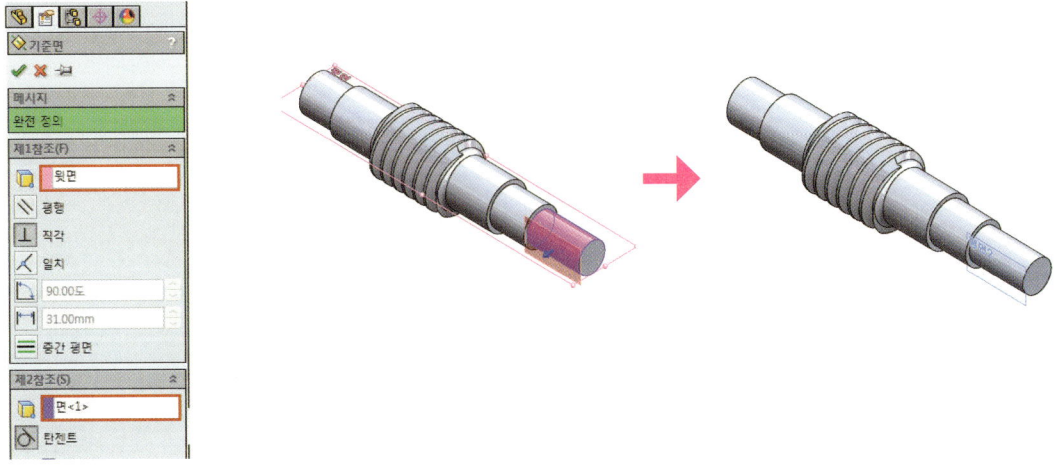

02 작성된 평면에 스케치를 작성한다.   03 스케치 프로파일을 작성한다.

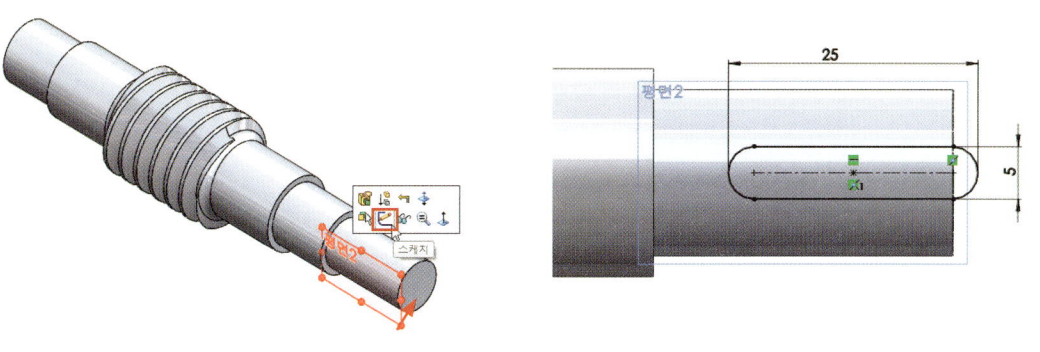

04 돌출 컷 명령 클릭 ▶ 방향1 : 블라인드 형태 ▶ 거리 : 3mm ▶ 확인

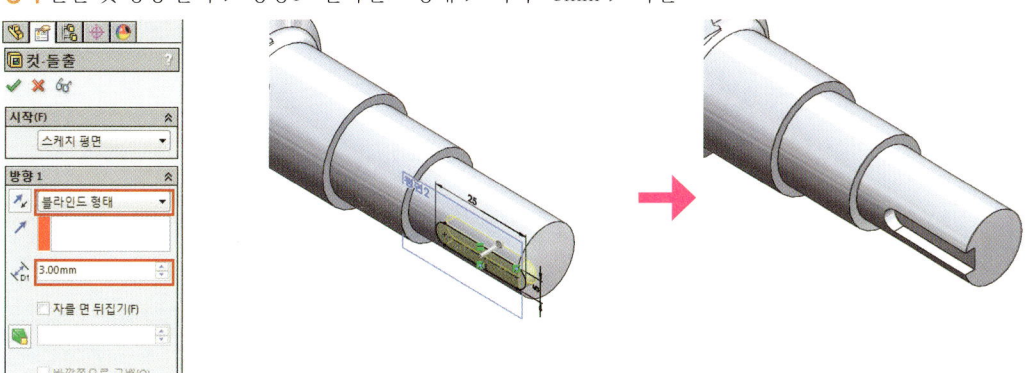

05 모따기 명령 클릭 ▶ 모서리 선택 ▶ 유형 : 거리-거리(동등 거리 체크) ▶ 거리 : 1mm ▶ 확인

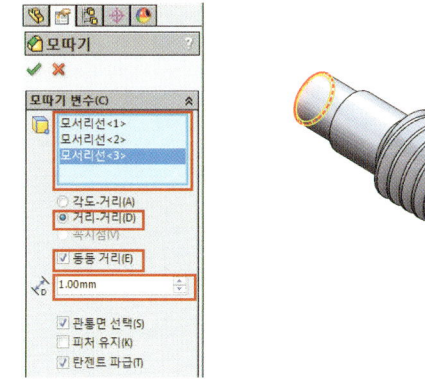
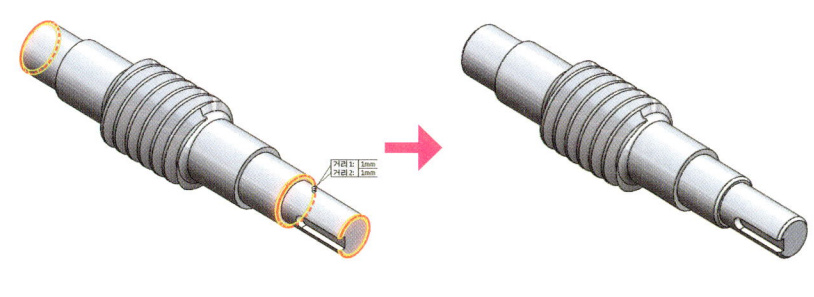

Section 5
본체 타입의 부품 그리기

전산응용기계제도/기계설계산업기사를 위한 솔리드웍스

본체 또는 케이스 타입의 부품을 작성하는 방법에 대해 알아보도록 하자.

Lesson 1 │ 축 지지대

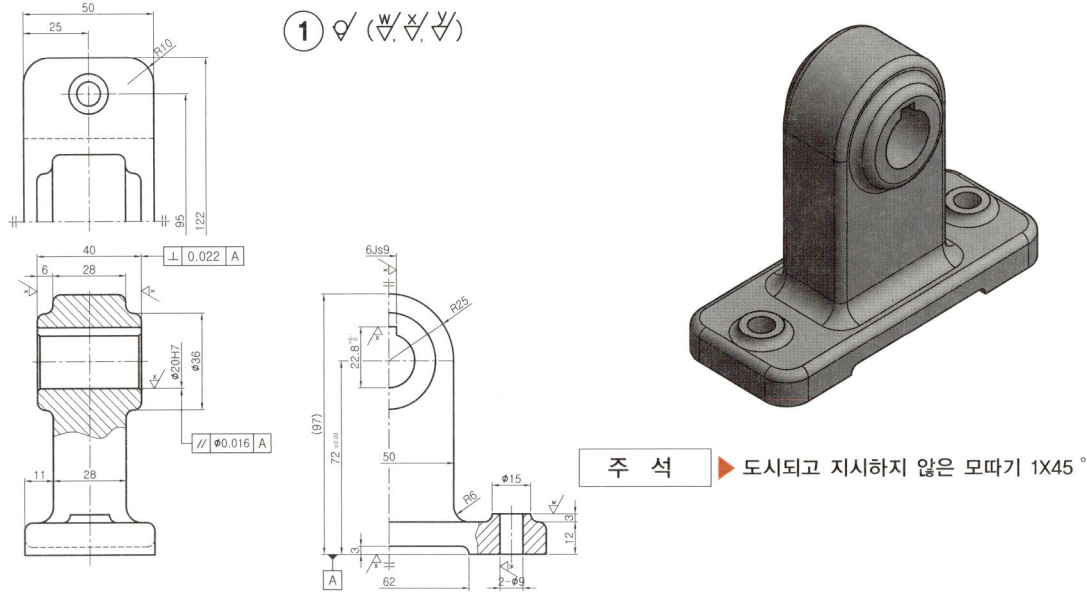

주 석 ▶ 도시되고 지시하지 않은 모따기 1X45°

01 베이스 피처 작성

01 정면에 스케치를 작성한다.

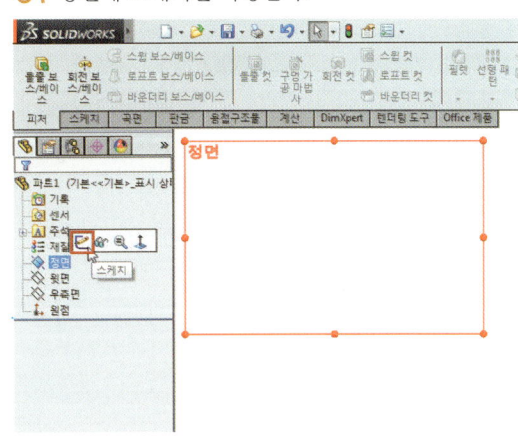

02 스케치 프로파일을 작성한다.

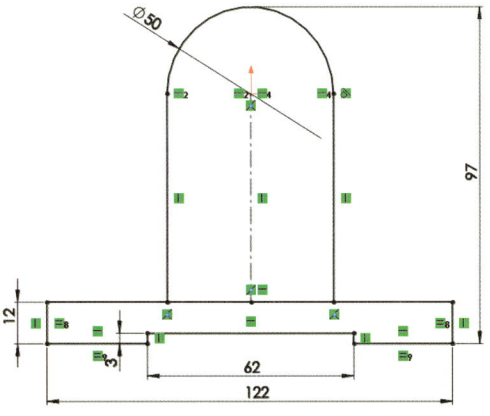

Section5 본체 타입의 부품 그리기

03 돌출 명령 클릭 ▶ 방향1 : 중간 평면 ▶ 거리 : 28mm ▶ 프로파일 선택 ▶ 확인

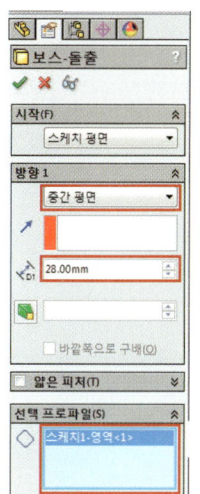
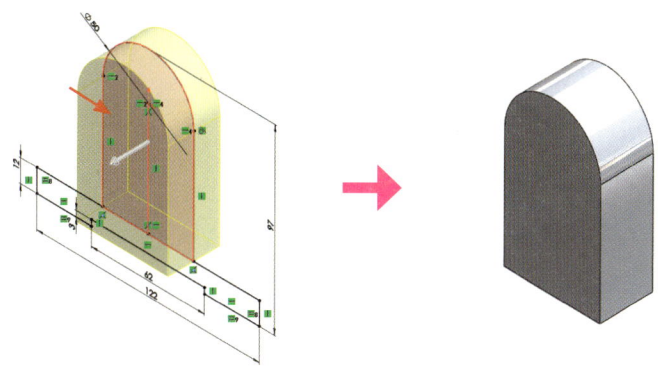

04 스케치1 항목을 선택해 보이기 명령을 클릭한다.

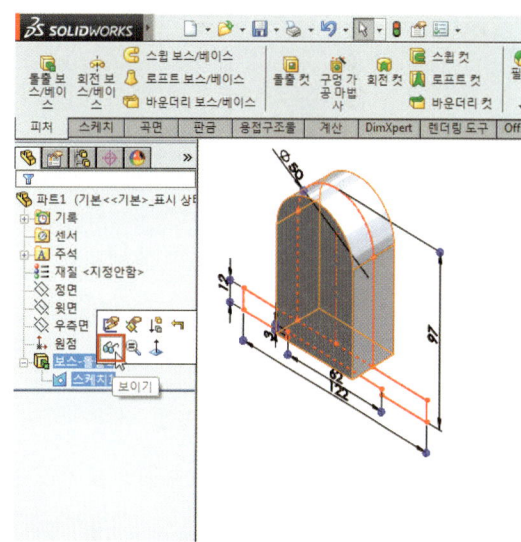

05 돌출 명령 클릭 ▶ 방향1 : 중간 평면 ▶ 거리 : 50mm ▶ 프로파일 선택 ▶ 확인

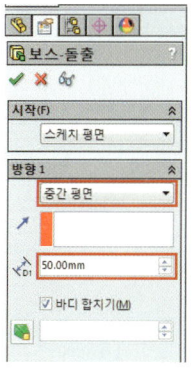
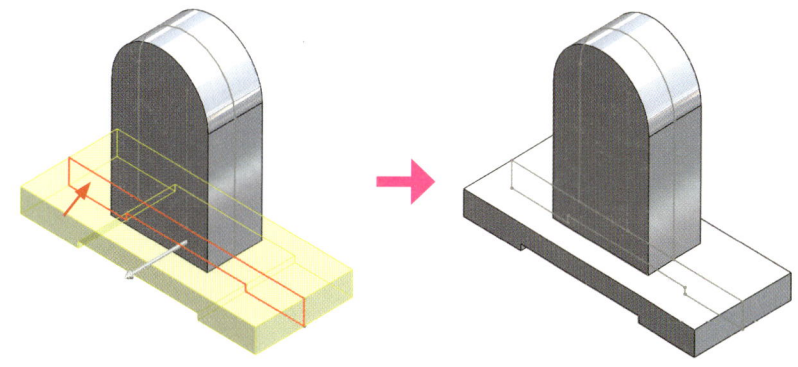

383

02 서브 피처 작성

01 스케치1 항목을 선택해 숨기기 명령을 클릭한다.

02 정면에 스케치를 작성한다.

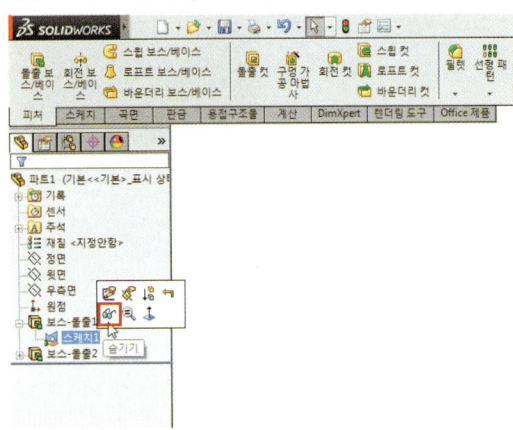
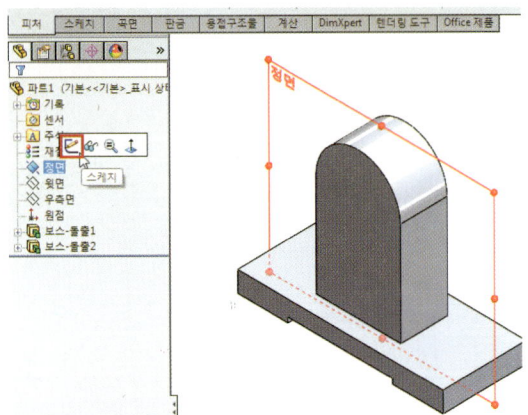

03 스케치 프로파일을 작성한다.

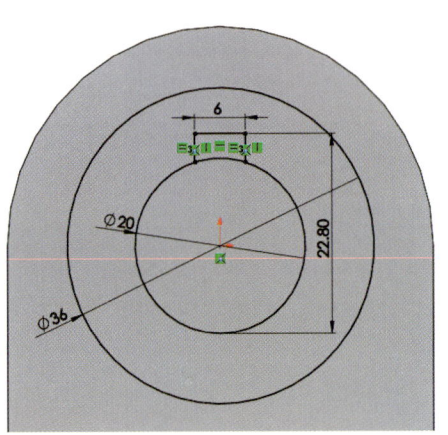

04 돌출 명령 클릭 ▶ 방향1 : 중간 평면 ▶ 거리 : 40mm ▶ 프로파일 선택 ▶ 확인

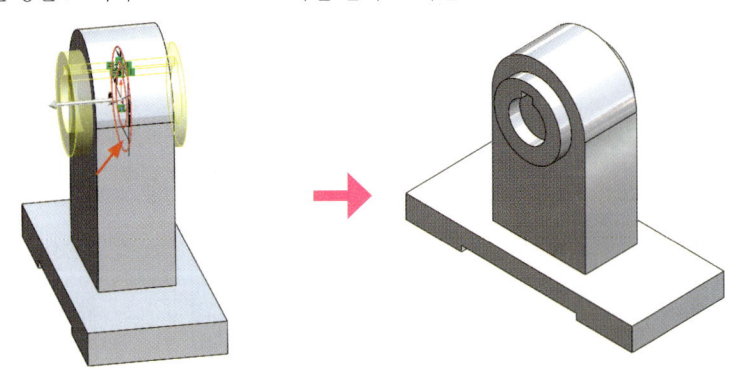

05 돌출 컷 명령 클릭 ▶ 방향1 : 관통-양쪽 ▶ 프로파일 선택 ▶ 확인

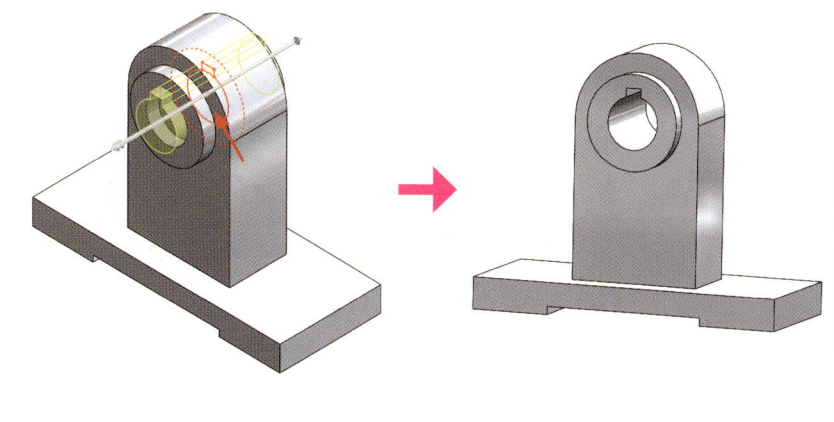

06 작성된 솔리드 면에 스케치를 작성한다.

07 스케치 프로파일을 작성한다.

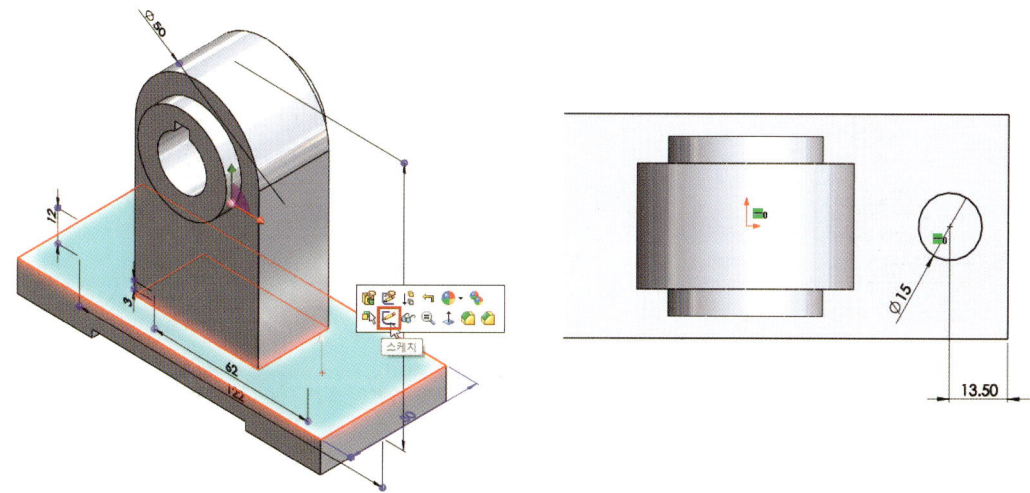

08 돌출 명령 클릭 ▶ 방향1 : 블라인드 형태 ▶ 거리 : 3mm ▶ 확인

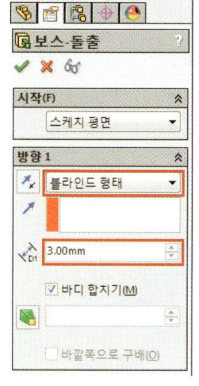
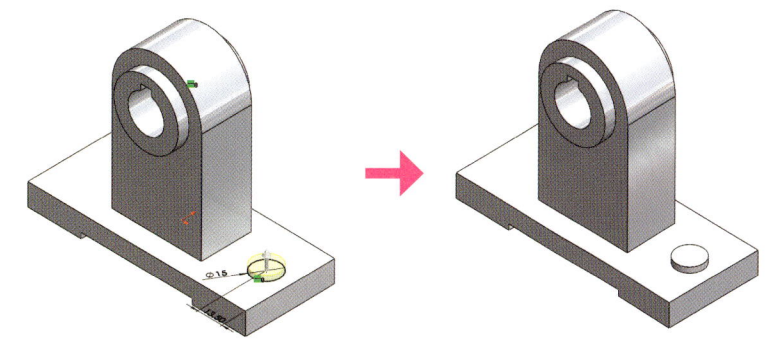

09 구멍 명령을 실행한 후 위치 탭에서 구멍을 작성할 평면을 선택한다.

10 구멍의 중심으로 쓸 스케치를 작성한다.

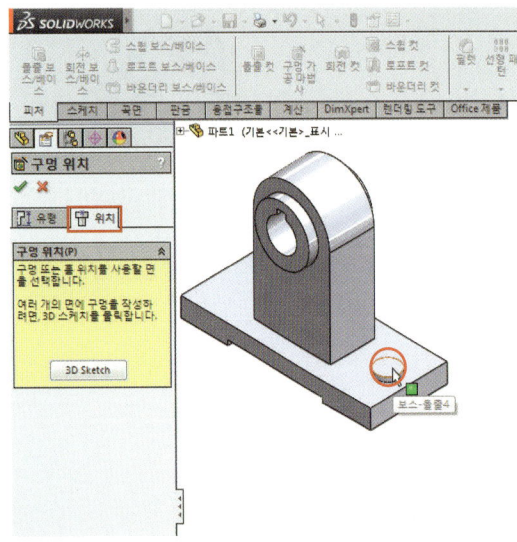
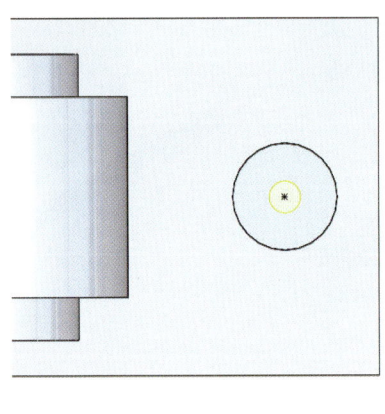

11 유형 탭 클릭 ▶ 구멍 유형 : 구멍 ▶ 구멍 크기 : Ø9 ▶ 마침 조건 : 다음까지 ▶ 확인

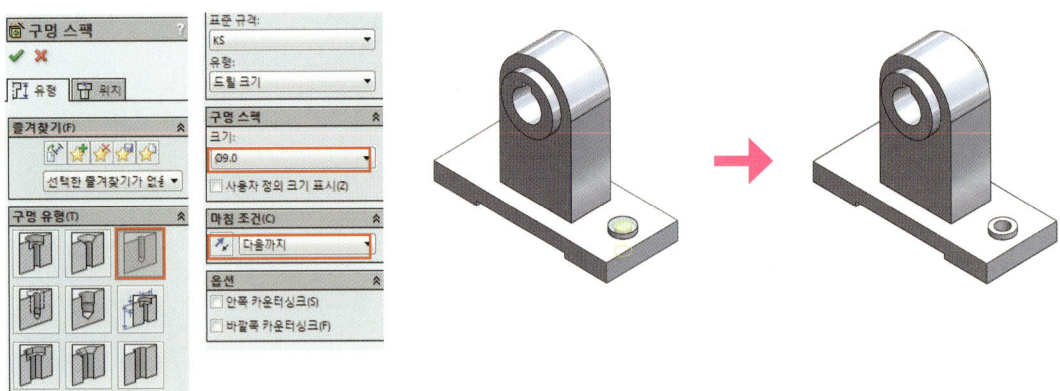

12 필렛 명령 클릭 ▶ 모서리 선택 ▶ 필렛 변수 : 3mm ▶ 확인

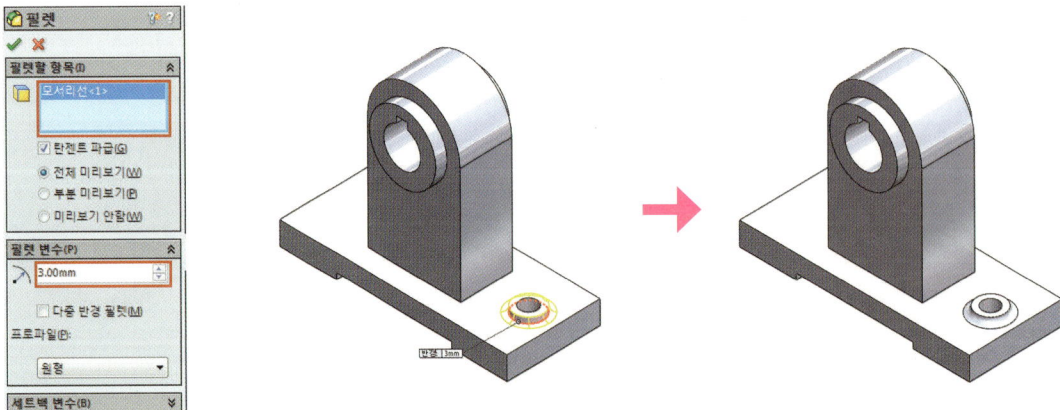

13 대칭 복사 명령 클릭 ▶ 면/평면 대칭 복사 : 우측면 ▶ 대칭 복사 피처 선택 ▶ 확인

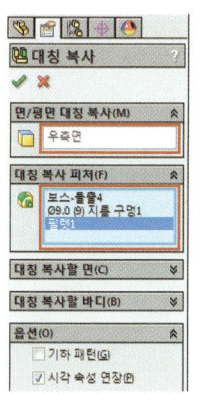 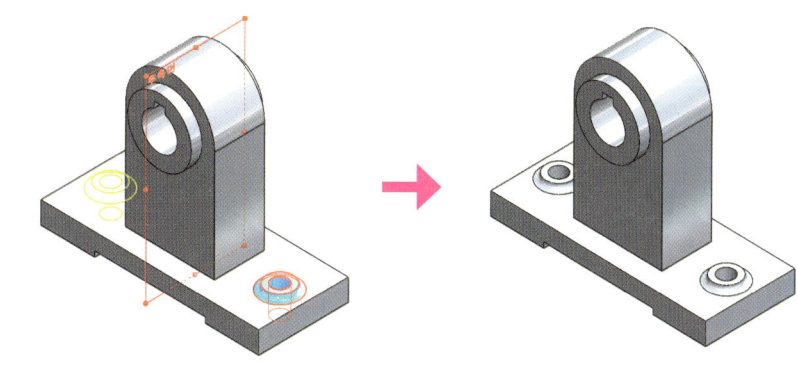

03 마무리 피처 작성

01 필렛 명령 클릭 ▶ 모서리 선택 ▶ 필렛 변수 : 3mm, 10mm(다중 반경 필렛 체크) ▶ 확인

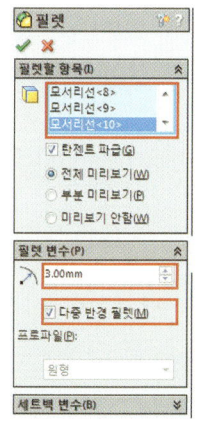 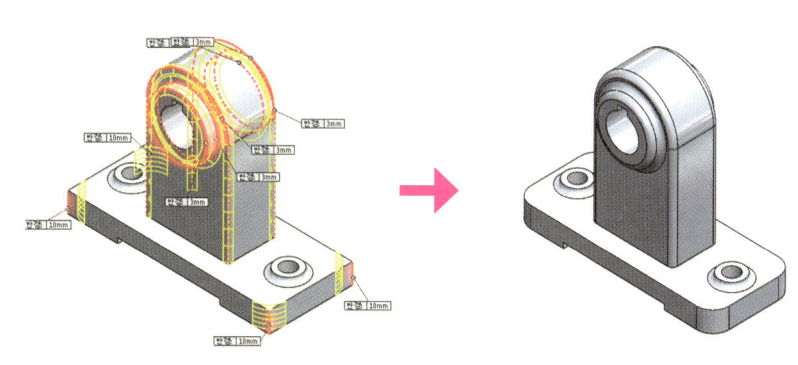

02 필렛 명령 클릭 ▶ 모서리 선택 ▶ 필렛 변수 : 3mm, 6mm(다중 반경 필렛 체크) ▶ 확인

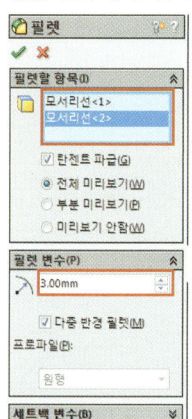 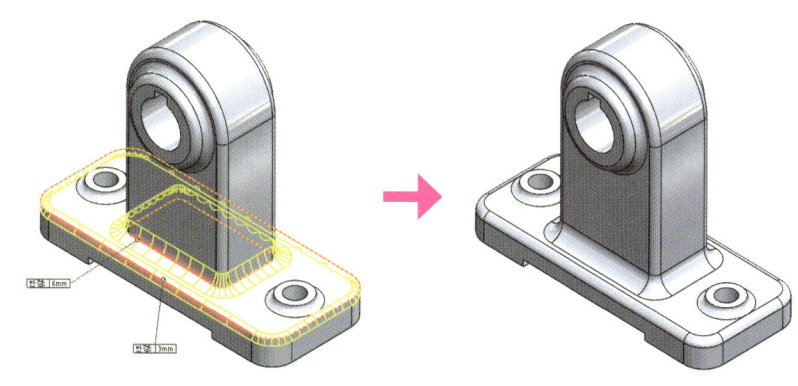

387

03 모따기 명령 클릭 ▶ 모서리 선택 ▶ 유형 : 거리-거리(동등 거리 체크) ▶ 거리 : 1mm ▶ 확인

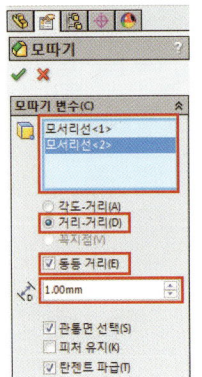
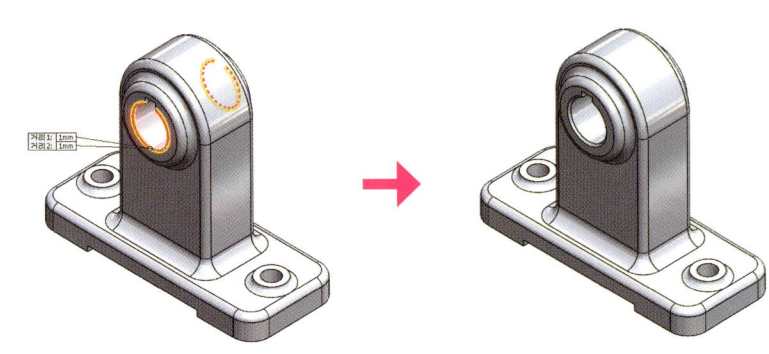

Lesson 2 　바디

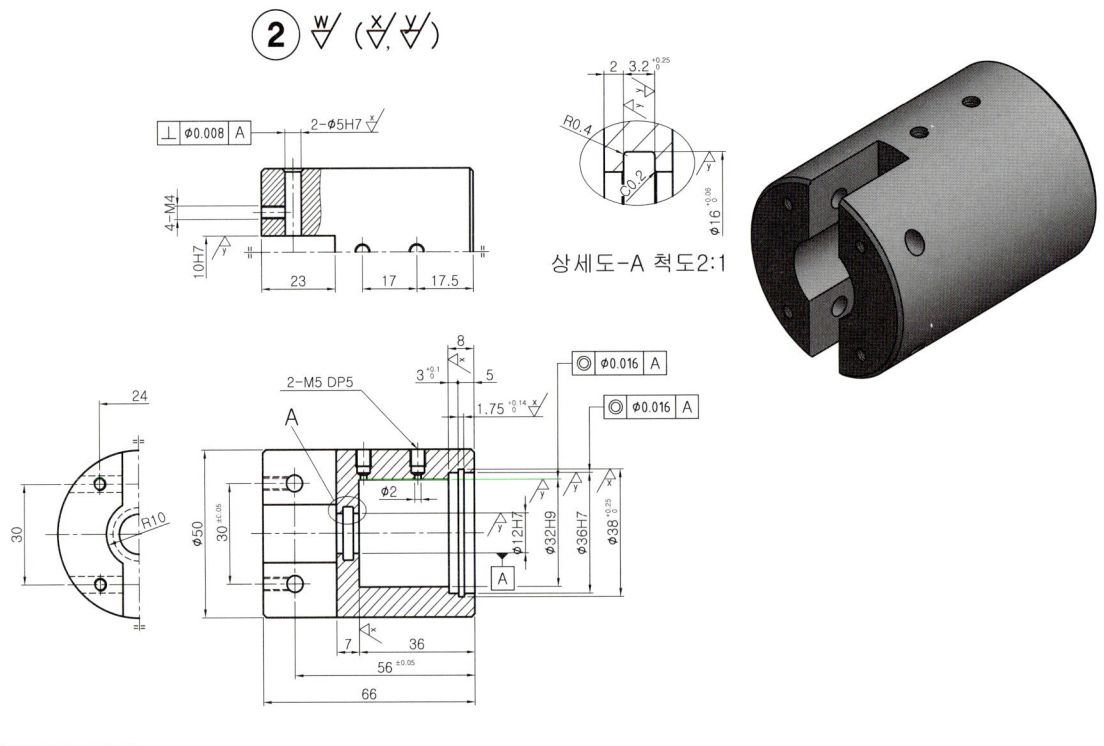

주 석 ▶ 도시되고 지시하지 않은 모따기 1X45°

Section5 본체 타입의 부품 그리기

01 베이스 피처 작성

01 정면에 스케치를 작성한다.

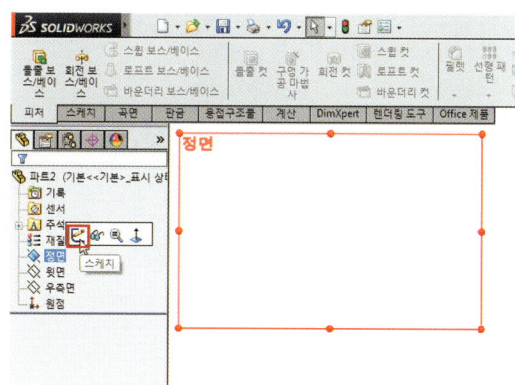

02 스케치 프로파일을 작성한다.

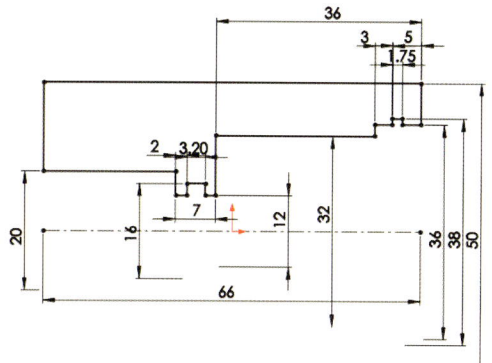

03 회전 명령 클릭 ▶ 회전 축과 프로파일이 자동 선택 ▶ 확인

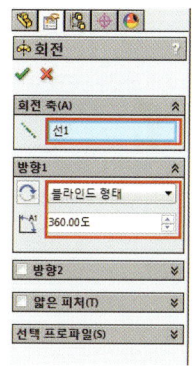
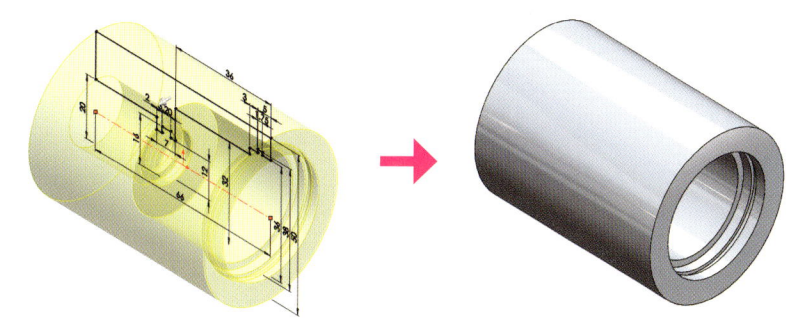

04 작성된 솔리드 면에 스케치를 작성한다.

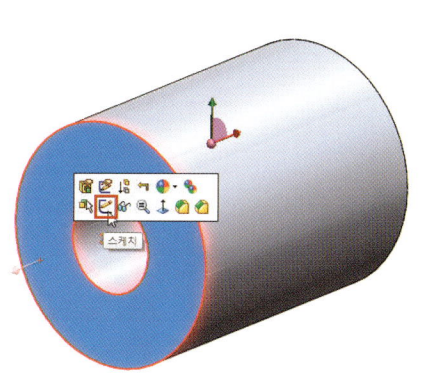

05 스케치 프로파일을 작성한다.

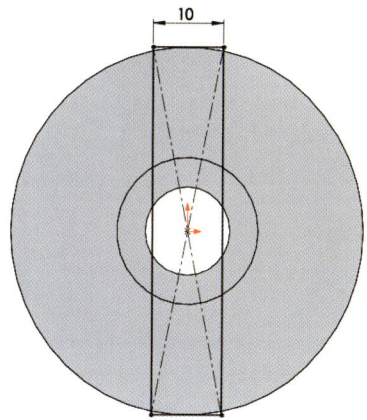

389

03 돌출 컷 명령 클릭 ▶ 방향1 : 곡면까지(면 선택) ▶ 확인

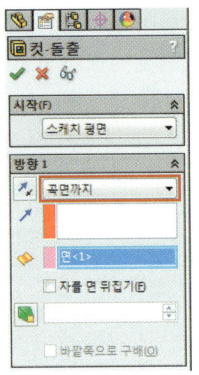 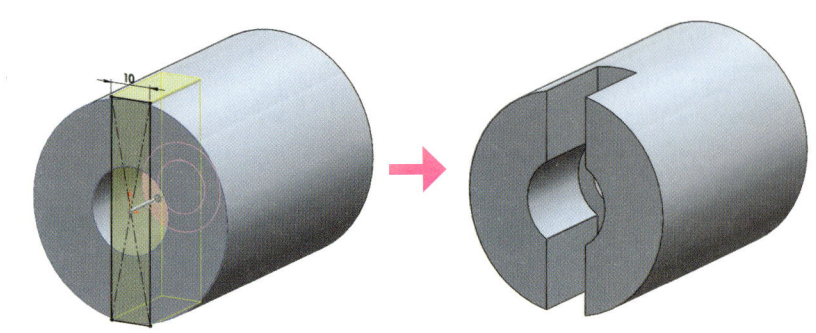

02 서브 피처 작성

01 정면에 스케치를 작성한다.

02 스케치 프로파일을 작성한다.

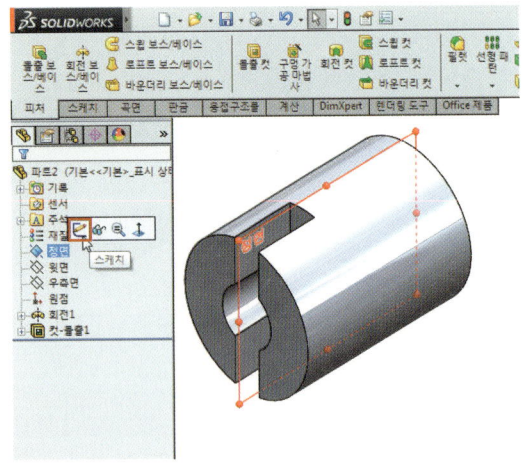 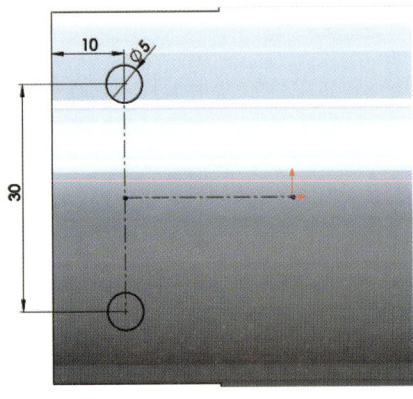

03 돌출 컷 명령 클릭 ▶ 방향1 : 관통-양쪽 ▶ 확인

 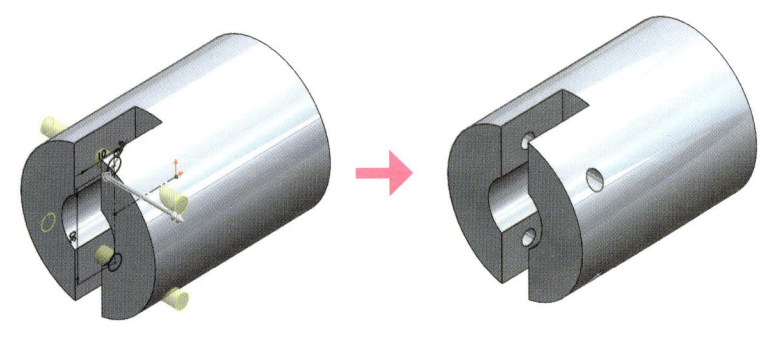

Section5 본체 타입의 부품 그리기

04 구멍 명령을 실행한 후 위치 탭에서 구멍을 작성할 평면을 선택한다.

05 구멍의 중심으로 쓸 스케치를 작성한다.

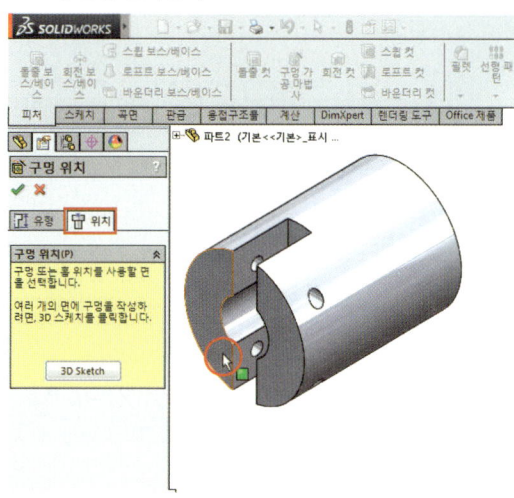
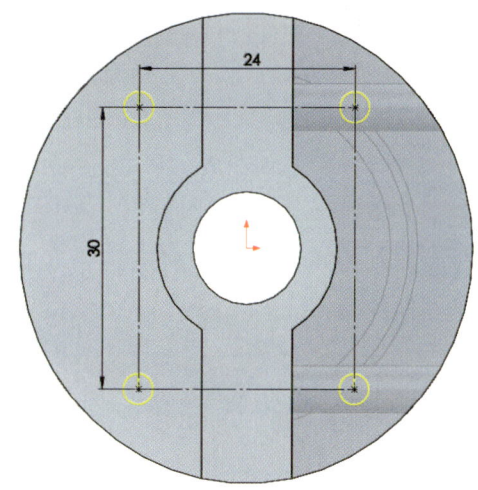

06 유형 탭 클릭 ▶ 구멍 유형 : 직선 탭 ▶ 구멍 크기 : M4 ▶ 마침 조건 : 다음까지 ▶ 확인

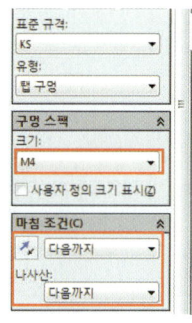
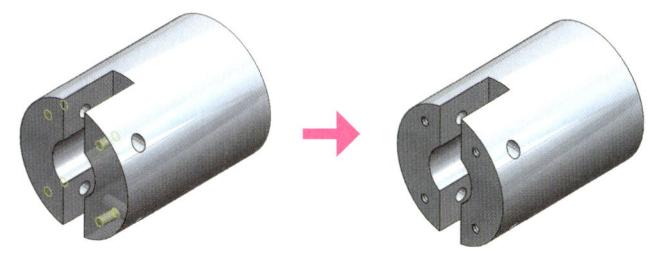

07 기준면 명령 클릭 ▶ 제1참조 : 정면(직각 옵션) ▶ 제2참조 : 원통면 ▶ 확인

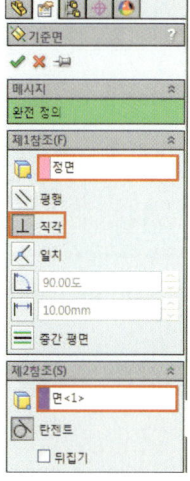
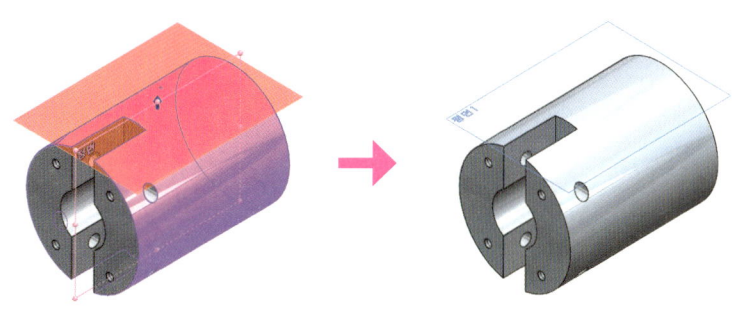

08 구멍 명령을 실행한 후 위치 탭에서 구멍을 작성할 작업 평면을 선택한다.

09 구멍의 중심으로 쓸 스케치를 작성한다.

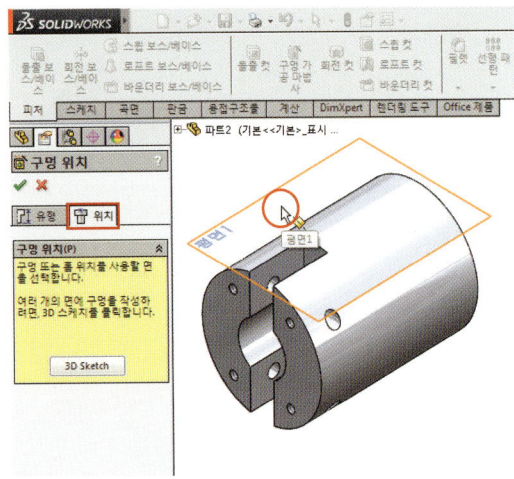
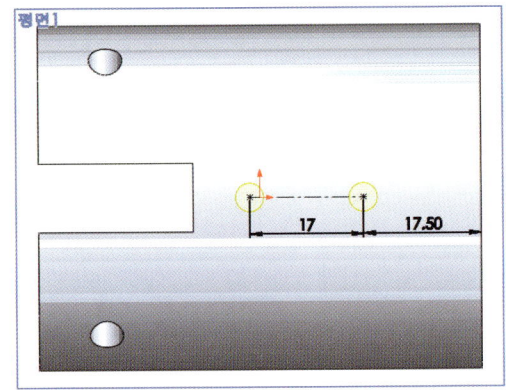

10 유형 탭 클릭 ▶ 구멍 유형 : 직선 탭 ▶ 구멍 크기 : M5 ▶ 구멍 깊이 : 7mm, 탭 깊이 : 5mm ▶ 확인

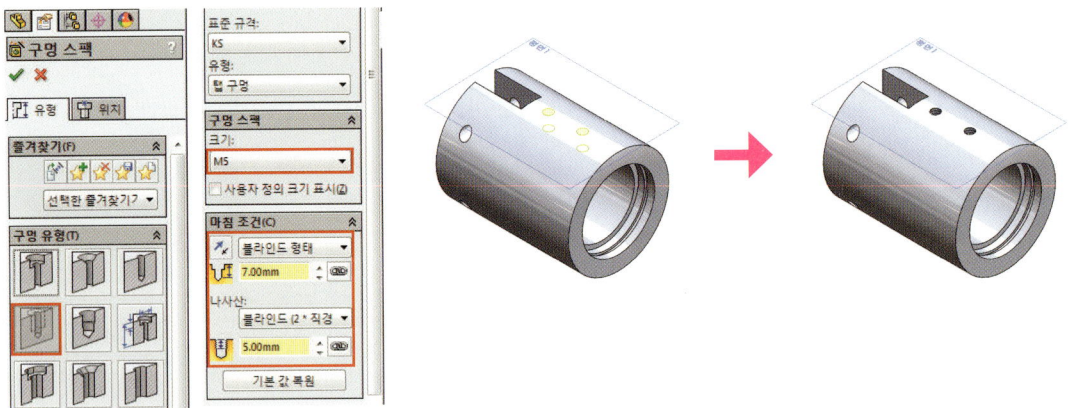

11 구멍 명령을 실행한 후 위치 탭에서 구멍을 작성할 작업 평면을 선택한다.

12 구멍의 중심으로 쓸 스케치를 작성한다.

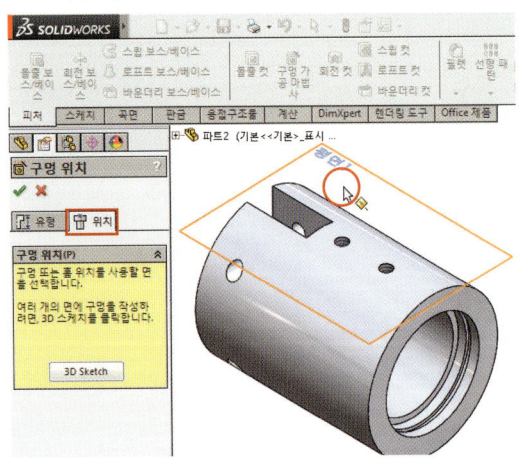
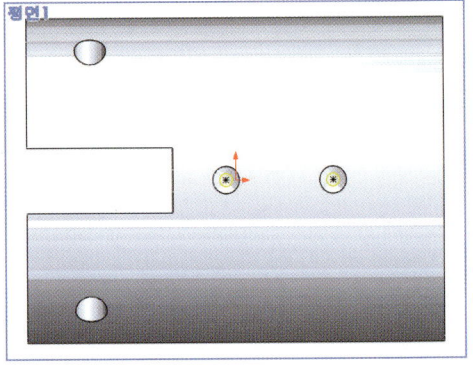

Section5 본체 타입의 부품 그리기

13 유형 탭 클릭 ▶ 구멍 유형 : 구멍 ▶ 구멍 크기 : Ø2 ▶ 마침 조건 : 다음까지 ▶ 확인

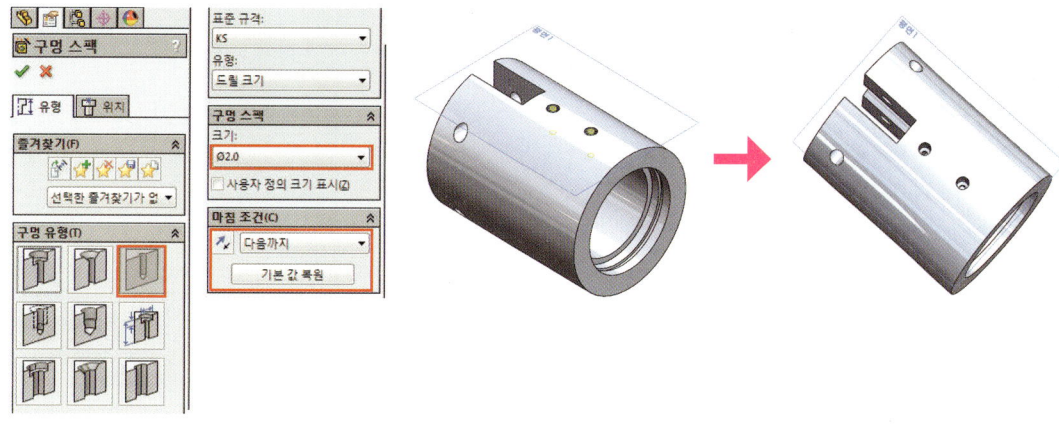

03 마무리 피처 작성

01 모따기 명령 클릭 ▶ 모서리 선택 ▶ 유형 : 거리-거리(동등 거리 체크) ▶ 거리 : 1mm ▶ 확인

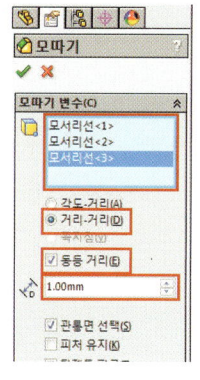 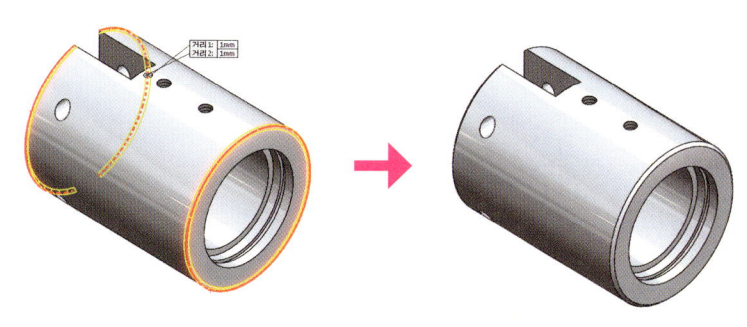

02 필렛 명령 클릭 ▶ 모서리 선택 ▶ 필렛 변수 : 0.4mm ▶ 확인

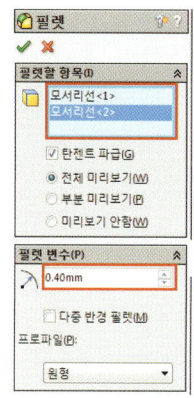 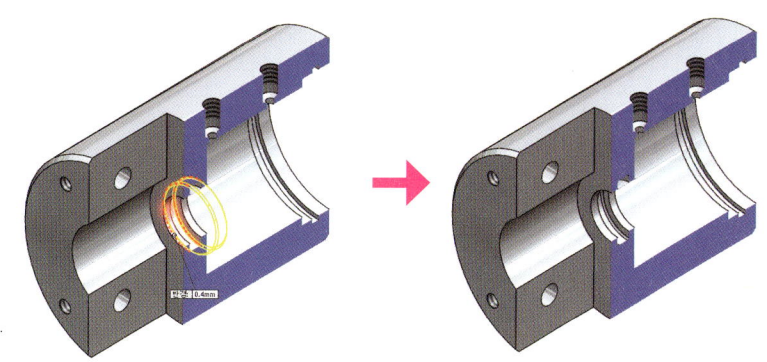

03 모따기 명령 클릭 ▶ 모서리 선택 ▶ 유형 : 거리-거리(동등 거리 체크) ▶ 거리 : 0.2mm ▶ 확인

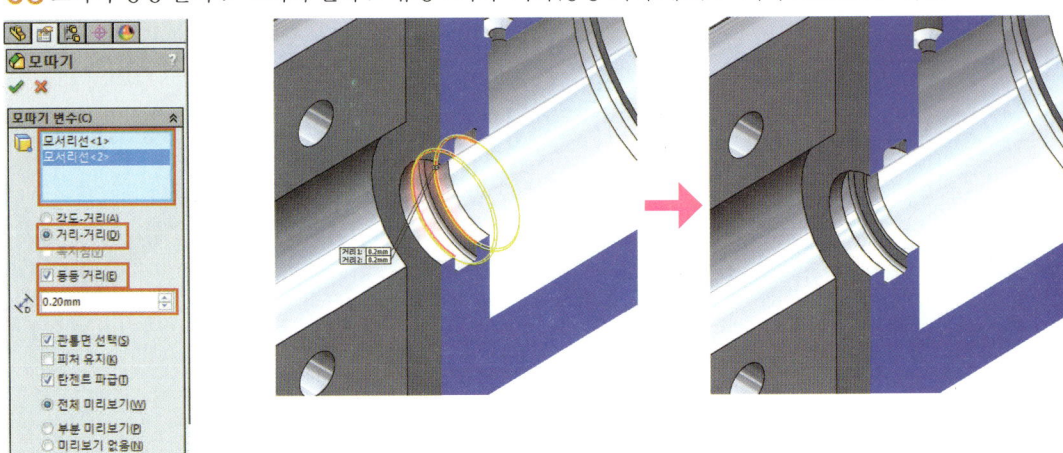

04 바디 모델링이 완성되었다.

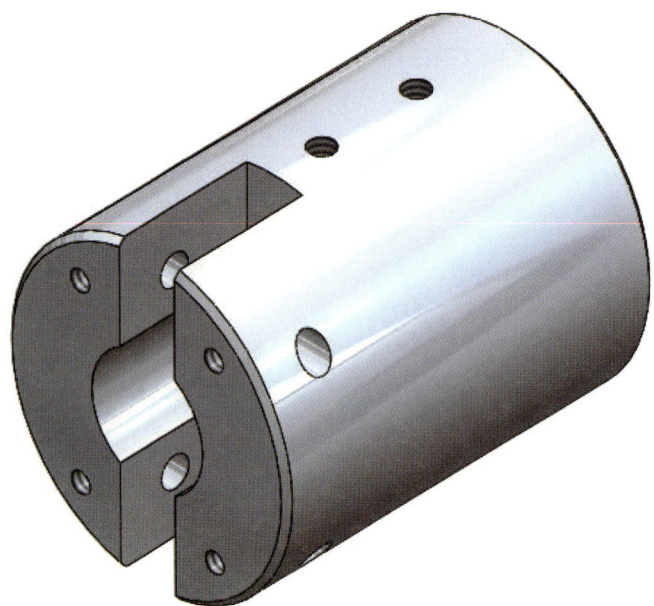

Lesson 3 | 본체 하우징

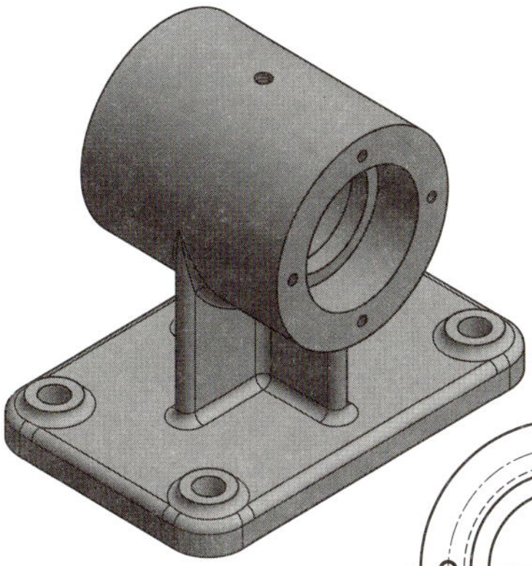

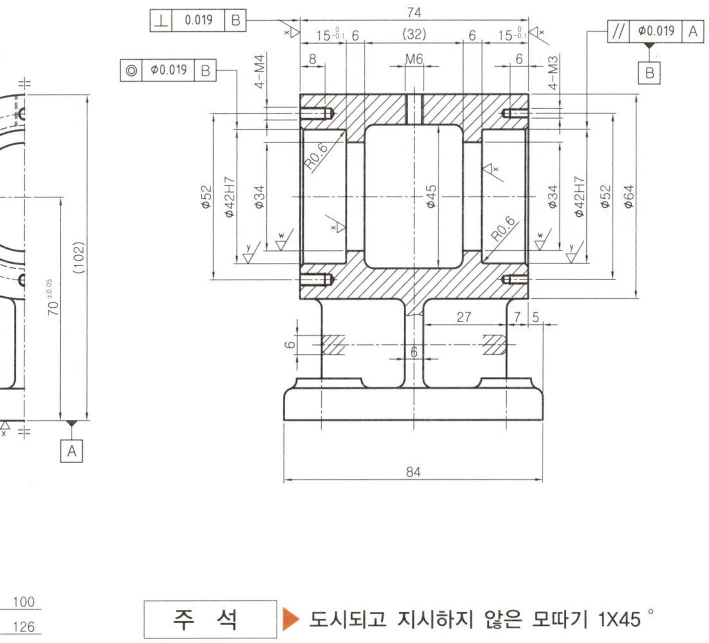

주 석 ▶ 도시되고 지시하지 않은 모따기 1X45°

01 베이스 피처 작성

01 정면에 스케치를 작성한다.

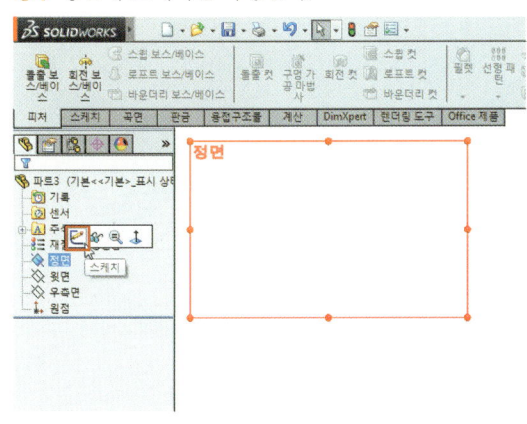

02 스케치 프로파일을 작성한다.

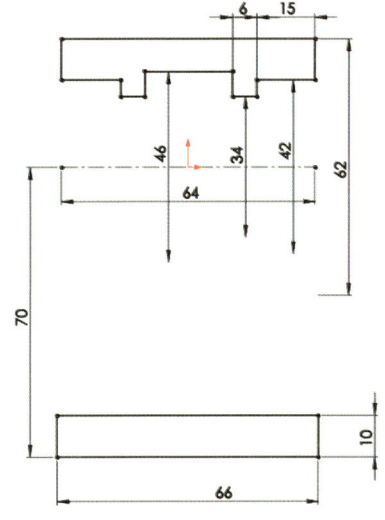

03 회전 명령 클릭 ▶ 회전 축과 프로파일 선택 ▶ 확인

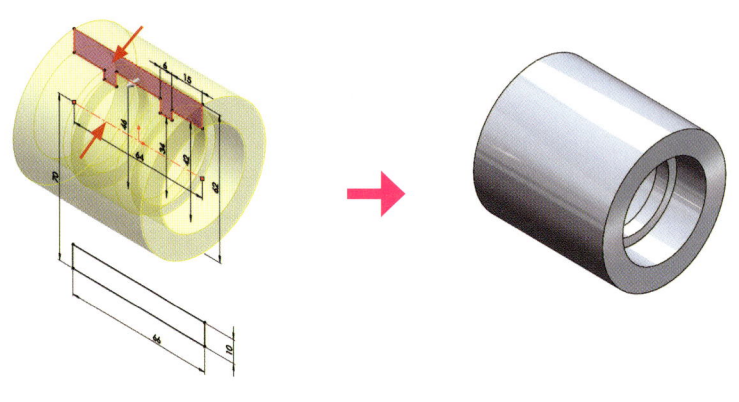

04 스케치1 항목을 선택한 후 돌출 명령을 클릭한다.

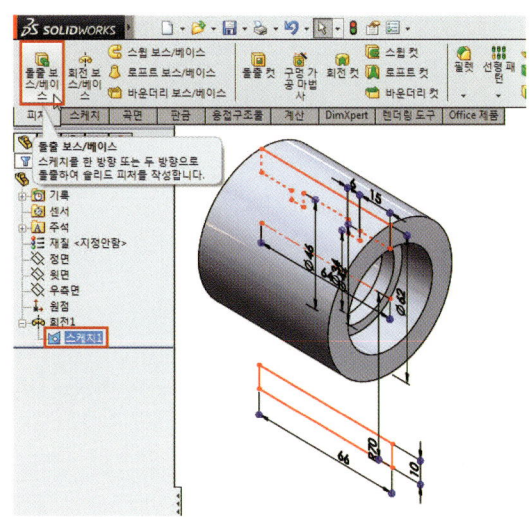

05 돌출 명령 클릭 ▶ 방향1 : 중간 평면 ▶ 거리 : 118mm ▶ 프로파일 선택 ▶ 확인

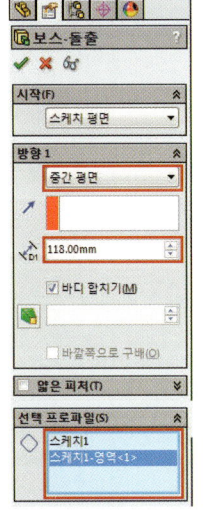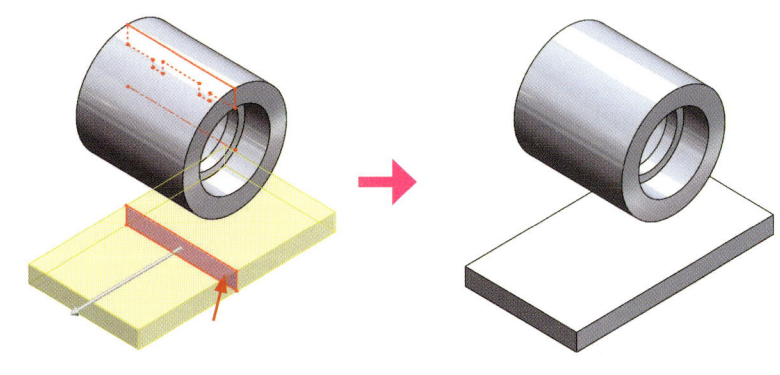

Section5 본체 타입의 부품 그리기

06 작성된 솔리드 면에 스케치를 작성한다.

07 스케치 프로파일을 작성한다.

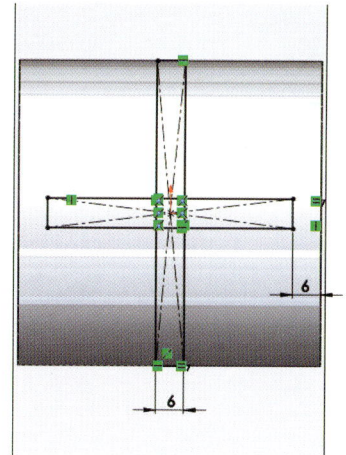

08 돌출 명령 클릭 ▶ 방향1 : 다음까지 ▶ 확인

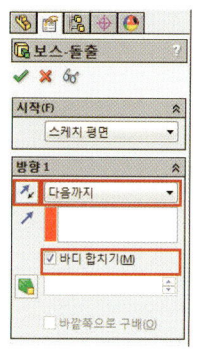
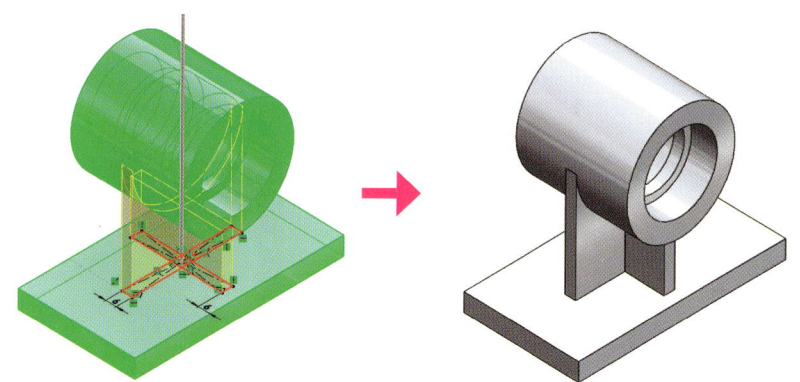

02 서브 피처 작성

01 작성된 솔리드 면에 스케치를 작성한다.

02 스케치 프로파일을 작성한다(점 작성).

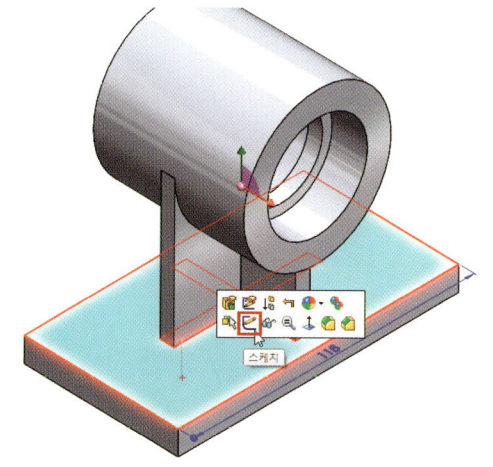
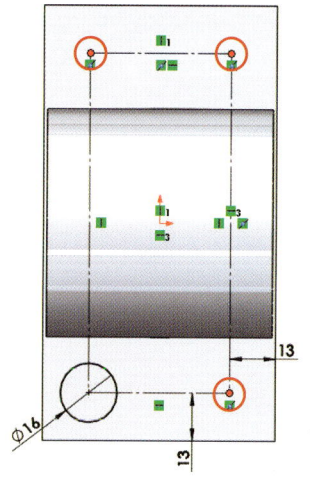

397

03 돌출 명령 클릭 ▶ 방향1 : 블라인드 형태 ▶ 거리 : 3mm ▶ 확인

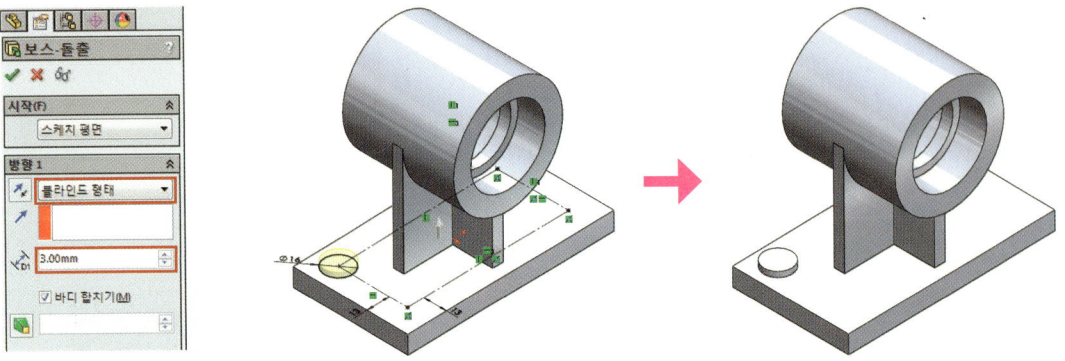

04 구멍 명령을 실행한 후 위치 탭에서 구멍을 작성할 평면을 선택한다.

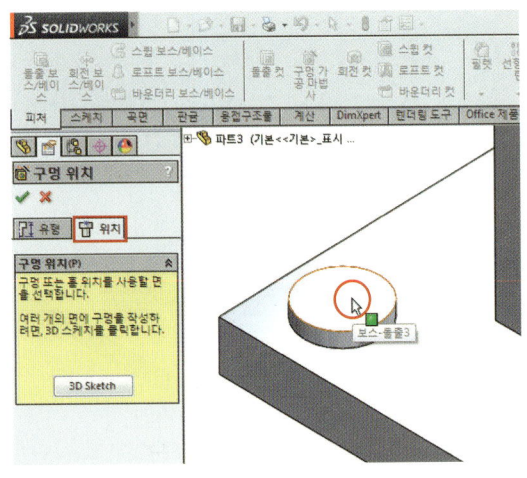

05 구멍의 중심으로 쓸 스케치를 작성한다.

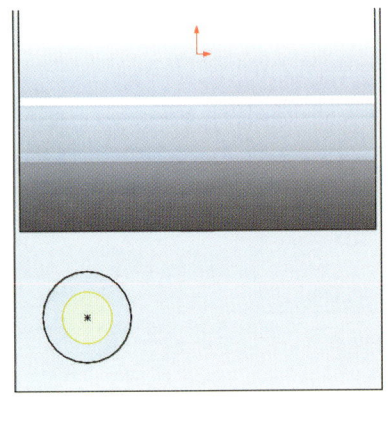

06 유형 탭 클릭 ▶ 구멍 유형 : 구멍 ▶ 표준 규격 : KS ▶ 구멍 크기 : Ø9 ▶ 마침 조건 : 다음까지 ▶ 확인

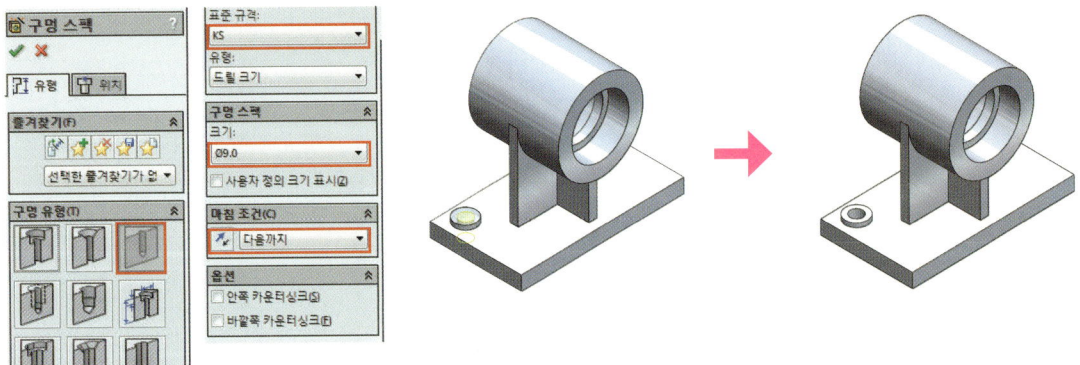

Section5 본체 타입의 부품 그리기

07 필렛 명령 클릭 ▶ 모서리 선택 ▶ 필렛 변수 : 3mm ▶ 확인

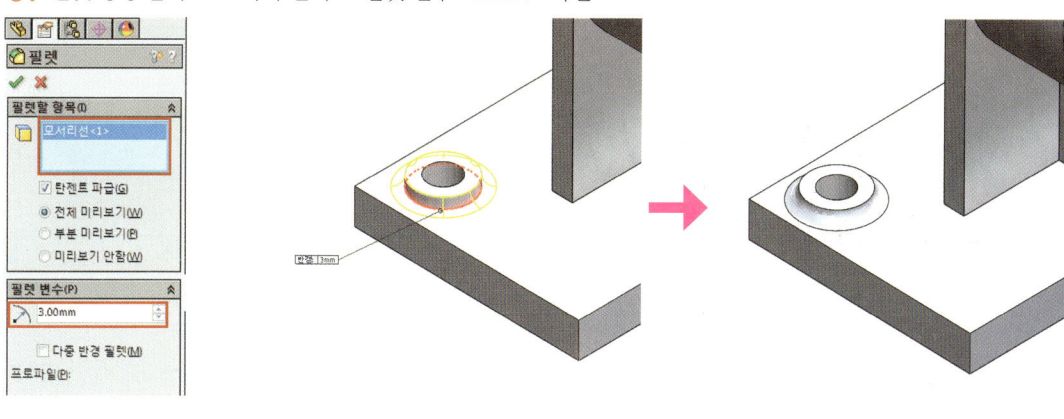

08 스케치 이용 패턴 명령 클릭 ▶ 선택 : 스케치3 ▶ 참조점 : 중심 체크 ▶ 패턴할 피처 선택 ▶ 확인

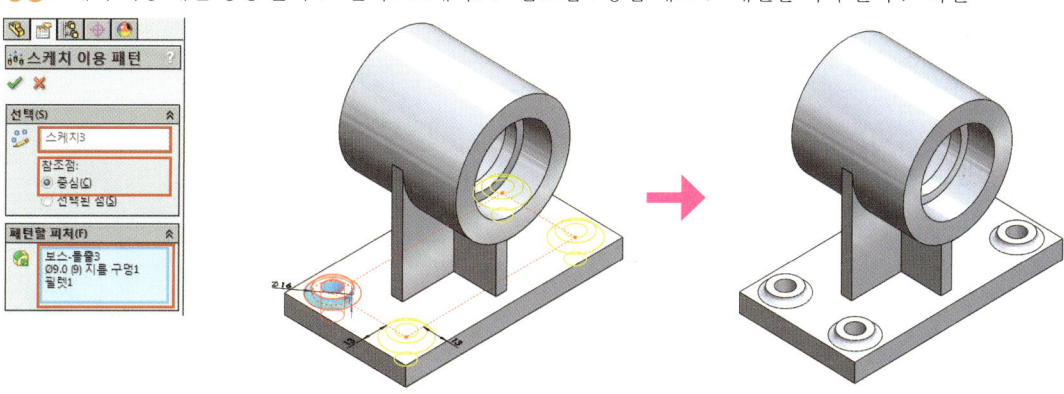

09 구멍 명령을 실행한 후 위치 탭에서 구멍을 작성할 평면을 선택한다.

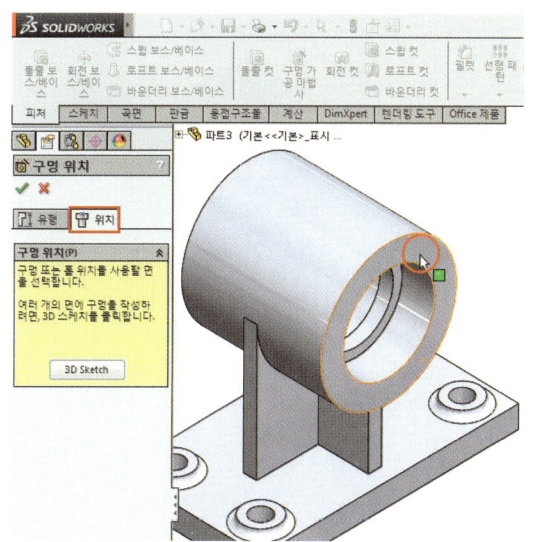

10 구멍의 중심으로 쓸 스케치를 작성한다.

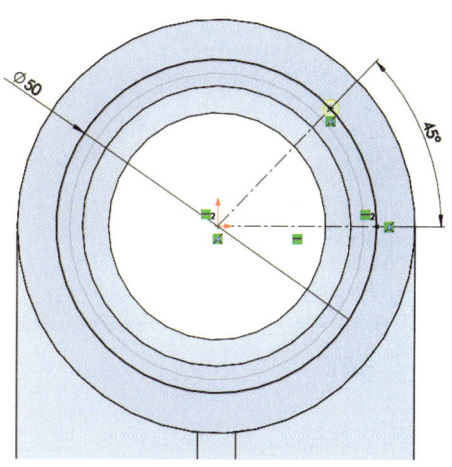

11 유형 탭 클릭 ▶ 구멍 유형 : 직선 탭 ▶ 구멍 크기 : M5 ▶ 드릴 깊이 : 8.5mm, 탭 깊이 : 6mm ▶ 확인

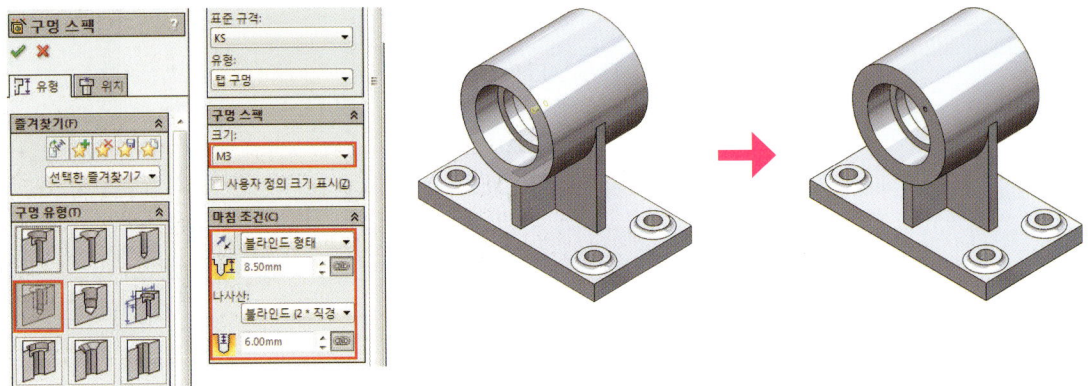

12 대칭 복사 명령 클릭 ▶ 면/평면 대칭 복사 : 우측면 ▶ 대칭 복사 피처 선택 ▶ 확인

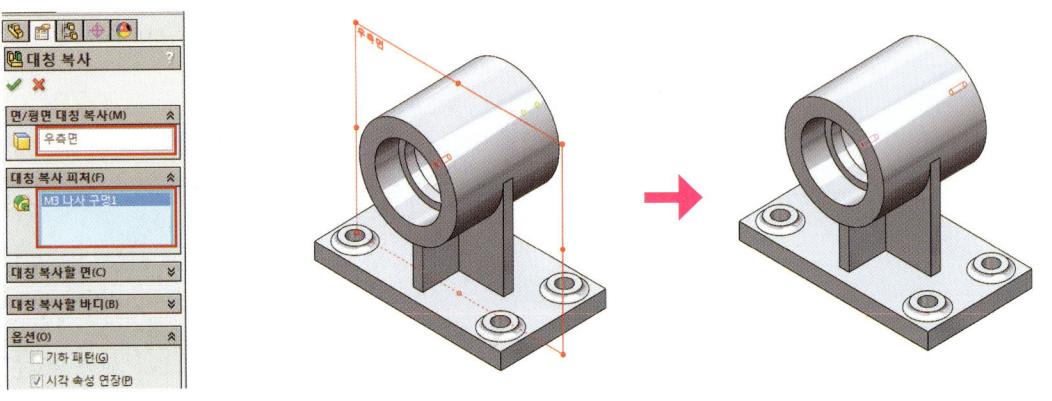

13 원형 패턴 명령 클릭 ▶ 파라미터 : 회전 축 면 선택 ▶ 각도 : 360도 ▶ 개수 : 4 ▶ 패턴할 피처 선택 ▶ 확인

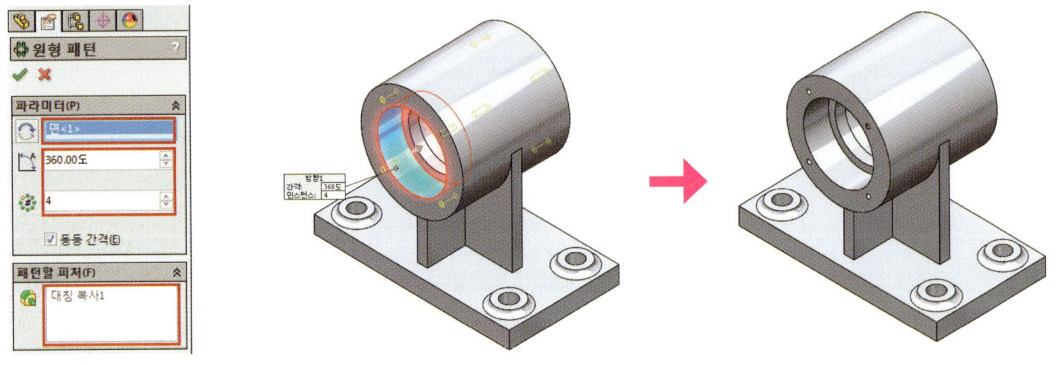

03 마무리 피처 작성

01 필렛 명령 클릭 ▶ 모서리 선택 ▶ 필렛 변수 : 13mm ▶ 확인

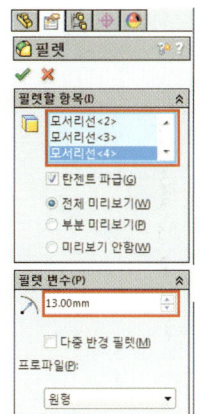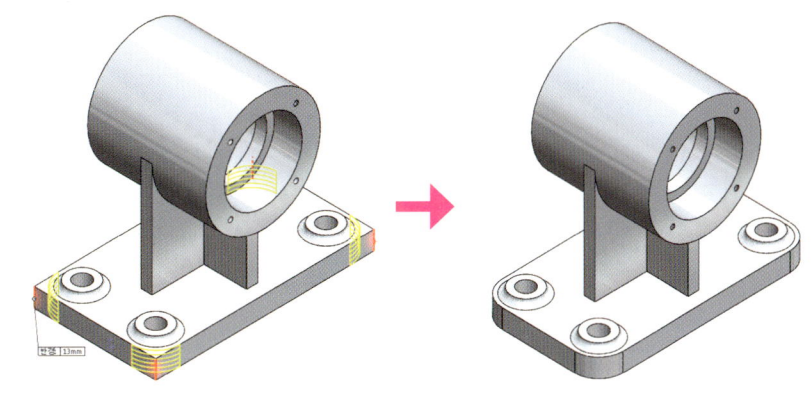

02 필렛 명령 클릭 ▶ 모서리 선택 ▶ 필렛 변수 : 3mm ▶ 확인

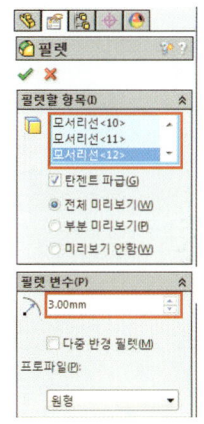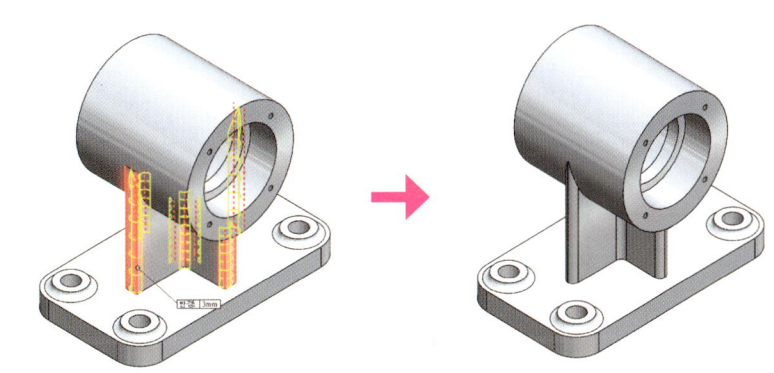

03 필렛 명령 클릭 ▶ 모서리 선택 ▶ 필렛 변수 : 3mm ▶ 확인

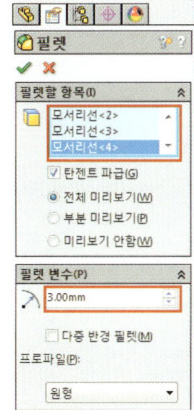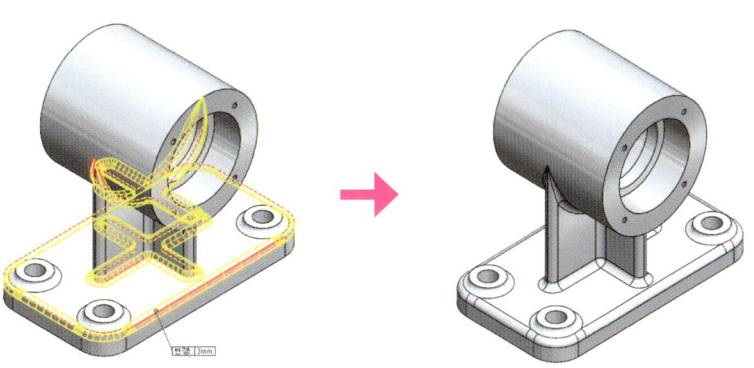

04 모따기 명령 클릭 ▶ 모서리 선택 ▶ 유형 : 거리-거리(동등 거리 체크) ▶ 거리 : 1mm ▶ 확인

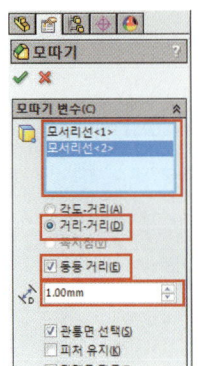
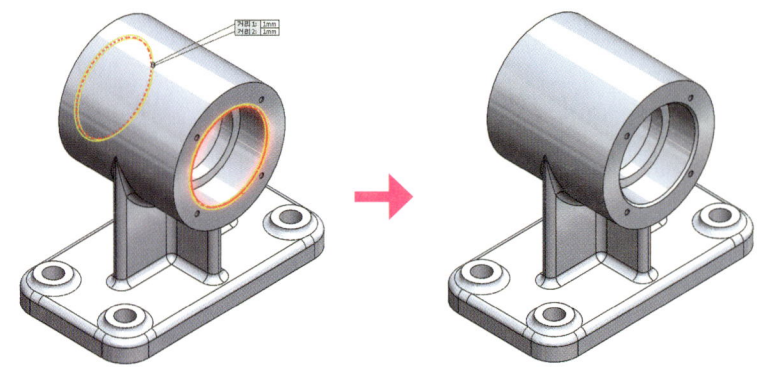

Lesson 4 | 본체

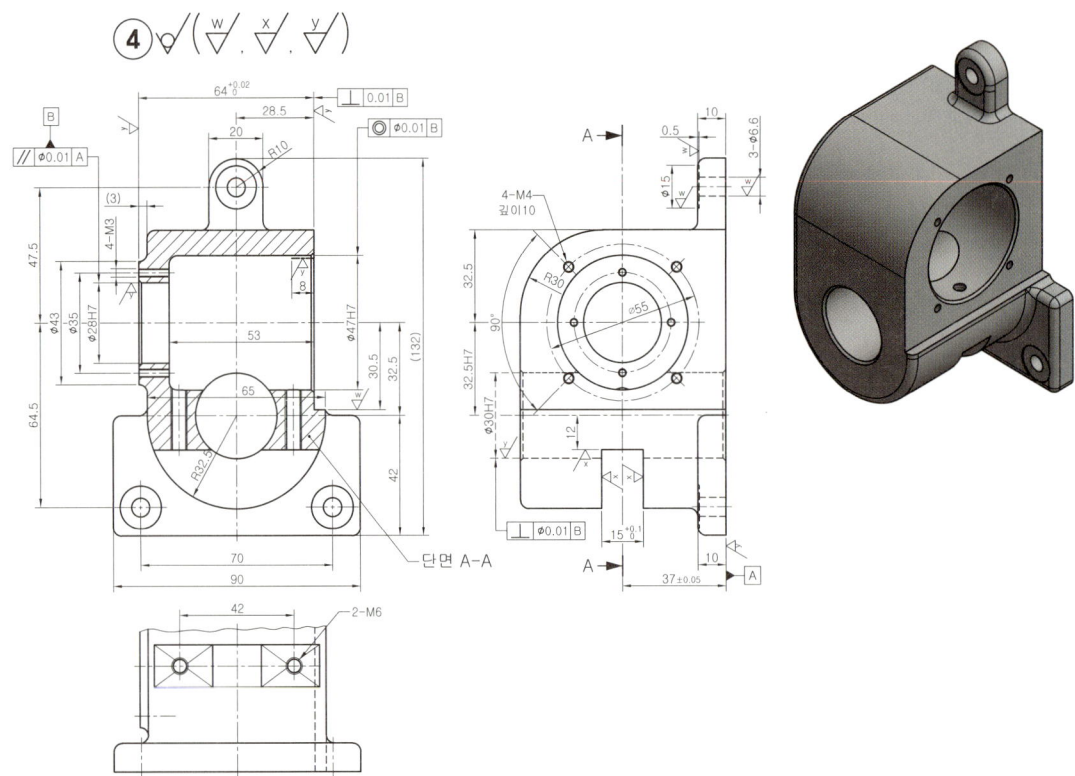

주 석 ▶ 도시되고 지시하지 않은 모따기 1X45°

01 베이스 피처 작성

01 정면에 스케치를 작성한다.

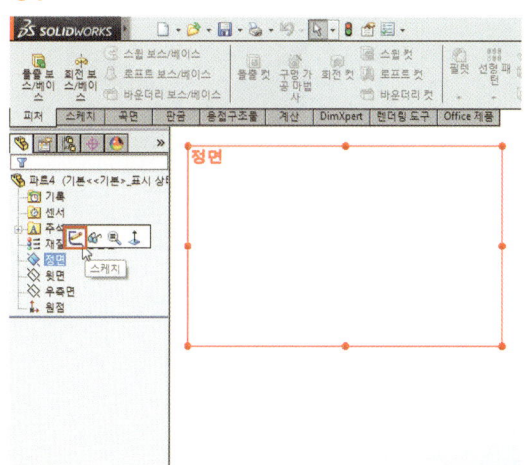

02 스케치 프로파일을 작성한다.

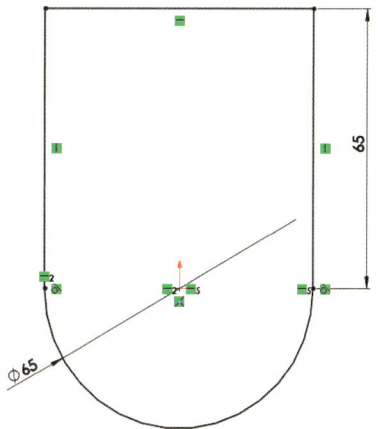

03 돌출 명령 클릭 ▶ 방향1 : 중간 평면 ▶ 거리 : 74mm ▶ 확인

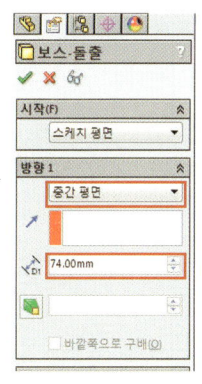 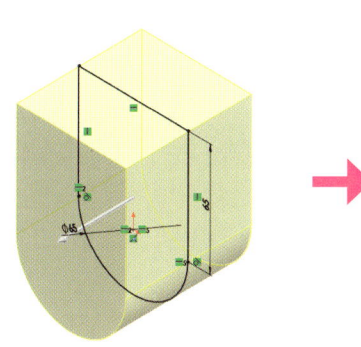 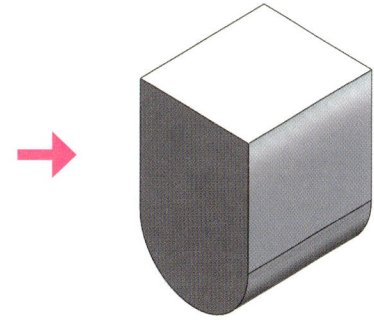

04 작성된 솔리드 면에 스케치를 작성한다.

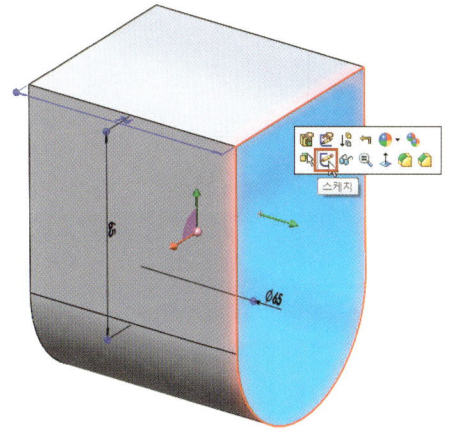

05 스케치 프로파일을 작성한다.

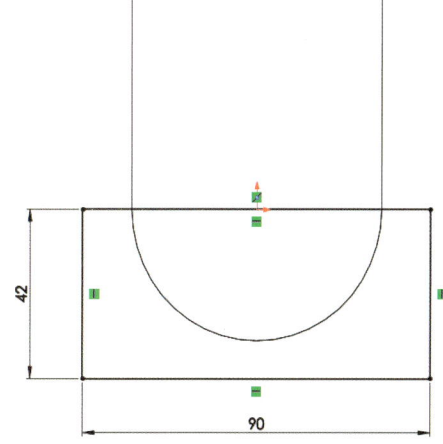

06 돌출 명령 클릭 ▶ 방향1 : 중간 평면 ▶ 거리 : 10mm ▶ 확인

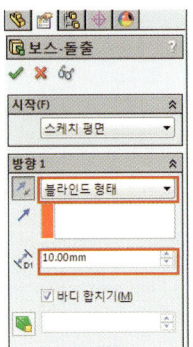
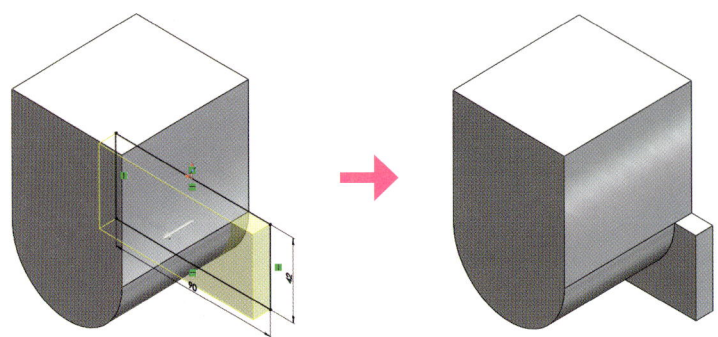

07 작성된 솔리드 면에 스케치를 작성한다.

08 스케치 프로파일을 작성한다.

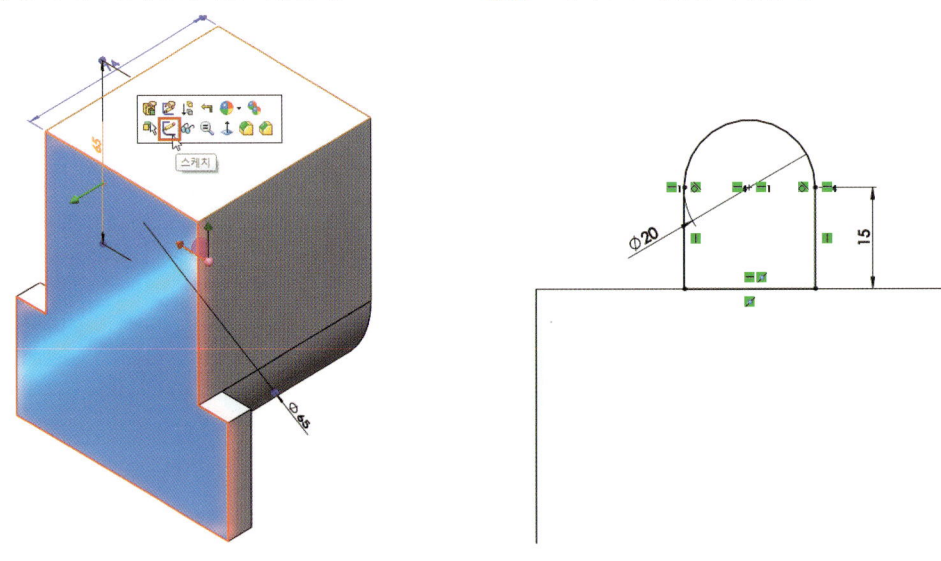

09 돌출 명령 클릭 ▶ 방향1 : 블라인드 형태(반대 방향 누름) ▶ 거리 : 10mm ▶ 확인

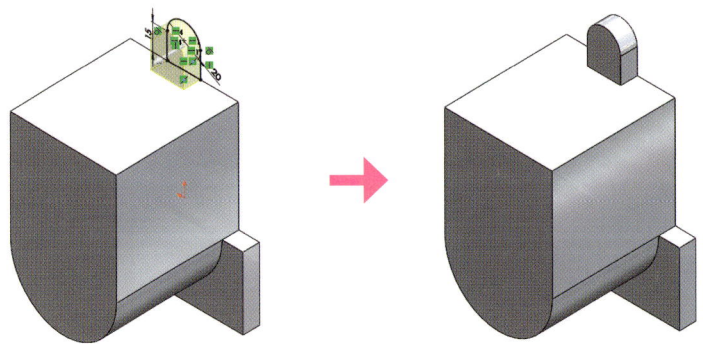

10 작성된 솔리드 면에 스케치를 작성한다.

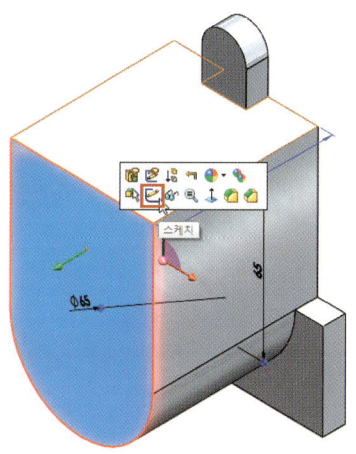

11 스케치 프로파일을 작성한다.

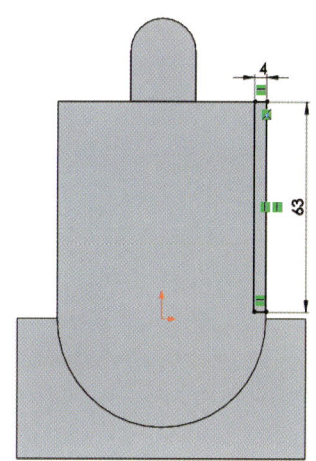

12 돌출 컷 명령 클릭 ▶ 방향1 : 다음까지 ▶ 확인

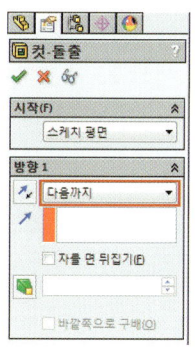
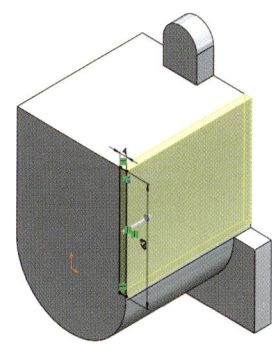
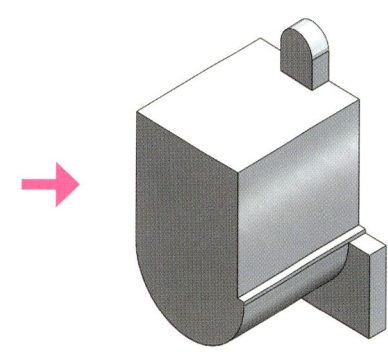

02 서브 피처 작성

01 정면에 스케치를 작성한다.

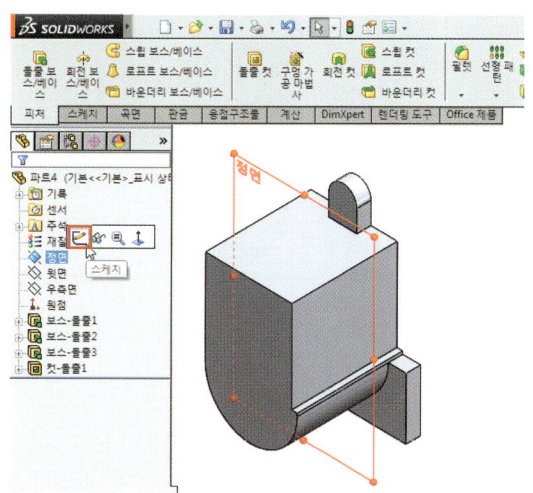

02 스케치 프로파일을 작성한다.

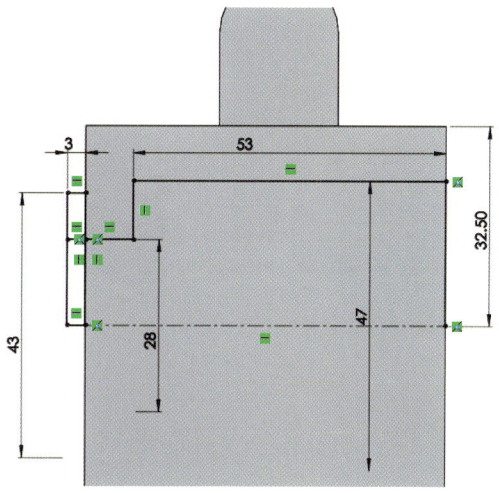

03 회전 명령 클릭 ▶ 회전 축과 프로파일 선택 ▶ 확인

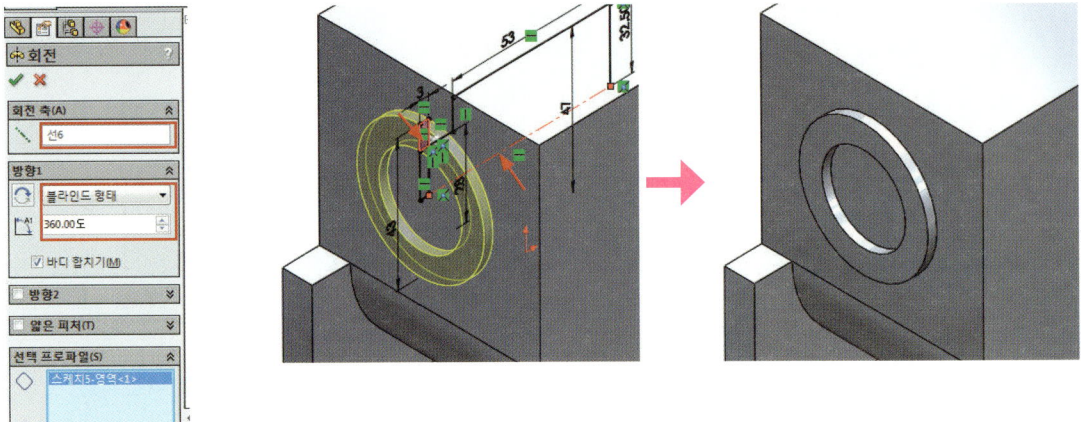

04 스케치5 항목을 선택한 후 회전 컷 명령을 클릭한다.

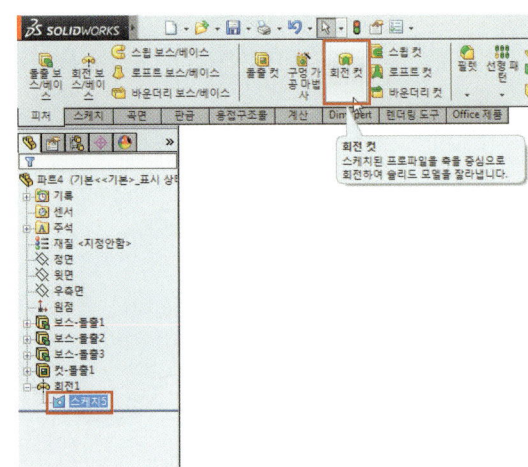

05 회전 컷 명령 클릭 ▶ 회전 축과 프로파일 선택 ▶ 확인

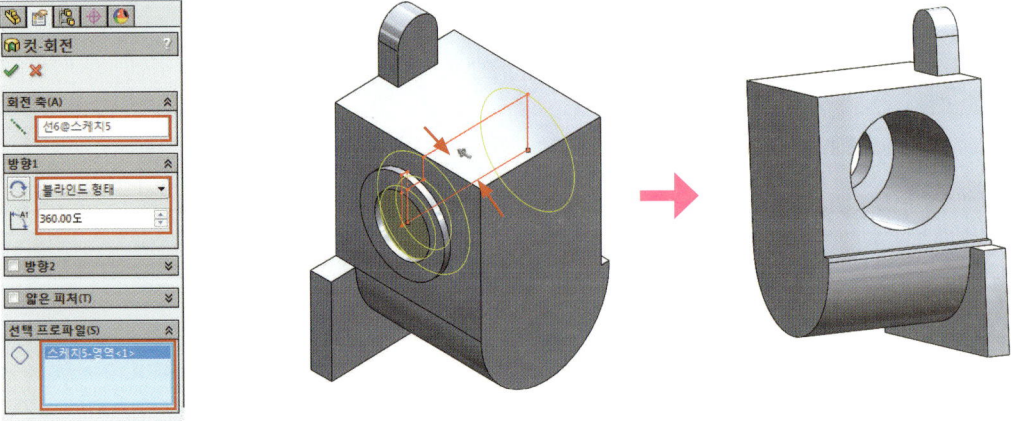

06 작성된 솔리드 면에 스케치를 작성한다.

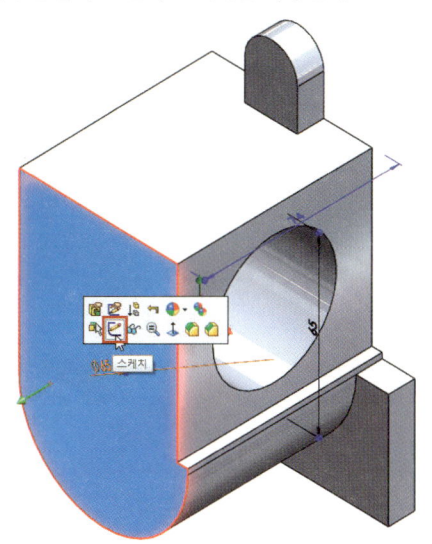

07 스케치 프로파일을 작성한다.

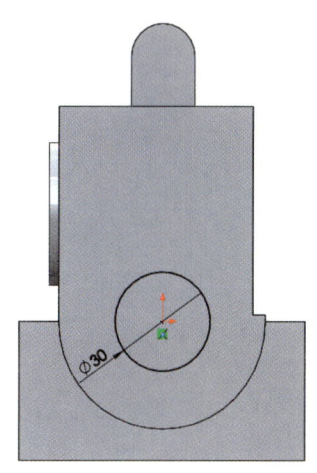

08 돌출 컷 명령 클릭 ▶ 방향1 : 다음까지 ▶ 확인

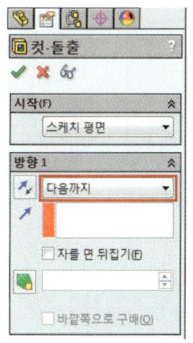
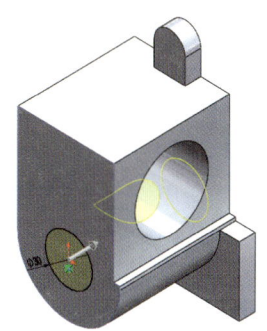
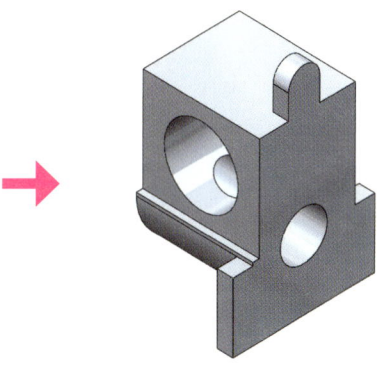

09 우측면에 스케치를 작성한다.

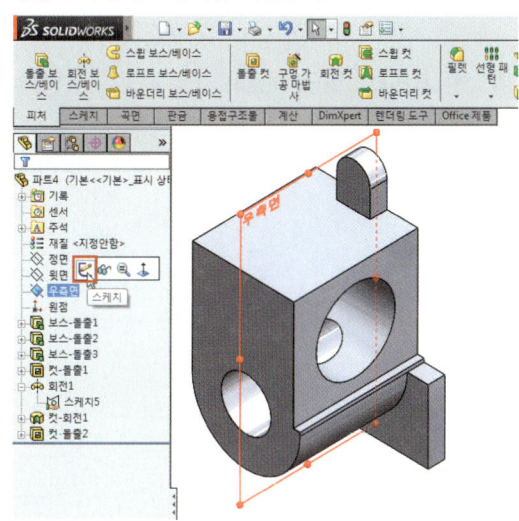

10 스케치 프로파일을 작성한다.

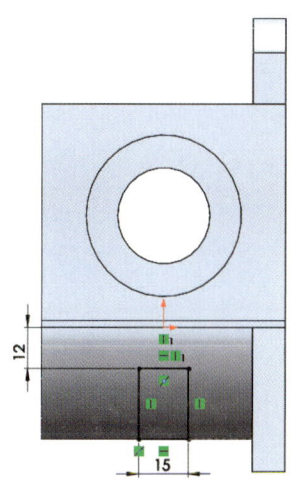

11 돌출 컷 명령 클릭 ▶ 관통 : 양쪽 ▶ 확인

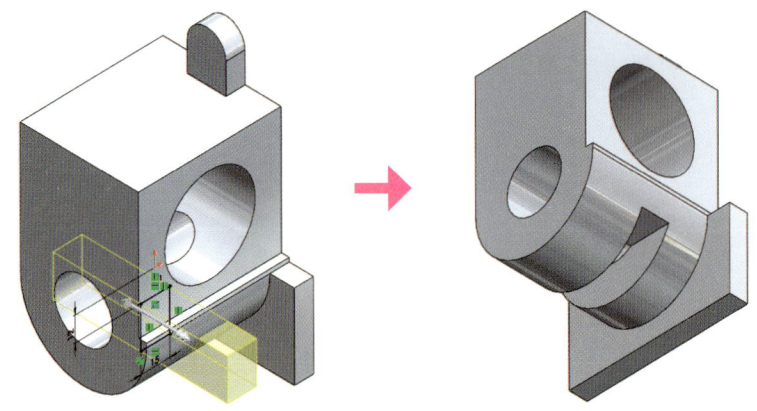

12 구멍 명령을 실행한 후 위치 탭에서 구멍을 작성할 평면을 선택한다.

13 구멍의 중심으로 쓸 스케치를 작성한다.

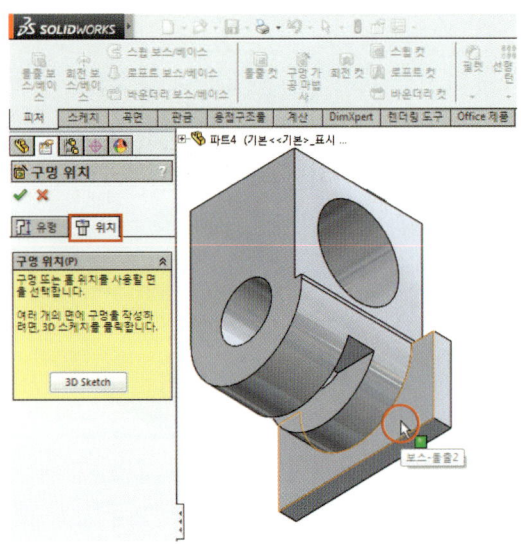
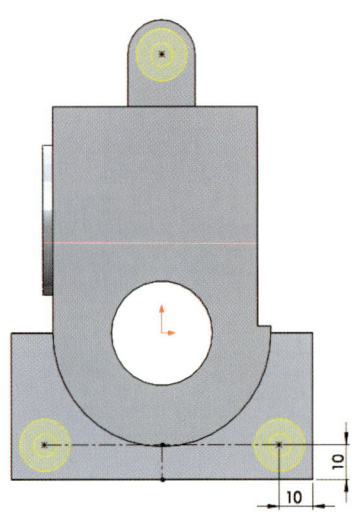

14 유형 탭 클릭 ▶ 구멍 유형 : 카운터 보어 ▶ 구멍 크기 : M6(사용자 정의 크기 표시 체크) ▶ 관통 구멍 지름 : 6.6mm ▶ 카운터 보어 지름 : 15mm ▶ 카운터 보어 깊이 : 0.5mm ▶ 확인

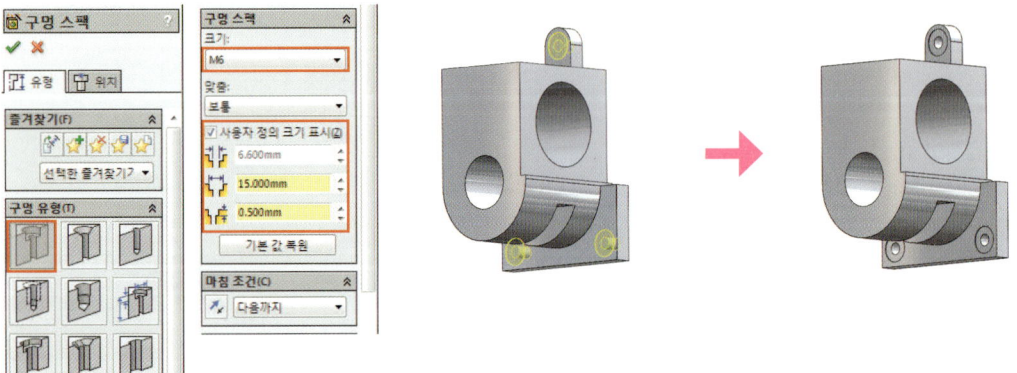

15 구멍 명령을 실행한 후 위치 탭에서 구멍을 작성할 평면을 선택한다.

16 구멍의 중심으로 쓸 스케치를 작성한다.

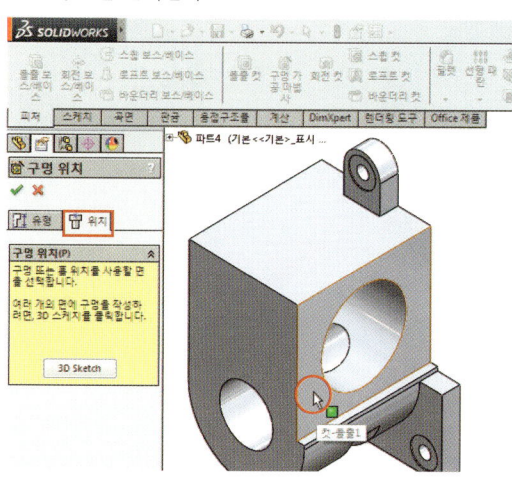
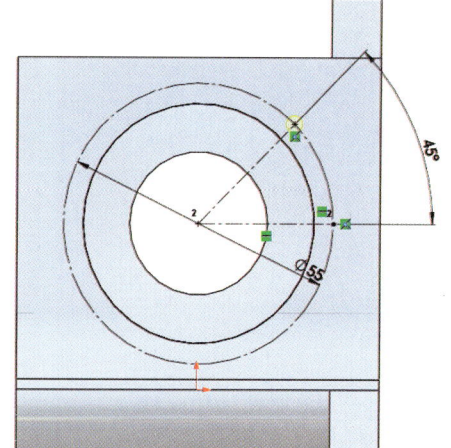

17 유형 탭 클릭 ▶ 구멍 유형 : 직선 탭 ▶ 구멍 크기 : M4 ▶ 구멍 깊이 : 13.5mm, 탭 깊이 : 10mm ▶ 확인

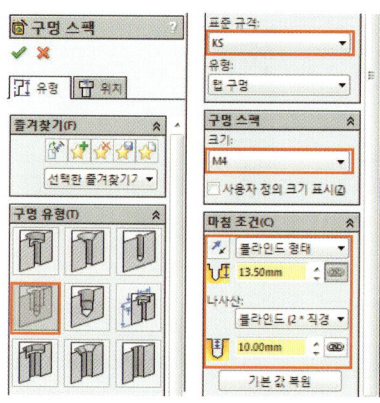
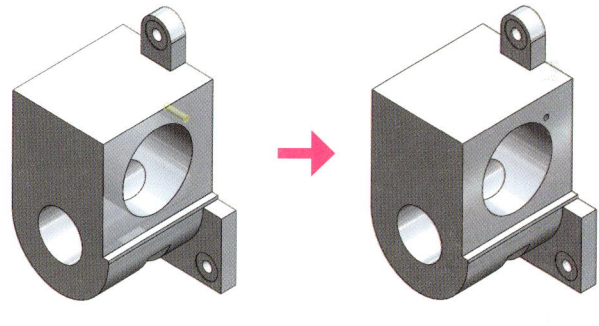

18 구멍 명령을 실행한 후 위치 탭에서 구멍을 작성할 평면을 선택한다.

19 구멍의 중심으로 쓸 스케치를 작성한다.

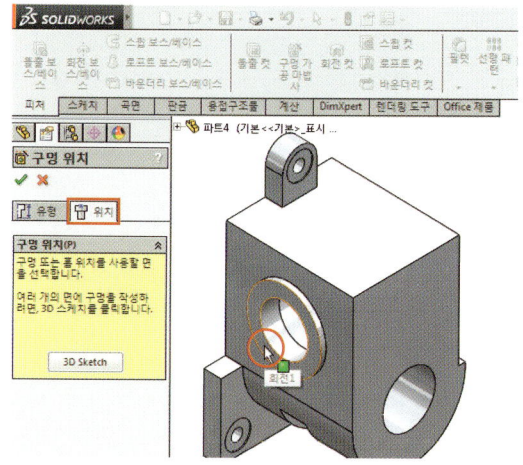
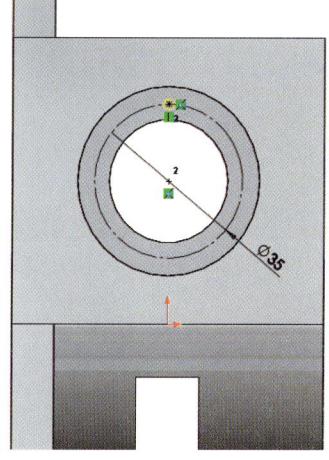

20 유형 탭 클릭 ▶ 구멍 유형 : 직선 탭 ▶ 구멍 크기 : M3 ▶ 마침 조건 : 다음까지 ▶ 확인

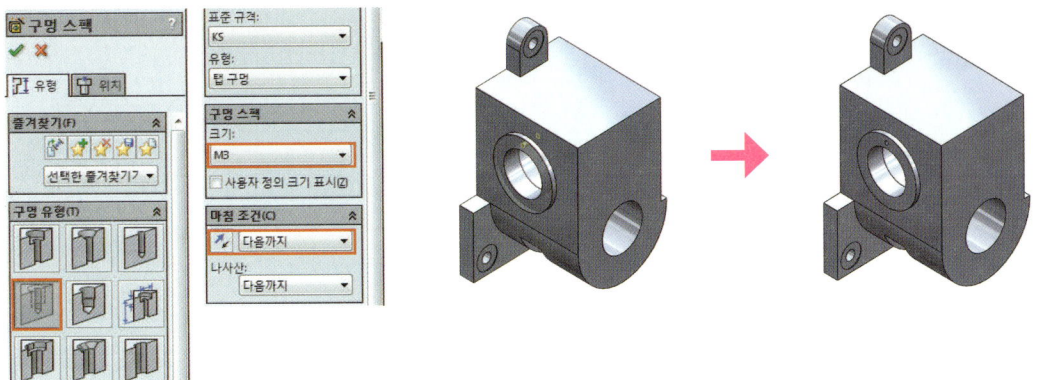

21 원형 패턴 명령 클릭 ▶ 파라미터 : 회전 축 면 선택 ▶ 각도 : 360도 ▶ 개수 : 4 ▶ 패턴할 피처 선택 ▶ 확인

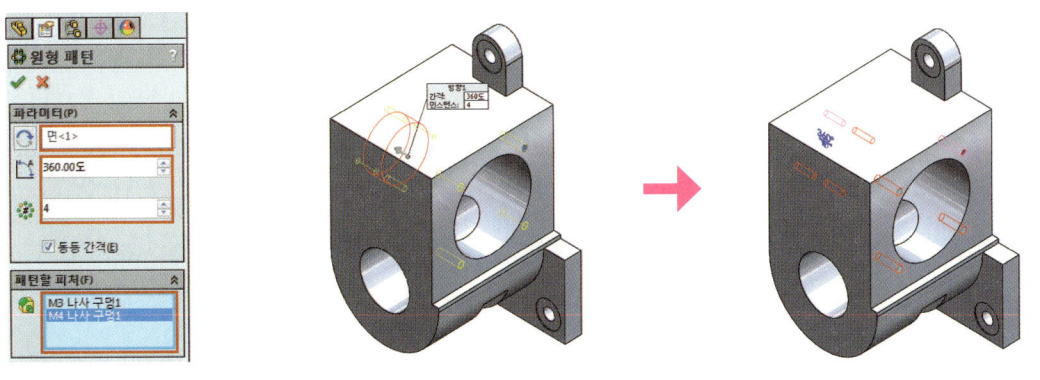

22 구멍 명령을 실행한 후 위치 탭에서 구멍을 작성할 평면을 선택한다.

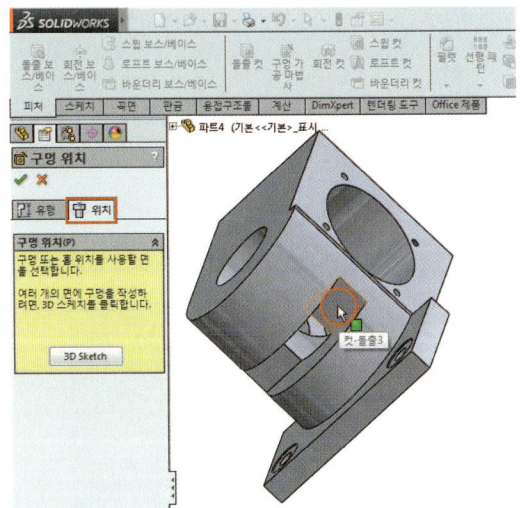

23 구멍의 중심으로 쓸 스케치를 작성한다.

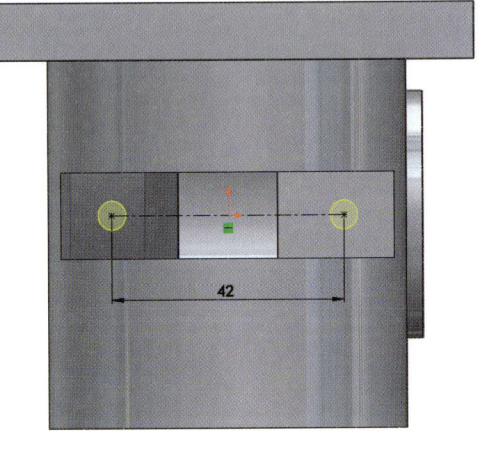

24 유형 탭 클릭 ▶ 구멍 유형 : 직선 탭 ▶ 구멍 크기 : M6 ▶ 마침 조건 : 다음까지 ▶ 확인

03 마무리 피처 작성

01 필렛 명령 클릭 ▶ 모서리 선택 ▶ 필렛 변수 : 30mm ▶ 확인

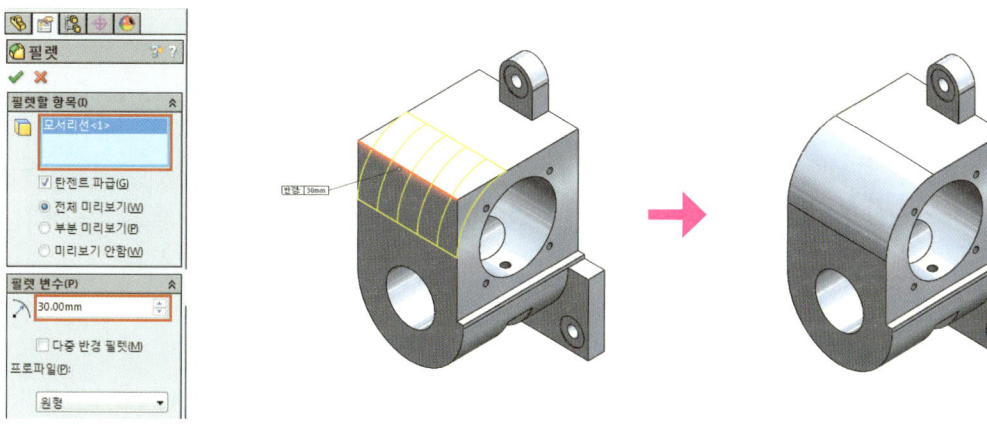

02 필렛 명령 클릭 ▶ 모서리 선택 ▶ 필렛 변수 : 3mm ▶ 확인

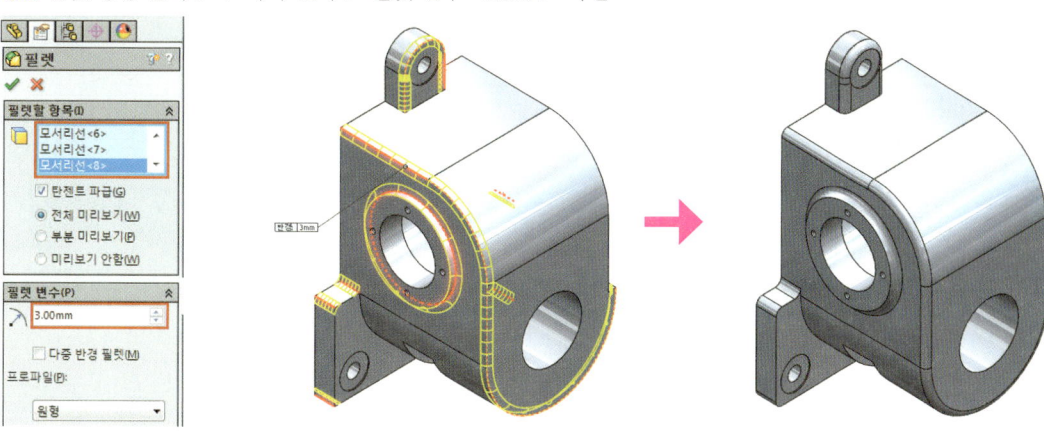

03 필렛 명령 클릭 ▶ 모서리 선택 ▶ 필렛 변수 : 3mm ▶ 확인

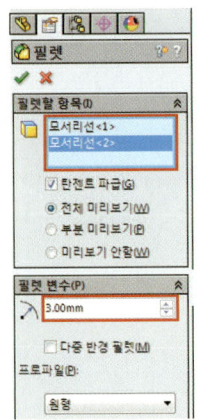 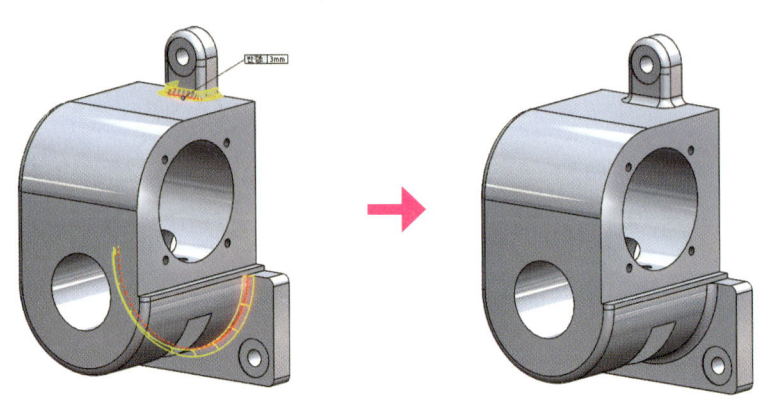

04 필렛 명령 클릭 ▶ 모서리 선택 ▶ 필렛 변수 : 3mm ▶ 확인

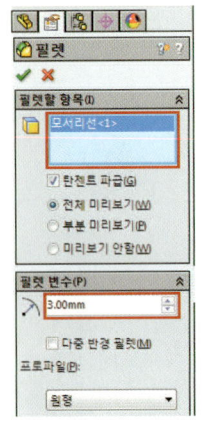 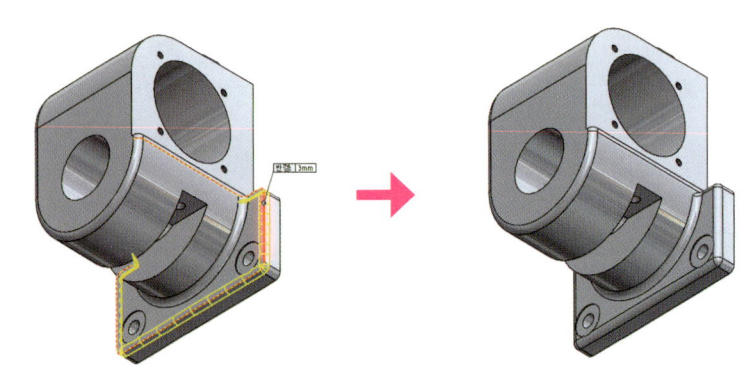

05 모따기 명령 클릭 ▶ 모서리 선택 ▶ 유형 : 거리-거리(동등 거리 체크) ▶ 거리 : 1mm ▶ 확인

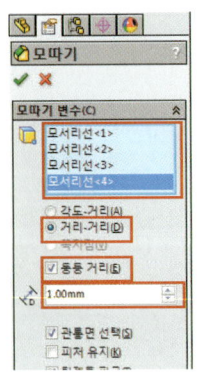 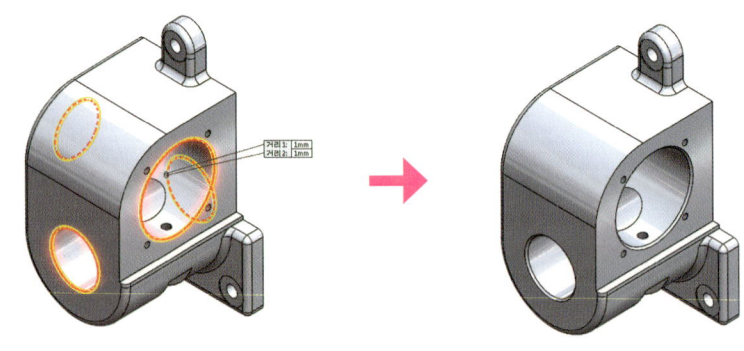

Lesson 5 | 연습 예제도면

01 지지대

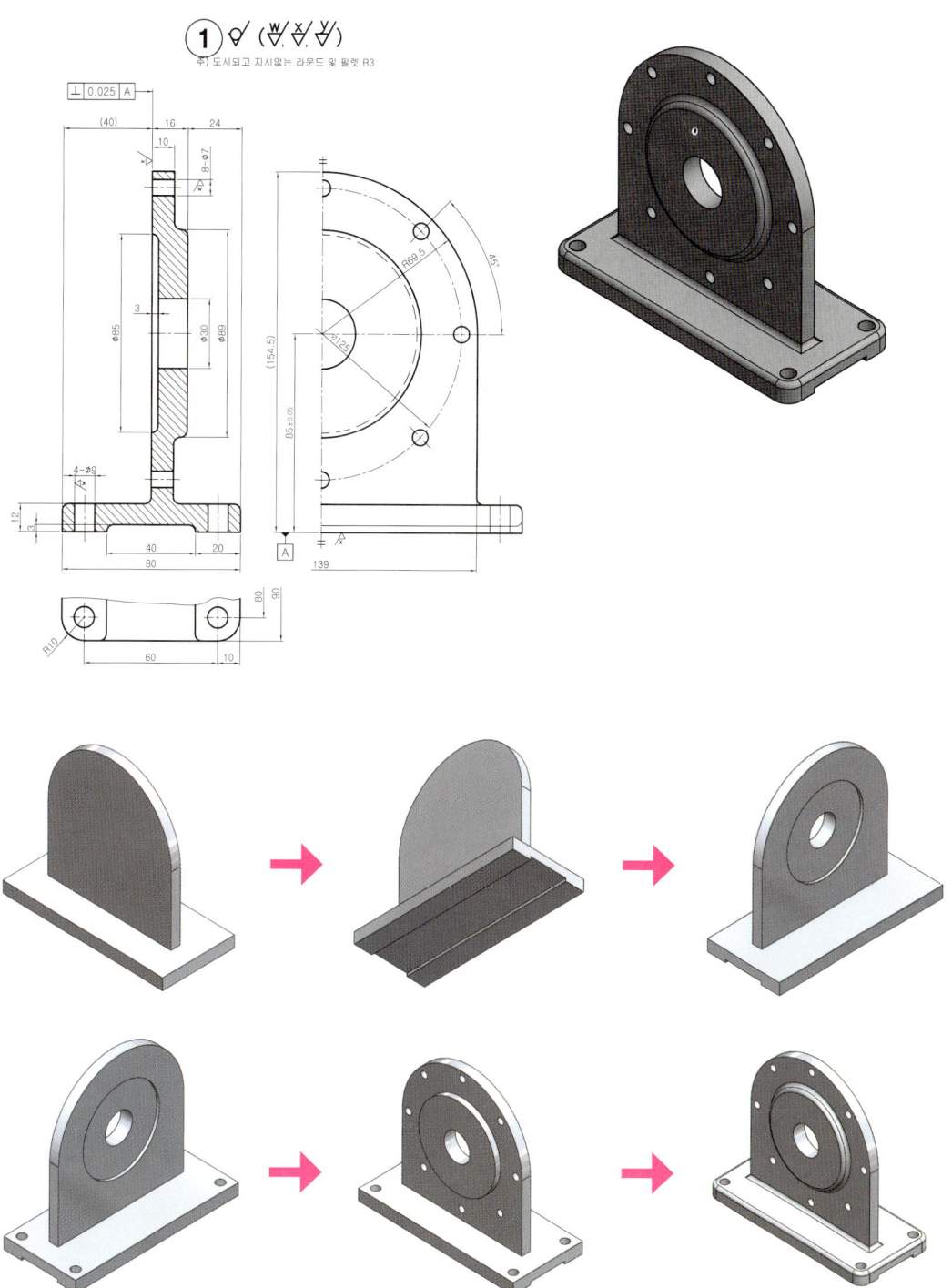

02 실린더 바디

주) 경질 알루마이트 처리
45
17
8
4.6
1.75
2-M5x0.5
5
□50
A
ϕ0.01
ϕ38
ϕ36
ϕ2
2
15°
R4
ϕ32H9
ϕ50
ϕ65
90°
ϕ9.5
5.4
4-ϕ5.5
80
단면 A-A

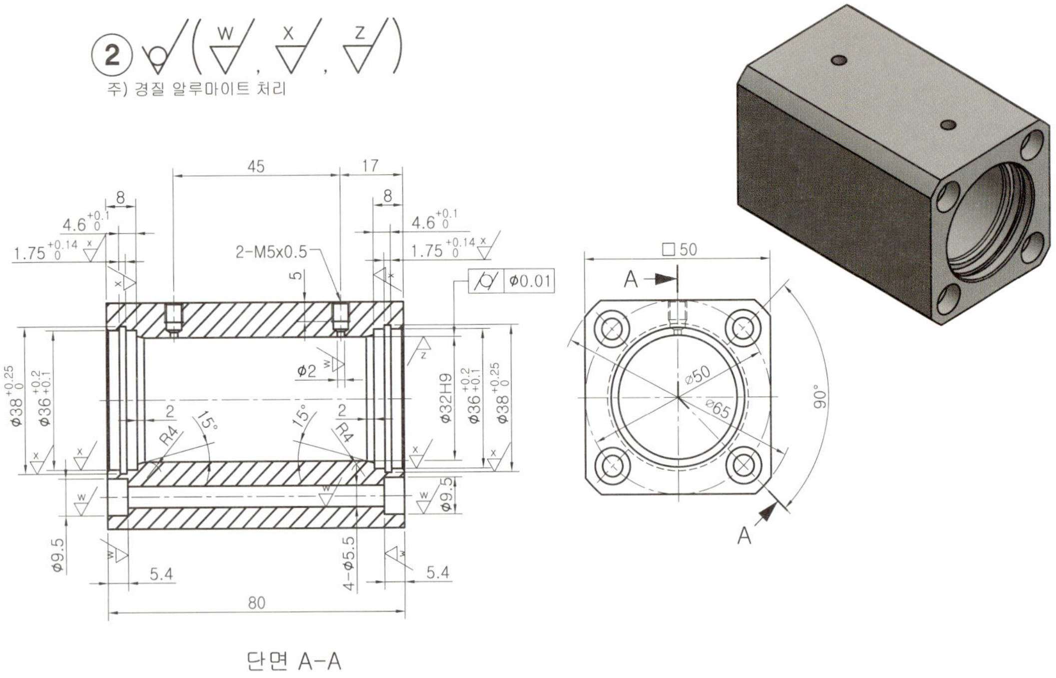

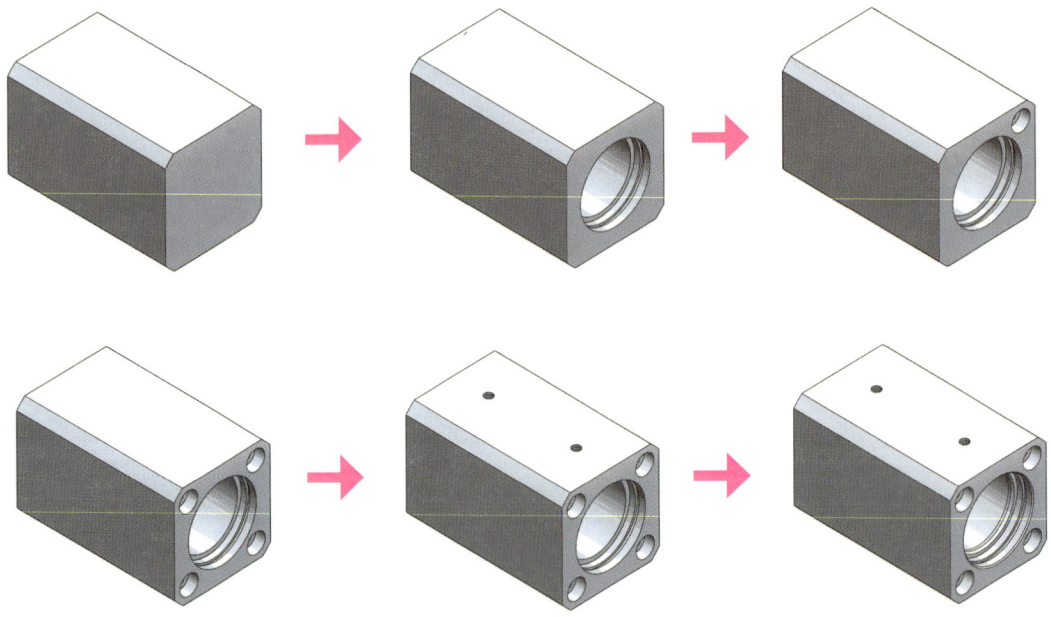

03 본체

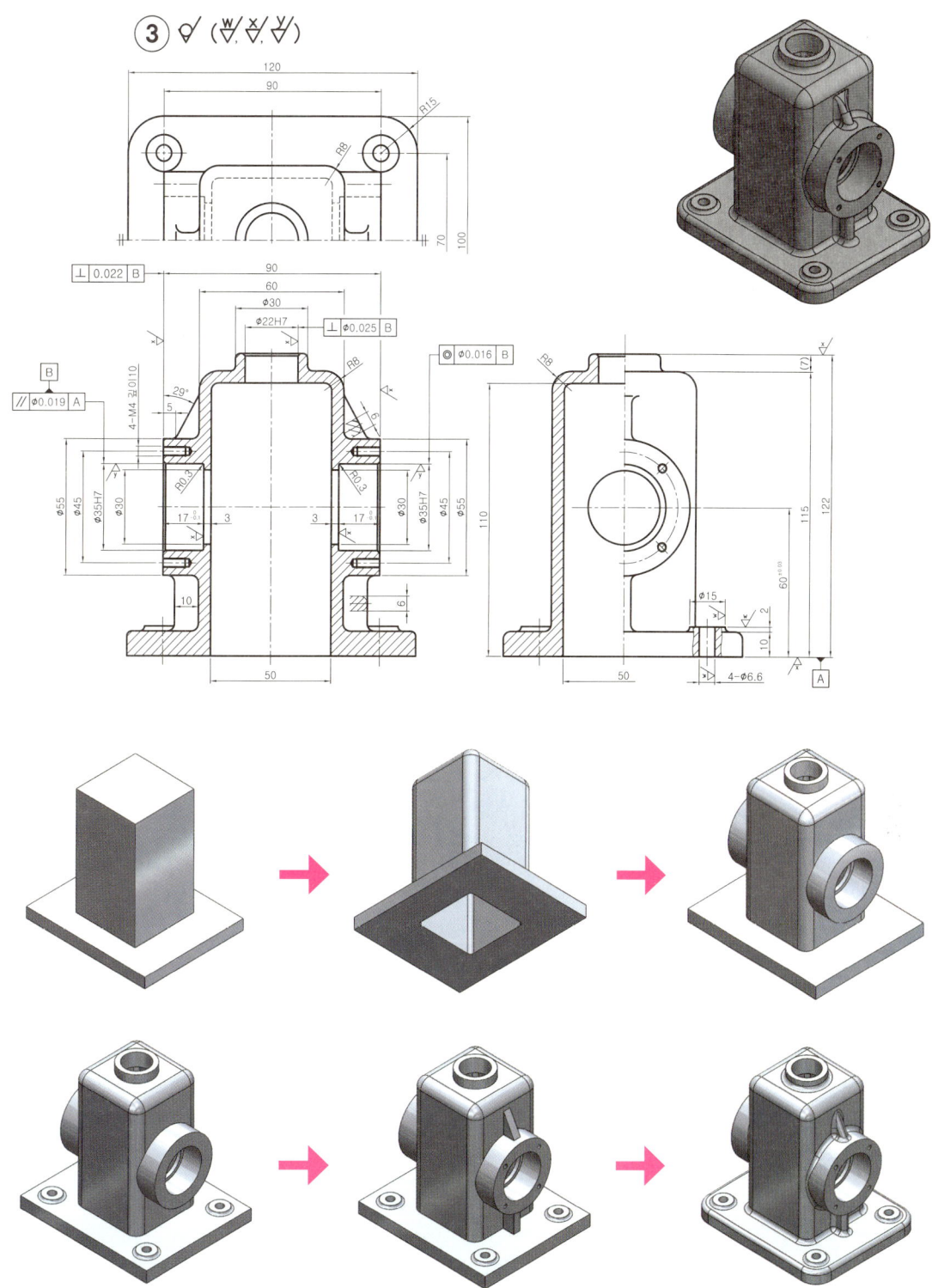

04 지지대

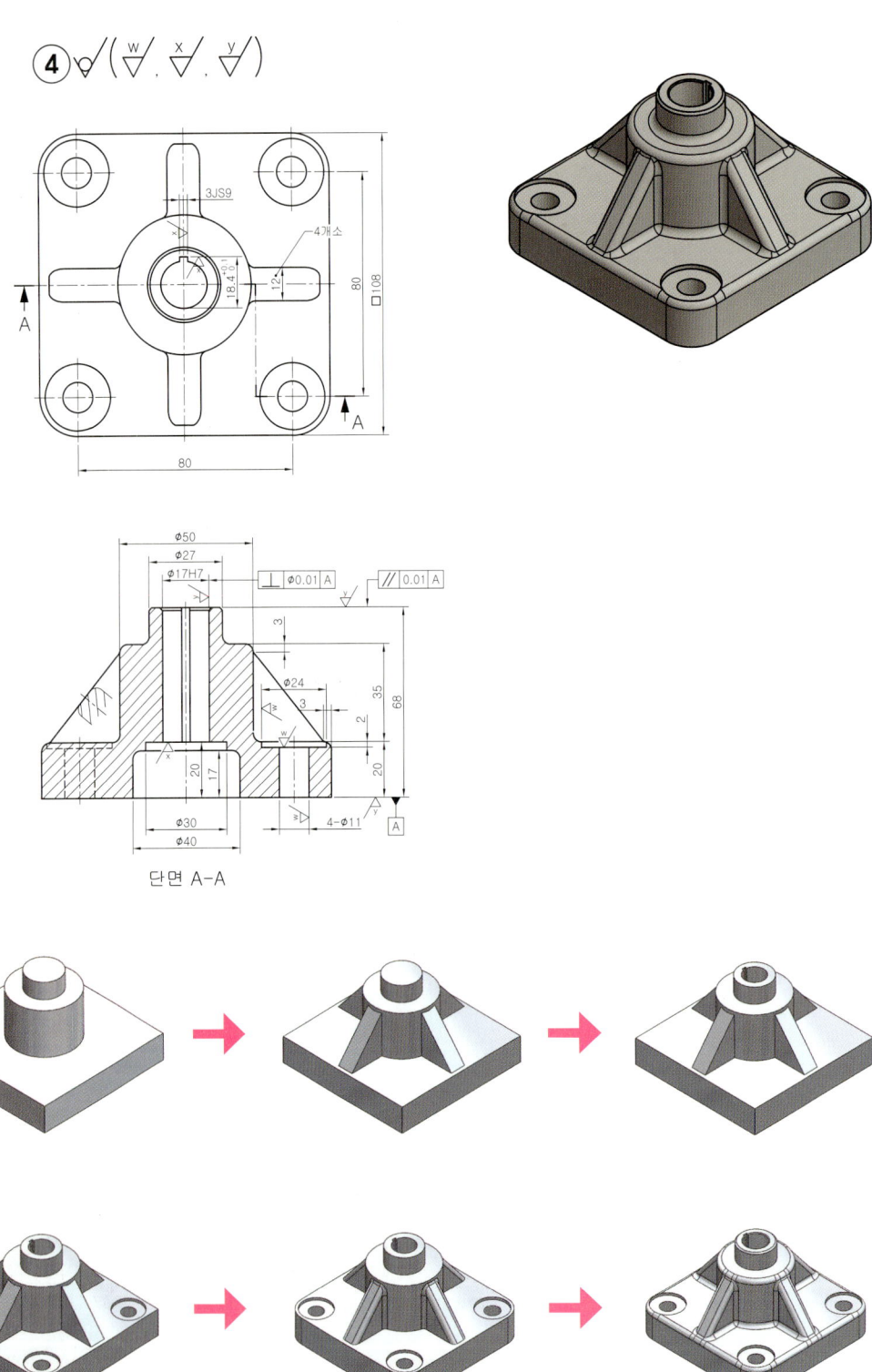

05 기어 펌프 하우징

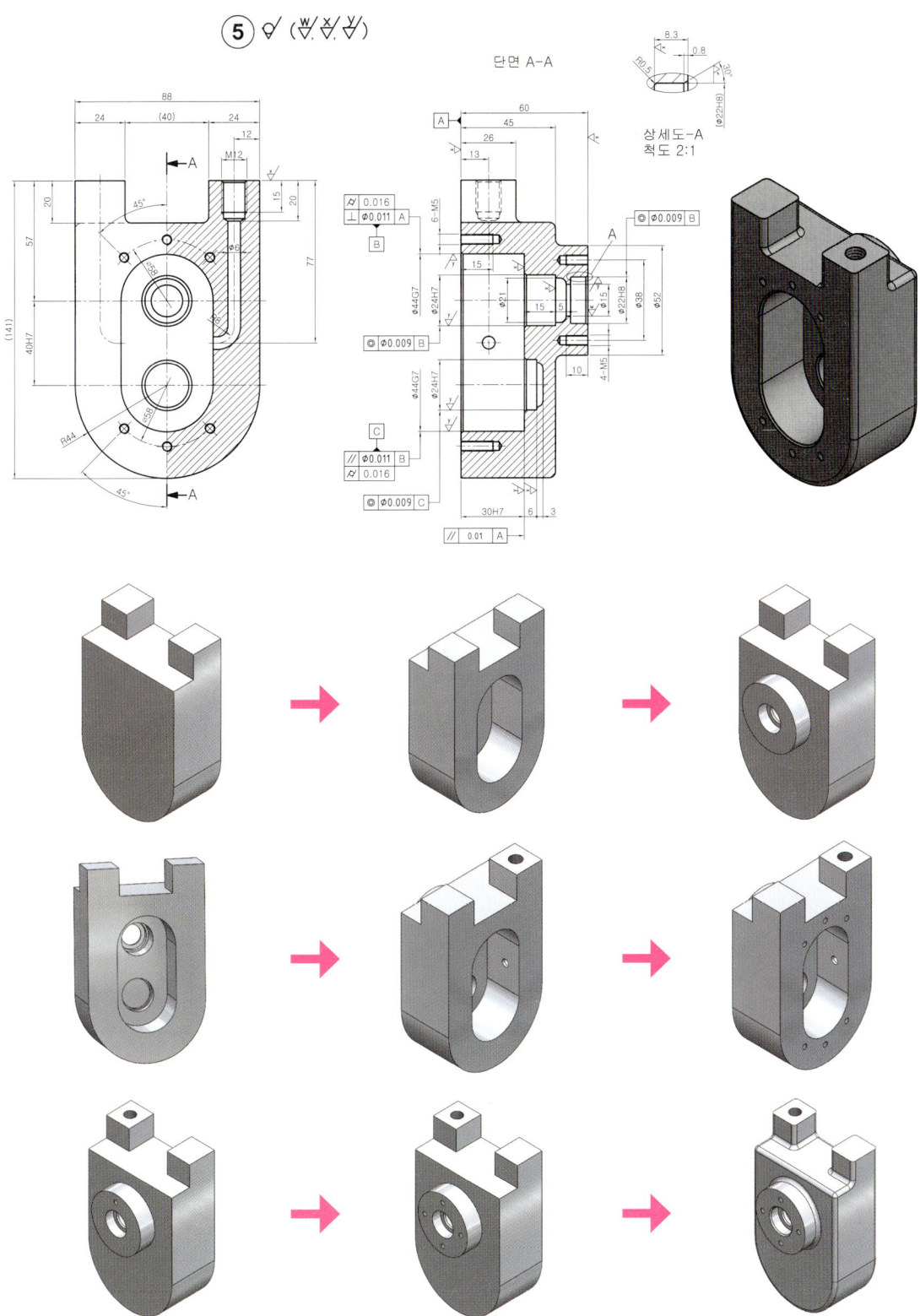

Section 6
기타 부품 그리기

전산응용기계제도/기계설계산업기사를 위한 솔리드웍스

여태까지 작성한 타입의 부품 외에 여러가지 기타 부품을 작성하는 방법에 대해 알아보도록 하자.

Lesson 1 | 노브

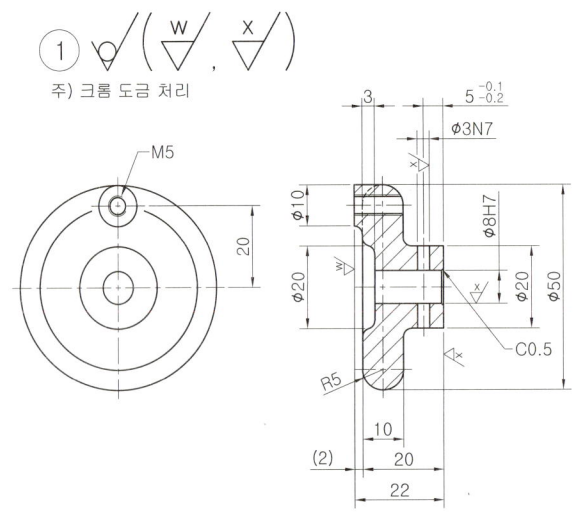

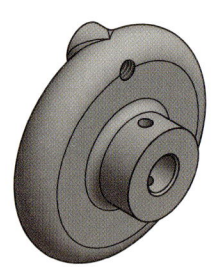

| 주 석 | ▶ 도시되고 지시하지 않은 모따기 1X45° |

01 베이스 피처 작성

01 정면에 스케치를 작성한다.

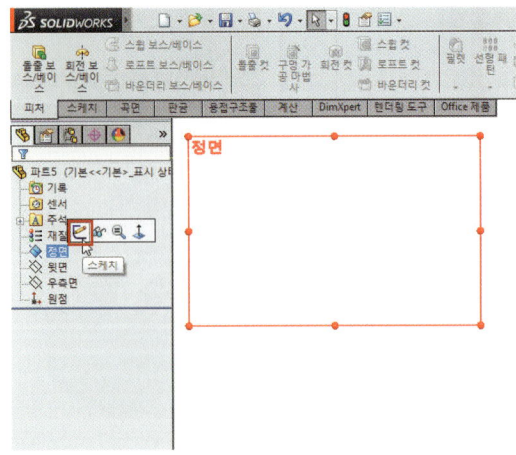

02 스케치 프로파일을 작성한다.

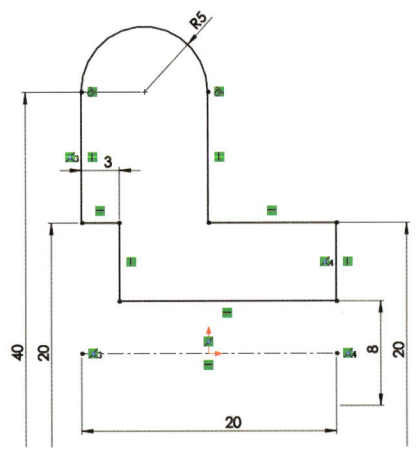

03 회전 명령 클릭 ▶ 회전 축과 프로파일이 자동 선택 ▶ 확인

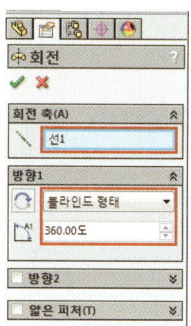 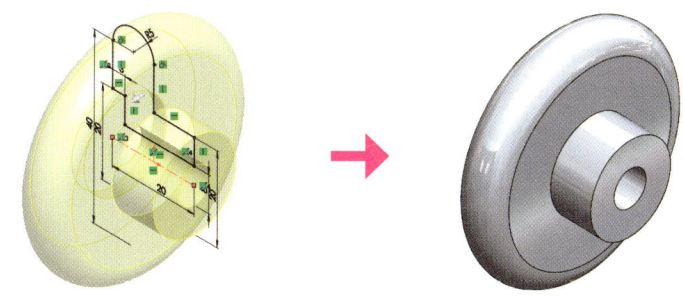

02 서브 피처 작성

01 작성된 솔리드 면을 클릭해 스케치를 작성한다.　　02 스케치 프로파일을 작성한다.

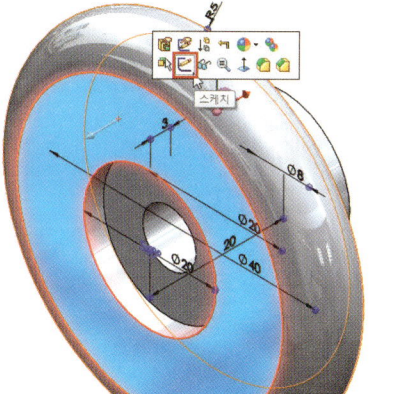 

03 돌출 명령 클릭 ▶ 방향1 : 블라인드 형태 ▶ 거리 : 2mm ▶ 방향2 : 다음까지 ▶ 확인

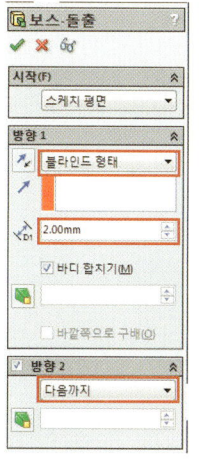 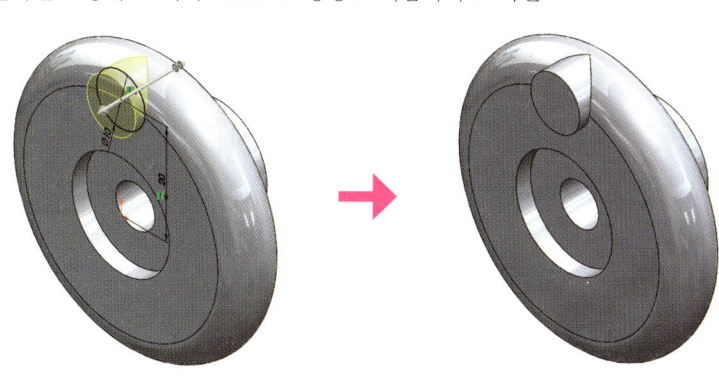

04 구멍 명령을 실행한 후 위치 탭에서 구멍을 작성할 평면을 선택한다.

05 구멍의 중심으로 쓸 스케치를 작성한다.

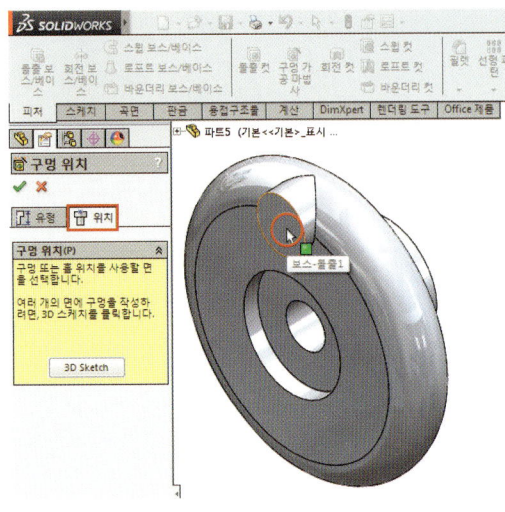

06 유형 탭 클릭 ▶ 구멍 유형 : 직선 탭 ▶ 구멍 크기 : M5 ▶ 마침 조건 : 다음까지 ▶ 확인

07 윗면에 스케치를 작성한다.

08 스케치 프로파일을 작성한다.

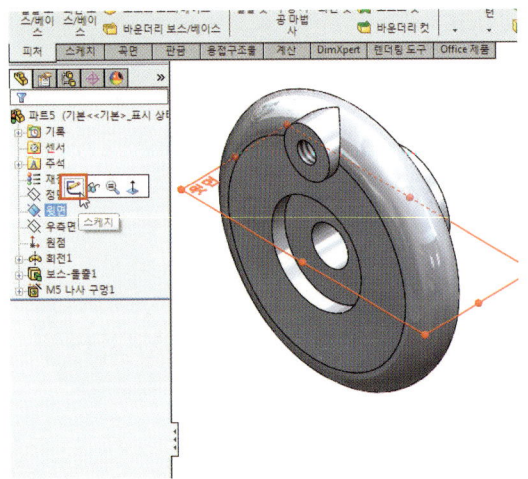
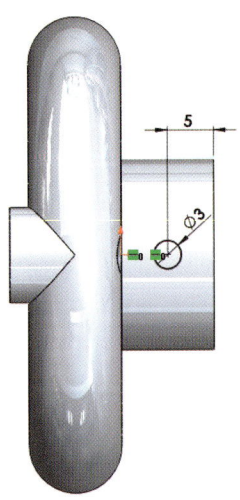

09 돌출 컷 명령 클릭 ▶ 방향1 : 관통-양쪽 ▶ 확인

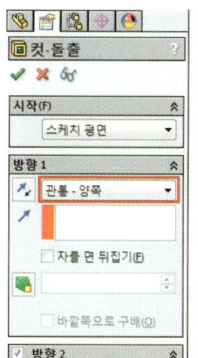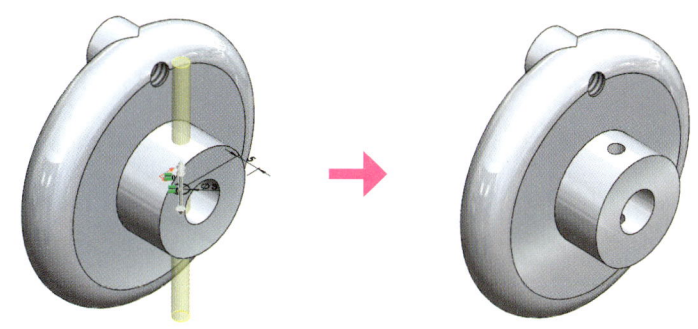

03 마무리 피처 작성

01 필렛 명령 클릭 ▶ 모서리 선택 ▶ 필렛 변수 : 2mm ▶ 확인

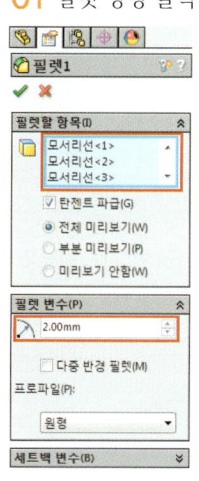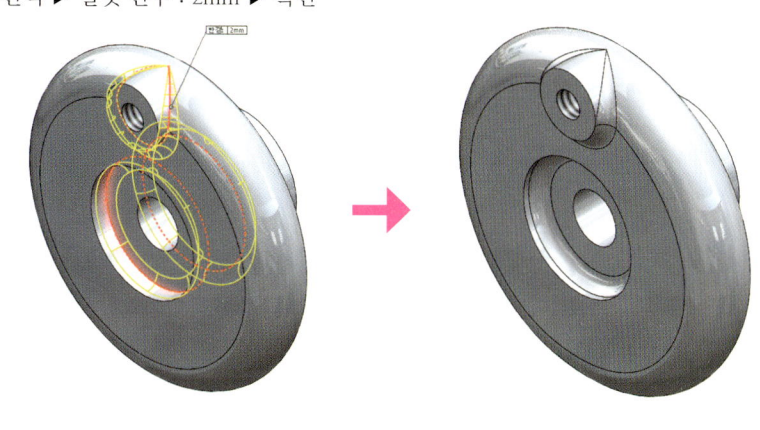

02 필렛 명령 클릭 ▶ 모서리 선택 ▶ 필렛 변수 : 2mm ▶ 확인

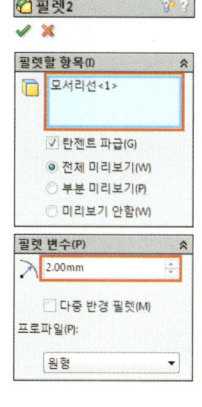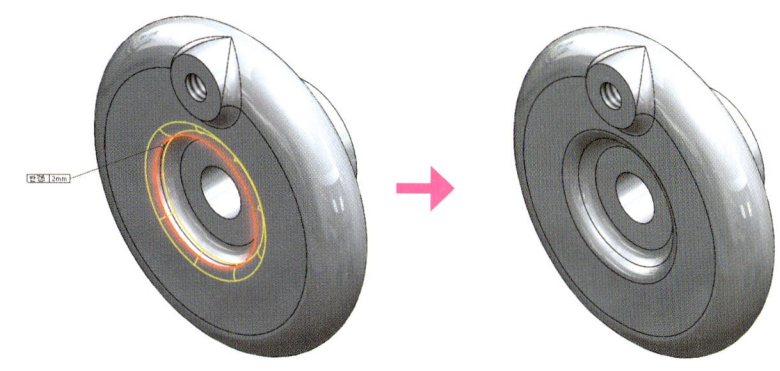

421

03 모따기 명령 클릭 ▶ 모서리 선택 ▶ 유형 : 거리-거리(동등 거리 체크) ▶ 거리 : 0.5mm ▶ 확인

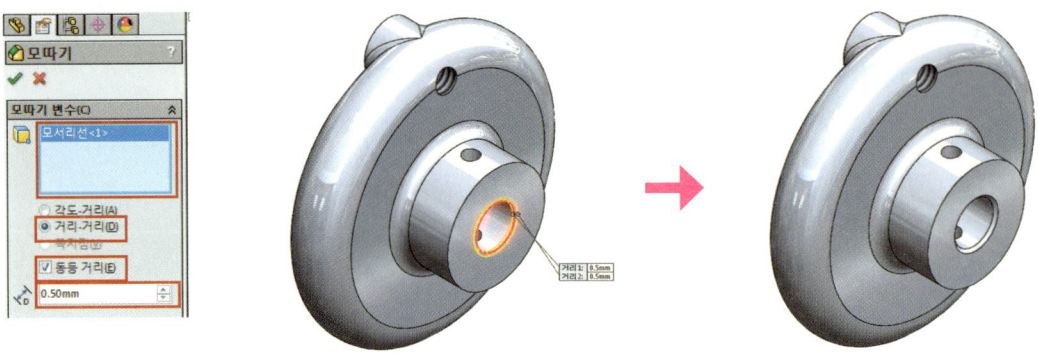

Lesson 2 　손잡이

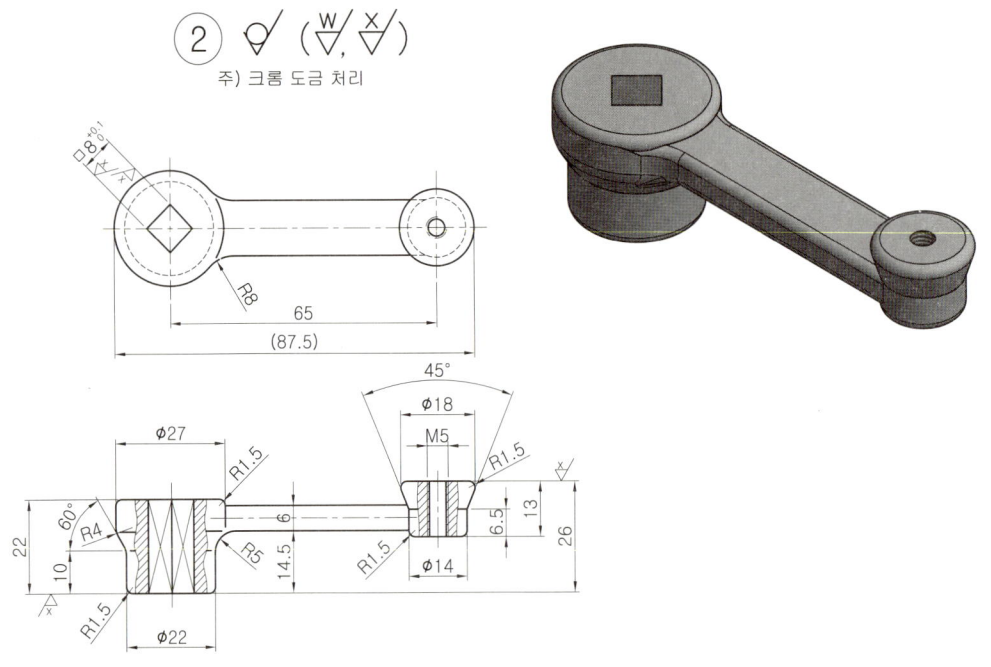

| 주 석 | ▶ 도시되고 지시하지 않은 모따기 1X45° |

01 베이스 피처 작성

01 정면에 스케치를 작성한다.

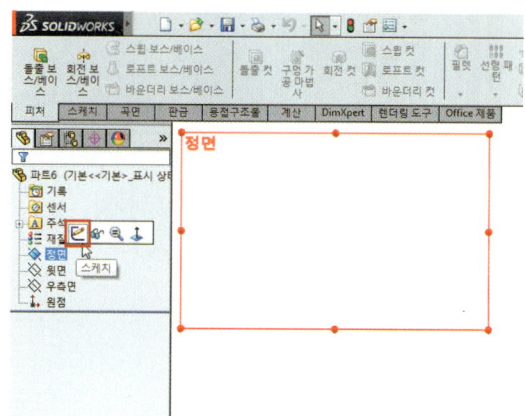

02 스케치 프로파일을 작성한다.

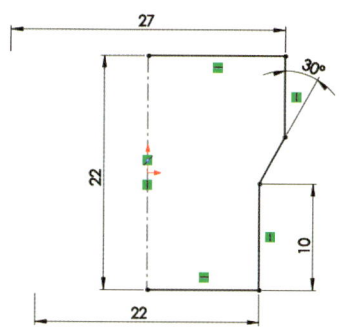

03 중간대로 쓸 스케치 프로파일 형상을 추가한다.

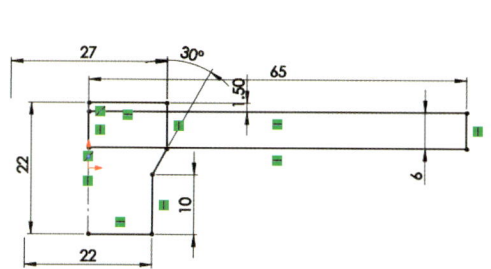

04 반대편 핸들 모양의 프로파일을 추가한다.

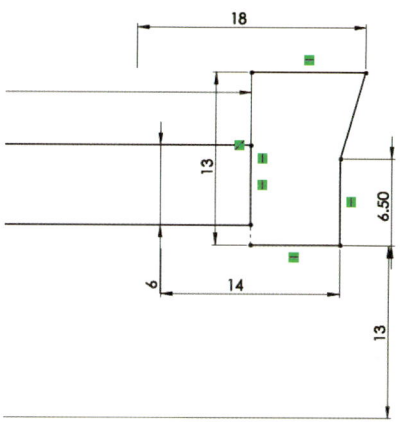

05 회전 명령 클릭 ▶ 회전 축과 프로파일 선택 ▶ 확인

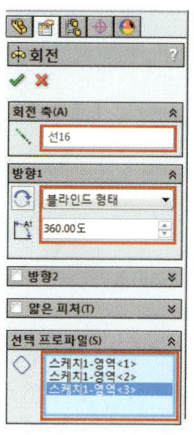
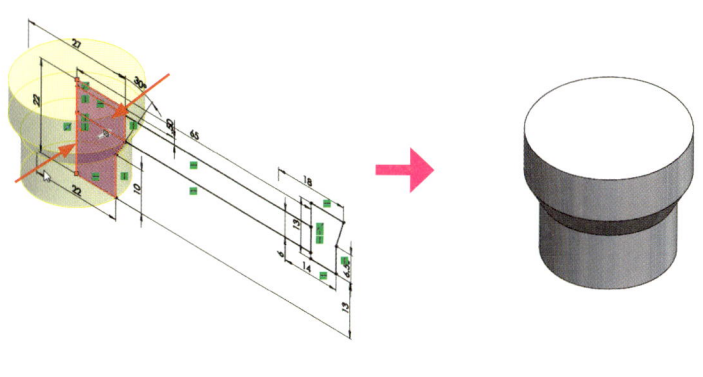

06 필렛 명령 클릭 ▶ 모서리 선택 ▶ 필렛 변수 : 3mm ▶ 확인

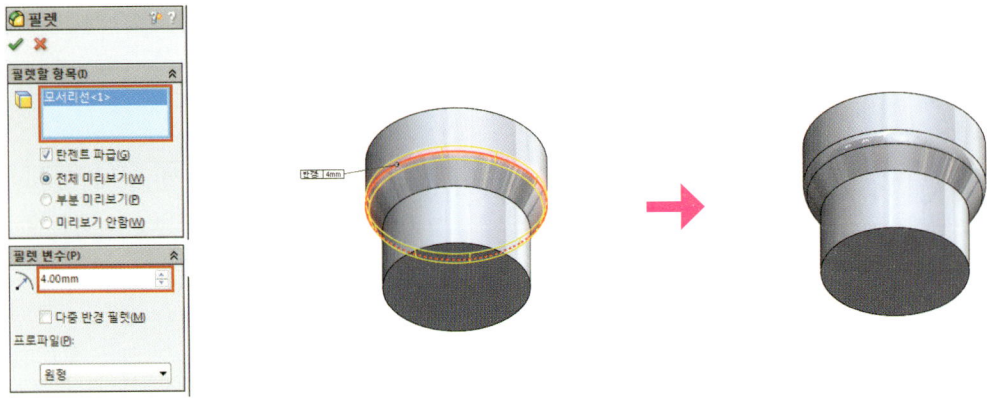

02 서브 피처 작성

01 스케치1 항목을 선택한 후 회전 명령을 클릭한다.

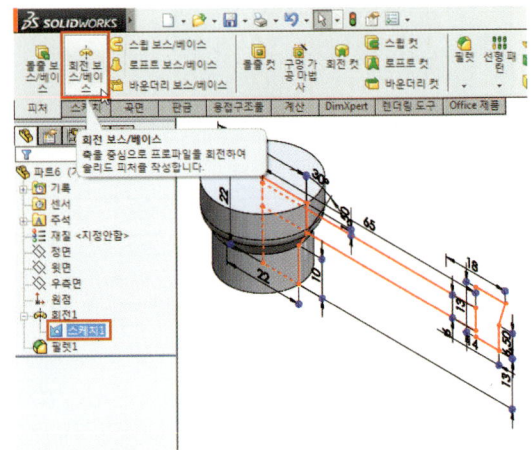

02 회전 명령 클릭 ▶ 회전 축과 프로파일 선택 ▶ 확인

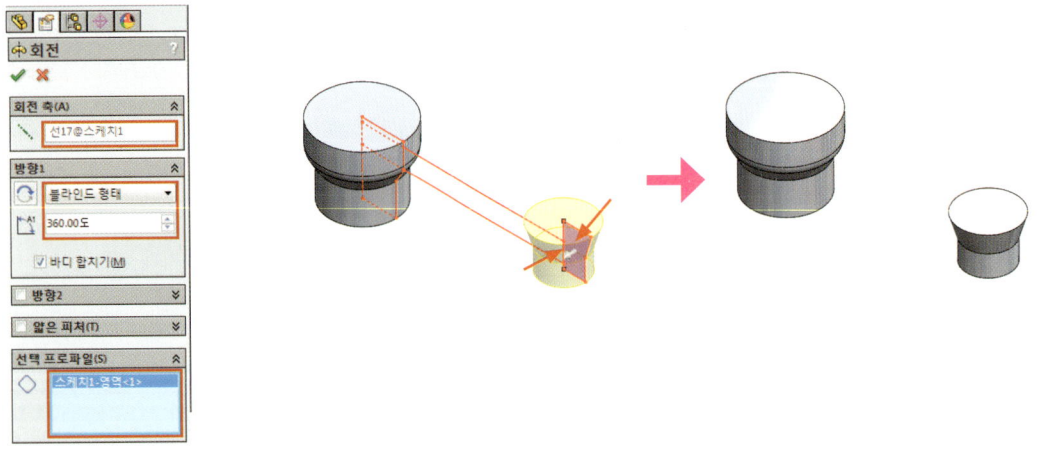

03 스케치1 항목을 선택한 후 돌출 명령을 클릭한다.

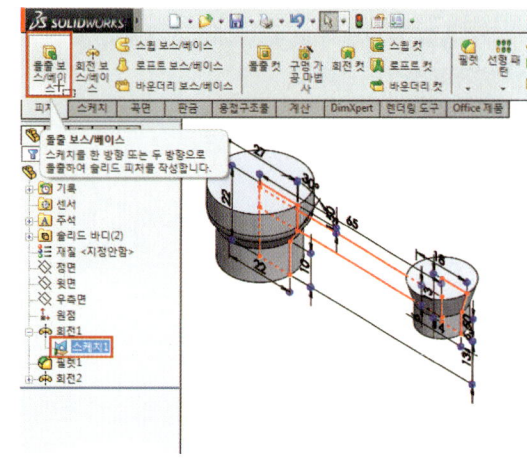

04 돌출 명령 클릭 ▶ 방향1 : 중간 평면 ▶ 거리 : 13mm ▶ 프로파일 선택 ▶ 확인

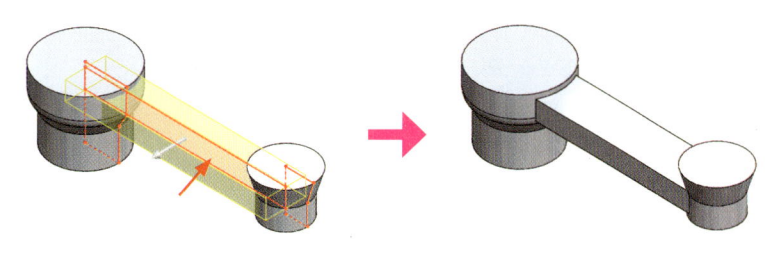

05 작성된 솔리드 면을 클릭해 스케치를 작성한다.

06 스케치 프로파일을 작성한다.

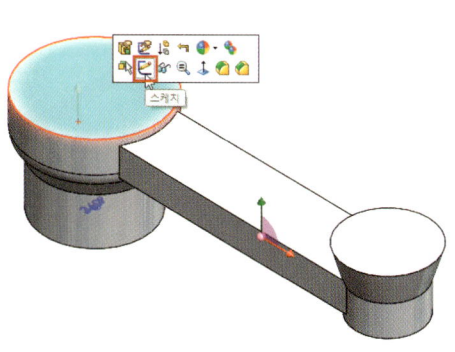
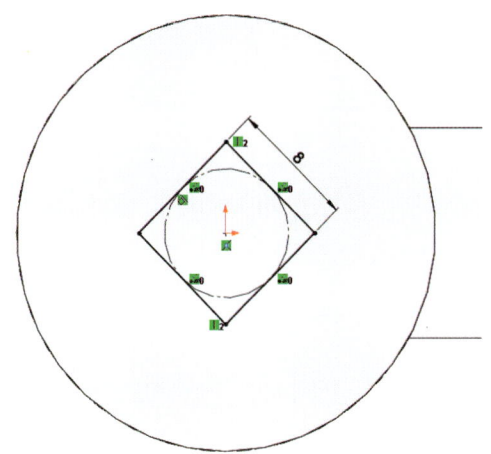

07 돌출 컷 명령 클릭 ▶ 방향1 : 다음까지 ▶ 확인

 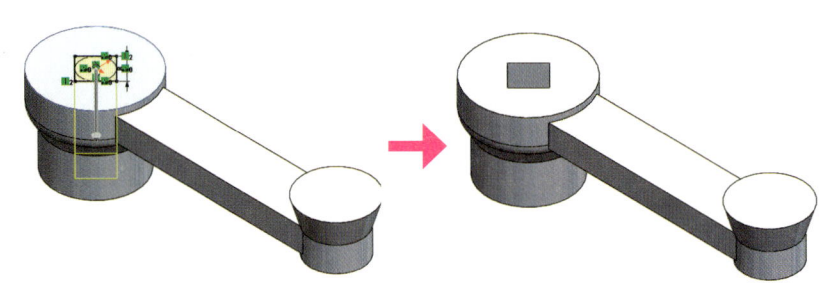

08 구멍 명령을 실행한 후 위치 탭에서 구멍을 작성할 평면을 선택한다.

09 구멍의 중심으로 쓸 스케치를 작성한다.

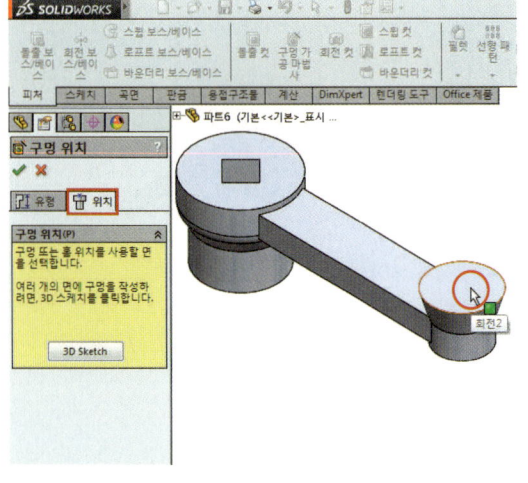 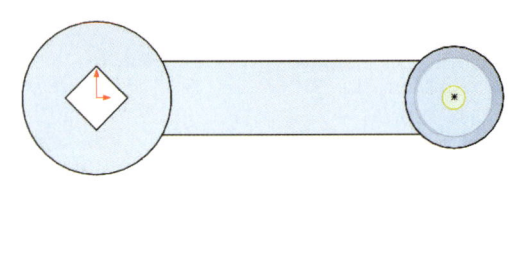

10 유형 탭 클릭 ▶ 구멍 유형 : 직선 탭 ▶ 구멍 스펙 : M5 ▶ 마침 조건 : 다음까지 ▶ 확인

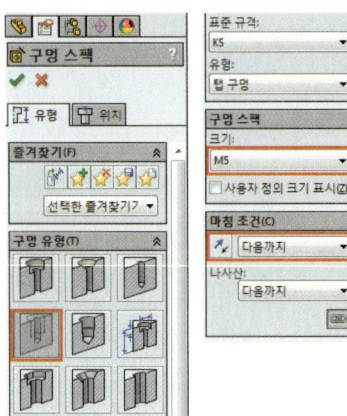 

03 마무리 피처 작성

01 필렛 명령 클릭 ▶ 모서리 선택 ▶ 필렛 변수 : 3mm ▶ 확인

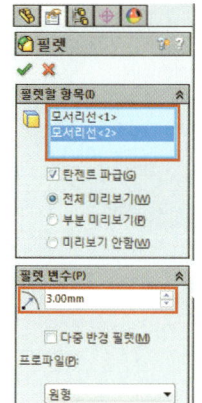
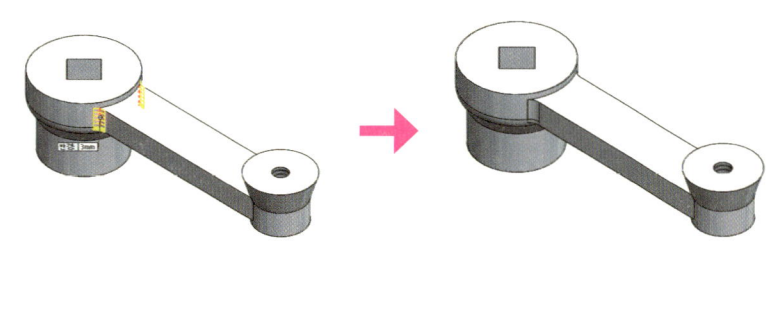

02 필렛 명령 클릭 ▶ 모서리 선택 ▶ 필렛 변수 : 5mm ▶ 확인

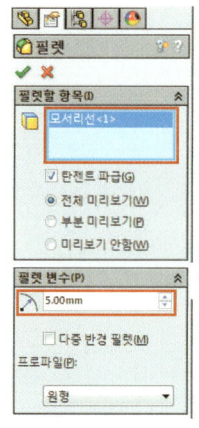
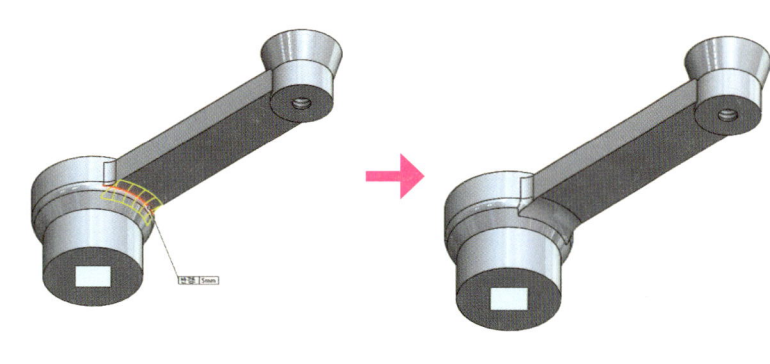

03 필렛 명령 클릭 ▶ 모서리 선택 ▶ 필렛 변수 : 1.5mm ▶ 확인

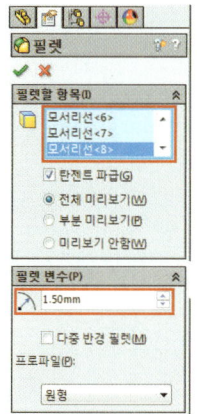
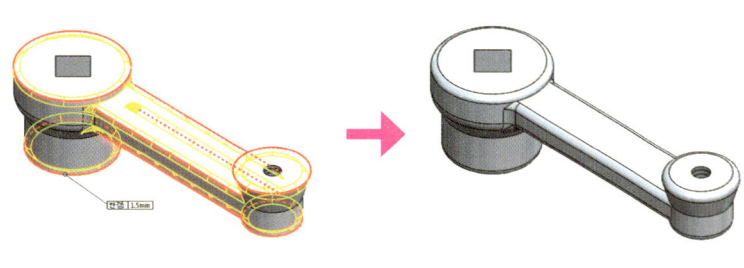

Lesson 3 | 핸들

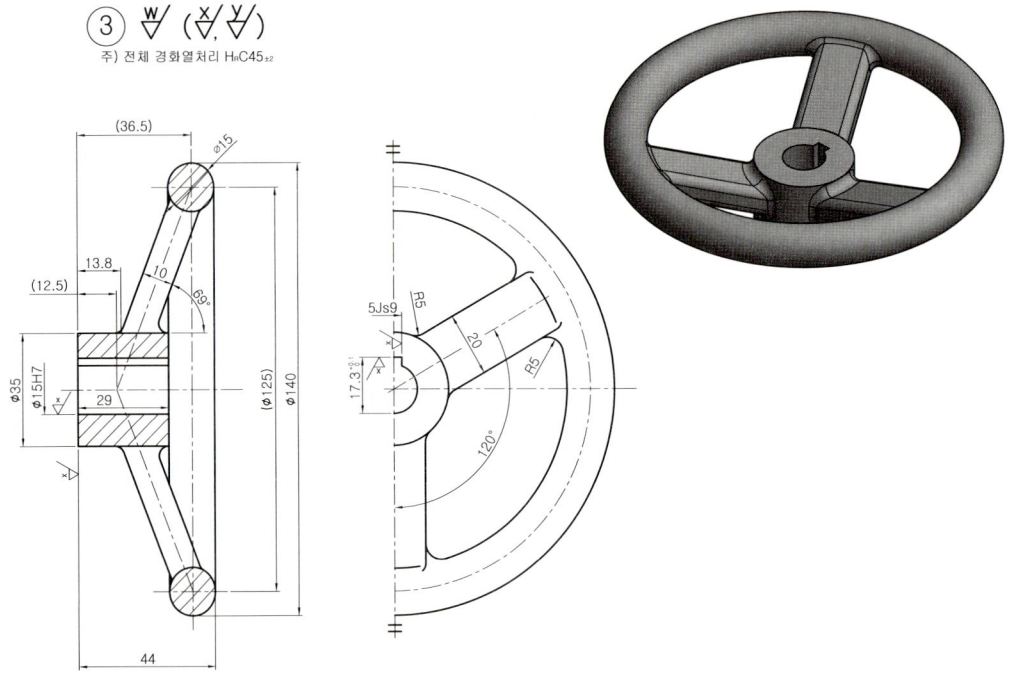

| 주 석 | ▶ 도시되고 지시하지 않은 모따기 1X45° |

01 베이스 피처 작성

01 정면에 스케치를 작성한다.

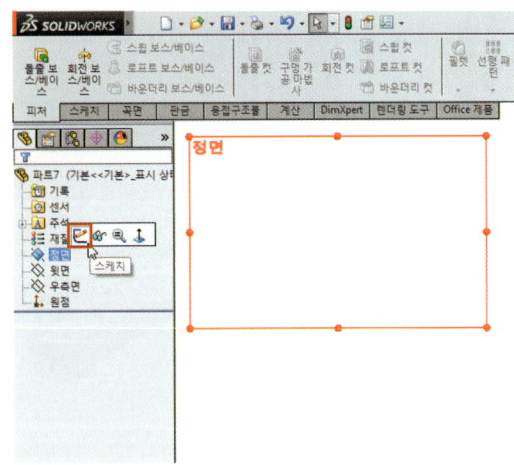

02 스케치 프로파일을 작성한다.

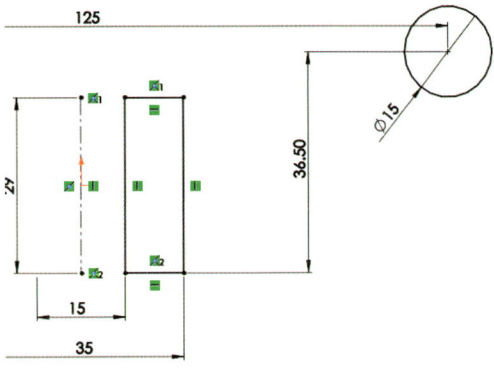

Section6 기타 부품 그리기

03 회전 명령 클릭 ▶ 회전 축과 프로파일이 자동 선택 ▶ 확인

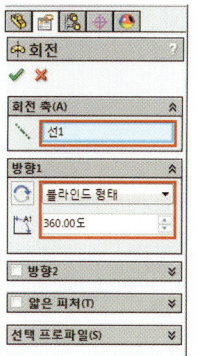
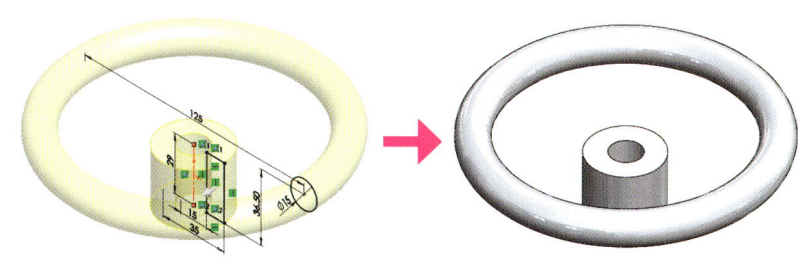

02 서브 피처 작성

01 정면에 스케치를 작성한다.

02 보강대로 쓸 스케치 프로파일을 작성한다.

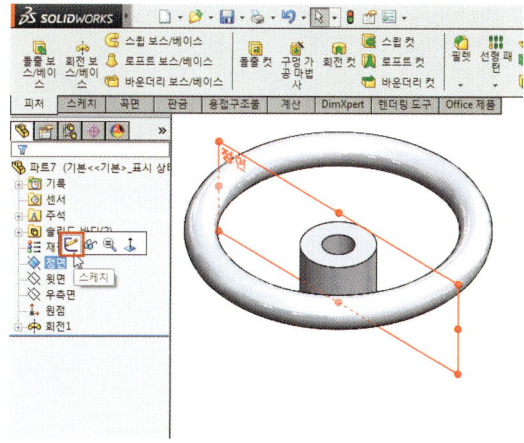
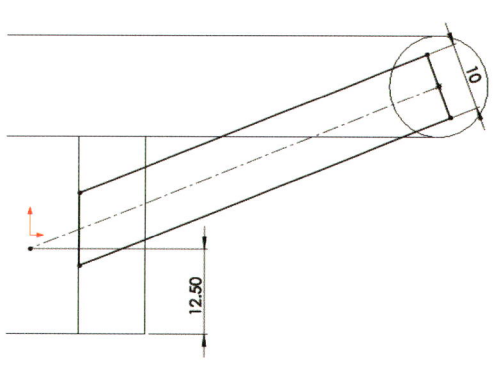

03 돌출 명령 클릭 ▶ 방향1 : 중간 평면 ▶ 거리 : 20mm ▶ 확인

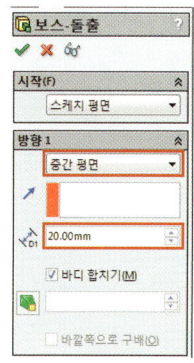
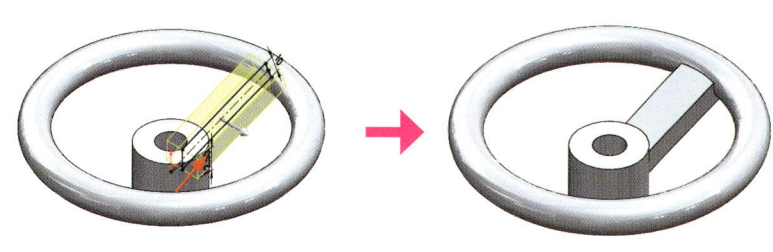

429

04 필렛 명령 클릭 ▶ 필렛 유형 : 부동 크기 ▶ 모서리 선택 ▶ 필렛 변수 : 3mm ▶ 확인

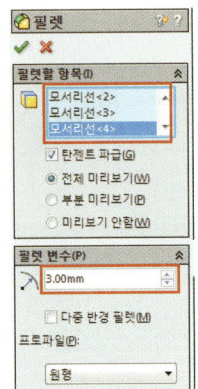 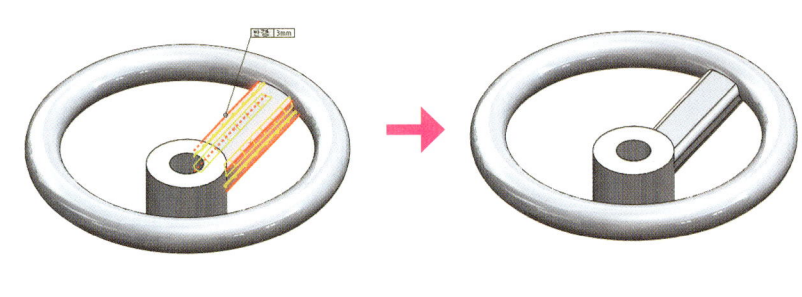

05 필렛 명령 클릭 ▶ 필렛 유형 : 부동 크기 ▶ 모서리 선택 ▶ 필렛 변수 : 3mm ▶ 확인

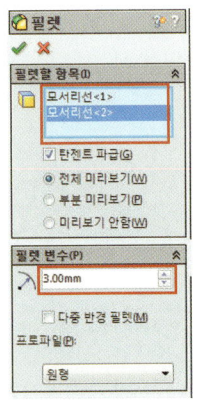 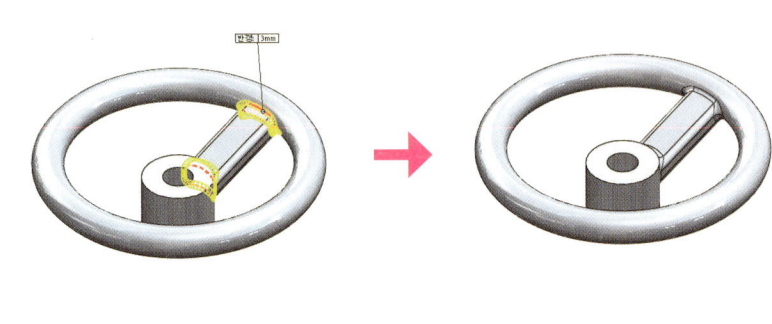

06 원형 패턴 명령 클릭 ▶ 파라미터 : 회전 축 면 선택 ▶ 각도 : 360도 ▶ 개수 : 3 ▶ 패턴할 피처 선택 ▶ 확인

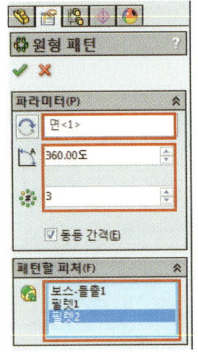 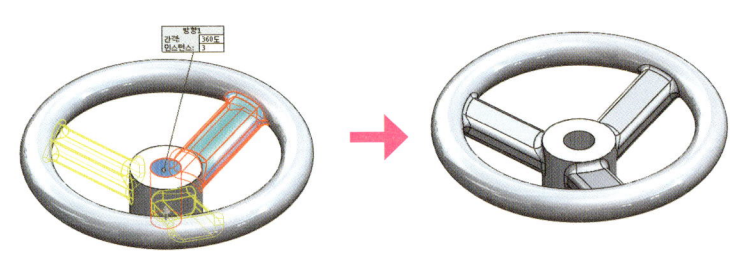

03 마무리 피처 작성

01 작성된 솔리드 면에 스케치를 작성한다.

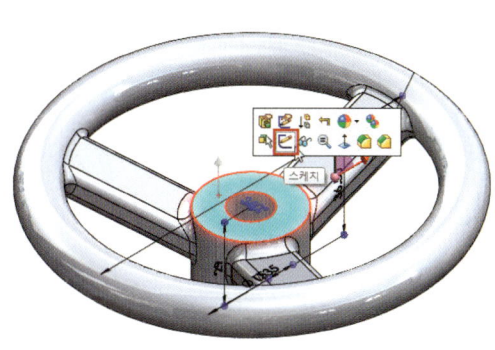

02 스케치 프로파일을 작성한다.

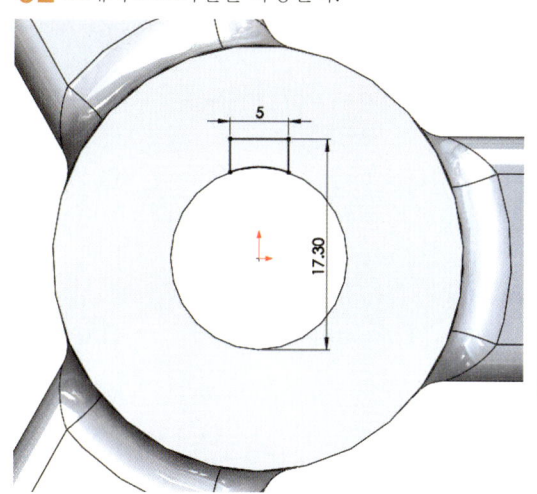

03 돌출컷 명령 클릭 ▶ 방향1 : 다음까지 ▶ 확인

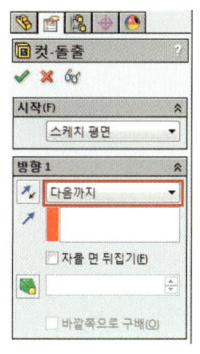
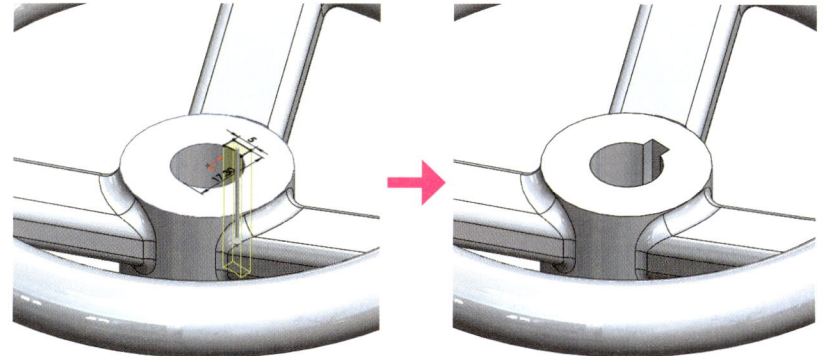

04 핸들 부품의 작성이 완료되었다.

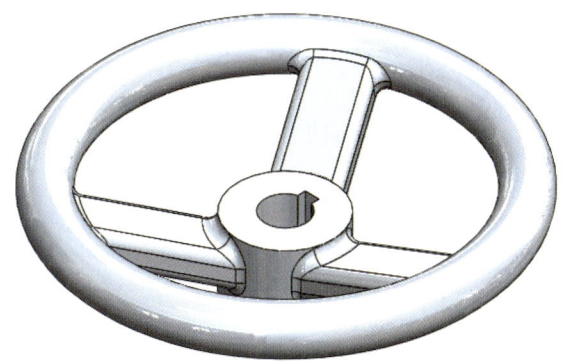

Lesson 4 | 스프링

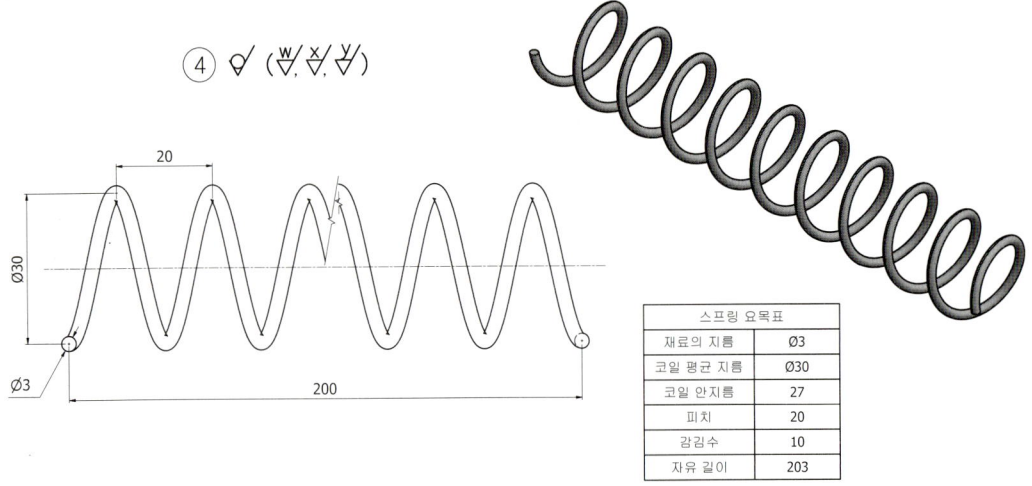

스프링 요목표	
재료의 지름	Ø3
코일 평균 지름	Ø30
코일 안지름	27
피치	20
감김수	10
자유 길이	203

01 베이스 피처 작성

01 XY평면에 스케치를 작성한다.

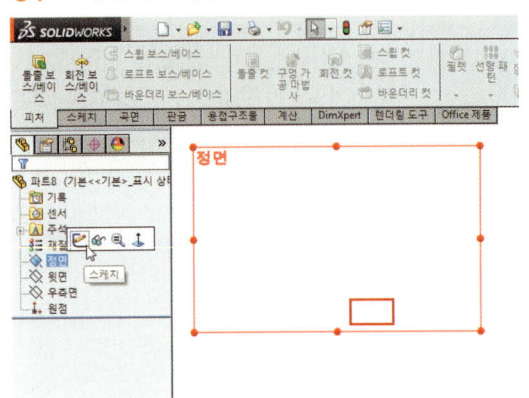

02 스케치 프로파일을 작성한다.

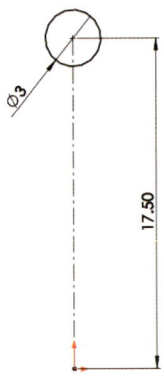

03 스케치를 마무리한다.

04 우측면에 스케치를 작성한다.

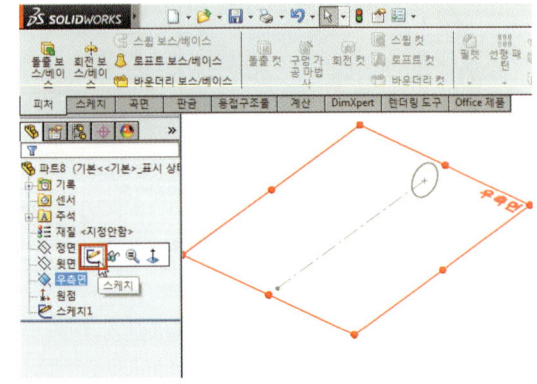

05 첫 번째 프로파일의 끝점을 참조해 원을 작성한다.

06 풀다운 메뉴-삽입-곡선-나선형 곡선을 클릭한다.

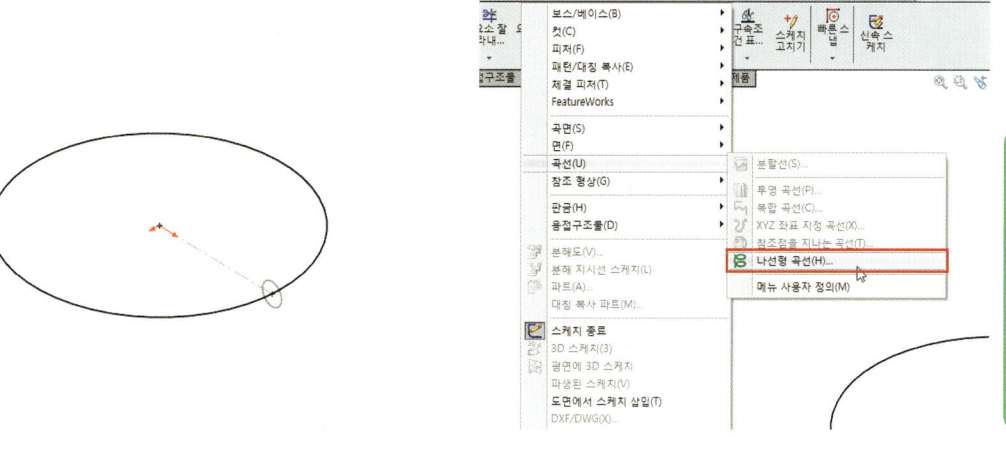

07 나선형 곡선 명령 클릭 ▶ 정의 기준 : 높이와 피치 ▶ 높이 : 81mm ▶ 피치 : 10mm ▶시작 각도 : 90도 ▶ 시계 방향 체크 ▶ 확인

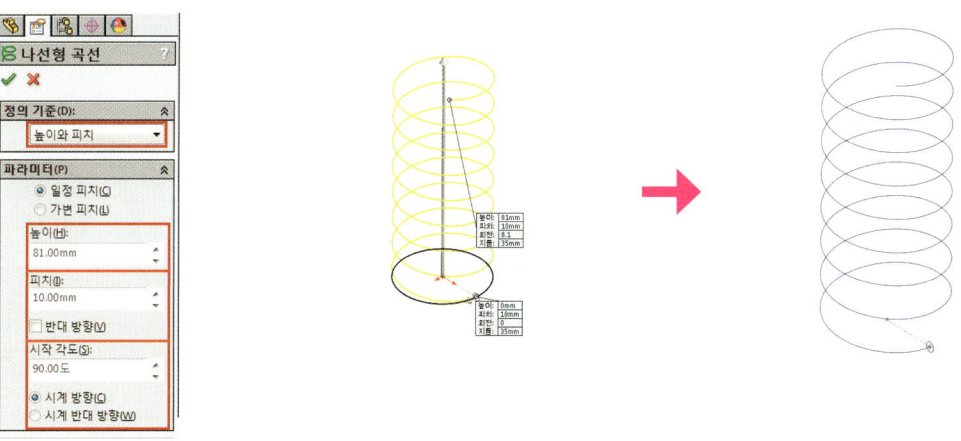

08 스윕 명령 클릭 ▶ 프로파일과 경로 선택 ▶ 확인

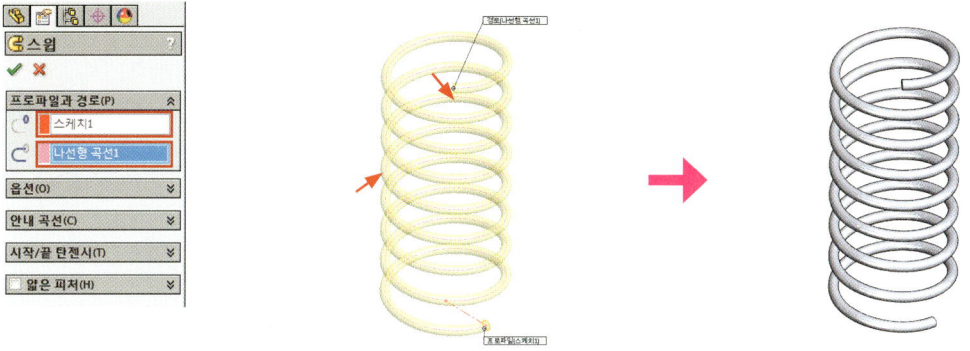

PART 05

도면 작성하기

DWORKS 2014

Section 1	도면 환경 알아보기	436p
Section 2	뷰 명령 알아보기	442p
Section 3	시험용 템플릿 작성하기	462p
Section 4	제출용 도면 작성하기	468p

Section 1
도면 환경 알아보기

전산응용기계제도/기계설계산업기사를 위한 솔리드웍스

도면 환경의 기본에 대해 알아보도록 하자.

Lesson 1 | 도면 시작하기

01 도면 템플릿 열기

01 새 파일 명령을 클릭해서 도면 템플릿을 선택한 다음 확인 버튼을 클릭한다.

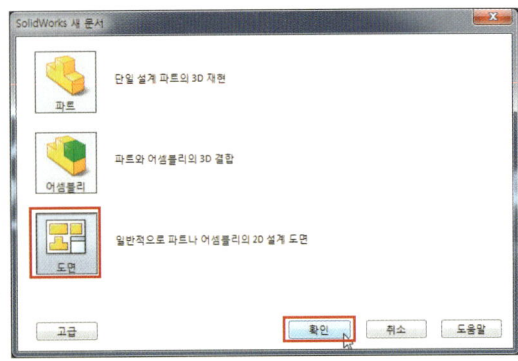

02 도면 환경이 열리게 된다.

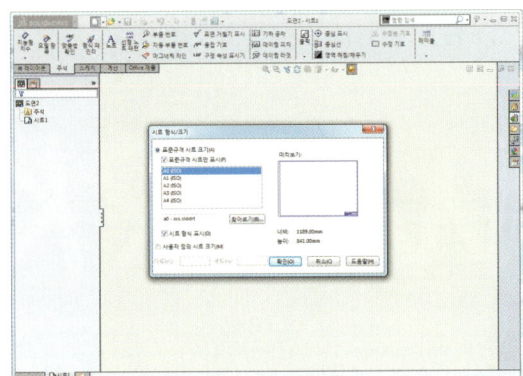

03 시트 형식/크기 란이 나타나게 된다.

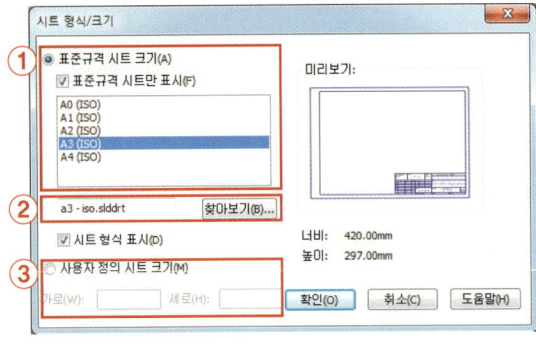

❶ 표준 규격 시트 크기
배치할 수 있는 크기의 시트의 종류를 표시한다.

❷ 찾아보기
사용자가 임의로 저장한 시트 파일을 찾아준다.

❸ 사용자 정의 시트 크기
사용자가 임의로 시트의 크기를 정해줄 수 있다.

> **어드바이스** ▶ 최초의 도면은 템플릿 환경의 초보 모드에서 하기 때문에 시트 형식을 설정하는 창이 뜨게 된다. 이후에 사용자 템플릿을 작성하여 고급 모드에서 열게 되면 시트 형식의 기본 창이 뜨지 않게 된다.

04 기본 템플릿을 열게 되면 자동으로 모델뷰 명령이 실행된다. 확인 버튼을 클릭하면 시트 화면이 표시된다.

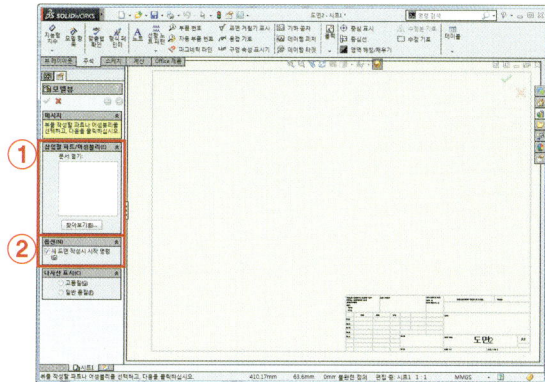

모델뷰 : 최초의 도면뷰를 작성하기 위한 명령이다.

① 삽입할 파트/어셈블리
 -문서열기 : 이미 솔리드웍스에 열려있는 파트 혹은 어셈블리의 리스트가 표시되거나 찾아보기 버튼으로 연 파트나 어셈블리의 리스트가 표시된다.
 -찾아보기 : 버튼을 클릭해 윈도우 탐색기에서 모델뷰로 작성할 파트나 어셈블리를 찾게 된다.

② 옵 션
 -새 도면 작성시 시작명령을 체크해제 하면 모델뷰가 실행되지 않는다.

02 도면 환경 알아보기

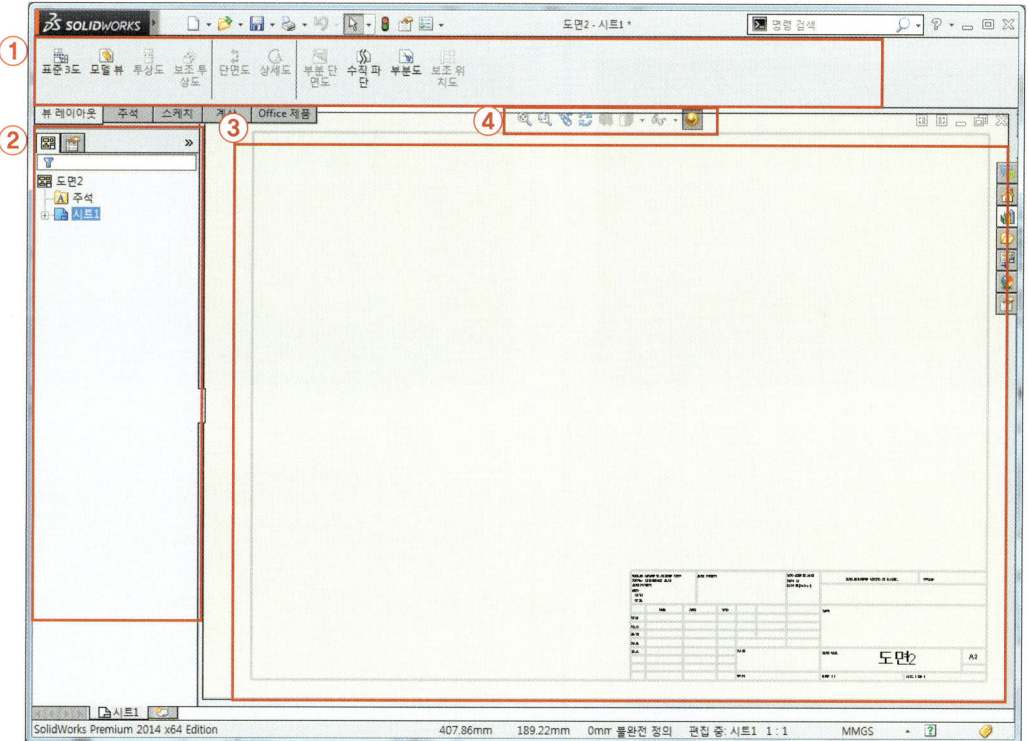

도면 화면에 대한 인터페이스 소개

① 시트 트리 : 도면 파일안에 포함된 시트의 리스트를 나타낸다.

② 명령어 탭 화면 : 도면에서 사용할 수 있는 명령어들이 나타나게 된다.

③ 작업 화면 : 실제로 도면작업을 하는 창이다.

④ 보기(빠른보기) : 도면의 시점 이동이나 화면 축척에 대한 명령어가 모여있다.

Lesson 2 | 시트의 성격에 대해서

솔리드웍스의 도면 환경은 하나의 **파일**안에 여러장의 **종이**가 들어있는 형태라고 보시면 됩니다. 여기서 종이를 **시트**라고 이해하면 된다.

따라서 도면환경에서의 작업 트리는 **시트 트리**라고 불리게 된다.

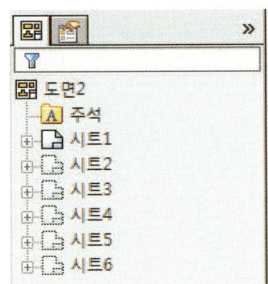

축척 관계도 시트를 중심으로 맞추어지게 됩니다. 2차원 캐드에서는 뷰의 크기에 따라 시트의 배율을 키웠지만, 솔리드웍스의 도면에서는 **시트의 크기와 시트의 축척에 따라 도면뷰의 크기를 변경**하게 된다.

2차원 캐드의 경우 : 뷰의 크기에 맞추어 시트의 크기가 변한다.

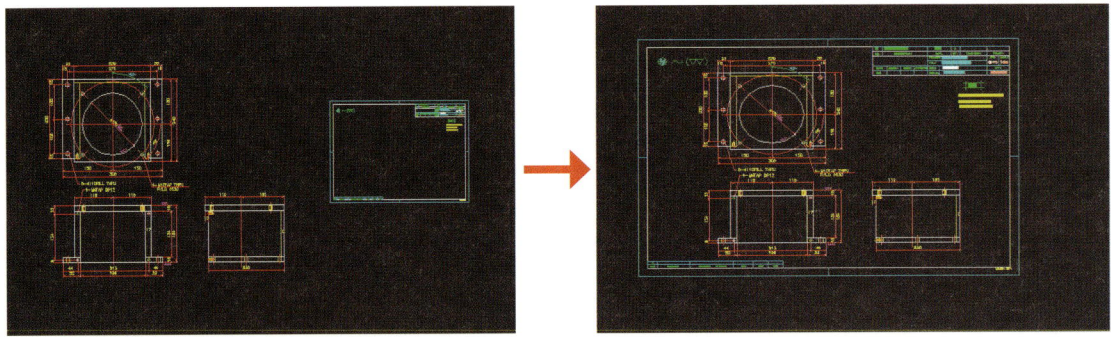

솔리드웍스의 경우 : 시트의 크기와 시트 비율에 맞추어 뷰의 크기가 바뀐다.

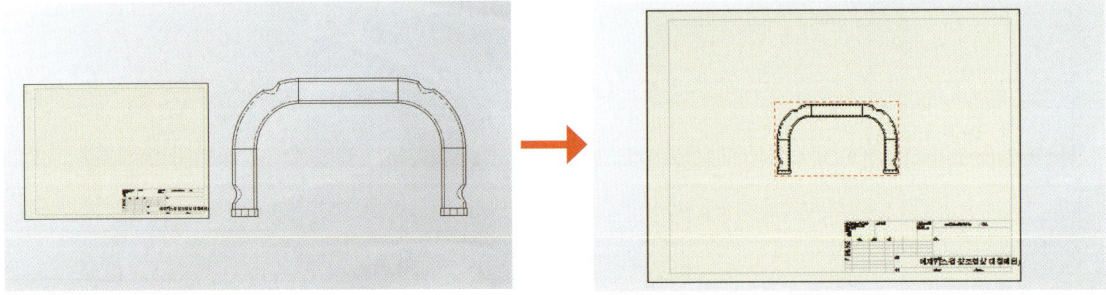

Lesson 3 | 시트 트리에 대한 소개

시트 트리는 다음과 같이

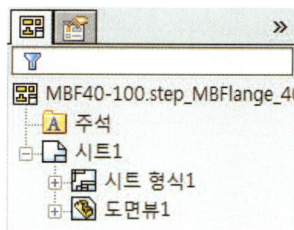

이러한 기본 형태로 되어 있다. 먼저 현재 도면의 테두리 형식을 지정하는 **시트 형식**이 나타나 있다. 아래로는 각각의 **기준뷰**를 중심으로 **파생뷰**가 하위항목으로 나열되어 있으며, 도면뷰의 수정이나 삭제도 이곳에서 찾아서 이루어질 수 있다.

Lesson 4 | 도면 환경의 명령어 소개

01 도면 템플릿 열기

도면 작성시 부품 뷰를 작성하는 명령어들이 모여있습니다.

❶ **표준 3도** : 불러오는 부품 뷰의 정면도 우측면도 평면도를 자동으로 생성한다.

❷ **모델 뷰** : 도면 뷰의 가장 처음 작성하는 뷰로써, 파생되는 다른 뷰들의 기준이 된다.

❸ **투상도** : 기준 뷰를 중심으로 수직, 수평 혹은 내각선의 등각투상 형태의 파생뷰를 작성한다.

❹ **보조 투상도** : 기준 뷰의 참조 모서리 혹은 스케치 선에 수직으로 배치되는 투상도를 작성한다.

❺ **단면도** : 절단선으로 기준뷰를 잘라서 도면의 단면도를 생성한다. 선을 다중 배치함으로써 경사 단면도도 작성할 수 있다.

❻ **상세도** : 기준뷰의 일부분에 영역을 지정하여, 그 부분만 상세하게 확대하여 뷰를 작성한다.

❼ **부분 단면도** : 기준뷰의 일부분에 영역을 지정하여, 그 부분만 단면으로 표시하는 뷰로 변경한다.

❽ **수직 파단** : 연속된 모양의 기준뷰를 수직, 혹은 수평 방향으로 연속성의 구간을 잘라내 간략뷰로 표시한다.

❾ **부분도** : 기준뷰의 일부부의 영역만 제외하고, 나머지 부분을 삭제하는 방법으로 기준뷰를 변경한다.

❿ **보조 위치도** : 어셈블리의 동작범위를 표시하는 도면 뷰를 작성한다.

02 주석

시트 배치와 뷰 레이아웃 명령을 제외한 모든 도면 명령어들이 모여있다.

① **지능형 치수** : 지능형 치수 명령으로 도면뷰에 치수를 작성할 수 있다.

② **모델항목** : 뷰로 배치된 파트를 작성할 때, 사용한 스케치나 피처의 치수를 불러온다.

③ **맞춤법 확인** : 현재 작성된 뷰의 모든 텍스트의 맞춤법을 검사한다.

④ **형식 페인터** : 각 개체가 가지고 있는 형식이나 속성을 복사해 다른 개체에 덮어씌운다.

⑤ **노트** : 도면에 텍스트를 배치한다.

⑥ **부품번호** : 도면에 해당 부품의 번호를 작성한다.

⑦ **자동 부품번호** : 도면에 배치된 어셈블리 뷰에 포함된 부품을 자동으로 검색하여 부품번호를 부여해 준다.

⑧ **마그네틱 라인** : 부품번호를 자동 정렬할 기준선이 되는 마그네틱 라인을 작성한다.

⑨ **표면 거칠기 표시** : 도면뷰에 표면 거칠기 기호를 삽입한다.

⑩ **용접 기호** : 도면 뷰에 용접 기호를 삽입한다.

⑪ **구멍 속성 표시기** : 도면 뷰에 작성된 구멍 피처의 속성을 텍스트로 표시해준다.

⑫ **기하공차** : 도면 뷰에 기하공차 기호를 삽입한다.

⑬ **데이텀 피처** : 도면 뷰에 데이텀 피처를 삽입한다.

⑭ **데이텀 타겟** : 도면 뷰에 데이텀 타겟을 삽입한다.

⑮ **블럭** : 도면의 스케치 요소를 블록으로 만든다.

⑯ **영역 해칭/채우기** : 도면 뷰의 폐곡선 공간에 해칭 및 색 채우기를 삽입한다.

⑰ **중심 표시와 중심선** : 도면 뷰에 중심 표시와 중심선을 삽입한다.

⑱ **테이블** : 시트에 테이블을 배치한다.

03 보기(빠른 보기)

① **전체 보기** : 모델을 창에 전체 크기로 표시한다.

② **모델항목** : 상자를 그려 그 영역을 확대한다.

③ **이전 뷰** : 이전 뷰를 표시한다.

④ **뷰 회전** : 모델 뷰를 회전한다.

⑤ **3D 도면뷰** : 선택한 뷰를 드래그해 뷰를 동적으로 회전할 수 있다.

⑥ **표시 유형** : 선택한 뷰의 표시 유형을 변경한다.

⑦ **항목 숨기기/보이기** : 작업 영역 안의 특성 개체들을 보이거나 숨기기한다.

4 도면 옵션

옵션의 문서 속성에 가면 도면에 대한 상세 옵션을 설정할 수 있다.

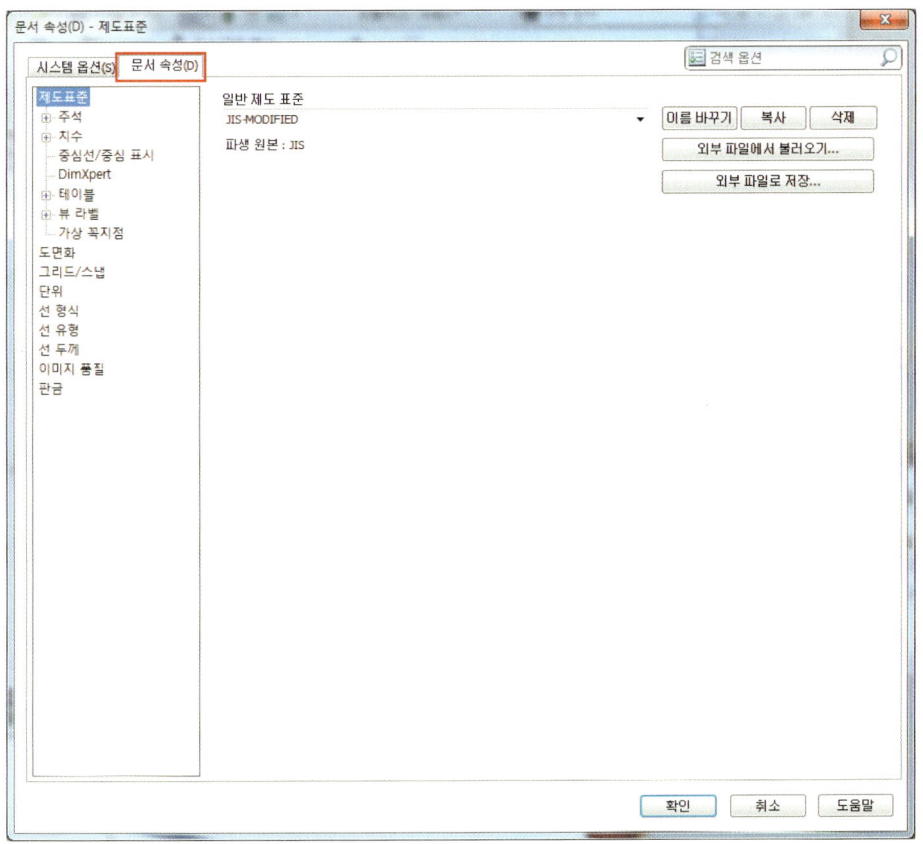

Section 2
뷰 명령 알아보기

전산응용기계제도/기계설계산업기사를 위한 솔리드웍스

도면의 뷰 탭의 명령어들에 대해 알아보도록 하자.

Lesson 1 | 모델 뷰

도면 뷰의 가장 기준이 되는 뷰를 작성하는 명령이다.

01 작성 방법

01 뷰 레이아웃 탭에서 모델 뷰 명령을 클릭한다.

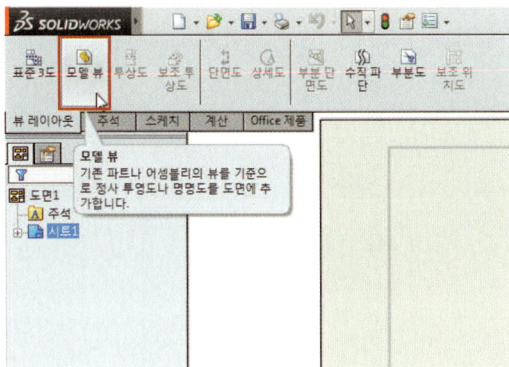

02 찾아보기 버튼을 클릭한다.

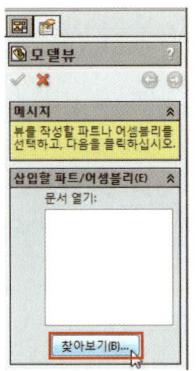

03 불러올 파일을 선택해 열기 버튼을 클릭한다.

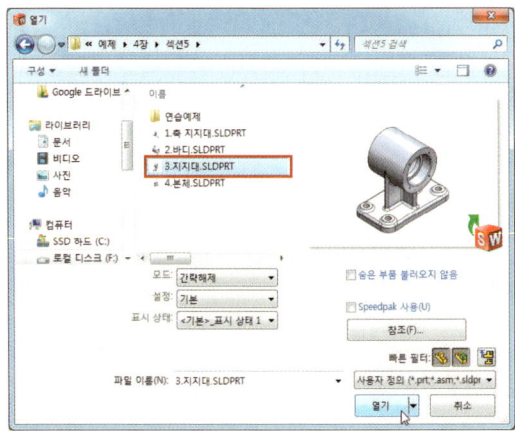

04 불러올 뷰의 방향을 선택한 후 확인 버튼을 클릭한다.

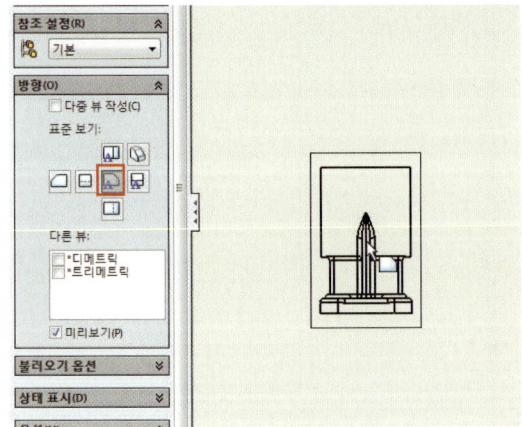

05 우측으로 커서를 움직이면 우측면도가 투영된다.

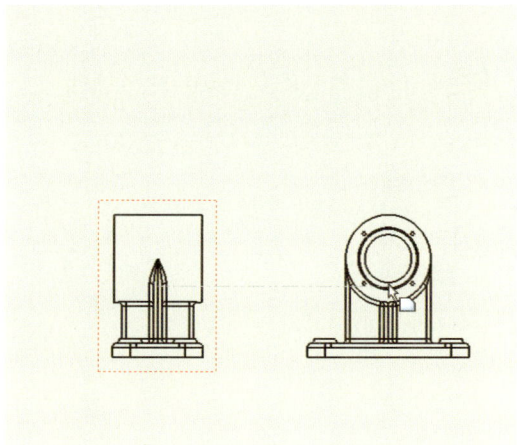

06 위로 커서를 움직이면 평면도가 투영된다.

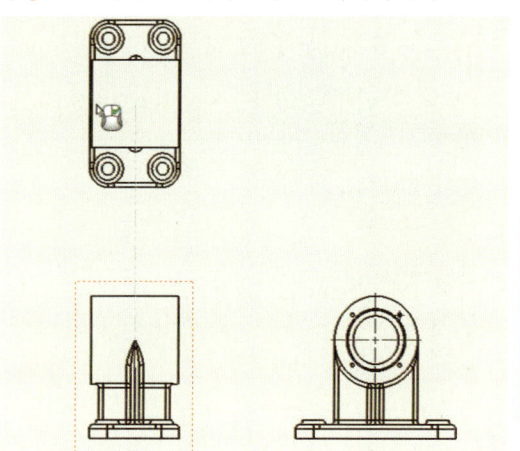

07 대각선으로 커서를 움직이면 등각투상도가 투영된다.

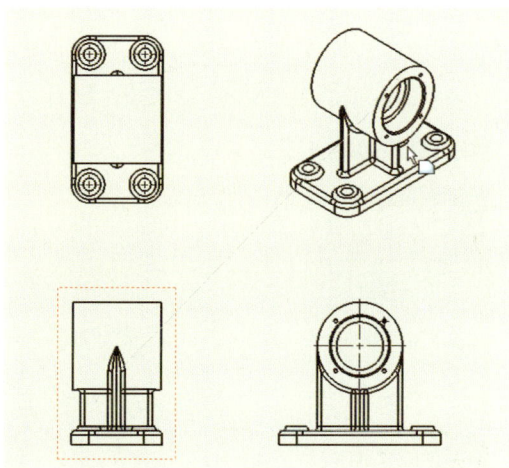

08 확인 버튼을 클릭하면 뷰 작성이 마무리된다.

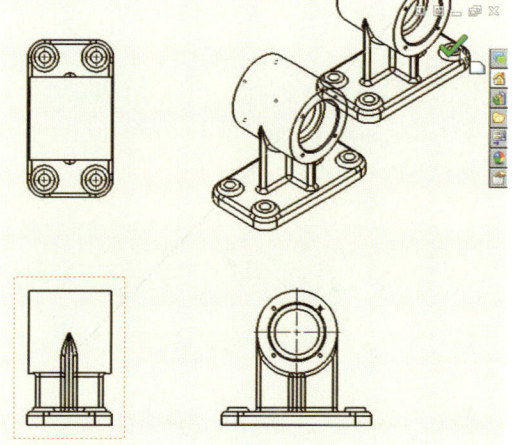

02 다중 뷰 작성 방법

01 다중 뷰 작성에 체크한 후 원하는 방향의 뷰 버튼을 여러 개 체크한다.

02 확인 버튼을 누르면 다중 뷰가 생성된다.

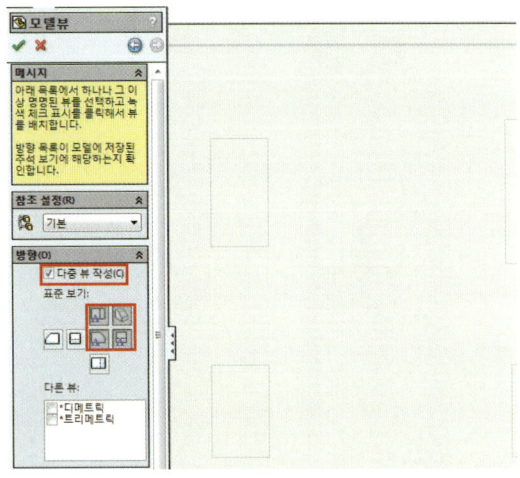
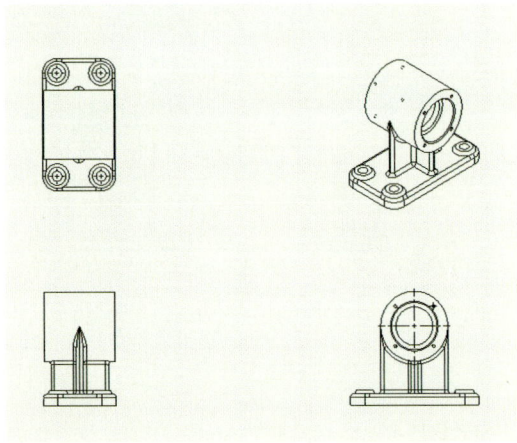

03 뷰 옵션

해당 뷰를 선택하면 좌측의 검색기에서 다음 옵션들을 확인할 수 있다.

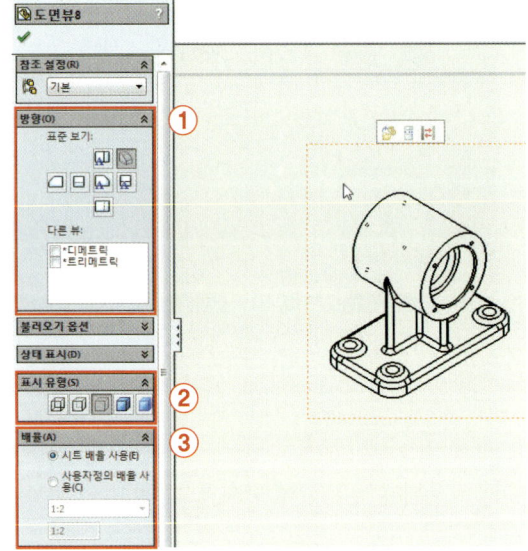

❶ 방향 : 불러올 뷰의 방향을 설정할 수 있다.

❷ 표시 유형 : 뷰의 표시 유형을 설정한다.

❸ 배율 : 뷰의 배율을 설정한다.
 -시트 배율 사용 : 시트 속성에서 정의한 배율을 사용한다.
 -사용자 정의 배율 사용 : 사용자가 지정한 배율을 사용한다.

04 표시 유형

❶ 실선
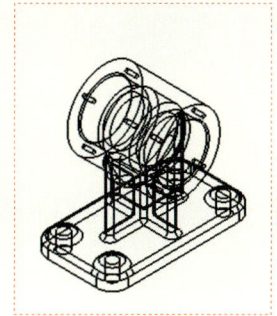

❷ 은선 표시
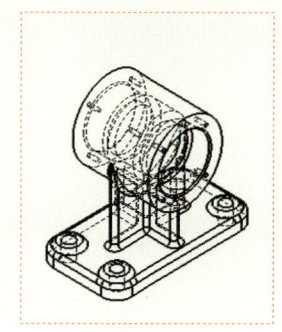

❸ 은선 제거
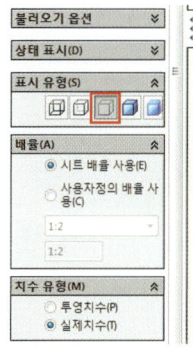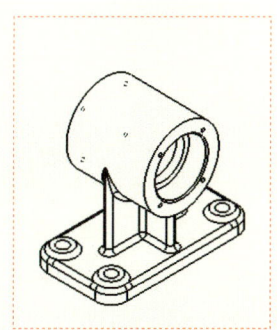

❹ 모서리 표시 음영
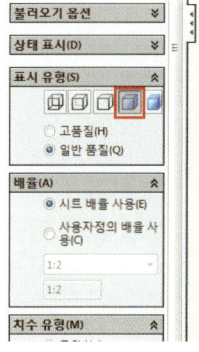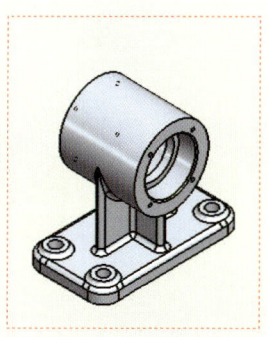

❺ 음영

05 배율

① 시트 배율 사용

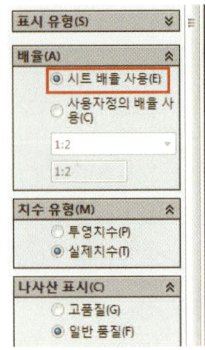
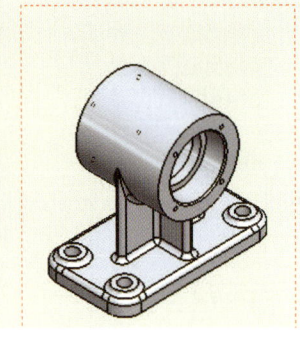

배율이 1:1일 경우

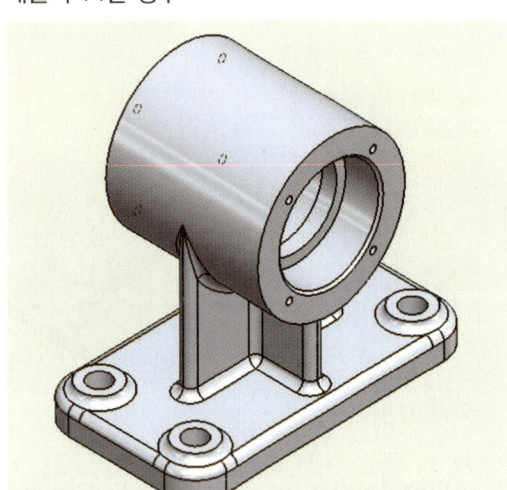

② 사용자 정의 배율 사용

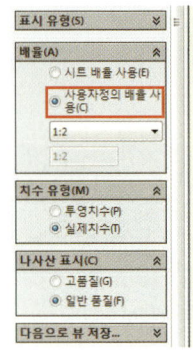
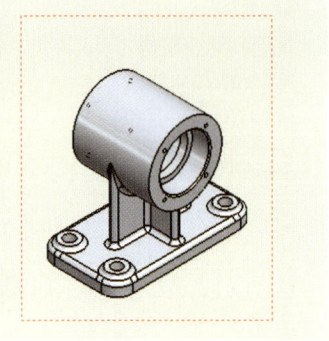

배율이 1:2일 경우

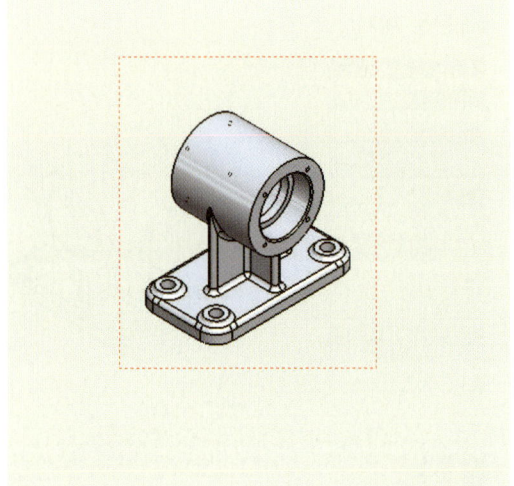

06 뷰 방향 바꾸기

01 해당 뷰를 선택해 뷰 옵션을 표시한다.

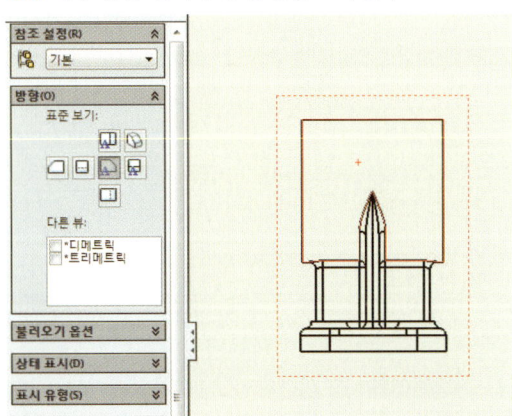

02 바꾸고 싶은 다른 뷰 방향의 버튼을 클릭한다.

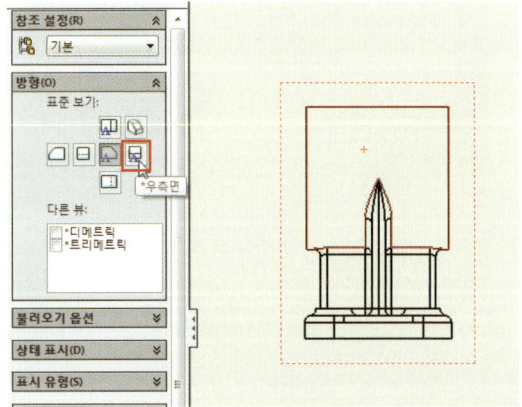

03 다음과 같이 뷰의 방향이 변경된다.

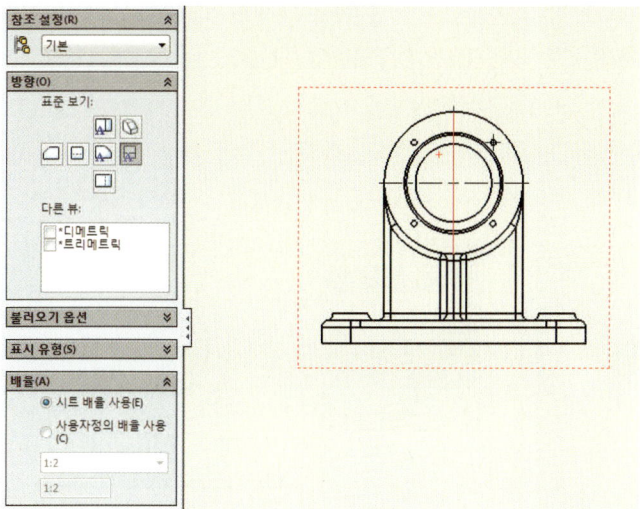

07 뷰 회전하기

01 뷰 회전 명령을 클릭한다.

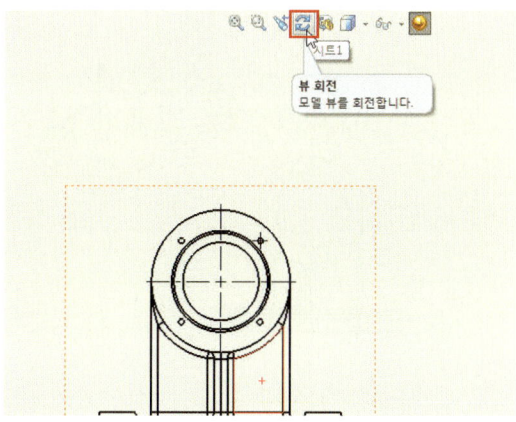

02 회전할 뷰를 선택한다.

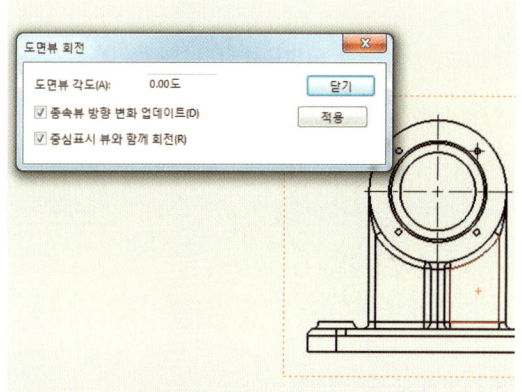

03 뷰의 각도를 입력한 후 적용 버튼을 클릭한다.

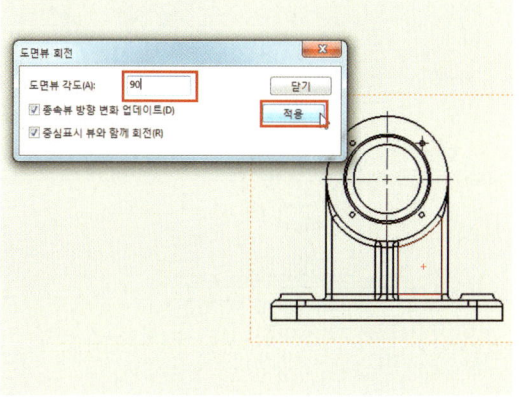

04 다음과 같이 도면뷰가 회전한다.

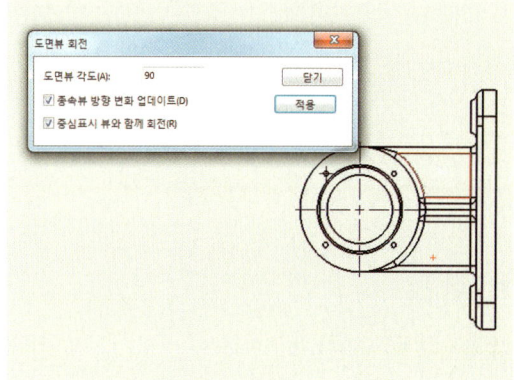

Lesson 2 투상도

기존의 뷰를 일정 방향으로 투상시켜서 투상도를 작성한다.

01 작성 방법

01 뷰 배치 탭에서 투영 명령을 클릭한다.

02 투상할 뷰를 선택한다.

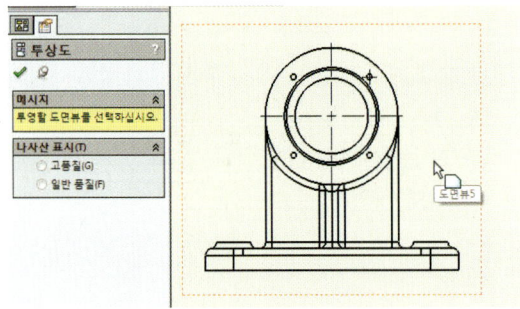

03 우측으로 움직이면 우측면도가 투영된다.

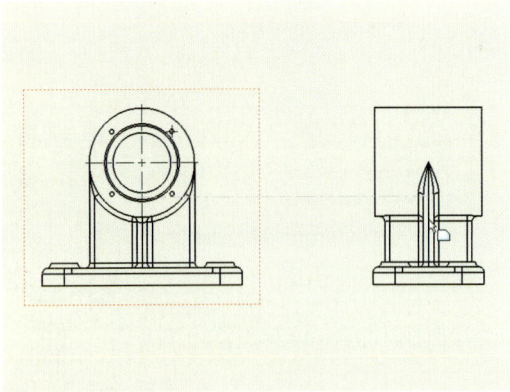

04 대각선 방향으로 움직이면 등각투상도가 투영된다.

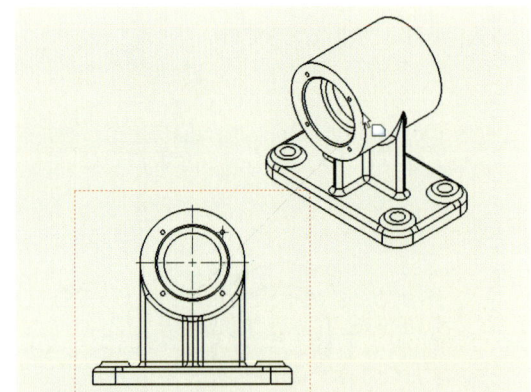

05 클릭하면 투상뷰 작성이 완료된다.

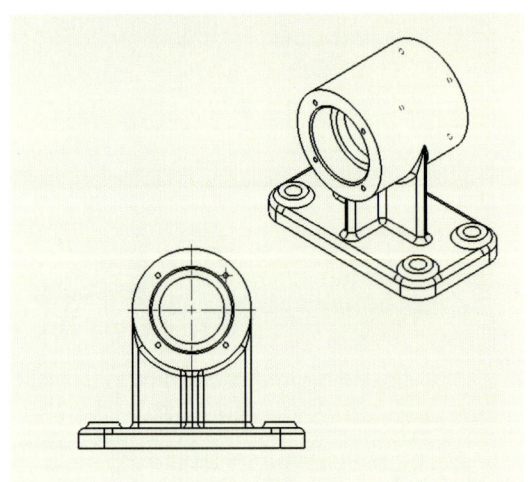

Lesson 3 보조 투상도

모서리, 혹은 스케치선에 직각이 되는 투영 뷰를 작성한다.

01 작성 방법

01 보조 투상도 명령을 클릭한다.

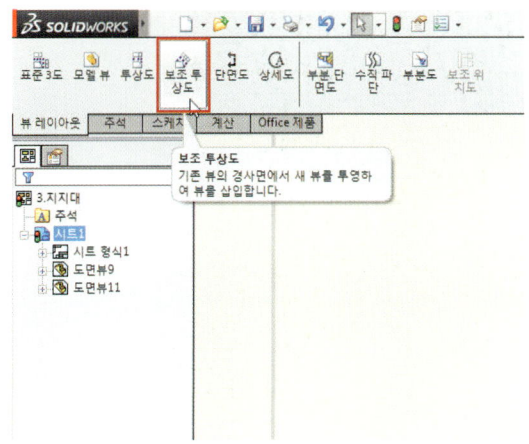

02 모서리를 선택한다.

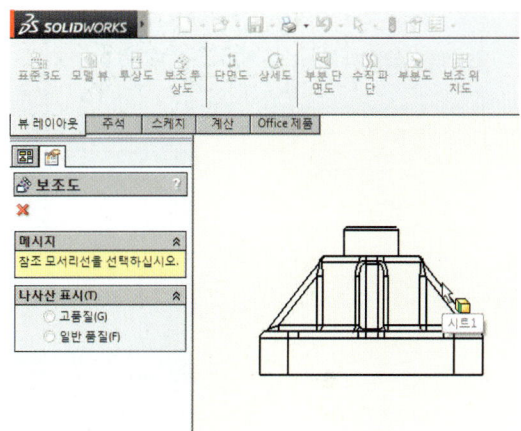

03 마우스를 움직이면 투영 뷰가 미리보기 된다.

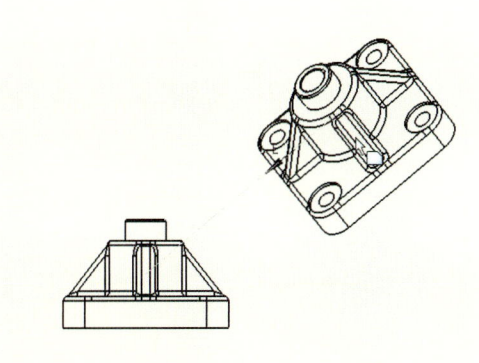

04 클릭하면 보조 투상도가 작성된다.

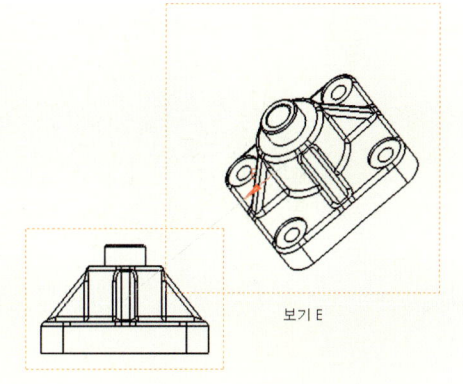

Lesson 4 | 단면도

선을 작성해 뷰를 잘라낸 모양으로 표시한다.

01 작성 방법

01 단면도 명령을 클릭한다.

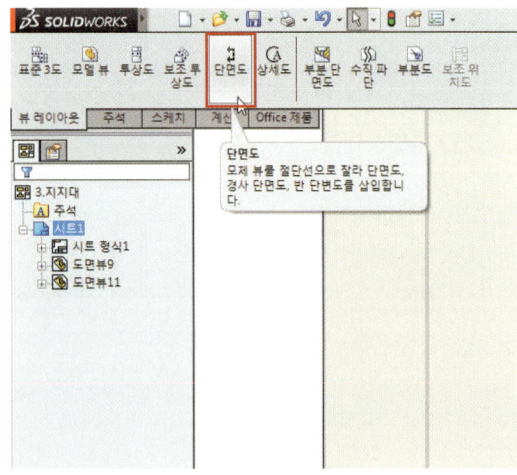

02 단면 타입과 절단선 타입을 선택해 절단선을 뷰에 스냅한다.

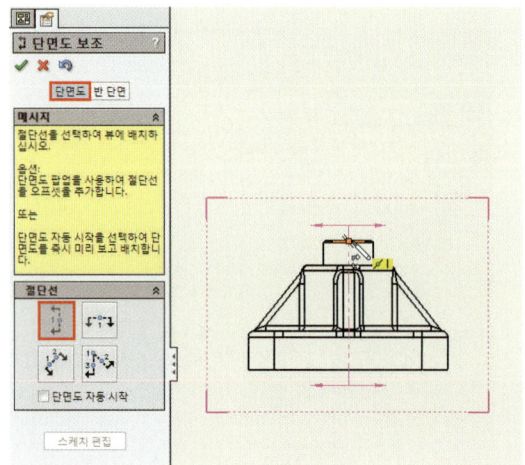

03 절단선의 위치를 맞춘 후 클릭해서 확인 버튼을 클릭한다.

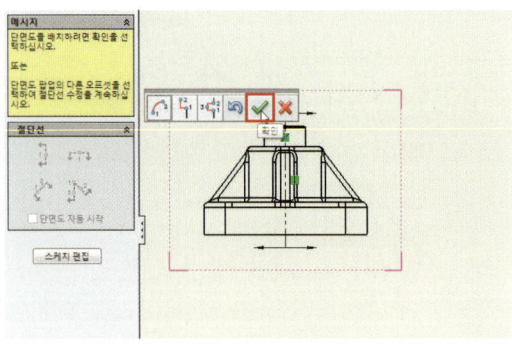

04 단면 영역을 설정한 후 확인 버튼을 클릭한다.

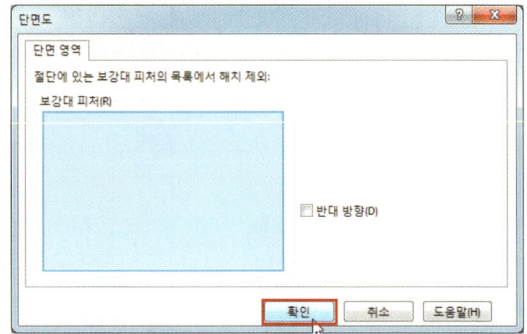

05 마우스를 우측으로 움직이면 단면뷰가 미리보기 된다.

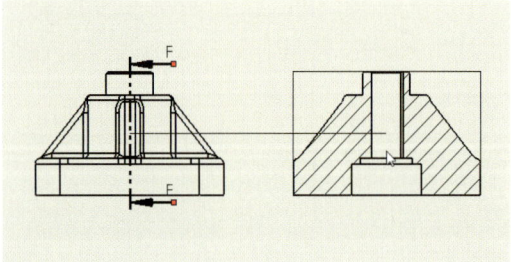

06 클릭하면 단면도 작성이 완료된다.

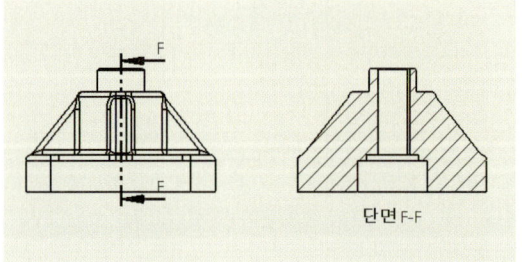

Section2 뷰 명령 알아보기

02 난면도 옵션

① 수직

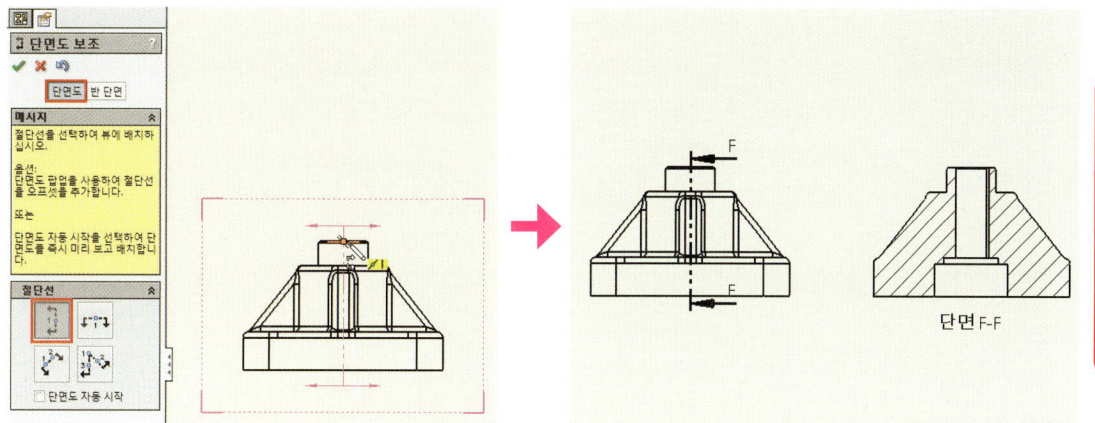

② 수평

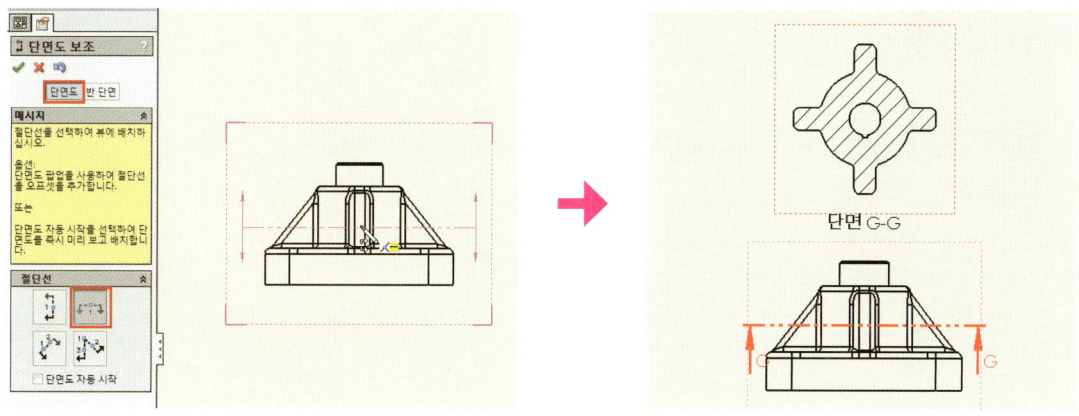

③ 보조 투상도

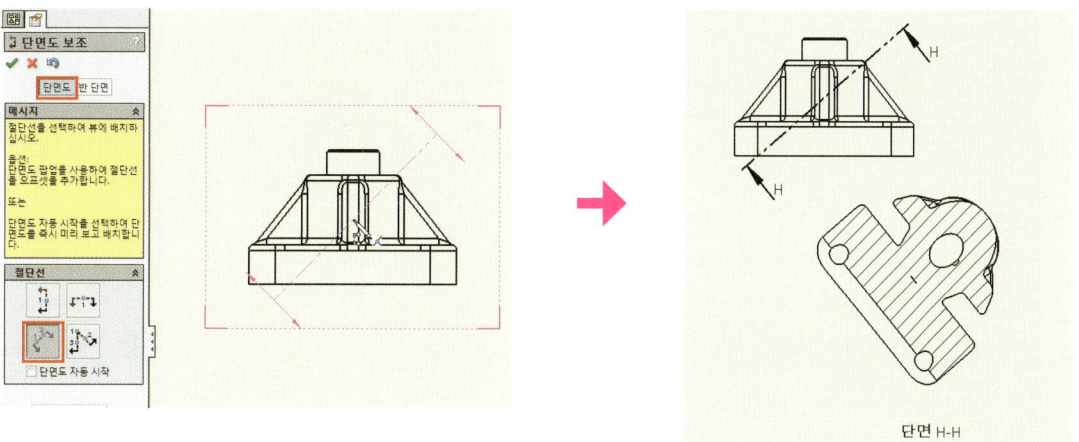

❹ 정렬됨

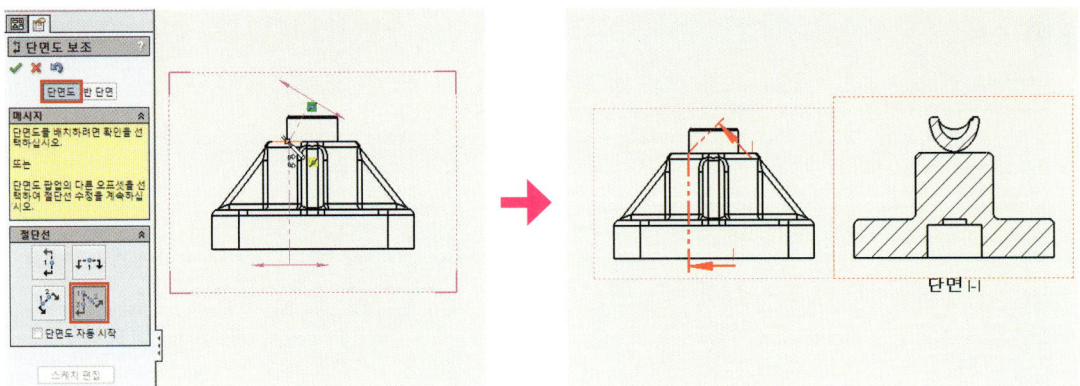

03 반단면 옵션

❶ 윗면을 오른쪽으로

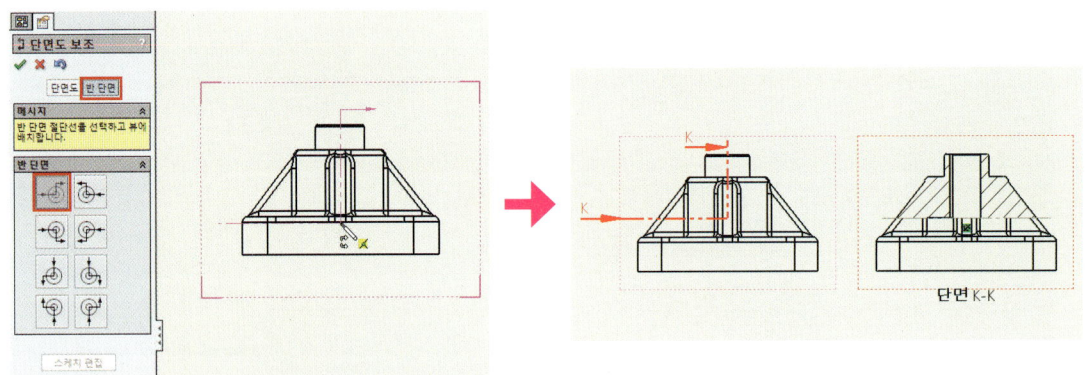

❷ 윗면을 왼쪽으로

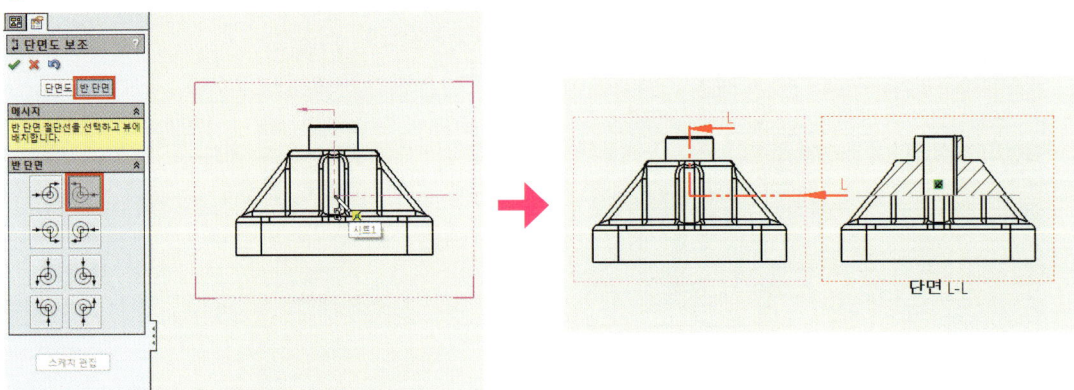

❸ 아랫면을 오른쪽으로

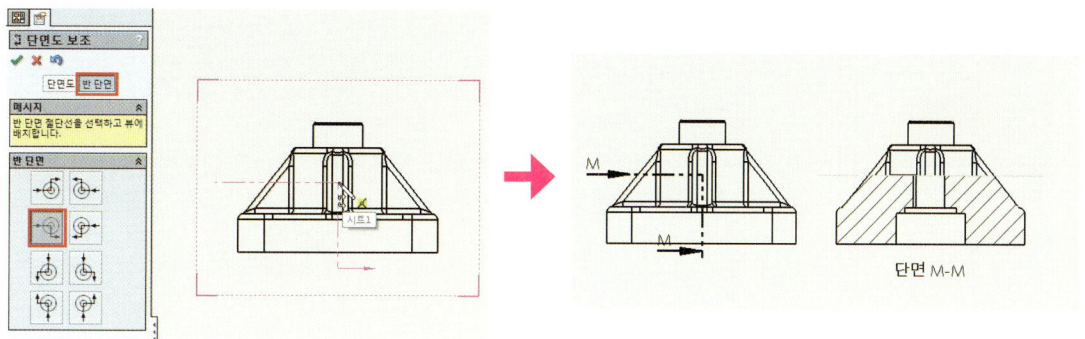

❹ 아랫면을 왼쪽으로

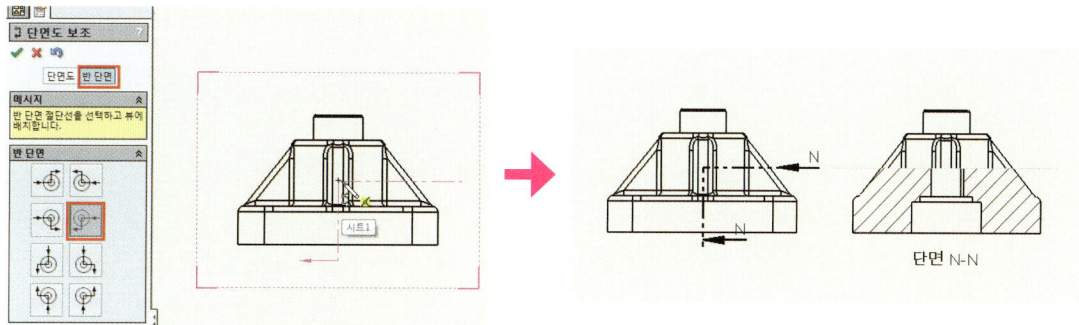

❺ 좌측면을 아래쪽으로

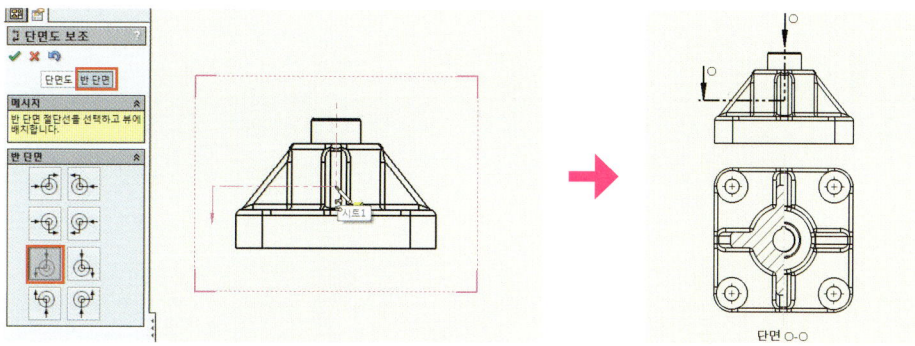

❻ 우측면을 아래쪽으로

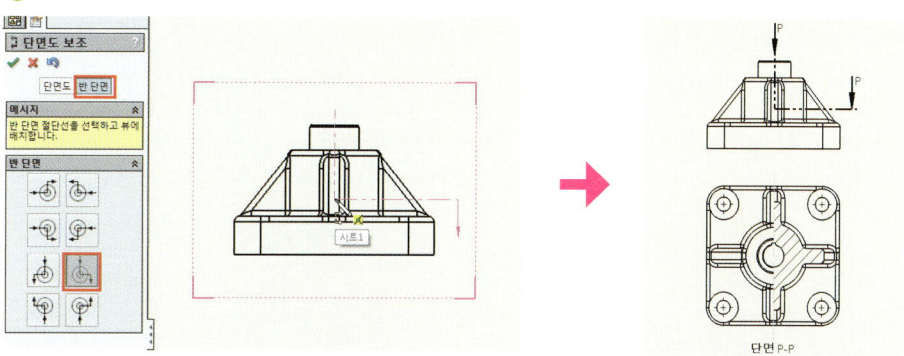

453

❼ 좌측면을 위쪽으로

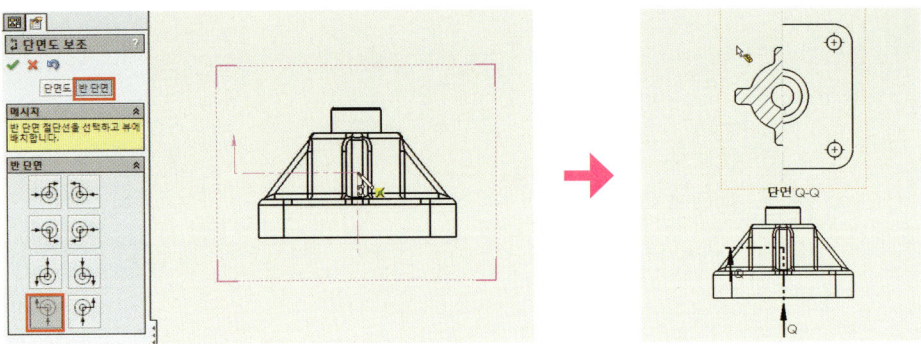

❽ 우측면을 위쪽으로

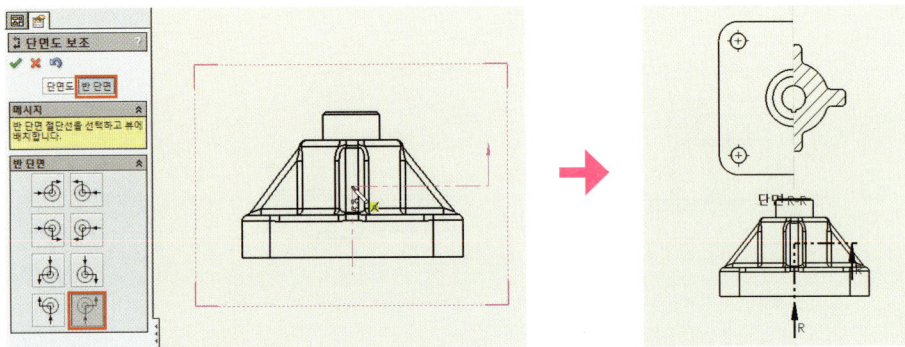

Lesson 5 | 상세도

영역을 선택해 확대된 뷰를 작성한다.

01 작성 방법

01 상세도 명령을 클릭한다.

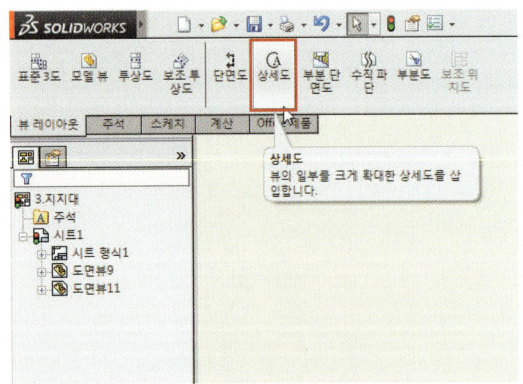

02 상세도를 작성할 뷰에 마우스 커서를 갖다댄다.

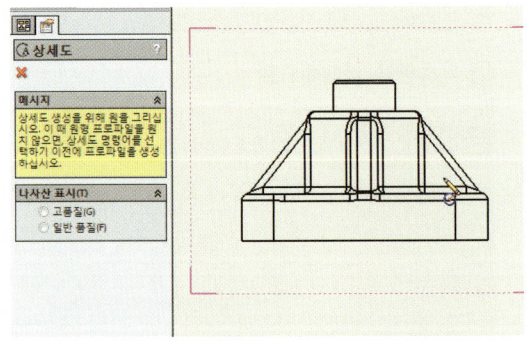

03 상세도 영역을 원으로 작성한다.

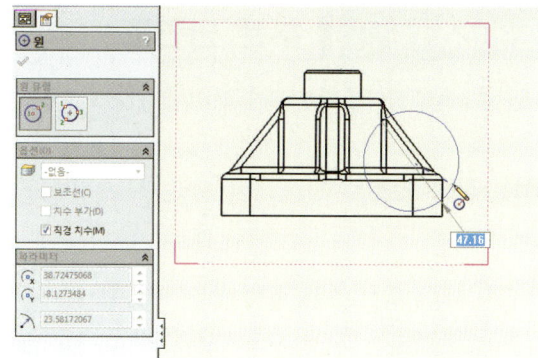

04 원을 작성한 후 마우스 커서를 움직이면 상세뷰가 미리보기되어 표시된다.

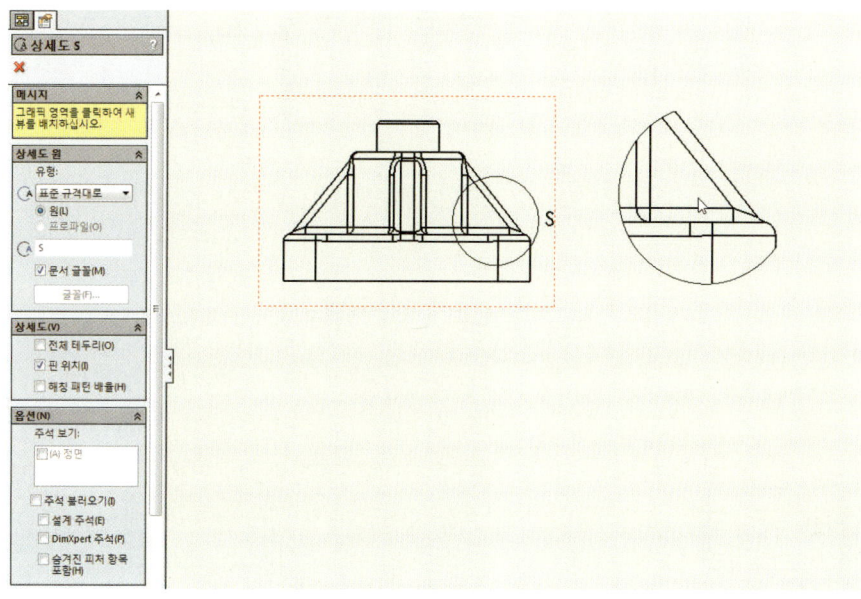

05 적당한 위치에 클릭하면 상세도 작성이 마무리 된다.

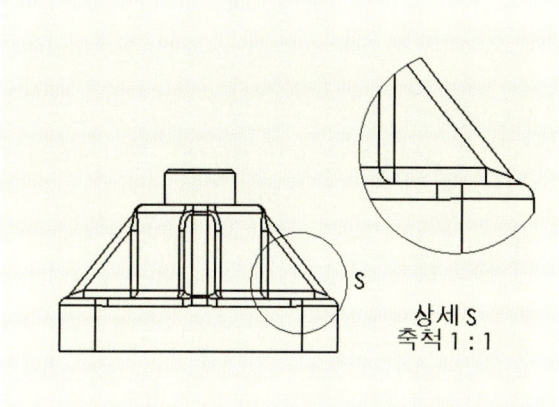

Lesson 6 | 부분 단면도

닫힌 프로파일 영역을 부분 제거해서 부분 단면도를 작성한다.

01 작성 방법

01 부분 단면도 명령을 클릭한다.

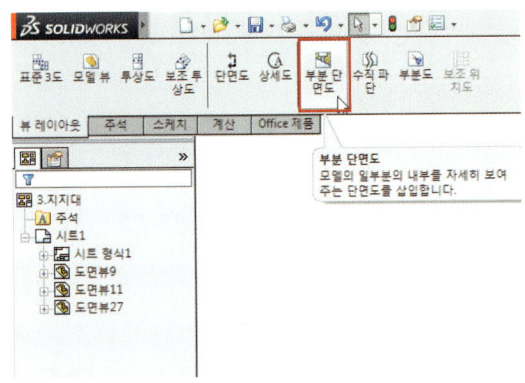

02 부분 단면도를 작성할 뷰에 마우스 커서를 가져간다.

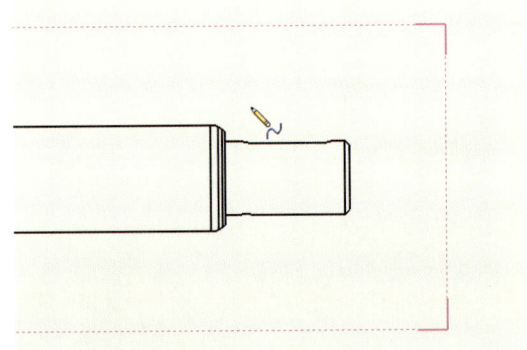

03 자를 영역을 자유곡선 명령으로 그린다.

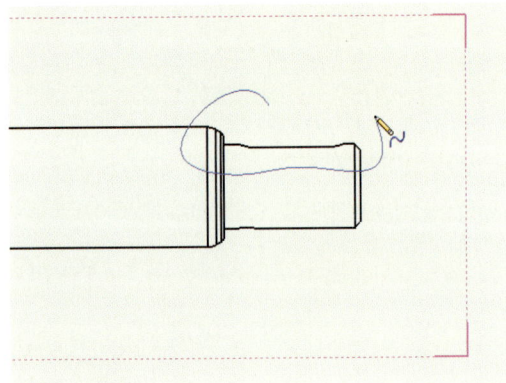

04 첫 점을 찍어서 폐곡선 영역을 만든다.

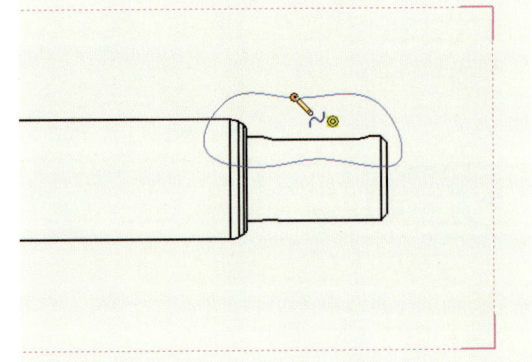

05 프로파일이 작성되면 다음과 같이 단면 깊이를 지정하는 옵션이 표시된다.

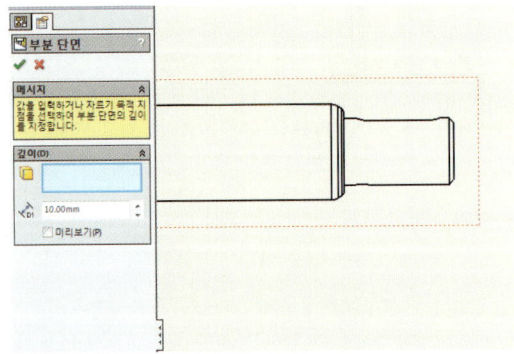

06 깊이에 해당하는 원형 모서리를 선택한다.

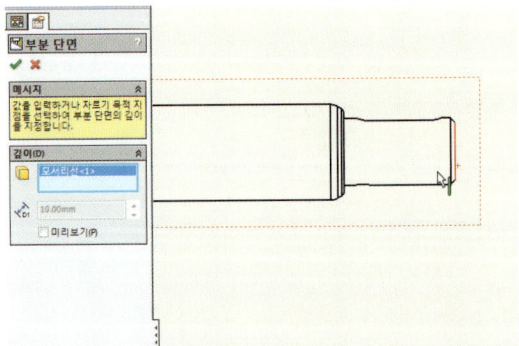

07 확인 버튼을 클릭하면 부분 단면도가 작성된다.

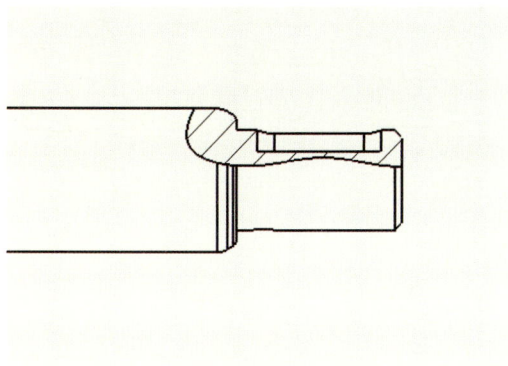

Lesson 7 | 수직 파단

연속된 뷰를 절단해 단순하게 표시하는 뷰를 작성한다.

01 작성 방법

01 수직 파단 명령을 클릭한다.

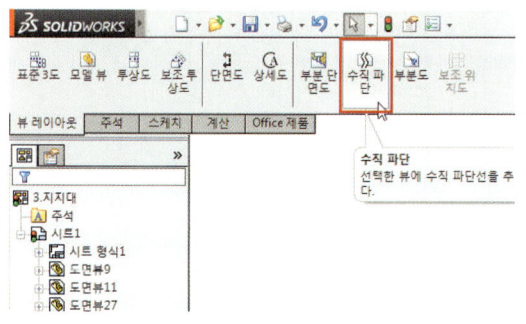

02 수직 파단을 작성할 뷰를 선택한다.

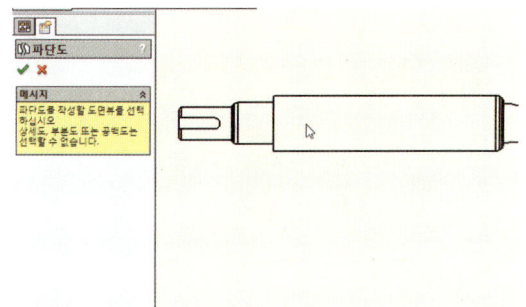

03 절단한 첫 번째 시작점을 선택한다.

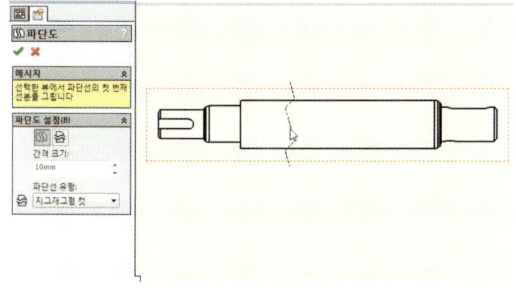

04 두 번째 점을 선택한다.

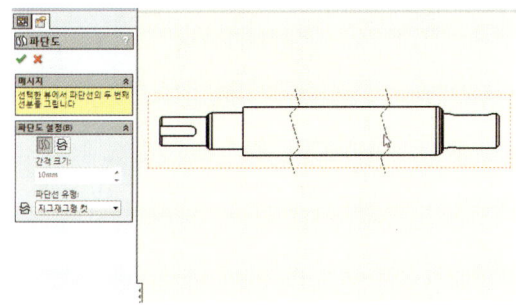

457

05 수직 파단 뷰가 작성되었다.

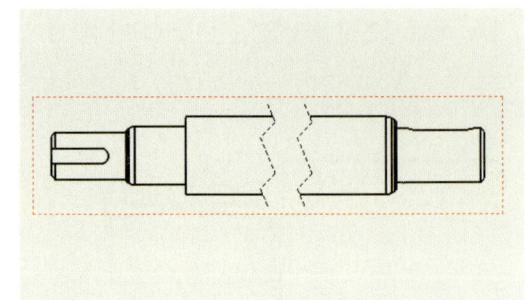

Lesson 8 | 부분도

불필요한 부분을 제거한 뷰를 작성한다.

01 작성 방법

01 스케치 탭에서 원 명령을 클릭한다.

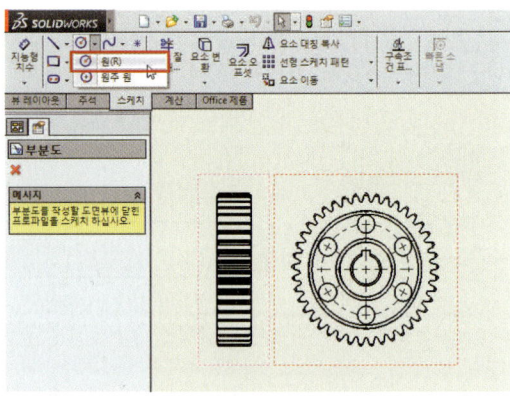

02 다음과 같이 원을 작성한다.

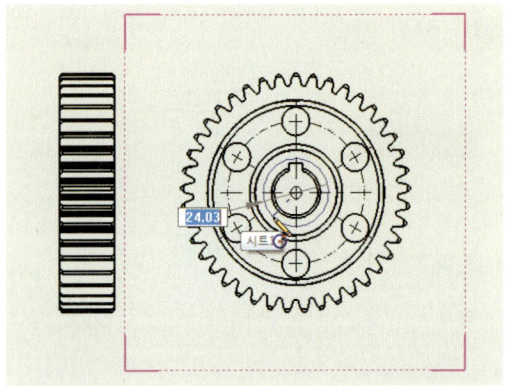

03 다음과 같이 원이 작성되었다.

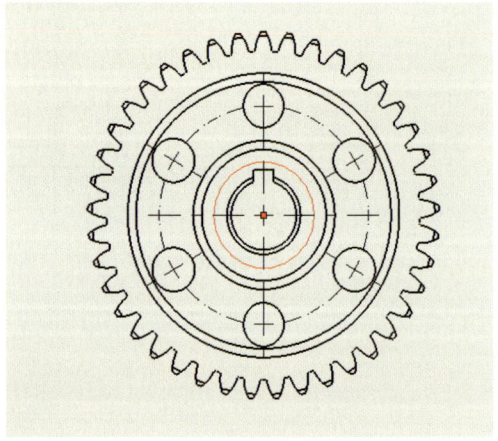

04 작성된 원을 선택한 상태에서 부분도 명령을 클릭한다.

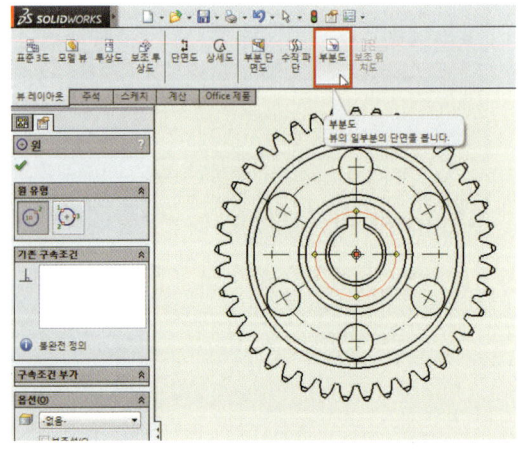

05 부분도 작성이 완료된다.

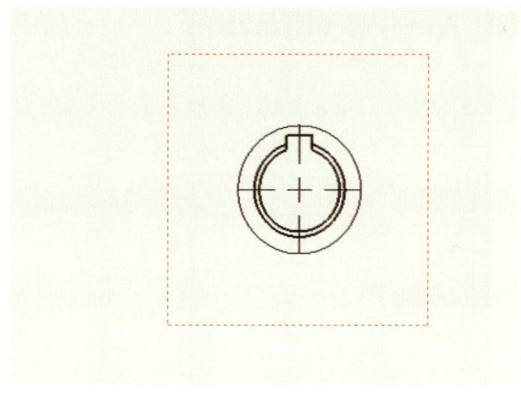

Lesson 9 | 뷰의 정렬/끊기

01 정렬 끊기

01 기준 뷰를 움직이면 투영뷰들이 기본적으로 다음과 같이 정렬이 되어 있다.

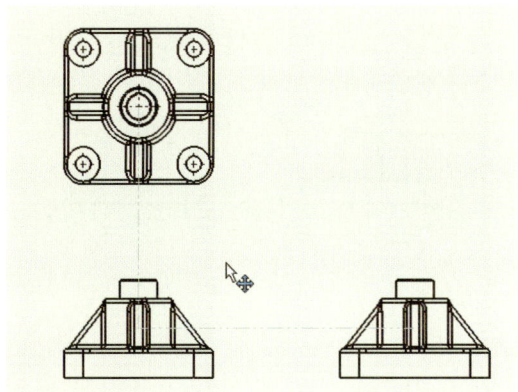

02 우측 투상도를 마우스 우측 버튼으로 클릭해 정렬-배열 분리를 클릭한다.

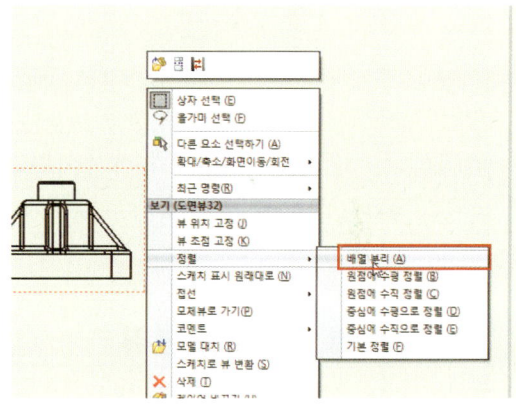

03 뷰의 정렬이 풀리면서 다음과 같이 표시된다.

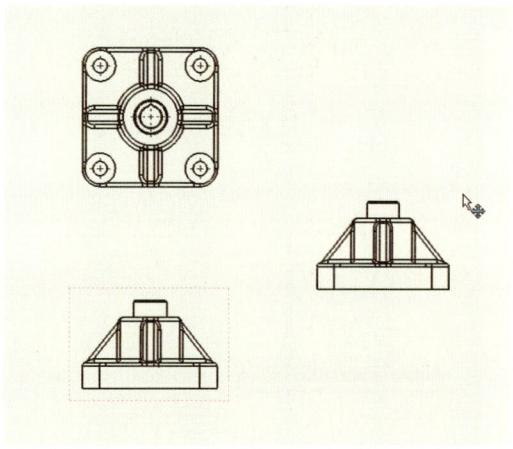

02 끊어진 뷰 정렬하기

01 정렬이 끊어진 투상도를 마우스 우측 버튼으로 클릭해 원점에 수평 정렬을 클릭한다.

02 기준뷰인 정면도를 선택한다.

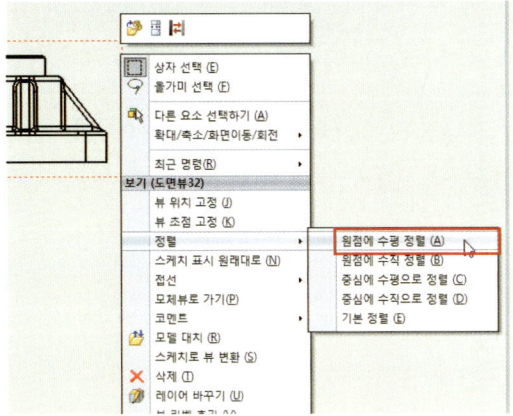
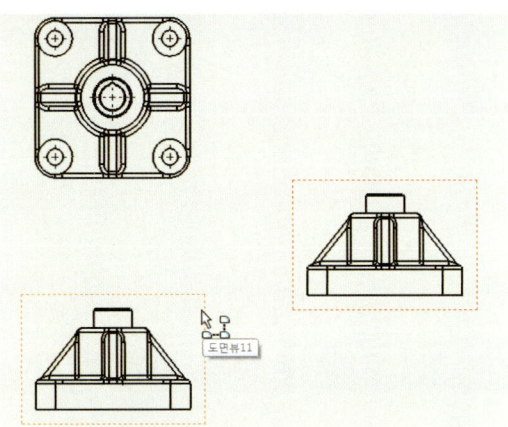

03 투상도인 우측면도가 정면도에 다시 정렬된다.

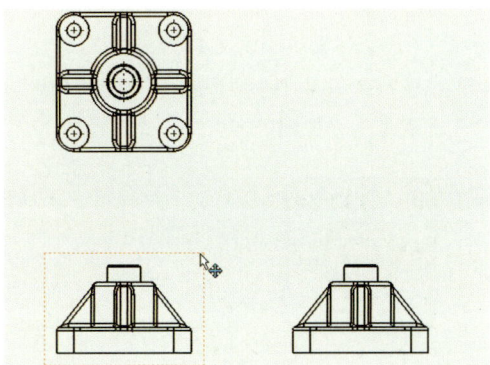

Lesson 10 | 3D 도면뷰

3D도면뷰는 일반 도면뷰 명령으로 나타내기 힘든 여러가지 방향의 뷰를 작성하는 명령이다.

01 회전할 뷰를 선택한 후에 3D도면뷰 명령을 클릭한다.

02 다음과 같이 도면뷰 명령창이 표시된다. 회전 버튼을 클릭해 드래그하면 뷰가 회전한다.

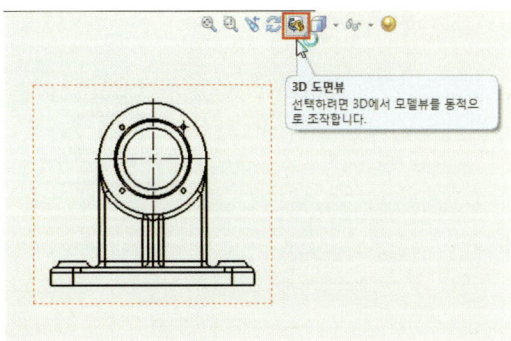
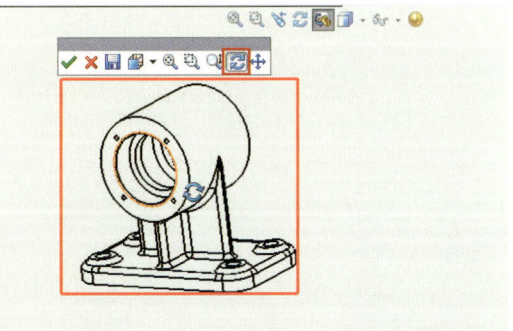

Section2 뷰 명령 알아보기

03 뷰 방향 변경 버튼을 누르면 표준 방향의 뷰를 선택할 수 있다.

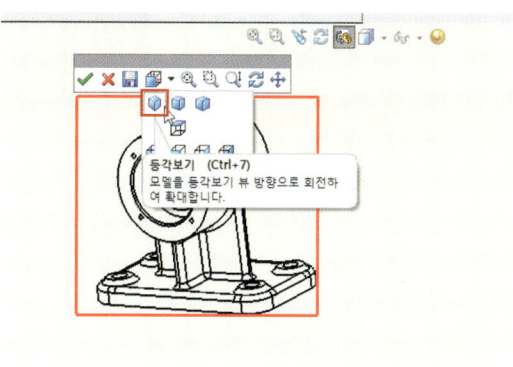

04 확인 버튼을 클릭하면 현재 방향대로 뷰가 변경된다.

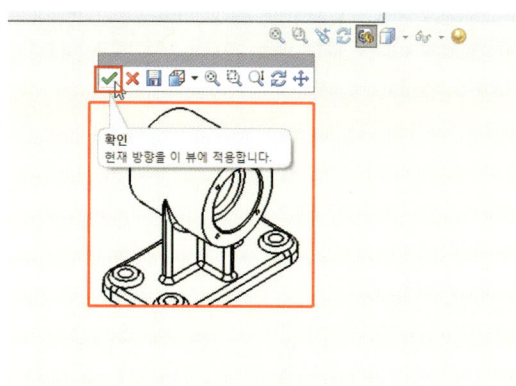

05 뷰 저장 버튼을 클릭하면 현재의 뷰를 해당 뷰의 특정 뷰 세트로 등록할 수 있다.

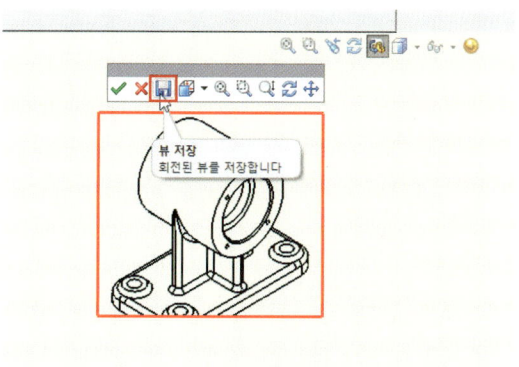

06 다음과 같이 명명도 항목에서 뷰의 이름을 지정한다.

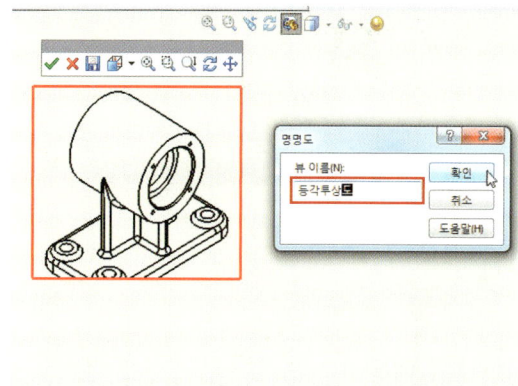

07 확인 버튼을 클릭하면 뷰의 방향이 변경되어 적용된다.

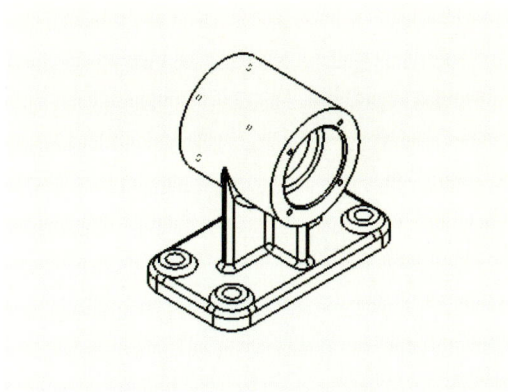

08 뷰를 선택하면 다음과 같이 다른 뷰 항목에 저장한 뷰 항목을 확인할 수 있다.

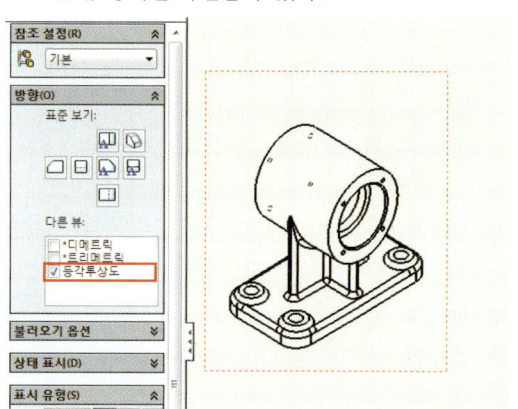

461

Section 3
시험용 템플릿 작성하기

전산응용기계제도/기계설계산업기사를 위한 솔리드웍스

시험 요강에 맞는 템플릿을 작성해 보도록 하자.

Lesson 1 │ 도면 옵션 설정하기

도면의 옵션을 다음과 같이 설정한다.

01 새 파일 열기

01 새 파일 명령을 클릭해서 도면 템플릿을 클릭해 도면 환경을 연다.

02 시트 크기를 다음과 같이 설정한 후 확인 버튼을 클릭한다.

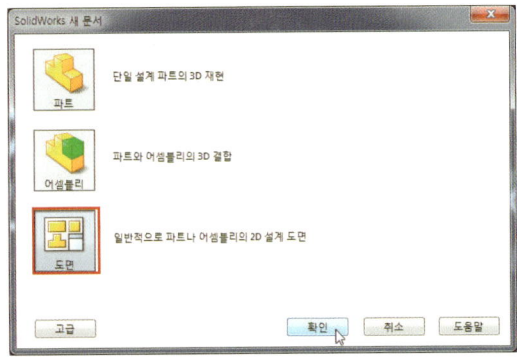
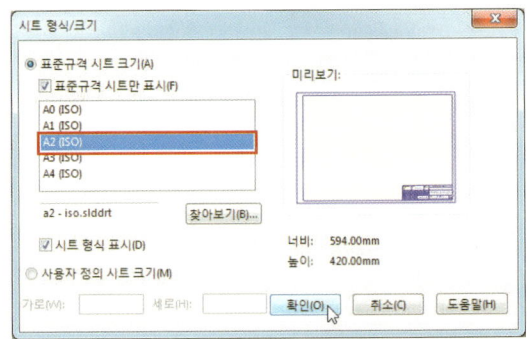

03 아래 도표를 참고해서 도면 옵션을 설정해 보도록 하자.

문자,숫자, 기호의 높이	선 굵기	지정 색상(Color)	용 도
5.0mm	0.35mm	초록(Green)	윤곽선, 외형선
3.5mm	0.25mm	황(노란)색(Yellow)	숨은선, 일반 주서
2.5mm	0.18mm	흰색(White), 빨강(Red)	중심선, 해치선, 치수선, 가상선

02 옵션 설정하기

01 옵션 명령을 클릭한다.

02 중심선/중심표시를 다음과 같이 설정한다.

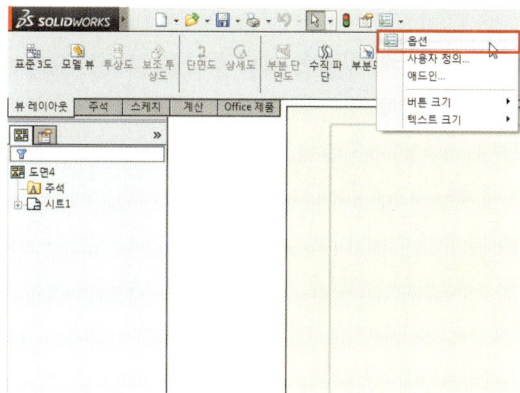
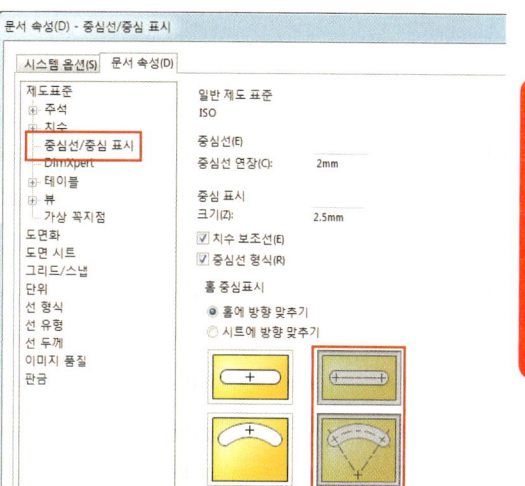

03 도면화 항목을 다음과 같이 설정한다.

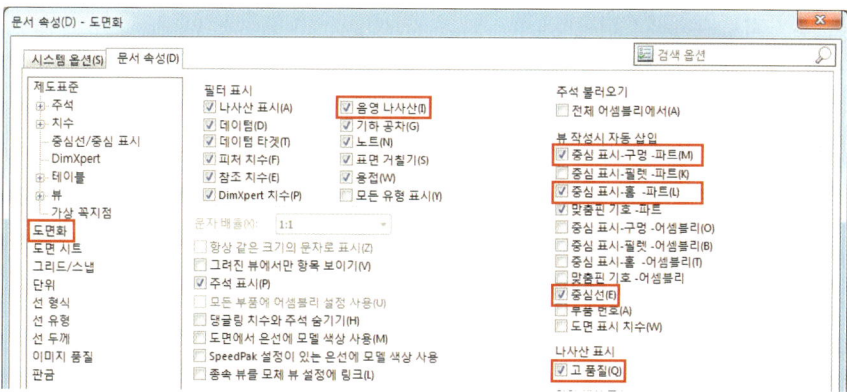

04 선 두께 항목을 다음과 같이 설정한다.

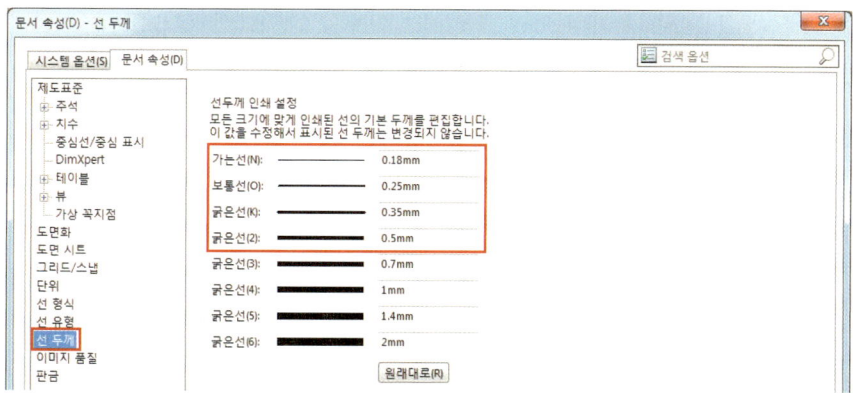

Lesson 2 | 도면 틀 작성하기

01 도면 테두리 작성하기

01 시트1 항목을 마우스 우측 버튼으로 클릭해 시트 형식 편집을 클릭한다.

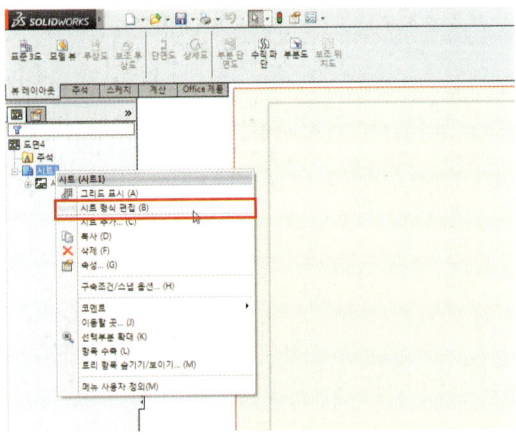

02 시트 형식 안의 모든 요소를 선택한 다음, 마우스 우측 버튼을 클릭해 삭제를 클릭한다.

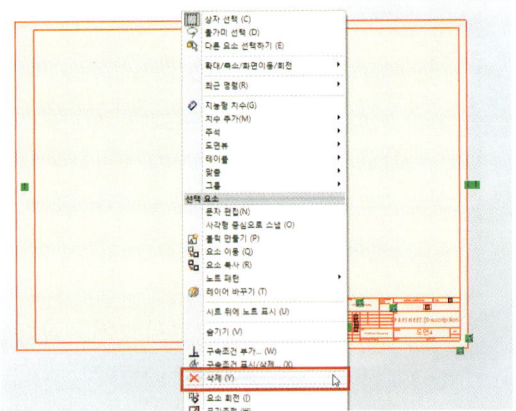

03 다음과 같이 시트 형식 안의 모든 항목이 삭제된다.

04 코너 사각형 명령으로 다음과 같이 작성한다.

05 다음 두 개의 구속점의 좌표를 다음과 같이 지정한다.

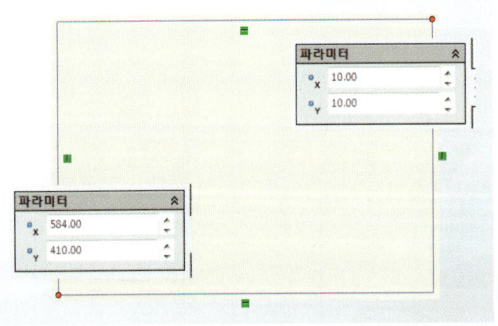

06 좌표를 준 구속점을 선택해 고정 구속조건을 부여한다.

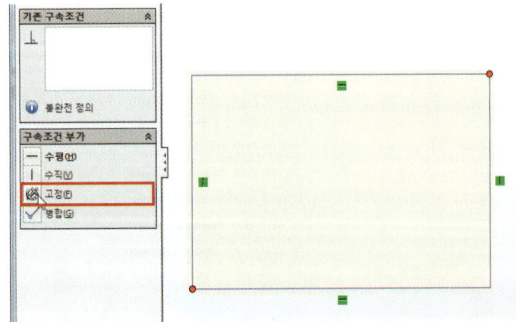

Section3 시험용 템플릿 작성하기

07 아이콘 툴바 항목에서 마우스 우측 버튼을 클릭해 선 형식 메뉴 버튼을 클릭한다.

08 다음과 같이 선 형식 메뉴가 표시된다.

09 메뉴를 마우스로 드래그한 다음 아이콘 툴바 항목으로 드래그해서 위치한다.

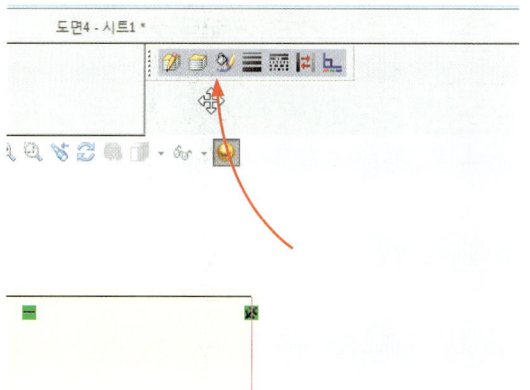

10 다음과 같이 작성한 항목을 드래그해서 선택한다.

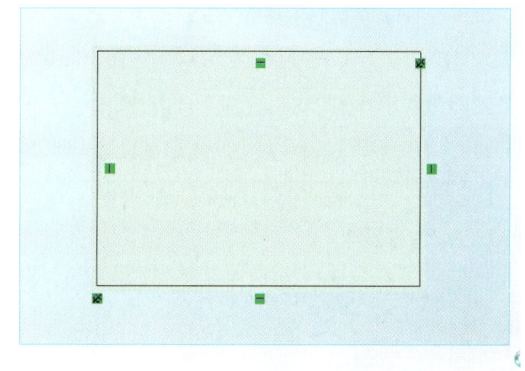

11 선 두께 버튼을 클릭한다.

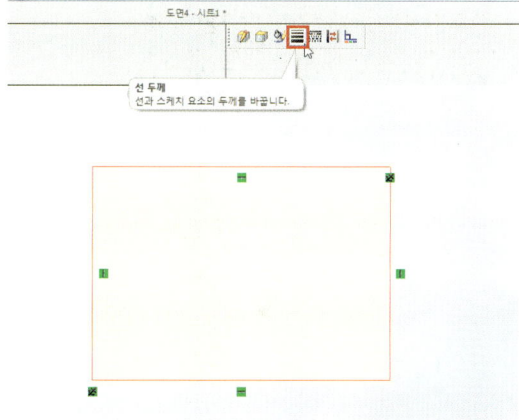

12 0.35mm 의 두께를 선택한다.

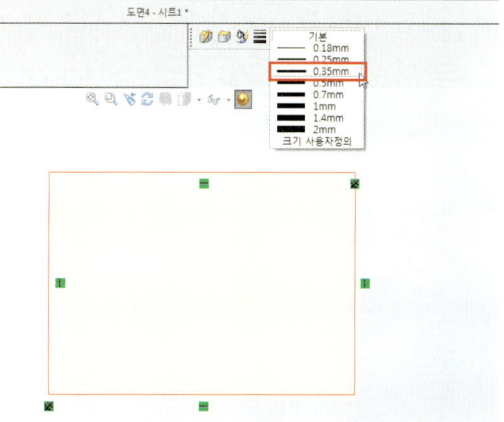

02 표제란 작성하기

01 선과 치수 명령으로 다음과 같이 표제란 틀을 작성한다.

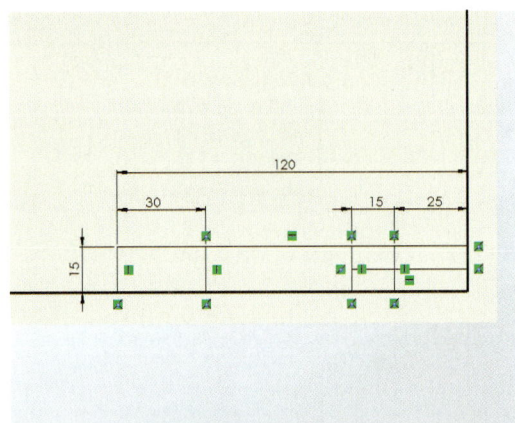

02 작성한 모든 치수를 선택한 후 마우스 우측 버튼을 클릭해 숨기기를 클릭한다.

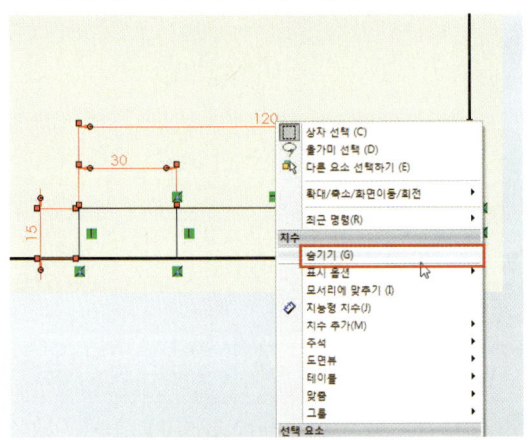

03 다음과 같이 모든 치수 항목이 숨기기된다.

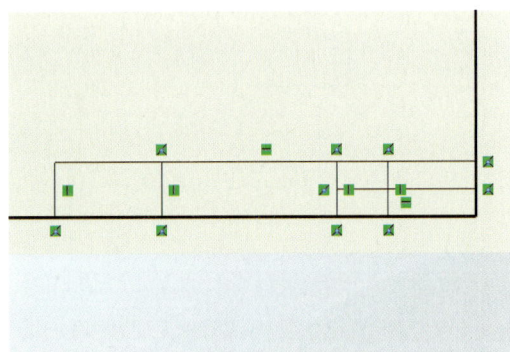

04 노트 명령을 클릭한다.

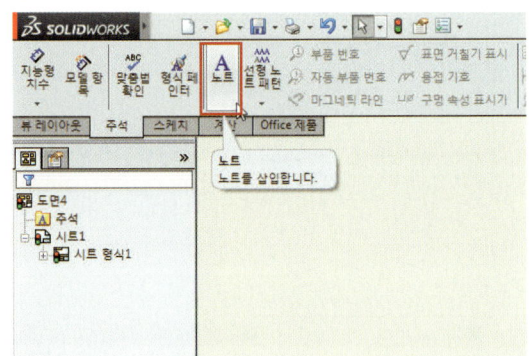

05 다음과 같이 텍스트를 작성한다.

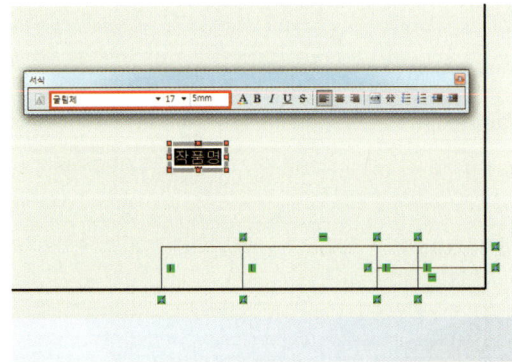

06 마우스로 텍스트를 끌어서 다음과 같이 배치시킨다.

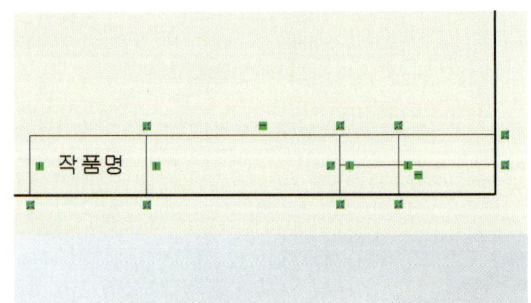

07 마찬가지로 다른 텍스트도 작성해서 배치시킨다.

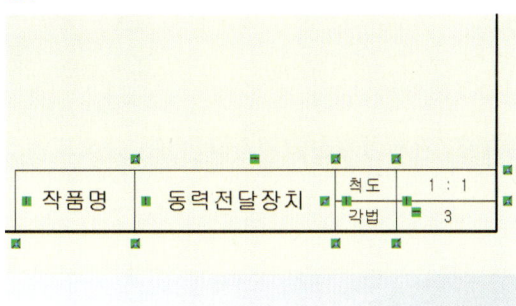

08 좌측 상단에 다음과 같이 수검란을 작성한다.

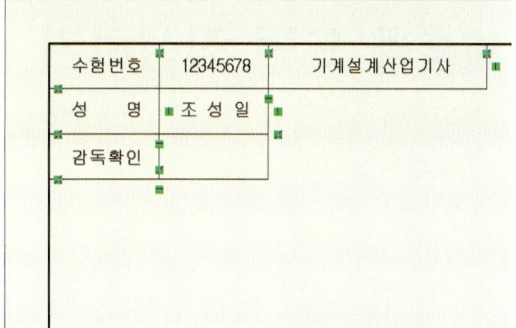

09 시트 편집 아이콘을 클릭한다.

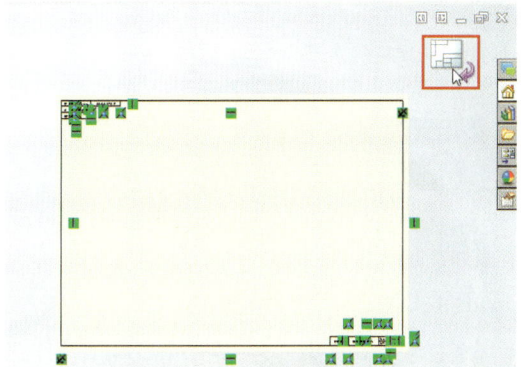

10 다음과 같이 도면틀 작성이 완료된다.

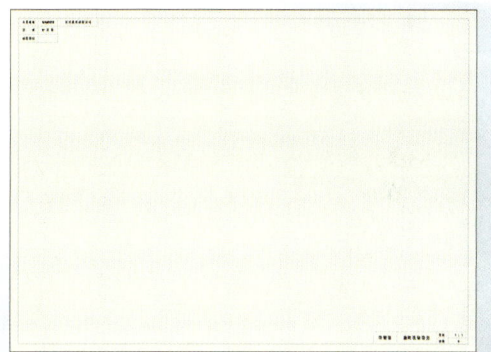

Part 05 도면 작성하기

Section 4
제출용 도면 작성하기

전산응용기계제도/기계설계산업기사를 위한 솔리드웍스

최종 제출용 도면을 작성해 보도록 하자.

Lesson 1 | 등각투상도 작성하기

01 뷰 배치하기

01 앞 단원에서 작성한 도면틀을 준비한다.

02 모델 뷰 명령을 클릭한다.

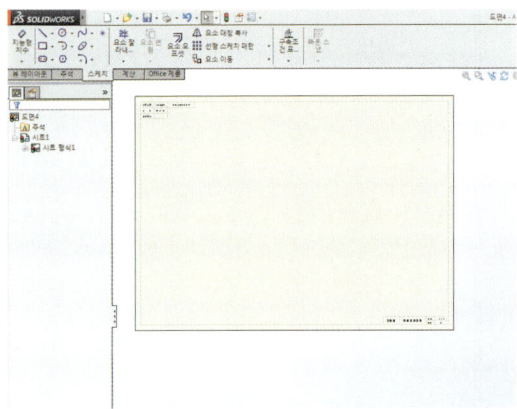
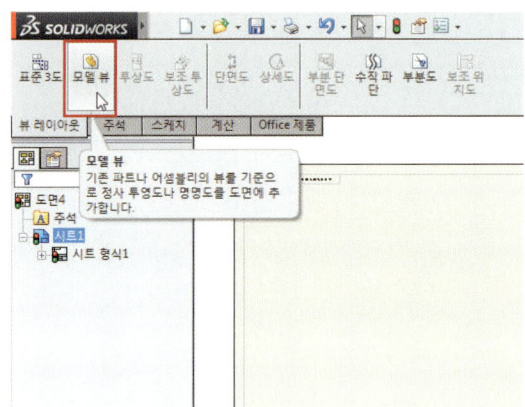

03 찾아보기 버튼을 클릭한다.

04 모델 파일을 선택해 열기 버튼을 클릭한다.

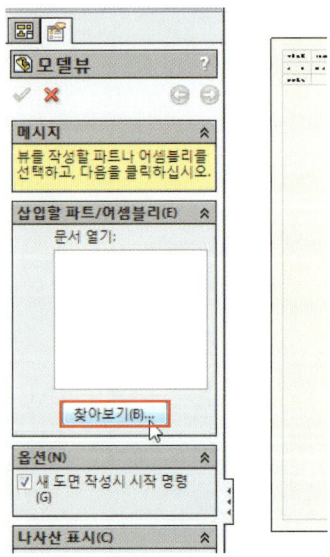
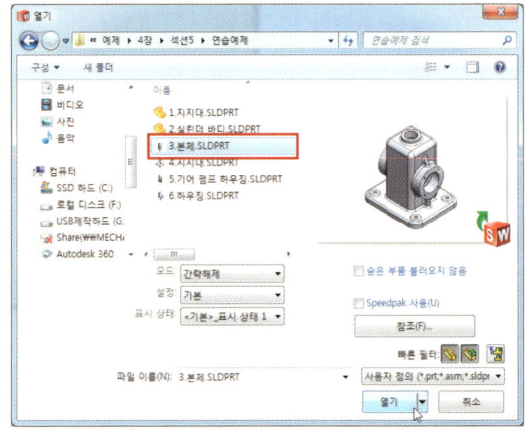

468

Section4 제출용 도면 작성하기

05 뷰의 방향과 스타일을 설정한다.

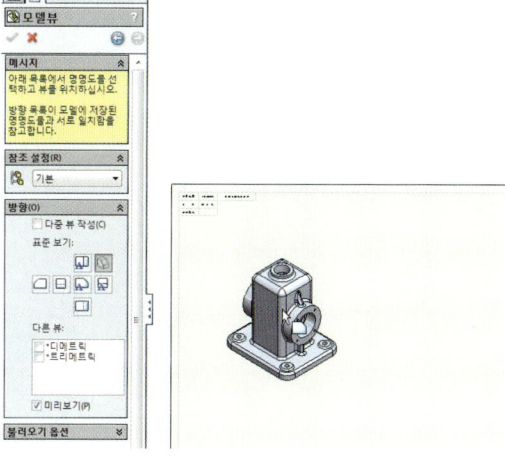

06 적당한 위치에 클릭하면 모델뷰가 생성된다.

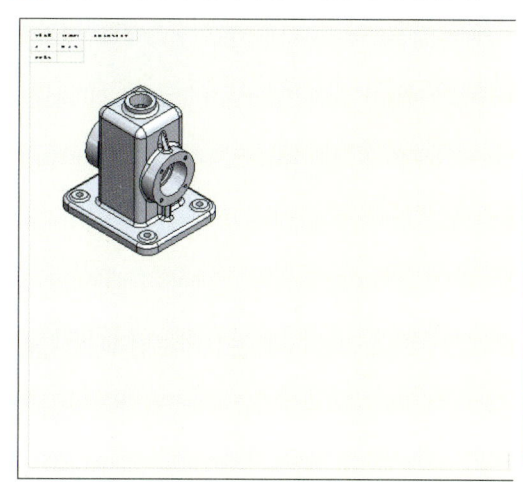

07 마찬가지로 다른 방향의 뷰를 하나 더 배치한다.

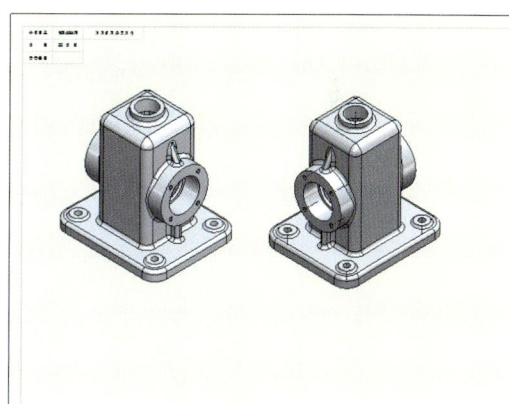

02 부품 번호 배치하기

01 부품 번호 명령을 클릭한다.

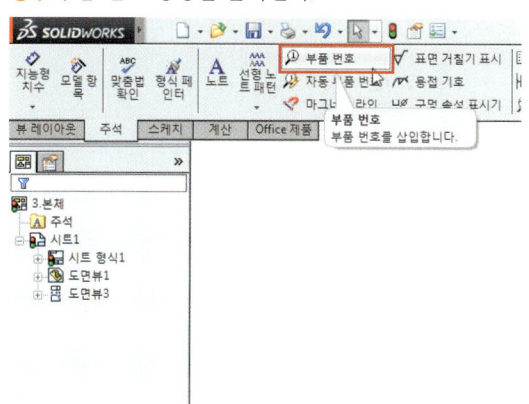

02 마우스 커서를 움직여 다음과 같이 배치한다.

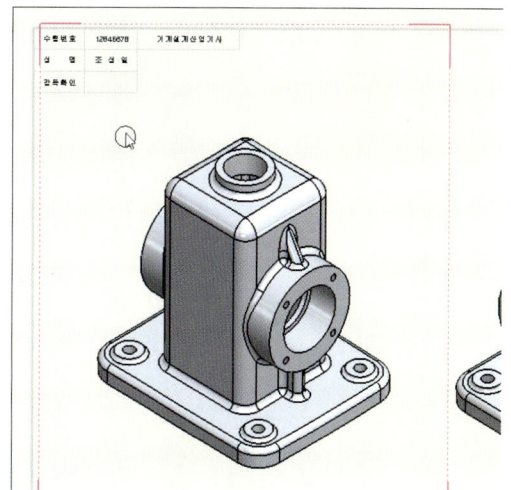

469

03 배치한 부품 번호 마크를 선택한다.

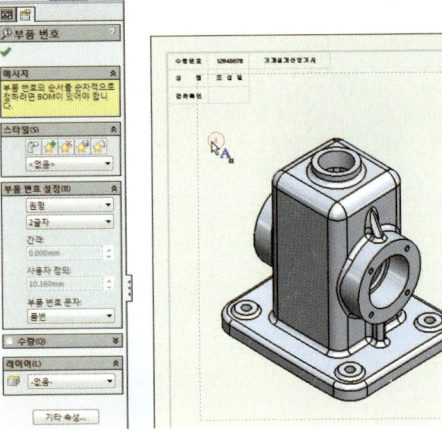

04 부품 번호 문자 타입을 문자로 선택한다.

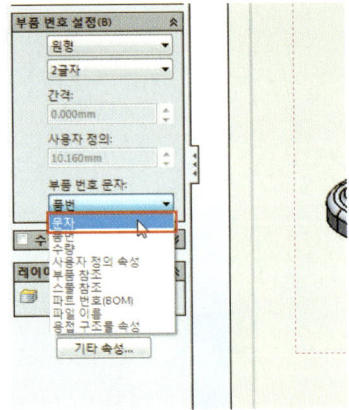

05 문자를 다음과 같이 타이핑한다.

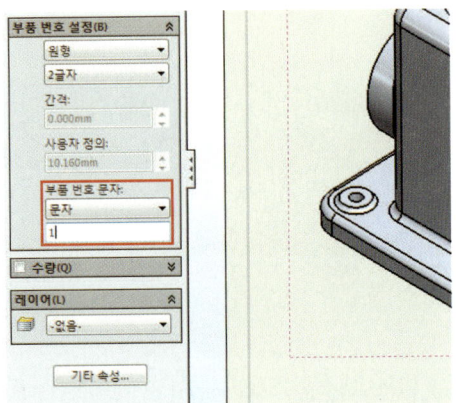

06 부품 번호가 변경된다.

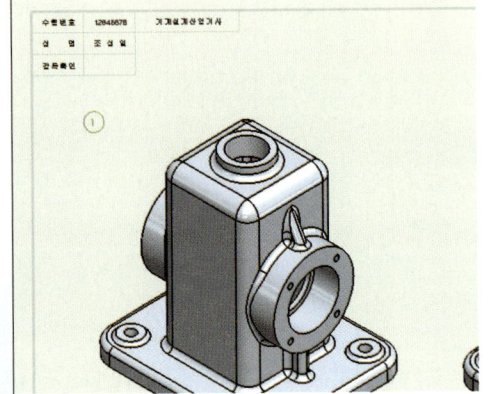

07 다음과 같이 다른 뷰의 부품번호도 작성한다.

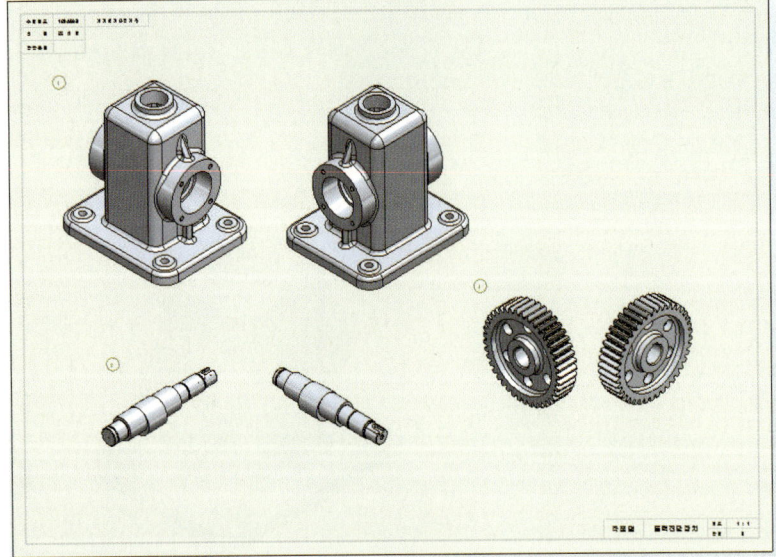

03 부품 리스트 작성하기

01 일반 테이블 명령을 클릭한다.

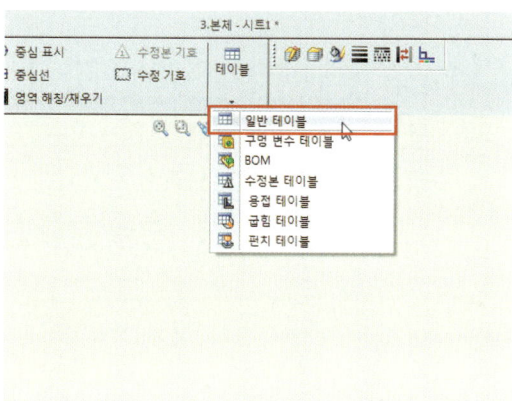

02 테이블 열과 행을 선택해 확인 버튼을 클릭한다.

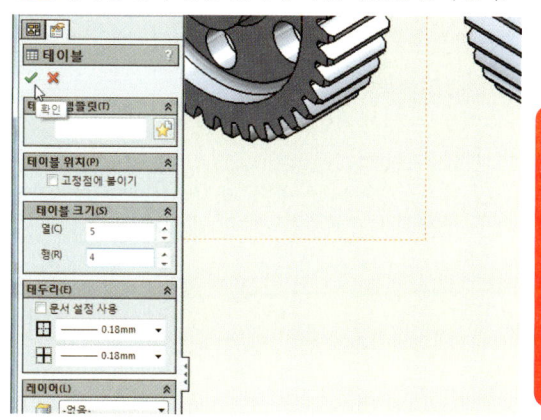

03 테이블을 그림과같이 배치한다.

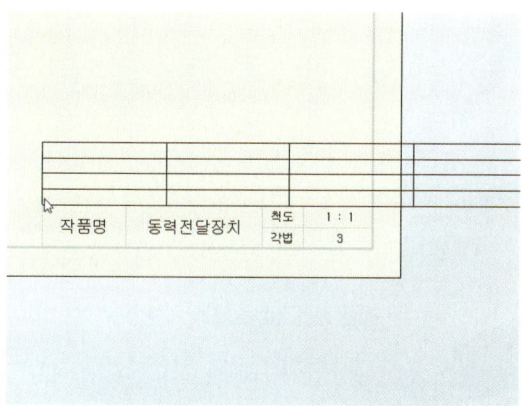

04 열의 간격을 마우스 커서로 다음과 같이 조절한다.

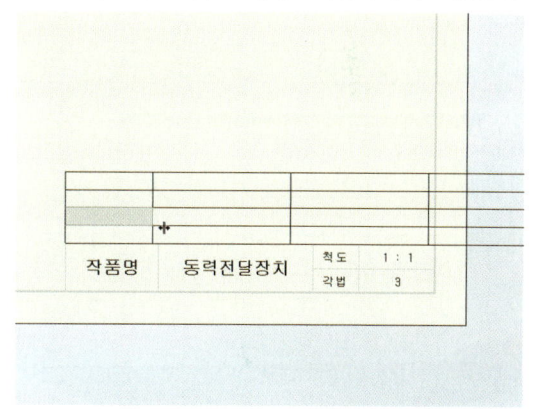

05 다음과 같이 각 열의 간격을 맞춘다.

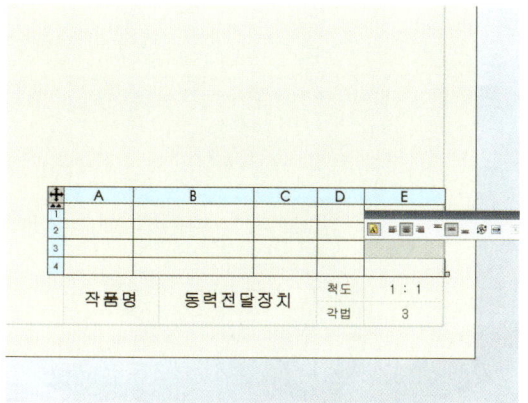

06 행의 간격을 마우스 커서로 다음과 같이 조절한다.

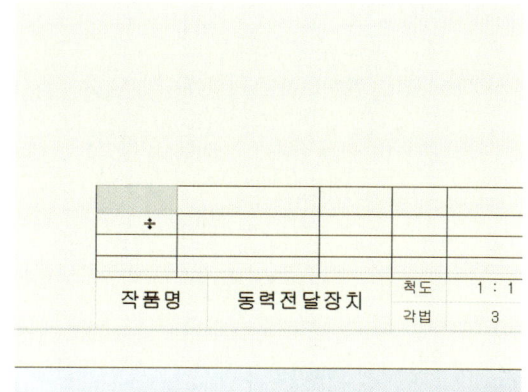

07 다음과 같이 각 행의 간격을 맞춘다.

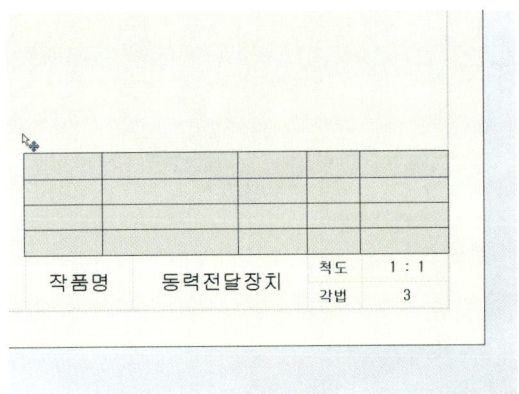

08 표의 셀을 클릭해 문서 글꼴 사용 버튼을 클릭한다.

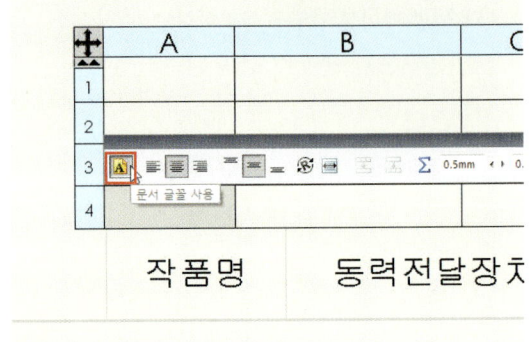

09 다음과 같이 부품 리스트에 들어가 내용을 타이핑한다.

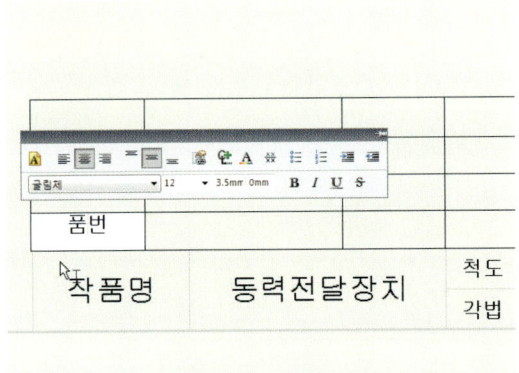

10 다른 셀을 클릭하면 텍스트 작성이 완료된다.

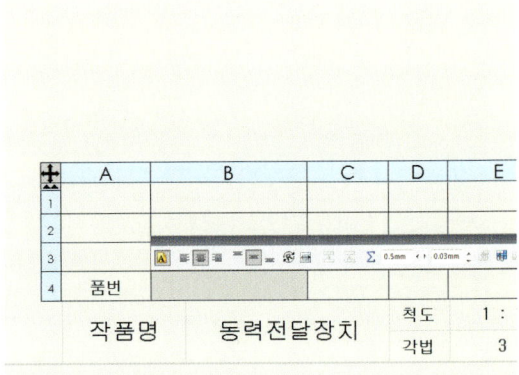

11 마찬가지로 다른 셀에 다음과 같이 내용을 입력한다.

12 질량을 계산하기 위해 부품 뷰를 선택해 파트 열기 버튼을 클릭한다.

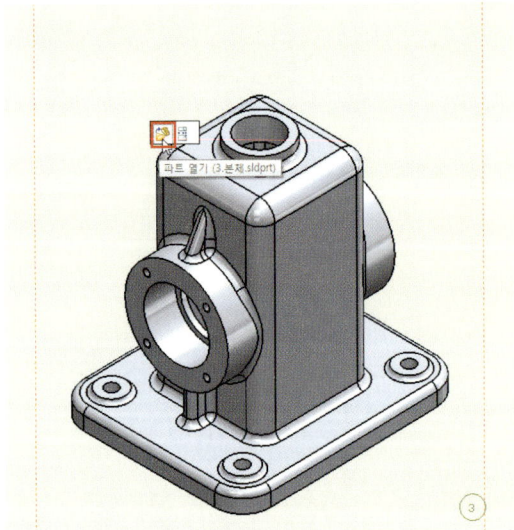

13 재질 항목을 마우스 우측 버튼으로 클릭해 재질 편집을 클릭한다.

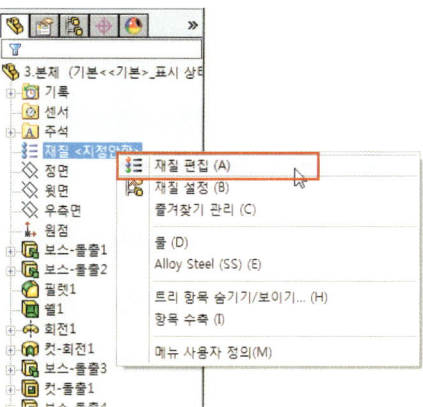

14 해당 부품의 재질과 비슷한 재질을 마우스 우측 버튼으로 클릭해 복사를 클릭한다.

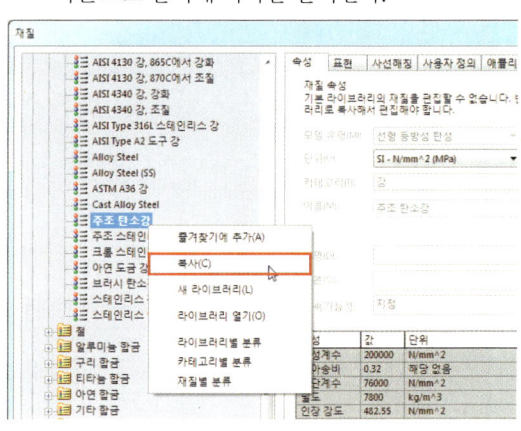

15 사용자 정의 재질에 새 카테고리를 입력한다.

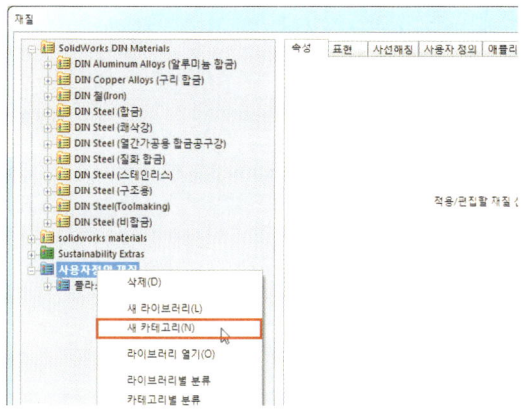

16 카테고리 이름을 다음과 같이 지정한다.

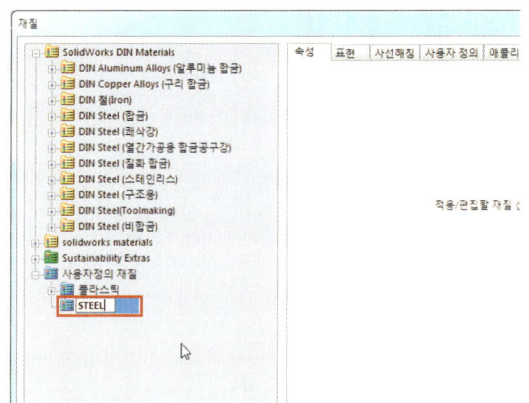

17 새로 작성한 카테고리를 마우스 우측 버튼으로 클릭해 붙여넣기를 클릭한다.

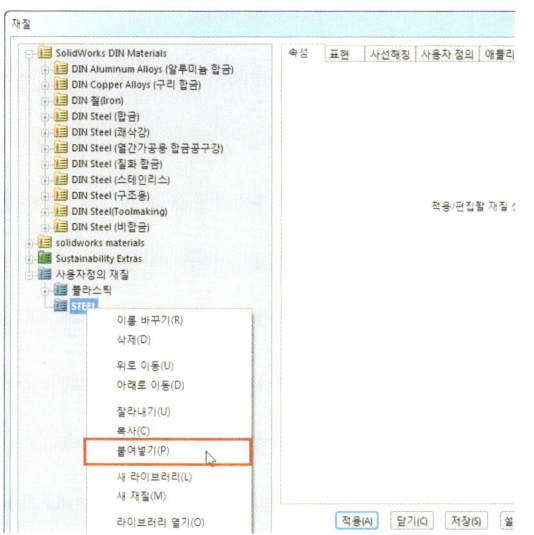

18 다음과 같이 재질이 복사된다.

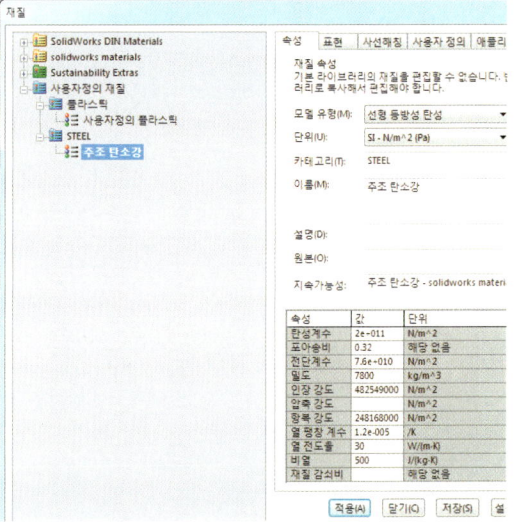

19 복사된 재질을 더블클릭해 이름을 다음과 같이 수정한다.

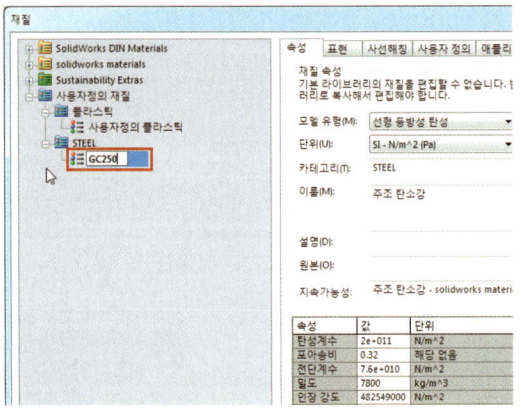

20 다음과 같이 재질이 수정된다. 수정된 재질을 선택한 후 적용 버튼을 클릭한다.

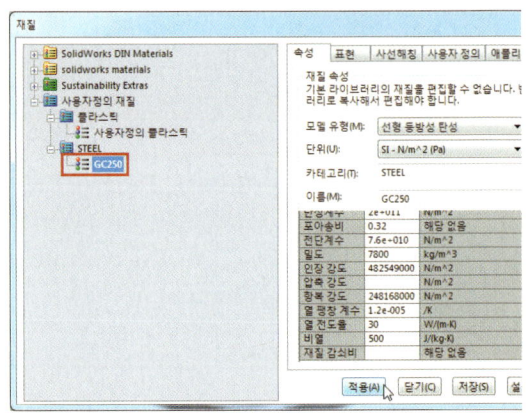

21 재질 항목이 다음과 같이 적용되었다.

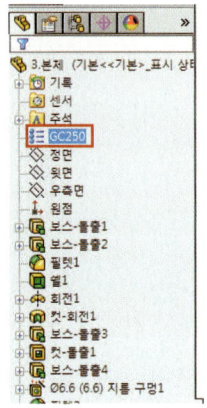

22 계산 탭에서 물성치 버튼을 클릭한다.

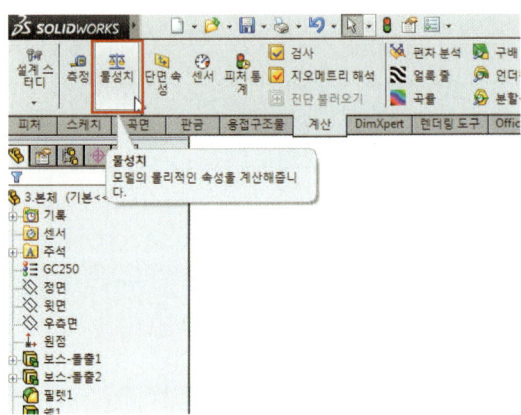

23 질량 항목의 값을 드래그해서 복사한다.

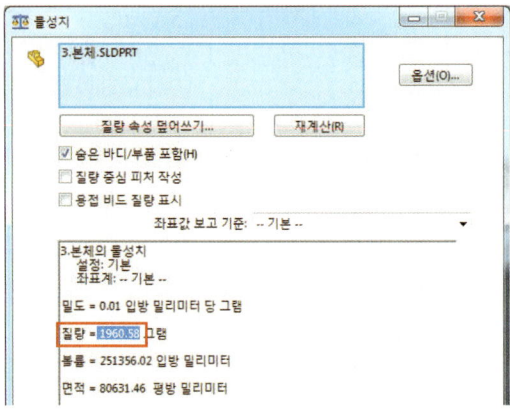

24 도면 환경으로 돌아온 후에 비고란에 다음과 같이 질량값을 입력해준다.

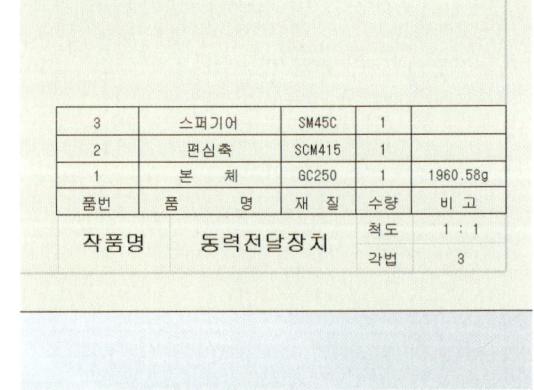

25 마찬가지로 다른 부품의 질량값도 다음과 같이 계산한다.

3	스퍼기어	SM45C	1	435.55g
2	편심축	SCM415	1	228.99g
1	본체	GC250	1	1960.58g
품번	품명	재질	수량	비고
작품명	동력전달장치		척도	1 : 1
			각법	3

26 다음과 같이 도면이 완성되었다.

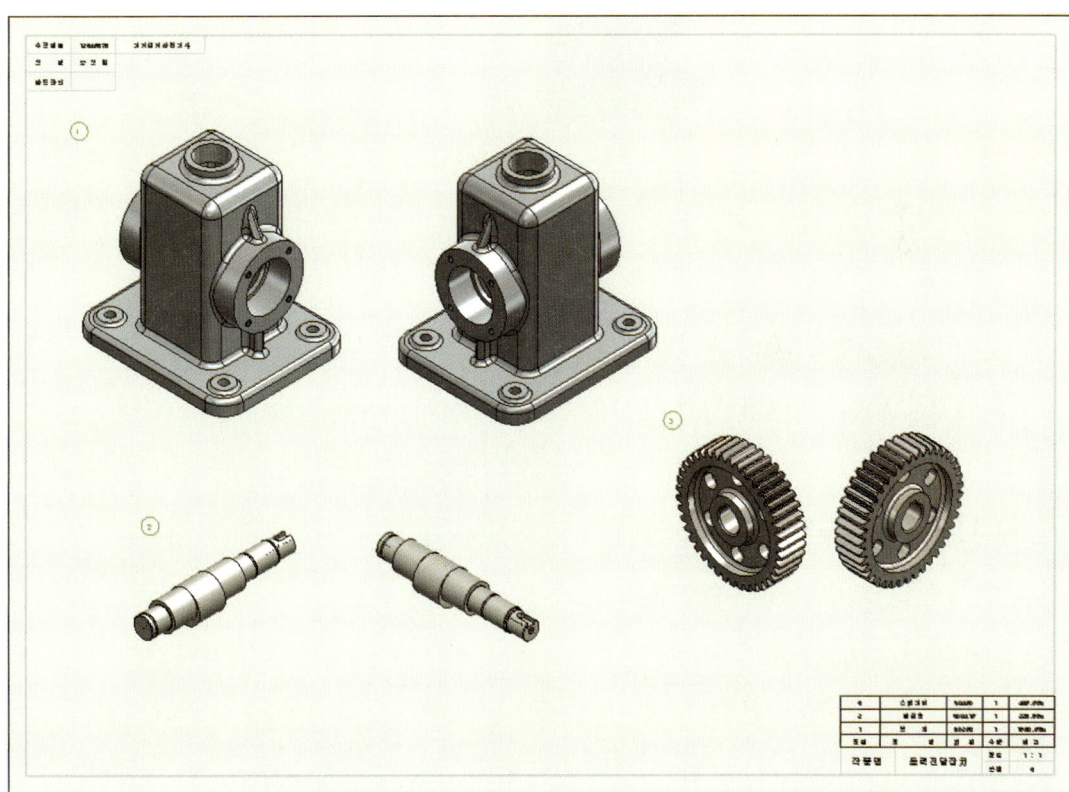

04 출력하기

01 풀다운 메뉴-파일-인쇄를 클릭한다.

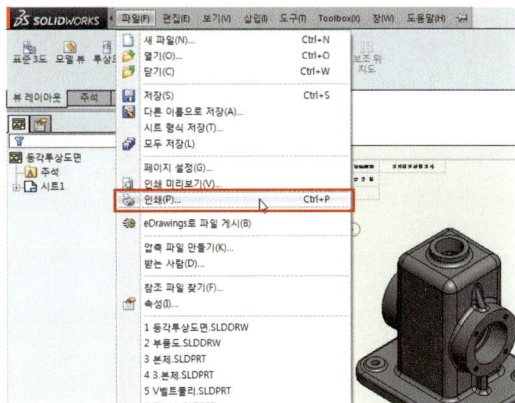

02 다음과 같이 설정한 후 페이지 설정 버튼을 클릭한다.

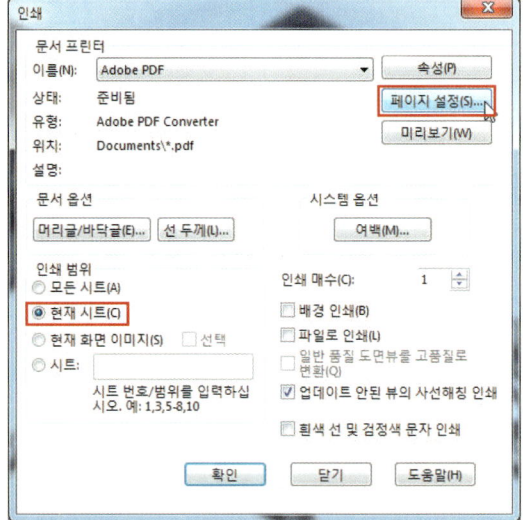

03 다음과 같이 설정한 후 확인 버튼을 클릭한다.

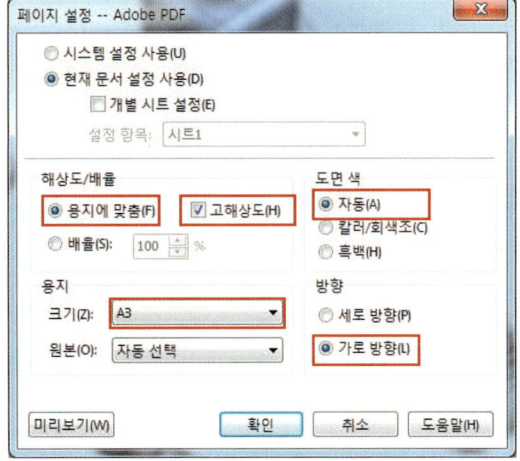

04 속성 버튼을 클릭한다.

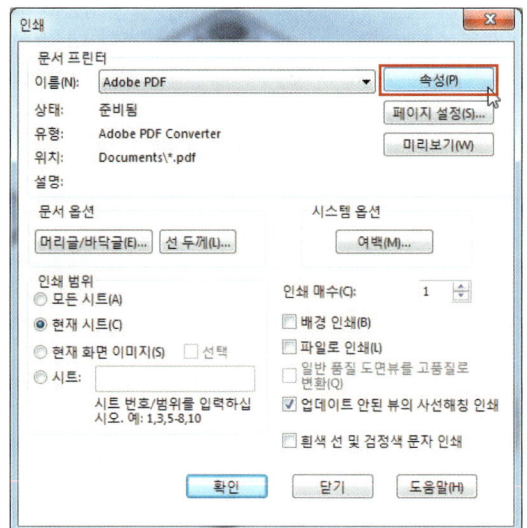

Section4 제출용 도면 작성하기

05 용지/품질을 흑백으로 설정한다.

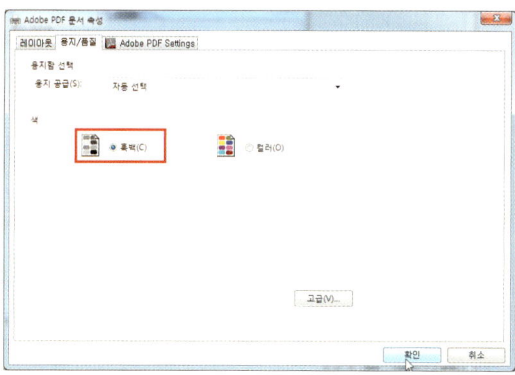

06 확인 버튼을 클릭한다.

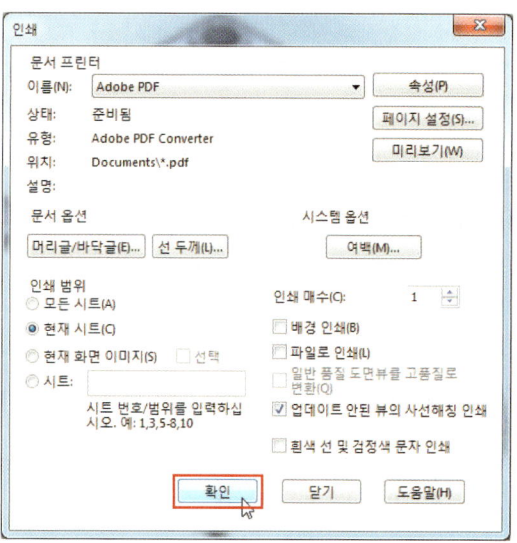

07 다음과 같이 출력이 완료된다.

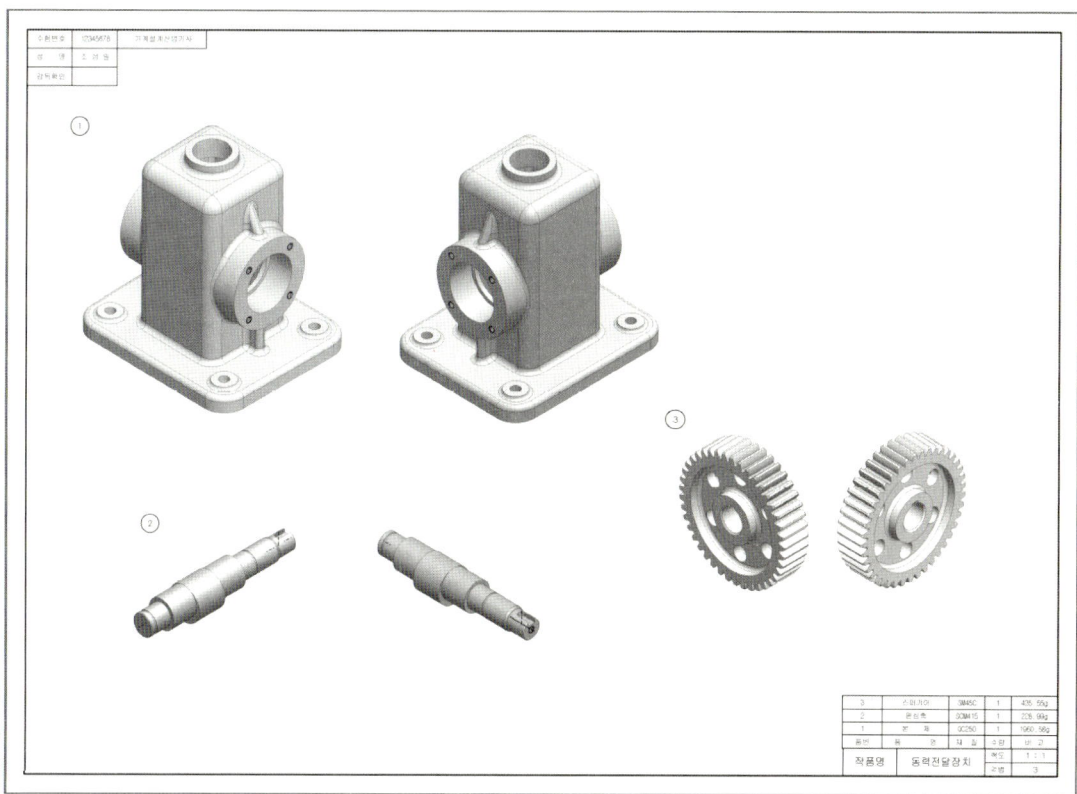

477

Lesson 2 │ 블럭 타입의 부품도 작성하기

01 기준 뷰 작성하기

01 모델 뷰 명령을 클릭한다.

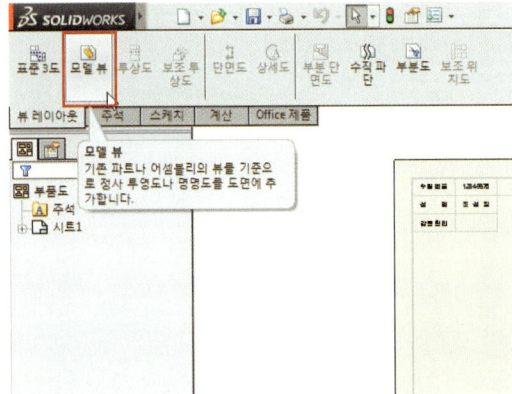

02 찾아보기 버튼을 클릭한다.

03 불러올 뷰의 부품을 선택해 열기 버튼을 클릭한다.

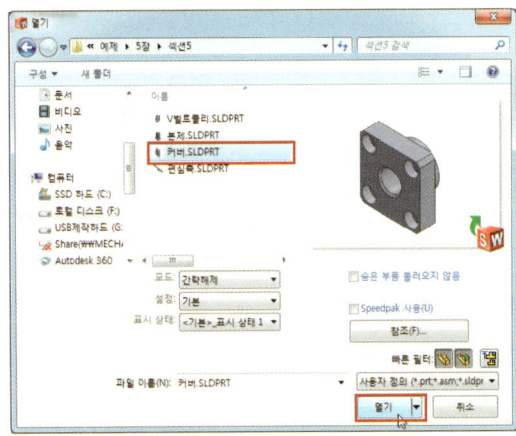

04 방향을 선택한 후 알맞은 위치에 클릭한다.

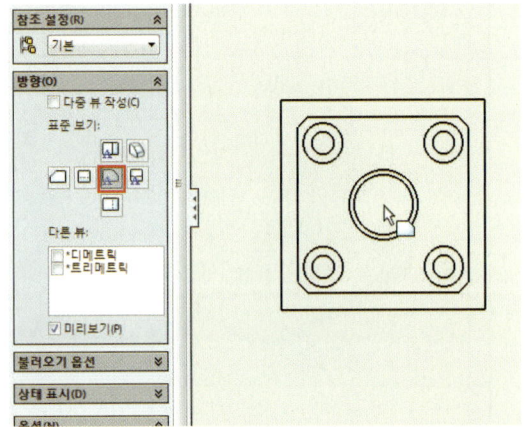

05 다음과 같이 기준뷰가 작성된다.

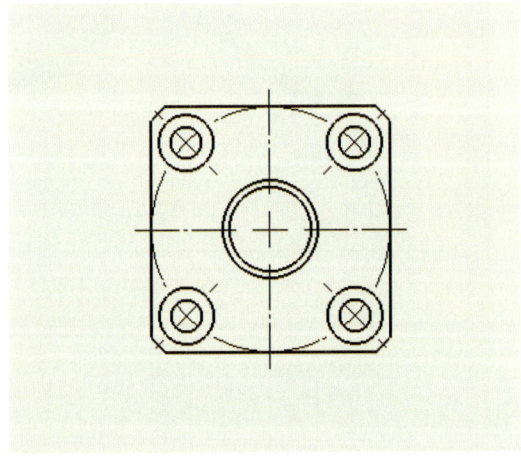

02 단면도 작성하기

01 단면도 명령을 클릭한다.

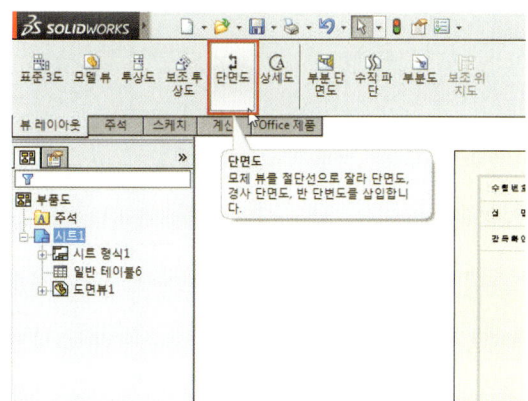

02 절단선 타입을 선택한다.

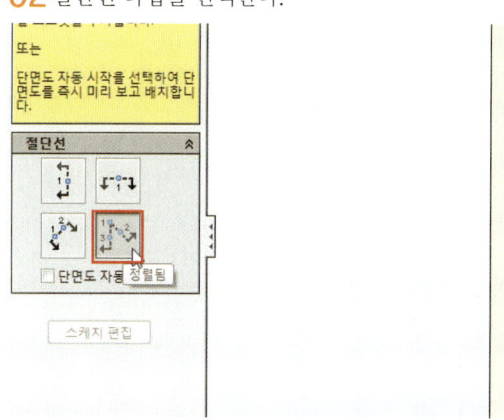

03 절단선의 기준점을 선택한다.

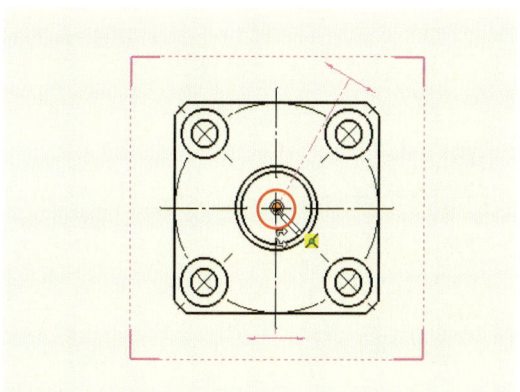

04 절단선의 첫 번째 꺾임점을 선택한다.

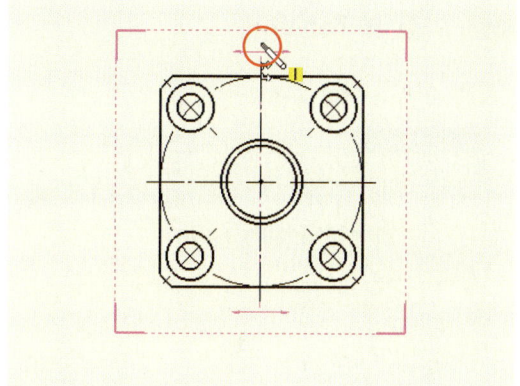

05 절단선의 두 번째 꺾임점을 선택한다.

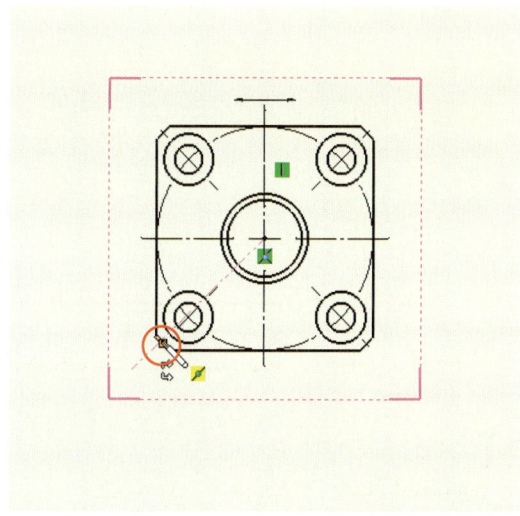

06 확인 버튼을 클릭한다.

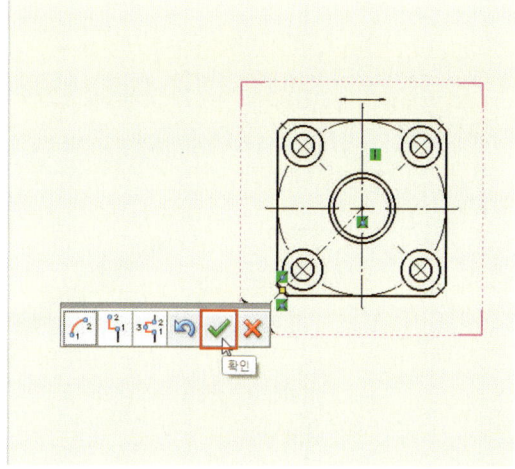

07 마우스를 왼쪽으로 움직이면 단면도가 미리보기 된다.

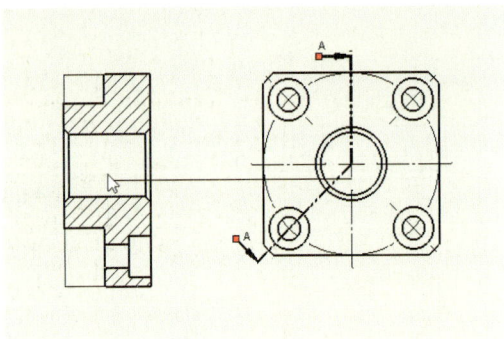

08 적당한 위치에 클릭하면 단면도가 작성된다.

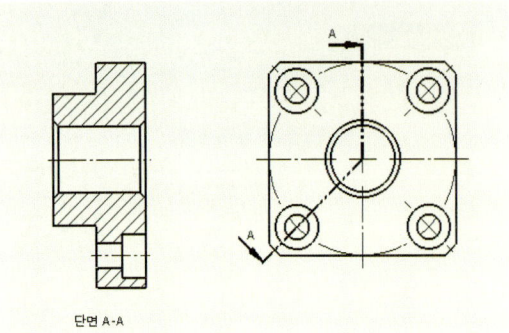

Lesson 3 │ 축 타입의 부품도 작성하기

01 기준 뷰 작성하기

01 모델 뷰 명령을 클릭한다.

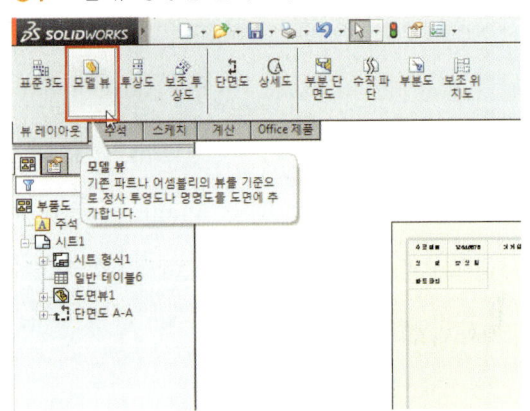

02 찾아보기 버튼을 클릭한다.

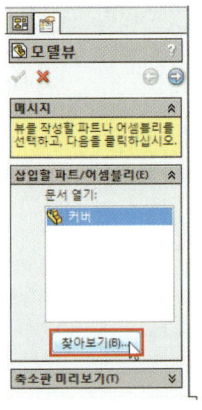

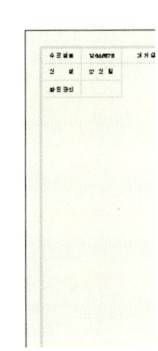

03 불러올 뷰의 부품을 선택해 열기 버튼을 클릭한다.

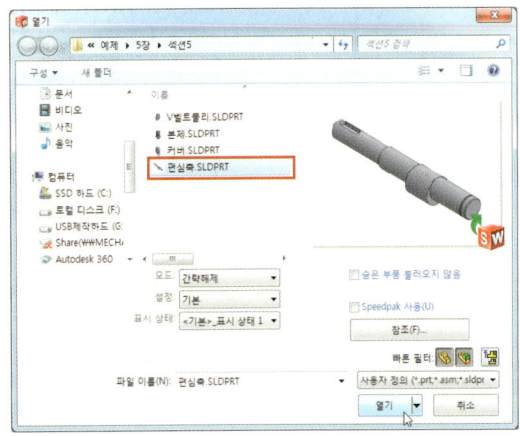

04 방향을 선택한 후 알맞은 위치에 클릭한다.

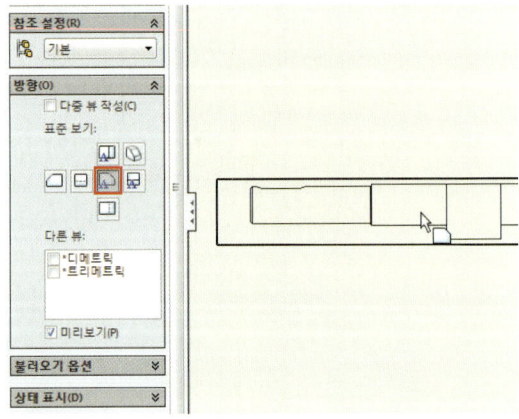

05 왼쪽으로 좌측면도를 투상한다.

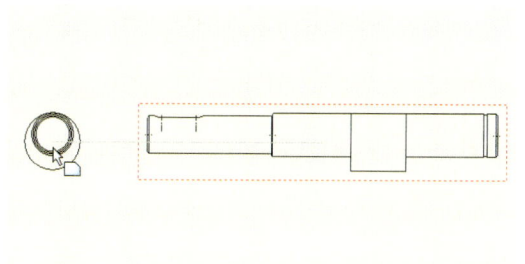

06 클릭하면 좌측면도가 작성된다.

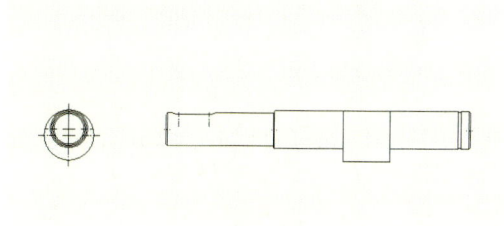

07 좌측면도를 선택해 표시 유형을 은선 표시로 바꾼다.

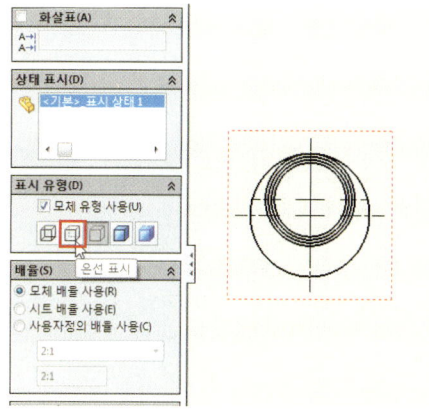

08 다음과 같이 은선이 표시된다.

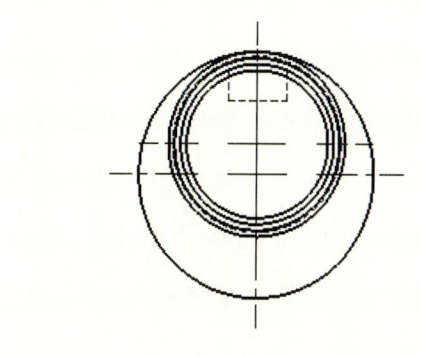

09 다음의 필요없은 은선을 선택해 모서리 숨기기 / 표시를 클릭한다.

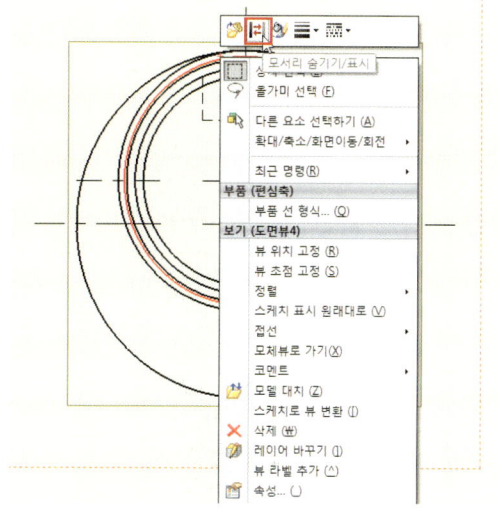

10 선택한 은선이 숨김상태가 된다.

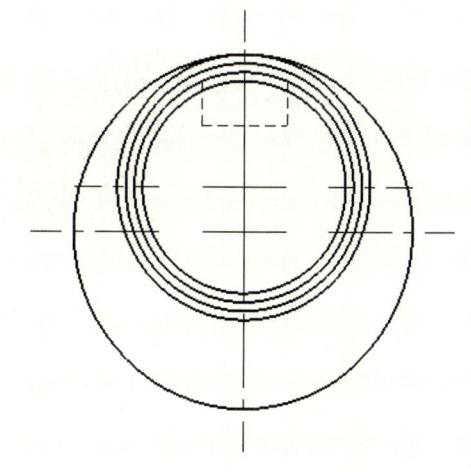

02 중심선 작성하기

01 다음 중심선의 끝점을 클릭해 드래그한다.

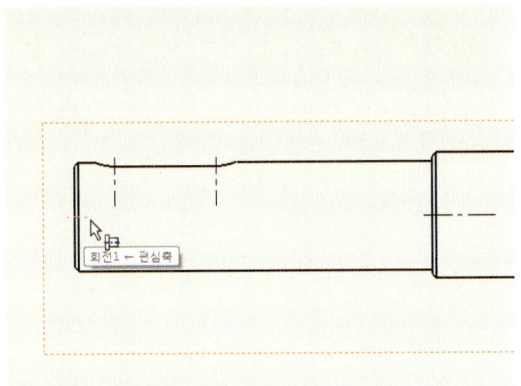

02 다음과 같이 중심선의 길이가 조정된다.

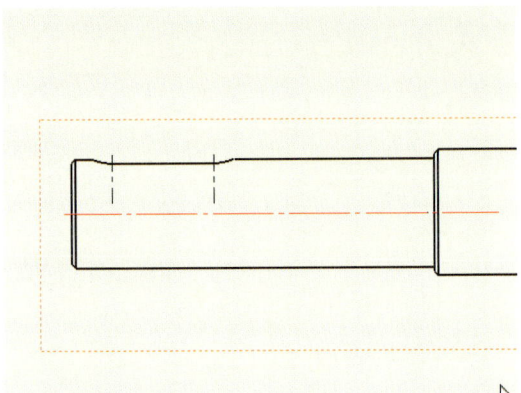

03 마찬가지로 다른 중심선들도 드래그해서 길이를 다음과 같이 조정한다.

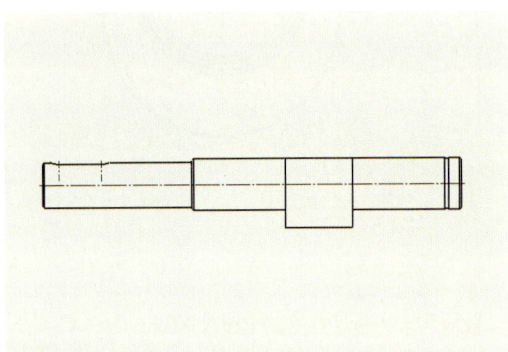

04 주석 탭에서 중심선 명령을 클릭한다.

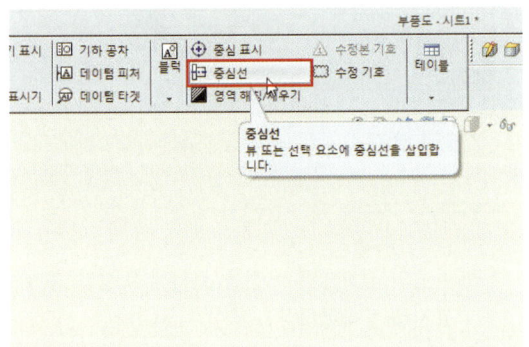

05 첫 번째 모서리를 선택한다.

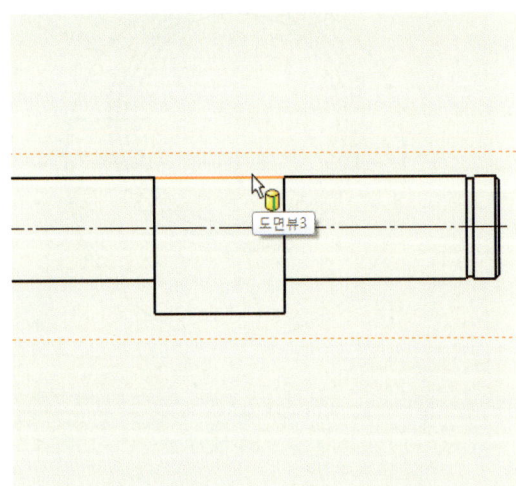

06 두 번째 모서리를 선택한다.

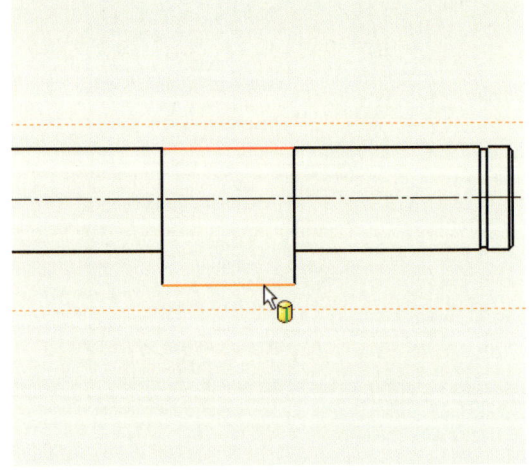

07 두 모서리의 중간을 지나는 중심점이 생성된다.

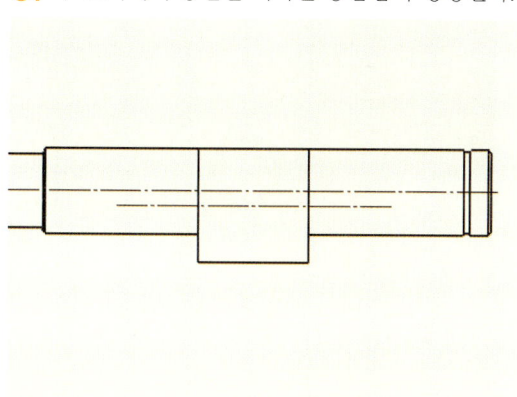

08 중심선의 끝점을 드래그해 길이를 조정한다.

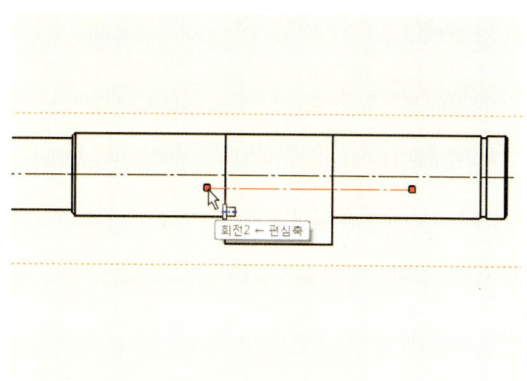

09 다음과 같이 중심선의 길이를 맞춘다.

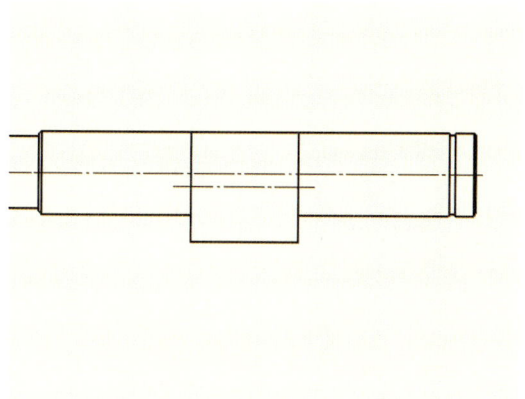

03 부분 단면도 작성하기

01 부분 단면도 명령을 클릭한다.

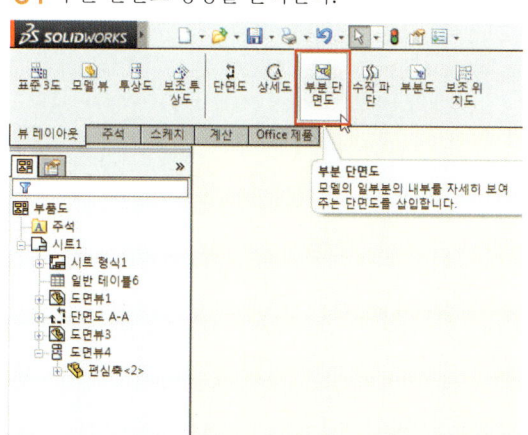

02 다음 뷰에 커서를 위치시킨다.

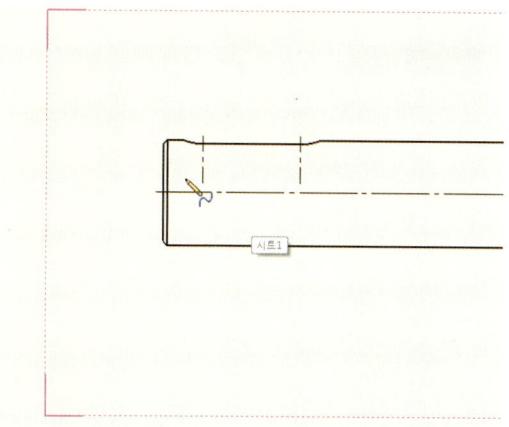

03 다음과 같이 폐곡선을 작성한다.

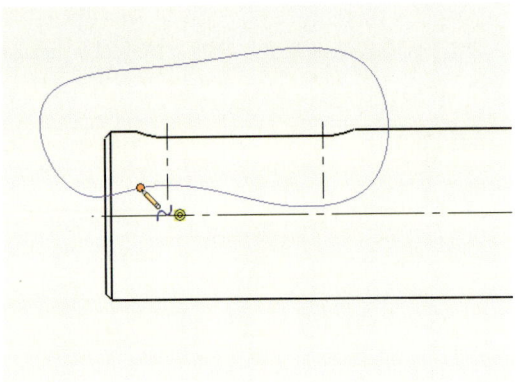

04 깊이를 좌측면도의 원형 모서리를 클릭한다.

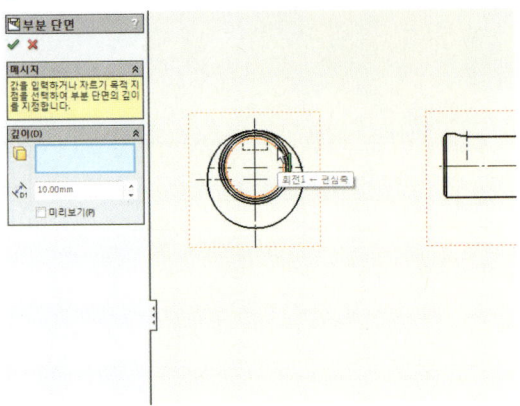

05 깊이 항목에 모서리가 등록된다.

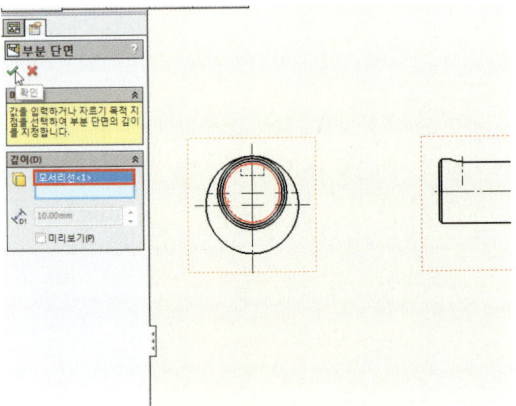

06 확인 버튼을 클릭하면 부분 단면도가 작성된다.

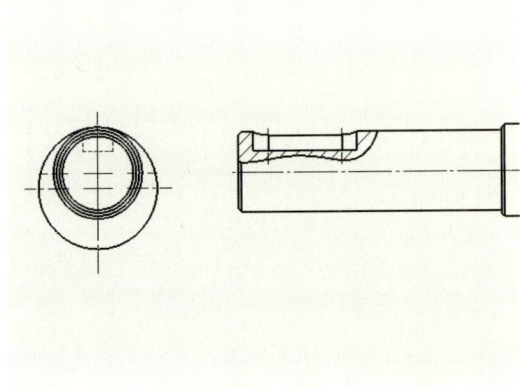

04 키자리 뷰 작성하기

01 투상도 명령을 클릭한다.

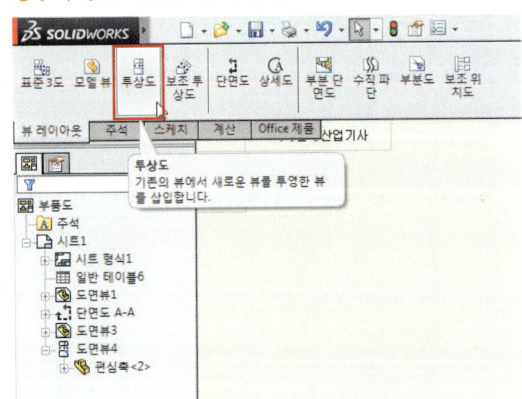

02 정면도를 클릭해 마우스를 위로 움직여 평면도를 작성한다.

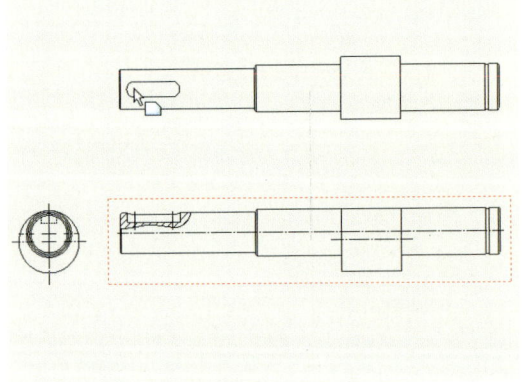

03 클릭하면 평면도가 작성된다.

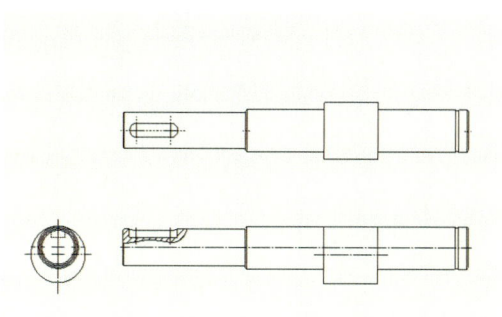

04 코너 사각형 명령을 클릭한다.

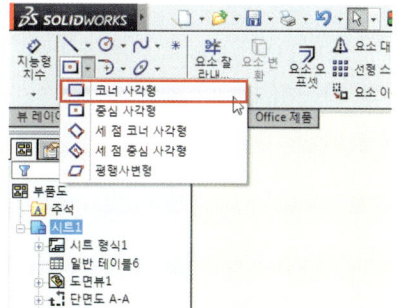

05 평면도의 키자리에 다음과 같이 사각형을 작성한다.

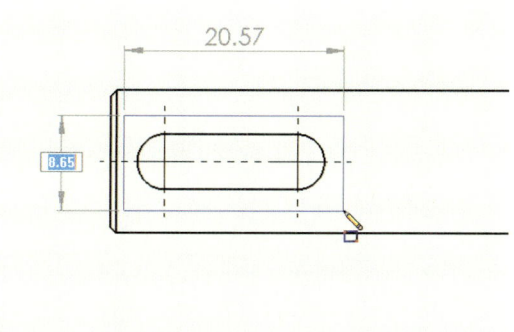

06 사각형이 선택된 상태로 부분도 명령을 클릭한다.

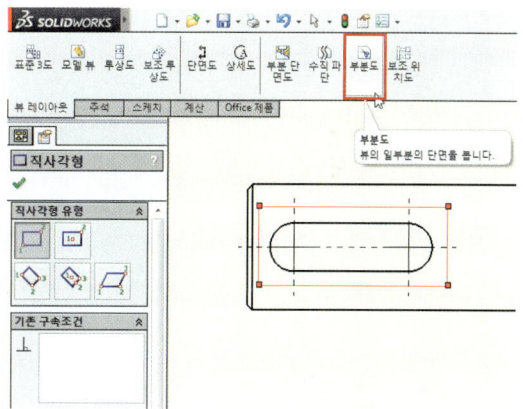

07 다음과 같이 부분도가 작성된다.

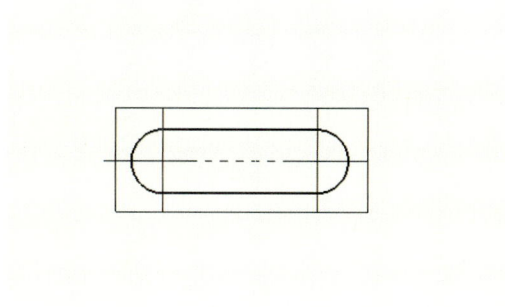

08 다음과 같이 축 타입 부품의 뷰가 작성되었다.

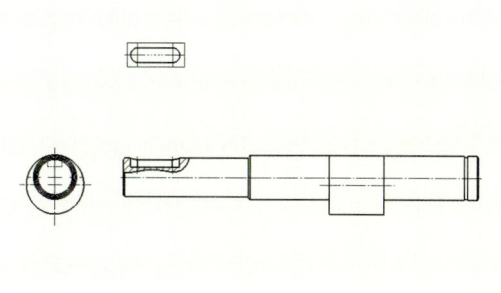

Lesson 4 | 동력전달용 부품도 작성하기

01 기준 뷰 작성하기

01 모델 뷰 명령을 클릭한다.

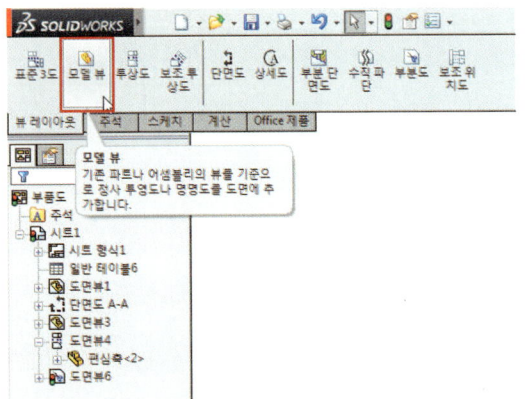

02 찾아보기 버튼을 클릭한다.

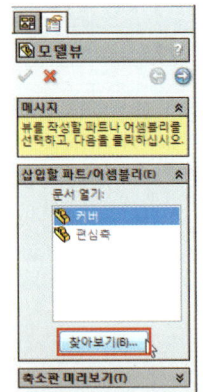

03 불러올 뷰의 부품을 선택해 열기 버튼을 클릭한다.

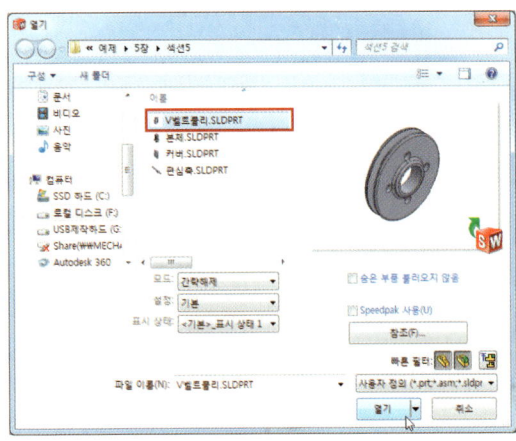

04 방향을 선택한 후 알맞은 위치에 클릭한다.

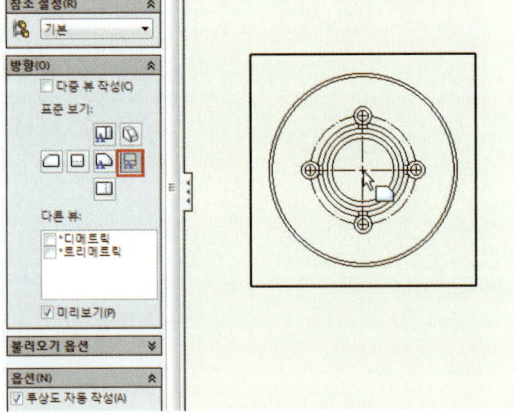

05 다음과 같이 기준뷰가 작성된다.

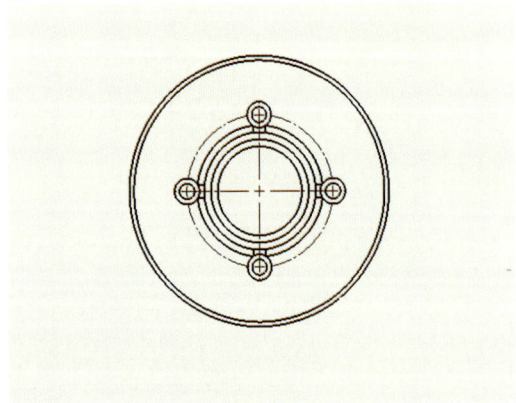

02 단면도 작성하기

01 단면도 명령을 클릭한다.

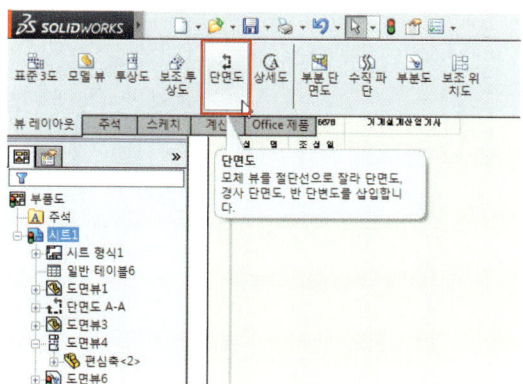

02 중심선의 중간점을 일치시킨다.

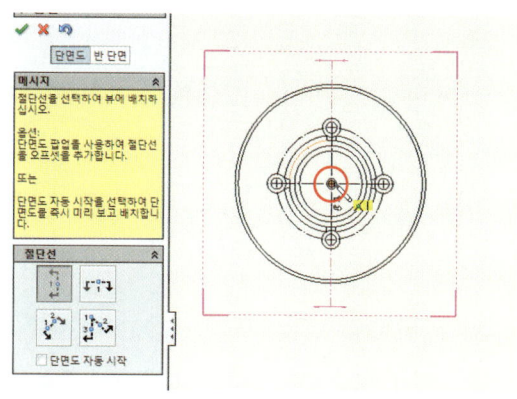

03 좌표를 맞춘 후 확인 버튼을 클릭한다.

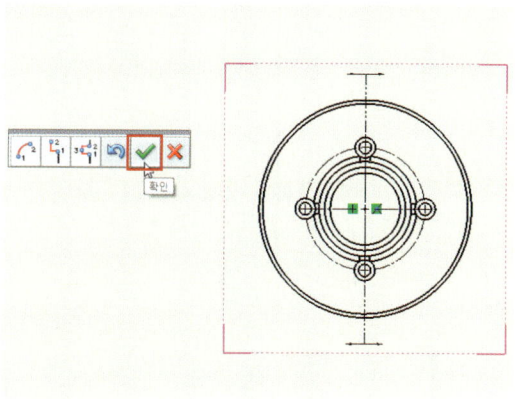

04 마우스를 왼쪽으로 움직이면 다음과 같이 단면도가 미리보기가 된다.

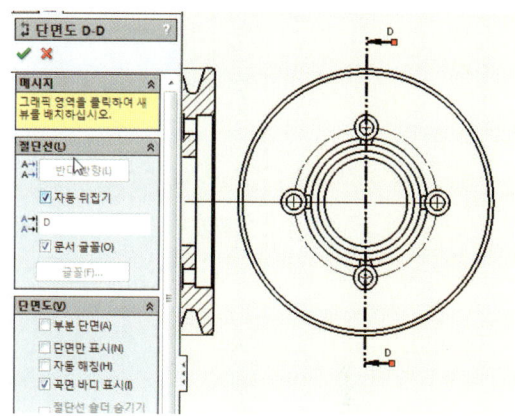

05 알맞은 위치에 단면도를 위치시키고 클릭한다.

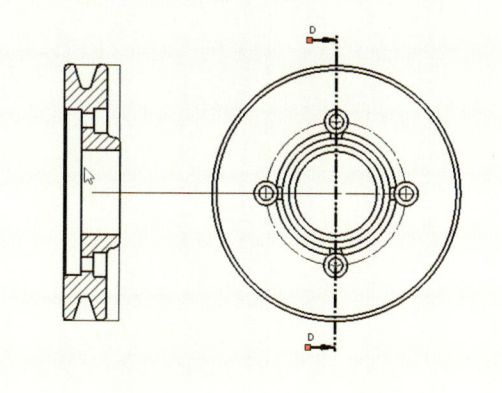

06 다음과 같이 좌측에 단면도가 생성된다.

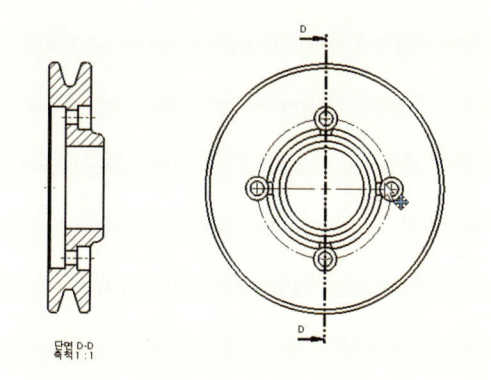

07 기준 뷰를 마우스 우측 버튼으로 클릭해 숨기기 버튼을 클릭한다.

08 다음과 같은 메시지가 표시되면 아니오를 클릭한다.

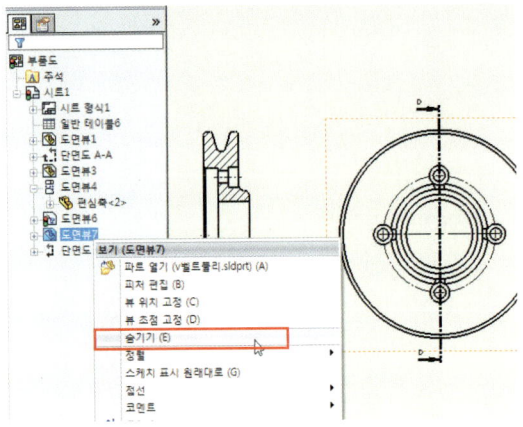
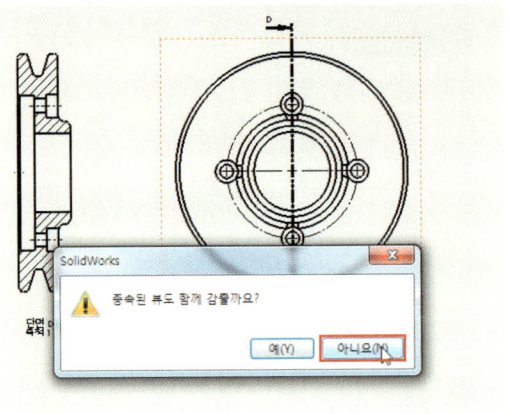

09 단면도만 남고 기준뷰는 숨김처리된다.

10 중심선의 끝점을 드래그해서 길이를 수정한다.

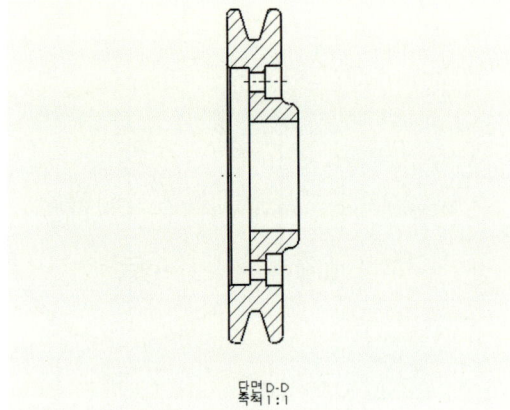
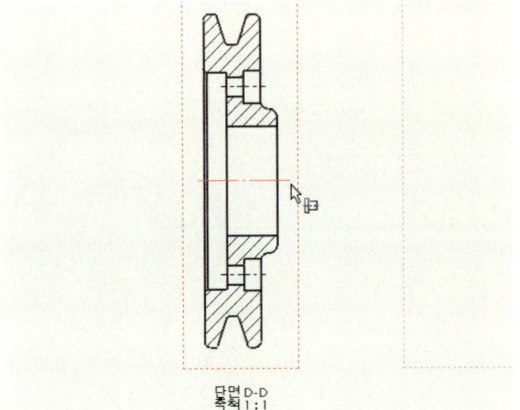

11 다음과 같이 뷰의 작성이 완료되었다.

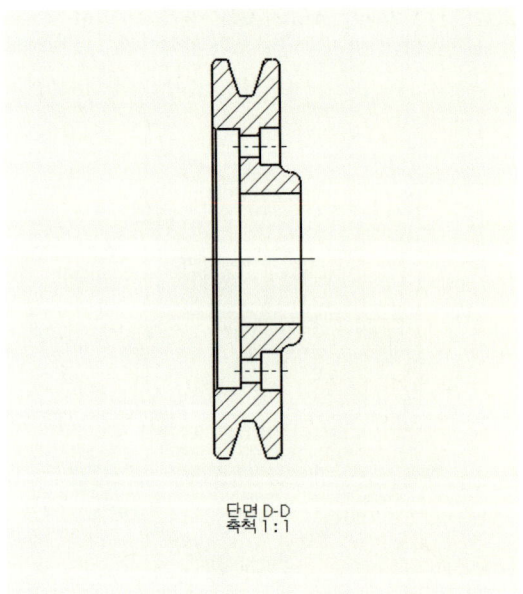

03 상세도 작성하기

01 상세도 명령을 클릭한다.

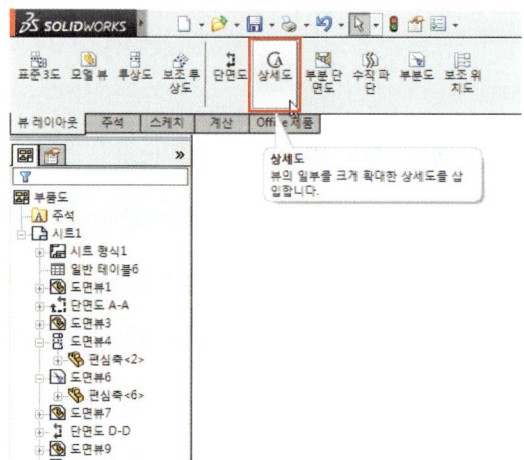

02 상세도를 표시할 원을 작성한다.

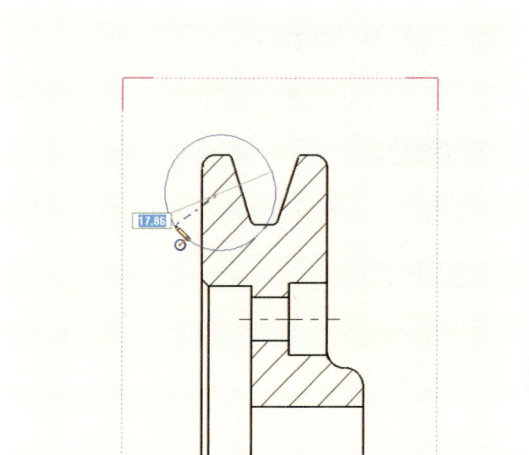

03 원 작성이 마무리되면 다음과 같이 상세도가 미리보기가 된다.

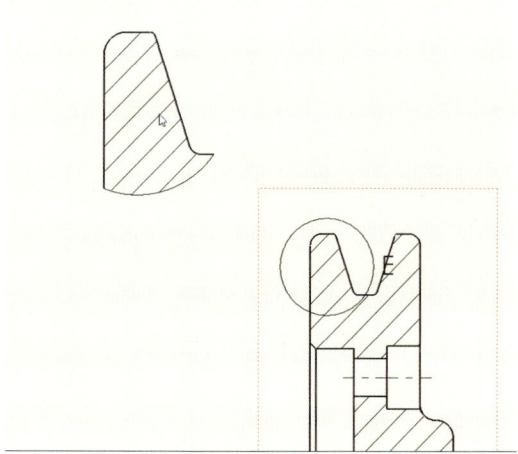

04 클릭하면 상세도 작성이 마무리된다.

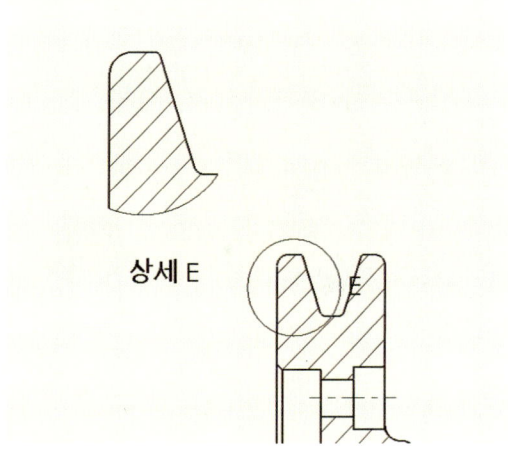

Lesson 5 | 본체 타입의 부품도 작성하기

01 기준 뷰 작성하기

01 모델 뷰 명령을 클릭한다.

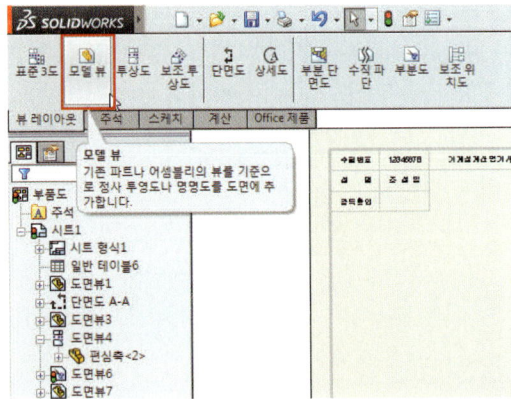

02 찾아보기 버튼을 클릭한다.

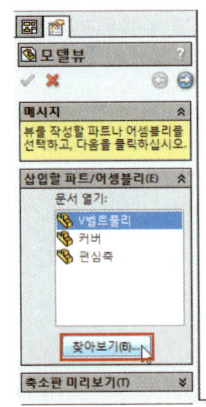

03 불러올 뷰의 부품을 선택해 열기 버튼을 클릭한다.

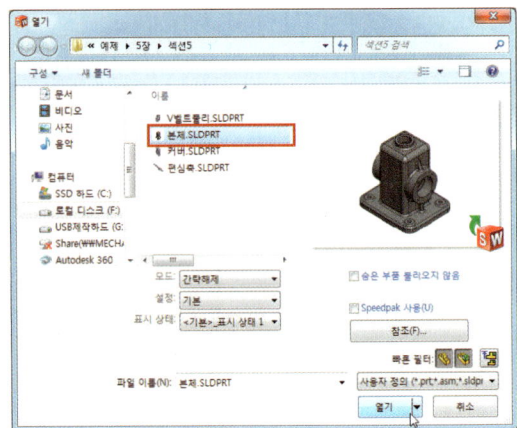

04 다중 뷰 작성에 체크한 후 다음 세 개의 뷰 버튼을 클릭한다.

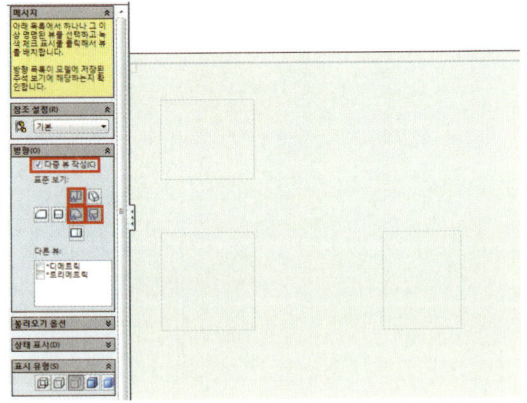

05 다음과 같이 세 개의 뷰가 작성된다.

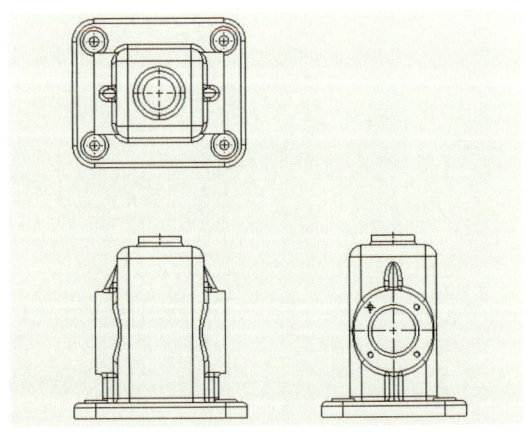

Section4 제출용 도면 작성하기

02 부분 단면도 작성하기

01 코너 사각형 명령을 클릭한다.

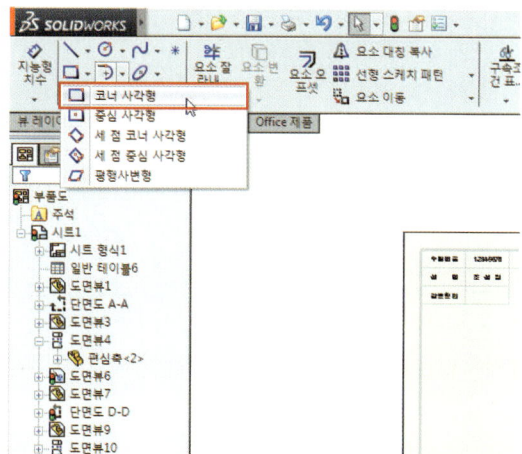

02 다음과 같이 사각형을 작성한다.

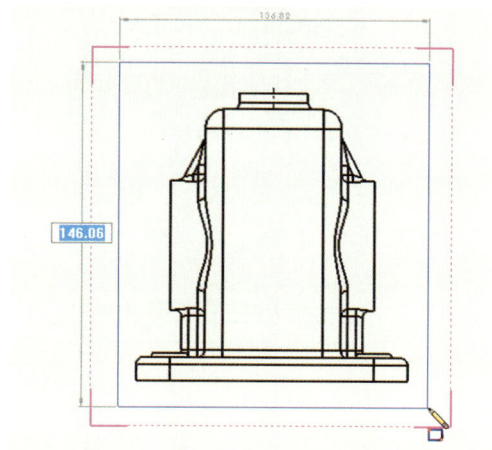

03 사각형이 선택된 상태로 부분 단면도 명령을 클릭한다.

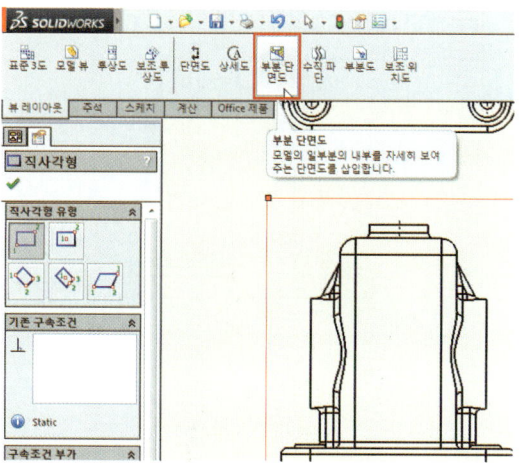

04 깊이를 평면도의 원형 모서리를 선택한다.

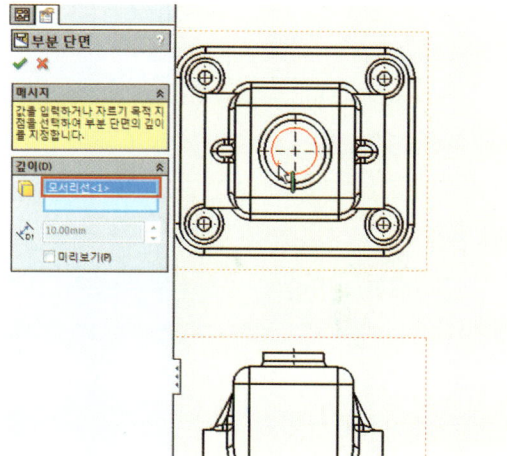

05 다음과 같이 부분 단면도가 작성된다.

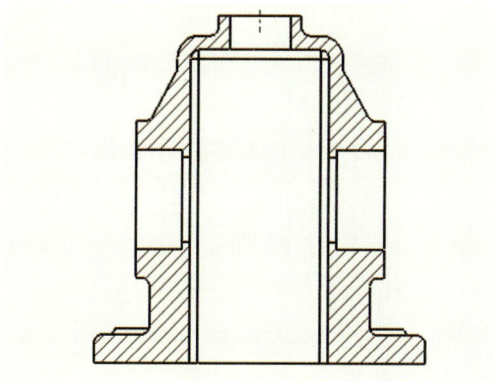

06 코너 사각형 명령을 클릭한다.

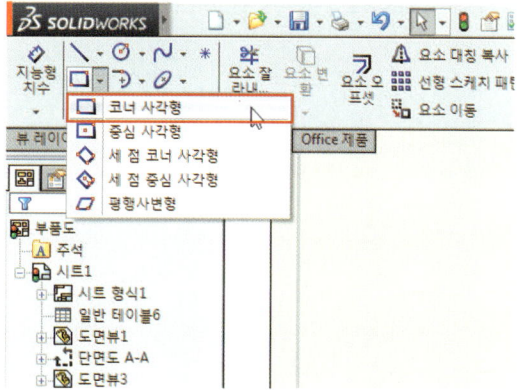

491

07 다음과 같이 사각형을 작성한다.

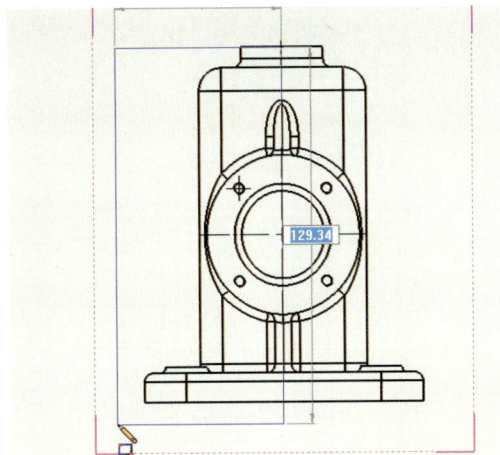

08 부분 단면도 명령을 클릭한다.

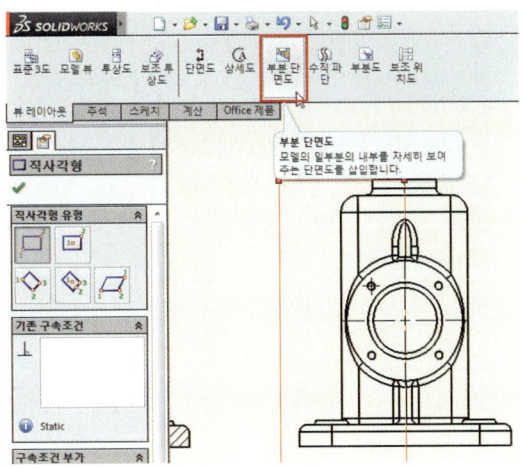

09 깊이 항목을 평면도의 원형 모서리를 선택한다.

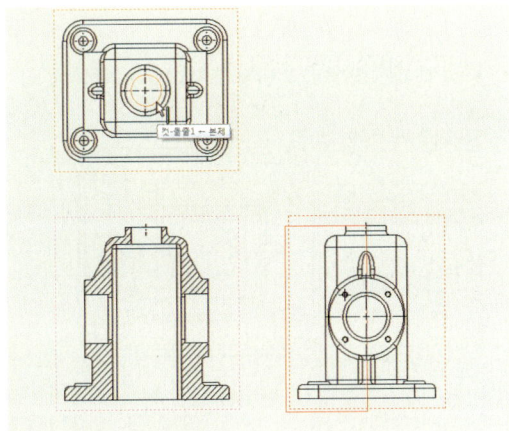

10 다음과 같이 부분 단면도가 작성되었다.

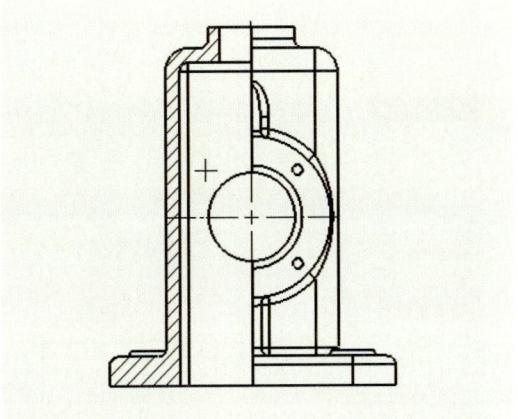

03 부분도 작성하기

01 코너 사각형 명령을 클릭한다.

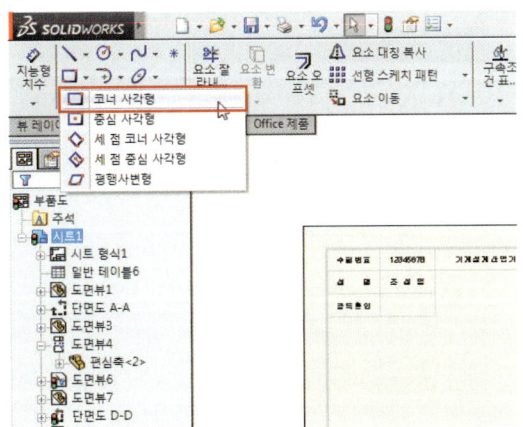

02 다음과 같이 사각형을 작성한다.

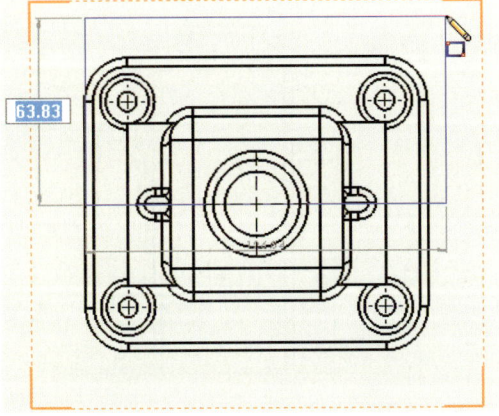

03 부분도 명령을 클릭한다.

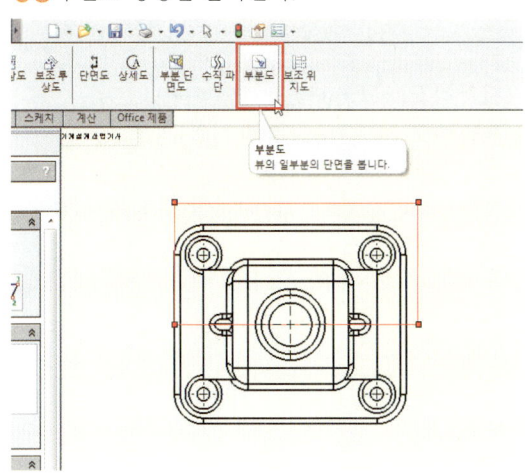

04 다음과 같이 평면도에 부분도가 작성된다.

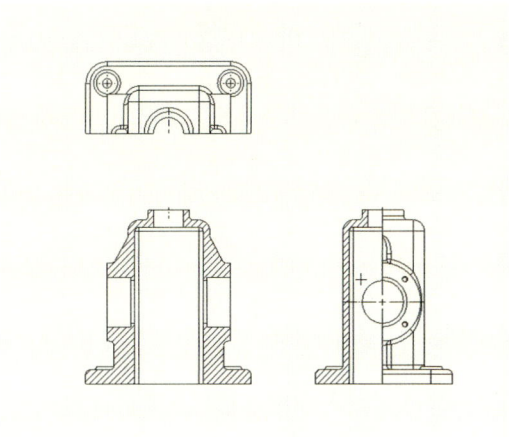

04 부분 단면도 작성하기

01 부분 단면도 명령을 클릭한다.

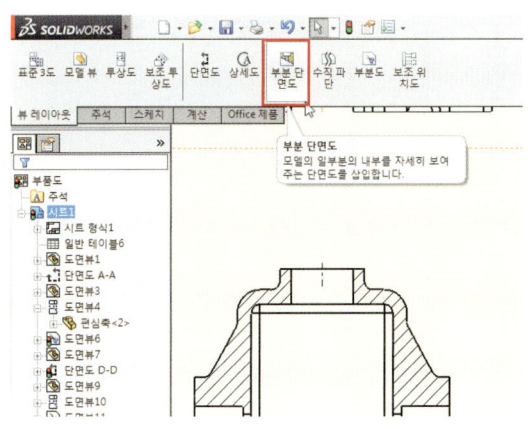

02 자유곡선으로 다음과 같이 폐곡선을 작성한다.

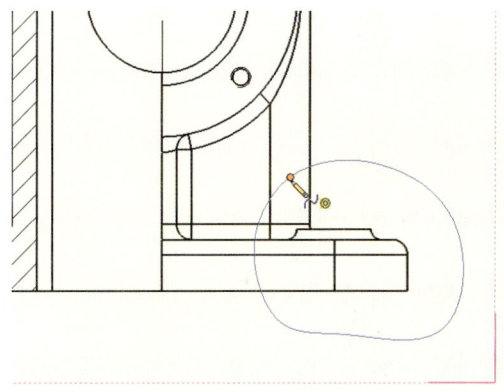

03 단면도의 깊이를 평면도의 원형 모서리를 선택한다.

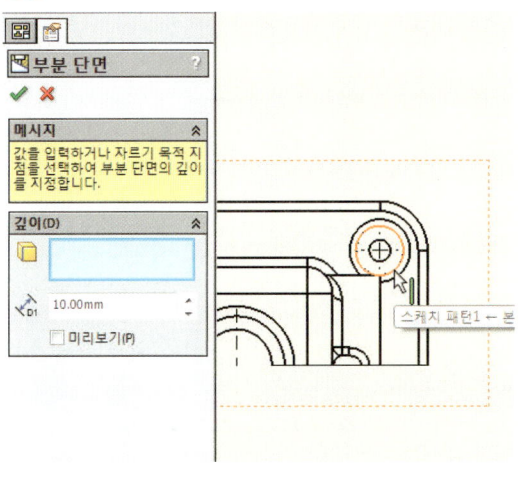

04 다음과 같이 부분 단면도가 생성된다.

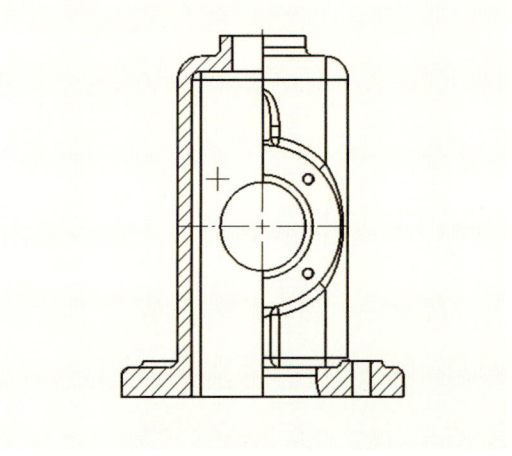

05 중심선과 뷰 및 해칭 수정하기

01 정면도를 선택해 모서리 숨기기/표시 버튼을 클릭한다.

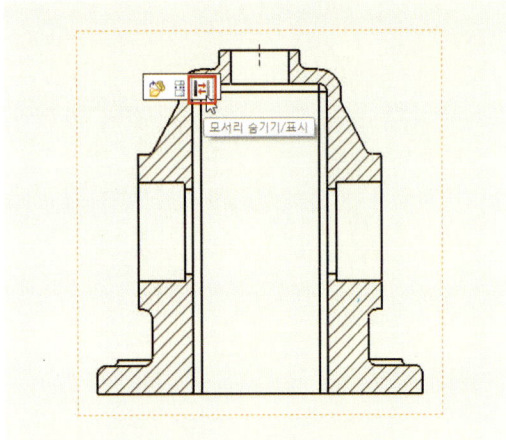

02 다음 두 개의 버튼을 클릭한다.

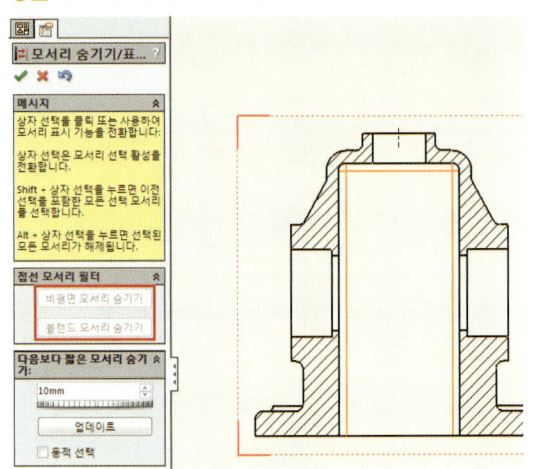

03 확인 버튼을 클릭하면 모서리가 숨겨진다.

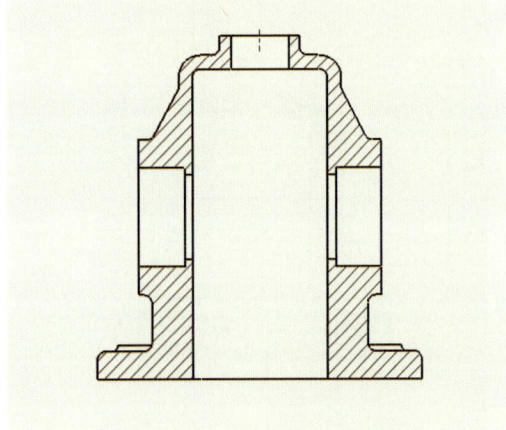

04 마찬가지로 다른 뷰의 모서리도 수정한다.

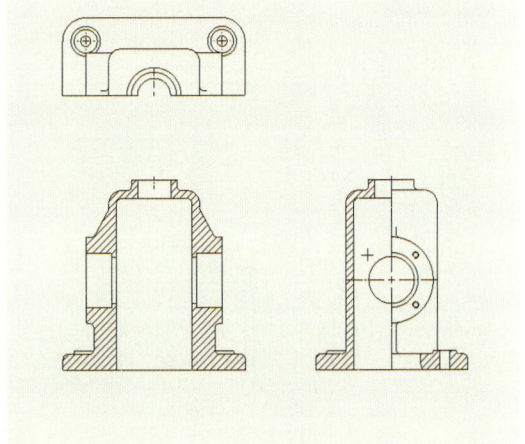

05 중심선을 드래그해서 길이를 조정한다.

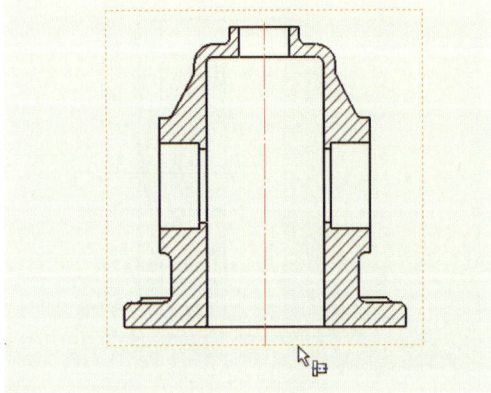

06 해칭 부분을 선택한 다음 클릭한다.

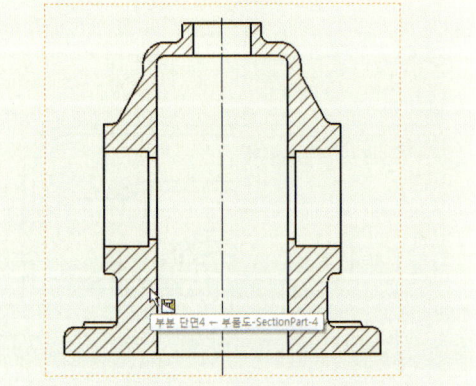

07 재질 해칭을 체크 해제한 후 해칭 없음을 클릭한다.

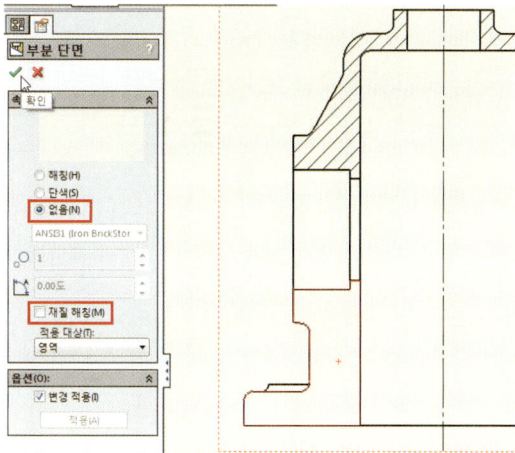

08 다음과 같이 해칭이 사라진다.

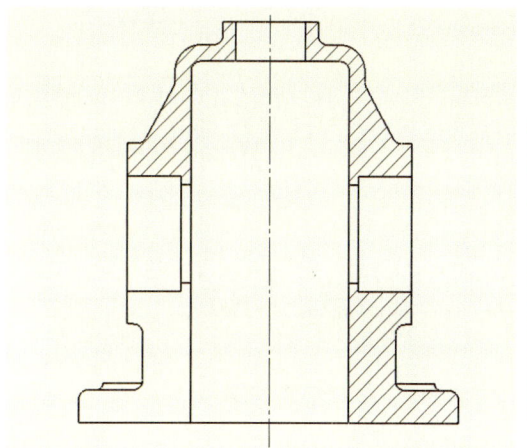

09 마찬가지로 다른 해칭도 숨김처리한다.

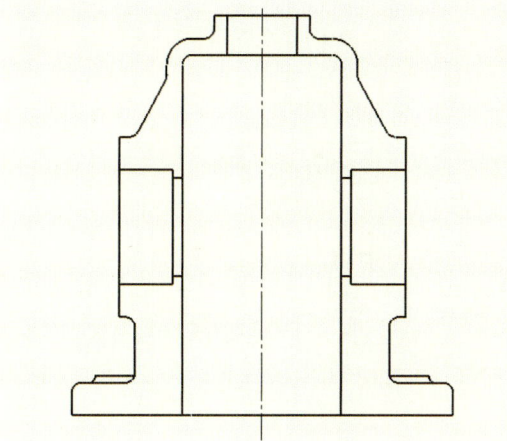

10 선 명령으로 다음과 같이 작성한다.

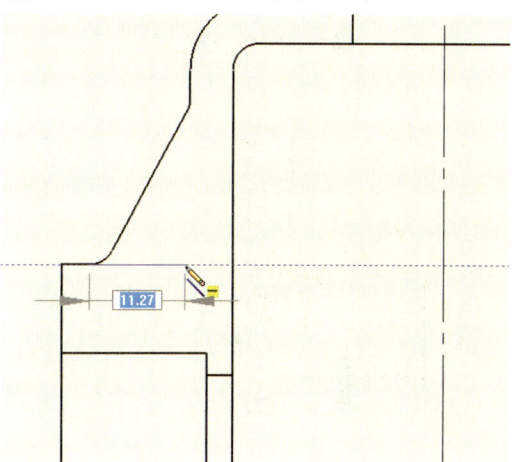

11 연속선으로 다음과 같이 작성한다.

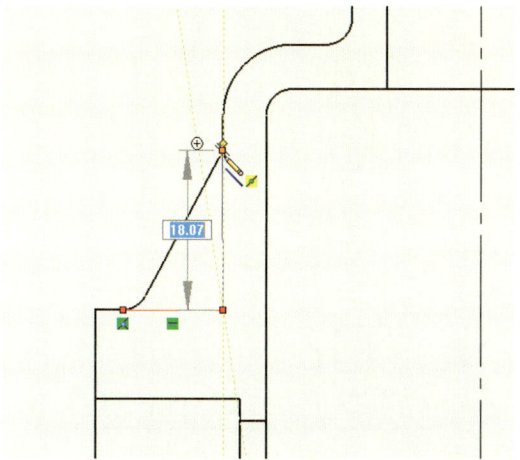

12 다음 꼭지점에 스케치 필렛 명령을 실행한다.

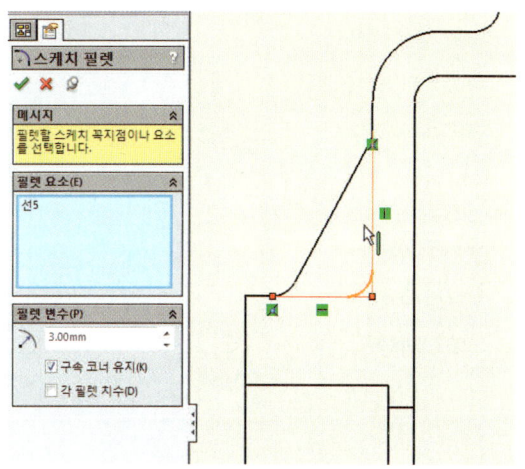

13 다음과 같이 스케치 필렛이 작성되었다.

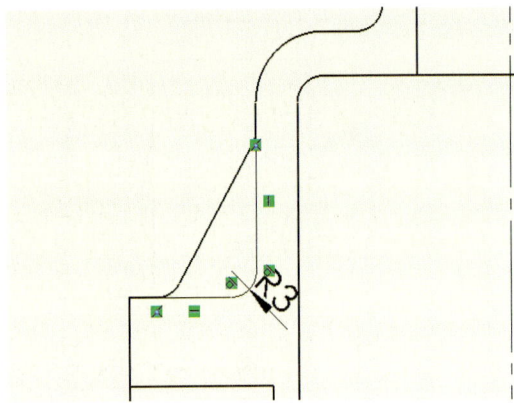

14 작성된 스케치 요소를 선택해 선의 굵기를 0.35mm로 수정한다.

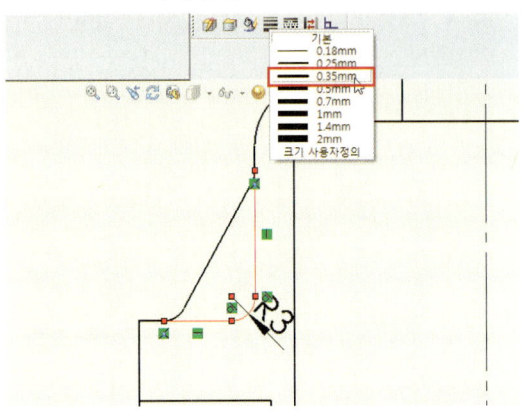

15 선의 굵기가 조정되었다.

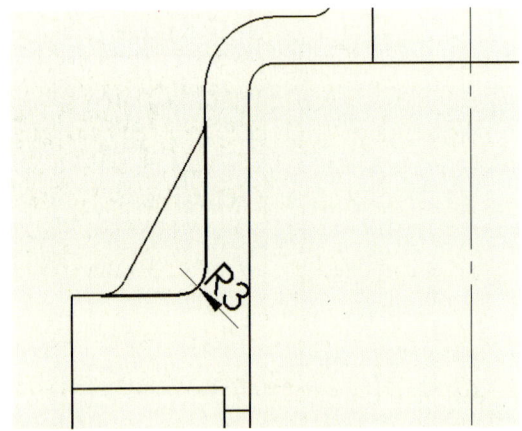

16 마찬가지로 다른 요소도 다음과 같이 스케치를 작성한다.

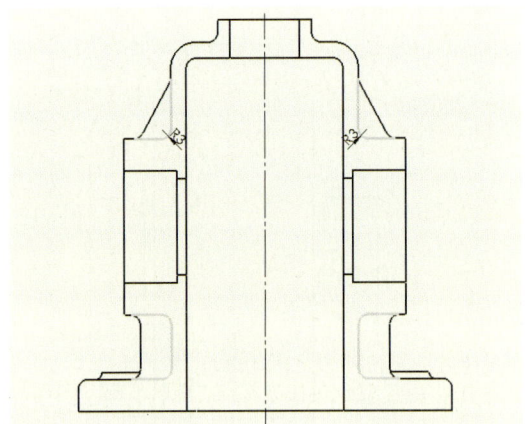

17 작성한 스케치 선을 선택해 옵션에서 레이어를 FORMAT으로 변경한다.

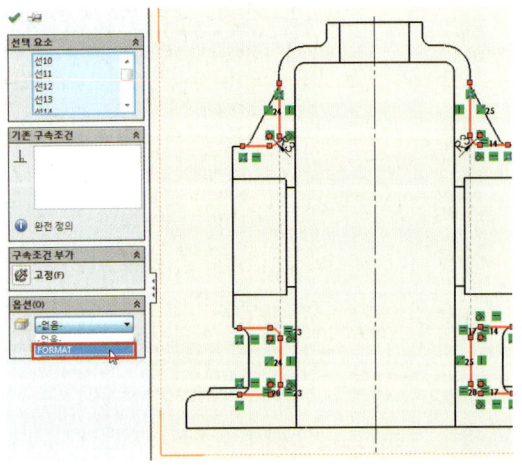

18 다음과 같이 선의 레이어가 변경되었다.

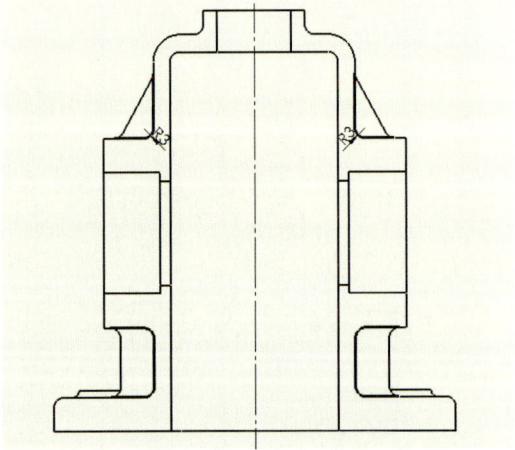

Section4 제출용 도면 작성하기

19 작성한 치수를 선택해 숨기기 명령을 클릭한다.

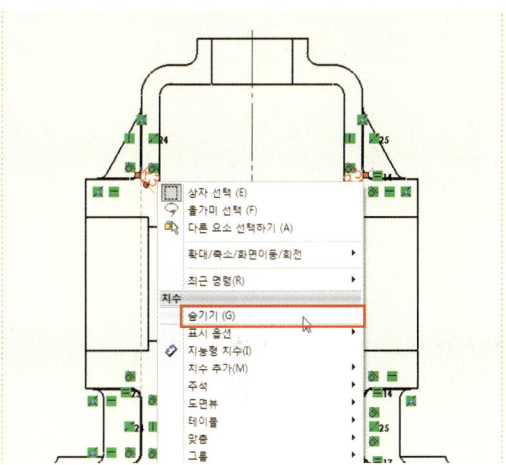

20 주석 탭에서 영역 해칭/채우기 명령을 클릭한다.

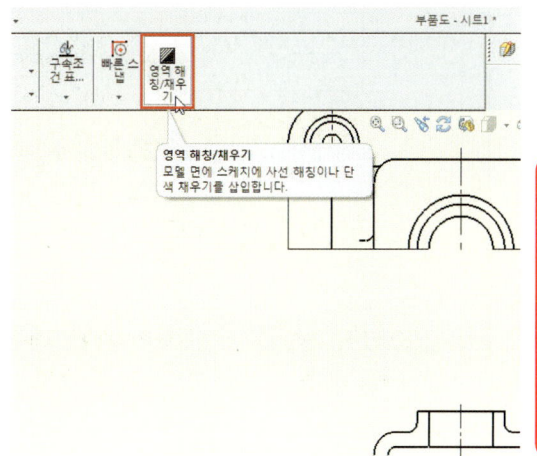

21 뷰의 폐곡선 영역을 클릭해 해칭을 작성한다.

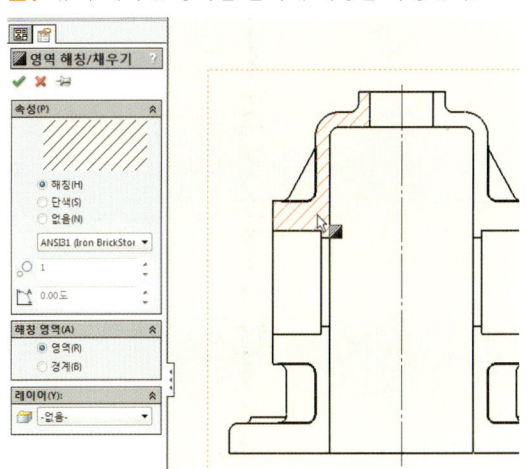

22 작성한 해칭의 레이어를 FORMAT으로 바꾼다.

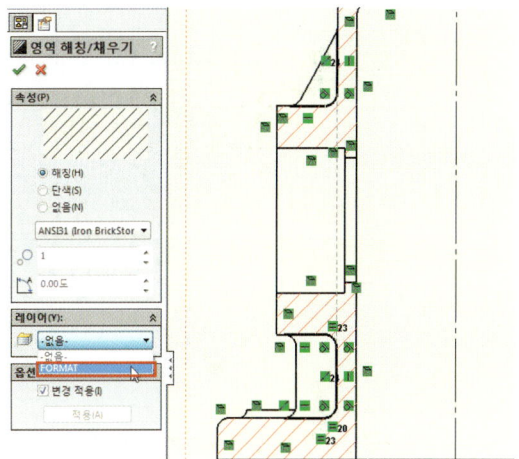

23 다음과 같이 해칭이 작성되었다.

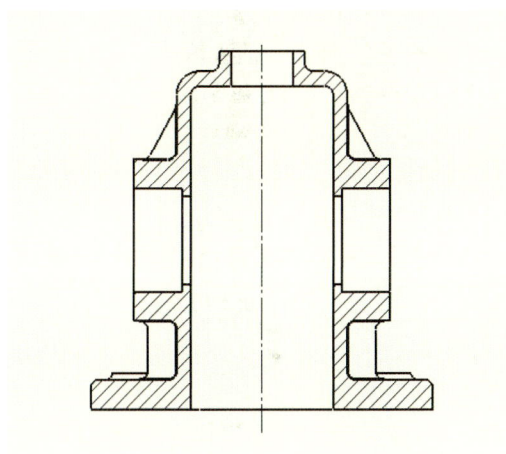

24 마찬가지로 다른 뷰의 해칭도 작성한다.

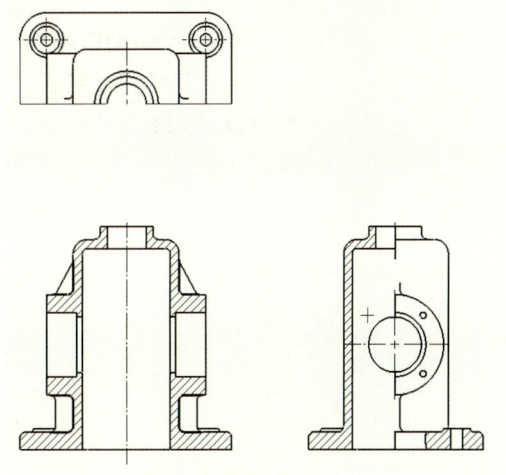

497

25 다음과 같이 부품도의 모든 뷰가 작성 완료되었다.

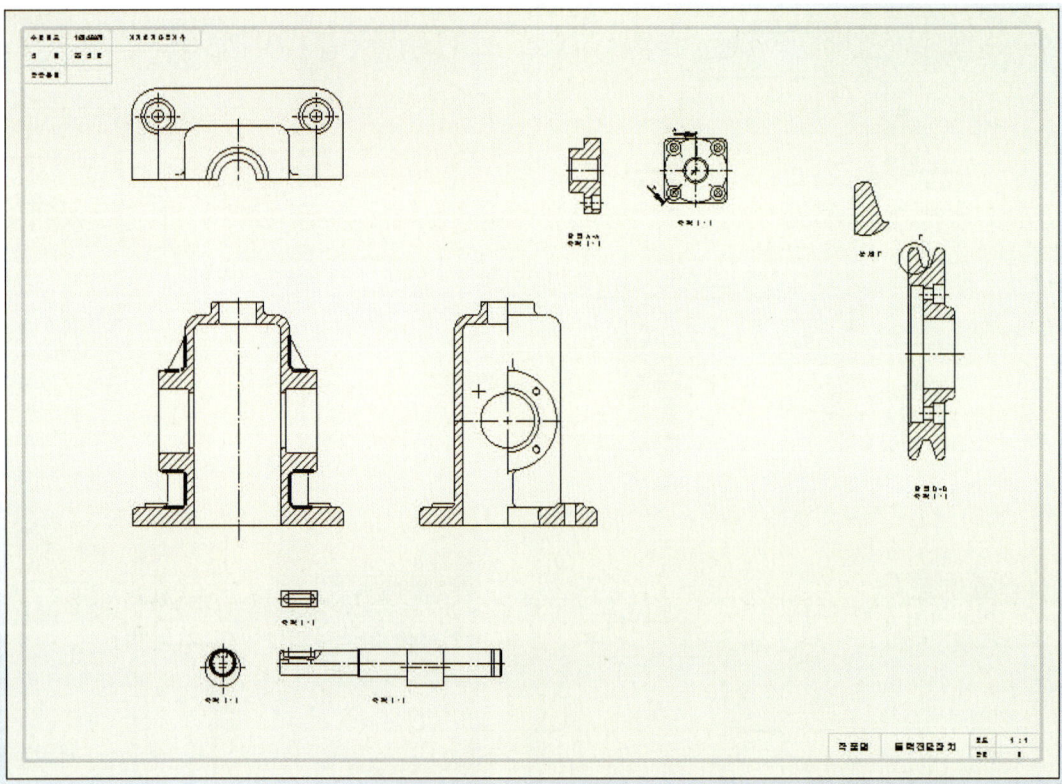

Lesson 6 | DWG로 내보내기

01 DWG로 내보내기

01 모델 뷰 명령을 클릭한다.

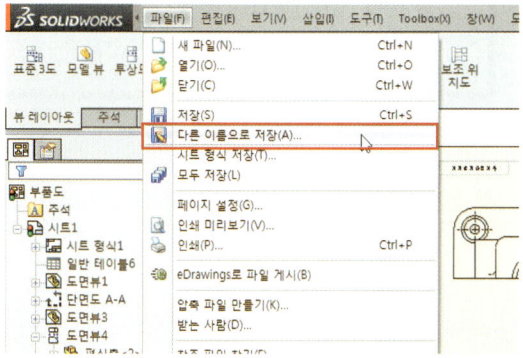

02 옵션 버튼을 클릭한다.

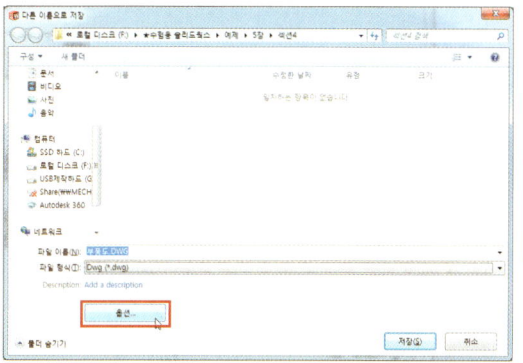

03 다음과 같이 설정한다.

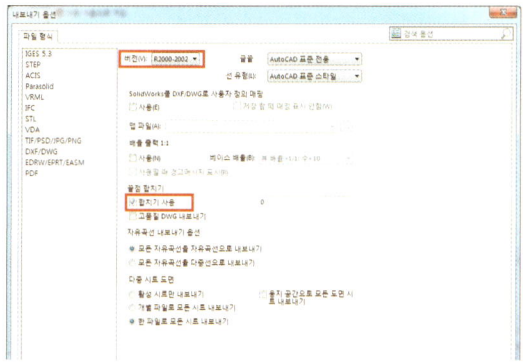

04 파일 이름을 지정한 다음 저장 버튼을 클릭한다.

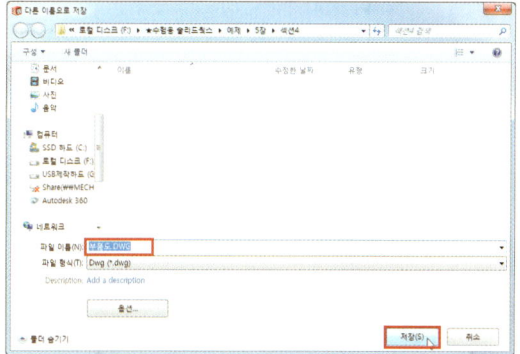

05 오토캐드를 실행한 후 열기 버튼을 클릭한다.

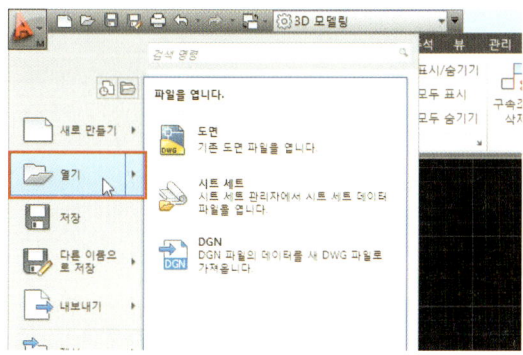

06 내보내진 DWG파일을 선택한 다음 연다.

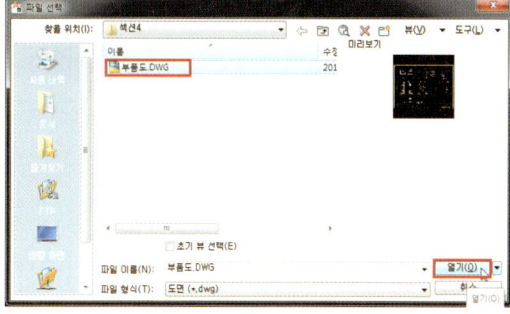

07 DWG 파일 그냥 열기를 클릭한다.

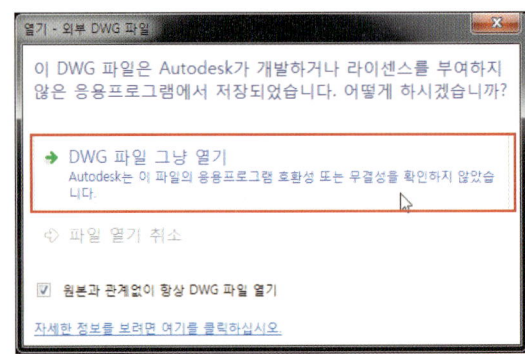

08 다음과 같이 도면이 표시된다.

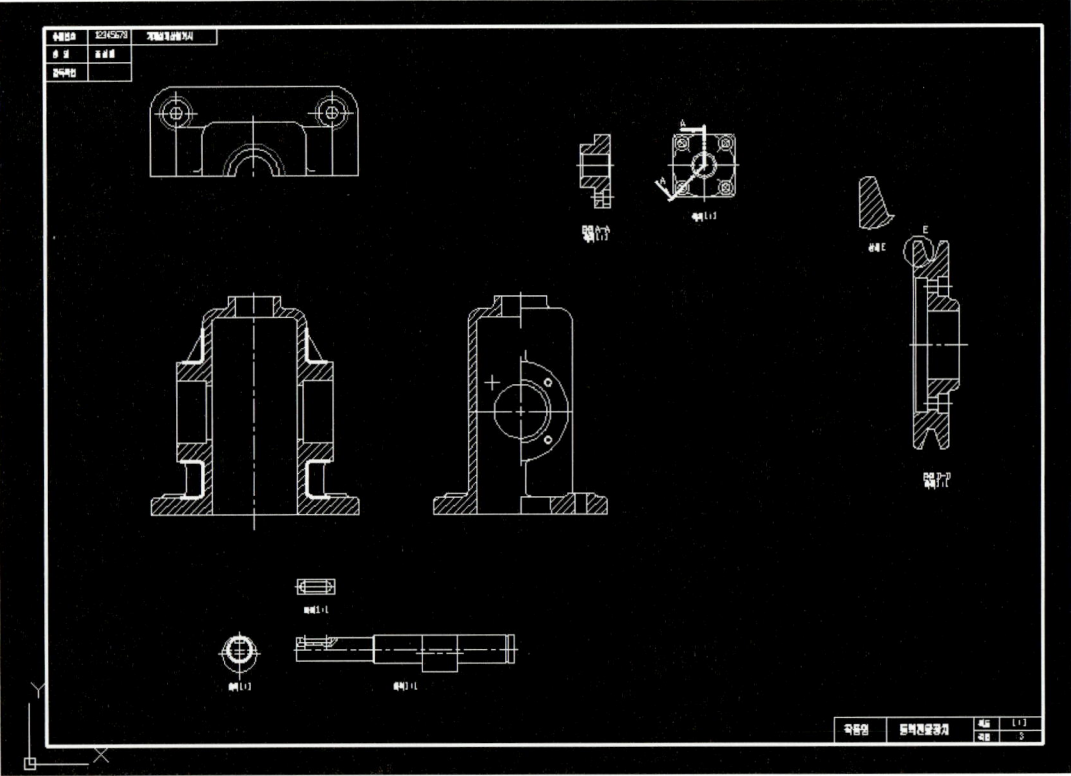

Lesson 7 | AutoCad 세팅하기

01 LAYER

❶ LAYER 또는 LA 명령을 입력하여 도면층 특성 관리자를 실행한다.

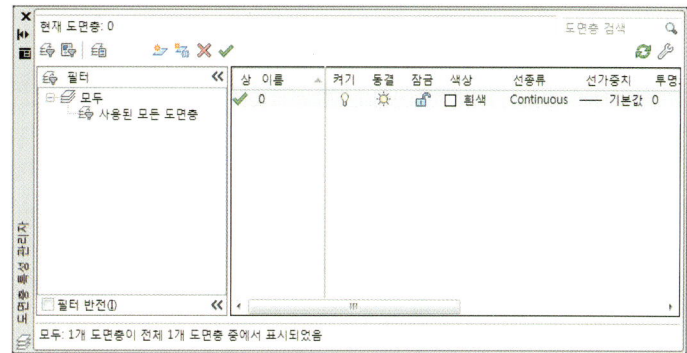

❷ **새 도면층** 버튼을 클릭하여 도면층을 생성한다.

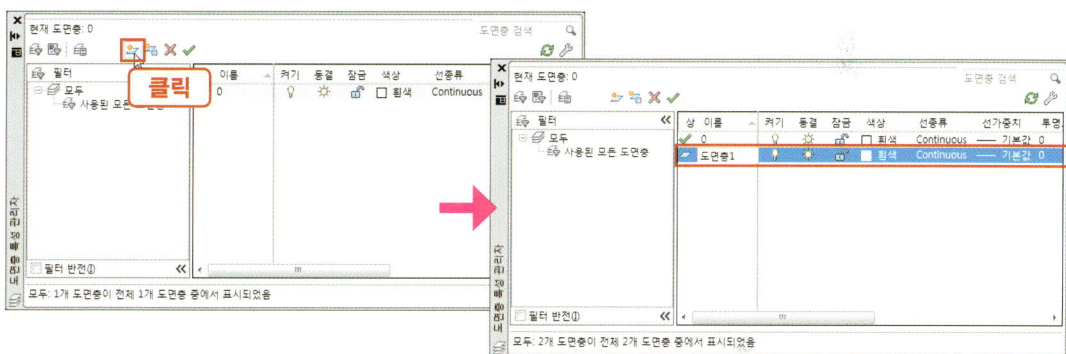

❸ 도면층 이름을 외형선, 숨은선, 중심선, 가상선으로 지정한다.

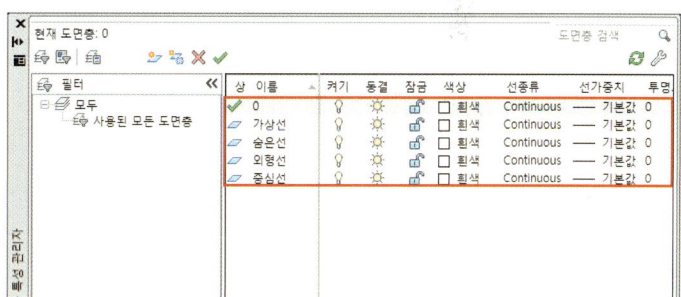

❹ 각 도면층의 색상을 지정하기 위해 도면층의 색상을 마우스로 클릭한다.

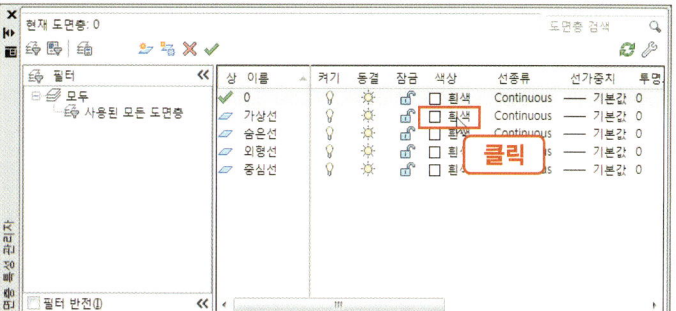

❺ 색상 선택 창이 나타나면 지정할 색상을 선택하고 확인을 클릭한다.

❻ 그림과 같이 각 도면층의 색상을 외형선-초록색, 숨은선-노란색, 중심선, 가상선-빨간색 으로 지정한다.

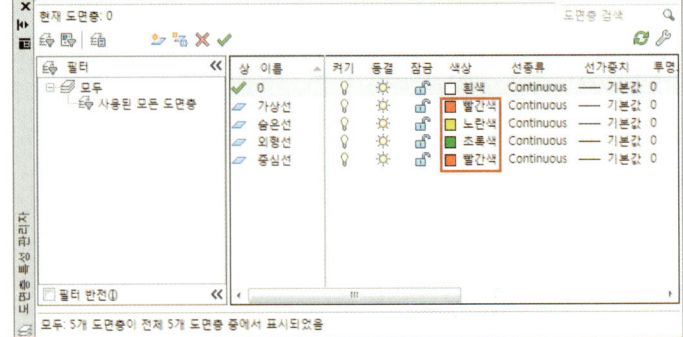

❼ 도면층(숨은선, 중심선, 가상선)의 선종류를 지정하기 위해 선종류를 마우스로 클릭한다.

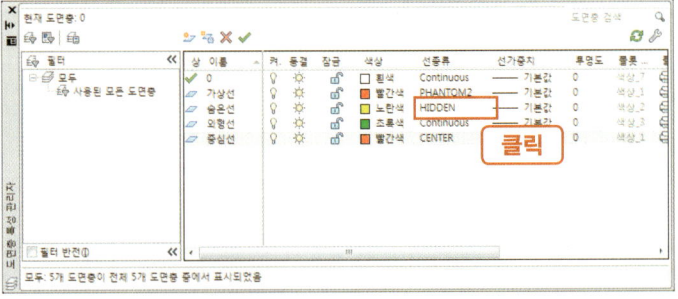

❽ 선종류 선택 창이 뜨면 로드 버튼을 클릭한다.

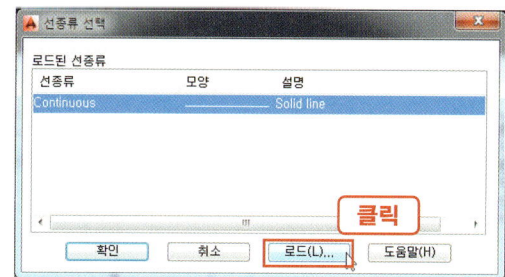

❾ HIDDEN, CENTER2, PHANTOM2의 선종류를 선택하고 확인 버튼을 눌러 사용할 선 종류를 로드한다.

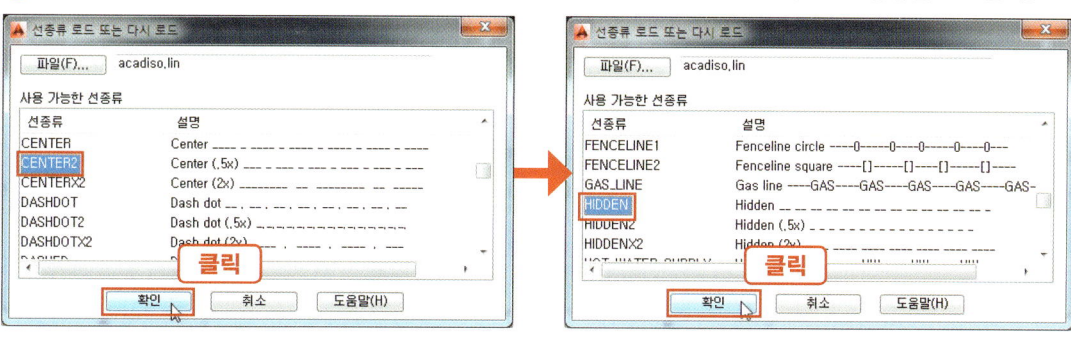

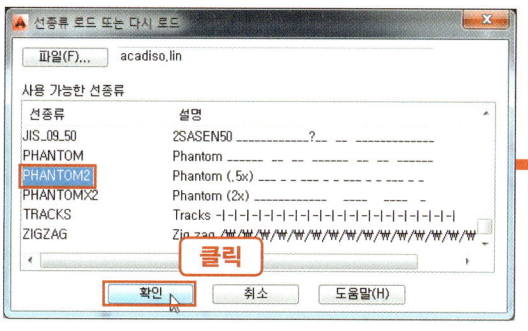 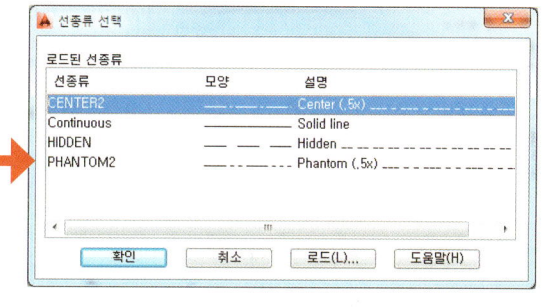

❿ 숨은선-HIDDEN, 중심선-CENTER2, 가상선-PHANTOM2를 선택하고 확인 버튼을 눌러 선 종류 지정을 완료한다.

⓫ 외형선을 선택한 다음 현재로 설정 버튼을 눌러 도면층 설정을 완료한다.

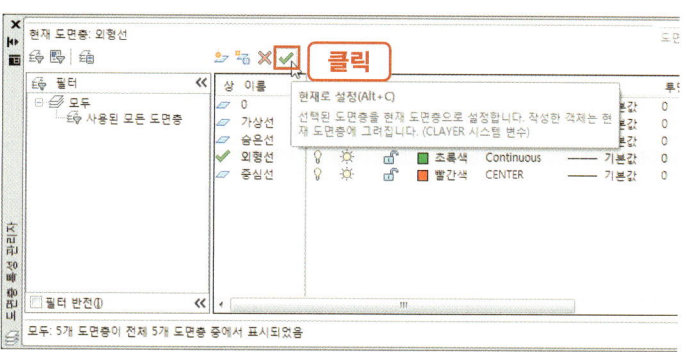

503

02 STYLE

① STYLE 또는 ST를 입력하여 문자 스타일을 실행한다.

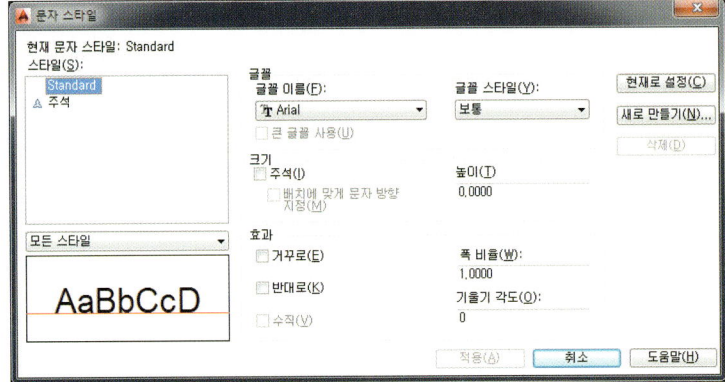

② 새로 만들기 버튼을 클릭한다.

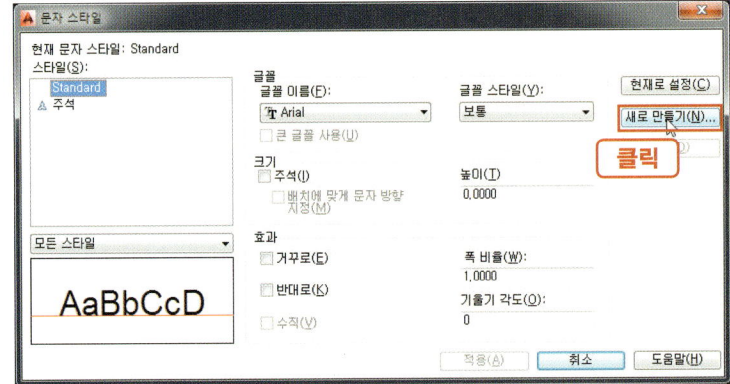

③ 스타일 이름을 굴림과 ISOCP로 하여 2가지 스타일을 생성한다.

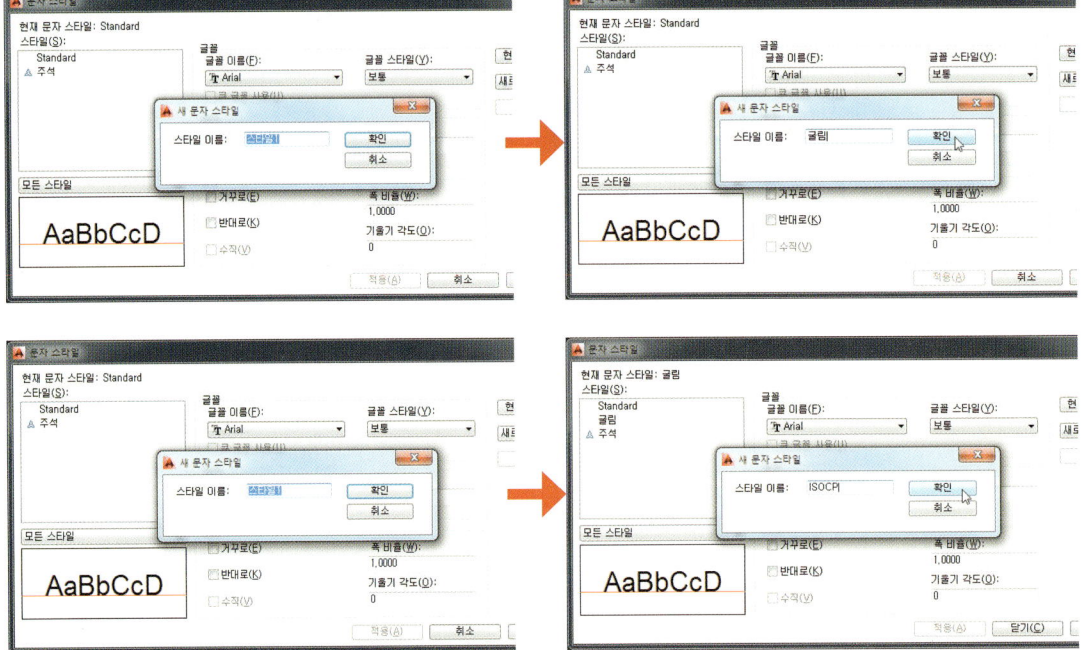

❹ 각 스타일에 글꼴을 지정하기 위해 먼저 굴림 스타일을 선택한다.

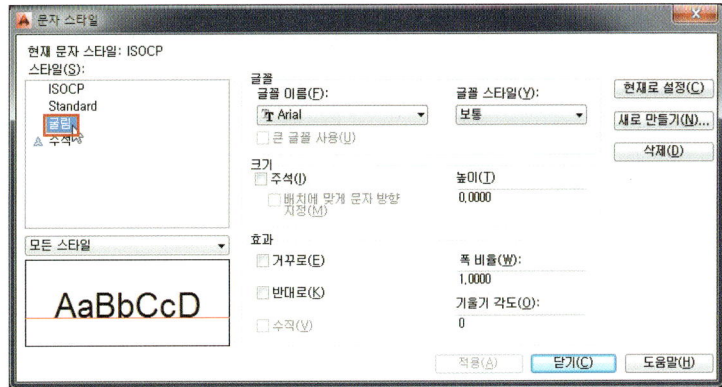

❺ 현재 글꼴을 클릭하여 굴림으로 선택 후 적용 버튼을 클릭한다.

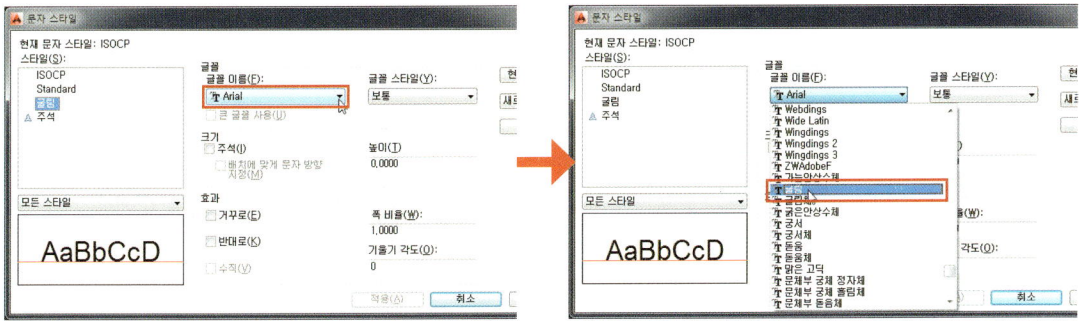

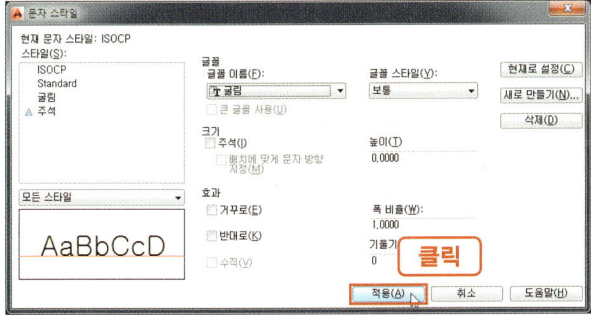

❻ 마찬가지로 글꼴을 지정하기 위해 ISOCP 스타일을 선택한다.

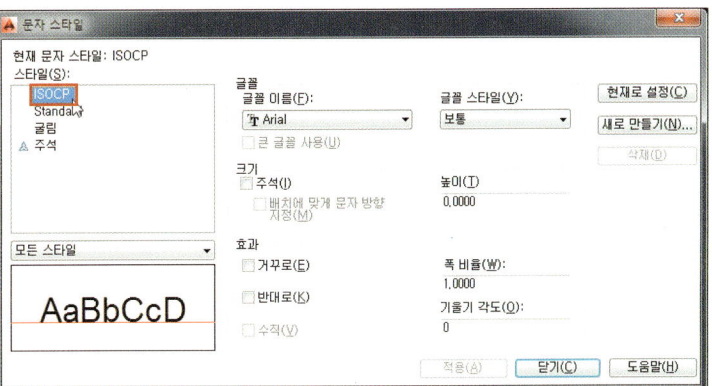

❼ 현재 글꼴을 클릭하여 isocp
로 선택한다.

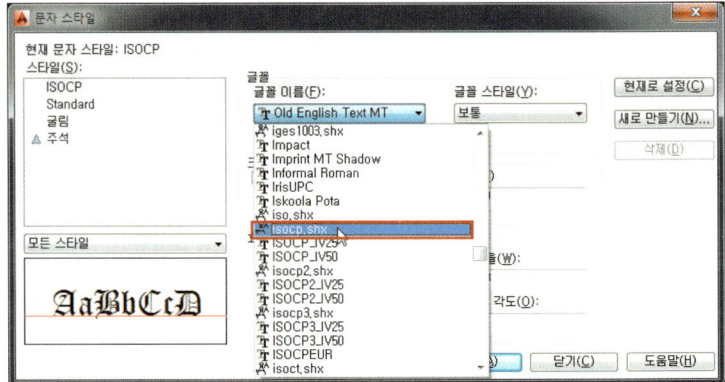

❽ isocp스타일로 한글을 작성
하려면 큰 글꼴을 지정해야
하므로 큰 글꼴 사용을 체크
한다.

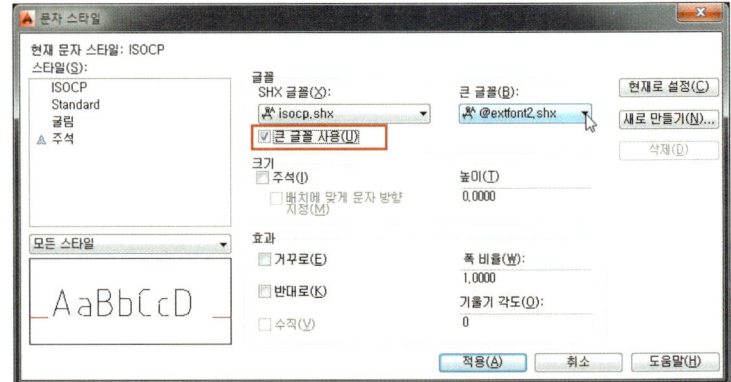

❾ 현재 글꼴을 클릭하여 굴림으로 선택 후 적용 버튼을 클릭한다.

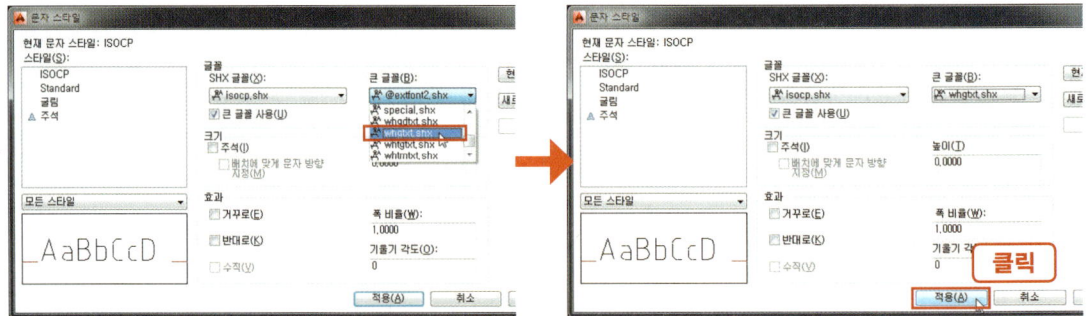

❿ ISOCP 스타일 상태로 현재
로 설정한 다음 문자 스타일
설정을 완료한다.

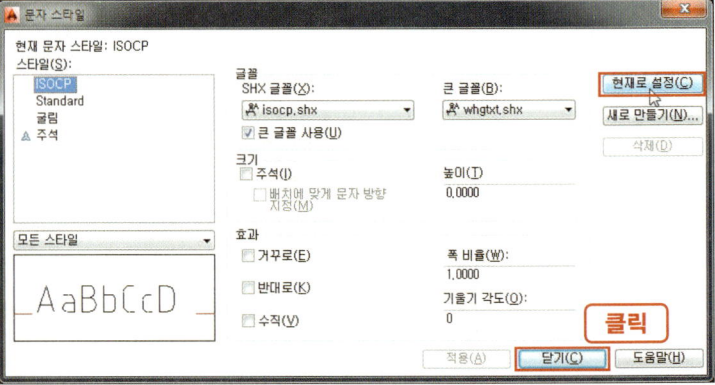

03 DIM

❶ DIMSTYLE 또는 DDIM을 입력하여 치수 스타일 관리자를 실행한다.

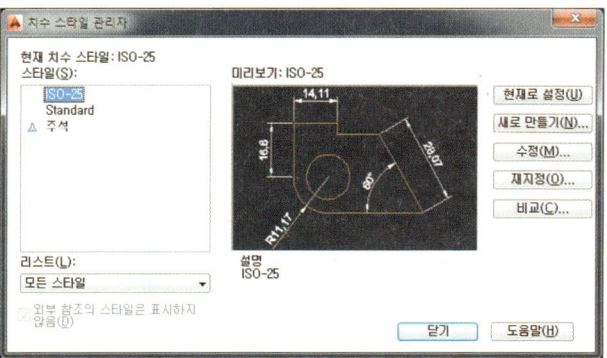

❷ 새로 만들기 버튼을 눌러 스타일 이름을 지정하고 계속 버튼을 클릭하면 치수 스타일 설정 창이 나타난다.

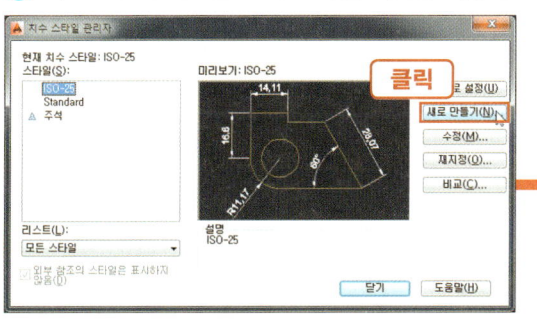
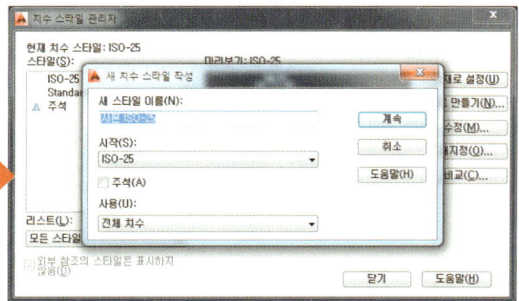

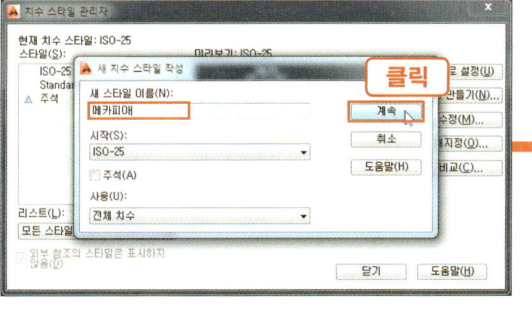
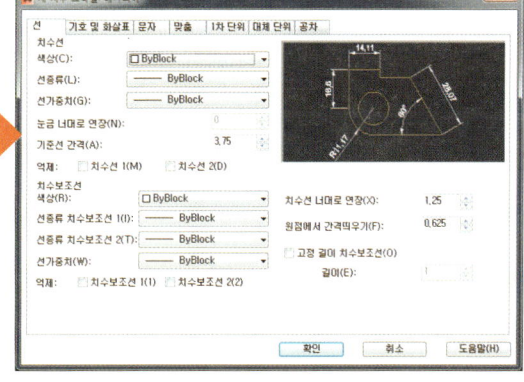

❸ 선 탭

① 치수선

색상 : 빨간색

기준선 간격 : 8

② 치수보조선

색상 : 빨간색

치수선 너머로 연장 : 2

원점에서 간격띄우기 : 1

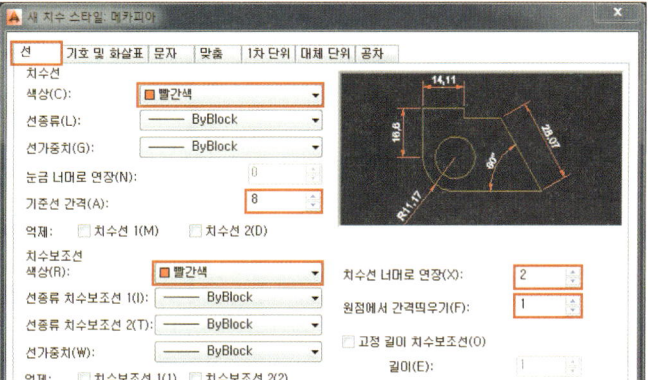

❹ 기호 및 화살표 탭

① 화살촉

화살표 크기 : 3

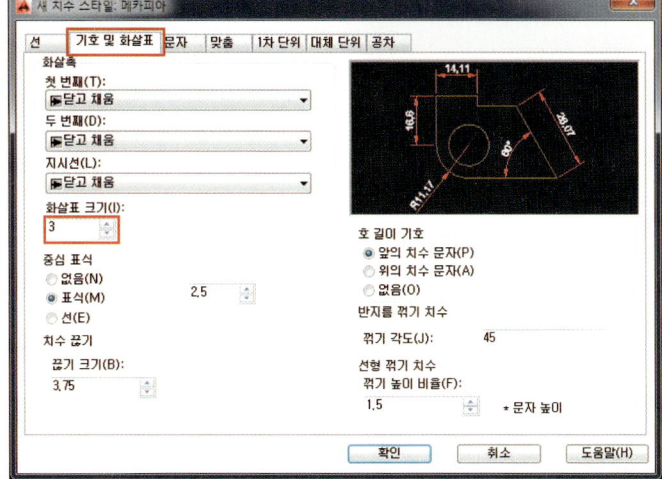

❺ 문자 탭

① 문자 모양

문자 스타일 : ISOCP

문자 색상 : 노란색

문자 높이 : 3.5

② 문자 배치

치수선에서 간격띄우기 : 1

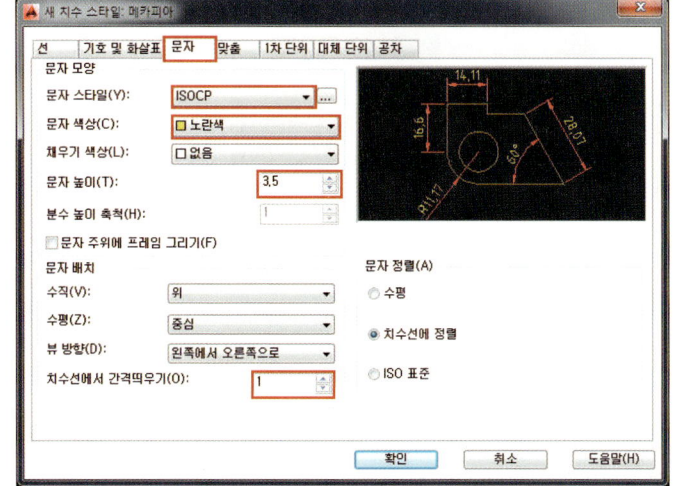

❻ 맞춤 탭

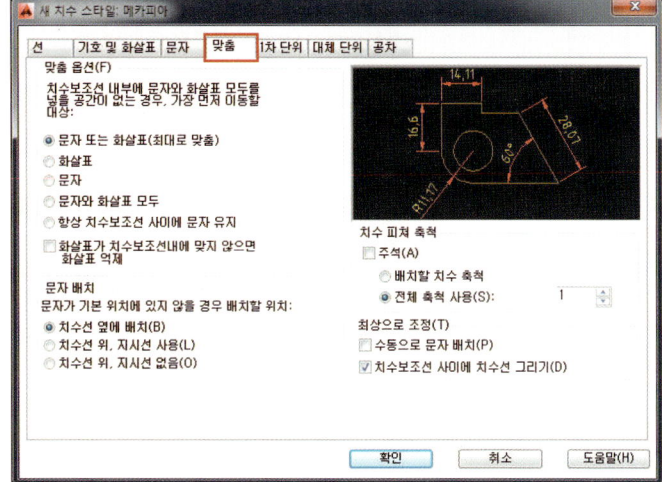

❼ **1차 단위 탭 –** 설정 완료 후 확인 버튼을 클릭한다.

① **선형 치수**
  소수 구분 기호 : 마침표

② **각도 치수**
  0억제 : 후행

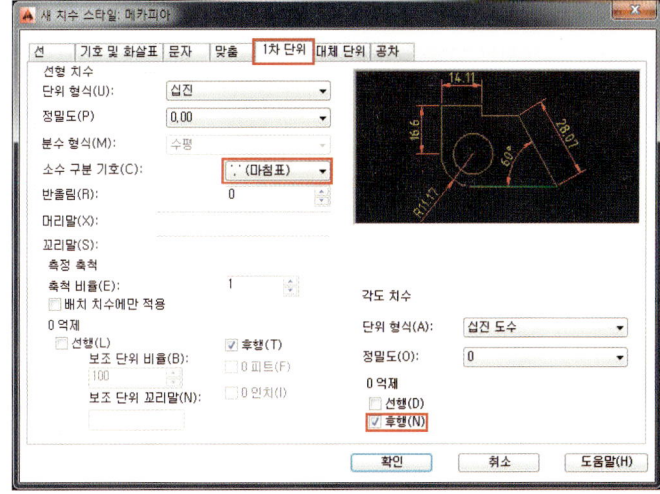

❽ 설정을 완료한 스타일을 선택하고 현재로 설정한 다음 스타일 설정을 완료한다.

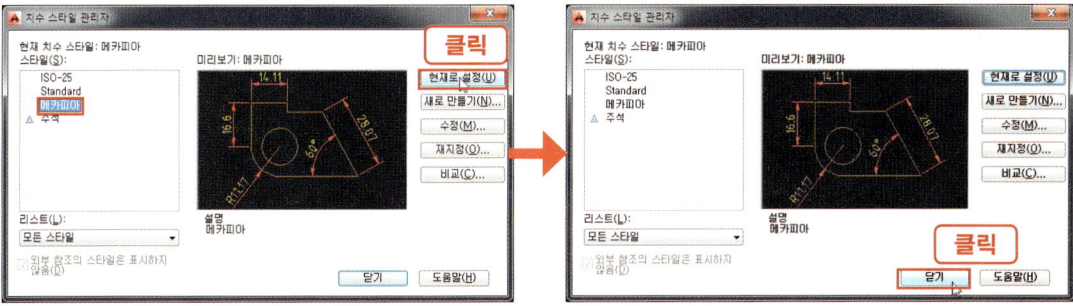

04 PLOT

❶ PLOT 명령을 클릭하면 다음과 같이 PLOT 창이 표시된다.

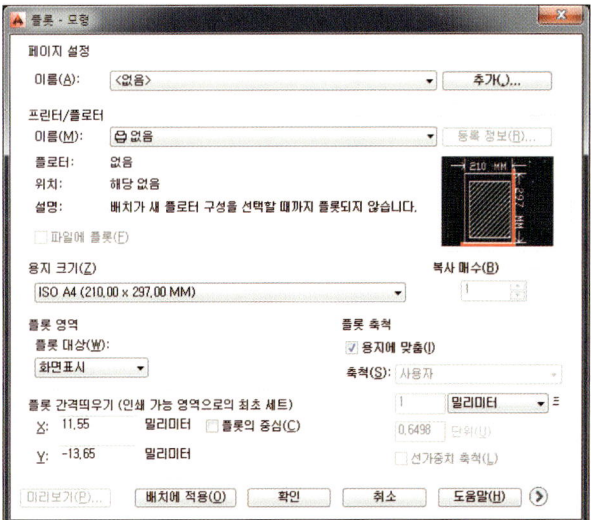

❷ 많은 옵션 버튼을 눌러 플롯 창을 확장한다.

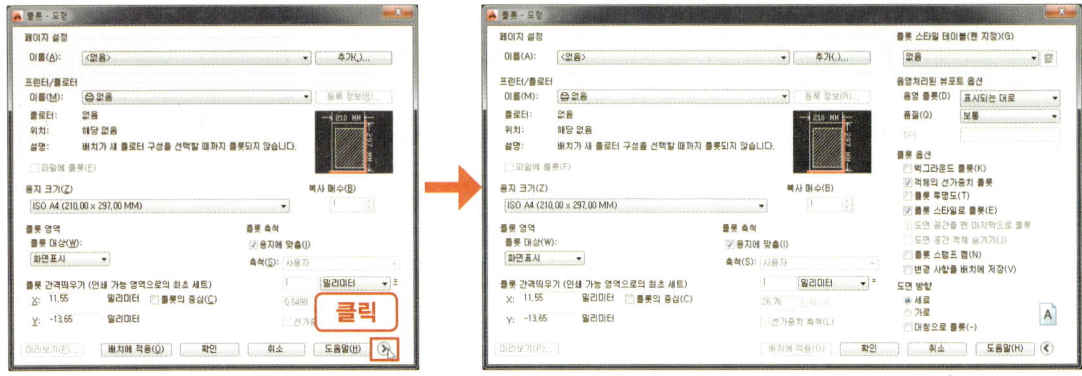

❸ 플롯 스타일 테이블을 선택하여 acad.ctb를 선택한다.

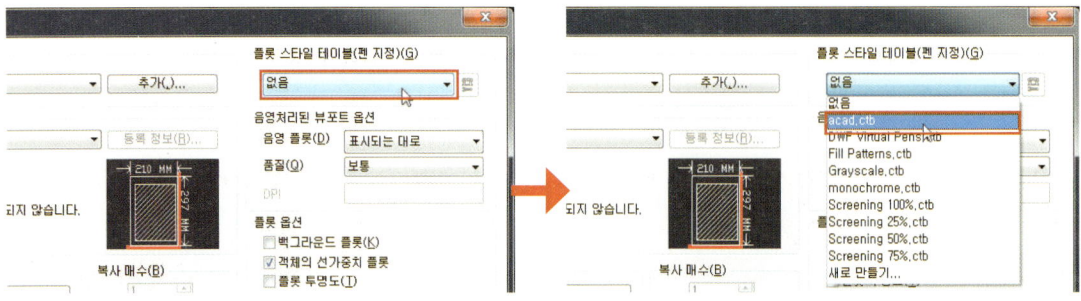

❹ 편집 버튼을 클릭한다.

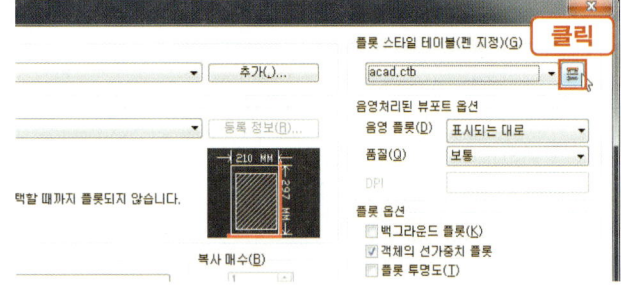

❺ 플롯 스타일 테이블 편집기 창이 표시된다.

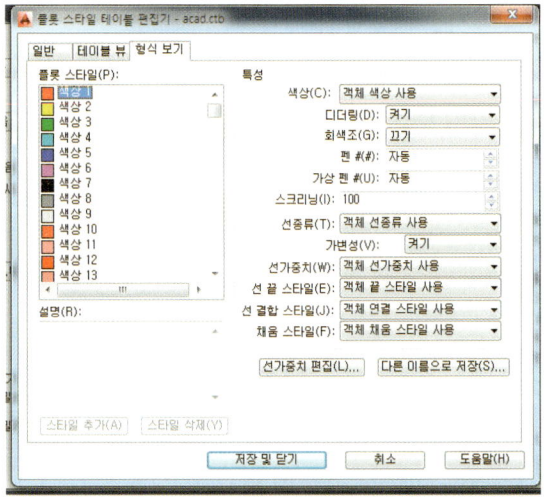

❻ 도면에서 사용할 색상인 **빨간색(색상1), 노란색(색상2), 초록색(색상3), 흰색(색상7)**을 선택한다음 색상을 검은색으로 지정한다.

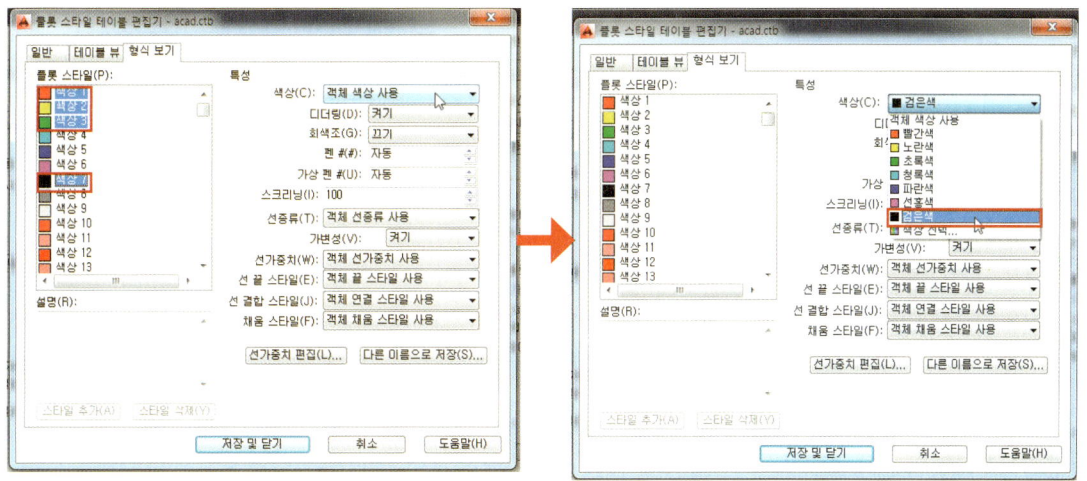

❼ 각 색상별 선 가중치를 지정하기 위해 먼저 빨간색을 선택한다음 선가중치 지정 버튼을 클릭하여 0.18mm로 지정한다.

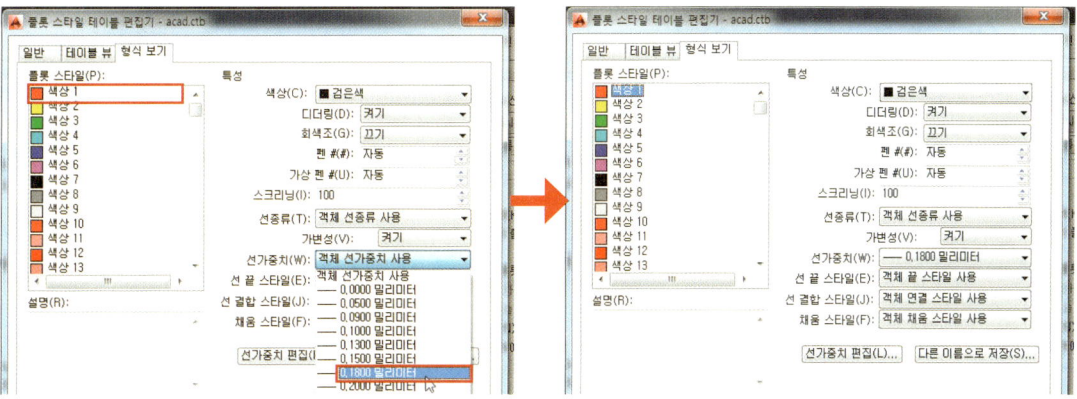

❽ 동일한 방법으로 노란색, 초록색, 흰색을 선택하여 각 선 가중치를 지정한 다음, 저장 및 닫기 버튼을 클릭한다.

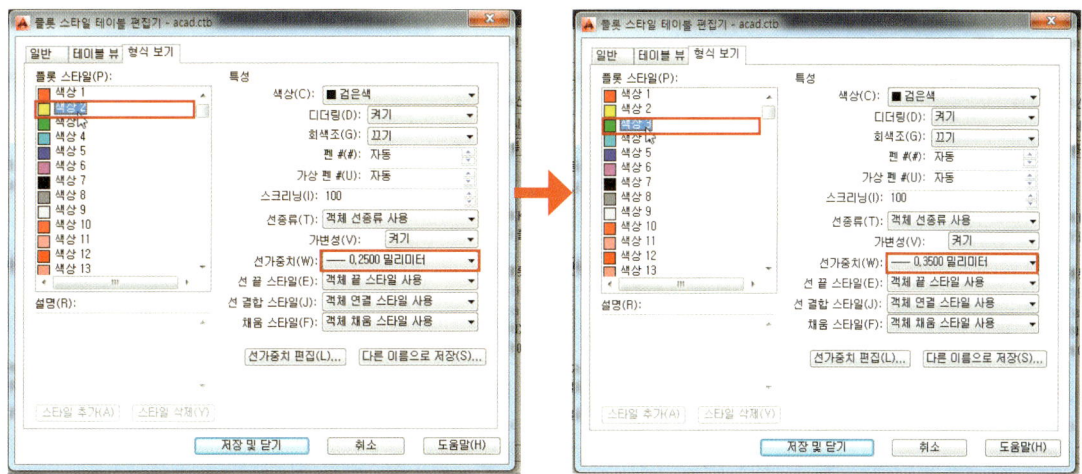

Part 05 도면 작성하기

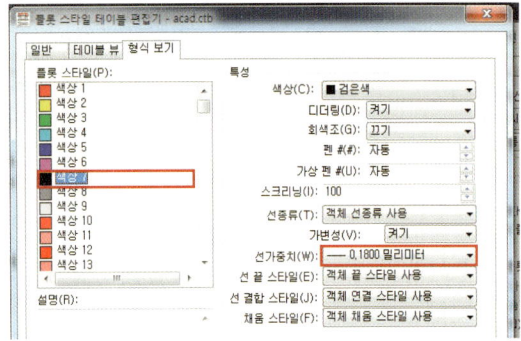

❾ 도면을 플롯하기 위해 프린터, 용지크기등 출력에 필요한 설정을 한 다음 확인 버튼을 눌러 출력한다.

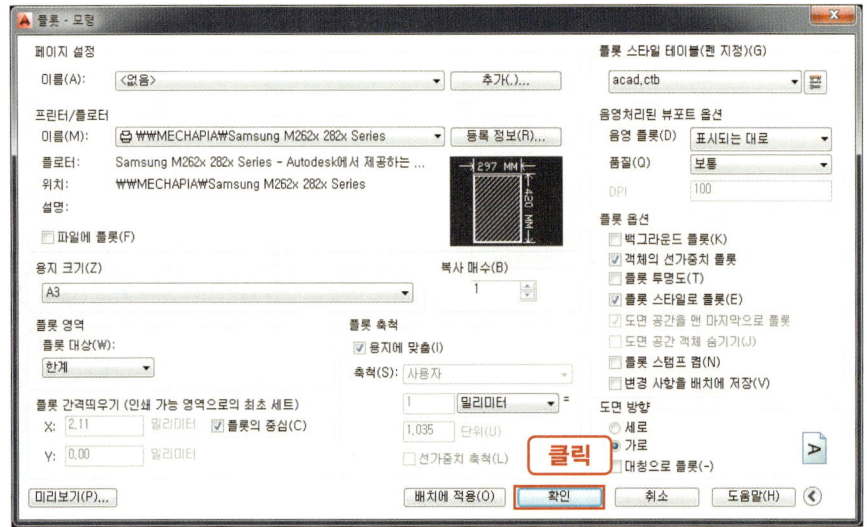

05 OSNAP

❶ OSNAP 또는 OS를 입력하여 제도 설정 명령을 실행한다.

객체를 작도하는데 필요한 스냅인 끝점, 중간점, 중심, 사분점, 교차점, 직교를 체크한 다음 확인 버튼을 눌러 설정을 완료한다.

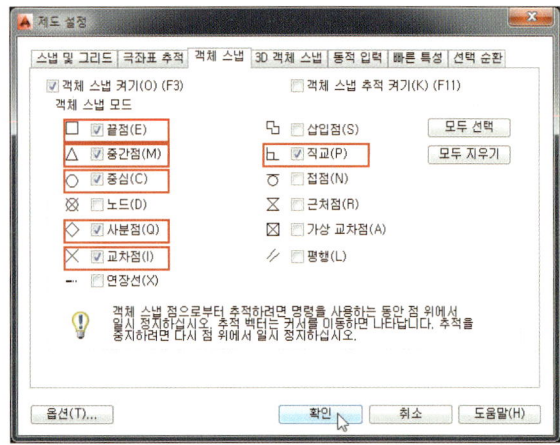

06 AutoCad 도면 완성하기

01 AutoCad 프로그램에서 다음과 같이 도면을 완성한다.

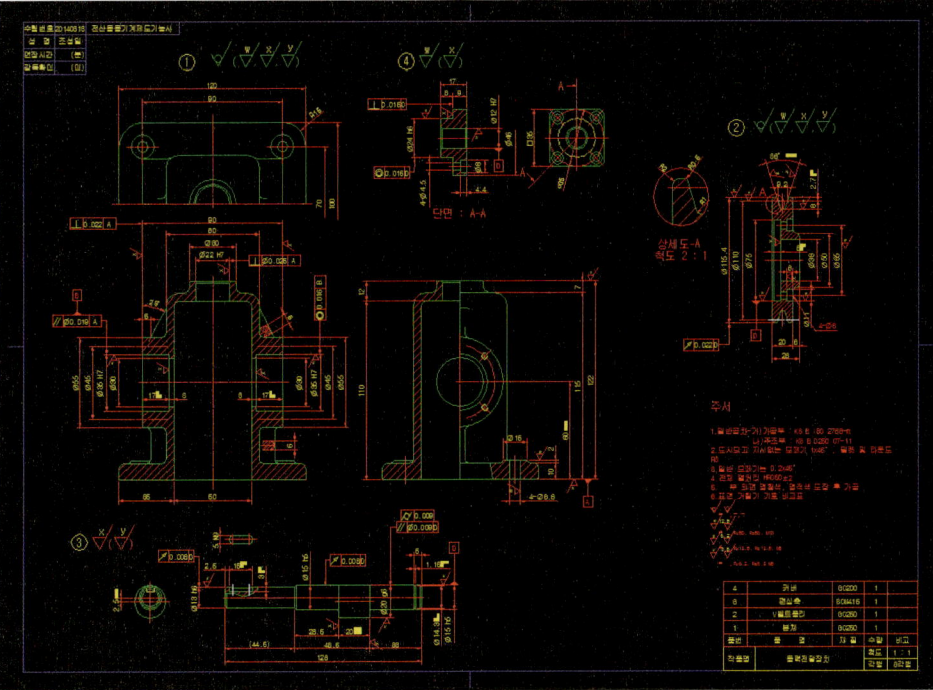

02 Plot 명령으로 다음과 같이 출력한다.

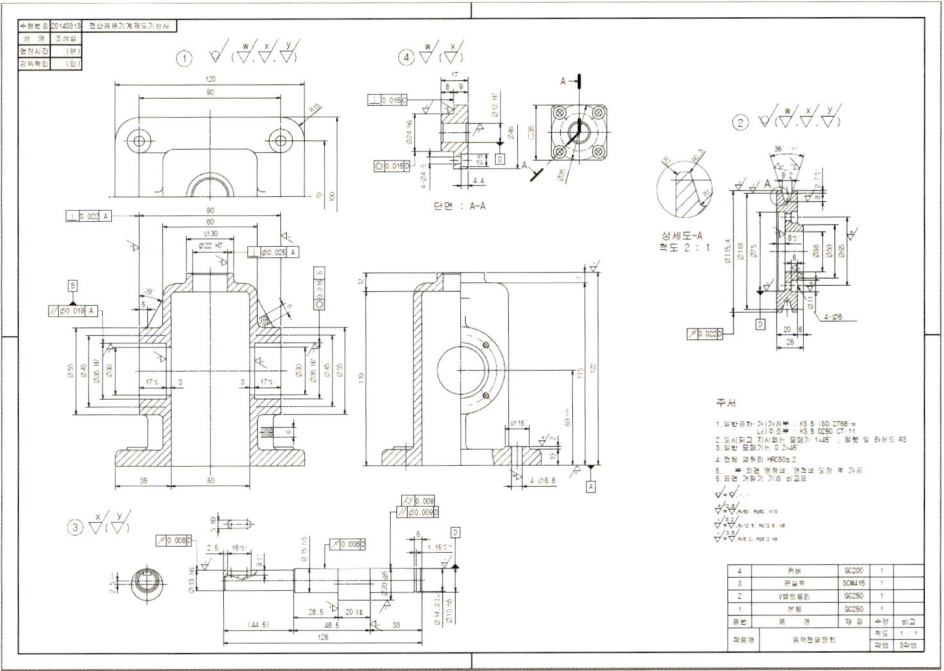

PART 06

실기시험 출제기준/
과제도면 및 답안제출 예시

DWORKS 2014

1. 전산응용 기계제도 기능사 실기 출제기준

- **직무분야** : 기계
- **자격종목** : 전산응용기계제도 기능사
- **적용기간** : 2011. 1. 1~2015. 12. 31
- **직무내용** : CAD시스템을 이용하여 산업체에서 제품개발, 설계, 생산기술 부문의 기술자들이 기술정보를 표현하고 저장하기 위한 도면, 그래픽 모델 및 파일 등을 산업표준 규격에 준하여 제도하는 업무등의 직무 수행
- **수행준거** :
  1. CAD시스템을 사용하여 파일의 생성, 저장, 출력 등의 제도 환경을 설정할 수 있다.
  2. 기계장치와 지그 등의 구조와 각 부품의 기능, 조립 및 분해순서를 파악하여 한국 산업규격에 준하는 제작용 부품 도면을 작성할 수 있다.
  3. 출력장치를 사용하여 한국 산업규격에 준하는 도면을 출력할 수 있다.
- **실기검정방법** : 작업형
- **시험시간** : 4시간 정도

실기 과목명	주요 항목	세부 항목	세세 항목
전산응용기계제도 작업	1. 설계관련 정보 수집 및 분석	1. 정보 수집하기	1. 설계에 관련된 다양한 정보 원천을 확보할 수 있어야 한다.
		2. 정보 분석하기	2. 설계관련 정보들을 체계적으로 해석 또는 분석하고 적용할 수 있어야 한다.
	2. 설계관련 표준화 제공	1. 소요자재목록 및 부품 목록 관리하기	1. 주어진 도면으로부터 정확한 소요자재 목록 및 부품목록을 작성할 수 있어야 한다.
	3. 도면해독	1. 도면 해독하기	1. 부품의 전체적인 조립관계와 각 부품별 조립관계를 파악할 수 있어야 한다. 2. 도면에서 해당부품의 주요 가공부위를 선정하고, 주요 가공치수를 결정할 수 있어야 한다. 3. 가공공차에 대한 가공정밀도를 파악하고, 그에 맞는 가공설비 및 치공구를 결정할 수 있어야 한다. 4. 도면에서 해당부품에 대한 재질특성을 파악하여 가공 가능성을 결정할 수 있어야 한다.
	4. 형상(3D/2D) 모델링	1. 모델링 작업 준비하기	1. 사용할 CAD 프로그램의 환경을 효율적으로 설정할 수 있어야 한다.
		2. 모델링 작업하기	1. 이용 가능한 CAD 프로그램의 기능을 사용하여 요구되는 형상을 설계로 완벽하게 구현할 수 있어야 한다.
	5. 설계도면 작성	1. 설계사양과 구성요소 확인하기	1. 설계 입력서를 검토하여 주요 치수가 정확히 선정이 되었는지 확인할 수 있어야 한다.
		2. 도면 작성하기	1. 부품 상호간 기구학적 간섭을 확인하여 오류발생 시 수정할 수 있어야 한다. 2. 레이아웃도, 부품도, 조립도, 각종 상세도 등 일반 도면을 작성할 수 있어야 한다.
		3. 도면 출력하기	1. 표준 운영절차에 의하여 요구되는 설계 데이터 형식의 파일로 저장하거나 출력할 수 있어야 한다.

2. 전산응용기계제도 기능사 실기시험 예시

○ 시험시간	• 표준 시간 : 5시간 정도	• 연장 시간 : 30분 정도
○ 배 점	• 2차원 작업 : 약 70~80%	• 3차원 작업 : 약 20~30%

작업방법

(2차원 CAD작업) : 현재 작업 방법과 동일	- 문제의 조립 도면에서 지정한 부품에 대하여 A2크기 윤곽선에 1:1로 제도 후 A3용지에 흑백으로 본인이 직접 출력하여 제출 - 부품제작도에는 투상도, 치수, 치수공차와 끼워 맞춤 공차기호, 기하공차 기호, 표면거칠기 등 필요한 모든 사항을 기입
(3차원 CAD작업)	- 문제의 조립 도면에서 지정한 부품에 대하여 솔리드 모델링 후 렌더링 하여 A3크기 윤곽선 영역 내에 부품마다 실물의 특징이 가장 잘 나타내는 등각축을 2개 선택하여 등각 이미지를 2개씩 나타낸다. (첨부된 도면 참조) - 척도는 NS로 하며 출력시 형상이 잘 나타나도록 렌더링 하여 A3용지에 흑백으로 본인이 직접 출력하여 제출

사용 S/W 및 H/W

- 사용 소프트웨어의 종류 및 버전에는 제한이 없이 요구하는 부품에 대하여 2차원 도면, 3차원 도면 2장을 A3 용지에 출력하여 제출하면 됨
- 제도시 3차원 작업 후 이를 이용하여 2차원 작업을 하던지 2차원, 3차원 작업을 개별적으로 하던지 수험자가 임의대로 선택하여 작업하면 되고, 소프트웨어도 각각 따로 사용하던지 하나만 가지고 2차원 3차원 모두 하던지 임의대로 하면 된다.
- 시험장에 설치된 소프트웨어와 본인이 사용했던 것과 다를 경우 지참 사용이 가능하며 부득이한 경우 노트북 등 컴퓨터도 지참 사용이 가능함(이 경우 컴퓨터에는 해당 CAD프로그램과 기본적인 OS 외에는 모두 삭제해야 함)
- 출력은 사용하는 CAD프로그램으로 출력하는 것이 원칙이나, 출력에 애로사항이 발생할 경우 pdf 파일로 변환하여 출력하는 것도 가능함

적용 시기

- 2013년 기능사 1회부터

3차원 CAD작업 예

3. 기계설계 기사 실기 출제기준

○ 직무분야 : 기계	○ 자격종목 : 기계설계 기사	○ 적용기간 : 2011. 1. 1~2015. 12. 31

○ **직무내용** : 고객의 요구사항을 분석하여, 요구되는 기계시스템 및 부품을 설계하고 검증하며, 여기에 관련된 지원을 제공하는 등의 직무를 수행

○ **수행준거** : 1. CAD 소프트웨어를 이용하여 산업규격에 적합하고 도면의 형식에 맞는 부품도를 작성하고 출력할 수 있다.
　　　　　　 2. CAD 소프트웨어를 이용하여 모델링 작업 및 설계 검증(질량해석 등)을 할 수 있다.
　　　　　　 3. 제시된 기계의 특성에 맞는 부품의 제작 및 조립에 필요한 내용(치수, 공차, 가공 기호 등)을 표기할 수 있다.
　　　　　　 4. 해석용 프로그램 등을 사용하여 기계시스템의 설계변수(부하량 및 토크 등) 계산을 할 수 있고, 조건 변경에 따른 기계 부품을 설계 할 수 있다.

○ 실기검정방법 : 작업형			○ 시험시간 : 7시간 30분 정도

실기 과목명	주요 항목	세부 항목	세세 항목
기계설계실무	1. 설계관련 정보 수집 및 분석	1. 정보 수집하기	1. 설계에 관련된 다양한 정보 원천을 확보할 수 있어야 한다.
		2. 정보 분석하기	1. 설계관련 정보들을 체계적으로 해석, 또는 분석하고 적용할 수 있어야 한다.
	2. 설계관련 표준화 제공	1. 소요자재목록 및 부품 목록 관리하기	1. 주어진 도면으로부터 정확한 소요자재 목록 및 부품목록을 작성할 수 있어야 한다.
	3. 도면해독	1. 도면 해독하기	1. 부품의 전체적인 조립관계와 각 부품별 조립관계를 파악할 수 있어야 한다. 2. 도면에서 해당부품의 주요 가공부위를 선정하고, 주요 가공치수를 결정할 수 있어야 한다. 3. 가공공차에 대한 가공정밀도를 파악하고, 그에 맞는 가공설비 및 치공구를 결정할 수 있어야 한다. 4. 도면에서 해당부품에 대한 재질특성을 파악하여 가공 가능성을 결정할 수 있어야 한다.
	4. 형상(3D/2D) 모델링	1. 모델링 작업 준비하기	1. 사용할 CAD 프로그램의 환경을 효율적으로 설정할 수 있어야 한다.
		2. 모델링작업하기	1. 이용 가능한 CAD 프로그램의 기능을 사용하여 요구되는 형상을 설계로 완벽하게 구현할 수 있어야 한다.
	5. 모델링 종합평가	1. 모델링 데이터 확인하기	1. 부품 간 상호 결합 상태를 검증할 수 있어야 한다.
		2. 단품의 어셈블리하기(ASSEMBLY)	1. 모든 단품을 누락없이 정확한 위치에 조립할 수 있어야 한다.
	6. 설계도면 작성	1. 설계사양과 구성요소 확인하기	1. 설계 입력서를 검토하여 주요 치수가 정확히 선정이 되었는지 확인할 수 있어야 한다.
		2. 도면 작성하기	1. 부품 상호간 기구학적 간섭을 확인하여 오류발생 시 수정할 수 있어야 한다. 2. 레이아웃도, 부품도, 조립도, 각종 상세도 등 일반 도면을 작성할 수 있어야 한다.
		3. 도면 출력하기	1. 표준 운영절차에 의하여 요구되는 설계 데이터 형식의 파일로 저장하거나 출력할 수 있어야 한다.

실기 과목명	주요 항목	세부 항목	세세 항목
기계설계실무	7. 요소부품 재질 검토 (재료열처리)	1. 강도 및 열처리 방안 선정하기	1. 소재별 부품의 강도, 경도, 변형중요도 등을 결정할 수 있어야 한다. 2. 소재의 특성에 따라 열처리방안을 선정할 수 있어야 한다.
	8. 설계계산	1. 설계계산 데이터 준비하기	1. 기계요소 및 구성품의 성능과 제원을 파악할 수 있는 다양한 정보원천을 확보할 수 있어야 한다.
		2. 설계계산하기	1. 선정된 기계요소 부품에 의하여 관련된 설계변수들을 선정할 수 있어야 한다. 2. 설계조건에 적절한 계산식을 적용할 수 있어야 한다. 3. 설계제품의 기능과 성능을 만족하는 설계변수를 계산할 수 있어야 한다. 4. 부품별 제원 및 성능곡선표, 특성을 고려하여 설계계산에 반영할 수 있어야 한다. 5. 표준 운영절차에 따라, 설계계산 프로그램 또는 장비를 설정하고, 결과를 도출할 수 있어야 한다.
		3. 계산데이터 출력 및 검증하기	1. 최종 계산된 설계변수를 설계도면에 출력하고, 계산과정을 문서화하여, 추후 확인 자료로 사용할 수 있어야 한다.
	9. 설계검증	1. 설계검증 준비하기	1. 조립에 필요한 단품의 데이터의 오류를 확인하고, 수정할 수 있어야 한다.
		2. 공학적검증하기	1. 설계 시 근거 자료로 사용한 계산의 과정과 결과물을 검증할 수 있어야 한다.

4. 기계설계 산업기사 실기 출제기준

○ **직무분야** : 기계　　○ **자격종목** : 기계설계 산업기사　　○ **적용기간** : 2011. 1. 1~2015. 12. 31

○ **직무내용** : 주로 CAD시스템을 이용하여 기계도면을 작성하거나 수정, 출도를 하며 부품도를 도면의 형식에 맞게 배열하고, 단면 형상의 표시 및 치수 노트를 작성. 또한 컴퓨터를 이용한 부품의 전개도, 조립도, 구조도 등을 설계하며, 생산관리, 품질관리, 설비관리 등의 직무를 수행

○ **수행준거** :
1. CAD 소프트웨어를 이용하여 산업규격에 적합하고 도면의 형식에 맞는 부품도를 작성하고 출력할 수 있다.
2. CAD 소프트웨어를 이용하여 모델링 작업 및 설계 검증(질량해석 등)을 할 수 있다.
3. 제시된 기계의 특성에 맞는 부품의 제작 및 조립에 필요한 내용(치수, 공차, 가공 기호 등)을 표기할 수 있다.

○ **실기검정방법** : 작업형　　　　　　　　　　　　　　○ **시험시간** : 5시간 정도

실기 과목명	주요 항목	세부 항목	세세 항목
기계설계실무	1. 설계관련 정보 수집 및 분석	1. 정보 수집하기	1. 설계에 관련된 다양한 정보 원천을 확보할 수 있어야 한다.
		2. 정보 분석하기	1. 설계관련 정보들을 체계적으로 해석, 또는 분석하고 적용할 수 있어야 한다.
	2. 설계관련 표준화 제공	1. 소요자재목록 및 부품 목록 관리하기	1. 주어진 도면으로부터 정확한 소요자재 목록 및 부품목록을 작성할 수 있어야 한다.
	3. 도면해독	1. 도면 해독하기	1. 부품의 전체적인 조립관계와 각 부품별 조립관계를 파악할 수 있어야 한다. 2. 도면에서 해당부품의 주요 가공부위를 선정하고, 주요 가공치수를 결정할 수 있어야 한다. 3. 가공공차에 대한 가공정밀도를 파악하고, 그에 맞는 가공 설비 및 치공구를 결정할 수 있어야 한다. 4. 도면에서 해당부품에 대한 재질특성을 파악하여 가공 가능성을 결정할 수 있어야 한다.
	4. 형상(3D/2D) 모델링	1. 모델링 작업 준비하기	1. 사용할 CAD 프로그램의 환경을 효율적으로 설정할 수 있어야 한다.
		2. 모델링작업하기	1. 이용 가능한 CAD 프로그램의 기능을 사용하여 요구되는 형상을 설계로 완벽하게 구현할 수 있어야 한다.
	5. 모델링 종합평가	1. 모델링 데이터 확인하기	1. 부품 간 상호 결합 상태를 검증할 수 있어야 한다.
		2. 단품의 어셈블리하기(ASSEMBLY)	1. 모든 단품을 누락없이 정확한 위치에 조립할 수 있어야 한다.
	6. 설계도면 작성	1. 설계사양과 구성요소 확인하기	1. 설계 입력서를 검토하여 주요 치수가 정확히 선정이 되었는지 확인할 수 있어야 한다.
		2. 도면 작성하기	1. 부품 상호간 기구학적 간섭을 확인하여 오류발생 시 수정할 수 있어야 한다. 2. 레이아웃도, 부품도, 조립도, 각종 상세도 등 일반 도면을 작성할 수 있어야 한다.
		3. 도면 출력하기	1. 표준 운영절차에 의하여 요구되는 설계 데이터 형식의 파일로 저장하거나 출력할 수 있어야 한다.
	7. 요소부품 재질 검토 (재료열처리)	1. 강도 및 열처리 방안 선정하기	1. 소재별 부품의 강도, 경도, 변형중요도 등을 결정할 수 있어야 한다. 2. 소재의 특성에 따라 열처리방안을 선정할 수 있어야 한다.
	8. 설계검증	1. 설계검증 준비하기	1. 조립에 필요한 단품의 데이터의 오류를 확인하고, 수정할 수 있어야 한다.
		2. 공학적 검증하기	1. 구성품의 질량, 응력, 변위량 등을 CAD 소프트웨어 등을 이용하여 계산하고 검증할 수 있어야 한다.

5. 일반기계 기사 실기 출제기준

○ **직무분야** : 기계	○ **자격종목** : 일반기계 기사	○ **적용기간** : 2011. 1. 1~2015. 12. 31

○ **직무내용** : 재료역학, 기계열역학, 기계 유체역학, 기계재료 및 유압기기, 기계제작법 및 기계동력학 등 기계에 관한 지식을 활용하여 일반기계 및 구조물을 설계, 견적, 제작, 시공, 감리 등과 기능 인력에 대한 기술지도 감독 등을 하여 주어진 조건보다 더 능률적으로 실무를 완수하도록 하는 직무 수행

○ **수행준거** : – 기계설계 기초지식을 활용할 수 있다.
　　　　　　　– 체결용, 전동용, 제어용 기계요소 및 유체 기계 요소를 설계할 수 있다.
　　　　　　　– 설계조건에 맞는 계산 및 견적을 할 수 있다.
　　　　　　　– CAD S/W를 이용하여 CAD도면을 작성할 수 있다.

○ **실기검정방법** : 작업형(복합형)	○ **시험시간** : 7시간 정도(필답2시간+작업 5시간)

실기 과목명	주요 항목	세부 항목	세세 항목
일반기계 설계 실무	1. 일반기계요소의 설계	1. 기계요소 설계하기	1. 단위, 규격, 끼워맞춤, 공차 등을 활용하여 기계설계에 적용할 수 있어야 한다. 2. 나사, 키, 핀, 코터, 리벳 및 용접이음 등의 체결용 요소를 설계할 수 있어야 한다. 3. 축, 축이음, 베어링, 윤활, 마찰차, 캠, 벨트, 체인, 로우프, 기어 등의 전동용 요소를 설계할 수 있어야 한다. 4. 브레이크, 스프링, 플라이휠 등의 제어용 요소와 밸브 및 관이음 등 유체기체요소를 설계할 수 있어야 한다.
		2. 설계 계산하기	1. 선정된 기계요소품에 의하여, 관련된 설계변수들을 선정할 수 있어야 한다 2. 계산의 조건에 적절한 설계계산식을 적용할 수 있어야 한다. 3. 설계 목표물의 기능과 성능을 만족하는 설계변수를 계산할 수 있어야 한다. 4. 부품별 제원 및 성능곡선표, 특성을 고려하여 설계계산에 반영할 수 있어야 한다. 5. 표준 운영절차에 따라, 설계계산 프로그램 또는 장비를 설정하고, 결과를 도출할 수 있어야 한다.
	2. 일반기계 실무	1. 조립도, 구조물 및 부속장치 설치하기	1. 조립도, 구조물 및 부속장치를 설계할 수 있어야 한다.
		2. 공정 및 생산관리하기	1. 공정 및 생산관리를 할 수 있어야 한다.
		3. 기계설비 견적하기	1. 기계설비견적을 할 수 있어야 한다.
	3. 기계제도 (CAD)작업	1. CAD S/W를 이용한 도면작성하기	1. CAD S/W를 이용하며, KS 규격에 맞는 부품 공작도를 작성할 수 있어야 한다. 2. 표준 운영절차에 따라 요구되는 형상을 2D 또는 3D로 완벽하게 구현할 수 있어야 한다. 3. 작성된 2D 또는 3D 도면을 사내 또는 산업표준에 규정한 도면 작성법에 의하여 정확하게 기입되었는가를 확인할 수 있어야 한다. 4. 부품 간 기구학적 간섭을 확인하고, 오류발생 시 수정할 수 있어야 한다.
		2. 자료의 출력 및 보관하기	1. 최종도면을 출력하고 자료를 보관할 수 있어야 한다.
		3. CAD 장비의 운영	1. CAD S/W 프로그램을 설치하고 출력장치를 사용하여, CAD 장비를 운영할 수 있어야 한다.

국가기술자격 실기시험문제 예시

자격종목	기계설계산업기사	과 제 명	도면참조

비번호 :

※ 시험시간 : [○ 표준 시간 : 5 시간, ○ 연장시간 : 30 분]

1. 요구사항

※ 지급된 재료 및 시설을 이용하여 다음 (1)의 부품도(2D) 제도, (2)의 렌더링 등각 투상도(3D) 제도를 순서에 관계 없이, 다음의 요구사항들에 의해 제도하시오.

(1) 부품도(2D) 제도

가) 주어진 문제의 조립도면에 표시된 부품번호 (①, ②, ④, ⑥)의 부품도를 CAD 프로그램을 이용하여 A2 용지에 1:1로 투상법은 제3각법으로 제도하시오.

나) 각 부품들의 형상이 잘 나타나도록 투상도와 단면도 등을 빠짐없이 제도하고, 설계 목적에 맞는 가공을 하여 기능 및 작동을 할 수 있도록 치수 및 치수공차, 끼워 맞춤 공차와 기하공차 기호, 표면거칠기 기호, 표면처리, 열처리, 주서 등 부품 제작에 필요한 모든 사항을 기입하시오.

다) 제도 완료 후 지급된 A3(420×297) 크기의 용지(트레이싱지)에 수험자가 직접 흑백으로 출력하여 확인하고 제출하시오.

(2) 렌더링 등각 투상도(3D) 제도

가) 주어진 문제의 조립도면에 표시된 부품번호 (②, ④)의 부품을 파라메트릭 솔리드 모델링을 하고 모양과 윤곽을 알아보기 쉽도록 뚜렷한 음영, 렌더링 처리를 하여 A3 용지에 제도하시오.

나) 음영과 렌더링 처리는 아래 그림과 같이 형상이 잘 나타나도록 등각 축 2개를 정해 척도는 NS로 실물의 크기를 고려하여 제도하시오.(단, 형상은 단면하여 표시하지 않는다.)

다) 제도 완료 후, 지급된 A3(420×297) 크기의 용지(트레이싱지)에 수험자가 직접 흑백으로 출력하여 확인하고 제출하시오.

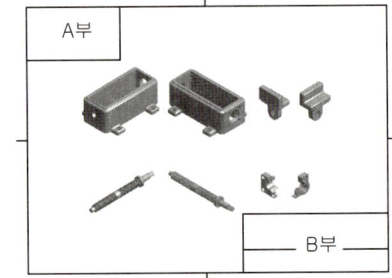

자격종목	기계설계산업기사	과 제 명	도면참조

(3) 부품도 제도, 렌더링 등각 투상도 제도-공통

가) 도면의 크기별 한계설정(Limits), 윤곽선 및 중심마크 크기는 다음과 같이 설정하고, a와 b의 도면의 한계선(도면의 가장자리 선)이 출력되지 않도록 하시오.

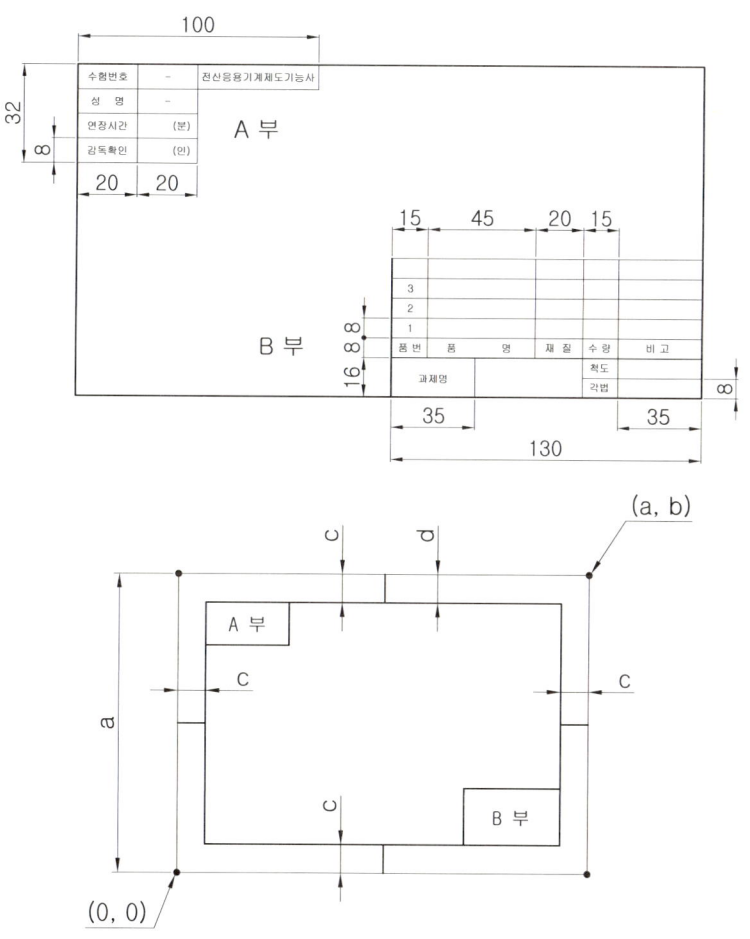

구분	도면의 한계		중심 마크	
도면크기 \ 기호	a	b	c	d
A2 (부품도)	420	594	10	5
A3 (렌더링 등각 투상도)	297	420	10	5

| 자격종목 | 기계설계산업기사 | 과제명 | 도면참조 |

나) 문자, 숫자, 기호의 크기, 선 굵기는 반드시 다음 표에서 지정한 용도별 크기를 구분하는 색상을 지정하여 제도하시오.

문자,숫자, 기호의 높이	선 굵기	지정 색상(Color)	용도
5.0mm	0.35mm	초록(Green)	윤곽선, 외형선
3.5mm	0.25mm	황(노란)색(Yellow)	숨은선, 일반 주서
2.5mm	0.18mm	흰색(White), 빨강(Red)	중심선, 해치선, 치수선, 가상선

다) 아라비아 숫자, 로마자는 컴퓨터에 탑재된 ISO 표준을 사용하고, 한글은 굴림 또는 굴림체를 사용하시오.

2. 수험자 유의사항

※ 다음 유의사항을 고려하여 요구사항을 완성하시오.

1) 제공한 KS 데이터에 수록되지 않은 제도규격이나 데이터는 과제로 제시된 도면을 기준으로 제도하거나 ISO 규격과 관례에 따르시오.
2) 주어진 문제의 조립도면에서 표시되지 않은 제도규격은 지급한 KS규격 데이터에서 선정하여 제도하시오.
3) 주어진 문제의 조립도면에서 치수와 규격이 일치하지 않을 때는 해당 규격으로 제도하시오.
4) 마련한 양식의 A부 내용을 기입하고 시험위원의 확인 서명을 받아야 하며, B부는 수험자가 작성하시오.
5) 수험자에게 주어진 문제는 수험번호를 기재하여 반드시 제출하시오.
6) 시작 전 바탕화면에 본인 비번호 폴더를 생성한 후 이 폴더에 비번호를 파일명으로 하여 작업 내용을 저장하고, 시험 종료 후 하드디스크의 작업내용은 삭제하시오.
7) 정전 또는 기계고장으로 인한 자료손실을 방지하기 위하여 10분에 1회 이상 저장(save)하시오.
8) 수험자는 제공된 장비의 안전한 사용과 작업 과정에서 안전수칙을 준수하시오.
9) 제한된 표준시간을 초과하여 연장시간을 사용한 경우 초과된 시간 10분 이내 마다 득점에서 5점씩 감점합니다.

| 자격종목 | 기계설계산업기사 | 과 제 명 | 도면참조 |

10) 다음 사항에 해당하는 작품은 채점 대상에서 제외됩니다.

　가) 부정행위

　　(1) 미리 작성된 Part program(도면, 단축 키 셋업 등) 또는 Block(도면양식, 표제란, 부품란, 요목표, 주서 및 표면 거칠기 비교표 등)을 사용할 경우

　　(2) 채점 시 도면 내용이 다른 수험자와 일부 또는 전부가 동일한 경우

　　(3) 파일로 제공한 KS 데이터에 의하지 않고 지참한 노트나 서적을 열람한 경우

　나) 미완성

　　(1) 시험시간(표준시간 및 연장시간 포함)내에 요구사항을 완성하지 못한 경우

　　(2) 수험자의 장비조작 미숙으로 파손 및 고장을 일으킨 경우

　　(3) 수험자의 직접 출력시간이 20분을 초과할 경우

　　　(다만, 출력시간은 시험시간에서 제외하며, 출력된 도면의 크기 또는 색상 등이 채점하기 어렵다고 판단될 경우에는 시험위원의 판단에 의해 1회에 한하여 재출력이 허용됩니다.)

　다) 기 타

　　(1) 시험시간 내에 부품도, 랜더링 등각 투상도 중에서 1개라도 투상도가 제도되지 않은 경우

　　(2) 도면크기(윤곽선)와 내용이 일치하지 않은 도면

　　(3) 각법이나 척도가 요구사항과 맞지 않은 도면

　　(4) KS 제도규격에 의해 제도되지 않았다고 판단된 도면

　　(5) 지급된 용지(트레이싱지)에 출력되지 않은 도면

　　(6) 끼워맞춤 공차 기호를 부품도에 기입하지 않았거나 아무 위치에 지시하여 제도한 도면

　　(7) 끼워맞춤 공차의 구멍 기호(대문자)와 축 기호(소문자)를 구분하지 않고 지시한 도면

　　(8) 기하공차 기호를 부품도에 기호를 기입하지 않았거나 아무 위치에 지시하여 제도한 도면

　　(9) 표면거칠기 기호를 부품도에 기호를 기입하지 않았거나 아무 위치에 지시하여 제도한 도면

　　(10) 조립상태로 제도하여 기본지식이 없다고 판단된 경우

※ 출력은 사용하는 CAD 프로그램으로 출력하는 것이 원칙이나, 출력에 애로사항이 발생할 경우 pdf 파일로 변환하여 출력하는 것도 무방합니다.

3. 도면

| 자격종목 | 기계설계산업기사 | 과제명 | 동력전달장치 | 척도 | 1:1 |

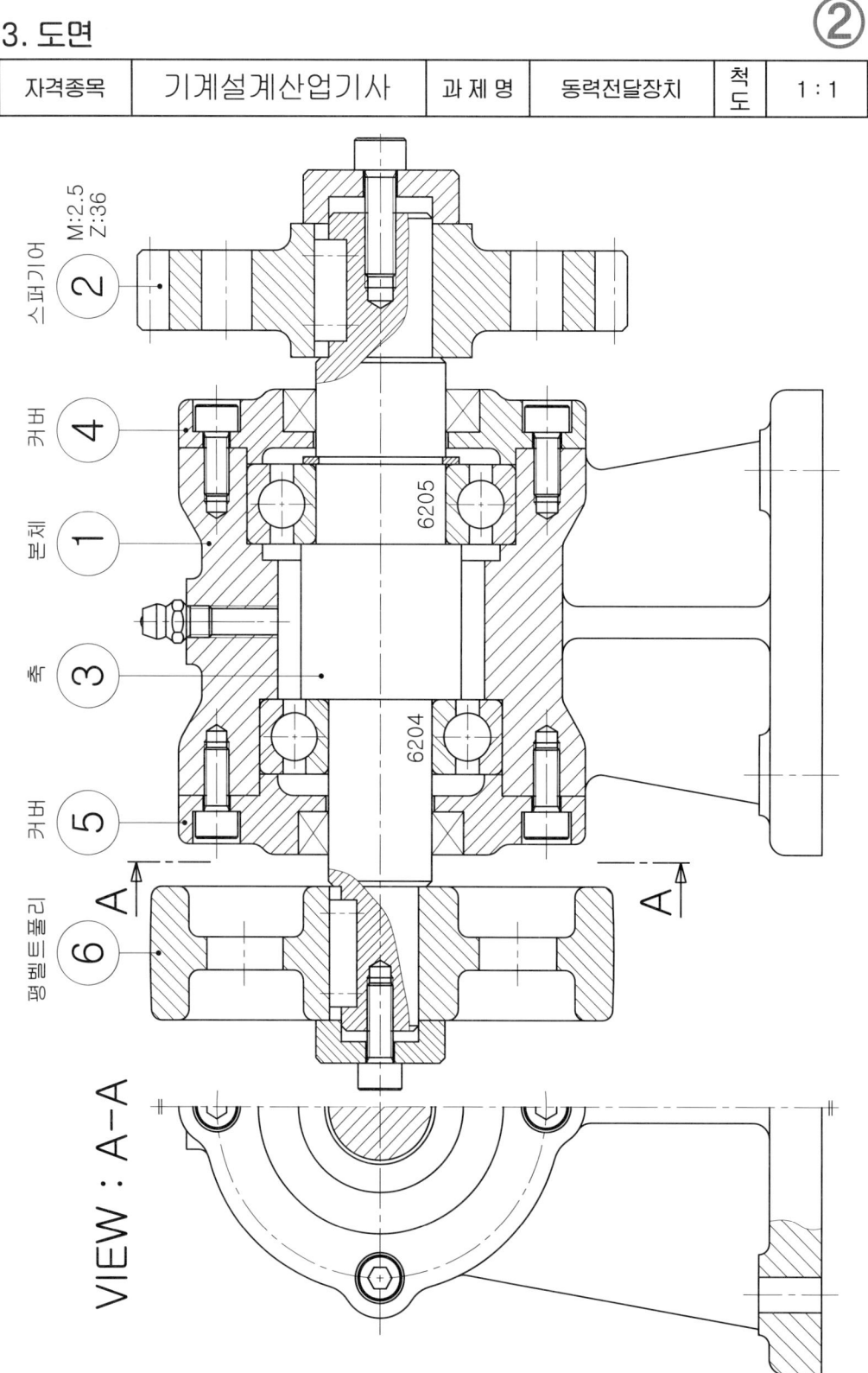

3. 도면

| 자격종목 | 기계설계산업기사 | 과제명 | 드릴지그 | 척도 | 1:1 |

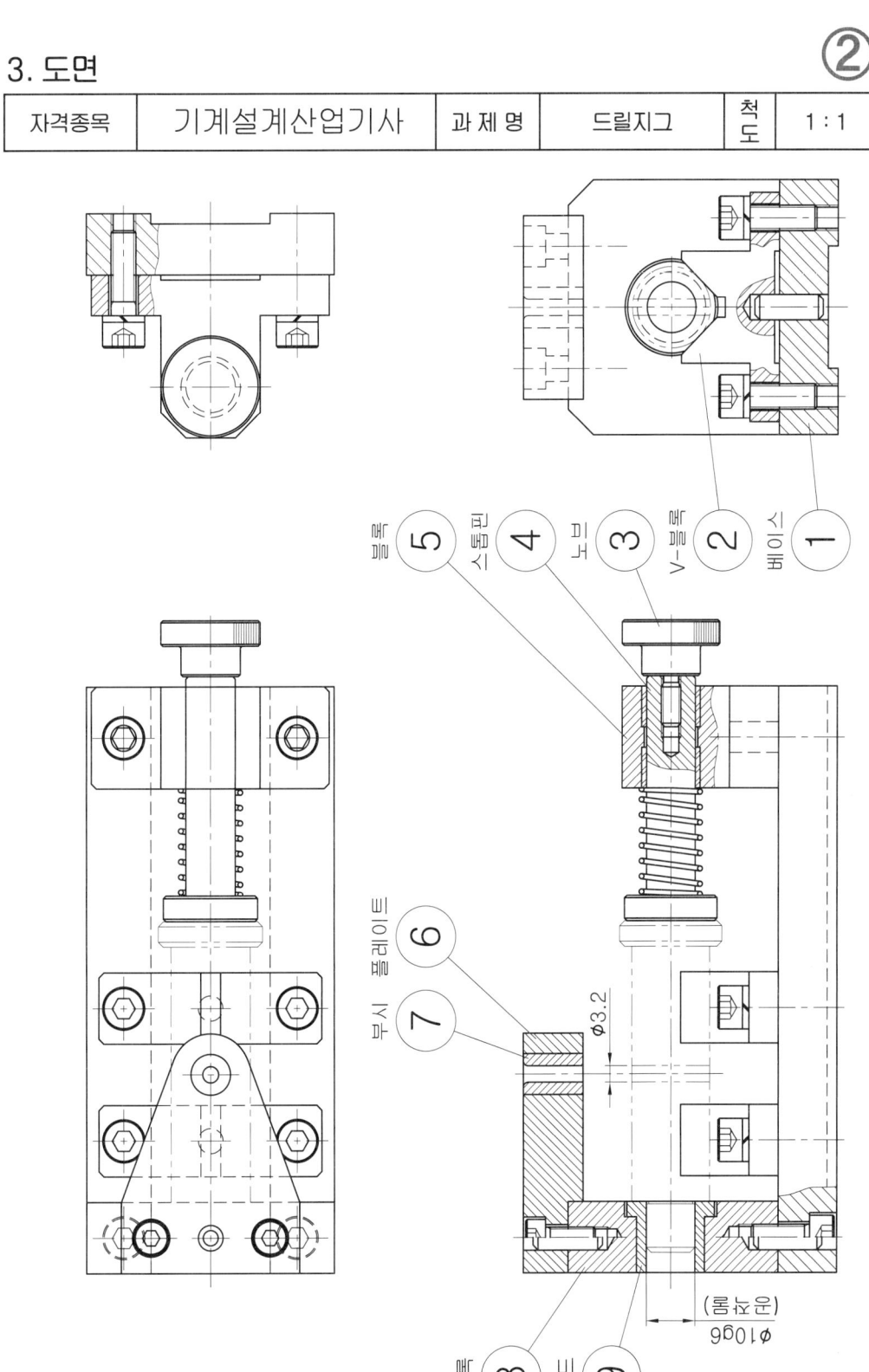

Example | 전산응용기계제도 기능사 실기 과제도면 및 답안제출 예시

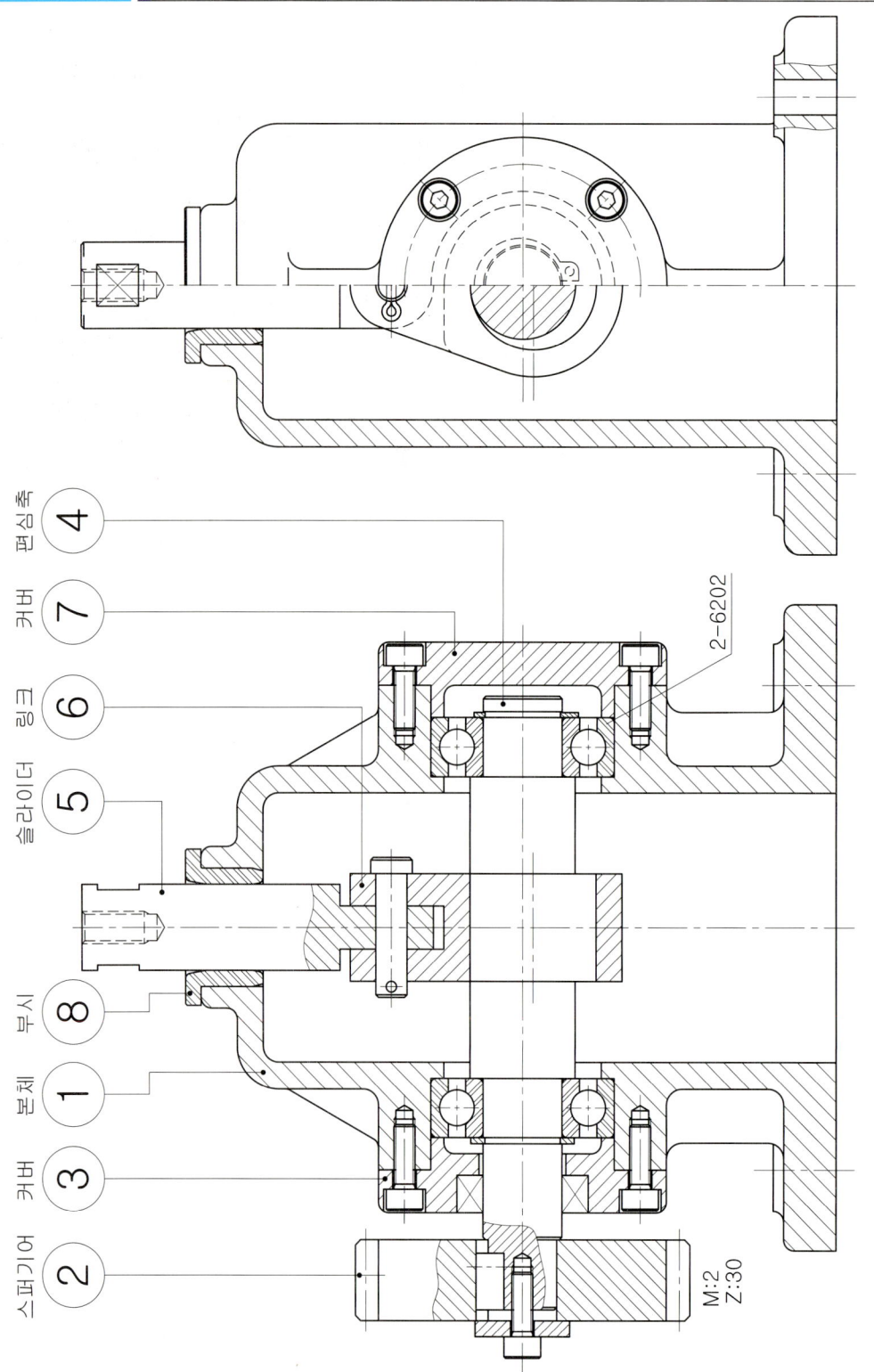

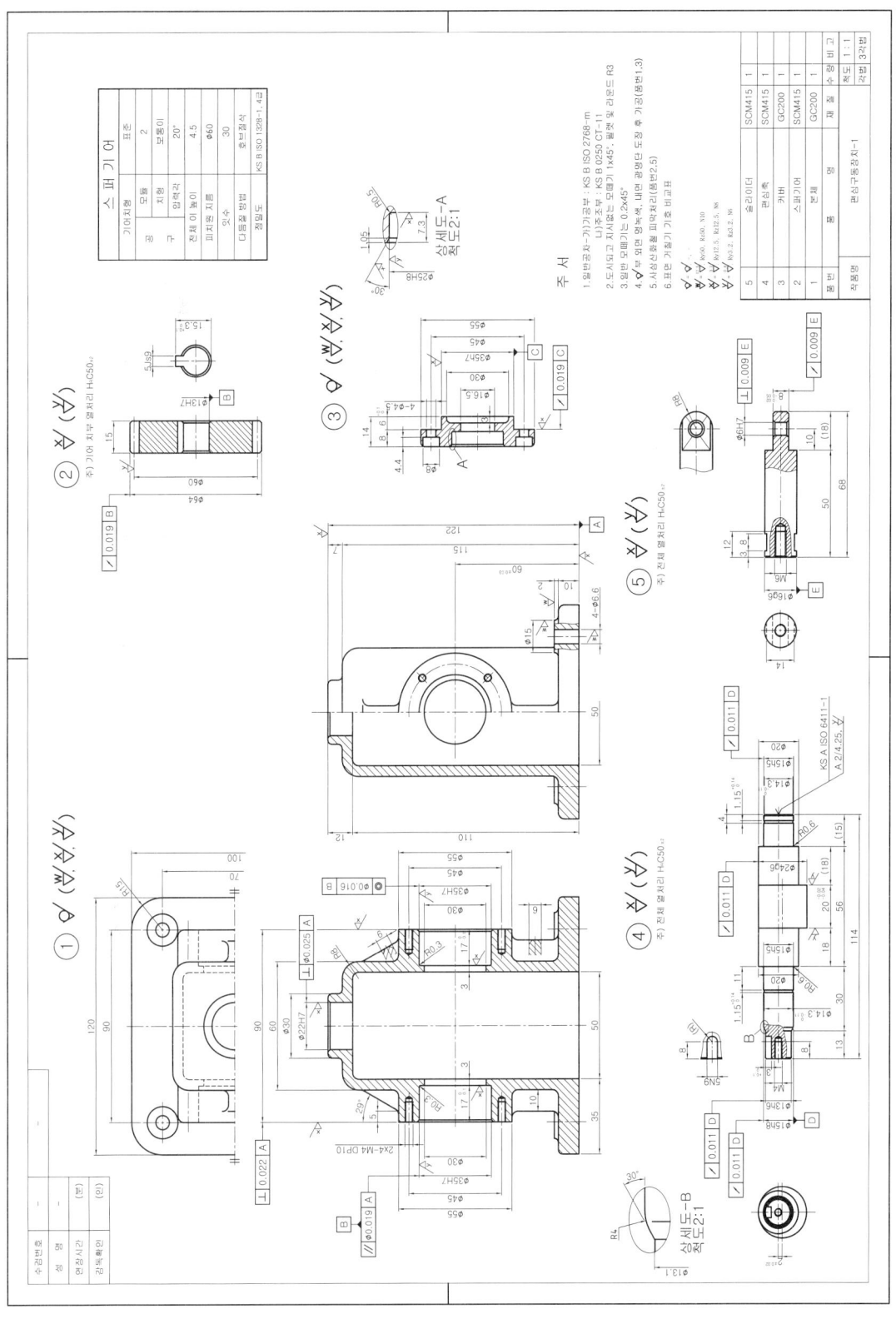

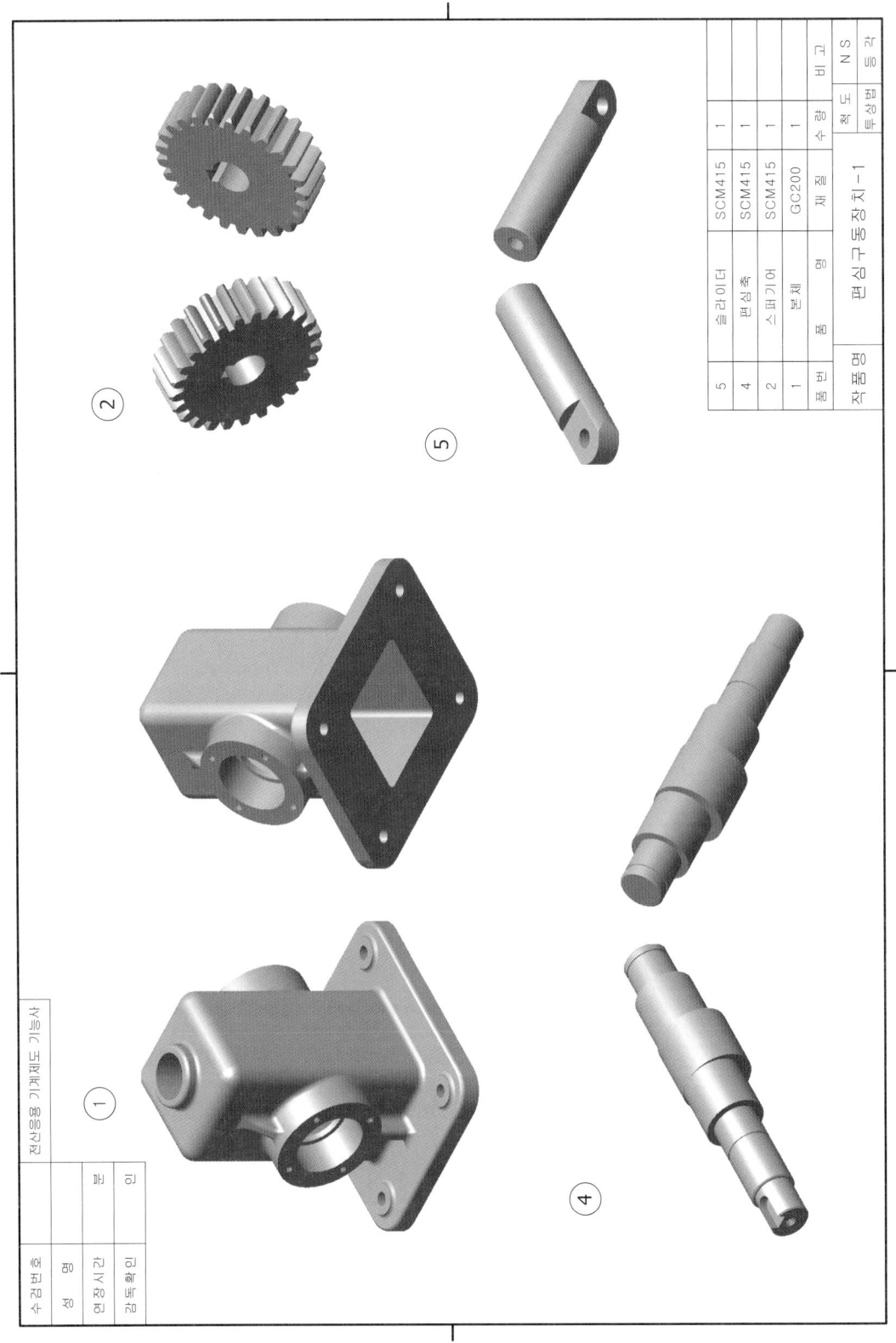

Example | 기계설계 산업기사/기사 실기 과제도면 및 답안제출 예시

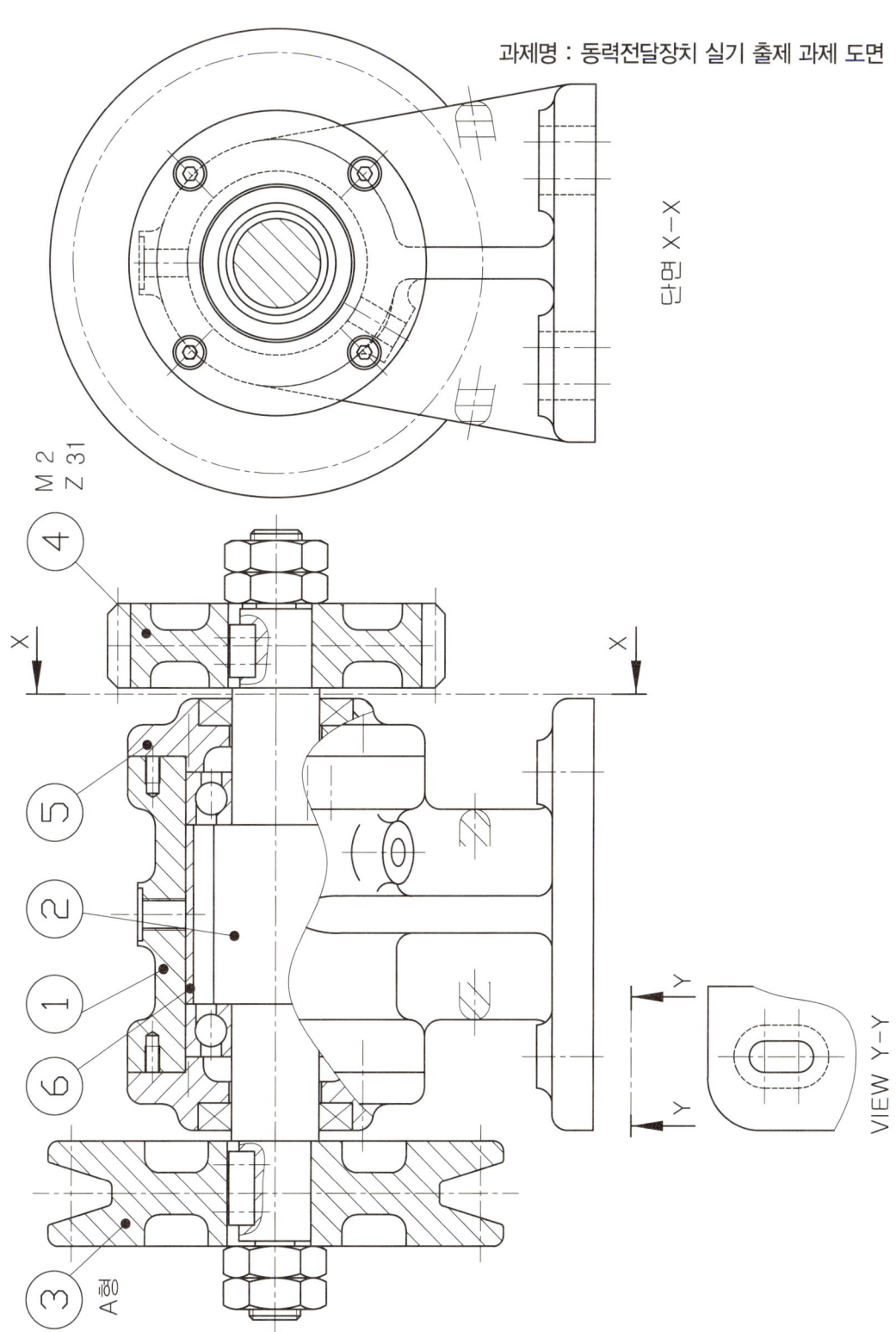

과제명 : 동력전달장치 실기 출제 과제 도면

과제명 : 동력전달장치 2D 실기 제출 답안 예제

과제명 : 동력전달장치 3D 실기 제출 답안 예제

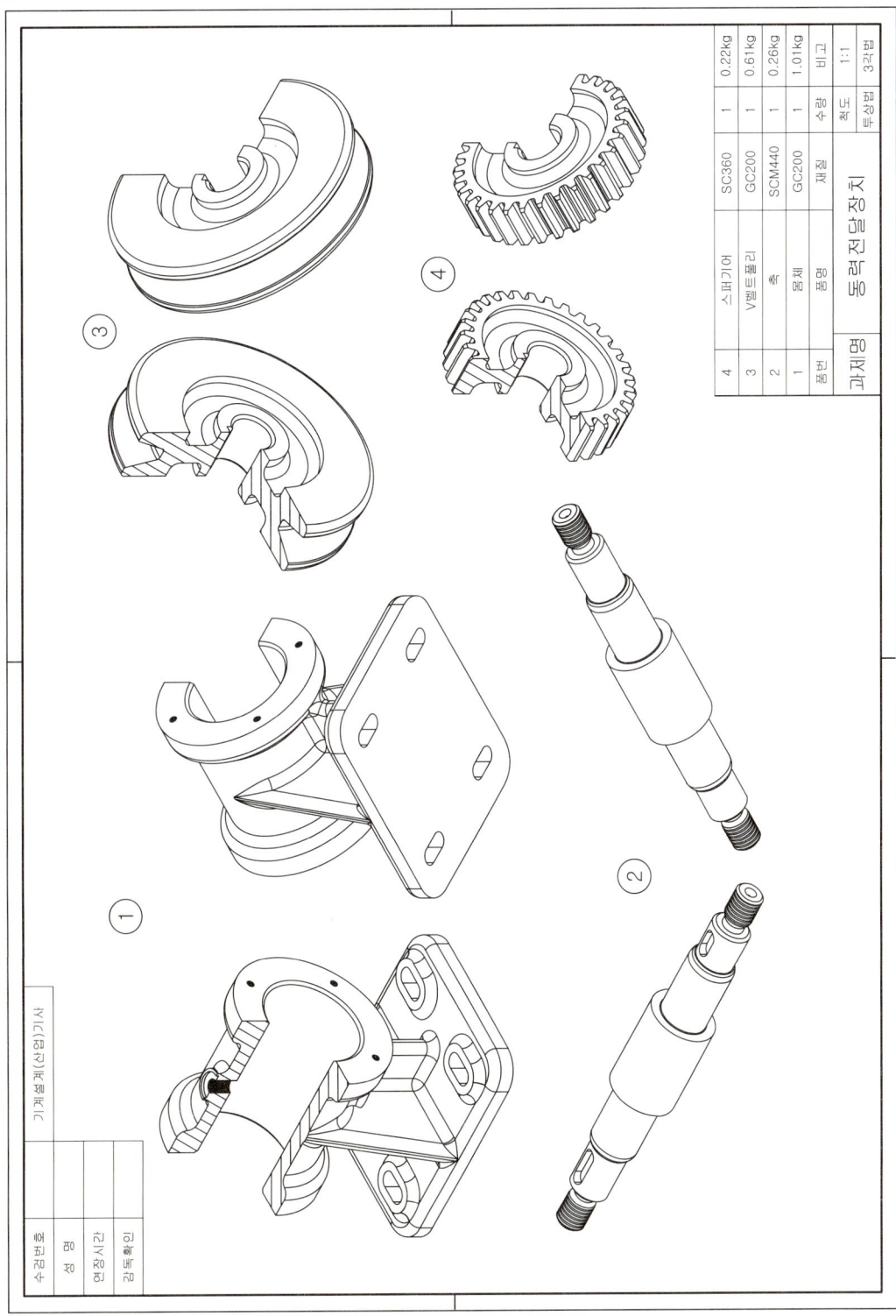

기어펌프

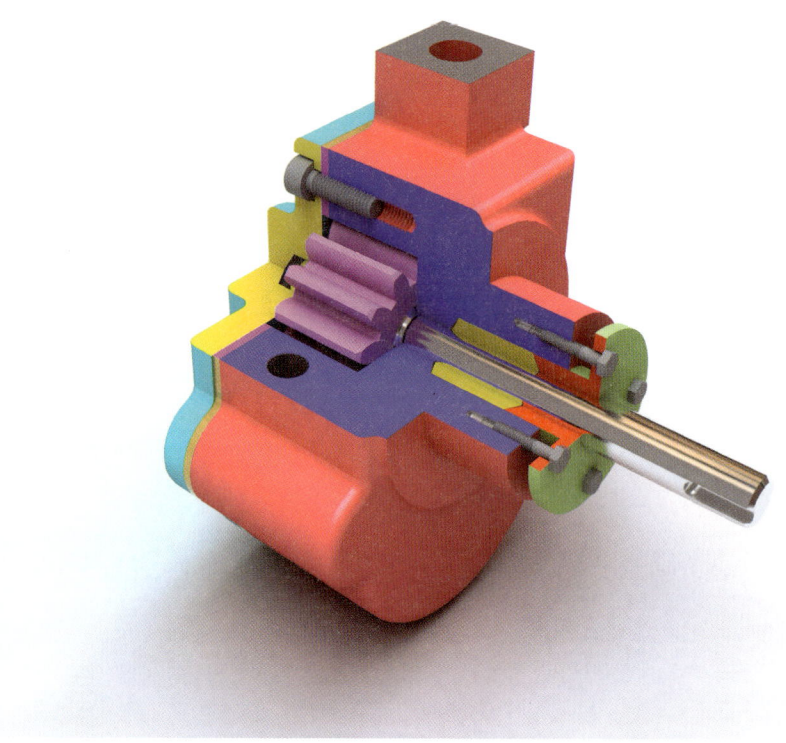

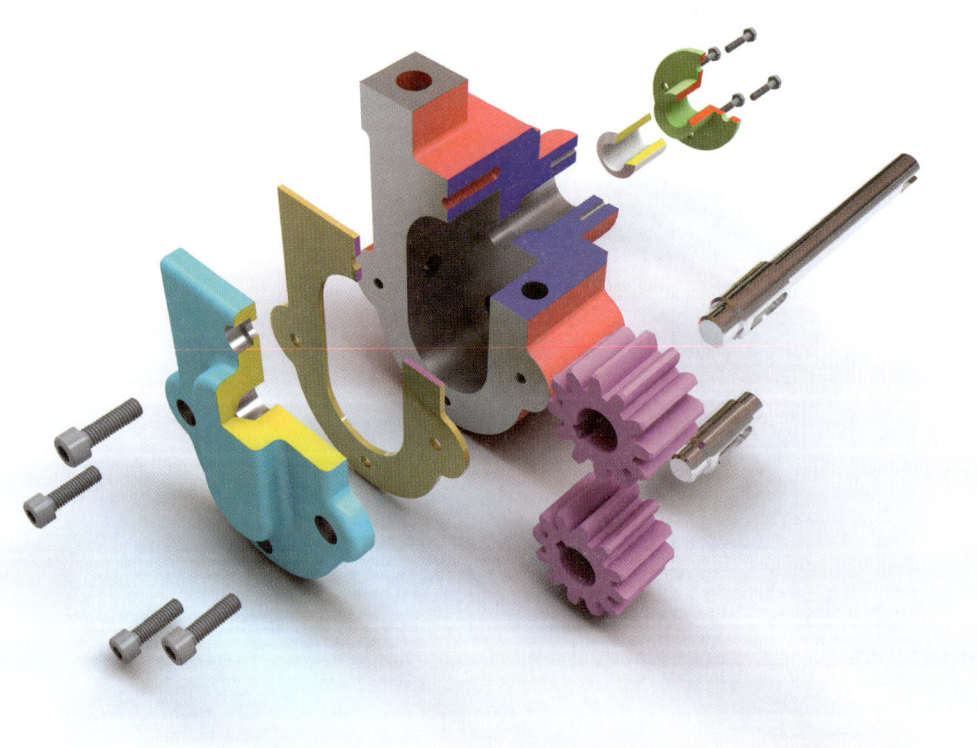

편심구동장치

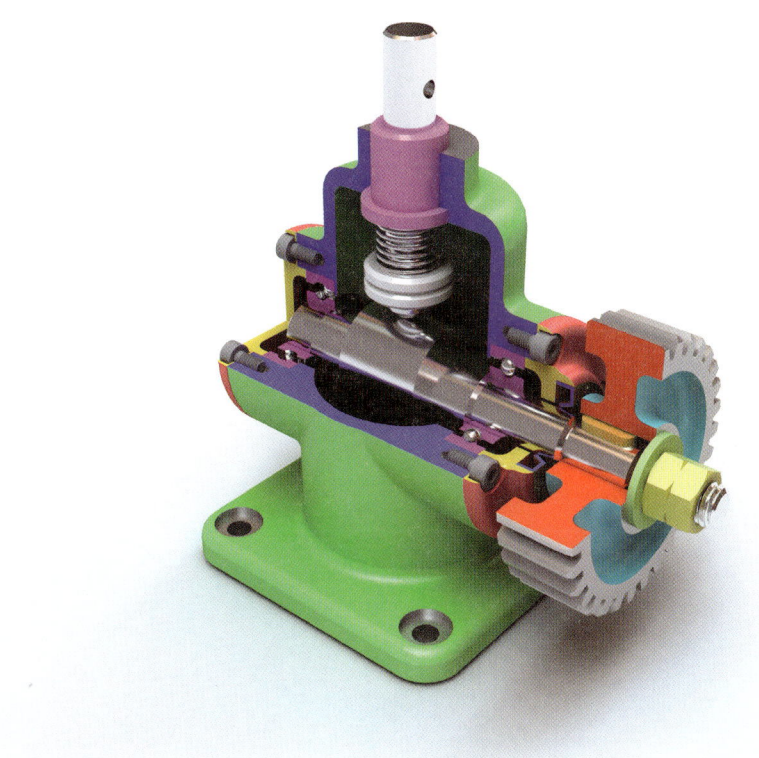

클램프

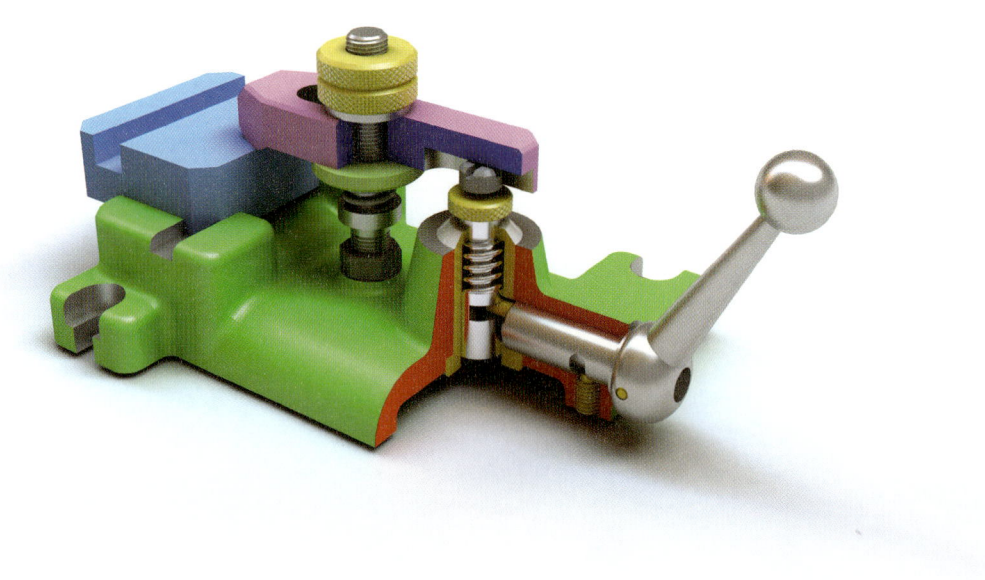

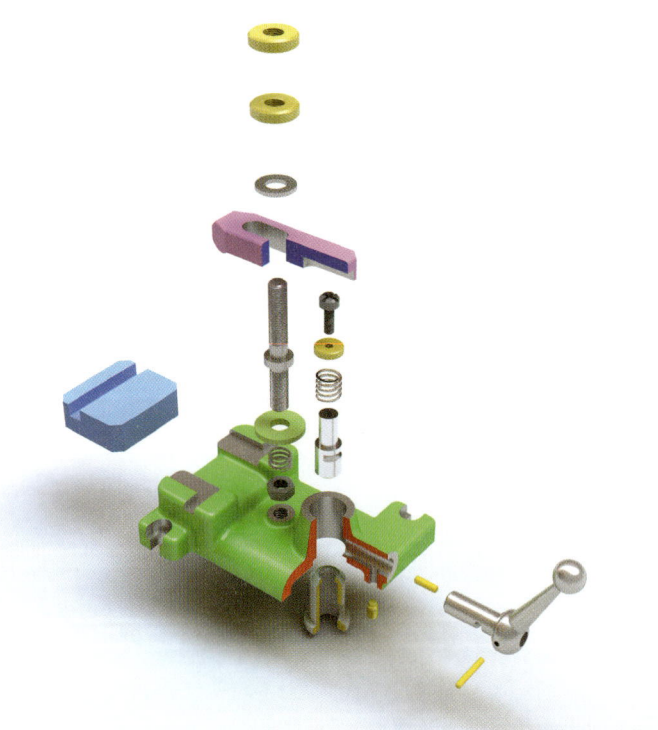

편심구동펌프

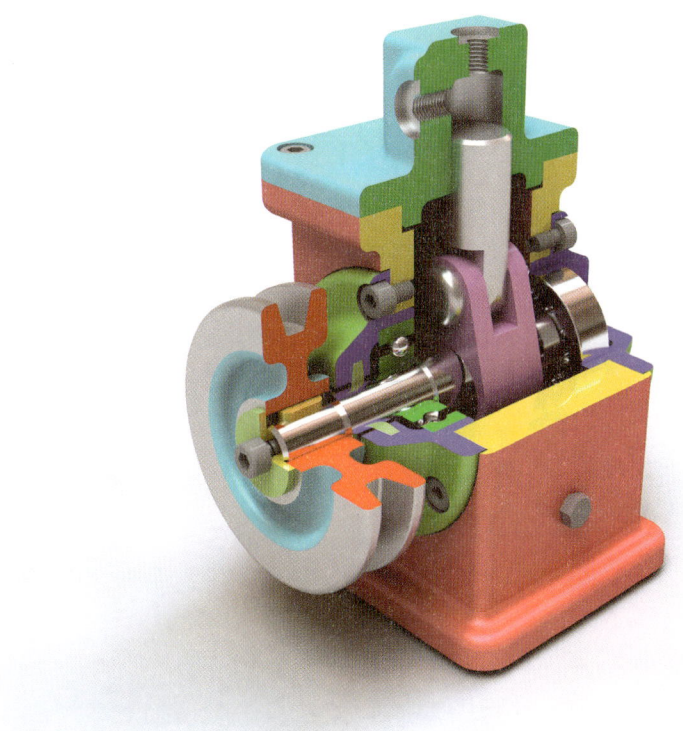

전동장치

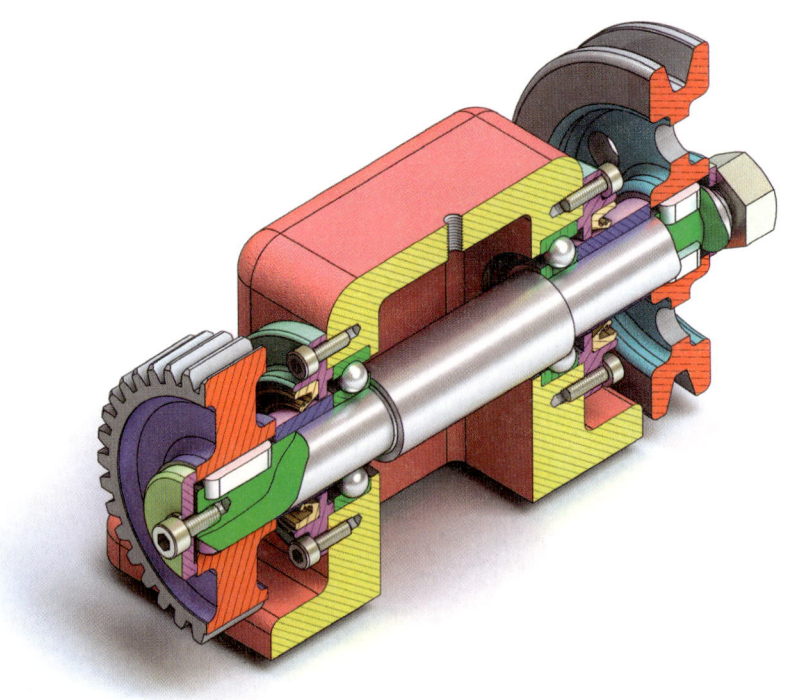

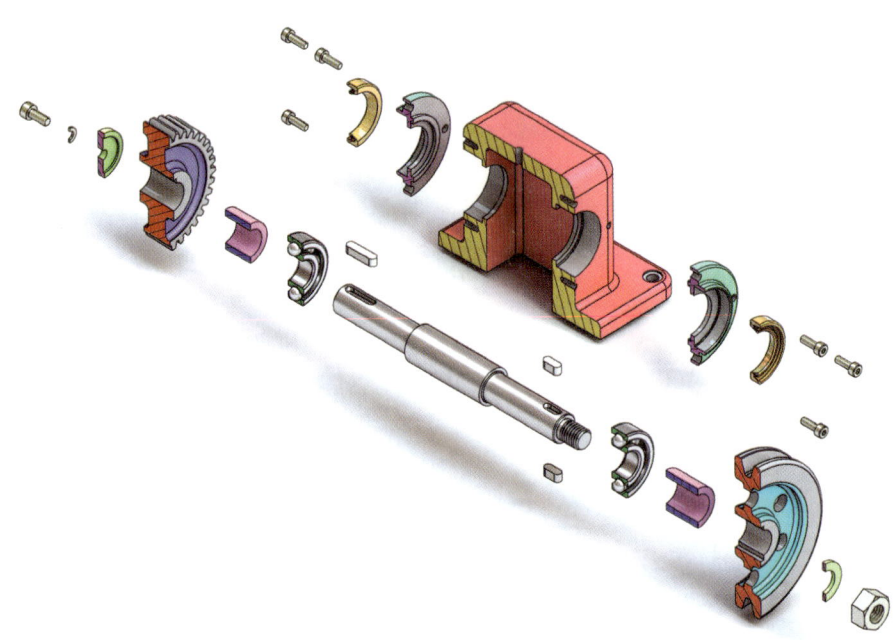

■ 동력전달장치

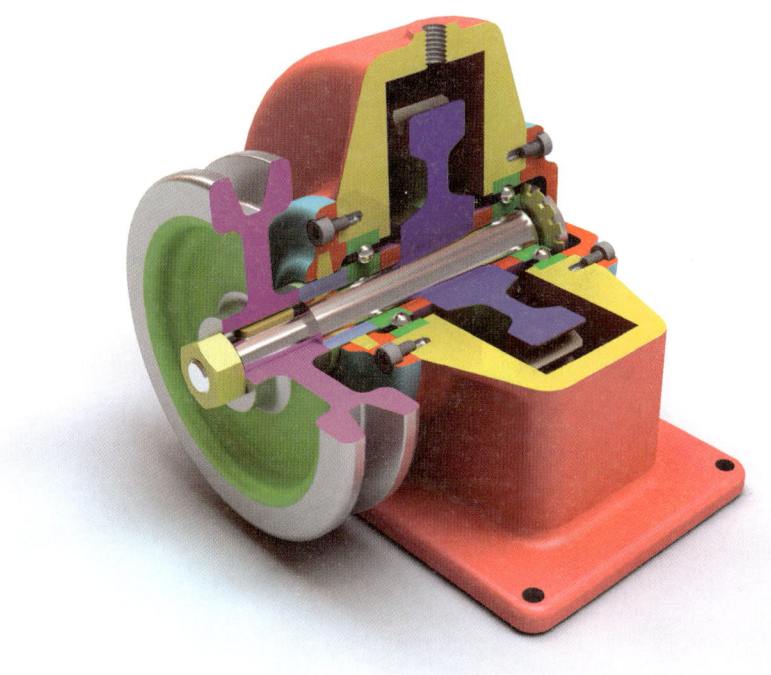

래크와 피니언

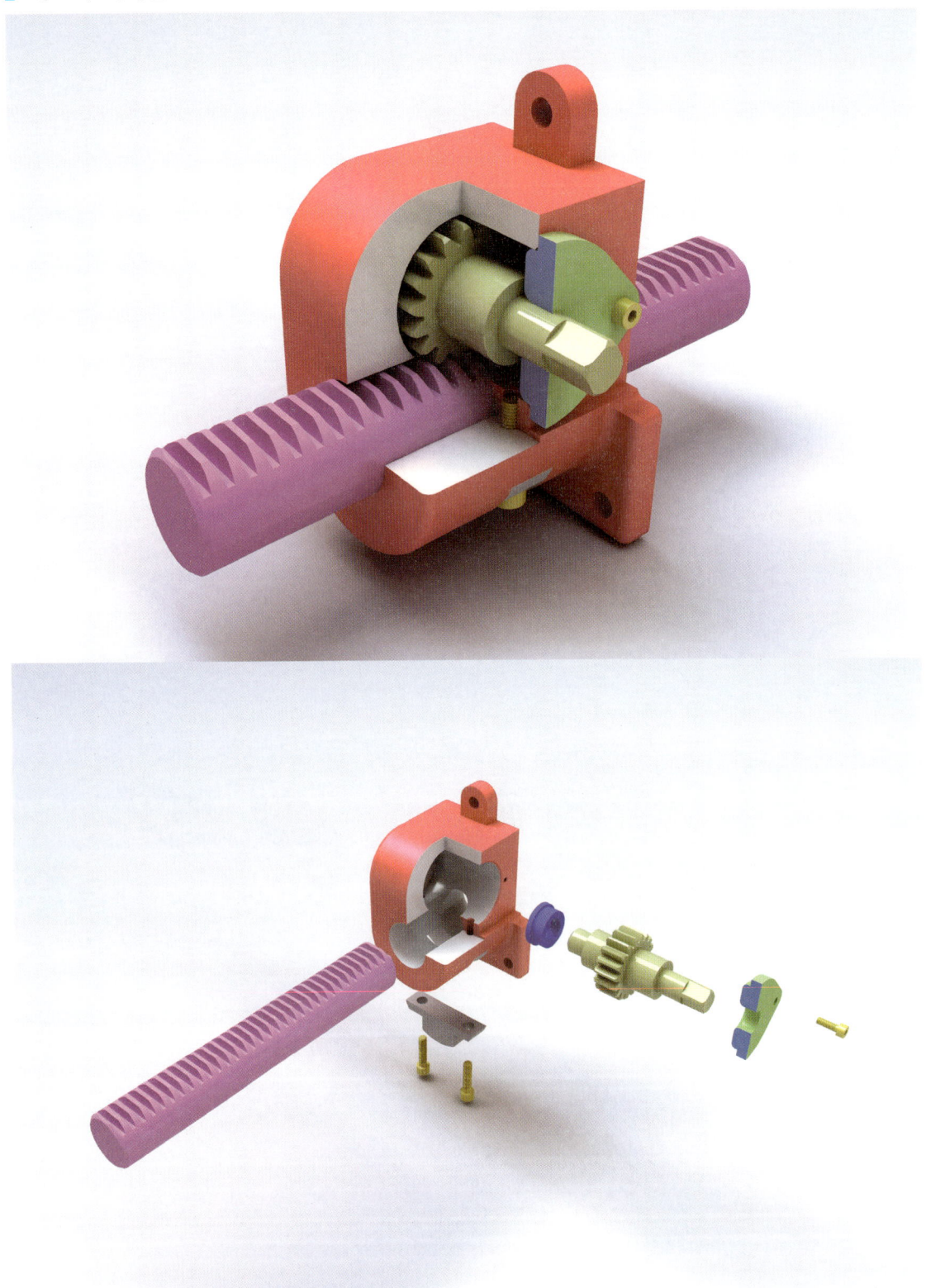

드릴지그

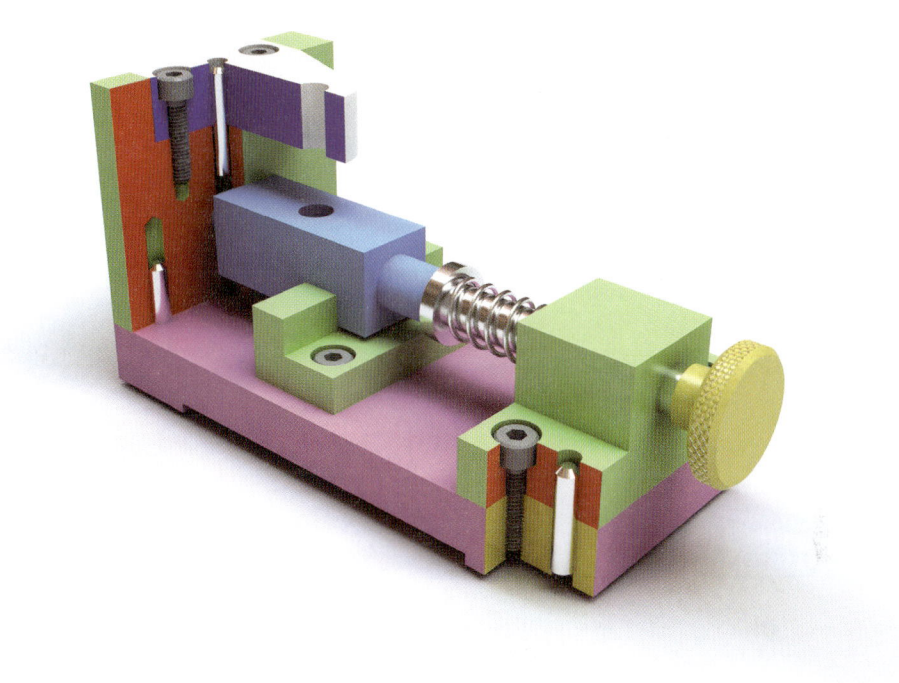

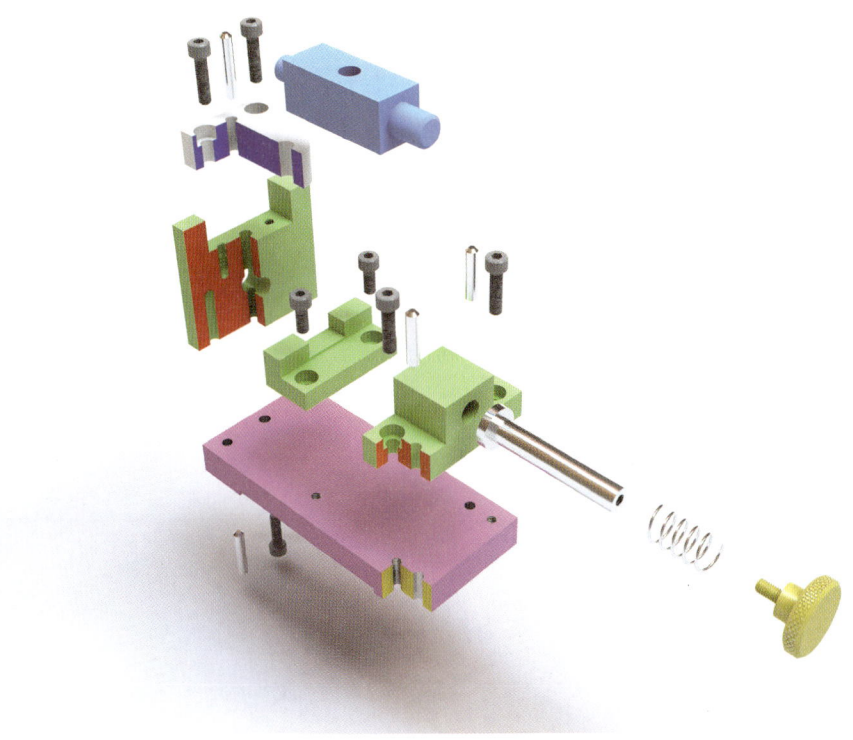

3dhub (www.3dhub.co.kr)

3D 프린터 출력물의 예시

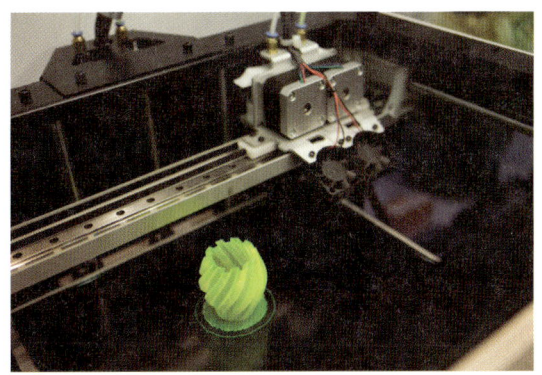

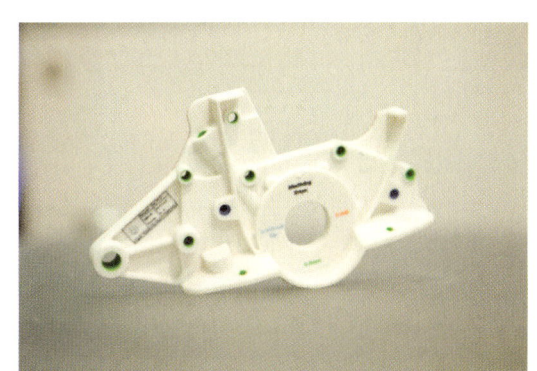

FINEBOT®

3D PRINTER FB-9600

상상하는 모든것의 현실화가 가능한 3D프린터

시제품, RC부품, 완구, 악세서리등 폭 넓은 분야의 제작물을 손쉽게 출력 하실 수 있습니다.
산업용, 전문가용, 교육용 및 취미생활 모두를 충족시키는 3D프린터입니다.
산업현장에서는 생산공정 개선과 원가절감의 획기적인 아이템입니다.

뛰어난 내구성 / 정밀한 설계구조

견고한 금속 프레임과 정밀한 기구설계로 진동 및 외부 충격에도 걱정이 없습니다.

일반 및 산업용으로도 손색이 없도록 내구성과 성능에 중점을 두고 개발된 제품입니다.

최고의 정밀도 / 넓은 출력사이즈

0.01mm의 놀라운 포지셔닝 정밀도로 최상급 해상도의 부드러운 표면을 표현 합니다.

최대 0.05mm의 적층기능으로 작고 세밀한 출력이 가능합니다.

큰 사이즈의 출력물도 무리 없이 출력해 낼 수 있는 넓은 출력범위를 가지고 있습니다.

 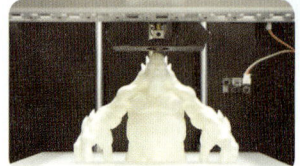

빠르고 효율적인 프린팅속도

진동에 강한 구조와 강력한 듀얼 쿨링팬 마운트로 쾌속 출력을 하면서도 높은 수준의 결과물을 얻을 수 있습니다.

높은 편의성

출력테이블을 자석으로 탈부착 할수 있어 출력 후 손쉽게 출력물을 분리하고 관리할 수 있습니다.

LCD창을 통해 진행 상황을 한 눈에 확인할 수 있으며, 출력중 속도, 온도 등 여러가지 파라메터를 실시간으로 변경할 수 있습니다.

 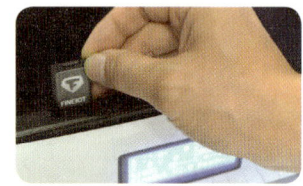

유지보수

전국 유통망을 통해 가까운 곳에서 편리하게 유지보수를 받으실 수 있습니다.

1년 무상 AS로 안심하고 사용하실 수 있습니다.

전국 13개 직영영업소
지역별 전문 대리점 운영

(주) TPC 메카트로닉스
TPC Mechatronics Corp.

제품 문의

(주)메카피아 서울특별시 금천구 가산디지털1로 145 2004호
(가산동 에이스하이엔드타워 3차)
T.1544-1605 F.02-2624-0898

www.3dhub.co.kr   www.mechapia.com